ANATOMIE

ET

PHYSIOLOGIE ANIMALES

PARIS. — IMPRIMERIE EMILE MARTINET, RUE MIGNON, 2

ANATOMIE

ET

PHYSIOLOGIE ANIMALES

Rédigées conformément aux programmes officiels
du 2 août 1880

POUR L'ENSEIGNEMENT DE LA ZOOLOGIE

DANS LA CLASSE DE PHILOSOPHIE

Et à l'usage des candidats au baccalauréat ès lettres

PAR

EDMOND PERRIER

Agrégé de l'Université,
Ancien maître de conférences à l'École normale supérieure,
Professeur au Muséum d'histoire naturelle,

OUVRAGE CONTENANT 328 FIGURES INTERCALÉES DANS LE TEXTE

PARIS

LIBRAIRIE HACHETTE ET Cie
79, BOULEVARD SAINT-GERMAIN, 79

1882

ANATOMIE ET PHYSIOLOGIE ANIMALES

CLASSE DE PHILOSOPHIE

Anatomie et physiologie animales

L'individu : problème de l'espèce.

Classification naturelle. — Familles. — Classes. — Types.

Types nettement définis : Vertébrés, Articulés, Mollusques, Cœlentérés ; types moins bien définis : Tuniciers, Vers, Échinodermes, Protozoaires.

Ce qu'on entend par unité de plan.

Type Vertébré : vertèbres, membres.

Type Articulé : zoonites, appendices.

Type Mollusque : pied, manteau, coquille.

Type Cœlentéré.

Organismes microscopiques : Infusoires, Microbes.

Rapports de l'organisme et de son milieu. — Exemples d'adaptations Mammifères volants, pisciformes ; animaux aveugles ; commensaux et parasites.

Variabilité des formes animales : hérédité, sélection naturelle.

Multiplication, reproduction des êtres vivants. Animaux vivipares et ovipares. Développement, métamorphoses, migrations, formes alternantes.

Individus isolés, individus agrégés.

Mœurs, instincts et intelligence ; instincts indépendants de la forme des organes. Sociétés animales.

Structure intime du corps des animaux. Éléments anatomiques : cellules, fibres, humeurs. Idée générale d'une cellule. Vie cellulaire ; greffe, régénération, reproduction après scission.

Éléments anatomiques libres : globules du sang. Éléments anatomiques agrégés en tissus ; principaux tissus.

Substance vivante : éléments minéraux constitutifs ; principes immédiats. Substances albuminoïdes.

Protoplasma. — Propriétés de la substance vivante.

Échange nutritif : équilibre nécessaire entre l'apport et le rejet. Résultat le plus général : oxydation chez les animaux ; réduction dans les parties vertes des plantes.

Transformation des forces dans l'organisme ; force mécanique, chaleur, électricité, lumière, actions chimiques.

Évolution de l'être vivant simple ou composé. — Mort ; décomposition cadavérique. — Réviviscence.

Étude spéciale de l'Homme. — Description anatomique sommaire. — Organe ; appareil ; fonction ; division du travail physiologique.

Principaux appareils ; squelette ; muscles ; centres nerveux ; organes thoraciques ; organes abdominaux ; organes des sens.

Appareil de la digestion : dents ; salive ; aliments inorganiques, organiques ; leurs transformations. — Absorption.

Le sang : globules rouges et blancs ; coagulation.

Circulation : historique (Harvey). Cœur ; artères ; veines ; vaisseaux capillaires ; pouls. — Circulation de la veine porte ; le foie : fonction glycogénique (Claude Bernard), la bile.

Idée sommaire de l'appareil lymphatique.

Appareil de la respiration : fosses nasales ; arrière-gorge ; trachée-artère ; poumons ; circulation pulmonaire ; changement de couleur du sang. Asphyxie ; mal des montagnes ; cloche à plongeur.

Chaleur animale (Lavoisier).

Sécrétions. — Reins : urée. Sueur. Larmes.

Fonctions de relation : rapport de l'être vivant et du monde extérieur ; mouvement ; sensibilité générale ; sensibilités spéciales ; phénomènes intellectuels.

Description sommaire du système nerveux : encéphale ; moelle épinière ; nerfs moteurs et sensitifs, mixtes ; système grand sympathique, nerfs vaso-moteurs.

Propriétés générales des nerfs ; effets divers de leur excitation.

Mouvements. — Os : leur composition ; principaux os des membres.

Muscles : fibre musculaire ; muscles de la vie animale et de la vie organique ; phénomènes de la contraction.

Larynx : voix ; voyelles ; consonnes.

Organes des sens : mécanisme des sensations. Rôle des nerfs et des centres nerveux. Rêves ; hallucinations.

Odorat et goût. — Fosses nasales ; langue ; papilles. Odeurs et saveurs des corps.

Toucher. — La peau ; les poils ; les ongles. Variété des sensations tactiles.

Ouïe. — Constitution de l'oreille. Subjectivité des sensations auditives.

Limite des sons perceptibles ; son simple, son composé ; harmoniques. Intervalles musicaux.

Vue. — L'œil et ses annexes ; mouvements de la pupille.

Subjectivité des sensations visuelles.

Vision monoculaire, monochromatique. Formation de l'image rétinienne, marche des rayons lumineux dans l'œil, *punctum cæcum*, accommodation, myopie, presbytie, lunettes.

Persistance de l'image rétinienne, fatigue rétinienne, images consécutives, phosphènes.

Vision des couleurs, contraste simultané et successif.

Vision binoculaire.

Mouvements associés des deux yeux, appréciation des distances ; angle visuel. Illusions d'optique, stéréoscope, pseudoscope.

Fonctions des centres nerveux cérébraux-spinaux. — Encéphale. — Hémisphères cérébraux ; substance grise et substance blanche ; leurs fonctions.

Tentatives de localisations cérébrales.

Bulbe rachidien. — Entre-croisement des pyramides antérieures. — — Nœud vital.

Cervelet.

Moelle épinière. — Actions réflexes ; actions réflexes adaptées ; actes sympathiques.

Notions d'anatomie et de physiologie comparées des animaux autres que les mammifères, en prenant un exemple dans chaque classe pour les Vertébrés, et dans chaque type pour les Invertébrés.

NOTA. — Les titres imprimés en capitales dans le sommaire des chapitres de cet ouvrage sont les questions mêmes contenues dans le programme officiel ; les titres imprimés en caractères ordinaires sont ceux des paragraphes qui constituent le développement de ces questions et de quelques paragraphes complémentaires qui ont été jugés indispensables.

ERRATA

Page 188, ligne 1, *au lieu de* : « ces branchies sont permanentes chez les Poissons lophobranches, » *lire :* « ces branchies externes sont permanentes chez les Protoptères, et les branchies internes conservent la forme de houppes chez les Poissons lophobranches. »

Page 313, légende de la figure 196, *lire :* ...6, amygdales, entre ce pilier et le pilier postérieur; ....11, cornet et méat moyens.

PRÉFACE

Je suis heureux, en publiant ce volume, de pouvoir, non pas acquitter, mais affirmer une dette de reconnaissance.

A la fin de 1871, M. de Lacaze-Duthiers, quittant volontairement ses fonctions de maître des conférences de zoologie à l'École normale supérieure, me fit l'honneur de me désigner pour lui succéder dans l'établissement où j'avais quelques années auparavant écouté ses leçons. La seconde partie de cet ouvrage reproduit, sous une forme plus élémentaire, les cours que j'ai professés, depuis cette époque jusqu'en 1876, devant les élèves de deuxième année de l'École normale. Le programme de ces cours s'est trouvé correspondre à très peu près au programme adopté depuis par le Conseil supérieur de l'Instruction publique, pour la classe de philosophie des lycées. J'avais cherché, dans mon enseignement, à conserver autant que possible la méthode du maître que je remplaçais, méthode qui avait fait sur nous tous la plus vive impression. S'il se trouve, dans cette partie de mon livre, quelque chose de bon, je le dois, sans aucun doute, aux exemples et aux conseils dont l'éminent professeur de la Sorbonne a entouré mes débuts dans l'enseignement.

J'ai tenu dans cet ouvrage à suivre pas à pas le programme officiel. En présence d'un enseignement nouveau, il m'a semblé que c'était le seul moyen de faciliter la tâche des professeurs qui voudront bien recommander mon livre, et le travail des élèves à qui il est destiné. La première partie du programme peut être considérée comme un résumé des faits qui servent actuellement de base à la philosophie zoologique. Je me suis borné à exposer ces faits, sans chercher à les grouper en corps de doctrine ou à en tirer une conclusion générale. On trouvera donc une grande différence d'allures entre ce livre et celui que j'ai publié cette année même sous ce titre : *Les colonies animales et la formation des organismes*. Il ne convient, en effet, d'enseigner dans les lycées que la science faite, et ce sont surtout les problèmes non résolus de la science que j'ai essayé d'aborder dans mon précédent ouvrage.

Par une phrase qui termine le programme, il est indiqué que des notions d'anatomie et de physiologie comparées seront données aux élèves ; ces notions ayant actuellement trouvé leur place dans le développement des diverses parties du cours, il nous a semblé inutile de leur consacrer un chapitre spécial.

Paris, le 1ᵉʳ décembre 1881.

ANATOMIE

ET

PHYSIOLOGIE ANIMALES

PREMIÈRE PARTIE

ANATOMIE ET PHYSIOLOGIE GÉNÉRALES

CHAPITRE PREMIER

PRINCIPES GÉNÉRAUX DES CLASSIFICATIONS

L'INDIVIDU; PROBLÈME DE L'ESPÈCE : Caractères individuels et caractères spécifiques. — Différences entre la race et l'espèce. — Variétés, formation des races. — Définition de l'espèce. — CLASSIFICATION NATURELLE : Principes des classifications. — Genres. — Nomenclature binaire. — Tribus, familles, ordres, embranchements ou types. — Classifications de Linné et de Cuvier. — Principe de la subordination des caractères. — Principe de la corrélation des formes. — Principe général des conditions d'existence; objection des organes rudimentaires. — Hypothèse de l'unité de plan de composition; principe du balancement des organes; principe des connexions. — Hypothèse de la descendance. — Importance de l'embryogénie. — TYPES DU RÈGNE ANIMAL. — Caractères des embranchements de Cuvier. — Nécessité de subdiviser l'embranchement des Rayonnés.— Les Arthropodes et les Vers. — Démembrement de l'embranchement des Mollusques : Bryozoaires, Tuniciers, Brachiopodes. — Spongiaires et Protozoaires. — Classification adoptée ; concordance avec celle de Cuvier. — LIMITES DE L'UNITÉ DE PLAN DE COMPOSITION DANS LE RÈGNE ANIMAL.

Caractères individuels et caractères spécifiques. — Il est rare que deux hommes se ressemblent à ce point que l'on soit exposé à les confondre. Chacun de nous possède un ensemble de caractères qui le distinguent immédiatement des autres hommes et que nous sommes habitués à reconnaître au premier coup d'œil;

ces caractères propres à chaque *individu*, qu'on peut appeler, en conséquence, des *caractères individuels* ou *personnels*, coexistent avec d'autres caractères communs, qui font que tous les hommes se ressemblent entre eux, qui les distinguent des animaux les plus voisins, méritent ainsi d'être considérés comme les caractères de l'*espèce humaine*, et sont, dès lors, les *caractères spécifiques* de l'Homme.

La taille, la couleur des yeux, celle de la barbe et des cheveux, celle même de la peau, la forme du nez, la grandeur de la bouche,

Fig. 1. — Type de la race noire.

la grosseur des lèvres, le mode d'implantation des dents, l'abondance, la forme et la disposition des poils, varient d'un homme à un autre et ne constituent, par conséquent, que des caractères individuels ; au contraire, l'attitude verticale du corps, le mode de locomotion à l'aide des membres postérieurs seulement, la conformation différente du pied et de la main, l'absence de queue, la proéminence du nez, le nombre et la forme des dents, l'absence sur la peau d'un revêtement régulier de poils, sont des caractères communs à tous les hommes : ce sont là nos *caractères spécifiques*.

Races. — En dehors des caractères spécifiques qui sont communs à tous les hommes, des caractères individuels qui varient, même chez les membres d'une même famille, fussent-ils frères, il y a d'autres caractères qui sont communs à un grand nombre d'hommes, sans appartenir à l'espèce humaine tout entière ; les habitants de l'Afrique tropicale (fig. 1) ont la peau noire, les cheveux crépus, le nez épaté, les dents implantées obliquement dans les mâchoires, les lèvres grosses et saillantes : on dit qu'ils appartiennent à la *race noire* ou *nègre ;* les Chinois (fig. 2), les Japonais et quelques autres peuples de l'Asie, ont la peau jaune, les cheveux noirs et

FIG. 2. — Type de la race jaune.

droits, la barbe rare, le nez court et large, les paupières oblique-ment fendues : ils appartiennent à une race distincte, la *race mongo-lique*, qu'on appelle aussi la *race jaune ;* notre peau est blanche ou brune, nos cheveux varient du blond au noir ; ils sont droits ou frisés ; notre barbe est généralement abondante ; notre nez saillant, souvent mince et busqué : nous faisons, en effet, partie d'une race bien différente des races nègre et mongolique, et que l'on appelle la *race caucasique*, parce qu'on la suppose originaire du Cau-case (fig. 3), ou la *race blanche*, en raison de la peau claire de la plupart de ses membres.

Les fils d'un père et d'une mère nègres sont noirs comme leurs parents ; les fils d'un Chinois et d'une Chinoise ont tous es yeux obliques et, dans nos familles, la couleur de la peau reste claire et les yeux horizontaux ; les caractères de la *race* se transmettent donc de père en fils, tout comme ceux de l'espèce. On peut, dès lors, se demander pourquoi l'on ne considère pas les Nègres, les Chinois, les Européens comme autant d'espèces d'hommes, distinctes les unes des autres.

La raison est facile à donner. Dans certains pays, les alliances entre nègres et blancs sont fréquentes, et il en résulte des *mulâtres*, dont les caractères sont intermédiaires entre ceux de leurs

FIG. 3. — Type de la race blanche.

parents. Les alliances entre ces mulâtres et les blancs donnent naissance à des *quarterons*, qui se rapprochent davantage des blancs que ne le font les mulâtres. Au contraire, les enfants de mulâtres et de noirs se rapprochent davantage des noirs et les mulâtres unis entre eux forment des familles demi-sang, qui conservent plus ou moins leurs caractères. Entre l'homme de race blanche et l'homme de race noire, il est ainsi possible de créer autant d'inter-médiaires que l'on veut ; on peut multiplier les nuances à l'infini, de sorte qu'il devient évident qu'il n'existe entre eux aucune démar-cation tranchée, et il en est de même entre deux races d'hommes quelconques. L'humanité tout entière ne forme donc qu'un seul tout : ce qu'on exprime en disant qu'elle appartient à une seule et unique espèce.

Chez les animaux domestiques, il existe des races pour le moins aussi tranchées et aussi nombreuses que les races humaines : quelle distance entre le lévrier et le boule-dogue, entre le terre-neuve et le chien-griffon ! Mais on peut obtenir entre les races de chiens tous les croisements possibles, et il en est de même pour les races innombrables de moutons, de bœufs, de chevaux, de porcs, de pigeons, de poules, que nous connaissons. Nous disons donc que tous les chiens domestiques, tous les moutons, tous les bœufs, tous les chevaux, etc., quelque variées que soient leurs formes, appartiennent respectivement à la même espèce.

Différences entre la race et l'espèce. — Mais supposons que nous ayons rencontré à l'état sauvage des animaux aussi différents que le lévrier et le boule-dogue, que le biset et le pigeon-paon ; les expériences de croisement auxquelles nous avons eu recours pour établir l'identité spécifique de ces animaux auraient pu être impossibles. Dès lors, comment savoir si l'on doit considérer ou non de tels êtres comme appartenant à la même espèce ? Disons-le tout de suite, le naturaliste qui eût fait une pareille rencontre, se fût trouvé sans aucun moyen de résoudre la question.

En fait, on commence généralement par décrire, comme espèces distinctes, toutes les formes animales différentes qu'on découvre : on réunit ensuite celles entre lesquelles on trouve une série continue de formes intermédiaires, et l'on maintient séparées celles qui présentent des combinaisons de caractères entre lesquelles on ne trouve aucun passage ; mais cette façon de procéder, toute nécessaire qu'elle soit, expose à de nombreuses erreurs. Il est arrivé fréquemment, dans les groupes zoologiques les plus divers, qu'on a décrit comme des espèces distinctes le mâle, la femelle et les jeunes d'une même famille ; plus fréquemment encore on a rapporté à des espèces différentes le même animal à des époques successives de sa vie ; quant aux simples races prises pour des espèces, elles ne se comptent plus. C'est seulement par une étude suivie des animaux dans toutes les phases de leur existence, par une comparaison attentive d'un grand nombre d'individus, permettant de retrouver les formes intermédiaires entre celles que l'on avait d'abord séparées, que l'on arrive à relever ces erreurs inévitables et à réunir les formes qui ne constituent vraiment qu'une seule espèce. La distinction des espèces est donc avant tout une question de critique : aucun caractère extérieur ne permet de les reconnaître d'emblée.

Il faudrait bien se garder de conclure cependant qu'entre la *race* et l'*espèce* il n'existe aucune différence. Le travail de critique, qui conduit à réunir les diverses formes que peut revêtir une même espèce, montre, en effet, que ces formes sont ordinairement comprises entre certaines limites qui ne sont pas dépassées ; puis il se fait un saut brusque, et l'on arrive à une autre série de formes qui ne peuvent plus être reliées aux premières et qui constituent une seconde espèce. Toutes les formes animales ne sont donc pas unies, dans le monde actuel, par des passages insensibles ; les formes les plus voisines se laissent rassembler en petits groupes isolés des groupes analogues : chacun de ces groupes constitue une *espèce*.

S'il était facile d'obtenir, entre individus appartenant à deux espèces différentes, les croisements que l'on obtient entre individus de race différente, mais de même espèce, il est évident que la distance qui sépare les espèces serait bien vite comblée ; l'existence des espèces implique donc que ces croisements ne peuvent avoir lieu, ou tout au moins ne peuvent donner les mêmes résultats que les croisements entre individus ne présentant que des différences de race ; c'est effectivement ce que démontre l'expérience. L'Ane et le Cheval appartiennent à deux espèces distinctes : le produit de leur croisement est le Mulet, et chacun sait que le Mulet est stérile. On a tenté de croiser le Lièvre et le Lapin ; les *léporides*, résultat de ce croisement, se sont montrés féconds ; mais au bout d'un certain nombre de générations, au lieu de conserver les caractères intermédiaires entre les deux espèces qu'ils présentaient d'abord, ils se sont mis à varier d'une façon absolument désordonnée et sont enfin revenus les uns presque complètement au type lapin pur, les autres moins complètement au type lièvre. On a observé le même phénomène dans le croisement du Mouton et de la Chèvre, qui fournit les *chabins* du Chili ; dans celui de deux espèces de papillons de nuit, l'*Attacus cynthia* ou ver à soie de l'Ailante, et l'*Attacus arhindia* ou ver à soie du Ricin, dans celui de diverses espèces de plantes. Il est donc très général. Ainsi la pureté des espèces se maintient de deux façons : les individus résultant du croisement de deux espèces distinctes, les *hybrides* comme on les appelle, sont souvent stériles ; lorsqu'ils échappent à la stérilité, leurs descendants, au lieu de conserver les caractères intermédiaires des premières générations, reviennent ordinairement à l'une des deux espèces souches.

L'espèce n'est donc pas une abstraction de notre esprit ; elle a une réalité dans la nature, où les mélanges entre les individus d'espèces distinctes sont rares, difficiles ou même impossibles.

Le mélange est, au contraire, des plus faciles entre les individus de races différentes ; les *métis* résultant de ces mélanges et leurs descendants présentent une fécondité au moins égale à celle des individus appartenant aux races pures d'où ils proviennent; on a souvent affirmé que leur progéniture conserve des caractères à peu près exactement intermédiaires entre ceux de ces races et qu'il peut ainsi se former des *races métisses.* La fixation possible des caractères intermédiaires des métis, opposée à la variation désordonnée des descendants des hybrides, serait alors un précieux caractère distinctif de la race et de l'espèce. Mais cette fixation est loin d'être constante. On voit souvent, dans la série des générations issues d'un même couple formé de deux individus de race différente, les caractères des deux races mères se séparer, de sorte que ces deux races, de même que s'il s'agissait d'espèces, semblent se juxtaposer sans se confondre [1]. C'est donc seulement par la *fécondité ordinairement limitée* des hybrides que l'espèce se distingue de la race.

Variétés, formation des races. — La réalité des espèces étant établie, comment se fait-il que beaucoup d'entre elles soient divisées en races qui simulent, dans une certaine mesure, les caractères de véritables espèces ?

Il est rare que dans une même famille tous les frères se ressemblent. Sans qu'on puisse dire exactement pourquoi, certains individus présentent des caractères particuliers qui manquent ou n'existent pas au même degré chez les individus de la même génération. Si ces individus sont peu nombreux, s'ils ne viennent que rarement à s'unir à des individus semblables à eux, leurs caractères personnels ne sont transmis qu'à un petit nombre de leurs descendants qui constituent de simples *variétés.* Si, au contraire, le nombre des individus modifiés dans un sens donné est assez grand, les unions entre individus semblables sont fréquentes ; les individus présentant le nouveau caractère deviennent d'autant plus nombreux, dans chaque génération, que le nombre des métis qui possédaient ce caractère est plus considérable ; finalement, la totalité des indi-

1. Voyez dans Sanson, *Zootechnie,* 2ᵉ édition, t. II, pages 59 à 78, de nombreux exemples de cette séparation relatifs aux races croisées de Chevaux, de Bœufs, de Moutons, de Porcs, de Chiens, etc.

vidus d'une génération arrive à offrir le caractère en question et le transmet à sa descendance ; à ce moment ce caractère est *fixé* : la *variété* est devenue une *race*.

On peut artificiellement créer des races avec une certaine facilité, à la condition d'unir ensemble pendant un certain nombre de générations, et *sans changer le milieu où ils se sont développés*, des individus présentant tous, à un degré aussi considérable que possible, les caractères que l'on veut obtenir : c'est ainsi que procèdent les éleveurs qui veulent perfectionner leur bétail.

Les races sont donc issues des variétés individuelles. Ce sont des *variétés*, dont les caractères sont devenus transmissibles de génération en génération, en un mot, sont devenus *héréditaires*. Dès lors, se pose une question : Si les variétés se transforment en races, les races ne pourraient-elles pas à leur tour se transformer en espèces ? Deux races, d'abord voisines, s'écartant graduellement l'une de l'autre, ne pourraient-elles pas arriver à être tellement différentes, que leur union devienne impossible, ou finisse par produire des hybrides, au lieu de produire des métis ? Bien que les paléontologistes aient réuni les arguments les plus sérieux en faveur de cette transformation des races en espèces, on n'a aucune preuve incontestée qu'elle se soit opérée. Quelques auteurs ont affirmé, à la vérité, que l'*Aperea* du Brésil, souche sauvage du Cochon d'Inde, a cessé de s'accoupler avec la race domestique en Europe ; une race de Chat, domestique au Paraguay, et issue de notre Chat, ne produirait plus avec lui ; des Lapins abandonnés au quinzième siècle dans l'île de Porto-Santo, voisine de Madère, et qui ont fait souche dans cette île, ne contractent avec les lapins ordinaires de nos pays que des unions infécondes ; les éleveurs qui possèdent simultanément un grand nombre de races de volailles, prétendent aussi que le mélange de races différentes donne souvent naissance à des œufs clairs, comme si ces races étaient vraiment des espèces. D'autre part, des naturalistes autorisés soutiennent que nos races nombreuses de Chiens domestiques proviennent d'espèces naturelles différentes qui, séparément domestiquées, se sont graduellement mélangées et confondues, de manière à ne plus former qu'une espèce unique d'une extrême variabilité ; on affirme la même chose du Bœuf et du Porc. S'il en était ainsi, toute différence entre l'*espèce* et la *race* s'effacerait, ou plutôt *l'espèce serait l'ensemble des races suffisamment voisines pour qu'il soit toujours possible d'obtenir entre elles des unions indéfiniment fécondes*, et l'on devrait considérer comme appartenant à autant d'espèces distinctes les races entre lesquelles une circonstance physiologique quelconque aurait rendu les unions impossibles ou simplement difficiles. Mais les faits invoqués à l'appui de cette opinion sont différemment interprétés.

On n'est donc pas encore autorisé à considérer comme *expérimentalement* démontrée la transformation probable des races en espèces; cette question est d'ailleurs aujourd'hui attaquée par tous ses côtés accessibles à l'observation et à l'expérience, et il est permis d'espérer que de grands éclaircissements seront obtenus avant peu sur cet important sujet.

Définition de l'espèce. — On a donné de l'espèce de nombreuses définitions. Ce qui précède a montré que la notion de l'espèce repose sur deux ordres de considérations : 1° un certain degré de ressemblance entre les individus qui la composent; 2° la faculté que possèdent ces individus de procréer une descendance indéfiniment féconde.

On peut donc, avec Cuvier [1], définir l'espèce de la façon suivante :

« L'espèce est la réunion des individus descendus l'un de l'autre ou de parents communs et de ceux qui leur ressemblent autant qu'ils se ressemblent entre eux. »

Les individus qui, dans cet ensemble, présentent quelque caractère particulier sont désignés sous le nom de *variétés*. Lorsque les caractères des variétés deviennent héréditaires et se transmettent par voie de filiation, l'ensemble des individus qui les présentent constitue une *race*.

Principes des classifications ; genres. — Quand on a délimité un nombre suffisamment considérable d'espèces, on reconnaît bien vite que plusieurs d'entre elles présentent une telle ressemblance, qu'elles ont en commun tous les caractères essentiels et qu'il n'est possible de les distinguer que par des caractères secondaires comme la taille, la couleur et la longueur du poil, les proportions relatives des membres, etc. Si l'on vient, par exemple, à comparer un Chien (fig. 4) à un Loup (fig. 5), on trouve que la taille de ce dernier est généralement plus forte, son museau plus pointu, sa tête plus large, ses membres plus robustes; en outre ses oreilles sont droites, au lieu d'être plus ou moins rabattues; sa queue ne se recourbe pas comme celle du Chien ; elle porte des poils plus longs que chez

___

1. *Règne animal*, édition de 1829, p. 19.

les chiens à poil ras, et la couleur du pelage est plus uniforme ; mais la physionomie générale est la même : dans le Chien comme dans le Loup, les pattes sont élevées ; l'animal marche sur le bout des doigts ; les doigts sont au nombre de cinq aux pattes de devant, de quatre aux pattes de derrière ; les ongles sont robustes, mais émoussés au sommet ; la mâchoire supérieure porte 20 dents de diverses forme, et l'on en trouve 22 à la mâchoire inférieure (fig. 6).

Si l'on compare, au contraire, le Chat (fig. 7) au Chien, on peut

Fig. 4. — Chien barbet.

trouver des différences de même nature que celles qui séparent le Chien du Loup ; mais, en outre, tous les caractères que nous venons d'énumérer cessent d'être communs : la physionomie générale du Chat est toute différente ; ses pattes sont proportionnellement plus courtes ; les doigts de devant sont bien encore au nombre de cinq et les postérieurs de quatre ; mais l'animal n'appuie pas sur le sol leur dernière phalange qu'il porte relevée, de façon que les ongles ne touchent pas à terre ; ceux-ci n'étant pas usés par la marche sont allongés, recourbés et pointus ; les mâchoires, plus courtes, ne portent la supérieure que 16 dents et l'inférieure que 14 (fig. 8) ; ces dents ont une forme et des proportions différentes de celles qu'on observe chez le Loup et le Chien.

Il y a donc entre le Chien et le Chat des différences bien plus grandes, bien plus profondes qu'entre le Chien et le Loup. Aussi dit-on que l'espèce *Chien* et l'espèce *Loup* appartiennent au même *genre;* tandis que l'espèce *Chien* et l'espèce *Chat* appartiennent à deux *genres* différents. Les caractères communs au Chien et au Loup sont les caractères du genre et l'on retrouve ces mêmes caractères

FIG. 5. — Loup (*Canis lupus*).

chez notre Renard (fig. 8 *bis*) et chez divers animaux habitant les régions du monde les plus variées : le *Chacal*, de Grèce, d'Asie et d'Afrique (fig. 9), le *Loup des prairies* d'Amérique, l'*Isatis* des régions arctiques, etc. Le Renard, le Chacal, le Loup des prairies, l'Isatis viennent donc se ranger dans le même genre que le Chien et le Loup.

De même, les caractères des pattes, des ongles et des dents du Chat se retrouvent chez plusieurs espèces sauvages de taille voisine, et aussi chez les Panthères, les Jaguars, les Tigres, les Lions. Tous ces redoutables carnassiers sont donc du même genre que le Chat.

Nomenclature binaire. — Les zoologistes donnent à chaque genre un nom latin particulier : chaque espèce est désignée par le nom du genre auquel elle appartient et par une épithète particulière, qui correspond à notre prénom, de même que le nom de genre correspond à notre nom de famille. C'est là le principe de la *nomen-*

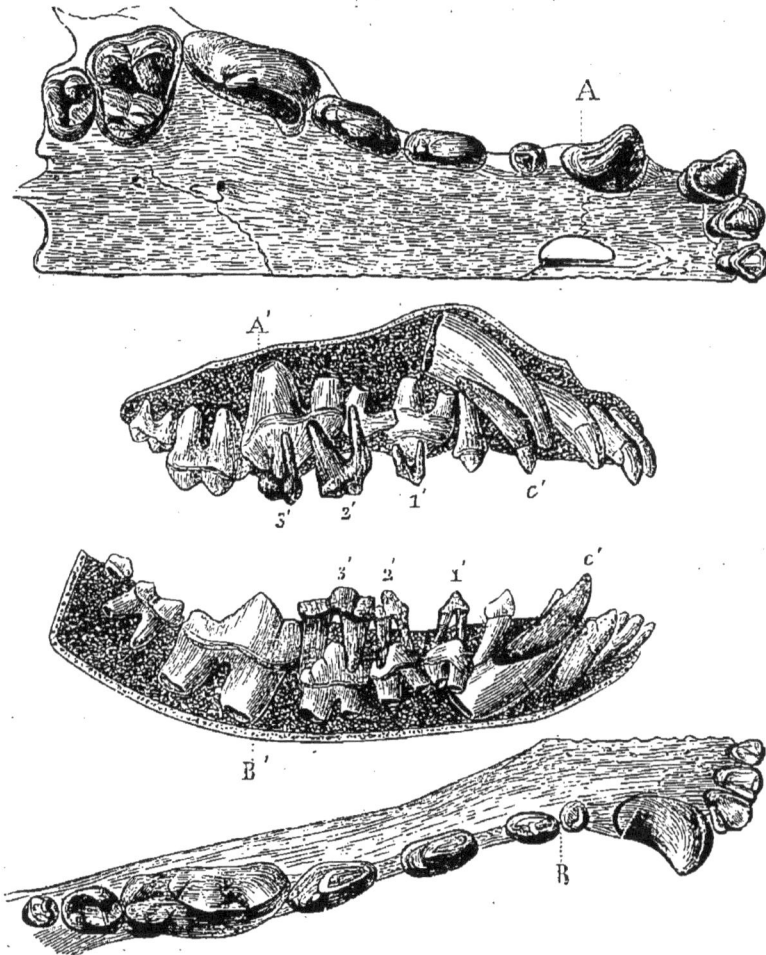

Fig. 6. — A, Mâchoire supérieure du chien ; B, sa mâchoire inférieure ;
A', B', ses dents de lait avec les dents de remplacement.

clature binaire, dont on doit surtout à Linné d'avoir fixé les règles. Dans ce mode de dénomination, adopté par tous les naturalistes, pour les végétaux comme pour les animaux, toutes les espèces du genre Chien par exemple portent le *nom générique* de *Canis* ; toutes les espèces du genre Chat le nom de *Felis* ; mais il faut ajouter à ce premier nom le *nom spécifique* pour désigner une espèce déterminée : les mots *Canis familiaris, Canis lupus, Canis latrans, Canis aureus, Canis vulpes* désignent respectivement le Chien, le Loup, le Loup des prairies, le Chacal d'Afrique, le Renard ; de même les mots

FIG. 7. — Chat sauvage.

Felis catus, Felis leo, Felis pardalis, Felis tigris, Felis onça désignent le Chat, le Lion, la Panthère, le Tigre, le Jaguar.

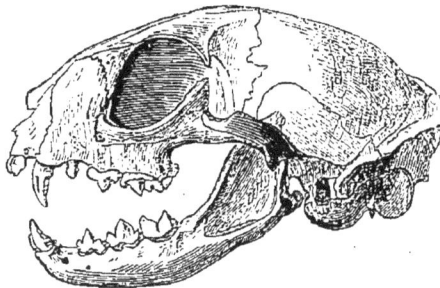

FIG. 8. — Crâne et dentition du chat.

Caractères génériques. — Si nous avons trouvé souvent arbitraire la délimitation des espèces, celle des genres est soumise à de bien plus nombreuses fluctuations. On a proposé de considérer comme appartenant à un même genre toutes les espèces dont le croisement pouvait donner lieu à des hybrides ; on espérait ainsi donner à la notion du genre une base expérimentale, semblable à

celle qui sert de définition à l'espèce. Malheureusement, les expériences de croisement sont trop difficiles, demandent trop de soins,
pour qu'on puisse jamais les faire servir à l'établissement de nos
divisions zoologiques. On a donc simplement recours, pour établir
les genres, à des caractères anatomiques, et l'on considère toute
variation dans le nombre ou la forme des organes importants,
comme permettant de définir un genre.

Mais qu'entend-on par organe important? Ici, les interprétations

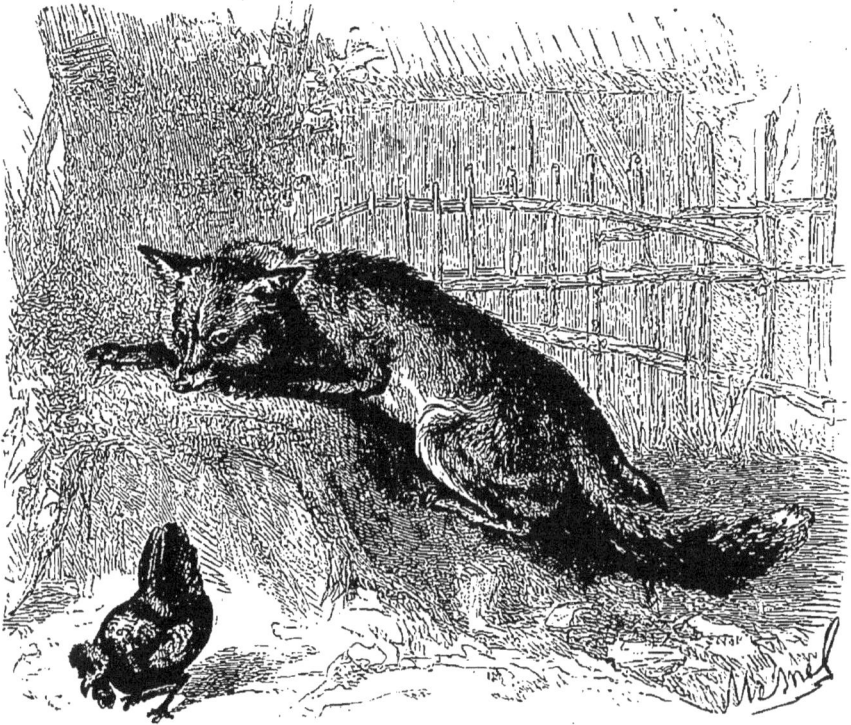

FIG. 8 *bis*. — Renard commun.

diffèrent. Nous avons, tout à l'heure, défini les caractères du genre
Chien et du genre *Chat*, tels que les admettent la plupart des naturalistes; quelques savants considèrent cependant les espèces comprises
dans ces genres comme formant plusieurs genres distincts. Le
Renard, par exemple, a la pupille allongée au lieu de l'avoir arrondie comme les autres chiens; sa queue est plus longue et plus
touffue : on en a fait quelquefois le type d'un genre distinct. Le Lion
a une crinière qui lui est particulière; sa queue est terminée
par un bouquet de poils, sa pupille est ronde au lieu d'avoir la

forme d'une fente verticale : on a proposé de créer un genre *Lion*. Ces divergences d'opinion se retrouvent à propos de toutes les parties du règne animal : il ne faut pas d'ailleurs s'en exagérer l'importance ; que l'on place ou non les Renards et les Lions dans des genres distincts, personne, d'une part, ne méconnaît leur parenté respective avec les Chiens et les Chats, et il ne viendra, d'autre part, à l'esprit d'aucun naturaliste de réunir sous une même appellation générique ces derniers animaux.

Fig. 9. — Chacals.

Dans la pratique, toutes les fois que plusieurs espèces ont des caractères anatomiques très voisins, on les classe dans le même genre ; mais si, par exemple, toutes autres choses demeurant d'ailleurs semblables, le nombre des dents, celui des doigts, ne sont pas les mêmes dans deux espèces de mammifères, on les place dans des genres différents ; nous avons vu que des naturalistes avaient fait appel à des caractères moins importants.

Tribus, ordres, familles. — Si différents que soient le Chien et le Chat, ils n'en présentent pas moins certains caractères communs.

Leurs dents, bien que n'étant pas en même nombre, sont à peu près de même forme ; l'articulation de leur mâchoire inférieure avec le crâne présente les mêmes caractères ; leurs doigts sont nombreux et terminés par ces ongles étroits, plus ou moins pointus, que l'on appelle dans le langage courant, des griffes ; en outre, Chiens et Chats se nourrissent de chair. Ces caractères, communs au Chien et au Chat, se retrouvent encore chez d'autres animaux qui n'appartiennent pas au même genre : par exemple, chez les Fouines, les Belettes, les Blaireaux, les Ours ; au contraire, chez le Mouton, les dents (fig. 10) et l'articulation de la mâchoire inférieure ont une forme toute différente ; la mâchoire supérieure est dégarnie de dents

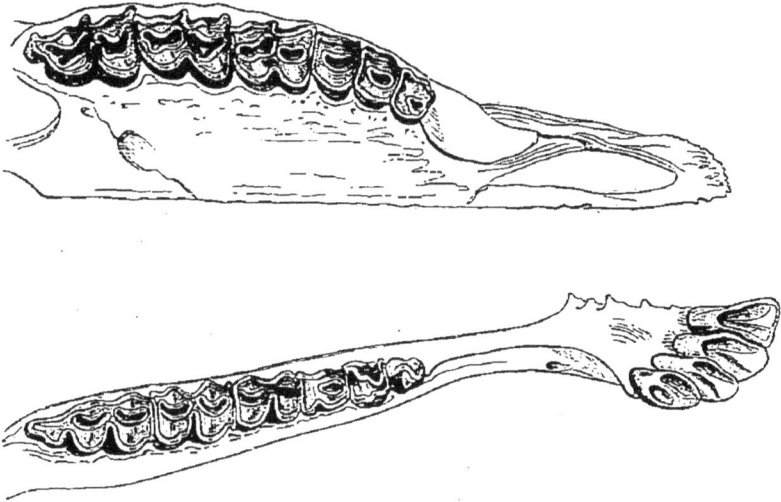

FIG. 10. — Dentition du mouton.

sur le devant ; deux doigts seulement touchent à terre, et leur extrémité libre est enfermée dans un ongle volumineux, dans un *sabot*, par tout le pourtour duquel ils appuient sur le sol. Ces caractères du Mouton nous les retrouvons, peu modifiés, chez la Chèvre, le Bœuf, le Moufflon, le Chamois, le Bouquetin, les Antilopes (fig. 11), le Cerf, etc., qui appartiennent cependant à plusieurs genres distincts. Nous sommes donc conduits à réunir tous ces genres dans un même groupe et à séparer ce groupe de celui dans lequel nous pouvons réunir les Chiens, les Chats, les Fouines, les Belettes, les Blaireaux et les Ours. Ces groupes nouveaux prennent le nom d'*ordres*. Le genre Chat peut être considéré comme le type de l'ordre des *Carnassiers*, le genre Mouton, comme celui de l'ordre des *Ruminants*.

Entre l'ordre et le genre, on peut d'ailleurs échelonner toute une série de divisions de moins en moins étendues et dont les plus généralement adoptées sont les *familles* et les *tribus*. Les Cerfs, les Daims, les Rennes, les Élans (fig. 12), etc., par exemple, ont des cornes osseuses, nues, qui tombent et se renouvellent périodiquement; ils se distinguent par là des Moutons, des Bœufs,

Fig. 11. — Antilope namsa.

des Chèvres, des Antilopes (fig. 11), dont les cornes persistantes sont revêtues d'une substance dure, élastique, demi-transparente, bien différente de la substance des os : les Ruminants à cornes caduques ou *Cervidés* et les Ruminants à cornes persistantes ou *Cavicornes* forment donc deux familles distinctes de l'ordre des Ruminants. Les familles nombreuses peuvent de même se subdiviser en *tribus*.

Classes. — Entre les Ruminants et les Carnassiers il y a encore

certaines ressemblances : les uns et les autres ont quatre pattes ;
leur corps est couvert de poils ; leurs petits naissent tout développés, et sont nourris par une sécrétion de la mère, le lait,
qui se forme dans des glandes particulières, les *mamelles;* tous produisent de la chaleur qui maintient leur corps à une température
constante, voisine de 38°. En cela, ils ne diffèrent pas d'autres animaux qui ne sont ni ruminants ni carnassiers, tels que les Porcs, les
Chevaux, les Lapins, les Écureuils. Il faut donc réunir ces divers êtres

FIG. 12. — Élan.

formant un nombre d'ordres considérable, en un groupe unique, plus
étendu que l'ordre, et auquel on donne le nom de *classe.* Tous les
animaux qui mettent au monde des petits vivants et les nourrissent
de leur lait, appartiennent à une classe unique, celle des *Mammifères.*
Quelques-uns d'entre eux seulement sont dépourvus de poils; parfois
les deux pieds postérieurs manquent, comme chez les Baleines.

Embranchements ou types. — Les Mammifères, à leur tour, ne
sont pas isolés dans le Règne animal. Considérez un Oiseau, un

Lézard, un Poisson : à tous ces animaux, vous trouvez, comme au Mammifère, quatre membres qui se correspondent, dont les parties molles viennent s'attacher à des pièces solides, les os, lesquels se rattachent à leur tour directement ou indirectement à une colonne osseuse, la *colonne vertébrale*, formée de pièces à peu près semblables entre elles, bien connues sous le nom de *vertèbres*. Les Insectes, les Vers annelés, les Limaces, les Escargots, les Poulpes et nombre d'autres animaux sont dépourvus de toute colonne vertébrale. Il convient donc de réunir encore dans un même groupe tous les animaux possédant un squelette dont la colonne vertébrale est la pièce essentielle. On les nomme des *Vertébrés*. Il existe d'autres groupes aussi compréhensifs : ces groupes, comprenant un certain nombre de classes, Cuvier les appelait des *embranchements*. On leur donne souvent de nos jours le nom de *types*. Nous sommes arrivés aux divisions les plus générales qui aient été introduites dans le Règne animal.

Classifications de Linné et de Cuvier. — *L'embranchement* ou *type* est une division de création récente. Linné, en 1766, répartissait immédiatement les animaux en 6 classes, qui étaient les suivantes [1] :

1° *Mammalia* (Mammifères);

2° *Aves* (Oiseaux);

3° *Amphibia* (Reptiles, Batraciens, quelques Poissons);

4° *Pisces* (Poissons);

5° *Insecta* (Insectes, Myriapodes, Arachnides, Crustacés);

6° *Vermes* (Vers intestinaux, Mollusques, Zoophytes).

C'est Cuvier qui a fait le premier remarquer [2] que les animaux composant ces classes appartenaient à des *types* différents d'organisation, dont il fixait le nombre à quatre, savoir :

1° Les VERTÉBRÉS, comprenant les Mammifères, les Oiseaux, les Reptiles et les Poissons, c'est-à-dire les cinq premières classes de Linné;

2° Les MOLLUSQUES, correspondant à une partie de la classe des Vers du naturaliste suédois;

3° Les ARTICULÉS, comprenant tous les animaux à corps formé d'anneaux, c'est-à-dire les *Insecta* de Linné et une partie des Vers;

---

1. Le *Systema Naturæ* de Linné a eu, de 1735 à 1766, douze éditions, toutes revues par l'auteur, qui a apporté à chacune d'elles de nombreuses modifications.

2. Cuvier, *Le Règne animal distribué d'après son organisation*, 1re édition, 1817; 2e édition, 1829.

4° Enfin les RAYONNÉS ou ZOOPHYTES, dont le corps est habituellement formé de parties rayonnant autour d'un centre ou autour
d'un axe.

Les quatre premières classes de Linné étaient donc réunies dans un
même embranchement; la cinquième était élevée au rang d'embranchement et se subdivisait à son tour en *classes;* la sixième se trouvait
répartie entre trois embranchements distincts. Cuvier opérait, comme
on voit, une révolution complète dans la distribution du Règne
animal.

Pour le fondateur de l'Anatomie comparée, le Règne animal se divisait en quatre *embranchements ;* chacun de ces embranchements se divisait à son tour en *classes,* les classes en *ordres,* les
ordres en *familles,* puis en *tribus,* ces dernières comprenant enfin
les *genres* dans lesquels venaient se grouper les *espèces.*

Principe de la subordination des caractères. — Si l'on se
reporte aux exemples que nous avons choisis pour faire comprendre
le mode d'enchaînement de ces divisions successives, on voit que
chacune d'elles peut être définie par un petit nombre de caractères,
ou même, le plus souvent, par un seul. Il y a donc des caractères
qui sont communs à beaucoup d'animaux, d'autres qui sont restreints à quelques-uns; les caractères correspondant aux diverses
divisions du Règne animal ont, comme celles-ci, des valeurs différentes, et sont subordonnés comme elles; de sorte que les uns nous
indiquent la classe à laquelle appartient un animal, tandis que
d'autres ne pourraient nous permettre que de définir son espèce. Ce
principe de la *subordination des caractères,* énoncé par Cuvier, est
le fondement même de la *classification naturelle,* dans laquelle on
se propose de classer tous les animaux exactement d'après leur degré
plus ou moins grand de ressemblance. Il est évident, en effet, que
si l'on a rigoureusement déterminé quels sont les caractères qui
doivent être considérés comme des caractères d'espèce, de genre,
de famille, de classe, d'embranchement, tous les animaux appartenant à l'une quelconque de ces divisions pourront être exactement
reconnus, placés dans la division dont ils relèvent, et rapprochés,
dans cette division, de ceux auxquels ils ressemblent le plus.

Les caractères de l'espèce sont *subordonnés* par rapport à ceux
du genre, ceux-ci par rapport aux caractères de la tribu, et ainsi de
suite jusqu'à l'embranchement. Inversement, les caractères de l'embranchement peuvent recevoir le nom de *caractères dominateurs* par
rapport à ceux de la classe ; ceux-ci sont dominateurs par rapport

aux caractères de la famille et ainsi de suite jusqu'à l'espèce, de sorte que tout caractère, suivant la façon dont on le considère, peut être tour à tour *dominateur* ou *subordonné*.

Ces expressions n'avaient nullement pour Cuvier un sens figuré ; cela résulte de la définition même qu'il donne des caractères dominateurs (1) :

« Les parties d'un être devant toutes avoir une convenance mutuelle, il est, dit-il, tels traits de conformation qui en excluent d'autres; il en est qui, au contraire, en nécessitent. Quand on connaît donc tels ou tels traits dans un être, on peut calculer ceux qui coexistent avec ceux-là ou ceux qui leur sont incompatibles. Les parties, les propriétés ou les traits de conformation qui ont le plus grand nombre de ces rapports d'incompatibilité ou d'existence avec d'autres, en d'autres termes, qui exercent sur l'ensemble de l'être l'influence la plus marquée, sont ce qu'on appelle les *caractères importants*, les *caractères dominateurs ;* les autres sont des *caractères subordonnés*, et il y en a ainsi de différents degrés. »

Principe de la corrélation des formes. — Suivant Cuvier, il y a donc entre les caractères une véritable hiérarchie ; mais, de plus, toutes les parties de l'animal étant faites les unes pour les autres, aucune d'elles ne peut varier sans entraîner immédiatement des variations dans toutes les autres ; de là découle un autre principe, le *principe de la corrélation des formes*, que Cuvier considérait comme la base de l'anatomie comparée. En vertu de cette corrélation, étant donnée la forme d'un organe important, un anatomiste doit savoir deviner celle de tous les organes qui peuvent exister avec lui et reconstituer, par conséquent, l'animal entier. C'est là ce que l'illustre auteur du *Règne animal* avait tenté, avec un plein succès. Ayant eu à sa disposition quelques fragments du squelette d'un mammifère fossile, trouvés dans les carrières de gypse de Montmartre, il put affirmer que l'animal d'où ils provenaient devait être très voisin des Tapirs actuels ; il en fit la restauration, et la découverte d'un squelette à peu près entier du mammifère auquel il avait donné le nom de *Palæotherium* (fig. 13), vint confirmer complètement ses conjectures.

On trouverait facilement des exemples de ces corrélations : la forme des dents du Chat commande, par exemple, la forme de l'articulation de sa mâchoire inférieure ; celle-ci détermine la forme des os du crâne auquel elle s'attache ; de la forme de la dent on peut

_____
1. *Règne animal*. Édition de 1829, t. Iᵉʳ. p. 9.

encore déduire la disposition des griffes, qui sont toujours rétractiles chez les animaux ayant la dentition du Chat. Or ces dents et ces griffes impliquent un animal carnassier, fait d'où l'on pourrait encore tirer toute une série de déductions nouvelles, qui permettraient finalement de reconstituer le Chat, dans toutes ses proportions.

Une application rigoureuse du principe de la corrélation des formes donne, en général, des résultats satisfaisants quand elle porte sur les animaux supérieurs de notre époque ou sur ceux de périodes géologiques peu éloignées ; mais les conclusions que l'on voudrait

Fig. 13. — *Palœotherium magnum* (1/20 g. n.).

tirer de l'étude de la nature actuelle se trouveraient fréquemment en défaut si l'on voulait les appliquer aux animaux des périodes primaire ou secondaire. Ainsi, depuis la fin de la période secondaire, tout animal couvert de plumes marche debout sur ses membres postérieurs ; sa queue est remplacée par un croupion, garni de pennes ; ses membres antérieurs ont la forme d'*ailes* et sont terminés par des doigts au nombre de trois, mais à peine reconnaissables, presque toujours dépourvus d'ongles et en grande partie soudés par la peau ; ses mâchoires sont dépourvues de dents et recouvertes par un étui corné qui forme ce qu'on appelle un *bec*. Ce sont là les caractères les plus évidents des Oiseaux et il en est encore d'autres qui, pour être moins apparents, sont presque aussi généraux. Tous ces caractères semblent donc corrélatifs les uns des autres. La découverte dans des couches géologiques d'une plume parfaitement conformée aurait paru suffisante, il y a quelques années, pour indiquer l'existence, à l'époque où ces couches s'étaient déposées, d'un animal ayant la structure anatomique d'un oiseau. Or on a trouvé, dans les schistes de Solenhofen, le squelette garni de plumes d'un animal, l'*Archæopteryx lithographica* (fig. 14), dont le corps se prolongeait

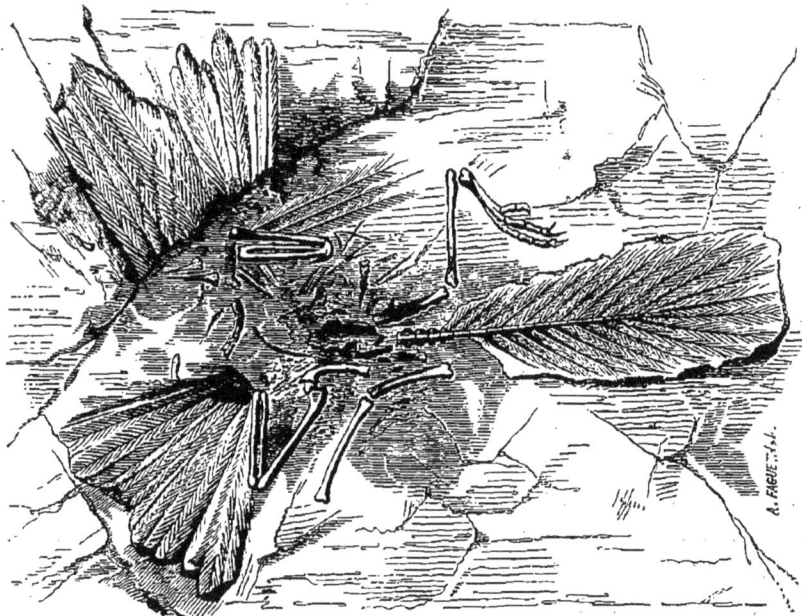

FIG. 14. — Débris d'*Archæopteryx lithographica*.

en une longue queue formée de vingt-deux vertèbres ; ses membres antérieurs, quoique couverts de plumes, étaient terminés par trois doigts libres, munis d'ongles bien développés ; ses mâchoires portaient des dents et il n'existait peut-être pas de bec ; le squelette était bien plus celui d'un lézard que celui d'un oiseau ; si l'on avait rencontré séparément le squelette et les plumes, on n'aurait pu soupçonner un seul instant que ces débris pussent appartenir au même animal. On a trouvé, dans la craie d'Amérique, plusieurs vrais oiseaux à mâchoires pourvues de dents. Une infinité d'autres animaux, même parmi les Mammifères contemporains du *Palæotherium*, mettraient pareillement en défaut le principe de la corrélation des formes, si l'on se bornait à l'appliquer en prenant uniquement pour point de départ les espèces actuellement vivantes.

Principe général des conditions d'existence. — Objection des organes rudimentaires. — Cuvier considérait d'ailleurs le principe de la corrélation des formes comme une conséquence d'un principe plus général, celui des *conditions d'existence*, d'après lequel un animal, étant créé pour vivre dans des conditions déterminées, possède tout ce qu'il faut pour vivre dans ces conditions et rien que ce qu'il lui faut. Or il existe nombre d'animaux chez qui l'on observe des organes d'une inutilité complète, que le principe de la corrélation des formes ne saurait faire prévoir et dont la présence est en contradiction avec celui des conditions d'existence. Ces organes paraissent ordinairement tenir la place d'organes analogues qui ont, chez d'autres animaux, un développement plus considérable et un rôle déterminé ; on les désigne, pour cette raison, sous le nom d'*organes rudimentaires*.

Hypothèse de l'unité de plan de composition ; principe du balancement des organes ; principe des connexions. — Théorie des analogues. — Étienne Geoffroy Saint-Hilaire [1], l'ardent émule de Cuvier, expliquait l'existence de ces organes rudimentaires par une hypothèse bien différente de celle des conditions d'existence, l'hypothèse célèbre de l'*unité du plan de composition* du Règne animal. Il pensait que tous les animaux étaient composés des mêmes parties, semblablement placées, qu'ils ne différaient entre eux que par le degré de développement de ces parties et par les fonctions différentes qu'elles pouvaient exercer. Certaines parties arrivaient, dans certains cas, à prendre un développement exagéré ; d'autres, par une sorte de *balancement* que l'éminent anatomiste avait érigé en une loi générale, devenaient alors rudimentaires. Quelles que fussent leurs variations de volume, quelles que fussent leurs fonctions diverses, les parties composant un animal conservaient d'ailleurs les mêmes positions relatives, de sorte qu'on pouvait toujours reconnaître, à leurs connexions avec les parties moins modifiées, celles qui avaient subi des changements profonds dans leur forme et dans leur fonction. Cette proposition, désignée par Geoffroy Saint-Hilaire sous le nom de *principe des connexions*, a

---

1. Geoffroy Saint-Hilaire, né à Étampes le 15 avril 1772, mort à Paris le 19 juin 1844.

été l'âme de tous ses travaux d'anatomie comparée ; elle a servi de point de départ aux recherches et aux découvertes des plus habiles anatomistes. Geoffroy désignait sous le nom de *parties analogues* les parties qui, dans deux animaux d'espèce différente, présentaient les mêmes connexions.

Les organes rudimentaires devaient nécessairement être pris en grande considération dans la détermination des parties analogues, à l'aide du principe des connexions. Cette détermination était le but que Geoffroy proposait à l'anatomie comparée : elle se liait étroitement à l'établissement d'une classification naturelle des animaux. Geoffroy n'a jamais essayé de réaliser une classification générale basée sur ses principes ; mais sa conception du Règne animal ne pouvait ressembler à celle de Cuvier. Les animaux n'étant, pour lui, que des variations d'un même type, devaient former une série continue plus ou moins ramifiée ; pour Cuvier, les divers groupes zoologiques devaient être, au contraire, nettement séparés ; il ne pouvait notamment exister aucun lien entre des animaux appartenant à deux embranchements différents.

Nous verrons bientôt que le *principe des connexions* ne saurait être d'une application plus générale que le *principe de la corrélation des formes*. Le principe de l'unité de plan de composition, de Geoffroy Saint-Hilaire, comme le principe des conditions d'existence, de Cuvier, n'étaient que des hypothèses partielles reliant un certain nombre de faits, mais en laissant beaucoup d'autres sans explication.

Hypothèse de la descendance. — A côté de Geoffroy Saint-Hilaire et de Cuvier, dont la lutte scientifique eut, vers 1830, un immense retentissement, Lamarck, plus âgé que ses deux collègues du Muséum d'histoire naturelle, posait, dès 1812, les bases d'une théorie toute différente, qui passa d'abord à peu près inaperçue, mais qui a pris depuis une place importante dans les sciences naturelles. Cuvier considérait les espèces comme absolument immuables ; il pensait que chaque espèce avait été créée isolément en vue des conditions où elle devait vivre et avec lesquelles toutes ses parties se trouvaient en parfaite harmonie ; il niait l'existence d'un lien généalogique quelconque entre les espèces actuelles, ou entre ces espèces et les espèces fossiles qu'il avait si heureusement restaurées. Geoffroy admettait, au contraire, que les animaux qui vivent autour de nous étaient les descendants modifiés d'animaux fossiles, que nous considérons comme d'espèce différente ; mais sa théorie de l'unité de plan de composition le conduisait à supposer qu'il avait existé de tous temps des animaux d'une grande complication, dont les animaux actuels n'étaient que des modifications diverses, produites « par l'action toute-puissante du milieu extérieur ». Lamarck allait beaucoup plus loin ; il pensait que les premiers êtres avaient dû être relativement simples, s'étaient formés par génération spontanée, soit directement, soit dans le corps d'autres animaux, et n'avaient atteint qu'avec une extrême lenteur à la complication que montrent aujourd'hui les plus élevés des animaux et des végétaux. Non seulement il rattachait les animaux actuels aux animaux fossiles, mais il voyait encore, dans les plus simples des premiers, les êtres analogues aux ancêtres des plus complexes. Il existait pour lui une parenté réelle entre les animaux appartenant à la même famille zoologique ; les ressemblances que présentaient les animaux dans leur organisation s'expliquaient par cette parenté. Les plus proches parents étaient aussi ceux qui offraient les plus grandes affinités, de sorte que la classification naturelle n'était, en définitive, que l'arbre généalogique du règne animal.

Ce point de vue, longtemps abandonné, a été repris, depuis 1859, par un grand nombre de naturalistes. Après la publication du livre de Charles Darwin sur l'*Origine des espèces*, des savants éminents ont pleinement adopté les points essentiels de la doctrine de Lamarck sur la parenté réelle, effective, de la plupart des êtres vivants, doctrine qui constitue ce qu'on nomme aujourd'hui la *doctrine de l'évolution*, la *théorie de la descendance* ou, plus simplement, d'un seul mot, le *transformisme*. Dans cette doctrine, le *principe de la corrélation des formes*, aussi bien que le *principe des connexions*, prennent une signification nouvelle et apparaissent comme des cas particuliers de principes plus généraux, qui leur enlèvent ce qu'ils avaient de trop absolu et montrent dans quelle mesure il est possible de les appliquer. C'est un point sur lequel nous aurons à revenir.

Beaucoup de naturalistes très autorisés admettent donc, à l'exemple de Lamarck, que les ressemblances présentées par les animaux sont, comme les ressemblances que nous constatons souvent entre les membres d'une même famille, l'indication et le résultat d'une parenté réelle ; ils pensent que la classification naturelle ne doit être elle-même qu'un arbre généalogique, et s'efforcent d'en déterminer les ramifications diverses ; ils font appel, pour cela, à trois ordres de considérations tirées de la *paléontologie*, de l'*anatomie comparée* et de l'*embryogénie*.

La *paléontologie*, exhumant les animaux fossiles, a depuis longtemps établi que la population animale du globe, d'abord bien différente de celle au milieu de laquelle nous vivons, s'était graduellement modifiée de manière à présenter successivement un nombre toujours plus grand d'espèces voisines des espèces actuelles. Parmi les formes anciennes, beaucoup, intermédiaires entre plusieurs formes différentes de notre époque, semblent être leur point de départ commun, ou permettent de les relier à un même rameau.

L'*anatomie comparée*, étudiant les transformations des organes, les montrant simples et peu nombreux chez certains êtres, compliqués ou multiples chez d'autres, souvent modifiés par l'appropriation de quelques-unes de leurs parties à des fonctions nouvelles, conduit à distinguer, dans un même groupe, des animaux relativement inférieurs, d'autres relativement supérieurs, qui paraissent dériver des premiers, dont ils présentent les traits généraux perfectionnés.

L'*embryogénie*, suivant les métamorphoses des animaux depuis l'œuf, qui est leur point de départ commun, jusqu'à l'état définitif, est, à son tour, une source précieuse d'indications. Étienne Geoffroy Saint-Hilaire avait déjà mis en évidence, dans le squelette des poissons adultes, des particularités qui, chez les animaux plus élevés, se montrent seulement dans les premiers temps de la vie et disparaissent par le progrès de l'âge. Serres, généralisant ces observations, avait affirmé que les animaux les plus simples ne sont que la représentation permanente des formes traversées par les animaux supérieurs pour arriver à leur état définitif. C'était là une exagération; il est parfaitement vrai cependant que les formes les plus élevées et les formes les plus simples d'un embranchement présentent, au début de leur développement, de frappantes ressemblances. Il est même vrai, comme le disait, en 1844, M. H. Milne Edwards, que « les affinités zoologiques sont proportionnelles à la durée d'un certain parallélisme dans la marche des phénomènes génésiques chez les divers animaux; de sorte que les êtres en voie de formation cessent de se ressembler d'autant plus tôt qu'ils appartiennent à des groupes distinctifs d'un rang plus élevé dans le système des classifications naturelles et que les caractères essentiels, dominateurs de chacune de ces divisions, résident, non dans quelques particularités de formes organiques permanentes chez les adultes, mais dans l'existence plus ou moins prolongée d'une constitution primitive commune, au moins en apparence ».

L'embryogénie ainsi comprise prend une place considérable dans la détermination des affinités des êtres et, par conséquent, dans l'établissement d'une classification naturelle. Mais à quoi tiennent ces ressemblances plus ou moins prolongées, présentées par les formes successives que revêtent les animaux au cours de leur développement? .

C'est surtout quand on considère les animaux fossiles que la ressemblance signalée par Geoffroy Saint-Hilaire et par Serres, entre les animaux inférieurs et les embryons des animaux supérieurs, devient frappante. Louis Agassiz a, le premier, attiré l'attention sur l'existence fréquente de *types embryonnaires* parmi les anciens habitants du globe. On a pensé expliquer à la fois ce fait incontestable et les phénomènes étonnants de l'embryogénie, en admettant que *le développement embryogénique d'un animal ne fait que reproduire, en abrégeant considérablement leur durée, les formes successives traversées, depuis l'origine des temps, par son espèce, pour arriver à sa forme actuelle.* Une telle proposition n'est pas susceptible d'une démonstration rigoureuse ; mais elle donne la mesure de l'importance qui s'attache à l'embryogénie ; si on l'accepte, l'embryogénie d'un animal doit suffire pour donner, à elle seule, la clef de toutes ses affinités. Aussi a-t-on proposé, depuis dix ans, plusieurs classifications uniquement fondées sur l'embryogénie ; malheureusement, le principe fondamental que nous venons d'énoncer étant admis, le développement des animaux se complique de phénomènes secondaires difficiles à isoler des phénomènes principaux, et ces classifications n'ont pas encore toute la netteté désirable.

Quelle que soit d'ailleurs l'opinion que l'on adopte relativement à l'origine des êtres organisés, les données fournies par la paléontologie, l'anatomie comparée et l'embryogénie n'en révèlent pas moins des ressemblances de divers ordres entre les animaux que l'on étudie et doivent entrer simultanément en ligne de compte dans l'établissement d'une classification naturelle. En prenant en considération les innombrables documents recueillis, on est conduit à admettre dans le Règne animal non plus quatre, mais bien neuf divisions principales, qui sont les suivantes :

1° VERTÉBRÉS. — 2° TUNICIERS. — 3° MOLLUSQUES. — 4° VERS. — 5° ARTHROPODES. — 6° ÉCHINODERMES. — 7° CŒLENTÉRÉS. — 8° SPONGIAIRES. — 9° PROTOZOAIRES.

Il peut exister entre ces différents types des liens qu'excluait la conception de Cuvier ; mais ces liens ne se manifestent pas entre tous. Nous devons rechercher maintenant sur quels caractères ces différentes divisions sont fondées et montrer quels sont les rapports qui existent entre elles.

Caractères des embranchements de Cuvier. — « Il existe, disait Cuvier, quatre formes principales, quatre plans généraux, si l'on peut s'exprimer ainsi, d'après lesquels tous les animaux semblent avoir été modelés et dont les divisions ultérieures, de quelque titre

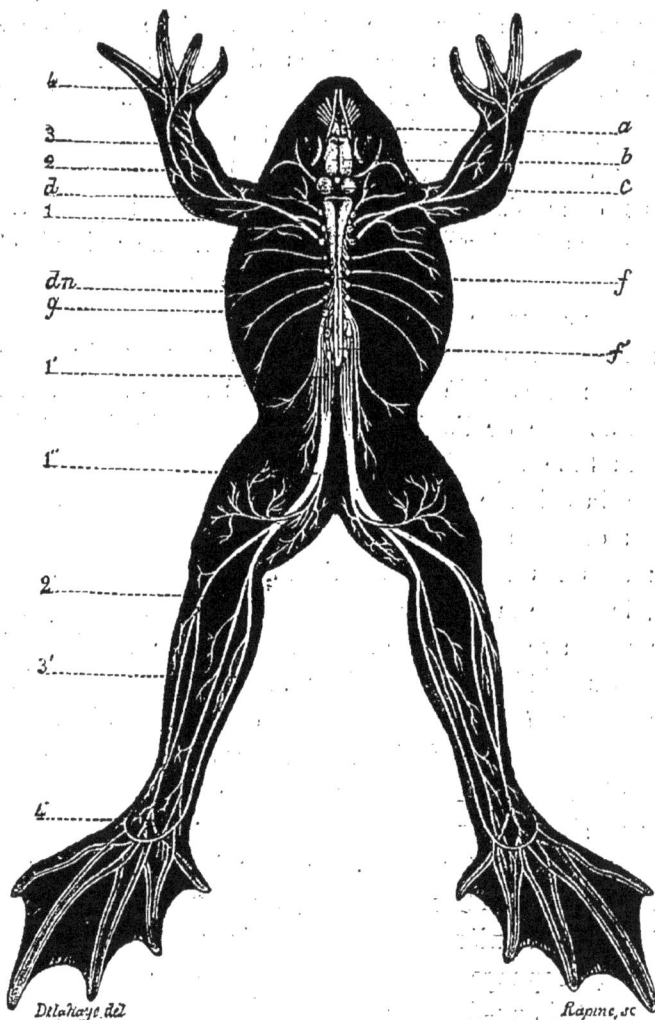

FIG. 15. — Système nerveux de vertébré (Grenouille).

que les naturalistes les aient décorées, ne sont que des modifications assez légères, fondées sur le développement ou l'addition de quelques parties, qui ne changent rien à l'essence du plan. »

D'après le principe de la subordination des caractères, ces quatre plans devaient se résumer dans quelques traits généraux dont l'apparition permettait de les définir simplement; aussi Cuvier, fidèle à ses idées, s'était-il posé cette question : « Quels sont, dans les animaux, les caractères les plus influents dont il faudra faire la base de leurs premières divisions? Il est clair, ajoutait-il, que ce doivent être ceux qui se tirent des fonctions animales, c'est-à-dire des sensations et du mouvement, car non seulement ils font de l'être un animal, mais encore ils établissent le degré de son animalité. » Or toutes les sensations de l'animal sont transmises, perçues et appréciées par l'intermédiaire d'un ensemble d'organes qui forment le *système nerveux* et qui tiennent, à leur tour, sous leur dépendance la production de tous les mouvements. Il fallait donc s'adresser au système nerveux pour trouver le caractère des divisions primordiales du Règne animal, et ce sont les dispositions diverses de ce système que le grand anatomiste avait pu rattacher à quatre plans distincts.

Chez les VERTÉBRÉS, en effet, le système nerveux (fig. 15) est composé d'une moelle épinière et d'un cerveau situés l'un et l'autre dans la région dorsale de l'animal, totalement placés l'un et l'autre au-dessus du tube digestif, et séparés de cet organe soit par la partie axiale de la colonne vertébrale, soit par un cordon solide qui en tient lieu et qu'on appelle la *corde dorsale*.

Chez tous les animaux de l'embranchement des ARTICULÉS de Cuvier, la partie la plus volumineuse du système nerveux est située dans la région ventrale; elle se compose d'une double série de petites masses ovoïdes, les *ganglions*, reliées entre elles à la fois longitudinalement et transversalement, et formant ainsi une *chaîne nerveuse* ou *chaîne ganglionnaire*, tout entière placée au-dessous du tube digestif (fig. 16). En avant, cette chaîne se divise en deux cordons symétriques qui remontent l'un à droite, l'autre à gauche de l'œsophage et vont se relier à une paire de ganglions placés au-dessus de ce canal. Ces ganglions, les deux branches latérales de la chaîne et sa première paire de ganglions inférieurs, forment donc, autour de l'œsophage, un collier complet, le *collier œsophagien*. Les ganglions situés au-dessus de l'œsophage tiennent sous leur dépendance, comme le cerveau des Vertébrés, les principaux organes des sens; aussi leur donne-t-on le nom de *ganglions cérébroïdes*.

Ainsi, chez les Animaux articulés, la partie du système nerveux qui semble remplir les fonctions du cerveau des Vertébrés est placée au-dessus du tube digestif; celle qui paraît correspondre à la moelle épinière est placée au dessous. Le système nerveux cesse donc d'être du même côté du tube digestif, et sa partie la plus allongée est ventrale au lieu d'être dorsale.

Nous retrouvons une disposition analogue chez les MOLLUSQUES : seulement là il existe, en général, deux colliers nerveux, au lieu d'un ; de plus, la chaîne ventrale est remplacée par un petit nombre de ganglions qui présentent, dans chaque groupe, une disposition

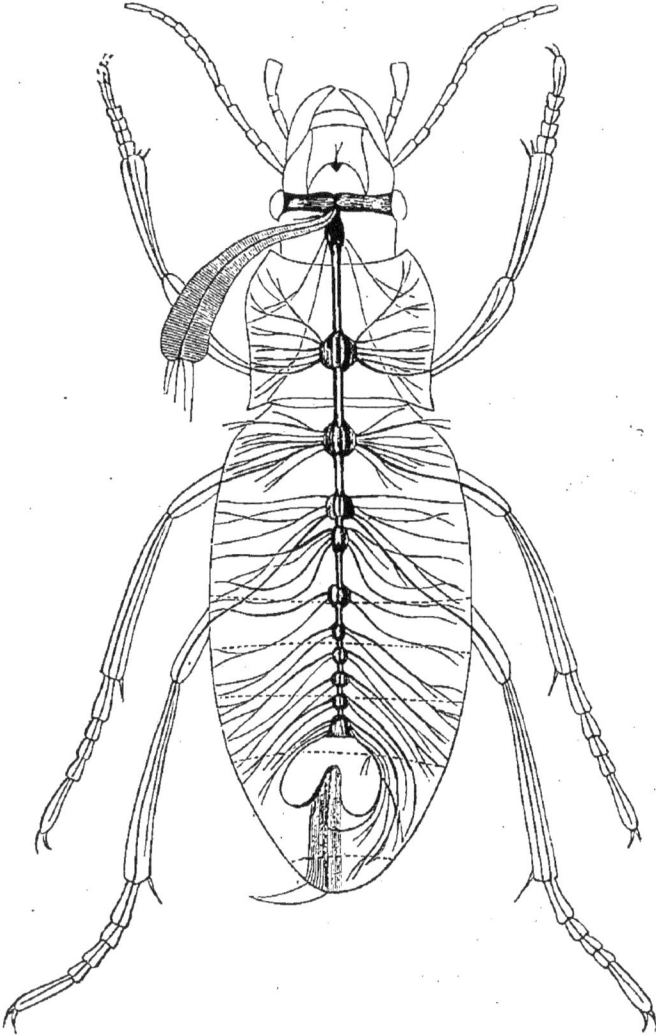

FIG. 16. — Système nerveux d'un articulé (Carabe doré).

constante. Chez les Mollusques gastéropodes (fig. 17), dont l'Escargot est le type, par exemple, le premier collier comprend les deux ganglions cérébroïdes, situés au-dessus de l'œsophage et deux gros ganglions situés au-dessous, exclusivement chargés de fournir des nerfs au pied ; le second collier comprend, outre les deux ganglions cérébroïdes, une chaîne de cinq ganglions inégaux, plus ou moins rapprochés les uns des autres, et dont les deux premiers sont reliés aux ganglions pédieux chacun par un cordon nerveux longitudinal et aux ganglions cérébroïdes par un cordon transversal. Il en résulte que l'œsophage est compris entre deux triangles nerveux ayant leurs sommets respectivement occupés par les ganglions cérébroïdes, les ganglions pédieux et les premiers ganglions postérieurs. Assez souvent, un nombre plus ou moins grand de ces ganglions viennent s'unir aux ganglions cérébroïdes et les centres nerveux arrivent ainsi à ne plus former qu'une masse unique. Chez les Mollusques bivalves, tels que les Moules, les Vénus, les Mactres, les Anodontes, les cinq ganglions du collier postérieur se réduisent à deux qui ne sont plus unis aux ganglions pédieux, et le premier collier disparaît tout entier chez les Huîtres qui n'ont pas de pied. Ces dispositions diverses, fort disparates au premier abord, sont reliées entre elles par un nombre tel de dispositions intermédiaires, qu'on ne peut hésiter à les rattacher toutes à un même type très nettement défini.

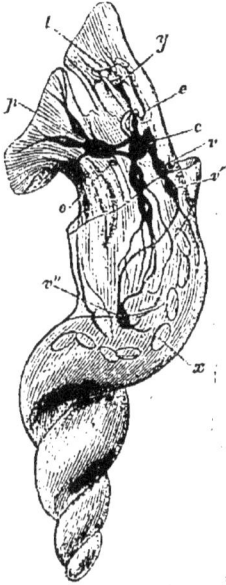

FIG. 17. — Système nerveux d'un Mollusque gastéropode (*Truncatella truncatula*). — *c*, ganglions cérébroïdes ; *p*, ganglions du pied ; *o*, otocystes ; *v*, *v'*, *v''*, ganglions complétant le 2ᵉ collier œsophagien ; *t*, tentacules ; *y*, yeux ; *x*, excréments.

Relativement aux Animaux rayonnés ou ZOOPHYTES, Cuvier se bornait à dire que leur système nerveux était indistinct. On ne connaissait encore, de son temps, ni le système nerveux des Étoiles de mer, ni celui des Méduses. En créant l'embranchement des Rayonnés, Cuvier avait donc recours à d'autres caractères que ceux tirés de ce système, et ces caractères n'étaient en réalité que le mode d'agencement des parties du corps.

Considérons, en effet, une Étoile de mer (fig. 18). Son corps se décompose en cinq parties, groupées comme des rayons autour d'un centre. Chacun de ces rayons est aussi semblable à ses voisins que le sont entre eux les pétales d'une fleur : tous contiennent les mêmes organes. Si, au lieu de considérer une Étoile de mer, nous considérons un Polype de corail (fig. 19), nous trouvons qu'il se décom-

FIG. 18. — Étoile de mer (*Asterias rubens*).

pose aussi en huit parties toutes semblables, groupées autour d'un

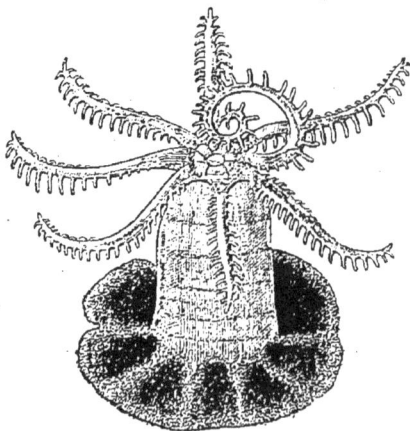

FIG. 19. — Polype de corail (*Corallium rubrum*).

centre ; dans une Méduse (fig. 20), nous verrions de même le corps se diviser en 4 ou 8 rayons parfaitement identiques entre eux. Le Polype de corail et la Méduse sont donc des *animaux rayonnés* exactement au même titre que les Étoiles de mer.

Nécessité de subdiviser l'embranchement des Rayonnés. — Mais poursuivons plus loin la comparaison ; au lieu de nous

Fig. 20. — Méduse (*Rhizostoma*).

arrêter au mode de groupement des parties qui constituent le corps, comparons entre elles ces parties elles-mêmes : il n'y a plus aucune ressemblance entre l'Étoile de mer et le Polype de corail, l'Étoile de mer et la Méduse.

Dans l'Étoile de mer (fig. 18), chaque rayon contient un double sac qui fait partie de l'appareil digestif ; entre le double sac et les parois du corps, se trouve une cavité dans laquelle sont contenus divers organes, baignant eux-mêmes dans un abondant liquide nourricier ;

l'eau de mer ne pénètre que grâce à des dispositions spéciales dans cette cavité, comparable elle-même à la cavité de notre corps où se trouvent les viscères et qu'on appelle, pour cette raison, la *cavité viscérale*. La cavité viscérale n'a aucune communication avec la *cavité digestive* qu'elle enveloppe de toutes parts, et dans laquelle les aliments demeurent enfermés pendant toute la durée de la digestion.

Dans les Polypes coralliaires (fig. 19), chaque rayon est simplement, au contraire, un tube creux communiquant avec une cavité où s'ouvre également un court conduit cylindrique faisant suite à la bouche. Par la bouche, l'eau de mer pénètre directement dans cette cavité et peut entrer librement dans chacun des rayons ; elle baigne les organes qui font tous saillie dans la cavité commune où les matières alimentaires arrivent également, pour être digérées. Il n'y a donc pas, chez le Polype de corail, de distinction entre la cavité viscérale et la cavité digestive ; il n'y en a pas davantage chez les autres Polypes ni chez les Méduses, et c'est pourquoi le naturaliste allemand Leuckart a proposé de réunir tous ces animaux sous la dénomination de *Cœlentérés* [1].

De même les Animaux rayonnés, chez lesquels il existe une cavité digestive distincte de la cavité générale, forment un groupe particulier, celui des *Échinodermes* [2] ainsi appelé parce que, chez la plupart d'entre eux, la peau, encroûtée de calcaire, est couverte d'épines parfois longues et pointues, comme le montrent les Oursins.

Entre les Échinodermes et les Cœlentérés, il n'y a de commun que le mode de groupement des parties ; ces parties mêmes sont profondément dissemblables et, par conséquent, aucune parenté ne saurait exister entre les êtres qu'elles composent. Il est donc rationnel, pour éviter de faire supposer des affinités qui n'existent pas, de ne plus réunir ces deux *types* dans un même groupe et de les ériger en embranchements distincts, tenant la place de l'ancien embranchement des Rayonnés.

Les Arthropodes et les Vers. — Ce que nous venons de dire de l'embranchement des Rayonnés peut être exactement répété de l'embranchement des Articulés. Il se trouve, en effet, qu'en prenant pour caractère de cet embranchement la disposition du système

1. De κοῖλος, cavité, et ἔντερα, intestins ; ces deux mots réunis faisant allusion à la fusion de la cavité viscérale et de la cavité digestive.

2. De ἐχῖνος, épine, et δέρμα, peau.

nerveux, Cuvier n'a fait autre chose que ce qu'il avait déjà fait pour les Rayonnés : c'est encore le mode d'agencement des parties du corps qui a servi de base à sa classification. Tous les animaux qu'il considérait comme articulés ont le corps formé d'anneaux placés bout à bout, parfois tout à fait semblables entre eux d'une extrémité à l'autre de l'animal, ne différant presque jamais que par des détails secondaires. Chacun de ces anneaux possède une paire de ganglions nerveux; c'est pourquoi l'ensemble de la partie principale du sys-

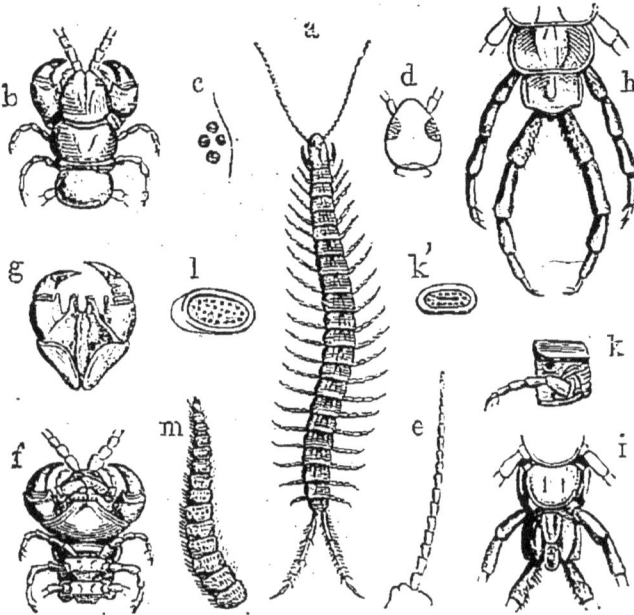

Fig. 21. — a, Scolopendre (*Cryptops hortorum*) grossie; b, partie antérieure d'une Scolopendre vue en dessus; c, les yeux; e, antenne; f, partie antérieure vue en dessous; g, crochets à venin; h, partie postérieure du corps vue en dessus; i, partie postérieure vue en dessous; k, partie d'un anneau montrant l'orifice respiratoire et une patte; k', l'orifice respiratoire isolé; l, le même orifice chez une autre espèce; d, tête de Scutigère; m, antenne de Géophile.

tème nerveux prend l'aspect d'une double chaîne de ganglions reliés par des cordons longitudinaux et transversaux. Tous les anneaux du corps étant semblables entre eux, on ne comprendrait pas, en effet, que la réunion des organes nerveux, qui leur sont propres, revêtît une autre forme que celle d'une chaîne de ganglions se répétant d'avant en arrière, exactement comme les anneaux dont ils dépendent. C'est donc bien l'agencement des parties du corps que reproduit le système nerveux chez les Articulés.

Mais, comparons ces parties elles-mêmes, par exemple, chez une

Scolopendre (fig. 21) et chez un Ver de terre (fig. 22), dont les anneaux se ressemblent sur toute la longueur du corps. Les anneaux de la Scolopendre sont revêtus d'une peau dure et résistante qui manque complètement au Lombric ; chacun des anneaux de la Scolopendre porte une paire de pattes formées d'articles placés bout à bout et capables de se mouvoir les uns sur les autres, de manière que la patte peut se fléchir d'une foule de façons ; ces appendices compliqués sont remplacés, chez le Ver de terre, par quatre paires de

FIG. 22. — Lombric terrestre ou Ver de terre.

soies, simples, raides, enfoncées dans la peau ; la bouche de la Scolopendre est accompagnée d'appendice articulés, mandibules ou mâchoires, qui manquent absolument à celle du Lombric ; au Ver de terre, nous trouvons un système compliqué de vaisseaux complètement séparés de la cavité viscérale ; les vaisseaux peu nombreux de la Scolopendre s'ouvrent largement dans cette cavité ; on pourrait relever dans les organes internes beaucoup d'autres différences tout aussi importantes ; les anneaux d'une Scolopendre sont donc construits tout autrement que ceux d'un Ver de terre. De la Scolopendre se rapprochent les Insectes, les Araignées, les Écrevisses et les autres Crustacés ; les traits principaux de l'organisation du Ver de terre se retrouvent chez les Sangsues, les nombreux Vers marins, qui forment la grande classe des Annélides et, moins accusés, chez un certain nombre d'autres Vers. Il faut donc encore démembrer l'embranchement des Articulés, tel que Cuvier l'avait délimité, et mettre à sa place deux groupes nouveaux. A celui dont le Ver de terre fait partie, on peut, sans inconvénient, laisser le nom de groupe des *Vers ;* tandis qu'on appelle *Arthropodes* [1] tous les animaux dont les segments sont munis de pieds articulés.

Démembrement de l'embranchement des Mollusques : Bryozoaires, Brachiopodes, Tuniciers. — Les Mollusques ont dû subir à leur tour un démembrement analogue. Pour Cuvier, et

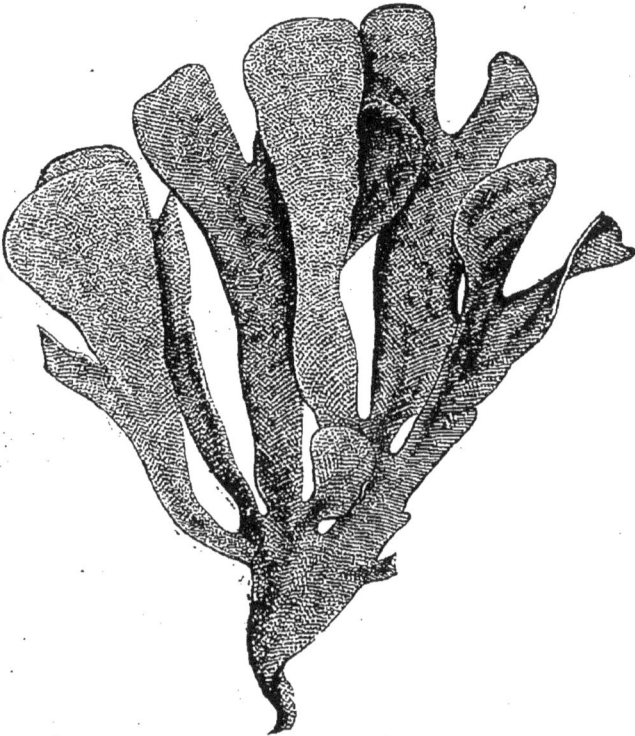

Fig. 23. — Polypier de Bryozoaire (*Flustra foliacea*).

pour le plus grand nombre de ses successeurs immédiats, étaient rangés parmi les Mollusques tous les animaux mous qui, n'étant pas

1. De ἄρθρον, article, et πούς, pied.

rayonnés, ne possédaient ni une moelle épinière, ni une chaîne ventrale, leur système nerveux étant représenté par un certain nombre de ganglions épars, généralement disposés sur deux colliers œsophagiens. On avait aussi introduit dans ce groupe un assez grand nombre d'animaux ayant un système nerveux plus simple encore, réduit par exemple à un seul collier ou même à un ganglion unique, mais qui semblaient, par le reste de leur organisation, se rapprocher des Mollusques. C'étaient les *Bryozoaires* (fig. 23), tout petits animaux qui vivent en colonie, comme les polypes, mais possèdent un tube digestif, distinct de la cavité générale ; les *Tuniciers* (fig. 24), qui ressemblent extérieurement à des Mollusques bivalves dont la coquille serait remplacée par une enveloppe nommée la *tunique*, formée d'une substance voisine de la cellulose,

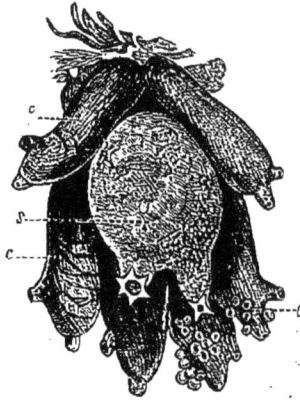

FIG. 24. — Tuniciers, de l'ordre des Ascidies simples..— c, *Cynthia rustica* ; s, *Anurella Bleizi*, Lacaze-Duthiers, avec ses siphons épanouis.

enfin les *Brachiopodes* (fig. 25) qui ont une coquille bivalve, comme les Huîtres et sont caractérisés par des bras allongés, enroulés en spirale, situés de chaque côté de leur bouche.

De nombreuses recherches s'accordent aujourd'hui à montrer que les Bryozoaires, les Brachiopodes et les vrais Mollusques, doivent être considérés comme des modifications dans des sens tout à fait différents du type des Vers annelés : il y a donc entre eux des ressemblances qui tiennent à leurs liens avec ce type commun ; mais des caractères très tranchés les séparent aussi, et il y a tout avantage à ne considérer comme se rattachant au type Mollusque que les animaux voisins des Poulpes, des Colimaçons et des Huîtres.

Quant aux Tuniciers, ils présentent à l'état adulte quelques ressemblances avec les Mollusques bivalves et notamment avec ceux qui sont absolument sédentaires, comme les Pholades (fig. 26), par exemple ; les uns et les autres se mettent en communication avec le monde extérieur par l'intermédiaire de deux tubes plus ou moins longs qu'on appelle les *siphons :* par l'un de ces siphons, l'eau chargée d'air et de matières alimentaires arrive jusqu'à la bouche de l'animal ; par l'autre, s'écoule constamment à l'extérieur l'eau dépouillée d'air, mais chargée des résidus de la respiration, de la

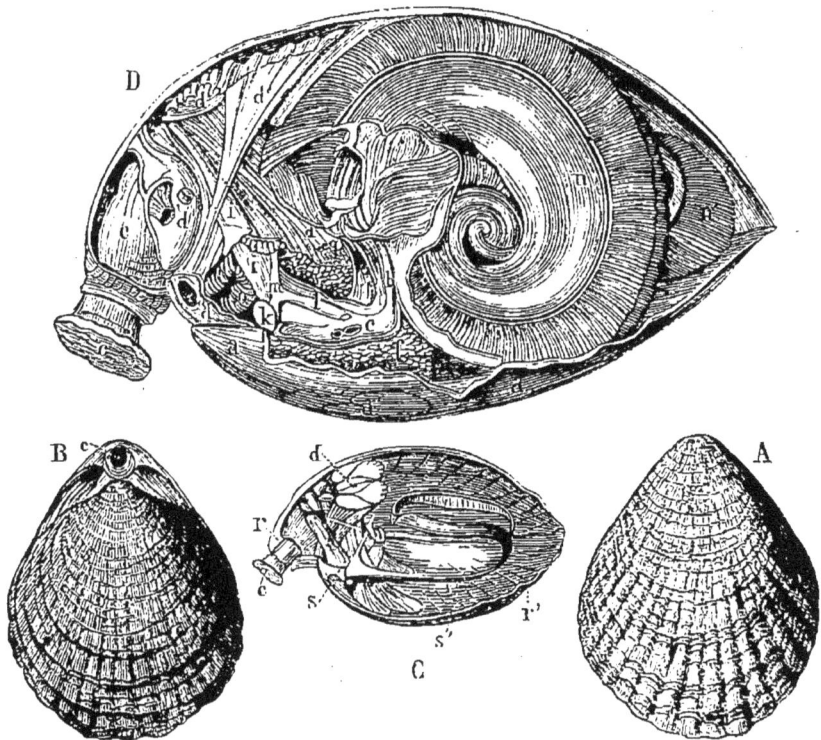

FIG. 25. — Brachiopodes. — *Waldheimia australis.* A, sa coquille vue par sa valve inférieure. — B, la même, vue par sa valve supérieure. — C, coupe longitudinale de la coquille ; c, pédoncule ; d, muscles ; r, crochet de la grande valve par où sort le pédoncule ; s, s', armature calcaire supportant les bras. — D, son anatomie ; a, a, manteau ; b, œsophage ; c, c, pédoncule servant à fixer l'animal ; d, d', d'', muscles faisant mouvoir la coquille ; e, estomac ; i, i, intestin ; k, cœur ; l, m, vaisseaux ; n, n', bras spiraux ; o, oviducte

nutrition et parfois même des œufs; chez les Mollusques bivalves, comme chez les Tuniciers, le tube digestif consiste en un long tube diversement recourbé et dont les extrémités finissent par se rapprocher plus ou moins; mais l'appareil respiratoire des Tuniciers semble n'être qu'une modification de la partie antérieure du tube digestif et forme une vaste poche percée de fentes, disposées avec

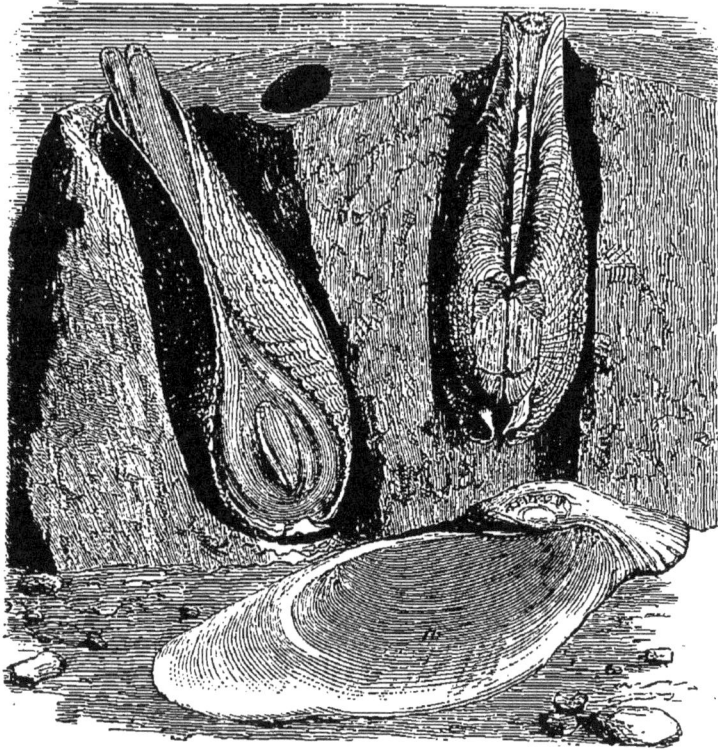

FIG. 26. — Pholade (*Pholas dactylus*) en place.

une admirable régularité ; leur appareil circulatoire est composé de

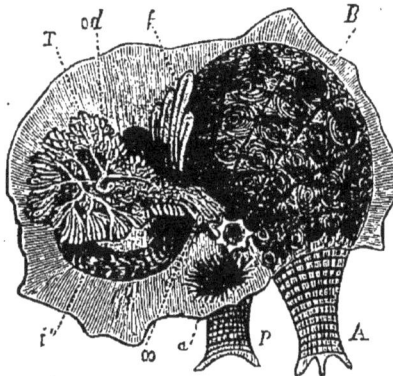

FIG. 27. — Organisation d'une Ascidie (les siphons sont ici tournés vers le bas. — A, siphon d'entrée de l'eau ; P, siphon de sortie ; B, branchie ; *f*, foie ; *i″*, intestin ; T, *od*, *oo*, appareil reproducteur.

vaisseaux qui ne communiquent pas avec la cavité viscérale, et dans lesquels le sang est mis en mouvement par un cœur qui le chasse pendant un certain temps dans un sens, puis se met à battre en sens inverse et le chasse alors dans une direction opposée ; leur système nerveux est, malgré la grande taille qu'atteignent certaines espèces, réduit à un seul ganglion. Tous ces caractères séparent nettement les Tuniciers des Mollusques dont l'appareil respiratoire est toujours indépendant du tube digestif, dont l'appareil circulatoire, très incomplet, communique toujours largement avec la cavité viscérale et dont le système nerveux, même dans les cas les plus simples, comprend toujours, au moins, un collier œsophagien.

De plus, dans leur jeune âge, les Tuniciers présentent une forme toute particulière qui les éloigne d'autant plus des Mollus-

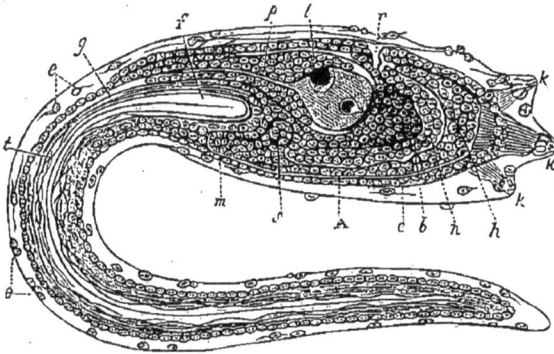

Fig. 28. — Têtard d'Ascidie. — O, tunique et cellules qu'elle contient ; e, peau ; b, branchie ; r, bouche ; m, tube digestif ; s, anus ; k, organes de fixation ; l, p, système nerveux et organes des sens ; f, corde hyaline soutenant la queue ; h, cellules embryonnaires.

ques, que ceux-ci revêtent également, presque tous, au sortir de l'œuf, une forme constante. A part un petit nombre d'espèces qui habitent la haute mer, tous les Tuniciers adultes sont fixés au sol par des prolongements, en forme de racines, de leur tunique ; au sortir de l'œuf ce sont, au contraire, de petits animaux fort agiles, ayant à peu près la forme de têtards de grenouille, et nageant sans cesse à l'aide des mouvements de leur queue. Ces têtards (fig. 28), dont l'organisation reste d'ailleurs fort éloignée de celle des têtards de Batraciens, possèdent une sorte de cerveau qui envoie dans la queue un appendice tubulaire, considéré parfois comme une moelle épinière rudimentaire ; sur le cerveau, ou plutôt dans sa cavité, on aperçoit des organes des sens comparables à un œil et à une oreille. Cette complication du système nerveux ne se retrouve plus dans l'Ascidie adulte ; elle rapproche à certains égards leur têtard des Vertébrés les plus inférieurs et la façon dont se forme le système nerveux rappelle aussi les procédés de formation des organes analogues chez le plus simple de ces animaux, l'*Amphioxus*. Ce dernier a d'ailleurs un appareil respiratoire presque identique à celui des Tuniciers adultes ; on s'est donc demandé si les Tuniciers n'étaient pas des Vertébrés très dégradés ; en tous cas, les faits que nous venons d'exposer ne permettent pas de les placer parmi les Mollusques et il faut encore les isoler dans un groupe particulier.

Relations multiples du type des Vers. — L'embranchement des Vertébrés n'a subi, depuis Cuvier, aucune modification. On l'a cru longtemps complètement isolé dans le règne animal, si bien qu'on l'a opposé quelquefois à l'ensemble des autres embranchement réunis sous la dénomination commune d'*Invertébrés* ou d'animaux sans Vertèbres, dont Lamarck fit usage le premier. Mais il résulte de recherches récentes que les jeunes des poissons cartilagineux, tels que les Requins, et ceux des Batraciens eux-mêmes, présentent avec les Vers annelés de singulières ressemblances qui autorisent à rapprocher le type des animaux annelés et celui des Vertébrés un peu plus qu'on ne l'a fait jusqu'ici.

Les Vers annelés formeraient donc une sorte de type central autour duquel rayonneraient les Bryozoaires, les Brachiopodes, les Mollusques, les Tuniciers, les Vertébrés, et quelques autres petits groupes composés d'animaux d'organisation relativement simple, dont aucun ne présente d'une façon complète les caractères des types que nous venons d'énumérer.

Spongiaires et Protozoaires. — Au-dessous des êtres qui se rattachent plus ou moins directement aux Vers, aux Arthropodes, ou même aux Cœlentérés, se trouvent des formes plus simples encore, pour lesquelles il est nécessaire de créer un nouveau groupe qui mérite au moins le rang d'embranchement, et qui a reçu le nom d'embranchement des *Protozoaires*.

On classe souvent parmi les Protozoaires des animaux qui peuvent atteindre une assez grande taille, les *Éponges;* mais les Éponges sont déjà des organismes complexes qui présentent avec les Cœlentérés des ressemblances de même nature que celles dont les Étoiles de mer et les Méduses, les Myriapodes et les Vers annelés nous ont déjà fourni des exemples. Les Éponges doivent donc être séparées, et dès lors l'embranchement des Protozoaires ne

comprend plus que des animaux de très petite taille, ordinairement
même microscopiques, et dont l'organisation peut devenir tellement
simple que les plus forts grossissements du microscope ne montrent
en eux qu'une gelée homogène, capable de se mouvoir, de saisir des
aliments, de les digérer, jouissant par conséquent de toutes les qualités essentielles des animaux plus élevés.

Classification adoptée; concordance avec celle de Cuvier. —
En résumant le tableau que nous venons de tracer des différents
groupes primordiaux du Règne animal et de leurs rapports réciproques, on voit que les grands types organiques que nous devons
adopter se trouvent rattachés comme il suit aux embranchements
de Cuvier :

Rayonnés ou Zoophytes de Cuvier.

I. — PROTOZOAIRES : Monères, Rhizopodes, Grégarines, Infusoires.

II. — SPONGIAIRES : Éponges calcaires, Éponges siliceuses, Éponges cornées.

III. — CŒLENTÉRÉS : Hydroméduses, Siphono-phores, Coralliaires, Cténophores.

IV. — ÉCHINODERMES : Crinoïdes, Astérides, Ophiurides, Échinides, Holothurides.

Articulés de Cuvier.

V. — ARTHROPODES : Crustacés. — Arachnides, Myriapodes, Insectes.

VI. — VERS : 1. — Turbellariés, Trématodes, Cestoïdes [1].
2. — Nématoïdes, etc.
3. — Rotifères, Bryozoaires.
4. — Annélides, Géphyriens, Lombriciens, Hirudinées.
5. — Brachiopodes.

Mollusques de Cuvier.

VII. — MOLLUSQUES : Ptéropodes, Gastéropodes, Acéphales. — Céphalopodes.

VIII. — TUNICIERS : Appendiculaires. — Salpes. Pyrosomes. — Ascidies simples et com-posées.

IX. — VERTÉBRÉS : Poissons, Batraciens. — Reptiles, Oiseaux. — Mammifères.

Malgré les liens apparents qui semblent réunir plusieurs d'entre
eux et auxquels Cuvier avait attaché une grande importance, il n'y
a rien de commun entre les six premiers types; sauf, dans certains
cas, le mode de disposition des parties; ces parties elles-mêmes
sont profondément différentes. Les animaux appartenant aux quatre
derniers types semblent, au contraire, formés de parties ayant

---

1, Cuvier considérait les Cestoïdes, les Nématoïdes, les Rotifères et les Bryozoaires comme des Zoophytes.

la même constitution fondamentale, mais qui se seraient groupées différemment, se seraient plus ou moins soudées entre elles et auraient éprouvé d'autres modifications secondaires. Ils ne forment qu'une seule et même série dont les termes correspondants existent, en partie, dans la série des Arthropodes, de même que les Spongiaires, les Cœlentérés et les Échinodermes forment aussi trois séries parallèles dans lesquelles on peut découvrir de nombreux termes analogues.

Limites de l'unité de plan de composition dans le règne animal.— Ce que nous venons de dire montre assez qu'on ne saurait trouver dans le Règne animal cette *unité de plan de composition* dont Étienne Geoffroy Saint-Hilaire s'était efforcé de démontrer la réalité. Les animaux ne sont pas formés, comme le pensait le grand zoologiste, de parties semblables et semblablement placées. Entre une Étoile de mer et un Insecte, par exemple, on ne saurait découvrir aucune analogie ; d'autre part, si l'on peut trouver des parties dont la disposition est semblable chez les Méduses et les Étoiles de mer, chez les Insectes et les Vers annelés, nous savons que ces parties elles-mêmes n'ont pas la même organisation dans les deux groupes ; au contraire, les Bryozoaires et les Vers annelés peuvent être considérés comme formés de parties semblables, différemment placées. C'est seulement, en général, dans l'étendue de l'un des neuf grands types organiques que la proposition de Geoffroy Saint-Hilaire doit être admise. Là l'unité de plan de composition est réelle ; on peut concevoir, pour chacun de ces types, un animal fictif d'où il est possible de faire dériver tous les autres en supposant que certaines de ses parties se sont modifiées dans leur nombre ou leurs proportions relatives, ont éprouvé des soudures avec des parties analogues ou se sont atrophiées. Le principe des connexions est alors applicable dans toute sa rigueur, et il devient entre les mains de l'anatomiste un guide des plus précieux, une source inépuisable de découvertes.

Geoffroy Saint-Hilaire avait pu, d'ailleurs, s'illusionner facilement sur la portée de ce principe. Quant il commençait ses recherches, les Animaux vertébrés étaient les seuls qui fussent assez bien connus ; on s'imaginait volontiers qu'ils représentaient le Règne animal tout entier, et quand on avait pu prouver l'identité du plan de composition d'êtres aussi dissemblables qu'un Mammifère et un Poisson, on devait être naturellement porté à penser que cette identité était générale. L'étude assidue que Cuvier avait faite des animaux inférieurs l'avait gardé de cette erreur. On sait aujourd'hui que les Vertébrés, malgré la grandeur relative de leur taille, ne sont qu'une faible partie du règne animal ; on a pu déterminer exactement les rapports réciproques de la plupart des animaux, et donner enfin aux idées qui avaient séduit le génie de Geoffroy leur véritable signification.

Nous devons maintenant reprendre l'étude des principaux types et préciser davantage les traits généraux qui les caractérisent.

CHAPITRE II

LES TYPES D'ORGANISATION DANS LE RÈGNE ANIMAL

TYPE VERTÉBRÉ

Définition du Vertébré : Amphioxus. — Le type vertébré est celui qui renferme les organismes les plus élevés : toute notre structure anatomique nous rattache étroitement à ce rameau important du règne animal.

Tandis que dans les autres types nous verrons la série des formes organiques descendre à un degré extrême de simplicité,

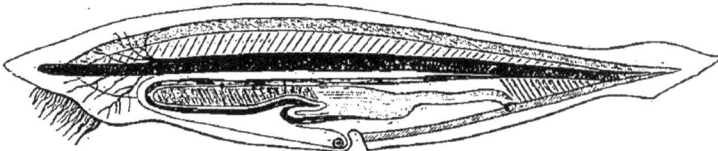

FIG. 29. — Amphioxus.

le plus inférieur des Vertébrés est encore un animal relativement élevé. Le dernier rang, dans l'embranchement qui nous occupe, appartient à une sorte de poisson marin qui fut pris d'abord pour un Mollusque, l'*Amphioxus* (fig. 29). On en trouve une espèce sur nos côtes ; elle vit à une certaine profondeur, constamment enfouie dans le sable grossier que forment les débris des coquilles et des autres productions marines. Il est intéressant de la connaître, parce qu'elle va nous montrer le type vertébré réduit à ce qui est essentiel.

L'Amphioxus a environ 5 à 6 centimètres de long ; son corps est comprimé, aminci aux deux extrémités, de manière à présenter la forme d'une lame de lancette de chirurgien ; les deux tranchants, l'un dorsal, l'autre ventral, sont bordés par une fine membrane, légèrement élargie à l'extrémité postérieure, et figurant une nageoire rudimentaire. La peau est nue et les tissus de l'animal sont d'un blanc à demi.transparent. La bouche est située du côté ventral, un peu avant l'extrémité antérieure et entourée d'un cercle de barbillons. L'autre orifice du tube digestif se trouve au quart postérieur du corps ; on voit, en outre, vers le milieu de la région ventrale, un pore bien distinct, que nous appellerons le *pore abdominal*. Les parois du corps sont marquées d'une série de lignes brisées en chevron, parallèles entre elles et dont le sommet est tourné vers l'extrémité antérieure du corps. Ce sont les lignes marquant les limites des masses musculaires qui font mouvoir l'animal et qui se répètent régulièrement, sur toute sa longueur, en demeurant à peu près toutes semblables entre elles [1]. De chaque côté du corps, dans sa moitié inférieure, on aperçoit une bande opaque, formée de petites plaques rectangulaires qui correspondent chacune à une masse musculaire : ce sont les glandes reproductrices.

La bouche conduit dans une grande cavité cylindrique dont les parois, percées d'une multitude d'orifices en forme de boutonnières, très régulièrement disposés, constituent une sorte de crible au travers duquel l'eau de mer peut passer pour arriver dans la cavité du corps et être finalement rejetée à l'extérieur par le pore abdominal. Les parois de cette cavité, qui n'est autre que l'appareil respiratoire ou *branchie*, sont couvertes de petits filaments microscopiques qui battent incessamment le liquide ambiant, sans s'arrêter jamais, et déterminent ainsi un courant continu par lequel l'eau aérée et les matières alimentaires sont sans cesse amenées dans la cavité respiratoire. Des filaments microscopiques semblables jouent d'ailleurs

---

1. Par une exception singulière, tandis que la moitié droite et la moitié gauche des Vertébrés sont presque toujours parfaitement symétriques, les muscles des deux moitiés droite et gauche du corps de l'Amphioxus ne se correspondent pas : chaque ligne en chevron de gauche vient tomber entre deux lignes en chevron de droite et réciproquement. Cette espèce de chevauchement se retrouve aussi dans les glandes reproductrices. Le crâne des poissons pleuronectes (Turbots, Soles, etc.) est de même dissymétrique, et il est remarquable que ces animaux, comme l'Amphioxus, se tiennent habituellement couchés sur le côté.

un rôle important dans l'économie de la plupart des animaux : ce sont des *cils vibratiles*.

Le tube digestif fait suite à la cavité respiratoire, dont il n'est que le prolongement; il va en ligne droite jusqu'à la queue, et ne porte d'autre annexe qu'une courte poche en ses différents points que l'on considère comme un foie rudimentaire.

Au-dessus du tube digestif s'étend dans toute la longueur du corps, de la pointe qui termine la tête jusqu'à l'extrémité de la queue, une corde élastique, enveloppée d'un étui membraneux : c'est la *corde dorsale*. Au-dessus de cette corde se trouve la moelle épinière d'où partent tous les nerfs, mais qui ne présente sur son trajet aucun renflement, qui s'amincit, au contraire, en avant et en arrière, et se termine antérieurement par un bouquet de nerfs, sans que l'on puisse apercevoir rien qui ressemble à un cerveau. Les seuls organes des sens sont une tache noire, enfoncée dans la substance de la moelle, à sa partie antérieure, et qui représente probablement un œil, et une fossette cutanée, revêtue de cils vibratiles, située sur la partie gauche de la tête; c'est sans doute un organe de l'odorat.

Il n'y a pas de cœur. L'appareil circulatoire est réduit à deux vaisseaux longitudinaux : l'un, l'aorte, est situé entre l'intestin et la corde dorsale; l'autre longe le bord inférieur de l'intestin, suit tout le long de la ligne médiane le contour du foie, et vient ensuite ramper au-dessous de la branchie; on lui donne, dans ces dernières parties de son trajet, les noms de veine intestinale, veine hépatique, tronc subbranchial. La veine cave est contractile comme l'aorte; le tronc subbranchial est relié à l'aorte par une série d'arcs vasculaires qui distribuent le sang dans la branchie où il respire; ces arcs sont également contractiles à leur origine, et le premier d'entre eux l'est dans toute son étendue. La fonction du cœur est donc remplie par les vaisseaux eux-mêmes, qui exécutent des battements rythmiques sur une partie plus ou moins grande de leur étendue; c'est une disposition physiologique qu'on ne rencontre, en dehors de l'*Amphioxus*, que chez les Vers annelés, où elle est générale.

Les globules du sang sont incolores.

On voit à quel degré de simplicité est descendue l'organisation du Vertébré chez l'Amphioxus. Il n'existe chez cet animal aucune trace d'os ni de vertèbres : pourquoi disons-nous cependant que c'est un Vertébré ? C'est que nous constatons entre son système nerveux et ses autres viscères les rapports de position qui sont communs à tous les animaux incontestablement vertébrés, et qu'on ne retrouve dans aucun des autres embranchements du règne animal : *le système nerveux central est tout entier situé d'un même côté du corps relativement au tube digestif; il est séparé du tube digestif par une corde pleine, la corde dorsale.* Ce sont les seuls caractères communs que l'Amphioxus présente avec les autres Vertébrés et il ne les partage qu'avec eux ; à ces caractères seuls nous devons réduire, par conséquent, la définition de l'embranchement qui nous occupe.

Constitution graduelle du squelette. — A mesure que l'on s'élève dans l'embranchement des Vertébrés, les parties solides ou demi-solides qui constituent le squelette se multiplient de plus en plus. Chez beaucoup de Poissons qui forment le grand groupe des *Poissons cartilagineux,* les diverses pièces demeurent encore faibles et élastiques : ce sont des *cartilages* et non pas des *os.* Les Lamproies sont même dépourvues de membres et leur charpente solide se réduit à la corde dorsale et à quelques parties protégeant le cerveau ; il en est également ainsi des jeunes Batraciens. Mais, dès que les membres apparaissent, il se forme des cartilages pour les soutenir ; ces cartilages peuvent demeurer libres ou se relier aux parties du squelette qui soutiennent le tronc. Autour de la corde dorsale ne tardent pas à se développer d'ailleurs des pièces cartilagineuses qui se répètent régulièrement sur toute la longueur du corps et qui sont les premiers rudiments des vertèbres ; bientôt à ces vertèbres s'ajoutent des côtes, qui se répètent comme elles et dont chaque pièce s'attache généralement à une vertèbre. Mais côtes et vertèbres peuvent se développer indépendamment les unes des autres, comme le montre le *Megapleuron,* poisson fossile de l'époque Permienne, récemment étudié par M. Albert Gaudry. On doit en conclure que le lien qui existe, chez tous les Vertébrés supérieurs, entre les côtes et les vertèbres, réside non pas dans ce que les côtes pourraient être considérées comme des annexes des vertèbres, mais dans ce que leur disposition commune est dominée par quelque disposition plus générale, telle que la division des parties molles du corps tout entier en segments équivalents entre eux, analogues aux anneaux des animaux articulés. C'est dans l'épaisseur des parties molles que se développe le squelette et son développement peut commencer soit autour de la corde dorsale, soit dans les parois mêmes du corps ; il aboutit dans le premier cas à la formation de vertèbres et, dans le second, à celle de côtes indépendantes des vertèbres.

On trouve, en effet, dans les Vertébrés inférieurs et dans les formes embryonnaires des Vertébrés les plus élevés, des traces indiscutables de cette division du corps en segments dont le mode de constitution du squelette n'est qu'une conséquence.

Quoi qu'il en soit, les parties du squelette cessent rapidement, quand on s'élève dans l'embranchement, de demeurer cartilagineuses. Les cartilages sont remplacés par des parties plus résistantes, pénétrées de sels calcaires et qu'on nomme les *os*. Le squelette prend lui-même un mode de constitution de plus en plus défini, et ses diverses apparences ne sont que des modifications secondaires d'un type que l'on peut considérer comme constant. Toutes ses parties viennent se grouper autour de la colonne vertébrale ; les vertèbres, à leur tour, dérivent d'une forme unique, qu'il est aisé de décrire. Chaque vertèbre (fig. 30) se compose d'une grande pièce médiane

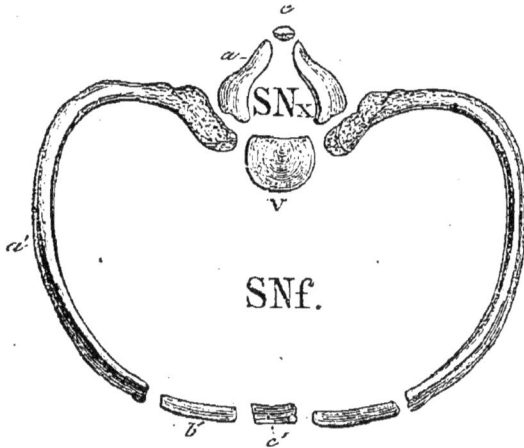

FIG. 30. — Segment vertébral théorique. — V, corps de la vertèbre ; *a*, arcs neuraux ; *c*, épiphyse neurale ; *a'*, côte vertébrale ; *b'*, côte sternale ; *c'*, pièce sternale ; SNx, cavité hémale ; SNf, cavité hémale, entourée par les arcs du même nom.

arrondie, qui a pris la place de la corde, et qu'on appelle le *disque* ou le *corps* de la vertèbre. Autour du corps de la vertèbre se développent des prolongements latéraux auxquels on donne le nom d'*apophyses*. L'ensemble des apophyses situées au-dessus du corps de la vertèbre forme un arc continu, intimement soudé à la vertèbre, embrassant et protégeant la moelle épinière et qu'on appelle pour cette raison l'*arc neural*[1] ; au-dessous du corps vertébral, les *côtes*, qui s'appuient généralement sur les vertèbres, sans se souder à elles, forment également un arc corres-

---

1. De νεῦρον, nerf.

pondant à l'arc neural ; cet arc contenant les viscères et notamment l'appareil circulatoire, porte le nom d'arc *hémal* [1]. L'arc neural est fermé, du côté opposé à la vertèbre, par une pièce osseuse impaire, l'*épiphyse neurale*. De même, l'arc hémal est souvent fermé, du côté ventral, par une pièce impaire, dite *pièce sternale ;* l'ensemble de ces pièces constitue le *sternum*, qui n'existe d'une manière absolument constante que chez les Oiseaux et les Mammifères. Il n'y a de sternum ni chez les Serpents, ni chez les Batraciens.

L'ensemble d'un corps vertébral et des arcs qu'il supporte constitue un *segment vertébral*, ou mieux un segment du squelette. Le squelette est lui-même essentiellement constitué par la répétition d'un nombre plus ou moins grand de ces segments disposés en série longitudinale (fig. 31).

Même chez les Vertébrés supérieurs, il est rare que les segments vertébraux soient ainsi complets dans toute l'étendue du squelette. Dans la région du cou, dans celle de la queue, les côtes disparaissent souvent d'une façon absolue, ou sont réduites à des rudiments, ordinairement soudés aux vertèbres ; enfin, lorsque la moelle épinière s'épanouit pour former le cerveau, les pièces osseuses du squelette se modifient profondément pour former la face et le crâne, dans lesquels Gœthe, le poète de

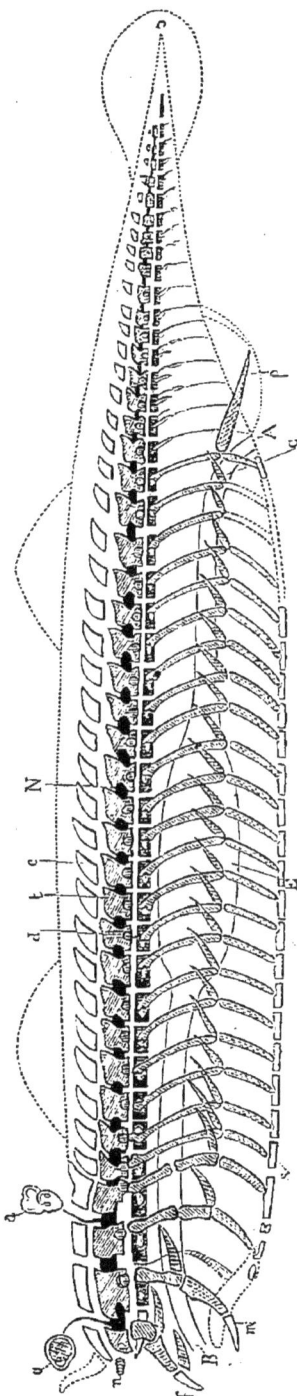

FIG. 31. — Constitution théorique d'un vertébré. — B, bouche ; E, estomac ; A, anus ; N, système nerveux central ; d, disques vertébraux ; t, apophyses transverses ; e, apophyses épineuses ; c, côtes ; s, pièces sternales ; f, mâchoire inférieure ; m, mâchoire supérieure ; n, appareil olfactif ; o, œil ; a, oreille ; p, appendices.

1. De αἷμα, sang.

Faust, et le naturaliste allemand Oken, ont cru voir, les premiers, un ensemble de vertèbres. Sans être universellement considérée comme démontrée, on peut dire que cette hypothèse de la *constitution vertébrale du crâne* est tenue pour probable par les naturalistes les plus autorisés.

Squelette des membres. — Membres impairs. — Membres pairs. — Le squelette des membres se relie d'une façon plus ou moins directe à la colonne vertébrale et aux os qui s'y rattachent. Les Poissons sont, de tous les Vertébrés, ceux chez qui l'on observe les membres les plus nombreux. S'il en est, comme l'*Amphioxus*

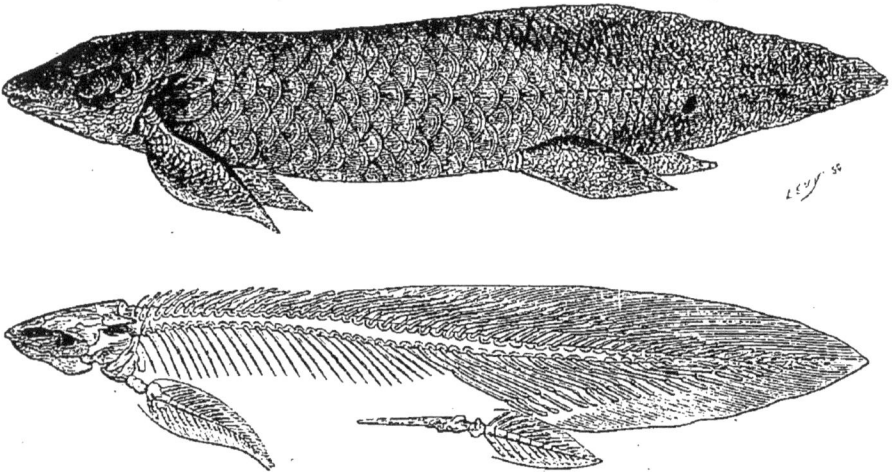

FIG. 32.— *Ceratodus Forsteri*, d'Australie, et son squelette.

et la Lamproie, qui ne possèdent que des nageoires membraneuses situées sur la ligne médiane du corps, d'autres, comme la plupart des Poissons de nos rivières, présentent non seulement deux paires de nageoires latérales, mais encore des nageoires impaires, en nombre variable, qui apparaissent en divers points de la ligne médiane de leur dos et de leur ventre et viennent entourer leur queue de manière à la transformer en une puissante rame verticale. Tous ces organes de locomotion sont soutenus par une série de rayons formés de nombreux osselets. Chez les Poissons inférieurs, une membrane verticale s'étend le long de la ligne médiane dorsale et ventrale, et se retrouve chez les larves des Batraciens et même chez les Salamandres aquatiques. Chez certains Poissons, tels que le *Ceratodus* (fig. 32), des rayons osseux se rattachant à la colonne vertébrale pénètrent dans un prolongement semblable de la peau pour le soutenir et constituent ainsi une nageoire impaire continue; cette nageoire se décompose chez le Polyptère (fig. 33) en un nombre considérable de petites nageoires

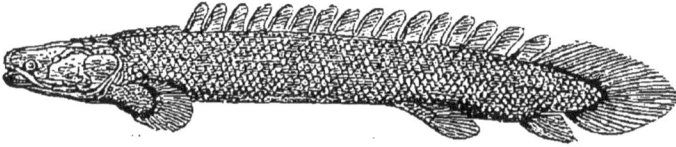

FIG. 33. — Polyptère.

dorsales; on retrouve quelque chose d'analogue chez les Thons et les Maquereaux; elle est remplacée par trois grandes nageoires dorsales et deux ventrales chez les Morues; enfin, chez la plupart des autres poissons on ne trouve sur les lignes médianes dorsale et ventrale que deux nageoires : la *nageoire dorsale* et la *nageoire anale* (fig. 34).

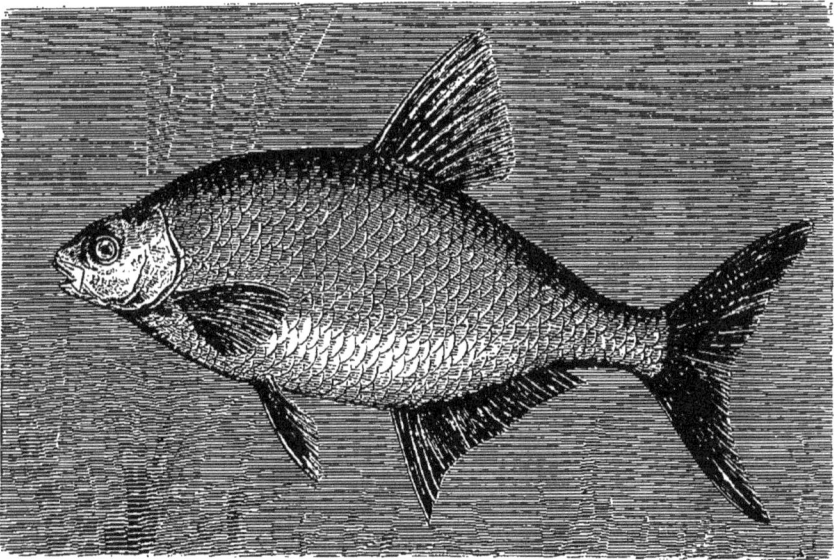

FIG. 34. — Brème.

Ces membres impairs disparaissent complètement chez les Vertébrés terrestres, qui n'ont jamais plus de quatre membres, symétriques deux à deux, toujours construits sur le même type, et tels que les membres postérieurs reproduisent toujours à très peu de chose près les principales dispositions des membres antérieurs. Ces membres se composent d'une partie basilaire, cachée sous les téguments, et d'une partie libre : la première porte le nom de *ceinture scapulaire* pour le membre antérieur, de *bassin* pour le membre postérieur. La seconde se décompose toujours en trois parties : la partie la plus voisine du corps n'est soutenue que par un seul os [1]; la suivante par deux [2], la troisième par toute une série d'os qui finissent d'ordinaire par se disposer en cinq rangées longitudinales constituant les *doigts*. Le nombre des doigts, bien qu'il soit le plus souvent de cinq, peut du reste varier beaucoup et se réduire à l'unité, comme chez les Chevaux ; mais on trouve généralement alors la trace de doigts rudimentaires.

FIG. 35. — Seps.

Dans la classe des Reptiles, on assiste à une réduction graduelle des membres qui est tout à fait remarquable. Parmi les espèces appartenant à un même groupe, les unes, telles que les *Seps* (fig. 35), ont quatre pattes très courtes, mais construites de la façon normale ; d'autres manquent de doigts, soit aux pattes postérieures, soit à toutes les quatre ; d'autres n'ont que des pattes postérieures : d'autres enfin, tels que les Orvets de nos pays, en sont totalement dépourvus ; nous sommes ainsi graduellement conduits jusqu'aux Serpents, à qui toute trace de membre fait défaut. Dans un groupe

---

1. L'*humérus*, pour le *bras* ou membre antérieur ; le *fémur*, pour le membre postérieur ou *jambe*.

2. Le *radius* et le *cubitus*, en avant ; le *péroné* et le *tibia* en arrière.

voisin, celui des Amphisbènes, où la plupart des espèces manquent de pattes, quelques-unes possèdent des membres antérieurs; de même, parmi les Batraciens, à côté des Salamandres qui ont quatre pattes, on trouve les Sirènes (fig. 36) qui n'ont que les pattes antérieures et les Cécilies qui n'en ont point du tout. Les Poissons, les Batraciens et les Reptiles sont les seuls groupes de Vertébrés où l'on constate ainsi une absence totale de membres; c'est alors à l'aide de mouvements du corps tout entier que s'accomplit la locomotion.

TYPE ARTICULÉ — ZOONITES — APPENDICES

La répétition des parties chez les Articulés. — Dans le Vertébré, nous avons vu les parties fondamentales du squelette se répéter régulièrement, avec de légères modifications de forme, depuis la tête jusqu'à la queue, et nous avons été conduits à penser que le squelette même de la tête était le résultat d'une modification plus profonde de ces parties. Diverses données, fournies par l'anatomie et surtout par l'embryogénie, rendent probable que cette *répétition des parties* est aussi la règle pour les organes et les tissus mous, mais elle n'est nullement évidente au premier abord : il en est tout autrement chez les animaux qui se rattachent au type des Articulés.

Considérons une Écrevisse (fig. 37), et examinons-la d'abord par la face ventrale : on est tout de suite frappé de ce que son corps se décompose en anneaux distincts, mobiles les uns sur les autres, de forme variable, à la vérité, mais présentant tous cependant la même constitution fondamentale. Chacun des anneaux est protégé par un tégument solide, formé de pièces qui se correspondent d'un anneau à l'autre. Chacun d'eux porte une paire de membres ou

Fig. 36. — Sirène lacertine.

appendices et n'en porte jamais qu'u'une, et les membres, s'ils ne présentent pas àtous les anneaux le même aspect ni les mêmes fonctions, n'en ont pas moins entre eux une grande ressemblance : ce sont incontestablement des organes de même nature. D'ailleurs, chez l'Écrevisse, tous les appendices ne sont pas dissemblables. Le corps se divise en deux régions : l'une, le *céphalothorax*, formée d'anneaux larges, recouverts en dessus par une carapace commune et dont les quatre derniers portent des appendices à très peu près identiques ;

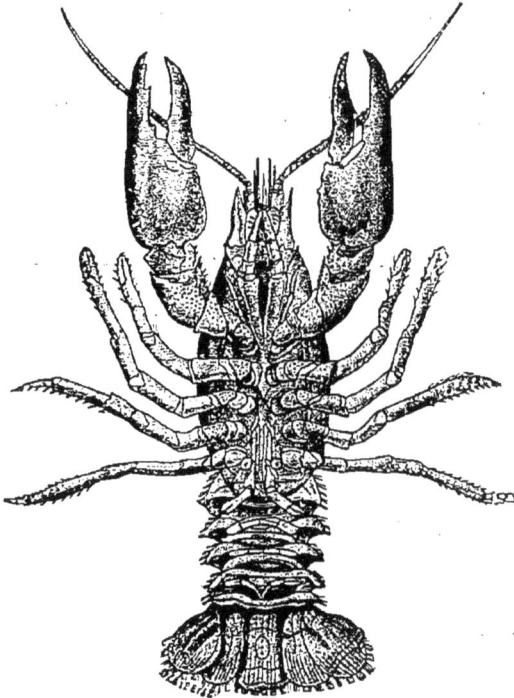

Fig. 37. — Écrevisse commune vue en dessous.

l'autre, l'*abdomen*, composée de sept anneaux dont quatre sont entièrement semblables entre eux ; ces quatre anneaux n'offrent que des appendices relativement petits ; le septième en est totalement dépourvu et porte l'anus. Il occupe la partie médiane d'un éventail dont les côtés sont constitués par de larges appendices foliacés que porte le sixième anneau abdominal et dans lequel on retrouve toutes les parties des appendices précédents. Les appendices des quatre derniers anneaux du céphalothorax sont beaucoup plus grands que ceux de l'abdomen et présentent, en outre, chacun une branche volumineuse (fig. 38, n° 11, *b*), cachée sous la carapace et qui est appropriée à la fonction de respiration ; dans les deux dernières paires ils sont terminés par un crochet, dans les deux paires précédentes par une pince ; c'est également une pince qui termine la grande paire d'appendices située immédiatement en avant de celles dont nous venons de parler (fig. 38, n° 10). Il semble au premier abord que ce soit là la première paire de membres de l'Écrevisse ; mais, en y regardant de plus près, on s'aperçoit bien vite qu'en avant de la paire de grandes pinces, de nouveaux appendices sont appliqués contre la face ventrale du corps; les premiers rappellent exactement les appendices thoraciques et portent même, comme eux, les rudiments d'une branche respiratoire; mais ils vont se simplifiant et se modifiant graduellement à mesure que l'on avance vers l'extrémité antérieure du corps ; finalement des pédoncules portant les yeux et deux paires d'antennes terminent la série des appendices de l'animal.

Indépendance des organes et de la fonction. — Organes homologues. — Division du travail physiologique. — Si l'on vient à comparer entre eux les divers appendices de l'Écrevisse, on reconnaît qu'à l'exception des antennes et des pédoncules des yeux, ils présentent tous les mêmes *connexions* avec les anneaux qui les portent ; de plus, malgré les modifications de forme qu'ils subissent, ils n'en ont pas moins la même structure fondamentale : ce sont, par conséquent, des organes de même nature ; on dit qu'ils sont *homologues* entre eux. Leurs *fonctions* sont cependant fort diverses. La paire d'appendices aplatis que porte le sixième anneau abdominal (fig.38, n° 15) concourt, avec le septième anneau ou *telson*, à former la large nageoire à l'aide de laquelle l'Écrevisse peut bondir en arrière et nager à reculons. Les petits appendices abdominaux (fig. 38, n° 14) permettent au contraire au Crustacé de nager en avant, et battent l'eau d'une façon constante pendant que l'animal se meut de cette façon ; accessoirement la femelle y suspend ses œufs. Les quatre dernières paires d'appendices céphalo-thoraciques servent à marcher sur le sol et portent les organes respiratoires ; les grandes pinces sont, au contraire, inutiles pendant la marche, mais elles saisissent et déchirent les aliments et deviennent, en outre, pour l'Écrevisse des armes de défense quand elle est attaquée.

Tous les membres dont nous venons de parler servent de diverses façons à la locomotion et à la préhension ; il n'en est plus de même des appendices situés à la partie antérieure du céphalotorax et qui forment cinq paires différentes ; ceux-là, dont les

modifications peuvent être profondes, sont absolument distraits de
la fonction de locomotion ; ils sont uniquement employés à saisir et

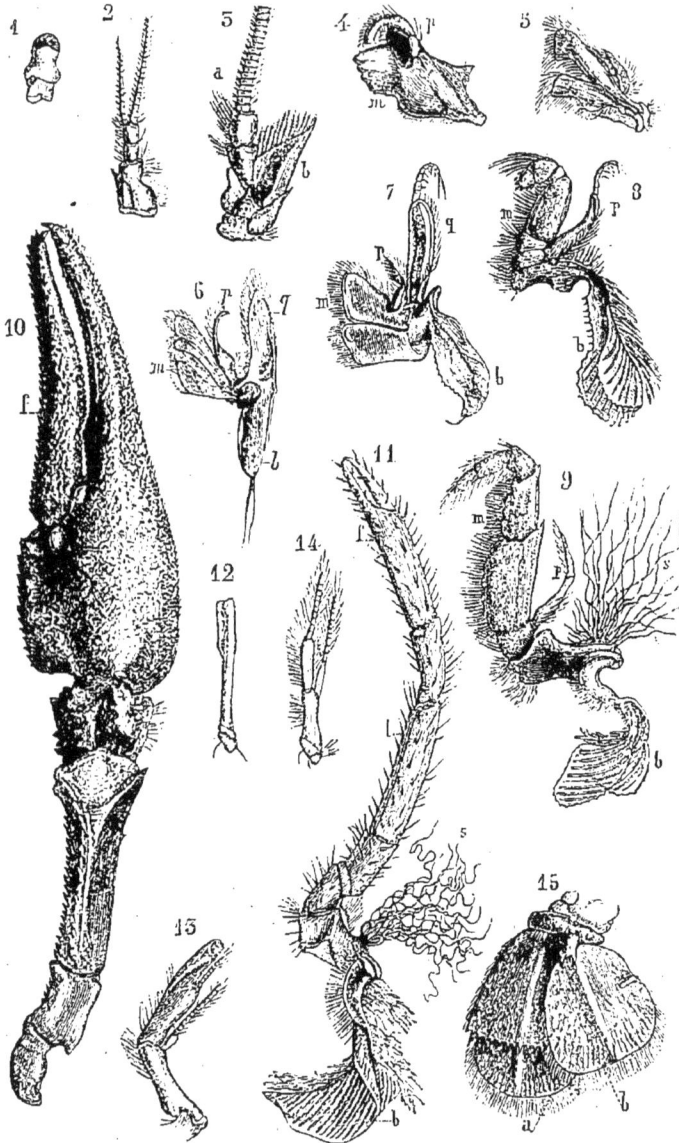

FIG. 38. — Appendices de l'Écrevisse. — 1, pédoncule des yeux ; 2, antenne interne ;
3, antenne externe ; 4, mandibule, munie de son palpe, *p* ; 5, 6, mâchoires ;
7, 8, 9, pattes-mâchoires ; 10, pince ; 11, première paire de pattes ambula-
toires ; 12, 13, appendices des deux premiers anneaux de l'abdomen spéciaux aux
mâles ; 14, patte abdominale ; 15, patte abdominale de la dernière paire.

à broyer les aliments. En arrière, ils présentent encore la forme de pattes et portent même des organes respiratoires rudimentaires ; en avant, ils prennent un aspect plus spécial et portent suivant leur forme et leur rang, en allant d'arrière en avant, les noms de *pattes-mâchoires* (fig. 38, nᵒˢ 7, 8 et 9), *mâchoires* (fig. 38, nᵒ 5 et 6) et *mandibules* (fig. 38, nᵒˢ 4), qui indiquent leur fonction. Voilà donc toute une longue série d'appendices, essentiellement les mêmes au fond, et qui jouent cependant chacun un rôle spécial. C'est là un fait que nous retrouverons bien souvent et qui nous montre que *la fonction d'un organe est totalement indépendante de sa nature.* Le même appendice peut être, suivant le rang de l'anneau dont il dépend, soit une mandibule, soit une nageoire, soit une pince, soit une patte. Dans une ville, tous les hommes ne font pas le même métier ; le travail total, nécessaire à la subsistance de la ville, est réparti entre un certain nombre de personnes dont chacune, n'exerçant qu'un métier, travaille mieux et plus vite que si elle devait faire à elle seule tout ce qui lui est utile. C'est là l'avantage de la *division du travail*. Dès 1826, M. H. Milne Edwards a montré qu'il se fait entre les divers appendices du corps des Articulés une semblable *division du travail physiologique* nécessaire à la subsistance de l'animal. De ces appendices, les uns constituent une nageoire permettant à l'animal de nager à reculons, d'autres contribuent, au contraire, à la natation en avant ; d'autres encore sont exclusivement réservés à la marche ; il en est enfin qui servent à la préhension des aliments ou bien à la mastication.

Arthropode typique. — Polymorphisme. — Comme tous les appendices d'un Arthropode sont à très peu près composés des mêmes parties et occupent, par rapport à l'anneau qui les porte, la même position, on peut imaginer un Arthropode idéal dont tous les anneaux se ressembleraient, porteraient des appendices tous semblables entre eux, et dont les modifications diverses produiraient les innombrables formes de Crustacés, d'Arachnides, de Myriapodes et d'Insectes que l'on observe dans la nature. Cet Arthropode idéal est, en partie, réalisé par certains Crustacés inférieurs et par les Myriapodes . La division du travail physiologique intervenant, chaque appendice, pour remplir la fonction qui lui est dévolue, revêt une forme particulière, appropriée à cette fonction ; de là les modifications qui font dire que ces appendices sont *polymorphes*. Ce *polymorphisme* est une conséquence nécessaire de la *division du travail physiologique*.

Les appendices des Arthropodes sont des pattes modifiées.
— On peut aller plus loin, dans cette voie, montrer que les antennes et les pédoncules des yeux sont des appendices de même
nature que les organes de mastication et de locomotion, démontrer

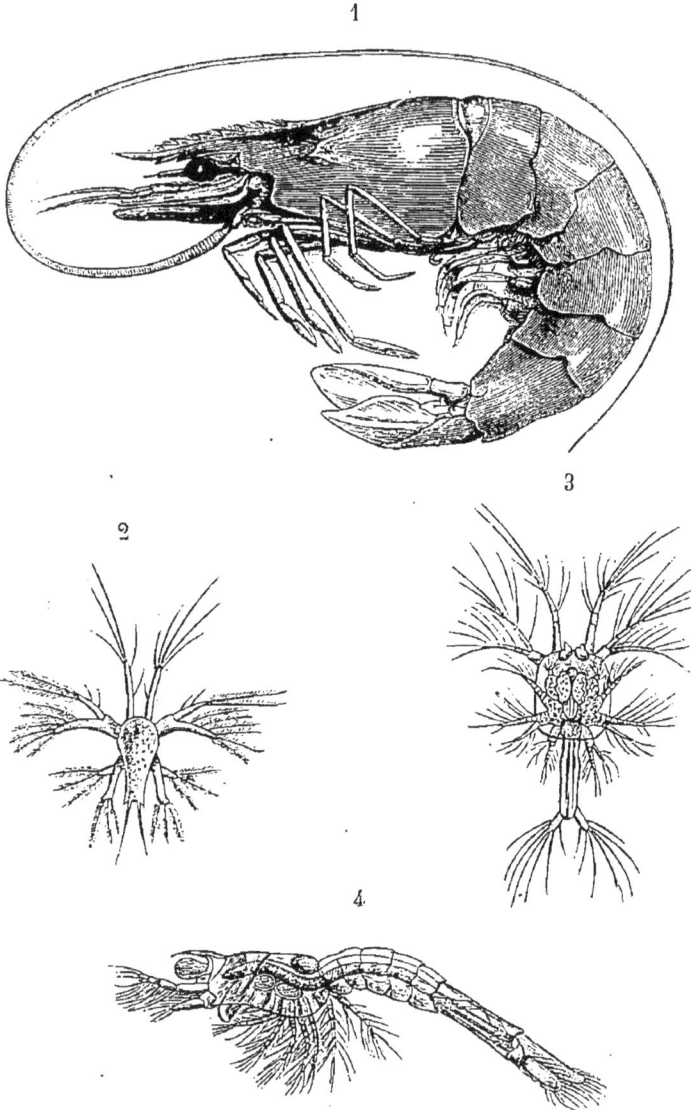

FIG. 39. — 1. *Penœus semisulcatus* adulte ; 2, *Nauplius* du même ; 3 et 4, *Zoea*
du même, à deux états successifs de développement.

même que tous ces appendices ne sont que des organes de locomotion, détournés de leur fonction primitive et appropriés à une
fonction nouvelle.

En comparant une Crevette à une Écrevisse, on reconnaît sans peine que ce sont des animaux extrêmement voisins ; effectivement, la Crevette et l'Écrevisse appartiennent l'une et l'autre à l'ordre le plus élevé des Crustacés, celui des *Décapodes macroures*, ainsi nommés parce qu'ils ont dix paires de pattes *locomotrices* bien développées et un abdomen dont la longueur contraste avec la brièveté de l'abdomen des Crabes, qui sont des *Décapodes brachyures*. Or il

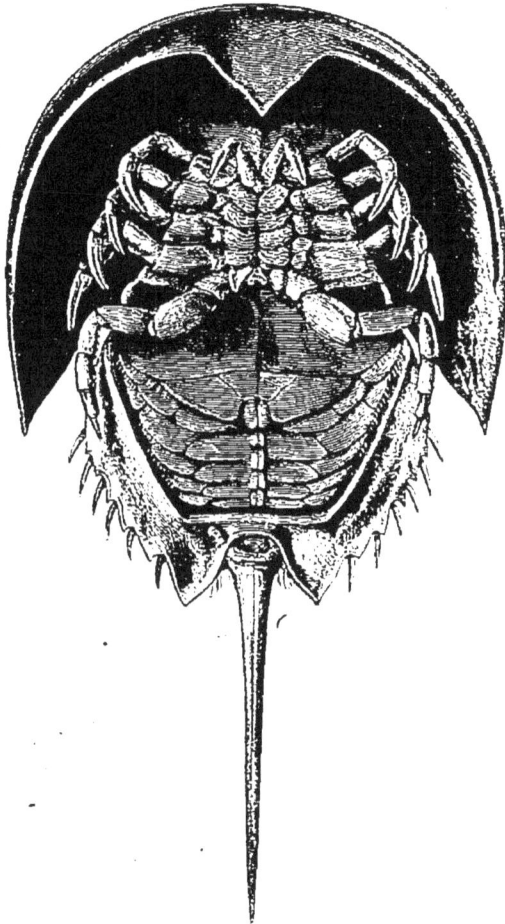

FIG 40. — *Limulus polyphemus*, vu en dessous.

existe en diverses mers des Crustacés, les *Penæus* (fig. 39), qui sont presque des Crevettes, mais dont le développement présente une particularité remarquable.

Le *Penæus* sort de l'œuf avec une forme toute différente de celle qu'il présente lorsqu'il est adulte. C'est alors un tout petit animal à peu près triangulaire (fig. 39, n° 3), dont le corps n'est pas annelé et qui nage à l'aide de trois paires de longues pattes bifurquées et frangées de poils. On donne à cette larve des *Penœus* le nom de *nauplius*. La plupart des Crustacés inférieurs, et ils sont innombrables, se présentent, à leur sortie de l'œuf, sous cette même forme de *nauplius;* quant aux Crevettes, aux Écrevisses et à la plupart des autres Crustacés supérieurs, ils naissent avec une organisation plus compliquée, mais ils ont eux-mêmes revêtu dans l'œuf, lors des premières phases de leur développement, une forme très voi-

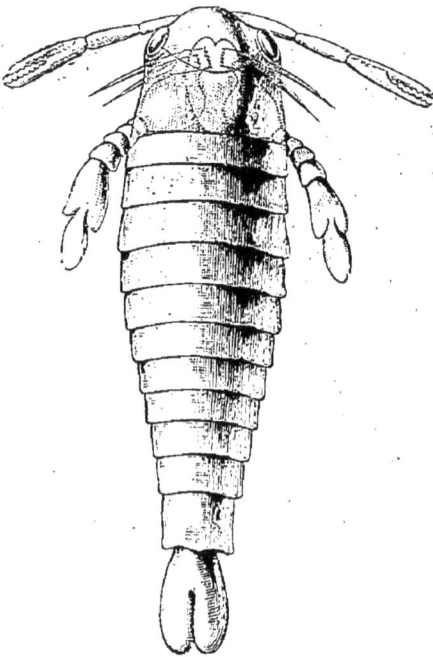

FIG. 41. — *Pterygotus bilobus.*
(Les mâchoires sont supposées vues par transparence.)

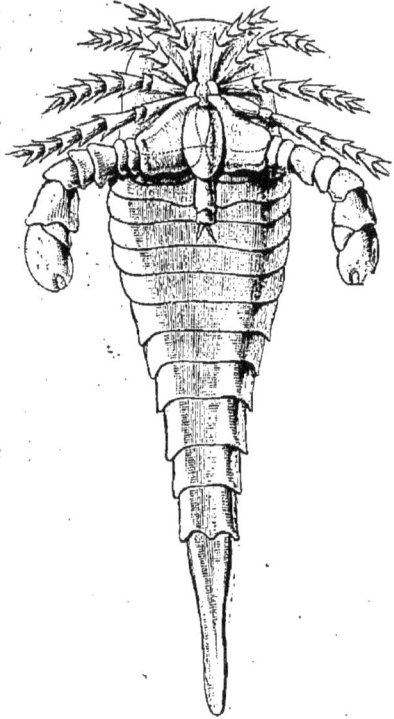

FIG. 42. — *Eurypterus remipes*
vu en dessous.

sine de celle du *nauplius*. On peut donc considérer celle-ci comme une forme larvaire commune à tous les Crustacés. Le développement se poursuit, en général, de la façon suivante : des anneaux naissent successivement à la partie postérieure du *nauplius* et chacun d'eux est muni d'une paire d'appendices qui viennent aider, dans leurs fonctions locomotrices, les trois paires de pattes primitives ; mais à mesure que de nouveaux appendices apparaissent, ces pattes primitives se modifient; placées d'abord à la région ventrale du corps, elles passent peu à peu à la région dorsale : les deux premières paires deviennent les deux paires d'antennes du Crustacé adulte ; la troisième paire forme les mandibules ; les paires de pattes qui ont apparu après elle, à la partie postérieure du *nauplius*, subissent, à leur tour, à la suite des mues qu'il a éprouvées, des modifications analogues, cessent de servir à la locomotion et prennent la qualité de mâchoires et de pattes-mâchoires.

Ainsi tous les appendices que nous voyons remplir à la partie antérieure du corps du Crustacé des fonctions diverses ont eu primitivement une forme et une fonction communes ; c'étaient d'abord de véritables pattes servant à la locomotion, comme celles au moyen desquelles marche ou nage l'animal adulte. Nous avons le droit d'énoncer cette proposition, d'une rigoureuse exactitude : *Les antennes, les mâchoires, les mandibules et les pattes-mâchoires des Crustacés ne sont que des pattes détournées, au cours du développement, de leur fonction primitive et modifiées pour remplir des fonctions nouvelles.*

Il peut arriver que la patte, alors même qu'elle fonctionne comme organe de mastication par sa base, conserve néanmoins ses fonctions locomotrices. C'est ce qu'on observe chez les Limules (fig. 40), dont les pattes, rangées en cercle autour de la bouche, contribuent toutes par leur base à la mastication. Chez les Trilobites, dont tous les anneaux portaient des pattes semblables entre elles, chez les *Pterygotus* (fig. 41) et les *Eurypterus* (fig. 42), les mâchoires conservaient la forme de pattes grêles et rudimentaires, et c'était leur talon qui servait à diviser les aliments (fig. 41 et 42).

Tête, céphalothorax, thorax, abdomen. — On donne le nom de *tête*, chez les Animaux vertébrés, à la partie du corps qui porte les organes des sens et la bouche. Par analogie, on doit appeler tête chez les Arthropodes, la région du corps qui porte les mêmes organes et leurs dépendances. La tête d'une Ecrevisse doit donc être toute la région sur laquelle sont situés les yeux, les antennes, les mandibules, les mâchoires et les pattes-mâchoires ; mais cette région du corps ne comprend pas moins de huit anneaux bien distincts. Nous avons vu que la plupart des naturalistes étaient d'accord pour voir dans la tête des Vertébrés la réunion de plusieurs segments vertébraux ; chez les Arthropodes, le fait est absolument évident : la tête est bien réellement formée d'un nombre relativement considérable d'anneaux du corps.

L'examen de la bouche d'une Araignée, d'un Myriapode, d'un

Insecte montre que cet orifice est entouré d'appendices exactement analogues à ceux qui entourent la bouche d'un Crustacé. Quelques modifications dans le nombre et le rang des pièces distinguent cependant ces animaux. Chez les Araignées ordinaires la première paire d'appendices, au lieu de former des antennes, constitue une paire de crochets venimeux à l'aide desquels l'animal saisit et maintient sa proie. Chez les Araignées au corps arrondi et articulé, aux pattes longues et grêles, qui sont si communes dans les bois, et que tout le monde connait sous le nom de Faucheurs, ces crochets sont terminés par une pince didactyle; ils ont aussi la forme de pince chez les Scorpions. La deuxième paire d'appendices a déjà tout l'aspect d'une paire de pattes; c'est elle qui forme les grandes pinces des Scorpions ; la base des deux appendices qui la composent est cependant modifiée de manière à jouer le rôle de mâchoires. Les appen-

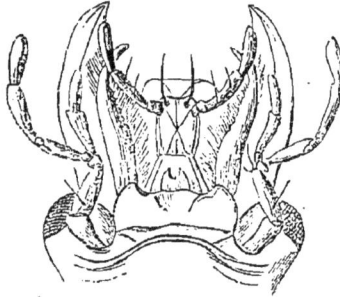

Fig. 43. — Bouche d'un Carabe.

dices suivants servent presque toujours à la marche. Chez les Myriapodes et les Insectes (fig. 43) il existe toujours une paire d'antennes; en outre, on trouve autour de la bouche une paire de *mandibules*, deux paires d'appendices dont l'une joue presque toujours le rôle de *mâchoire*, tandis que la seconde peut éprouver des modifications diverses et même se transformer en une pièce unique médiane (*languette* des Insectes, *lèvre inférieure* des Myriapodes). L'identité de ces divers appendices avec ceux qu'on observe chez les Crustacés montre que ce sont aussi des pattes transformées; cette détermination est confirmée par le fait qu'une autre paire de vraies pattes, peu modifiées dans leur forme, se dirige encore vers la bouche chez divers Myriapodes et constitue les crochets à venin des Scolopendres (fig. 21, *b*, *f*, *g*).

Les parties de la bouche subissent chez les Insectes de nombreuses modifications en rapport avec le genre de nourriture de ces

animaux ; mais on doit à Savigny d'avoir démontré que la trompe
des Punaises, des Cousins, des Papillons est composée des mêmes
pièces que la bouche des Carabes, des Hannetons et autres Insectes
broyeurs.

Chez les Crustacés et les Arachnides, les anneaux qui portent les
antennes, les appendices buccaux et les appendices locomoteurs se
distinguent naturellement, par le développement relatif de ces appendices et par les modifications qui en sont la conséquence, des anneaux
où les appendices sont rudimentaires et ne jouent qu'un rôle moins

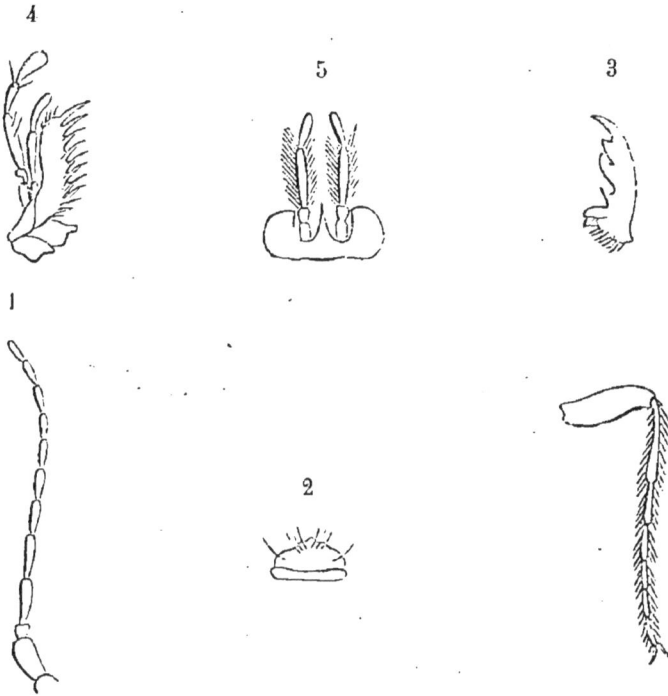

FIG. 44. — Appendices d'une Cicindèle. — 1, antenne ; 2, labre ; 3, mandibule ;
4, mâchoire avec ses palpes ; 5, lèvre inférieure avec ses palpes ; 6, pattes.

actif. Le corps se décompose ainsi en deux *régions* : l'une qu'on
appelle le *céphalothorax*, l'autre l'*abdomen*. Les anneaux de chacune de ces deux régions, distincts dans le jeune âge, se soudent
ensuite chez les Araignées (fig. 45), de sorte que le corps semble
n'être formé que de deux masses continues.

Ce qui arrive durant la période de développement aux anneaux
des deux régions du corps des Araignées, arrive plus tôt encore aux
anneaux qui portent les antennes et les appendices buccaux chez
les Myriapodes et les Insectes ; ces anneaux, même aux périodes les

plus précoces de la formation de l'animal, ne sont reconnaissables que par leurs appendices ; ils forment donc un tout d'apparence indivisible, comme la tête des Vertébrés. Ainsi se constitue une région du corps absolument distincte, à laquelle s'applique de tous points la définition de la *tête*, que nous avons donnée tout à l'heure, et qui en est la réalisation physique.

Chez les Myriapodes, tous les anneaux situés en arrière de la *tête* portent des appendices locomoteurs, identiques entre eux : ils ne forment qu'une seule et même région qui n'a pas reçu de nom particulier.

Chez les Insectes, en arrière de la *tête*, trois anneaux seulement portent des appendices locomoteurs ; ils constituent le *thorax* et ne sont pas soudés entre eux ; les anneaux suivants, presque tous dépourvus d'appendices chez les Insectes adultes, constituent une troisième région du corps, l'*abdomen*. Chez les embryons d'Arai-

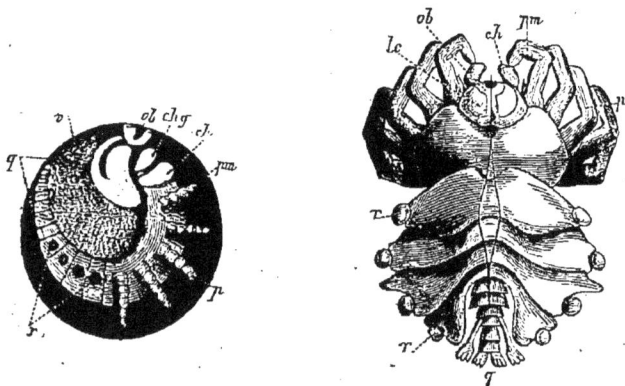

FIG. 45. — Embryon d'Araignée à deux états de développement avant la fusion des anneaux de l'abdomen. — *ob*, lobe céphalique ; *chg*, ganglions nerveux ; *ch*, crochets venimeux (chélicères) ; *pm*, pattes-mâchoires ; *p*, pattes ; *r*, pattes rudimentaires de l'abdomen ; *q*, queue rudimentaire.

gnées (fig. 45), chez les larves d'un assez grand nombre d'Insectes et chez quelques Insectes adultes, les anneaux de l'abdomen portent des appendices rudimentaires qui viennent témoigner de l'identité fondamentale de tous les segments.

Définition des zoonites. — L'identité des segments du corps des Arthropodes n'est pas seulement extérieure. Chaque segment est pourvu d'organes qui se répètent à l'intérieur de l'animal, comme les appendices se répètent à l'extérieur. On y trouve constamment, tout d'abord, un ganglion de la chaîne nerveuse (fig. 16) et une portion du tube digestif. Chez tous les Arthropodes, l'appareil circulatoire possède un cœur (fig. 46). Mais à une distance variable de leur origine, les vaisseaux qui en naissent cessent d'avoir des parois propres, le sang tombe dans la cavité viscérale et rentre dans le cœur par des orifices en forme de boutonnières qui existent sur

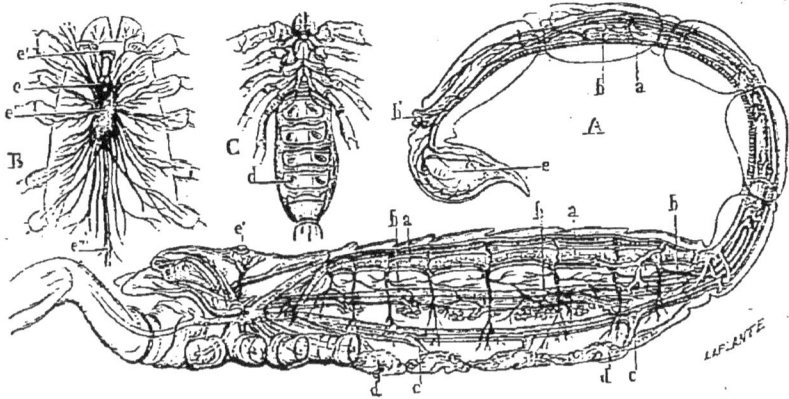

Fig. 46. — A, anatomie du Scorpion : *a*, vaisseau dorsal et artères qui en naissent dans chaque segment : *b*, tube digestif ; *b'*, anus ; *c*, ganglions nerveux se répétant dans les anneaux abdominaux ; *d*, sacs respiratoires se répétant sur les anneaux abdominaux de la région. — B, système nerveux thoracique, dont tous les ganglions sont soudés en une masse *e''* : *e*, ganglions cérébroïdes ; *e'*, yeux. — C, dessous du corps montrant la base des appendices et en *d* les stigmates.

ses côtés. Le cœur a le plus souvent la forme d'un vaisseau allongé occupant la région dorsale de l'animal ; on le désigne d'ordinaire, pour

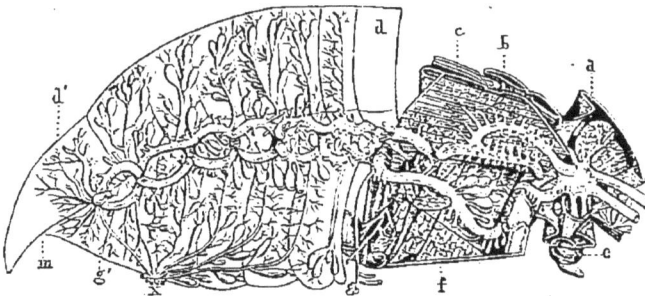

Fig 47.— Appareil respiratoire du Hanneton.— *a*, *b*, *c*, trachées du thorax ; *d*, paroi abdominale relevée pour montrer les trachées sous-jacentes ; *e*, patte ; *f*, muscles ; *gig*, abdomen ; *m*, anus.

cette raison, sous le nom de *vaisseau dorsal* (fig. 46, *a*) ; ses orifices sont disposés par paires dans chacun des anneaux du corps qu'il traverse, lorsque ces anneaux n'ont pas subi eux-mêmes de trop

grandes modifications. Chaque paire d'orifices correspond généralement à une chambre du vaisseau dorsal, séparée des chambres voisines par un étranglement extérieur et par une cloison incomplète ;
on peut donc dire que chaque anneau possède un cœur particulier
et que le vaisseau dorsal n'est que la réunion de tous ces cœurs. De
même chez tous les Arthropodes terrestres, la respiration s'effectue
à l'aide de sacs lamelleux ou de tubes arborescents, ramifiés à l'infini
et qui conduisent l'air dans toutes les parties du corps ; ces tubes
sont les *trachées*. Tous les arbres
respiratoires sont généralement
unis entre eux par deux troncs
longitudinaux ; or, chaque anneau
présente une paire d'arbres tra-
chéens qui lui sont propres (fig. 47)
et qui viennent s'ouvrir sur les côtés
de l'anneau par des orifices nommés *stigmates*.

Ainsi le système nerveux, l'appareil digestif, l'appareil circulatoire, l'appareil respiratoire, c'est-
à-dire tous les grands appareils
organiques sont formés, chez les
Articulés, de parties semblables
entre elles qui se répètent comme
les anneaux du corps et font de
chacun de ces anneaux un petit
tout relativement indépendant, un
petit organisme complet auquel
Moquin-Tandon a donné le nom de
zoonite[1].

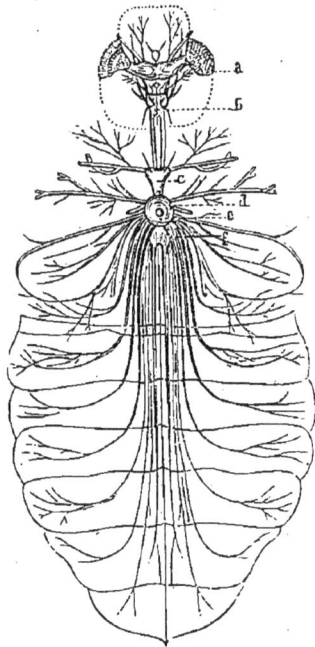

FIG. 48. — Système nerveux du Hanneton.— *a*, ganglions cérébroïdes ;
b, c, ganglions thoraciques ; *d, e, f,*
ganglions métathoraciques et abdominaux soudés.

De même que les appendices
extérieurs des zoonites peuvent
éprouver des modifications diverses, de même que les zoonites peuvent, à leur tour, varier de forme dans un même organisme, se réduire considérablement dans certains cas, se souder plusieurs ensemble dans certains autres, de même leurs organes internes peuvent se développer démesurément ou avorter, demeurer distincts et
indépendants, ou se fusionner en organes plus complexes, dans
lesquels l'anatomie comparée et l'embryogénie permettent seules de

---

1. De ζῶον, animal ; la terminaison *ite* est là comme diminutif

les mettre en évidence. On voit ainsi, chez le Hanneton, les ganglions
nerveux abdominaux abandonner les anneaux qui leur correspondent et venir se souder en une seule masse avec le ganglion thoracique (fig. 48). Les termes si variés de l'organisation des Arthropodes trouvent, pour la plupart, leur explication dans des phénomènes d'avortement, de développement exagéré, de soudure ou
d'adaptation à des fonctions diverses, des parties, théoriquement
·dentiques entre elles, qui constituent les zoonites.

Les zoonites des Vers annelés. — Tout ce que nous venons de

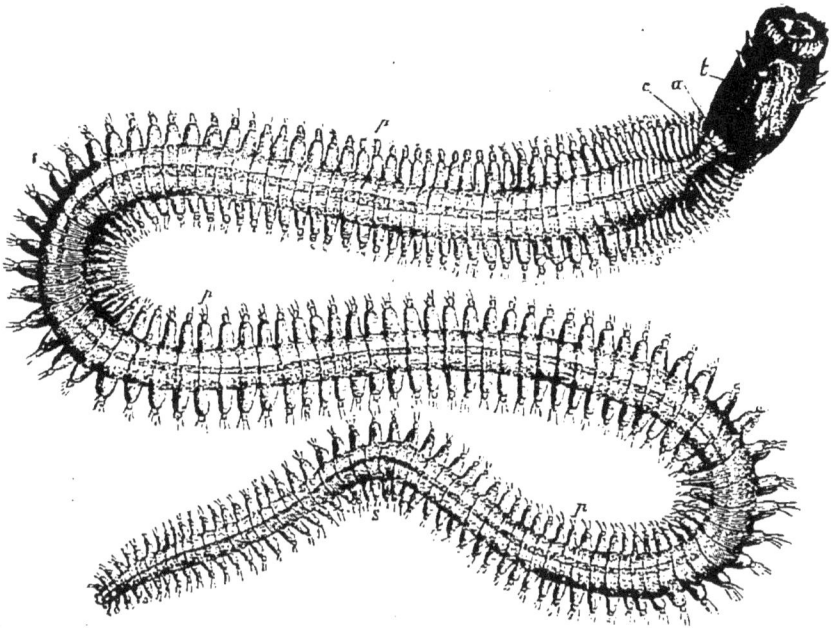

Fig. 49. — Type de Ver annelé (*Nephthys*).

dire de la composition du corps des animaux arthropodes s'applique
aux Vers annelés. Leur corps est également formé de zoonites (fig. 49)
essentiellement construits de la même façon, qui peuvent être tous
semblables entre eux sur le même animal, comme chez les *Lombrics*, les *Nephthys*, etc., différer les uns des autres et se grouper
en régions distinctes, comme chez les Annélides marines tubicoles,
ou même se souder complètement entre eux de manière qu'il soit
impossible de tracer leurs limites.

Un très grand nombre d'Annelés, surtout parmi ceux dont les
zoonites sont le plus semblables entre eux, revêtent d'abord, comme

les Crustacés, une forme commune, la forme de *trochosphère*. La trochosphère (fig. 50, n° 1) est un petit organisme sans membres, de forme ovoïde, coupée perpendiculairement à son grand axe par une ceinture de cils vibratiles laissant d'un même côté les deux orifices du tube digestif. Cette forme fondamentale peut d'ailleurs subir de nombreuses modifications.

Importance du nauplius et de la trochosphère. — De même que le nauplius, la trochosphère ne présente aucune trace d'anneaux. Comme le nauplius, elle ne tarde pas à produire à sa partie posté-

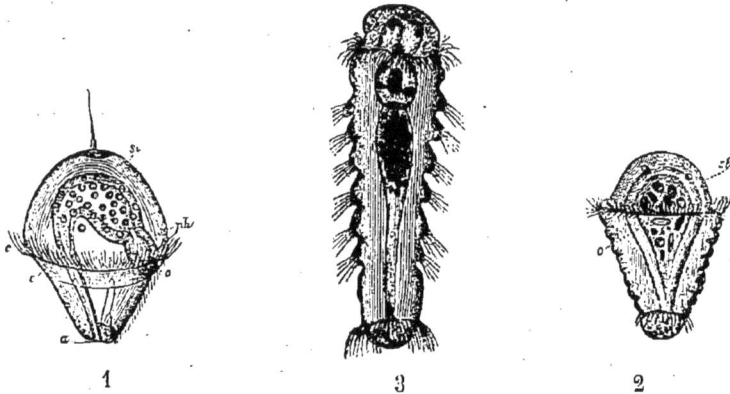

FIG. 50.— États successifs de développement d'une espèce de *Nephthys*, voisine de la précédente. — 1, trochosphère. — 2, larve pourvue de deux couronnes ciliées. — 3, la même possédant plusieurs anneaux distincts : *o*, bouche ; *ph*, pharynx ; *st*, estomac ; *c*, ceinture ciliée ; *c'*, indication du premier segment moyen ; *a*, anus.

rieure un segment qui devient le dernier zoonite du Ver, tandis qu les autres zoonites se forment successivement au-devant de lui, l'écartant de plus en plus de la trochosphère primitive, qui contribue seulement à former la tête de l'Annélide. Le *nauplius* et la *trochosphère* jouent donc exactement le même rôle dans les deux séries parallèles des Arthropodes et des Vers annelés. On peut dire que *les Crustacés et les Annélides qui naissent respectivement sous les formes de nauplius et de trochosphère, naissent réduits à leur tête*, et que c'est la tête, fonctionnant comme un organisme complet, qui produit le reste de l'animal.

TYPE MOLLUSQUE

PIED — MANTEAU — COQUILLE

Les parties du corps d'un Mollusque. — Les Mollusques ne nous présentent extérieurement aucune répétition de parties rappelant ce que viennent de nous offrir les Arthropodes et les Annelés ; il ne semble même, au premier abord, exister en eux rien qui reproduise la succession régulière d'organes, si marquée dans le squelette des Vertébrés. Nous sommes en présence d'un type organique d'apparence bien différente de ceux que nous avons déjà définis, et pour lequel l'Escargot peut nous servir d'exemple.

Considérons un Escargot en train de ramper (fig. 51). Hors de sa

FIG. 51. — Escargot comestible (*Helix pomatia*).

coquille, nous voyons sortir un corps mou qui s'étend en avant et en arrière. En avant, ce corps est tronqué : il porte la bouche et quatre tentacules dont deux sont terminés par des yeux ; en arrière, il s'amincit graduellement et se termine en pointe ; inférieurement, il est aplati et constitue une large sole sur laquelle rampe l'animal. On donne le nom de *tête* à la partie située en avant de la coquille, le nom de *pied* à la partie musculaire qui appuie sur le sol, et plus spécialement à celle qui est en arrière de la coquille ; le *corps* de l'animal est contenu dans la coquille et protégé par elle.

Définition plus précise de la tête, du pied et du corps des Mollusques. — Physiologiquement, les dénominations que nous venons de citer sont exactes. La tête, ainsi comprise, est bien, tout au moins chez les Mollusques gastéropodes, comme chez les Vertébrés et les Articulés, la partie du corps qui porte la bouche et les principaux organes des sens; mais chez le Vertébré et l'Articulé nous avons pu délimiter nettement cette partie du corps, et déterminer les éléments qui la constituent; chez la plupart des Mollusques, cela est de toute impossibilité : la tête se continue sans

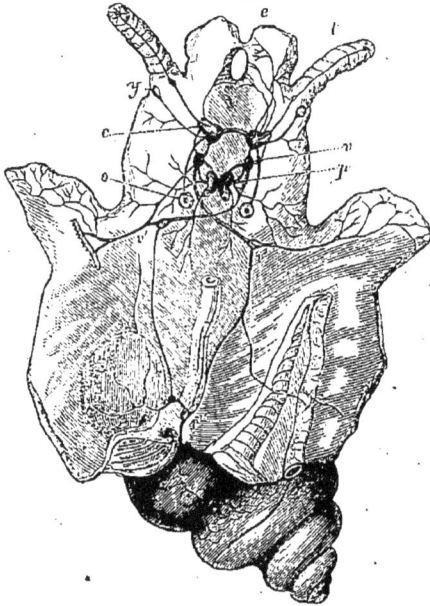

FIG. 52. — Relations du système nerveux avec les diverses parties du corps d'un Mollusque gastéropode *(Cyclostoma elegans)*. — *e*, tête ; *t*, tentacules ; *y*, yeux ; *c*, ganglions cérébroïdes ; *p*, ganglions pédieux ; *o*, otocystes ; *v*, *v'*, *v''*, chaînes de ganglions du collier postérieur (d'après M. de Lacaze-Duthiers).

aucune démarcation avec le pied d'une part, avec le corps de l'autre, de sorte que l'on ne peut dire où commence l'une de ces régions, où finit l'autre. Le pied ne contient, du reste, aucun viscère : les nerfs qu'il reçoit proviennent de deux ganglions spéciaux (fig. 52, *p*) directement unis au cerveau et au contact desquels on trouve généralement les organes de l'ouïe, formés d'une vésicule reliée au cerveau par un nerf acoustique spécial, et contenant un ou plusieurs corpuscules calcaires, les *otolithes*. Le pied, étant dépourvu de tout organe interne, est plutôt un appendice qu'une partie du corps.

Chez un grand nombre de Mollusques, même chez des Mollusques terrestres et d'eau douce, tels que les Cyclostomes et les Paludines, il porte à son extrémité postérieure une plaque calcaire ou cornée, parfois enroulée en spirale; c'est l'*opercule* qui vient, lorsque l'animal se rétracte, s'appliquer sur l'ouverture de la coquille et la fermer exactement. Chez les Mollusques qui peuvent se rétracter entièrement dans leur coquille, la plus grande partie du tube digestif, les glandes qui en dépendent, l'appareil respiratoire, le cœur, le rein ou *organe de Bojanus*, les glandes reproductrices. demeurent protégés par cet organe quand l'animal s'épanouit. La partie du système

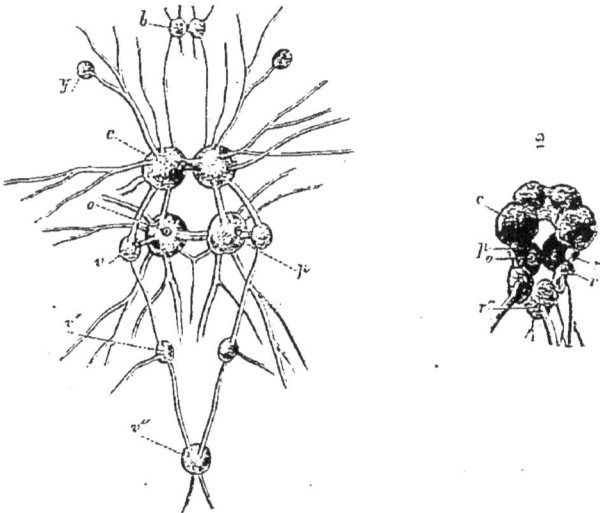

Fig. 53. — Systèmes nerveux de mollusques. — 1, *Acera bullata*; 2, *Planorbis corneus* (mêmes lettres que dans la figure 52).

nerveux qui vient animer les viscères, se compose de cinq ganglions (fig. 53, *v*, *v'*, *v''*) reliés entre eux longitudinalement, et dont les deux premiers, unis entre eux par un cordon nerveux transversal, sont, en outre, rattachés au cerveau et aux ganglions du pied situés au-devant d'eux. Souvent, ces ganglions peuvent être très éloignés les uns des autres (fig. 52 et 53, n° 1), mais dans un assez grand nombre de Mollusques, les cordons qui les unissent se raccourcissent et les ganglions viennent se disposer en collier immédiatement en arrière du premier collier nerveux formé par les ganglions cérébroïdes et les ganglions pédieux; c'est le cas chez les Escargots, les Limaces, les Planorbes et autres Mollusques terrestres ou d'eau douce. Parfois même des soudures peuvent s'opérer entre les divers ganglions, un ganglion unique peut même prendre leur place ; mais les cordons qui unissaient les ganglions et formaient avec eux les deux colliers nerveux caractéristiques des Mollusques, persistent comme si les ganglions s'étaient seuls déplacés sur leur longueur pour venir s'accoler aux ganglions cérébroïdes ; le type fondamental du système nerveux se trouve ainsi conservé. Ces soudures entre les ganglions nerveux sont surtout fréquentes dans un groupe nom-

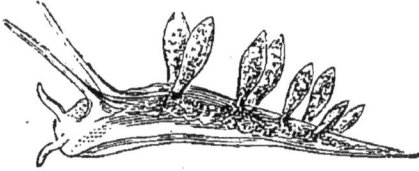

FIG. 54. — Mollusque nudibranche (*Eolis*)

FIG. 55. — Mollusque nudibranche (*Tritonia*).

breux de Mollusques marins, aux formes extraordinairement élégantes, qui sont dépourvus de coquille à l'état adulte et qui constituent l'ordre des *Mollusques nus* ou *Nudibranches* (fig. 54 et 55).

Importance de la coquille. — Les Mollusques dépourvus de coquille se rattachent d'ailleurs étroitement aux Mollusques qui en sont pourvus : tous, en effet, possèdent une coquille dans leur jeune âge, et la présence constante de ce singulier appareil protecteur, dès les premières périodes du développement, conduit à voir en lui un des caractères fondamentaux de l'embranchement : elle commande, du reste, certaines dispositions qui sont un exemple des *corrélations* nécessaires entre les diverses parties d'un même animal. Le corps tout entier des Mollusques se trouvant enfoncé dans un tube calcaire continu, enroulé ou non en spirale, ouvert à son extrémité antérieure seulement, tous les organes qui doivent mettre l'animal en rapport avec le monde extérieur sont nécessairement rassemblés à cette extrémité : le pied lui-même résulte simplement, nous le verrons tout à l'heure, du développement exceptionnel d'un appendice situé immédiatement au-dessous de la bouche et remplissant d'abord des fonctions toutes différentes de ses fonctions définitives.

Développement des Mollusques. — De même que nous avons vu un grand nombre d'Arthropodes et de Vers présenter dans les pre-

mières périodes de leur développement une forme commune, de
même de très nombreux Mollusques traversent, en se développant,
un certain nombre de phases identiques. Ils ont d'abord l'aspect
d'une *trochosphère* à peu près semblable à celle des Annélides :
la bouche est située immédiatement au-dessous de la ceinture
ciliée ; la cavité digestive n'a qu'un seul orifice.

Bientôt, du même côté de la trochosphère que celui où est située
la bouche, il se fait dans les téguments un léger enfoncement, dans
laquelle de la matière solide se produit : c'est le commencement
de la coquille, l'*enfoncement préconchylien* (fig. 56, n° 1, *pir*). Cet
enfoncement est le point de départ d'un repli circulaire des téguments, qui s'étend graduellement, de manière à envelopper à peu

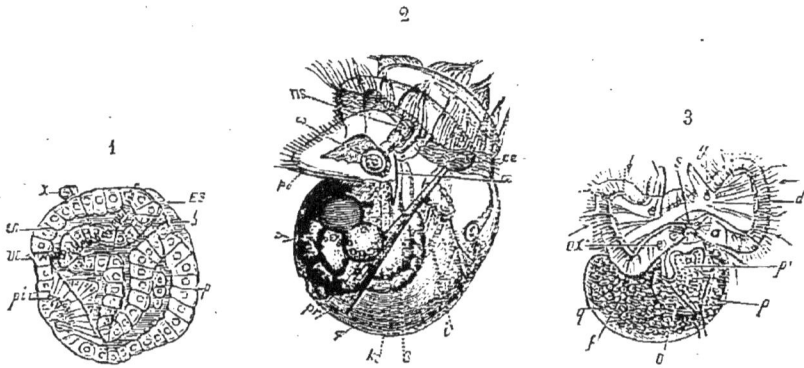

FIG. 56. — Larves de Mollusques gastéropodes.— 1, jeunes larves de *Firoloïdes
Desmaresti* peu éloignées de l'état de trochosphère : *b*, bouche ; *en*, paroi extérieure du corps ; *ve*, couronne ciliée ; *p*, région où se formera le pied ; *pir*, enfoncement préconchylien.— 2, la même larve plus âgée : *ne*, voile et couronne
vibratile ; *ns*, ganglions cérébroïdes ; *ce*, œsophage ; *s*, estomac ; *po*, pied portant
l'opercule ; *w*, otocystes. — 3, larve de Vermet : *s*, bouche ; *y*, yeux ; *ox*, otocystes ; *p*, *p'*, pied ; *o*, opercule ; *d*, voile.

près complètement le jeune animal, en même temps que sur toute
l'étendue qu'il recouvre se développe une mince coquille, d'abord
fragile et transparente comme du verre. Ce repli de la peau qui
produit la coquille, qui ne cesse de grandir avec l'animal et de l'envelopper, est ce qu'on appelle le *manteau*. On le voit, chez l'Escargot
adulte, former une bordure membraneuse à la coquille ; c'est entre
sa paroi interne et la paroi externe de l'animal que se développent
ordinairement les organes respiratoires ou *branchies*.

Pendant que le manteau et la coquille se développent, dans la région
de la jeune larve qui avoisine la bouche, la ceinture ciliée s'étale
en un large disque membraneux, échancré au milieu de manière à

former deux grandes ailes (fig. 56, n° 2, *ne* et n° 3, *d*); ces ailes sont
couvertes de cils vibratiles, particulièrement puissants sur leur bord;
elles constituent le *voile*, et c'est grâce aux battements de leurs cils
que la larve nage dans l'eau qui l'entoure.

En même temps, immédiatement au-dessous de la bouche, se
forme un appendice, également cilié, qui naît quelquefois aux
dépens du bourrelet même dont les parties latérales deviennent les
deux lobes du voile. Cet appendice peut s'épanouir comme le voile;
la bouche se trouve alors au centre d'un triangle membraneux,
couvert de cils vibratiles dont les mouvements attirent et précipitent
dans sa cavité l'eau chargée de matières alimentaires [1]. Sur le dos
de l'appendice inférieur à la bouche apparaît, en outre, une plaque
calcaire; c'est un opercule qui vient fermer l'ouverture de la coquille
de la jeune larve lorsque celle-ci se rétracte. L'appendice deviendra plus tard lui-même le pied du mollusque. Au début, il contribue
à la préhension des aliments, grâce aux battements des cils vibratiles
dont il est recouvert; il contribue également à la protection de la
larve, grâce à l'opercule qu'il supporte; mais il ne sert nullement à
la locomotion, dont le voile est seul chargé Le Mollusque ne commence pas par ramper, il nage. Des fonctions analogues aux fonctions
primitives du voile et du pied des Mollusques sont remplies chez les
Annélides tubicoles par l'ensemble des appendices de leur tête.

Principaux types de Mollusques. — Parmi les Mollusques, il
en est qui doivent continuer à vivre en pleine mer. De chaque côté
du pied se développent alors peu à peu des ailes membraneuses qui
grandissent rapidement, tandis que le voile s'amoindrit et disparaît.
La partie médiane du pied demeure très petite, ses deux ailes latérales remontent, au contraire, de chaque côté de la bouche, et c'est
à l'aide des battements de ces ailes, qui semblent des dépendances de
la tête, que l'animal nage, avec l'allure capricieuse qui caractérise
le vol des Papillons. Les Mollusques qui présentent cette disposition,
forment l'ordre des *Ptéropodes* (fig. 57).

Mais le plus souvent, après avoir nagé quelque temps à l'aide de
son voile, la jeune larve tombe au fond de l'eau. L'appendice qui
tout à l'heure servait à supporter l'opercule et contribuait à attirer
vers la bouche les particules alimentaires change de rôle; il se développe de plus en plus, s'applique sur le sol quand l'animal s'épa-

---

1. Le trajet suivi par les particules alimentaires est indiqué par des lignes
pointillées et des flèches sur la figure 56, n° 3.

nouit, et c'est grâce à son adhérence aux corps environnants, grâce
à ses contractions, à ses mouvements divers, que le Mollusque arrive
à se déplacer ; tout à l'heure il nageait, maintenant il *rampe*, et,
comme le pied, primitivement si réduit, semble être devenu la partie
la plus importante du corps, qu'il semble être le ventre de l'animal,
on appelle ces Mollusques rampants des *Gastéropodes* (fig. 51 et 55).
Chez la plupart d'entre eux, le corps s'enroule en spirale ; il cesse
alors d'être symétrique, tandis que la tête et le pied, qui ne participent
pas à cet enroulement, conservent leur symétrie primitive.

D'autres Mollusques, qui s'enfoncent dans la vase comme les
Mulettes d'eau douce, creusent le bois et les rochers, comme les
Tarets et les Pholades, se fixent aux corps étrangers par des
procédés divers, comme les Moules et les Huîtres, ou très rarement

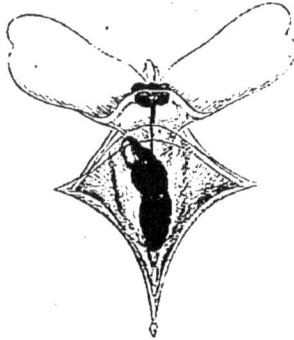

Fɪɢ. 57. — Ptéropode (*Cleodora*)

rampent sur les végétaux, comme les *Cyclas* de nos rivières, présentent, à l'état adulte, un tout autre aspect que celui des Gastéropodes. Tous ceux qui creusent ou rampent sont parfaitement symétriques ; chez les autres, la symétrie n'est que légèrement altérée.
Leur coquille est toujours formée de deux *valves* qui peuvent s'ouvrir
ou se fermer comme les deux moitiés de la couverture d'un livre ;
on appelle pour cela ces Mollusques des *Bivalves*, ou encore des
Acéphales, parce que la partie de leur corps où se trouve la bouche
est tout d'une venue avec le reste, ou encore des *Lamellibranches*,
parce qu'entre leur corps et leur manteau, qui se divise, comme la
coquille, en deux lobes symétriques, se trouvent deux paires de
feuillets ou de *lamelles*, constituant l'appareil respiratoire, les
branchies. Malgré leur apparence particulière, ces Mollusques se
rattachent aux Gastéropodes ; ils possèdent aussi deux colliers
nerveux, le premier formé par les ganglions cérébroïdes et les

ganglions du pied, comme chez les Gastéropodes ; le second, par les
ganglions cérébroïdes et une paire unique de ganglions, situés à
l'extrémité postérieure de l'animal. Le pied est comprimé au lieu
d'être élargi en sole ventrale ; mais son origine est la même que
celle du pied des Gastéropodes ; il disparaît chez les Huîtres et avec
lui le premier collier nerveux (fig. 58) ; la larve de l'Acéphale ne
diffère d'ailleurs de celle du Gastéropode que parce que son voile a
la forme d'un disque circulaire au lieu d'être bilobé.

Les Poulpes, les Calmars (fig. 61), les Seiches (fig. 59) et les
animaux analogues forment la classe des *Céphalopodes*, qu'il est plus
difficile de ramener au type commun. Leur tête porte huit ou dix

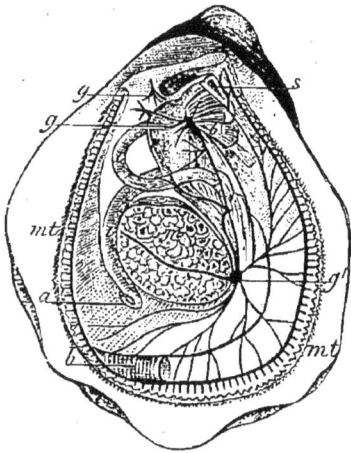

FIG. 58.— Anatomie de l'huître.— *b*, bouche ;
e, estomac ; *i*, intestin ; *a*, anus ; *g*, *g'*,
ganglions nerveux ; *mt*, manteau ; *b*, branchies.

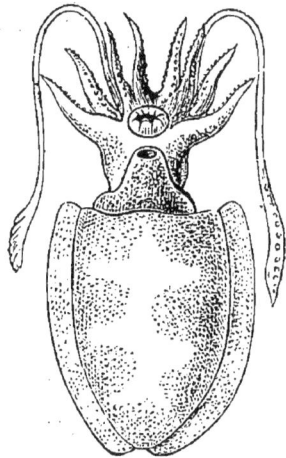

FIG. 59. — Seiche (*Sepia
officinalis*).

bras disposés en couronne autour de la bouche, armés de ventouses,
et que l'on considère habituellement comme équivalents au pied des
Gastéropodes. Les nerfs qui se distribuent à ces bras proviennent,
en effet, d'une partie du système nerveux central comparable aux
ganglions pédieux des autres Mollusque ; mais l'embryogénie des
Céphalopodes est tellement modifiée par la présence dans l'œuf d'une
masse énorme de matière nutritive que les comparaisons deviennent
très difficiles. Le manteau de ces animaux se confond avec la peau
dans la région dorsale ; il s'en détache dans la région ventrale, et il
se constitue ainsi une vaste cavité qui renferme les branchies ; cette
cavité est ouverte en avant, mais son ouverture se trouve limitée par
une sorte d'entonnoir élargi en arrière, rétréci en avant, par l'inter-

médiair duquel l'animal en se contractant peut chasser l'eau contenue
dans la cavité ; il est alors brusquement projeté en arrière par la
réaction de l'eau sur le fond de la cavité.

Une coquille, calcaire chez les Seiches (fig. 60), cornée chez les
Calmars (fig. 61), est cachée dans l'épaisseur de la partie dorsale du
manteau. Cette coquille manque aux Poulpes ; elle est cloisonnée et
s'enroule en spirale, chez les Spirules, où elle est encore enfermée
dans le manteau ; elle est totalement libre et extérieure chez les
Nautiles, dont l'organisation présente de nombreuses particularités

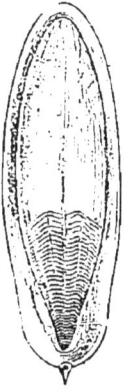

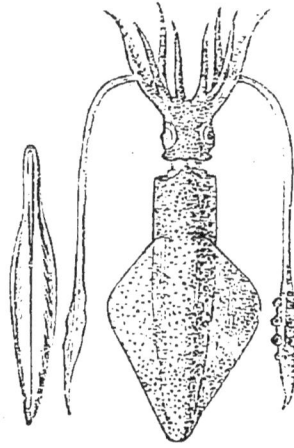

FIG. 60. — Os de Seiche.   FIG. 61. — Calmar (*Loligo vulgaris*)
                                        et sa coquille interne.

intéressantes et dont l'embryogénie, malheureusement inconnue, se
prêterait sans doute mieux à une comparaison avec l'embryogénie
des Gastéropodes que celle des Céphalopodes ordinaires.

Le type Mollusque atteint chez les Céphalopodes à une perfection
organique qui égale certainement celle de beaucoup de Poissons.
les organes des sens présentent une complication remarquable ; la
masse nerveuse résultant du rapprochement des deux colliers est
protégée par une sorte de crâne cartilagineux ; les cœurs sont divisés
en oreillettes et ventricules ; la taille peut enfin dépasser plusieurs
mètres.

TYPE CŒLENTÉRÉ — TYPE ÉCHINODERME
TYPE SPONGIAIRE

Caractères généraux des Cœlentérés. — Trois formes principales d'organismes sont rattachées au type Cœlentéré : les *Hydres*, les *Méduses*, les *Polypes coralliaires.*

Ces animaux paraissent au premier abord n'avoir autre chose de commun qu'une structure plus ou moins rayonnée et la présence dans leurs tissus d'une multitude d'éléments tout à fait spéciaux : les *capsules urticantes* ou *nématocystes.* Ces éléments sont de très petites vésicules arrondies, contenant à leur intérieur un tube élastique, extraordinairement fin, enroulé en spirale et baignant dans un liquide venimeux. Au moindre contact le tube mince se retourne comme un doigt de gant, se déroule, pénètre dans les tissus de l'ennemi à atteindre et y porte le liquide corrosif qui produit une inflammation semblable à la piqûre d'une ortie. Aussi Cuvier rangeait-il la plupart des Cœlentérés dans la classe des *Acalèphes*, c'est-à-dire des Orties. Les Méduses et divers Polypes coralliaires sont, du reste, communément appelés des *Orties de mer.*

Hydraires, leurs colonies. — Les Hydraires sont les plus simples des Cœlentérés. Quelques-uns, tels que les Hydres et les *Cordylophora* (fig. 62), vivent dans les eaux douces, mais le plus grand nombre sont marins. On peut les considérer comme de petits cornets charnus, ouverts à une de leurs extrémités et dont les parois seraient constituées par une double couche de tissus. L'ouverture du cornet sert à la fois de bouche et d'anus; elle est ordinairement entourée par un nombre variable de grêles prolongements contractiles, qui servent à l'animal, toujours carnivore, à saisir sa proie. Cette proie est introduite dans la cavité du cornet et digérée. On comparait autrefois les prolongements ou *tentacules* qui entourent la bouche des Hydres aux bras d'un Poulpe : de là le nom de *Polypes* sous lequel on désigne le plus souvent les Hydraires et les Coralliaires.

Sur la paroi du corps des Polypes on voit ordinairement se former, à un moment donné, de petites protubérances qui grandissent et finissent par devenir des polypes nouveaux. Chez l'Hydre commune de nos eaux douces, ces nouveaux individus, après être demeurés plus ou moins longtemps unis à leur parent, se séparent pour vivre d'une façon indépendante. Mais chez les *Cordylophora* et la plupart des Polypes marins cette séparation n'a pas lieu et tous les Polypes nés par *bourgeonnement* les uns sur les autres demeurent unis; leurs cavités digestives communiquent entre elles, soit directement, soit par l'intermédiaire d'un réseau de canaux spéciaux; la nourriture est mise en commun entre tous les individus dont l'ensemble forme ce qu'on appelle une *colonie*. Tantôt les nouveaux individus naissent sur des espèces de racines ou *stolons* qui rampent sur les corps solides auxquels la colonie est fixée (fig. 62, *a*); tantôt des

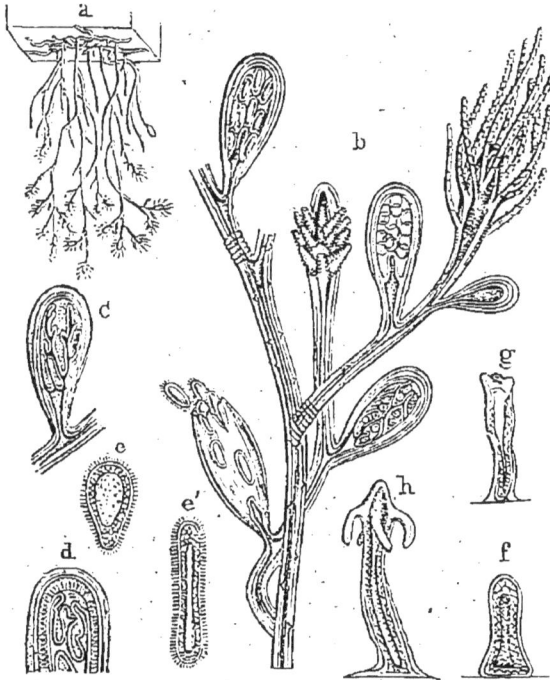

FIG. 62. — *Cordylophora lacustris.* — *a*, une colonie grandeur naturelle; *b*, portion de la même grossie montrant à droite un individu nourricier épanoui, un bourgeon, un individu femelle et un individu mâle; au centre, un individu rétracté; à gauche, deux individus femelles, de l'un desquels s'échappent des larves; *c*, *d*, individus mâles grossis; *e*, *e'*, *planules* ou larves; *f*, *g*, *h*, phases du développement de l'individu fondateur de la colonie.

bourgeons apparaissent sur un point quelconque du corps des polypes associés; ceux-ci forment alors des colonies arborescentes, qui ont tout à fait l'apparence de plantes ramifiées. Autour des polypes se développe souvent un étui corné qui soutient la colonie, la protège, et qu'on appelle le *polypier*.

Nous retrouvons à un haut degré dans les colonies d'Hydraires la division du travail physiologique et le polymorphisme que nous ont offerts les zoonites des Arthropodes et des Vers.

Les individus d'une même colonie se partagent les rôles. Dans
certaines espèces, les *Hydractinies* par exemple, que l'on trouve
sur les coquilles habitées par des Bernard l'Ermite et qui semblent
une sorte de mousse animale, on ne découvre pas moins de sept
sortes d'individus distincts. Beaucoup (fig. 63), munis de tentacules,

FIG. 63. — Fragment d'une colonie d'Hydractinie (*Hydractinia echinata*).
— *a* et *b*, individus nourriciers ou *gastrozoïdes; c*, individus sans bouche ou
dactylozoïdes; d, individu reproducteur ou *gonozoïde; e*, individus sexués.

possédant une cavité digestive ouverte, nourrissent la colonie; ce
sont les *individus nourriciers* ou *gastrozoïdes;* d'autres, dépourvus
de tentacules et de tout orifice faisant communiquer leur cavité
digestive avec l'extérieur, ne peuvent servir qu'à explorer les environs de la colonie ou à capturer les proies qui passent dans son
voisinage : ce sont les *individus préhenseurs* ou *dactylozoïdes;*
quelques-uns, assez semblables aux précédents, ne servent qu'à produire les *individus sexués*, qui sont de deux sortes: on peut les appeler

individus reproducteurs ou *gonozoïdes*. Il y a enfin des individus qui, revêtus de matière cornée, demeurent à l'état de simples épines.

Dans un grand nombre d'espèces d'Hydraires, tandis que les diverses sortes d'individus demeurent unis en colonie, les individus sexués se détachent au bout de quelque temps et mènent une existence indépendante ; mais leur organisation est beaucoup plus complexe que celle des individus composant la colonie sur laquelle ils sont nés : ce sont des *Méduses*.

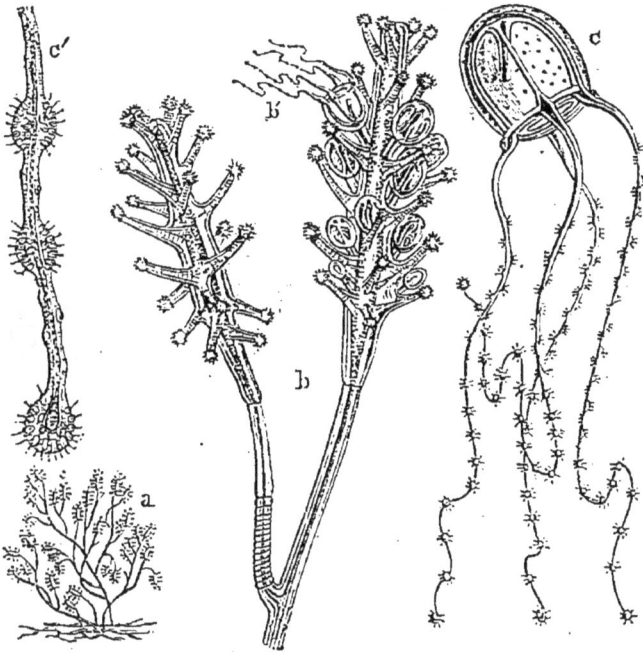

Fig. 64. — *Syncoryne pusilla*. — *a*, une colonie grandeur naturelle; *b*, deux individus grossis : celui de droite porte une Méduse adulte, *b'*, et plusieurs autres en voie de développement; celles-ci montrent les quatre dactylozoïdes encore distincts qui se soudent pour constituer leur ombrelle; *c*, Méduse libre; *c'*, l'un des deux bras grossi, muni de bouquets de nématocystes.

Méduses. — Les Méduses (fig. 64, *c*) comptent parmi les plus élégants des organismes marins ; elles se composent de deux parties : 1° une sorte de cloche ordinairement gélatineuse, transparente comme du cristal, et qu'on appelle l'*ombrelle ;* 2° un sac suspendu au fond de l'ombrelle comme un battant dans une cloche, et qui porte le nom de *manubrium* ou *sac stomacal*.

A son extrémité libre, le manubrium est percé d'un orifice par lequel la Méduse absorbe les matières alimentaires et rejette les produits de sa digestion. Le manubrium constitue donc l'appareil digestif de la Méduse; de là le nom de sac stomacal qu'on lui donne souvent.

Du fond de sa cavité partent quatre ou cinq canaux équidistants qui pénètrent dans l'épaisseur de l'ombrelle et viennent y distribuer les produits de la digestion; ces canaux rayonnants sont unis

FIG. 65. — Méduse du genre *Aurelia*.

par un canal circulaire qui les met en communication les uns avec les autres et court le long du bord de l'ombrelle. Sur ce bord on voit presque toujours des organes, au moins rudimentaires, de la vue et de l'ouïe; de longs tentacules flottent en outre au-dessous de la cloche, dont l'ouverture est, dans la division la plus nombreuse de la classe des Méduses, rétrécie par une membrane circulaire percée à son centre, le *velum*. Pour nager, la Méduse contracte son ombrelle, chasse ainsi brusquement l'eau qui s'y trouve contenue et qui s'écoule par l'ouverture du velum; mais cette eau réagit en même

temps sur le fond de l'ombrelle, et l'animal progresse ainsi par saccades, dans une attitude ordinairement inclinée.

Une distance énorme sépare, comme on voit, l'organisation des
Méduses de celle des Polypes hydraires ; comment ceux-ci ont-ils pu
engendrer celles-là ? La manière dont poussent les Méduses sur
les colonies rend compte de ce singulier phénomène. Elles ne se
forment pas, en effet, à l'aide d'un seul bourgeon, comme le font les
polypes. Autour d'un bourgeon central naissent quatre ou huit bourgeons disposés en cercle et d'abord tous indépendants les uns des
autres (fig. 64, b'). Ces bourgeons grandissent et l'on pourrait croire
que chacun d'eux va devenir un polype ; mais un seul, le bourgeon

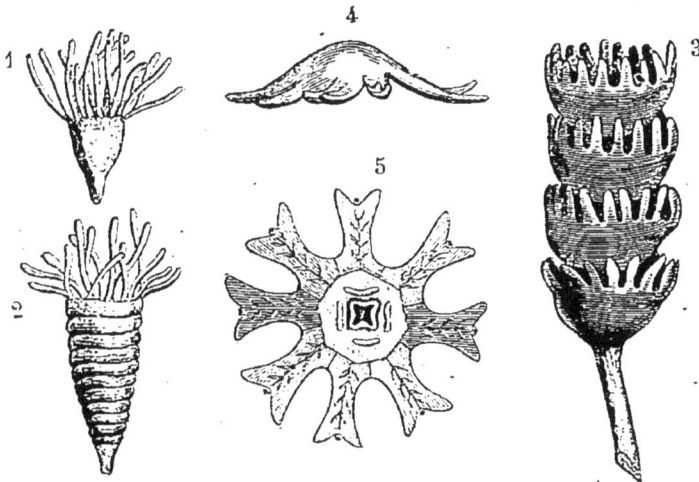

Fig. 66. — 1. Scyphistome d'une *Aurelia* ; 2, le même devenu strobile par suite
de l'apparition des segments ; 3, le même dont chaque segment est devenu une
Méduse et dont plusieurs segments se sont déjà détachés ; 4 et 5, Méduses libres
détachées du strobile et qui se transformeront en Aurélies.

central, acquiert une bouche et devient ainsi l'équivalent d'un
individu nourricier ou gastrozoïde ; les autres demeurent à l'état de
dactylozoïdes, mais leurs parois s'épaississent, prennent un aspect
gélatineux, se soudent de manière à former autour de l'individu
nourricier une sorte de corolle monopétale ; finalement, les cavités
centrales de ces bourgeons soudés entre eux se mettent en communication les unes avec les autres par un canal circulaire ; dès lors la
Méduse est formée et ne tarde pas à se détacher ; le bourgeon central
est devenu son manubrium ; la couronne de bourgeons nés autour
de l'individu central a formé son ombrelle. La Méduse a donc pris
naissance non pas comme un Polype, mais comme un bouquet

de Polypes : elle correspond à plusieurs Polypes soudés entre eux pour ne faire qu'un seul organisme : elle est aux Polypes exactement ce que les fleurs d'un végétal sont à ses feuilles ; mais c'est ici une fleur qui peut vivre indépendante, qui mange avidement et se meut avec autant d'élégance que d'agilité.

FIG. 67. — Siphonophore (*Praya diphyes*).

De même que, dans le Règne végétal, on trouve tous les intermédiaires entre des fleurs complètes et des fleurs presque réduites à un ovaire ou à quelques étamines, de même les individus sexués revêtent, dans les colonies de Polypes hydraires, toutes les formes intermédiaires entre un simple sac rempli d'œufs, — comme dans le cas du *Cordylophora* (fig. 62, *c*, *d*), — et une Méduse parfaite ; il peut arriver aussi que des Méduses parfaites naissent à peu près directement d'un œuf, et n'aient pas besoin, pour se former, qu'une colonie de polypes se soit au préalable constituée. C'est notamment le cas de curieuses petites Méduses qu'on a trouvées récemment, vivant dans l'eau douce de l'un des bassins du Jardin botanique de Londres.

Certaines Méduses ont, comme les Polypes hydraires, le pouvoir de produire des bourgeons; ces bourgeons prennent directement aussi la forme de Méduse et finissent par former avec leur parent

Fig. 68. — Siphonophore (*Apolemia contorta*).

de longues et curieuses colonies flottantes. Les grandes Méduses à ombrelle étalée et sans volume dont les Rhizostomes (fig. 20), les Aurélies (fig. 65), etc., peuvent être regardées comme les types, présentent une particularité remarquable : elles se fixent avant de se reproduire ainsi, et revêtent alors une forme si simple, celle de *Scyphistomes* (fig. 66, nº 1), qu'on les avait d'abord prises pour de simples Polypes. Les Scyphistomes s'allongent; leur corps devient cylindrique; puis des étranglements se produisent régulièrement sur toute leur longueur: ils passent à l'état de *strobile* (fig. 66, n° 2). Enfin, après avoir subi quelques modifications de forme, les diverses parties du strobile, que séparaient les étranglements, se détachent une à une, à commencer par l'extrémité supérieure; on reconnaît alors en elles autant de petites Méduses (fig. 66, n° 3 et 5) qui présentent encore diverses métamorphoses et finissent quelquefois par atteindre un diamètre de plusieurs décimètres (fig. 65). C'est ce mode de reproduction des Méduses, observé pour la première fois en 1831 par Michel Sars, pasteur de Bergen, en Norvège, qui attira l'attention sur la parenté jusqu'alors ignorée des Méduses et des Polypes hydraires.

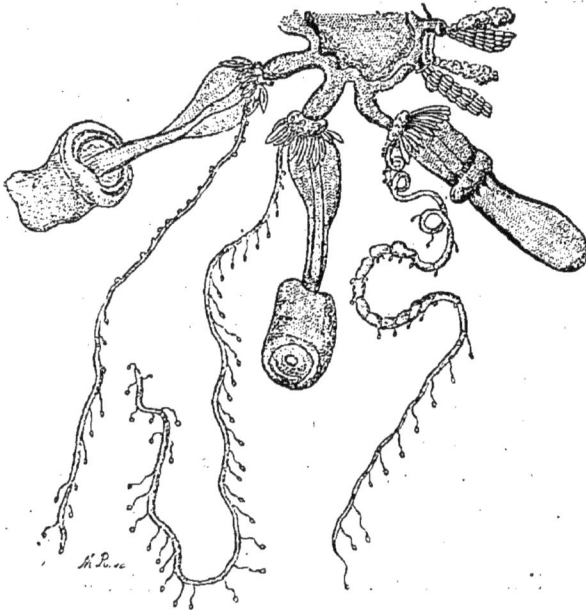

FIG. 69. — Individus nourriciers et filaments pêcheurs d'un Siphonophore
(*Physophora hydrostatica*).

Siphonophores. — Assez souvent flottent à la surface de la mer de gracieuses guirlandes vivantes (fig. 67 et 68) dont les diverses parties sont tour à tour transparentes ou vivement colorées, et parfois extrêmement urticantes. Un examen attentif fait découvrir dans ces êtres étranges, aux formes capricieuses, une singulière association de Polypes et de Méduses. Ces colonies, qui se comportent absolument comme des individus autonomes, comme de véritables organismes, forment la classe des *Siphonophores* [1]. Les Méduses sont essen-

---

1. De σίφων, tube et φέρω,, je porte.

tiellement, dans les colonies ordinaires, des individus sexués ; chez
les Siphonophores (fig. 67 et 68) un certain nombre d'entre elles demeurent stériles, perdent leur manubrium, mais conservent complète
leur ombrelle, dont les battements sont utilisés pour mouvoir la
colonie. Ces Méduses deviennent ainsi des *individus locomoteurs*
(fig. 68). Quelques dactylozoïdes subissent la modification qui devrait
les transformer en Méduses, mais demeurent isolés et ne représentent
par conséquent que des quarts ou même des huitièmes d'ombrelles
de Méduses; ces dactylozoïdes constituent des espèces de feuilles
ou bractées, ordinairement de consistance cartilagineuse, servant
à protéger les *individus nourriciers* (fig. 69), qui gardent la forme

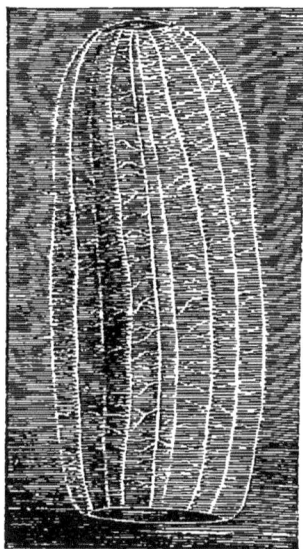

FIG. 70. — Beroé.   FIG. 71. — *Cydippe pileus.*

d'hydres, munies d'un tentacule ou *filament pêcheur*, très allongé,
et les *individus sexués*, qui sont des Méduses plus ou moins complètement développées. On obtient ainsi des combinaisons innombrables, caractérisant les êtres les plus étonnants et les plus délicats
qui aient jamais été rencontrés dans la mer.

Cténophores. — On peut rapprocher des Méduses, en les plaçant
toutefois dans une classe à part, de remarquables organismes toujours
parfaitement transparents, tels que les Beroés (fig. 70), les Cydippes
(fig. 71), les Cestes, etc.; leur organisation est à peu près celle de
Méduses, dont le manubrium se serait soudé avec l'ombrelle, qui

aurait pris, à son tour, les formes les plus bizarres. La locomotion de l'animal s'accomplit à l'aide de séries de petites rames, disposées sur un certain nombre de lignes longitudinales. Ces rames déchiquetées sur leur bord libre, de manière à rappeler la forme d'un peigne, ont valu aux animaux qui les présentent le nom de *Cténophores* [1].

Coralliaires. — Malgré une certaine similitude extérieure, les Polypes coralliaires (Corail, Madrépores, Anémones de mer, etc.) ont une structure bien différente de celle des Polypes hydraires. Ils ont aussi une forme sensiblement cylindrique et leur cavité digestive ne présente qu'un seul orifice autour duquel sont disposés un ou plusieurs rangs de tentacules; mais ces tentacules ont dans l'organisation de l'animal une importance bien supérieure à celle des

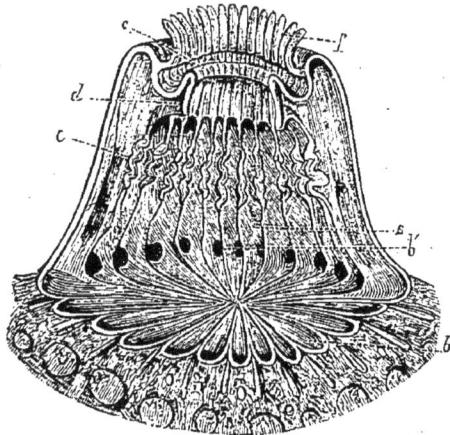

Fig. 72. — Coupe à travers un polype de *Gerardia Lamarckii*, Lacaze-Duthiers. — *f*, tentacules; *e*, bouche; *d*, sac stomacal; *c*, cloisons séparant les loges; *a*, *b*, loges; *b'*, orifices faisant communiquer les loges avec les vaisseaux.

tentacules des Polypes hydraires : au lieu d'être de simples appendices de la paroi du corps, on peut dire qu'ils forment à eux seuls cette paroi. Chez les jeunes Coralliaires (fig. 74, *d*, *i*), où la couronne des tentacules commence toujours par être simple, on voit, en effet, un sillon vertical partir du point où deux tentacules voisins se réunissent et descendre jusqu'à la base du polype, de sorte que le corps même de l'animal est partagé en autant de secteurs qu'il y a de tentacules ; cette division n'est pas seulement extérieure : à chaque sillon correspond intérieurement (fig. 72) une *cloison* char-

1. De κτείς, peigne et φέρω, je porte.

nue qui s'avance dans la cavité du corps ; celle-ci est donc également divisée sur tout son pourtour, en autant de *loges* qu'il y a de tentacules ; chaque loge peut être considérée comme le prolongement d'un tentacule ; la cavité du corps n'est autre chose qu'un espace circonscrit par l'ensemble des tentacules et dans lequel ces derniers viennent s'ouvrir. Les glandes reproductrices flottent dans cette cavité, et comme elles se développent sur les parois des loges, elles sont, en définitive, elles aussi, sous la dépendance des tentacules.

Les matières alimentaires sont introduites dans la cavité centrale ; elles y arrivent par l'intermédiaire d'un tube plus ou moins allongé,

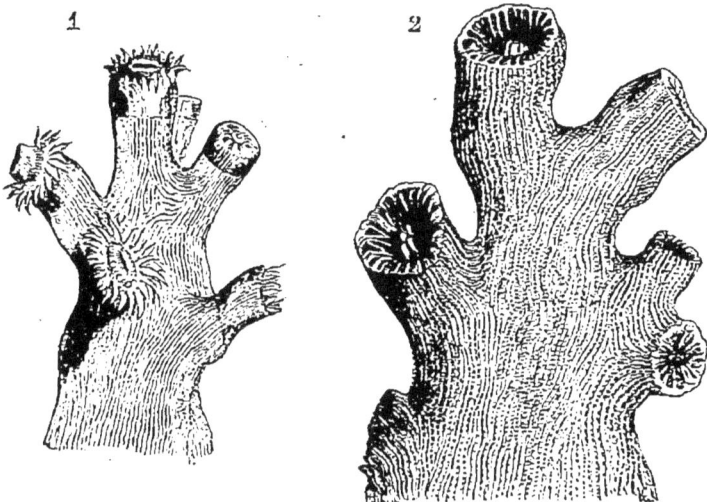

Fig. 73. — Coralliaire (*Dendrophyllia ramea*). — 1, un rameau pourvu de ses polypes ; 2, un rameau dépouillé pour montrer les lames et les chambres du polypier.

cylindrique dans certaines espèces, remplacé dans d'autres par une sorte de sac percé, au centre de sa paroi inférieure, d'une ouverture que l'animal peut ouvrir ou fermer à volonté. On a donné à cet organe le nom de *tube œsophagien* ou de *sac stomacal*, suivant que l'on a considéré la cavité dans laquelle il conduit comme une cavité digestive, comme une cavité viscérale, ou comme un atrium commun à plusieurs Polypes. C'est cette dernière interprétation qui est la vraie. Il existe, en effet dans le curieux groupe des Stylastérides ou Hydrocoralliaires, récemment étudié par M. Moseley, toute une série de formes conduisant graduellement des Polypes hydraires aux Polypes coralliaires et démontrant que le sac stomacal n'est autre chose qu'un *hydraire nourricier* ou *gastrozoïde*, autour duquel sont venus se ranger des hydraires à la fois préhenseurs et reproducteurs ou *dactylozoïdes*, descendus au rang de tentacules. Le Polype coralliaire n'est donc pas équivalent à une hydre, mais bien à un assemblage d'hydres; c'est un organisme ayant le même mode de constitution que les Méduses.

La plupart des Coralliaires vivent en colonies arborescentes qui peuvent acquérir des dimensions considérables. Leur corps est soutenu par un polypier corné chez quelques espèces, mais plus généralement calcaire (fig. 70), et qui n'est pas extérieur comme celui des Hydraires, mais intérieur. Ce polypier semble reproduire exactement la structure du Polype : on y distingue, en effet, des *lames* calcaires et des *chambres* qui paraissent correspondre aux *cloisons* charnues et aux *loges* de l'animal. Il n'en est pas tout à fait ainsi : chaque lame du polypier est intercalée entre deux cloisons du Polype, de sorte que les chambres du premier sont à cheval sur deux loges consécutives du second. La place de chaque polype à la surface du polypier n'en est pas moins marquée par une élégante étoile formée par les lames rayonnantes et qu'on nomme le *calice*.

Ce sont les polypiers des Coralliaires qui forment les *îles madréporiques* des mers tropicales.

Développement des Cœlentérés. — De même que nous avons vu les Arthropodes, les Vers et les Vertébrés eux-mêmes se former à l'aide de parties originairement semblables entre elles se répétant en série linéaire et dont un certain nombre se modifient de manière à constituer les diverses régions du corps, de même chez les animaux véritablement rayonnés, le corps est composé de parties semblables entre elles qui viennent se grouper autour d'une partie centrale plus spécialement chargée de l'élaboration des matières alimentaires; l'histoire des modifications diverses que subissent les polypes dans une même colonie de Polypes hydraires nous autorise à considérer la partie centrale et les parties rayonnantes comme étant essentiellement de même nature : toutes sont des hydres modifiées.

Les Crustacés et les Annélides les plus simples naissent réduits à leur premier segment : les Cœlentérés naissent aussi pour la plupart sous la forme d'une petite larve couverte de cils vibratiles à laquelle on donne le nom de *planule* (fig. 62 et 74), et qui ne présente dans aucun cas la structure rayonnée des Méduses ou des Polypes coralliaires. Cette structure apparaît seulement plus tard (fig. 74, *b, c, h*) de sorte que la planule est tout au plus l'équivalent d'un Polype hydraire : elle correspond seulement à la partie centrale des Cœlen-

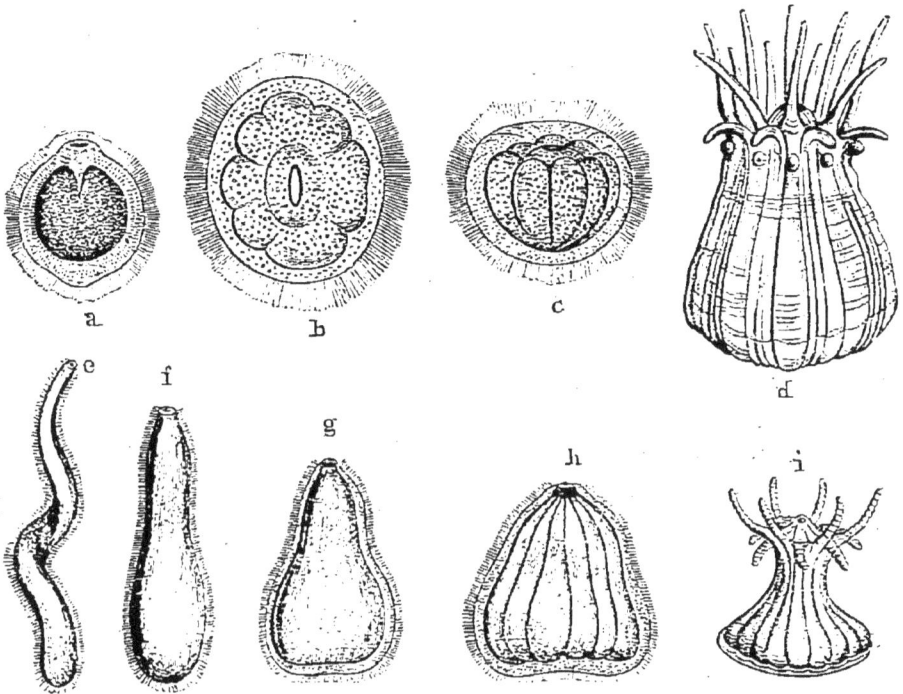

FIG. 74 — Développement des Coralliaires (d'après M. de Lacaze-Duthiers). — *a*, larve ciliée d'Anémone de mer (*Actinia equina*) ayant dépassé la phase *planule*, mais ne présentant aucune apparence rayonnée; *b, c*, larves plus âgées et rayonnées; *d*, jeune Anémone; *e, f, g, h, i*, les mêmes phases chez un Coralliaire à polypier (*Astroïdes calycularis*).

térés rayonnés, qui naissent ainsi, comme les Arthropodes et les Vers, réduits à une seule de leurs parties composantes.

Type Échinoderme.— La structure nettement rayonnée n'apparaît dans le type des Cœlentérés que chez les Méduses et les Coralliaires; elle est beaucoup plus constante chez les Échinodermes, où elle peut cependant aussi disparaître ; mais tandis que c'est dans les formes inférieures des Cœlentérés qu'elle est absente, c'est au contraire dans les formes les plus élevées des Echinodermes qu'on la voit, en général, s'effacer. Il existe d'ailleurs un remarquable parallélisme entre ces deux types intéressants du Règne animal. Le plus grand nombre des Échinodermes des premières périodes géologiques, les *Crinoïdes*, étaient fixés au sol comme le sont les colonies d'Hydraires sur lesquelles se produisent les Méduses. De nos jours

il existe encore dans les mers profondes plusieurs genres de Crinoïdes qui présentent ce caractère : tels sont les *Pentacrinus* (fig. 75),
les *Rhizocrinus*, les *Bathycrinus*, les *Hyocrinus*, les *Holopus* ; mais
la grande majorité des Crinoïdes actuels, formant le groupe des

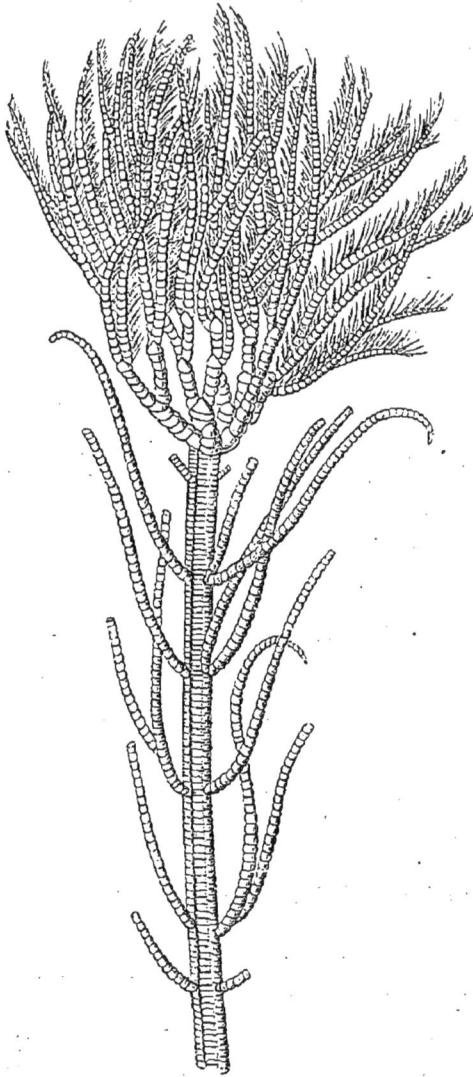

Fig. 75. — Crinoïde fixé (*Pentacrinus caput-Medusæ*).

Comatules, sont seulement fixés au sol dans le jeune âge (fig. 76),
et se détachent quand ils ont atteint un certain développement,
comme les Méduses se détachent de la colonie sur laquelle elles se
sont formées. De même que beaucoup de Méduses et que tous les

Cténophores qui en sont voisins, peuvent se développer sans avoir jamais été fixés, de même les Étoiles de mer, les Ophiures, les Oursins et les Holothuries se développent sans jamais se fixer au sol.

Chez les Comatules, les Astéries ou Étoiles de mer (fig. 77) et les Ophiures, le corps se compose d'une partie centrale ou *disque*, contenant les organes essentiels de la digestion, et de parties rayonnantes ou *bras*, le plus souvent au nombre de cinq, qui sont très nettement distinctes du disque et avec lesquelles les glandes de

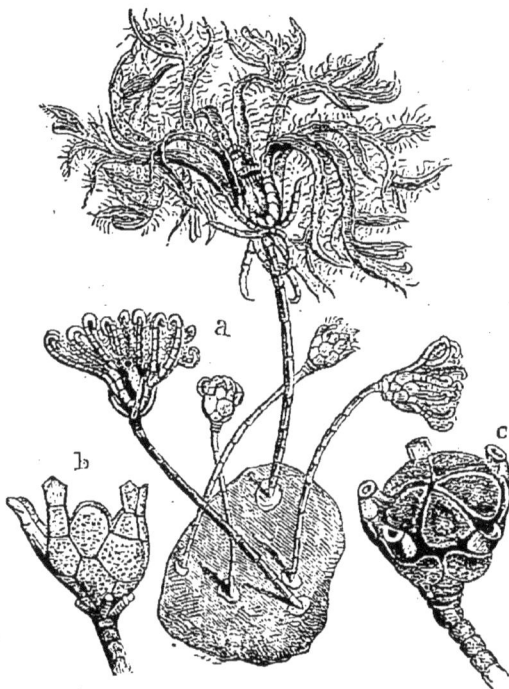

FIG. 76. — Crinoïde libre (*Antedon rosaceus*), pendant sa phase fixée (très grossi).

la reproduction sont particulièrement en rapport. Nous retrouvons donc ici une disposition générale des parties très analogue à celle que nous ont offerte les Méduses et les Coralliaires.

Chez les Oursins (fig. 78), les bras semblent repliés sur le disque et soudés avec lui ; ils sont simplement représentés par des bandes couvertes de pores, allant du pôle supérieur au pôle inférieur de l'animal et constituant les *ambulacres*. Par ces pores sortent des tubes membraneux terminés par des ventouses qui permettent à l'animal de se fixer et de ramper lentement en contractant les tubes fixés d'un côté, tandis qu'il détache ceux du côté opposé.

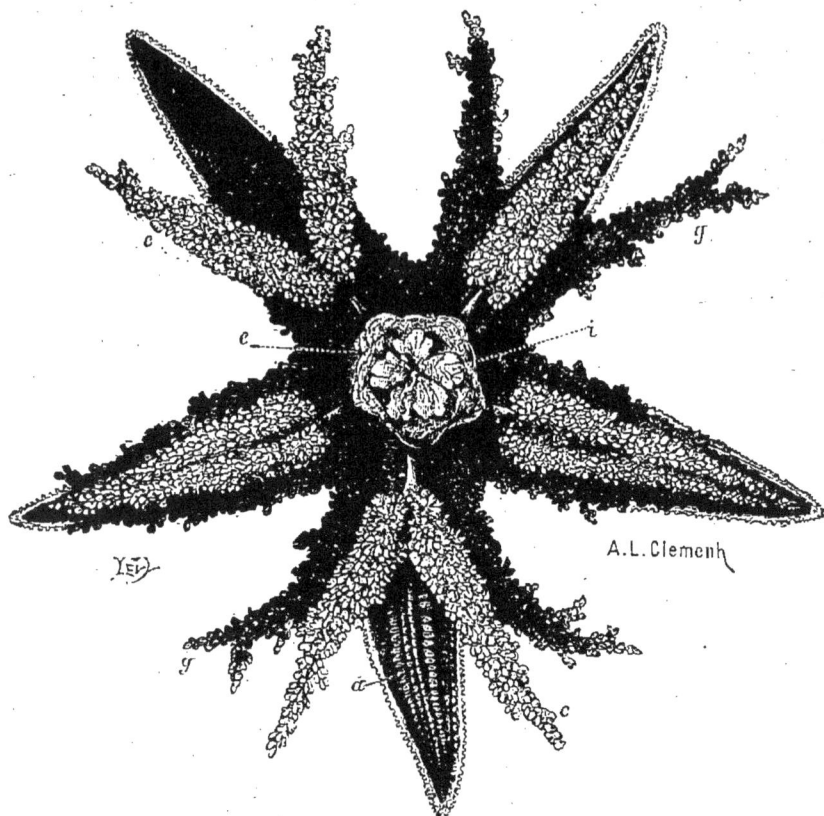

FIG. 77. — Étoile de mer (*Asterias glacialis*) ouverte par la région dorsale pour montrer la disposition des organes dans la cavité générale.— *e*, estomac ; *i*, glandes annexes de l'appareil digestif (cæcums interradiaux) ; *c*, parties rayonnantes de l'appareil digestif contenues dans les bras ; *g*, glandes reproductrices disposées par paires dans les bras.

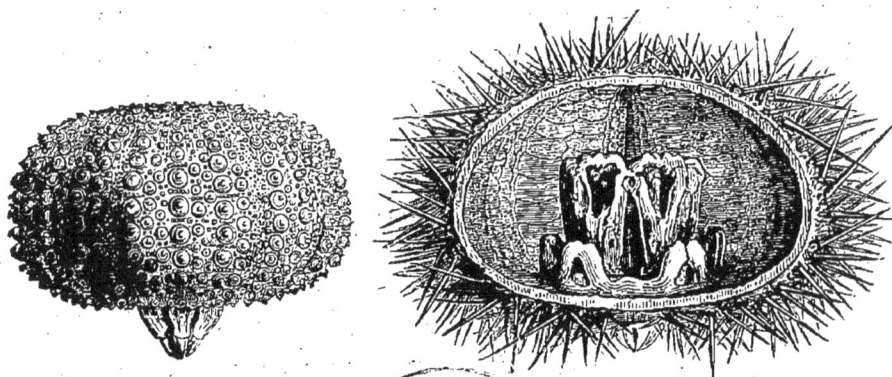

FIG. 78. — Oursin (*Toxopneustes vividus*) dépouillé de ses piquants pour montrer la division de son test en fuseaux. — Le même ouvert pour montrer, à l'intérieur du test, la disposition des pores qui caractérisent les ambulacres.

Les parois du corps des Oursins (fig. 78) sont formées de plaques
polygonales, enchâssées les unes dans les autres et formant ensemble un sphéroïde d'une certaine solidité ; les parois du corps
des Holothuries (fig. 79, A) sont molles et simplement bourrées de
corpuscules calcaires ; l'animal est cylindrique, et rampe couché sur
un côté de son corps ; ses ambulacres sont beaucoup moins réguliers que ceux des Oursins et disparaissent, dans certains genres,
où l'on n'aperçoit que des traces de la disposition rayonnée primitive : c'est le cas des Synaptes.

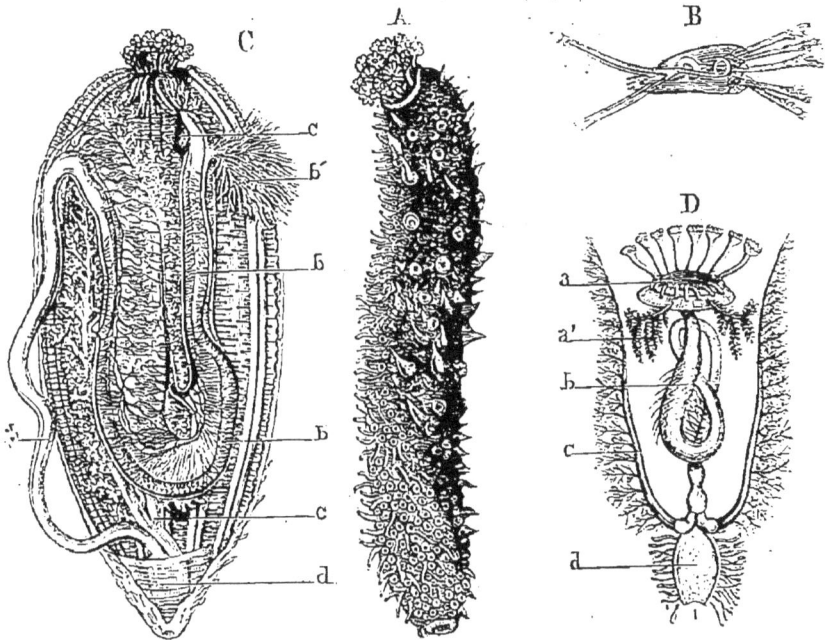

Fig. 79. — Holothuries. — A, une Holothurie du genre *Psolus*, dont tous les tubes
ambulacraires sont rassemblés sur la face inférieure du corps. — B, larve d'une
Holothurie. — C, anatomie : b, tube digestif ; c, organes respiratoires arborescents
s'ouvrant dans le rectum, d ; e, vésicules dites de Poli ; b', glandes génitales :
— D, organes de la digestion et de la respiration isolés : a, bouche entourée de
tentacules ; a', glandes ; b, intestin ; c, arbres respiratoires ; d, rectum.

Les larves des Échinodermes, gélatineuses et transparentes
comme de petites Méduses, ont les formes les plus singulières
(fig. 80). Comme les larves des Cœlentérés, elles ne produisent
jamais, par leur métamorphose directe, que des Échinodermes sans
bras ou sans ambulacres, c'est-à-dire réduits à leur partie centrale. Comme chez les Cœlentérés, les parties rayonnantes se développent ensuite.

Type Spongiaire. — La ressemblance générale de la forme extérieure des Éponges avec celle des Polypiers, et quelques autres

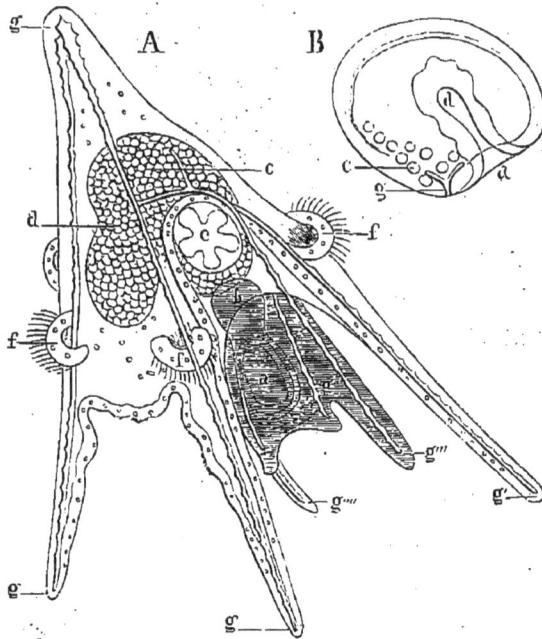

Fig. 80. — Larves d'Oursins. — A, larve au moment où l'Oursin apparaît en *e* ; *a*, bouche; *b*, *c*, *d*, appareil digestif; *f*, bourrelets locomoteurs couverts de cils vibratiles; *g* à *g'''*, baguettes calcaires soutenant les bras (gross. 166 fois). — B, très jeune larve; *a*, bouche; *d*, sac digestif; *c*, cellules libres; *g*, spicules calcaires.

particularités communes de structure ont conduit plusieurs naturalistes à ranger les Éponges parmi les Cœlentérés. D'autre part,

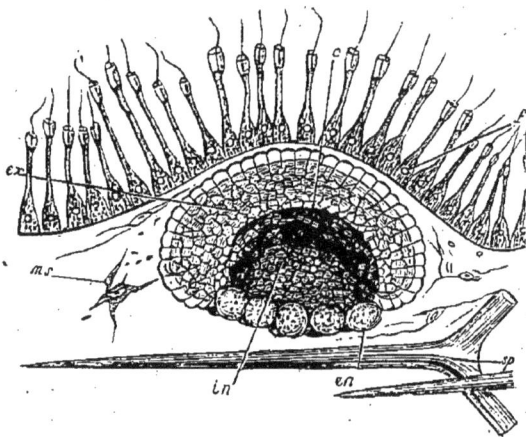

Fig. 81. — Coupe à travers une Éponge calcaire; *f*, les éléments flagellifères ; *ms*, cellules étoilées de la couche externe; *sp*, les corpuscules calcaires du squelette (spicules); *c*, une jeune larve prête à éclore, encore à la place où elle s'est développée.

l'examen microscopique de leurs tissus montre en elles des éléments
facilement séparables, dont les uns sont doués de mouvements
amiboïdes, semblables à ceux que montrent les Protozoaires de
l'ordre des Rhizopodes, tandis que d'autres ont une structure identique à celle de certains Infusoires flagellifères (fig. 81). On a été
amené par là à considérer les Éponges comme des colonies de
Protozoaires et à les classer dans ce type organique. En réalité les
Éponges se développent, comme les organismes plus élevés, au
moyen de larves de forme spéciale (fig. 82), dont la complexité
témoigne que le produit de leur métamorphose ne saurait être une
simple association de Protozoaires dénués de toute solidarité. Ces
larves se fixent et se transforment, dans les cas les plus simples,

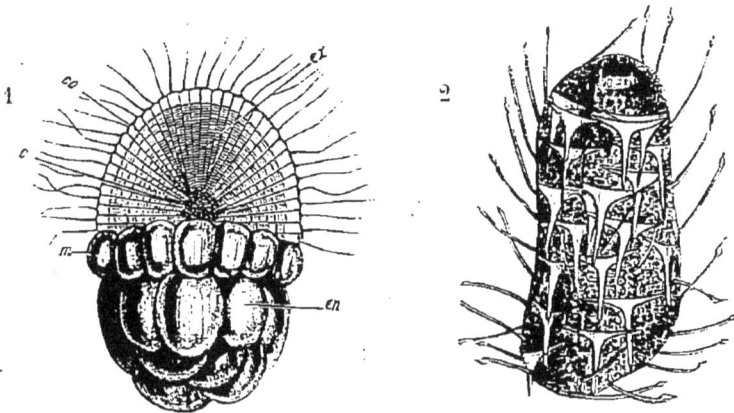

Fig. 82. — 1, larve d'une Éponge calcaire: *ex*, cellules flagellifères; *en*, cellules
dépourvues de cils disposées en couronne en *m*. — 2, jeune Éponge provenant
de la métamorphose de cette larve.

en de petites urnes aux parois perforées et à orifice supérieur béant,
que l'on considère comme des *Éponges simples* (fig. 82, n°s 2 et 83).
Les éléments qui simulent des Rhizopodes forment, plus ou moins
confondus, la couche externe de ces urnes; les éléments flagellifères
forment la couche interne (fig. 81). Par ces derniers éléments, l'eau
est sans cesse appelée à l'intérieur de l'Éponge, entre par les pores
des parois, ou *pores inhalants*, et sort par l'orifice supérieur, ou
oscule. Elle apporte avec elle des particules alimentaires que chaque
élément puise isolément dans la cavité centrale. Ces Éponges
simples produisent, comme les Polypes hydraires, des colonies arborescentes d'aspect excessivement varié; elles peuvent se confondre
plus ou moins dans ces colonies : de là les Éponges aux formes
irrégulières que tout le monde connaît et où il est impossible de

distinguer les uns des autres les individus associés. Dans ces Éponges, il existe plusieurs oscules d'où partent des systèmes irréguliers de canaux, interrompus par des cavités sphériques auxquelles se limitent, en général, les éléments flagellifères ; on appelle ces cavités des *corbeilles vibratiles*.

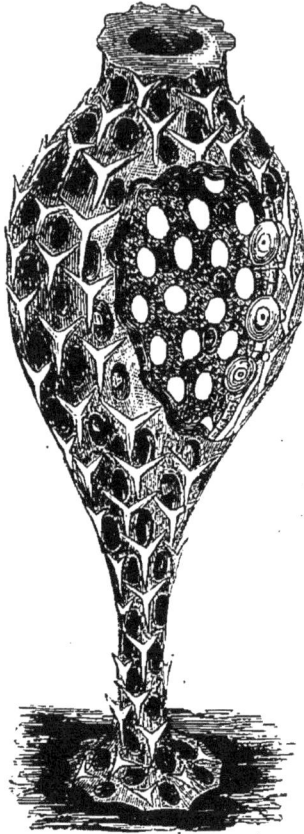

FIG. 83. — Éponge calcaire simple (*Olynthus*).

Dans la couche extérieure de l'Éponge se développent des corpuscules calcaires ou siliceux, en forme d'étoiles, de croix, d'épingles, qui en constituent la charpente solide. Ces corpuscules sont, dans les Éponges usuelles, remplacés par de longues fibres flexibles, d'apparence cornée, formant un réseau serré qui s'imbibe d'eau facilement. C'est l'Éponge réduite à ce réseau, privée par conséquent de toute trace de sa substance vivante, que l'on emploie dans les usages domestiques.

ORGANISMES MICROSCOPIQUES — INFUSOIRES
MICROBES

Différents types d'organismes microscopiques. — Les organismes microscopiques sont extraordinairement variés et extrêmement nombreux. Leur organisation est tantôt relativement compliquée, tantôt au contraire d'une simplicité telle, que leur corps
paraît exclusivement formé d'une gelée homogène.

Beaucoup d'organismes microscopiques se rattachent étroitement
aux types que nous venons d'étudier ; il ne faudrait donc pas prendre
cette dénomination comme équivalente à celles qui ont servi de titres
à nos chapitres précédents. Nous laisserons d'ailleurs de côté les
organismes microscopiques qui appartiennent aux types que nous
connaissons déjà, pour ne nous occuper ici que de ceux qui ont
quelque droit à être considérés comme constituant des types spéciaux. Les plus remarquables sont les *Rotifères*, les *Infusoires* et les
Rhizopodes, quelquefois confondus sous la dénomination générale
d'Infusoires, encore employée dans la conversation pour désigner
les êtres les plus petits.

Rotifères. — Les Rotifères (fig. 84) ont une organisation complexe. Ils abondent dans les eaux stagnantes et quelques-uns d'entre
eux partagent avec les Tardigrades, qui sont des Arachnides, les
Anguillules, qui sont des Vers, et quelques autres organismes
inférieurs, la singulière faculté de revenir à la vie après avoir été
amenés à une immobilité absolue par une dessiccation incomplète.

Chez la plupart des Rotifères, les téguments présentent des rides
transversales suivant lesquelles certaines parties du corps peuvent
rentrer dans celles qui précèdent comme les tuyaux d'une lunette
rentrent les uns dans les autres : aussi a-t-on quelquefois considéré
ces petits êtres comme des animaux annelés ; mais leurs viscères ne
présentent aucune trace de cette segmentation toute superficielle.
L'extrémité du corps, ordinairement bifurquée, constitue souvent
une sorte de pied à l'aide duquel l'animal se fixe momentanément.
On voit alors à l'extrémité antérieure du corps deux disques arrondis qui semblent animés d'un perpétuel mouvement de rotation : on
dirait deux roues tournant avec rapidité, et le nom de Rotifères est
destiné à rappeler cette particularité.

Ce mouvement de rotation n'est qu'une apparence ; les deux disques sont, en réalité, immobiles, mais ils sont frangés par une bordure de gros cils vibratiles qui fouettent l'eau sans relâche et dont les mouvements alternatifs produisent l'illusion d'une rotation continue.

Si l'on examine l'animal pendant qu'il est fixé, après avoir placé dans l'eau qui l'entoure une poussière colorée, on voit cette poussière tourbillonner sous l'action des cils et finalement se précipiter dans un orifice situé entre les disques, qui n'est autre chose que la bouche. A cette bouche fait suite un tube digestif qui s'élargit bientôt en un large estomac, en avant duquel deux organes cornés, semblables à des mâchoires, sont sans cesse en mouvement. Après

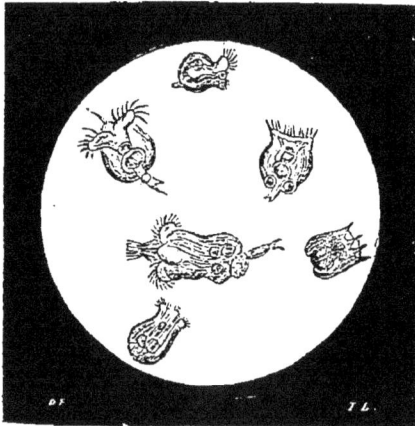

Fig. 84. — Rotifères.

l'estomac vient un intestin qui débouche à l'extérieur, près de l'extrémité postérieure du corps.

De chaque côté du tube digestif, deux tubes pelotonnés, s'ouvrant dans la cavité générale par de nombreux orifices ciliés, jouent le rôle de reins. Il existe un ganglion nerveux situé à la partie antérieure du corps, au-dessus du tube digestif, et même des yeux rudimentaires.

Infusoires. — D'après ce que nous venons de voir, un Rotifère est un animal d'organisation assez élevée. Sur la foi de l'illustre micrographe Ehrenberg, qui consacra la plus grande partie de sa vie à l'étude des êtres microscopiques, on a quelque temps attribué une organisation plus riche encore aux *Infusoires*, que l'on croyait pourvus d'un nombre considérable d'estomacs et que l'on

.désignait, pour cette raison, sous le nom de *polygastriques*. Dujardin reconnut le premier dans ces prétendus estomacs des formations tout accidentelles et montra en même temps que le corps des Infusoires était fait d'une substance particulière, amorphe, contractile, à laquelle il donna le nom de *sarcode*, et qui a pris dans la science, sous celui de *protoplasma*, une importance considérable.

Les Infusoires ne sont cependant pas totalement dépourvus d'organes. Leur corps est enfermé dans une mince cuticule qui lui donne une forme déterminée et qui porte elle-même soit des cils

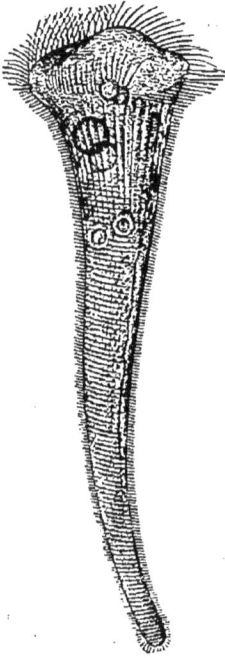

FIG. 85. — Stentor polymorphe
(très grossi).

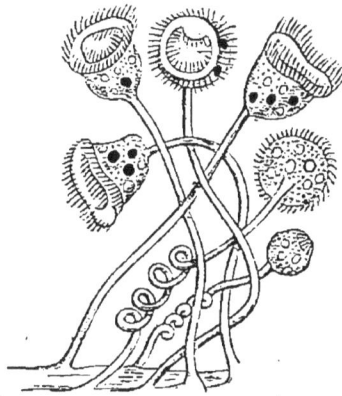

FIG. 86. — Groupe de Vorticelles
(très grossi).

vibratiles, soit des organes plus complexes dont l'animal se sert comme de pieds, de rames natatoires ou de crochets. Il existe toujours un orifice particulier, la *bouche*, pour l'introduction des particules alimentaires dans le corps; les produits de la digestion sont rejetés par un orifice distinct de la bouche; à celle-ci fait souvent suite un tube membraneux, plus ou moins allongé, mais ne se prolongeant que rarement jusqu'à l'anus; le plus souvent les particules alimentaires, après s'être réunies dans le tube buccal en petites masses sphériques, pénètrent directement dans le sarcode dont le corps de l'animal est formé; ce sont ces masses alimentaires, plongées dans le sarcode, qu'Ehrenberg avait prises pour des estomacs. On voit aussi apparaître, à intervalles réguliers, dans le corps des Infusoires, une vésicule, parfois entourée de rayons étoilés, qui se gonfle de plus en plus, puis se contracte brusquement en expulsant au dehors son contenu. C'est la *vésicule contractile*, dont le rôle est encore aujourd'hui mal défini ; quelquefois des rudiments de vaisseaux se mettent en rapport avec cette vésicule ou en sont indépendants.

Enfin tous les Infusoires présentent dans leur protoplasma deux organes de forme variable, le *nucleus* et le *nucléole*, qui paraissent liés à la fonction de reproduction.

La plupart des Infusoires sont essentiellement errants. Quelques-uns, tels que les *Stentor* (fig. 85), se fixent cependant par intervalles à la façon des Rotifères ; d'autres, comme les Vorticelles (fig. 86), sont fixés pendant la plus grande partie de leur vie et peuvent même former des colonies arborescentes. D'autres enfin, dont on a fait, sous le nom d'*Acinétiens* ou *Infusoires suceurs*, un groupe particulier, ne possèdent de cils vibratiles que pendant de courtes périodes de leur existence ; la plupart du temps ils vivent en parasites sur le corps d'autres Infusoires, ou se fixent par un pédoncule comme les Vorticelles. Ils sont pourvus de suçoirs, en forme de tubes cylindriques, pouvant s'étendre au loin, et jouissant de la bizarre faculté de frapper de paralysie les petits animaux qui viennent à les frôler. Les *suçoirs* s'appliquent alors sur l'animal paralysé pour en humer la substance.

Flagellifères. — Il faut distinguer des Infusoires proprement dits de petits êtres qui forment le groupe des *Flagellifères*, et dont l'organe locomoteur principal est un long filament mobile, rarement double, plus souvent isolé, le *fouet vibratile* ou *flagellum*. Ces organismes, dont les plus connus sont les *Monades*, les *Phacus* (fig. 87) et les *Euglènes*, sont tellement abondants,

Fig. 87. — Flagellifère. *Phacus* (très grossi).

qu'ils colorent parfois de grandes masses d'eau ; quelques espèces sont lumineuses pendant la nuit et peuvent à elles seules rendre la mer phosphorescente. On a d'ailleurs quelquefois considéré les *Noctiluques* (fig. 88), à qui est dû le plus ordinairement le phénomène de la phosphorescence de la mer, comme des Flagellifères gigantesques; elles n'ont cependant pas plus de quelques dixièmes de millimètre de diamètre et se rapprochent plutôt des Rhizopodes, dont nous parlerons tout à l'heure.

La plupart des Flagellifères possèdent un noyau sphérique, une vésicule contractile et une membrane enveloppante qui produit parfois une carapace solide. Un assez grand nombre vivent fixés et produisent une espèce de Polypier; plusieurs ont leur flagellum entouré à sa base d'une élégante collerette membraneuse, caractère qui existe déjà avec une remarquable persistance, dans les éléments constituants des Éponges.

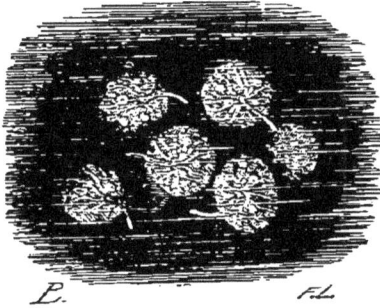

FIG. 88. — Noctiluques.

Rhizopodes. — Les Rhizopodes nous font toucher au degré le plus grand de simplicité qu'un être vivant puisse présenter. Leur corps est uniquement formé de sarcode ou protoplasma; mais ce sarcode, au lieu d'être enfermé dans une membrane continue, qui limite exactement son contour, s'étire sur toute sa surface en longs filaments mobiles, contractiles, ramifiés, capables de se souder les uns aux autres ou de se diviser à l'infini, de s'étendre au loin ou de rentrer lentement dans la masse commune. Ces filaments ou *pseudopodes* (fig. 89, 90 et 91) forment autour de la masse d'où ils proviennent une sorte de chevelu qui s'étend autour d'elle, comme une toile d'araignée vivante, englue les petits animaux qui passent à sa portée, les emprisonne dans un réseau sarcodique de plus en plus serré, les tue, les digère sur place et les fait entrer peu à peu dans la masse commune, d'où les parties inassimilables sont rejetées.

Dans cette substance mucilagineuse, les plus forts grossissements du microscope ne montrent aucune trace d'organisation. On n'y distingue que d'innombrables granulations entraînées, comme par un courant, dans un liquide ayant la transparence et la consistance du blanc d'œuf. Les pseudopodes sont si bien dépourvus de toute enveloppe que lorsqu'ils viennent à se toucher, on voit les granules de l'un d'eux passer dans l'autre, et réciproquement, sans être plus arrêtés que s'ils continuaient leur course dans le même pseudopode. Ce mouvement constant des granulations contenues dans le protoplasma est ce qu'on appelle la *circulation protoplasmique*. On ignore quelles en sont les causes premières.

Le protoplasma demi-fluide que nous venons de décrire n'est pas le seul élément constitutif de la plupart des Rhizopodes. Au centre

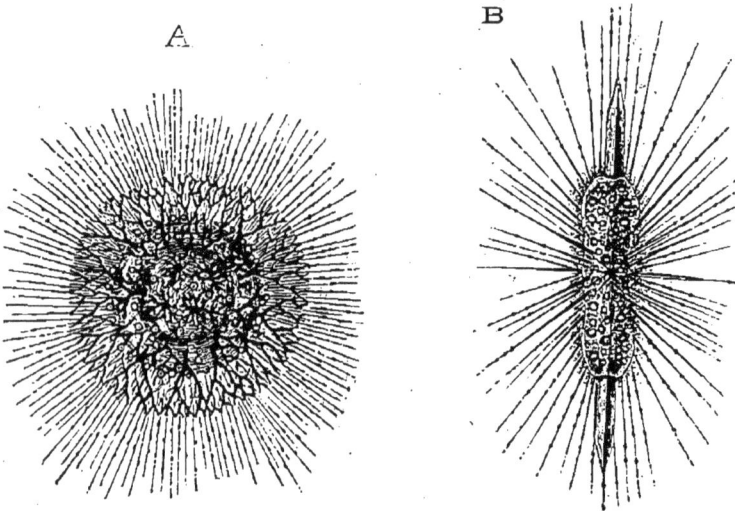

FIG. 89. — Radiolaires.
A, *Cladococcus cervicorne*. — B, *Amphilonche heteracantha*.

de sa masse on aperçoit, chez les *Radiolaires* (fig. 89), une capsule membraneuse assez résistante ; des corpuscules jaunes, paraissant contenir de l'amidon ou une substance voisine, nagent dans la matière protoplasmique, et de plus des parties siliceuses ayant la forme de longues aiguilles, de crochets, de plaques élégamment découpées, divergent du centre de la capsule ou forment autour d'elle une délicate dentelle. Il existe même plusieurs capsules centrales chez les *Rhizopodes composés*. A certaines époques, le protoplasma se retire tout entier dans la capsule, s'y divise en masses nombreuses, puis la capsule se rompt et met en liberté une foule de petits êtres semblables à des Infusoires flagellifères et qui forment chacun un nouveau Radiolaire.

Il y a des Radiolaires très simples dans les eaux douces; les plus communs sont les *Actinophrys* et les *Actinosphærium*, dont la capsule centrale est rudimentaire et qui manquent de tout squelette.

Chez d'autres Rhizopodes, le protoplasma est partiellement enveloppé tantôt par une membrane, comme chez les *Gromia* (fig. 91, n° 3), les *Lieberkhunia* (fig. 90) ou certaines *Milioles*, tantôt par une coquille calcaire ordinairement perforée d'une multitude de petits trous, disposition que rappelle le nom de *Foraminifères* [1] donné aux animaux composant ce groupe de Rhizopodes. Ces

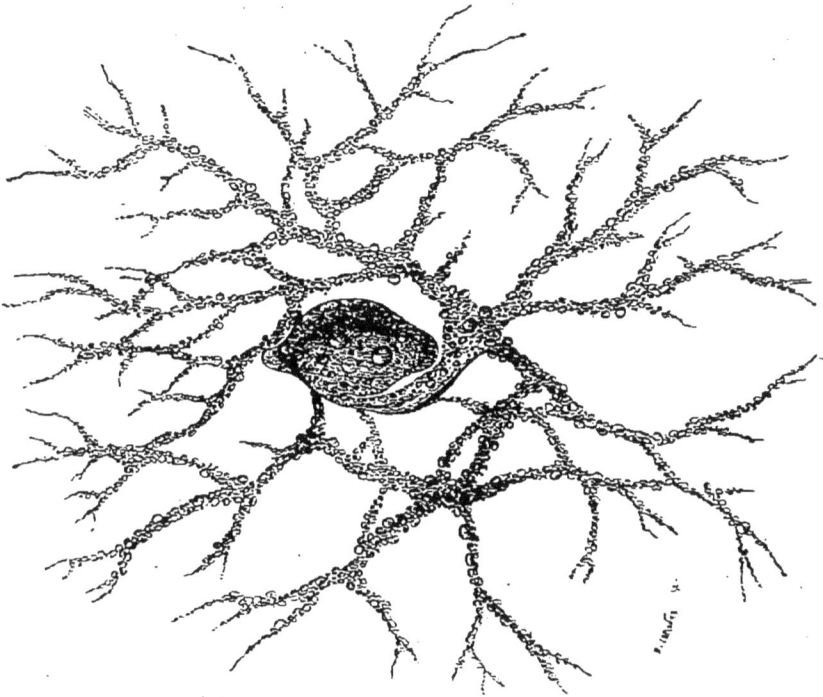

Fig. 90. — *Lieberkhunia Wagneri* (très grossie).

coquilles, ordinairement formées de plusieurs loges, affectent souvent des dispositions d'une grande régularité; quelquefois elles ressemblent à de microscopiques coquilles de Mollusques, si bien que l'on a autrefois classé les Foraminifères auprès des Poulpes. Les Foraminifères sont presque tous marins; ils abondent dans toutes les mers; leurs coquilles microscopiques peuvent former des dépôts vaseux d'une épaisseur énorme; la craie en est, pour ainsi dire, pétrie.

1. De *foramen*, trou, et *fero*, je porte.

Comme parmi les Radiolaires, il existe parmi les Foraminifères des formes composées et des formes simples. Ces dernières con-

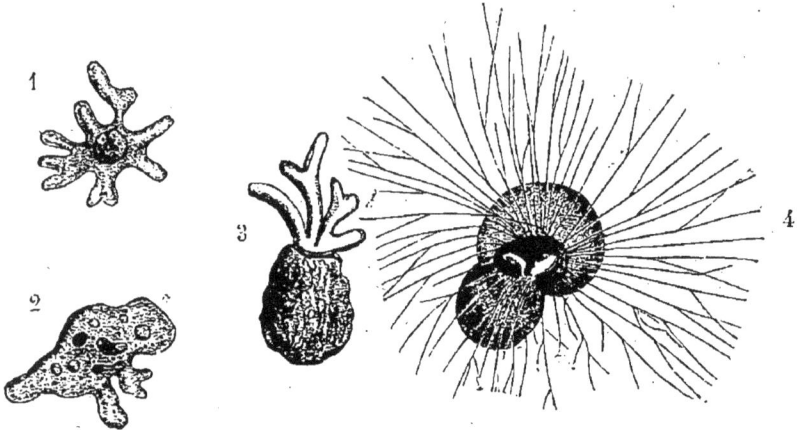

FIG. 91. — Rhizopodes. — 1, 2, le même Amibe vu à quelques minutes d'intervalle. — 3, Gromie. — 4, Globigérine avec ses pseudopodes étalés.

duisent à des êtres où l'on ne distingue plus dans le protoplasme qu'un noyau et une vésicule contractile, comme cela arrive chez les *Amibes* (fig. 91, n°s 1 et 2).

Monères. — Enfin le noyau et la vésicule contractile disparaissent eux-mêmes chez les plus inférieurs des êtres vivants, qui consistent simplement en un protoplasma homogène, capable cependant de se mouvoir et de digérer des animaux, se divisant toujours en parties indépendantes dès que la masse atteint certaines dimensions. On a donné le nom de *Monères* à ces êtres infimes.

L'une des Monères les plus remarquables est la *Protomyxa aurantiaca* (fig. 92), découverte par Hæckel aux îles Canaries. C'est une petite masse de gelée, de couleur orangée, qui glisse sur les corps solides, en prenant toutes les formes possibles. Quand la *Protomyxa* est sur le point de se reproduire, elle devient sphérique, une partie de sa substance se condense à sa surface de manière à former une membrane d'enveloppe dont le contenu ne tarde pas à se diviser; bientôt l'enveloppe de cette espèce de kyste (fig. 91, *bis*) se rompt, et il en sort une foule de petits êtres, pourvus chacun d'un flagellum unique, mais qui ne tardent pas à se déformer et deviennent autant de nouvelles *Protomyxa*.

Il y a des Monères, dont le protoplasma, résistant et immobile, manifeste surtout son activité par sa propriété de se diviser, quand il a suffisamment grandi, et par l'énergie avec laquelle il altère les milieux chimiques ou organiques dans lesquels il se nourrit. Ces Monères, que l'on doit considérer comme les végétaux les plus inférieurs, sont souvent désignées, à cause de leur excessive petitesse, sous le nom de *Microbes*. On peut citer parmi elles les *Bactéries*, les *Vibrions*, les *Spirillum*, les *Amylobacter*, qui conduisent aux *ferments* et aux *levûres* telles que la *levûre, de bière*, les *fleurs du vinaigre*, etc. Les Microbes, répandus partout, se développent même dans les organismes vivants. Ils sont les agents des plus

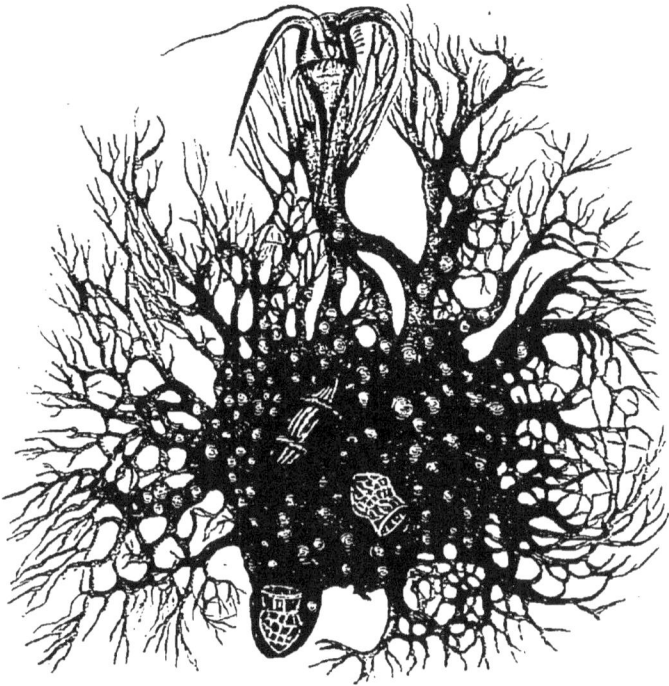

Fig. 92. — Monère. — 1, *Protomyxa aurantiaca* avec ses pseudopodes étalés et ayant capturé des infusoires.

terribles maladies et détruisent rapidement les organismes au sein desquels ils pullulent. Le charbon, la variole, la morve, le choléra des poules, la pébrine des vers à soie et peut-être la plupart des maladies épidémiques et contagieuses, sont causés par des Microbes. Ces maladies ne récidivent dans le même organisme qu'à de longs intervalles. Les personnes et les animaux qui en ont éprouvé une forme bénigne, sont protégés contre de plus graves atteintes. C'est là le principe de la vaccine, qui n'est, en somme, probablement qu'une variole sans gravité. Par une admirable généralisation, qui est l'une des plus grandes découvertes de la médecine moderne, M. Pasteur a prouvé que les propriétés virulentes d'un certain nombre de Microbes, ordinairement mortels, pouvaient être atté-

FIG. 92 *bis*. — Kyste de *Protomyxa* rompu et laissant échapper les jeunes.

nuées artificiellement au point que ces Microbes deviennent de véritables vaccins propres à préserver des suites de l'invasion de leurs analogues non modifiés.

CHAPITRE III

Adaptation des membres des mammifères aux divers modes de locomotion. — C'est presque énoncer une vérité banale que de dire: Tout organisme vivant dans un milieu déterminé doit posséder une structure qui lui permette de vivre dans ce milieu. Il est extrêmement instructif cependant de voir par quels procédés sont obtenus les organes grâce auxquels des animaux, d'ailleurs dissemblables, peuvent vivre dans des conditions en apparence identiques, ou de rechercher, au contraire, quelles modifications peuvent permettre à des organismes peu différents de vivre dans des conditions diverses.

Dans le type des Vertébrés, les animaux de chaque classe sont spécialement construits pour mener un mode d'existence particulier. Les Mammifères et les Reptiles sont faits pour la marche à la surface de la terre; toute l'économie de l'Oiseau est dominée par les nécessités de la locomotion dans l'air; les Batraciens sont à demi terrestres, à demi aquatiques; les Poissons sont essentiellement organisés pour vivre dans l'eau. Cependant, dans chacune de ces classes, un certain nombre d'espèces abandonnent le milieu habituel aux animaux voisins pour vivre dans d'autres conditions ; alors leurs organes essentiels se modifient, de manière à satisfaire aux exigences de ces conditions nouvelles ; ils s'*adaptent* à cette nouvelle sorte d'existence. Cette adaptation consiste surtout en ce que les organes qui, dans la majorité des animaux appartenant à une même classe, accomplissaient une fonction déterminée, se transforment tout en conservant les mêmes parties constitutives, la même structure,

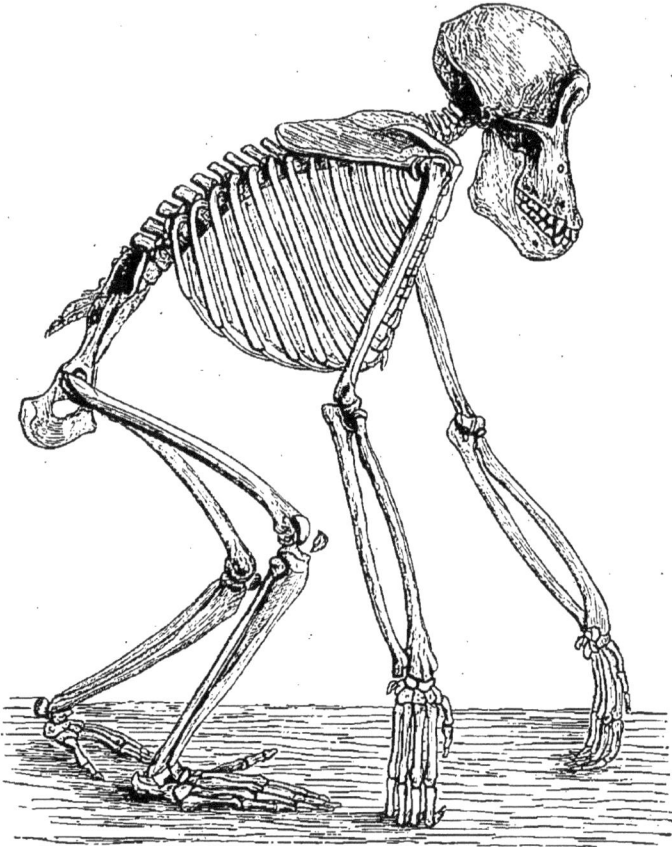

FIG. 93. — Squelette de Chimpanzé.

et s'approprient à des fonctions pour lesquelles ils ne semblaient pas faits.

Chez le plus grand nombre des Mammifères, par exemple, les quatre pattes sont exclusivement chargées de soutenir le corps de l'animal à une certaine distance au-dessus du sol et de le transporter plus ou moins rapidement d'un lieu à un autre.

Chez la très grande majorité, non seulement des Mammifères,

mais encore des Batraciens et des Reptiles, les pattes sont terminées chacune par un pied divisé en cinq doigts (fig. 93) et relié
au reste du membre par une double rangée d'os constituant le *carpe*
s'il s'agit d'un membre antérieur, le *tarse* s'il s'agit d'un membre
postérieur. Cette structure se simplifie sinhulièrement chez les
Mammifères ruminants et solipèdes qui ne se servent de leurs
pattes que pour courir. La rapidité à la course exige une légèreté
aussi grande que possible des membres, une précision extrême
dans les mouvements, toutes conditions qui s'accordent peu avec
l'existence de doigts multiples, mobiles les uns sur les autres, sujets
par conséquent aux entorses et exigeant un appareil musculaire

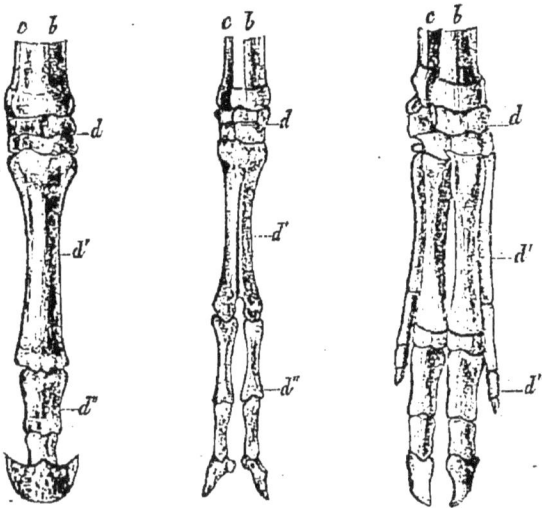

Fig. 94. — 1. Pied de Cheval. — 2. Id. de Chèvre. — 3. Id. de Porc. — *b*, Radius ;
c, cubitus ; *d*, carpe ; *d'*, métacarpe ; *d''*, doigt.

compliqué. Chez les Ruminants (fig. 94, n° 2), il n'y a en effet que
deux doigts bien développés ; encore sont-ils soudés à leur base de
manière à constituer le *canon* ; chez les Solipèdes (fig. 94, n° 2), il
n'y a plus qu'un seul doigt. Mais, sinon dans la nature actuelle,
au moins parmi les animaux fossiles, on trouve un grand nombre
de formes intermédiaires conduisant du pied normal à cinq doigts
au pied des herbivores, qui n'en est qu'une simplification et qui présente encore des traits de structure démontrant qu'il appartient au
même type. Ainsi, parmi les Ruminants, les Chameaux, les Girafes,
les Muscs, etc., n'ont que deux doigts ; mais chez les Moutons, les
Chèvres et les Bœufs on voit apparaître de chaque côté du canon
un doigt rudimentaire qui fait à peine saillie au dehors. Ces deux

doigts sont très apparents et munis d'ongles chez les Cerfs, la plupart des Antilopes, les Chevrotains ; enfin chez les *Hyœmoschus* le canon se divise en deux os, correspondant à chacun des doigts qu'il porte, de sorte que le pied se compose de quatre doigts bien complets. Cette disposition est celle qu'on observe constamment chez les Porcins ; elle était également générale chez les animaux intermédiaires entre les Ruminants et les Porcins qui vivaient durant la période miocène, et dont on a fait la famille des *Hyopotamidæ*.

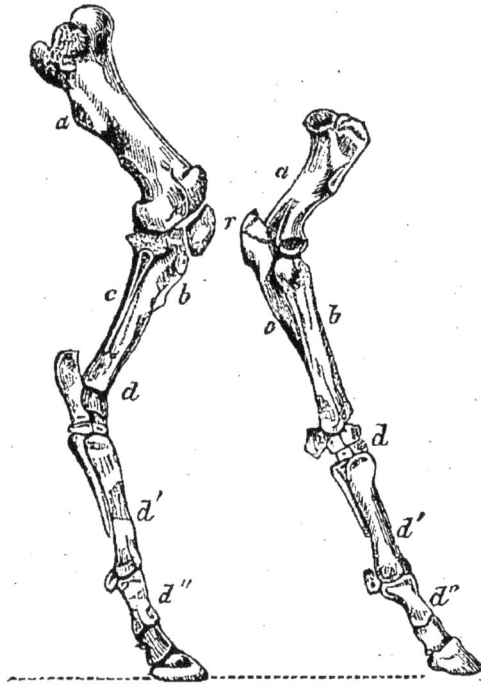

FIG. 95. — Pieds de Cheval. *a*, humérus et fémur; *b*, radius et tibia; *c*, cubitus et péroné; *d*, carpe et tarse; *d'*, métacarpien et métatarsien avec les stylets; *d''*, doigt.

Des intermédiaires non moins évidents rattachent le pied des Solipèdes au pied pentadactyle. Nos chevaux ont encore, de chaque côté du premier os (métacarpien) de leur doigt unique, un *stylet* osseux qui n'est que le rudiment d'un doigt (fig. 95). Il arrive quelquefois chez eux que ce doigt ou ces deux doigts se complètent, font saillie au dehors, et se recouvrent d'un ongle; on a alors des chevaux à deux ou trois doigts à chaque pied. Un seul de ces doigts touche le sol. C'était la disposition normale chez les *Hipparion*, chevaux de l'époque miocène ; chez les Anchitherium, qui sont de l'époque éocène, les doigts latéraux étaient plus allongés, et dans les *Orohippus*, qui s'en distinguent à peine par leurs autres caractères, le pied arrivait même à posséder quatre doigts bien développés; c'était également le nombre de doigts de l'*Aceroterium*, voisin des Rhinocéros. Les plus anciens Pachydermes avaient tous d'ailleurs au moins trois doigts à chaque pied. Ces animaux nous permettent de suivre, en quelque sorte, toutes les modifications qu'a pu subir un pied pentadactyle pour se transformer en un pied monodactyle. Il est à remarquer que c'est toujours par leur extrémité libre que les doigts disparaissent, de sorte qu'au moment où ils sont déjà invisibles au dehors, la partie du pied qui s'attache à la jambe a encore conservé presque intégralement les caractères d'un pied à cinq doigts.

Les Carnassiers nous présentent d'autres dispositions; ils se servent avant tout de leurs pattes pour courir, mais ils emploient aussi leurs membres antérieurs pour saisir et retenir leur proie. Tandis que, chez les Chiens et les Chats, le nombre des doigts postérieurs tombe à quatre, il demeure de cinq, en avant, chez presque tous les Carnassiers, sauf les Hyènes, et en outre leurs ongles s'allongent, s'effilent et se recourbent; des ongles obtus, robustes et plats comme ceux des Renards, des Blaireaux et des Ours permettent à l'animal de se servir de ses pattes antérieures pour fouir. Mais que les modifications soient plus profondes, qu'après les ongles les doigts se modifient à leur tour, nous allons assister à l'apparition de nouvelles fonctions : les doigts allongés des Rongeurs, de divers Marsupiaux, leur permettent de saisir des objets ; cela suffit pour faire de beaucoup d'entre eux, dont les ongles sont en même temps longs et crochus, des animaux grimpeurs ; mais en même temps ces animaux peuvent prendre les aliments entre leurs deux pattes antérieures et les porter à leur bouche. Un allongement plus grand encore des doigts, la faculté qu'ils acquièrent de s'opposer au pouce, transforme le pied en une main qui n'a plus besoin de s'opposer à une main semblable pour prendre et saisir; cette main est réalisée chez certains Marsupiaux, chez les Lémuriens (fig. 96) et chez les Singes, qui s'en servent à la fois pour grimper sur les arbres, ou pour saisir les objets qu'ils veulent porter à leur bouche et ceux dont ils veulent se faire des armes ou des jouets ; en raison de l'agilité des doigts, des ongles crochus deviennent inutiles, ils sont remplacés par des ongles plats; toutefois cette substitution ne se fait pas uniformément chez tous les animaux pourvus de mains; de petits Singes, les Ouistitis, n'ont qu'un ongle

plat, celui du gros orteil ; les Galéopithèques et les Aye-aye, qui sont
des Lémuriens, ont des griffes à tous les doigts, et chez tous les
autres Lémuriens le second doigt du pied postérieur est toujours armé
d'une griffe (fig. 96). Il n'y en a pas moins une véritable corrélation
entre la tendance que présentent les pieds à devenir des organes de

FIG. 96. — Maki.

préhension dans ces groupes de Mammifères et les modifications
que subissent les ongles.

De semblables modifications corrélatives peuvent atteindre plus
profondément encore l'organisme. Nous avons vu l'allongement et la
puissance de leurs ongles permettre au Blaireau et à l'Ours de fouir
le sol ; mais l'acte de fouir n'est pas un acte essentiel à l'existence
de ces animaux : une fois leur retraite assurée, ils ne fouissent que
dans des circonstances accidentelles où lorsque la nourriture se fait

rare. Le Fourmilier d'Amérique est au contraire nécessairement obligé de creuser la terre pour se procurer sa nourriture, qui consiste en fourmis, dont il met à nu les habitations souterraines et qu'il saisit en étendant, au milieu de la population de la fourmilière en émoi, sa longue langue couverte d'une salive visqueuse. Comme le Fourmilier est de la taille d'un chien, il lui faut démolir beaucoup de fourmilières pour assouvir sa faim et, par conséquent, fouir beaucoup; aussi ses pattes sont-elles armées d'énormes griffes; mais, d'autre part, ces griffes longues et robustes gênent la marche : le Fourmilier cesse de poser la paume de la main sur le sol, il marche en appuyant presque sur le dos de la main : c'était aussi le cas du gigantesque *Megatherium*, qui vivait autrefois en Amérique. Une telle modification dans l'attitude habituelle du membre antérieur entraîne forcément un agencement nouveau des os du poignet et de l'avant-bras, en même temps qu'un nouveau mode d'insertion des muscles, de telle sorte que la structure anatomique du membre se trouve notablement altérée.

Chez la Taupe, dont toute la vie se passe à creuser la terre, les modifications du membre antérieur sont encore plus grandes. Bien entendu les ongles sont encore fort robustes; mais un os supplémentaire vient s'ajouter à la main, comme le ferait un sixième doigt (fig. 97); la patte tout entière s'élargit; l'animal s'en sert constamment comme d'une

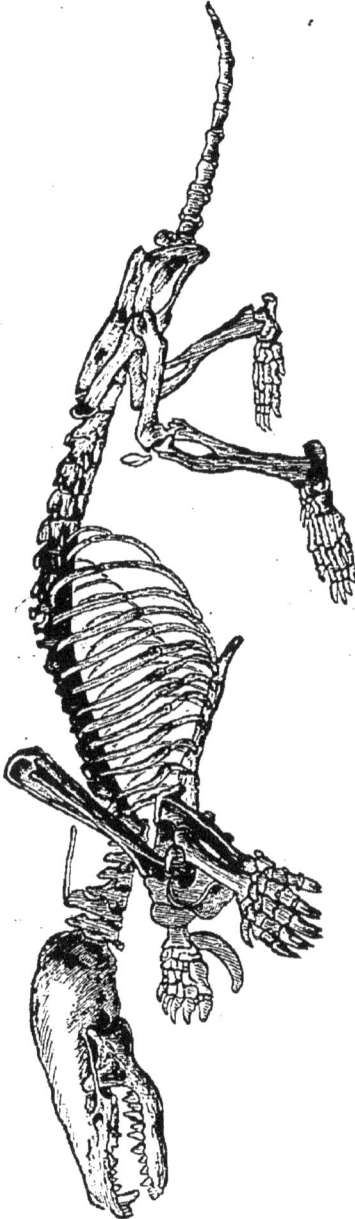

Fig. 97. — Squelette de taupe.

pelle pour rejeter la terre à sa droite et à sa gauche ; la paume
se tourne définitivement en dehors ; et le membre se raccourcit, disposition plus favorable au développement d'une grande
force qu'à celui d'une grande vitesse. Les muscles qui doivent faire
mouvoir la patte ainsi construite doivent être très puissants ; ils ont
besoin de solides points d'attache : aussi se développe-t-il une crête
osseuse à la partie antérieure du sternum, tandis que les omoplates
s'allongent d'une manière remarquable. La tête elle-même joue,
dans la façon de creuser de l'animal, un rôle important, et ce rôle est
indiqué par la présence sur les vertèbres du cou d'une crête très
développée qui sert de point d'attache à ses muscles. Voilà donc
toute une série de modifications anatomiques qui se trouvent en

LESESTRE

FIG. 98. — Chauve-souris.

rapport les unes avec les autres et qui sont toutes dominées par le
genre de vie de l'animal ; cependant aucune des pièces qui constituent le squelette normal d'un Mammifère n'a apparu, aucune
pièce nouvelle ne s'est montrée ; c'est simplement par une modification dans les proportions relatives de parties déjà existantes chez
les Mammifères ordinaires que la Taupe est devenue le Mammifère
fouisseur par excellence.

Ce sont également des modifications dans les dimensions des
parties du membre antérieur qui ont fait des Chauves-souris les
rivales des Oiseaux. Les os des doigts de la main, sauf le pouce, se
sont démesurément allongés, et une membrane, laissant libre le
pouce, mais courant sur les flancs et comprenant la queue tout
entière, a suffi pour constituer une aile de chaque côté du corps.
S'il faut à la patte de la Taupe de la force pour fouir, il en faut aussi à

l'aile de la Chauve-souris pour battre l'air avec une vigueur qui suffise à empêcher l'animal de tomber et à le faire progresser. Le sternum de ces mammifères volants porte, en conséquence, une crête sur laquelle viennent s'insérer les muscles de l'aile.

La patte du Mammifère que nous avons vue devenir tantôt une pelle propre à fouir, tantôt une aile, peut aussi bien devenir une nageoire. Les Mammifères aquatiques présentent même à cet égard un intérêt tout particulier, car on peut suivre chez eux toute une série de modifications successives des membres, en rapport avec le milieu nouveau dans lequel ils doivent passer leur existence.

Chez les Rats d'eau, les Castors, les Visons, les Loutres, les Ornithorhynques, une membrane unit les doigts et chaque membre se

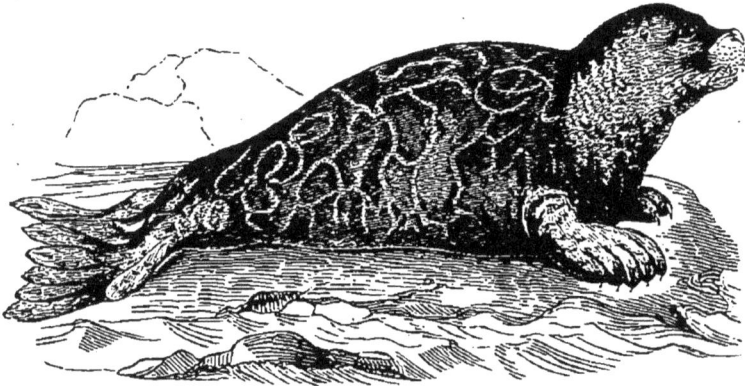

Fig. 99. — Phoque.

trouve ainsi terminé par une rame, grâce à laquelle l'animal peut se pousser dans l'eau. L'eau offrant aux membres de l'animal qui nage un point d'appui incomparablement plus résistant que l'air, les nageoires ont besoin pour déterminer une locomotion rapide de plus de force que de surface ; elles doivent être solidement construites ; d'ailleurs, se trouvant soutenu par le liquide qui l'entoure, n'ayant plus, comme l'animal terrestre, à se maintenir en équilibre sur un sol où il n'a qu'un petit nombre de points d'appui, l'animal aquatique peut à la manière des poissons s'aider des ondulations de son corps pour se lancer en avant ; il n'y a donc aucun inconvénient à ce que la taille s'allonge et à ce que la colonne vertébrale soit flexible ; mais alors l'impulsion produite par les pattes postérieures se transmet d'une façon défectueuse ; il y a intérêt à ce que cette impulsion se combine avec les mouvements de la colonne vertébrale et les pattes postérieures deviennent ainsi subordonnées ; on peut s'attendre à les voir se rapprocher de plus en plus du corps à mesure que la vie devient plus complètement aquatique, ou même se réduire et disparaître lorsque la colonne vertébrale s'est suffisamment assouplie et allongée pour suffire aux besoins de la locomotion.

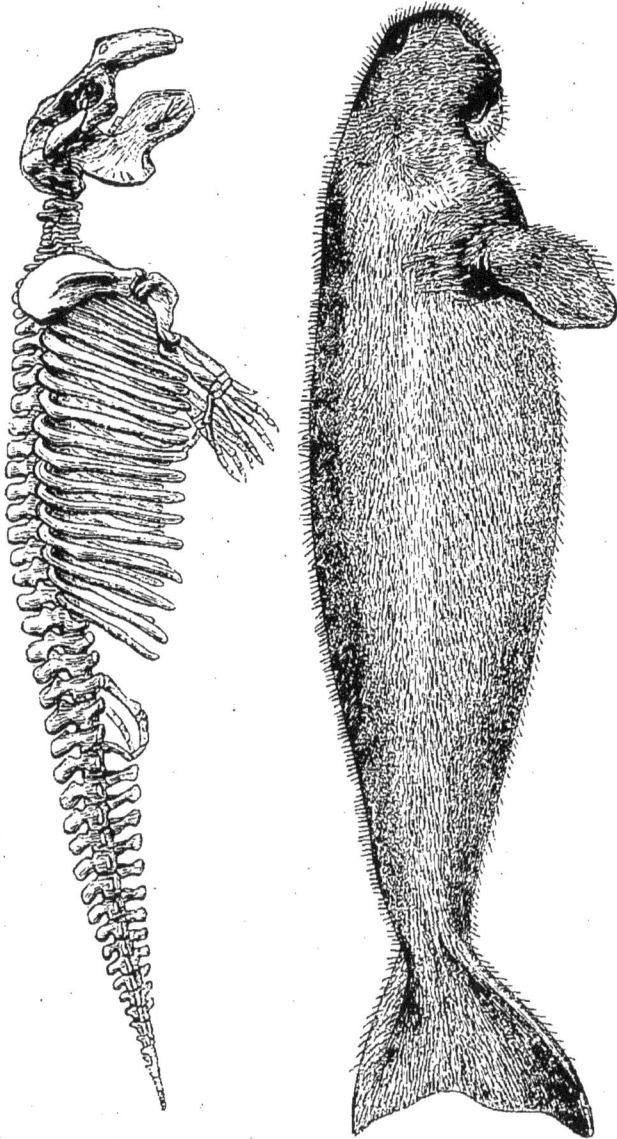

FIG. 100. — Dugong et son squelette.

Toute cette série de phénomènes est, en effet, réalisée chez les Mammifères aquatiques. Chez la Loutre marine (*Enhydris*), les pattes, bien palmées, sont extrêmement courtes ; le corps, très allongé, semble s'effiler postérieurement ; cette loutre, malgré sa longue queue, a déjà quelque chose de la physionomie des Phoques. Chez les Otaries, le corps, renflé en avant, s'amincit en arrière ; le bras, l'avant-bras, la cuisse, la jambe, sont raccourcis ; les doigts, allongés, unis par une épaisse palmure, forment une large nageoire ; les pattes antérieures sont les plus puissants organes de natation, et les quatre membres permettent encore à l'animal de se mouvoir à terre avec une certaine agilité. Les pattes postérieures cessent de servir à la marche chez les Phoques (fig. 99), où elles ont une tendance à se placer longitudinalement de chaque côté de la queue ; elles servent de nageoires et les pattes antérieures de gouvernail ; les diverses parties du squelette des membres, quoique modifiées dans leur forme, se retrouvent d'ailleurs sans altération dans leur nombre ou dans leur rapport. Il n'en est pas ainsi chez les Cétacés : les pattes antérieures se sont exclusivement appropriées à la vie aquatique (fig. 103) ; le bras, l'avant-bras, sont très courts ; les doigts, au contraire, parfois assez allongés, sont souvent formés de nombreuses phalanges et cessent d'être apparents à l'extérieur. Chez les Dugongs (fig. 100) et les Sirénides, le bras et l'avant-bras sont encore mobiles, mais dans tous les autres groupes le bras conserve seul sa mobilité sur l'épaule ; toutes les autres pièces sont fixes désormais et ne forment qu'une rame solide et résistante ; le membre se meut désormais tout d'une pièce, en pivotant autour de la seule articulation mobile, celle de l'épaule. Les Cétacés se servent de leurs membres antérieurs, soit pour se maintenir en équilibre, soit pour s'aider dans leurs évolutions. Quant aux membres postérieurs, ils ont complètement disparu, ou ne sont représentés, comme chez les Dugongs, que par un bassin rudimentaire. Ce sont les mouvements de la partie postérieure du corps qui produisent surtout la locomotion.

Adaptation des membres chez les Reptiles. — On pourrait suivre, parmi les Reptiles, une série de modifications des membres à peu près semblable à celle que nous ont offerte les Mammifères. Bien que leurs ailes ne fussent soutenues chacune que par un seul doigt, les *Ptérodactyles* (fig. 101) de la période secondaire représentent assez bien nos Chauves-souris ; parmi les Reptiles aquatiques, les Crocodiles ont simplement les pieds palmés à la façon des Loutres ; mais les *Ichthyosaures* (fig. 102) et *Plésiosaures* (fig. 104) des terrains jurassiques avaient des membres semblables à beaucoup d'égards à ceux des Cétacés ; de nos jours encore, on trouve chez les Tortues terrestres, les Tortues d'eau douce et les Tortues marines une série de modifications des membres analogues à celles que nous offrent les Mammifères marins ; toutefois ces Reptiles conservent toujours quatre membres et ne cessent jamais complètement de revenir à terre, ne fût-ce que pour déposer leurs œufs.

Passage d'une classe à une autre par voie d'adaptation. — Les ressemblances que nous venons de décrire dans la forme des membres des Mammifères et des Reptiles, dues à ce que ces membres sont formés, dans les deux cas, des mêmes parties, laissent absolument aux animaux qui les présentent les caractères de la classe à laquelle ils appartiennent. Mais le fait que chaque classe de

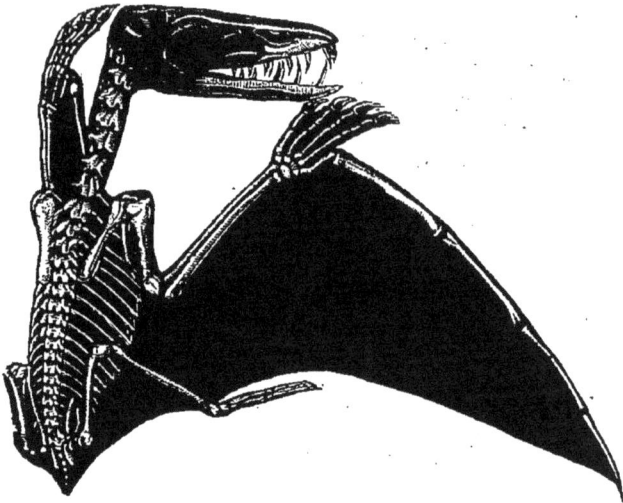

FIG. 101. — Ptérodactyle.

Vertébrés a un genre de vie qui lui est propre, conduit à se demander si l'on ne pourrait pas considérer les caractères de classe eux-mêmes comme résultant d'une adaptation à ce genre de vie. Prenons pour exemple les Oiseaux.

Les Oiseaux actuels ont un ensemble de caractères très particuliers, qui paraissent en faire des êtres tout à fait à part. Leurs membres antérieurs (fig. 105) n'ont que des doigts rudimentaires et presque toujours dépourvus d'ongles ; ils ne servent jamais qu'au vol et très rarement à la natation ; leurs membres postérieurs servent à la marche, mais ont une structure toute spéciale ; la jambe n'a qu'un seul os, au lieu de deux ; elle est suivie d'un os unique, qui paraît n'avoir pas d'analogue chez les autres Vertébrés, et les doigts s'articulent directement à cet os ; le crâne n'est formé que d'une seule pièce

osseuse ; les mâchoires sont dépourvues de dents et garnies de
lames cornées formant le bec ; la queue, formée d'un petit nombre

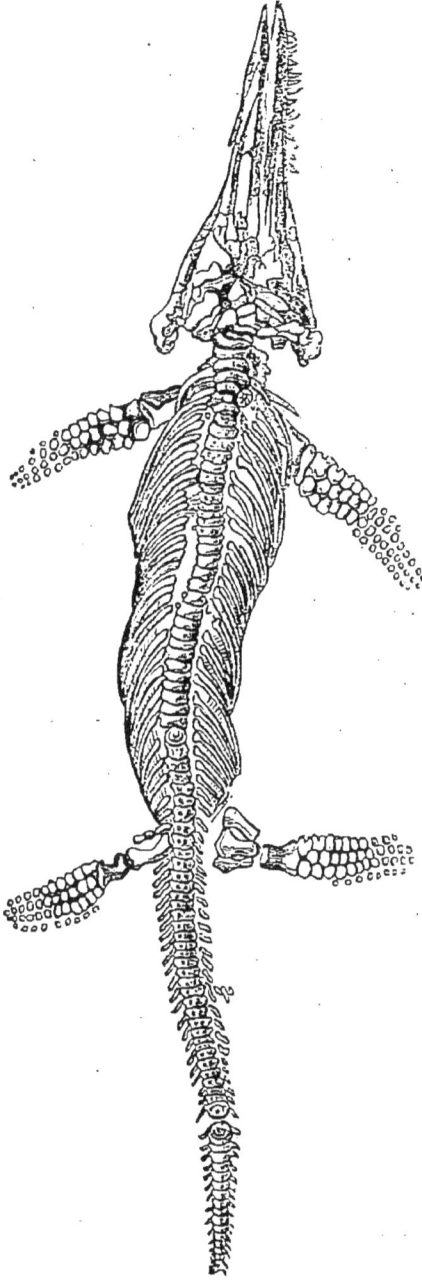

FIG. 102. — Ichthyosaure.

FIG. 103. — Nageoire d'un Dauphin.

de vertèbres, est rudimentaire et n'apparaît au dehors que comme
une protubérance conique bien connue, le *croupion*. Mais ces ca-

ractères ne sont pas aussi marqués chez les embryons des oiseaux, où

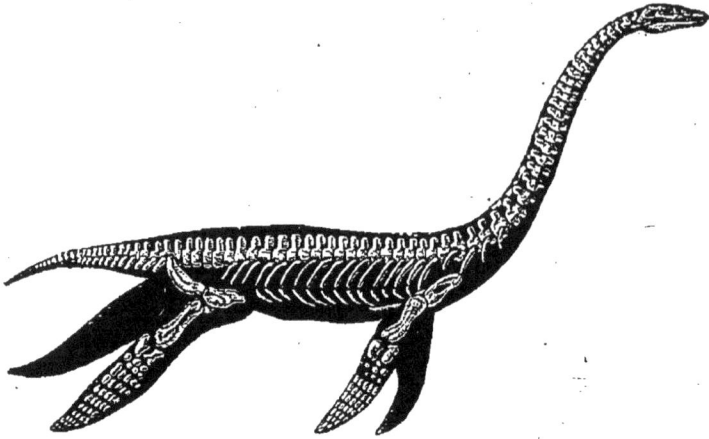

Fig. 101. — Plésiosaure.

la jambe est formée de deux cartilages et où les doigts sont séparés

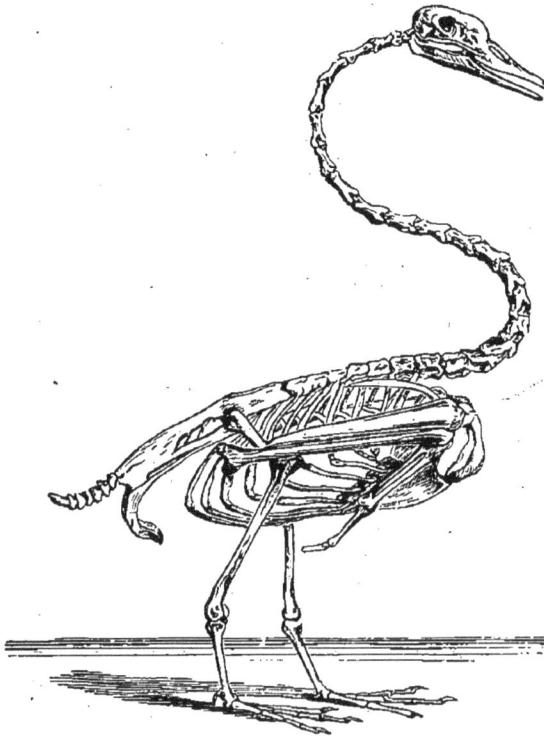

Fig. 105. — Squelette de Cygne.

de la jambe par deux pièces transversales. Plus tard, les deux carti-

lages de la jambe se soudent entre eux, et, des deux pièces cartilagineuses qui la séparent des doigts, l'une se soude à la jambe, l'autre
aux doigts, dont les os basilaires, ou métatarsiens, se soudent également en un seul, qui se trouve correspondre à la plante du pied
tout entière des autres Vertébrés. Les caractères du pied de l'embryon des Oiseaux rappellent les caractères du pied des Lézards.

Mais les Oiseaux n'ont pas toujours été aussi isolés qu'ils le sont de
nos jours. Les reptiles volants, tels que les Ptérodactyles, et surtout
leurs voisins les *Rhamphorhynques*, munis d'une sorte de bec, présentaient plusieurs caractères communs avec les Oiseaux ; les *Igua-
nodons*, les *Lœlaps*, comme eux de la période secondaire, et qui

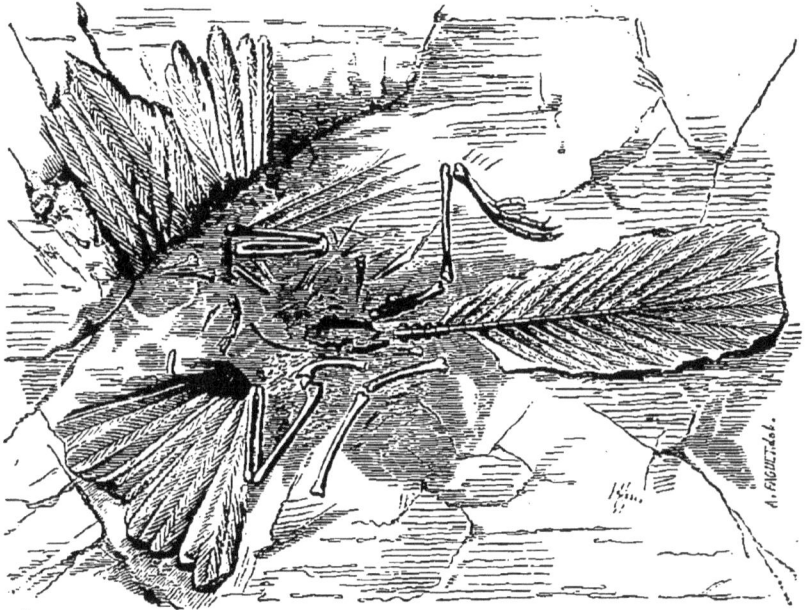

FIG. 106. — Squelette d'*Archæoptéryx*.

marchaient debout sur leurs pattes postérieures, les antérieures
étant très courtes, avaient un bassin très semblable à celui qui est
aujourd'hui propre aux Oiseaux ; on retrouve des ressemblances analogues chez tous les représentants de la classe fossile des *Dinosau-
riens*. D'autre part, parmi les vrais Oiseaux, les *Odontornis*, dont on
a trouvé, en Amérique, les squelettes dans les couches de la craie,
avaient des mâchoires munies de véritables dents. L'*Hesperornis*,
dont les ailes étaient rudimentaires et probablement cachées sous la
peau, présentait une queue courte, large et aplatie, comme celle du
Castor, et qui devait constituer une rame puissante. L'*Archæop-*

téryx (fig. 106), dont on ne connaît que deux exemplaires, extraits des schistes de Solenhofen, était, nous l'avons vu, plus singulier encore; ses mâchoires portaient également des dents; son corps était terminé par une queue aussi longue que lui-même et formée de vingt-deux vertèbres; les os du tarse étaient séparés, comme chez l'embryon des oiseaux actuels, et l'aile n'était autre chose qu'une patte terminée par quatre doigts, pourvus de griffes, mais garnie de plumes comme d'habitude. Par la plupart des caractères de son squelette, notamment par ses dents, son membre antérieur, son tarse et sa queue, l'Archæoptéryx était un véritable Reptile. Il suit de tout cela qu'on peut considérer les Oiseaux comme des Reptiles dont toutes les parties du corps se sont adaptées en vue d'une existence aérienne, de même que chez le Cétacé toutes les parties du corps sont celles d'un Mammifère adapté à la vie aquatique.

Adaptation des organes des sens. — Dans les exemples que nous venons de citer, l'adaptation porte seulement sur l'appareil locomoteur, plus directement en rapport avec le milieu extérieur; mais les organes des sens peuvent présenter des modifications de même ordre. Les animaux dont l'œil doit exercer ses fonctions dans l'eau présentent des particularités de cet organe que n'offrent pas ceux qui vivent dans l'air; le cristallin des Poissons est presque sphérique au lieu d'avoir la forme lenticulaire; l'eau transmettant les sons mieux que l'air, il existe rarement un pavillon auditif. Chez les animaux qui vivent dans l'obscurité, l'œil et l'oreille présentent aussi des particularités remarquables. La plupart des animaux nocturnes ne vivent que dans une obscurité relative; beaucoup ont, comme les Chats, de grands yeux, dont la pupille peut se resserrer ou se dilater énormément, de manière à ne laisser tour à tour entrer dans l'œil qu'une faible proportion ou la presque totalité de la lumière qui vient frapper sa surface. D'autres, au contraire, ont, comme les Chauves-souris, de très petits yeux, mais l'ouïe est alors d'une extrême finesse et le sens du toucher devient lui-même d'une exquise délicatesse; les pavillons auditifs sont d'une grandeur démesurée; sur diverses parties de la face, et notamment autour des narines, il se développe de bizarres appendices membraneux en forme de feuille, de fer de lance, etc., qui jouent, comme les membranes des ailes mêmes, un rôle important dans l'exercice du tact; les Chauves-souris sont, dit-on, capables de reconnaître, dans l'obscurité la plus profonde, grâce à la sensibilité de leurs ailes, le voisinage des obstacles; elles volent, en tout cas, avec une sûreté et une rapidité merveilleuses dans les souterrains les plus tortueux.

Chez les animaux qui passent toute leur vie dans une obscurité complète, les yeux diminuent considérablement de volume et peuvent même disparaître presque entièrement. Cela arrive dans les groupes les plus divers, comme si le défaut d'usage de l'organe avait été pour lui une cause d'atrophie.

Parmi les Mammifères, les Taupes, les *Spalax*, sortes de rats fouisseurs, les *Ctenomys*, qui ont les mêmes habitudes, ont des yeux cachés sous la peau et sont parfois complètement aveugles ; il en est de même, parmi les Batraciens, des Protées, qui habitent les lacs souterrains de la Carniole, des Cécilies, qui vivent sous terre et dont les yeux très petits sont recouverts par la peau et, parmi les Poissons, d'un certain nombre d'espèces qui se tiennent, comme les Protées, dans les eaux souterraines. Les Insectes aveugles sont assez nombreux, et on les trouve également au fond de cavernes obscures ou bien, comme les *Claviger* (fig. 107), dans des fourmilières d'où ils ne sortent jamais et où ils sont nourris par les fourmis, qui les ont en quelque sorte domestiqués. Ces cas de cécité ne sont, du reste, étonnants que lorsqu'ils se produisent chez des animaux que leur organisation tout entière place dans des groupes zoologiques où les organes de la vision sont normalement développés.

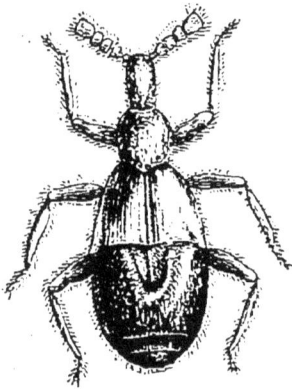

FIG. 107. — Claviger.

Les animaux qui habitent les grandes profondeurs océaniques présentent deux cas absolument opposés. A mesure que l'on s'enfonce au-dessous du niveau de la mer, la lumière diminue graduellement d'intensité. Il arrive une région où les animaux sont plongés dans un perpétuel crépuscule, et se trouvent, par conséquent, dans les conditions des animaux nocturnes qui se cachent pendant le jour et ne sont actifs que durant la nuit : leurs yeux grandissent démesurément. Si l'on descend encore, la lumière s'éteint peu à peu ; les phénomènes que présentent les animaux des cavernes se manifestent, l'œil s'atrophie. Mais au fond de la mer l'obscurité n'est cependant pas absolue ; alors même que la lumière du soleil ne présente qu'une faible intensité, une multitude d'animaux phosphorescents répandent, par intervalles, une pâle lueur au fond des eaux ; les animaux aveugles et les animaux à yeux très développés se trouvent, en conséquence, mélangés.

Adaptation des organes de la respiration; passage de la vie aquatique à la vie aérienne.

— Les organes externes ne sont pas seuls à présenter des cas d'adaptation chez les Vertébrés; on trouve de remarquables exemples d'adaptation des organes internes, et notamment des organes de la respiration, dans la classe des Poissons. L'air est, on le sait, nécessaire à l'existence de tous les animaux: il n'y a pas d'exemple de Mammifères, d'Oiseaux, de Reptiles qui puissent se dispenser de respirer l'air en nature. L'air n'est pas moins nécessaire aux Poissons; ils l'extraient de l'eau dans laquelle ils vivent; mais, en somme, ce n'est point l'eau, c'est l'air qui leur est indispensable; s'ils meurent hors de cet élément, c'est que leurs branchies se dessèchent et deviennent rapidement incapables de fonctionner; qu'un artifice quelconque permette à ces branchies de demeurer longtemps humides, la respiration dans l'air deviendra possible, le poisson pourra sortir de l'eau. Ce résultat est obtenu de deux manières. Chez les Anguilles, l'ouverture des ouïes se rétrécit considérablement, de sorte que l'évaporation est très lente; des observateurs dignes de foi assurent que les Anguilles sortent parfois des marais et peuvent faire d'assez longues promenades dans l'herbe humide des prairies. Ce qui est douteux pour les Anguilles est parfaitement constaté pour les *Anabas*, de l'Inde, et quelques autres Poissons dont les os pharyngiens présentent une structure spongieuse particulière, grâce à laquelle de l'eau s'emmagasine dans leur intérieur, et vient peu à peu humecter les branchies. Aussi les Anabas vont-ils quelquefois à terre : ils grimpent même sur les arbres à l'aide d'appendices de leur nageoire antérieure. Leur respiration, bien que s'effectuant dans l'air, demeure en réalité aquatique, mais un appareil de respiration aquatique se trouve modifié, chez eux, de manière à permettre la respiration à l'air libre.

Il n'en est pas de même dans l'ordre des *Dipnés* dont font partie le *Lepidosiren*, le Protoptère et le *Ceratodus*. Un grand nombre de Poissons possèdent dans l'abdomen une longue poche de forme variable, remplie de gaz, la *vessie natatoire*. Cette poche se développe toujours aux dépens de la partie antérieure du tube digestif; mais tantôt elle ne garde avec cet organe aucune communication, tantôt elle continue à communiquer avec l'œsophage par un tube plus ou moins allongé qui peut même s'ouvrir près des branchies (*Caranx*). La vessie natatoire est essentiellement, chez les Poissons

ordinaires, un organe destiné à permettre à l'animal de se maintenir
sans effort à un certain niveau dans l'eau. Chez les Carpes et les

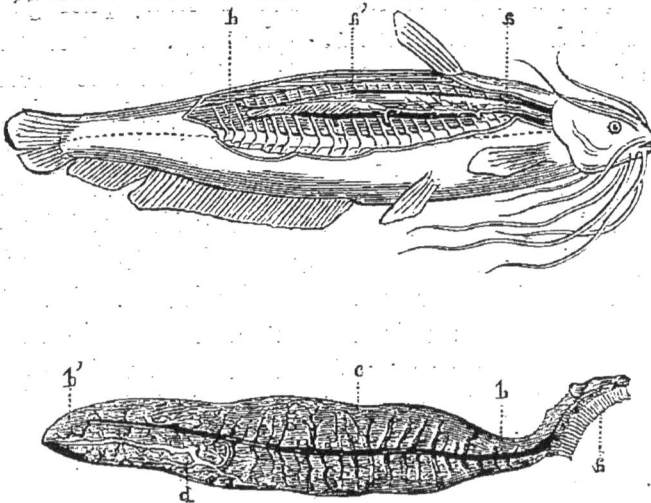

FIG. 108. — *Saccobranche*. — 1, l'animal ouvert pour montrer sa vessie natatoire
a, *a'*, en place : *b*, colonne vertébrale. — 2, la vessie natatoire isolée : *a*, un
arc branchial; *b*, *b'*, artère pulmonaire; *c*, *d*, vessie natatoire et vaisseaux
sanguins.

Poissons voisins, elle semble cumuler avec cette fonction une fonc-

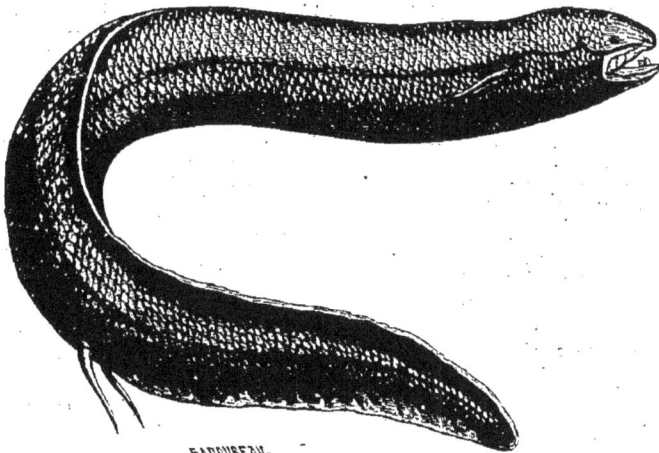

FIG. 109. — Lepidosiren.

tion toute différente : une chaîne de petits osselets la mettent en
communication avec l'oreille, de telle façon qu'elle pourrait bien

intervenir dans les phénomènes de l'audition. Chez plusieurs autres Poissons, qui ne présentent d'ailleurs aucune particularité extérieure bien tranchée, elle se complique de nombreux appendices, et, chez le *Saccobranche*, Poisson de l'Amérique du Sud, voisin des Silures (fig. 108), elle contribue bien nettement à la respiration : un rameau détaché des artères branchiales vient se diviser à sa surface (fig. 108, n° 2) et y porter du sang qui s'y charge d'oxygène. La vessie nata-

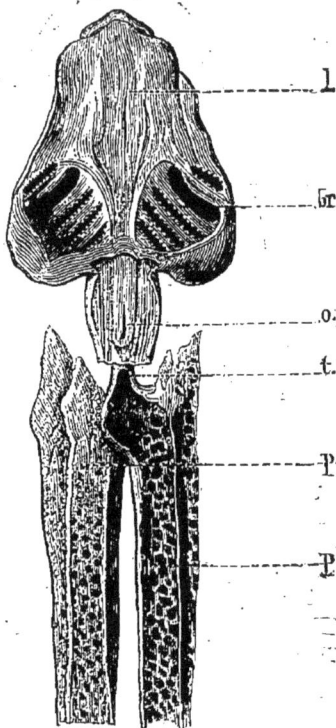

FIG. 110. — Branchies et poumon d'un Lepidosiren (*Protopterus annectens*). — *l*, langue et cavité buccale ; *br*, branchies ; *o*, glotte s'ouvrant dans l'œsophage ; *p*, poumon.

toire devient enfin, chez les Dipnés, un poumon proprement dit (fig. 109 et 110) ; l'air extérieur a dans sa cavité un accès facile ; des vaisseaux amènent du sang noir dans l'épaisseur des parois ; d'autres vaisseaux le remportent à l'état de sang rouge. Les Dipnés sont donc capables de respirer l'air en nature ; ils n'en conservent pas moins des branchies conformées comme celles des autres Poissons et c'est toujours un rameau détaché des artères branchiales qui sert d'artère pulmonaire.

Chez quelques Batraciens, ces deux formes d'appareil respiratoire coexistent aussi toute la vie ; mais chez la plupart d'entre

eux les branchies ne sont que temporaires (fig. 111); elles disparaissent, ainsi que les vaisseaux qui les desservaient, à une période
plus ou moins avancée de la vie, tandis que la branche pulmonaire de la dernière artère branchiale grandit au contraire; l'organe qui devient la vessie natatoire chez les Poissons accapare pour
lui seul la fonction respiratoire; le Batracien devient avec l'âge

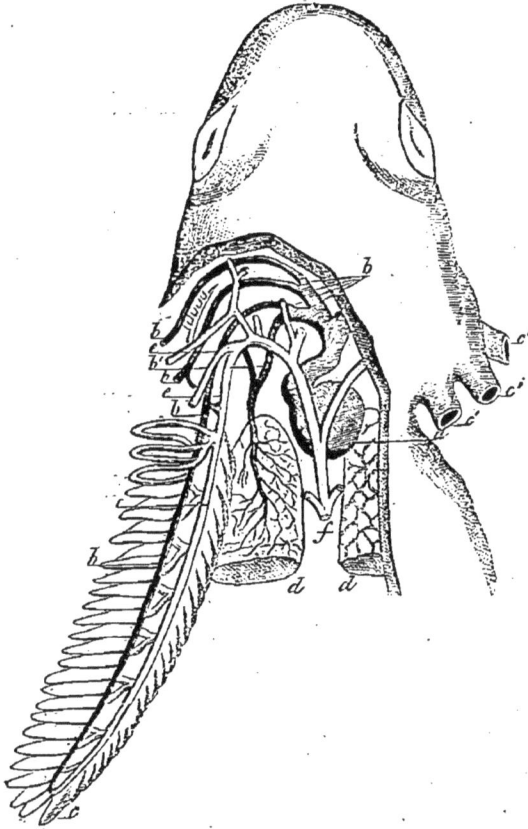

FIG. 111. — Appareil respiratoire d'une jeune Salamandre. — *a*, cœur; *b*, artères
branchiales; *b'*, rameau constituant l'artère pulmonaire; *c*, *c'*, branchies;
d, poumon; *e*, veines branchiales; *f*, aorte.

incapable de respirer l'air dissous dans l'eau; il lui faut de l'air
naturel; ses membres lui permettent d'ailleurs aussi bien de marcher, que de nager; il peut venir chercher l'air sur les bords des
eaux qu'il habite; d'aquatique, il devient par gradation aérien.

Les poumons des Vertébrés supérieurs se forment comme ceux des
Batraciens munis de branchies; mais à aucune époque de leur vie
ces animaux ne sont capables de respirer dans l'eau. Ceux qui y
habitent doivent revenir, à des intervalles réguliers, chercher l'air à

la surface. Ainsi un même organe peut s'adapter à ces deux fonctions, en apparence si diverses : la locomotion à un certain niveau dans l'eau, la respiration à l'air libre. La première de ces adaptations suppose que des branchies sont très développées ; la seconde entraîne presque toujours au contraire la disparition de ces organes ; or, ce sont les branchies qui font essentiellement le *poisson;* ce sont les poumons qui font l'animal aérien. Une simple adaptation d'une poche formée sur le trajet du tube digestif établit donc, au point de vue de la fonction de respiration, la démarcation entre la classe des Poissons et les autres classes de Vertébrés. Les Dipnés et les Batraciens forment la transition.

Adaptations des zoonites chez les animaux segmentés. — Nous avons déjà montré comment, par des adaptations diverses, les appendices primitivement locomoteurs d'un animal articulé pouvaient s'approprier à des fonctions nouvelles, comment les zoonites eux-mêmes pouvaient dans leur totalité se consacrer plus spécialement à certaines catégories de fonctions, comment les régions du corps naissaient de ces adaptations, comment la tête, par exemple, n'était que l'ensemble des zoonites qui s'étaient consacrés à l'exercice des fonctions le plus directement en rapport avec la conservation personnelle de l'animal.

C'est là un ordre d'adaptations que nous n'avons pas rencontrées chez les animaux vertébrés dont le corps ne montre pas à l'extérieur de zoonites distincts ; en revanche, les faits que nous ont présentés les Vertébrés ont leurs analogues chez les Arthropodes. Comme les Vertébrés, ces animaux présentent deux modes de conformation bien distincts : les uns respirent à l'aide de branchies et sont essentiellement faits pour la vie aquatique, ce sont les Crustacés ; les autres respirent à l'aide de tubes aérifères ou trachées et sont faits, par conséquent, pour la vie aérienne : ce sont les Arachnides, les Myriapodes et les Insectes. Parmi ces derniers, beaucoup possèdent des organes du vol, mais les ailes ne sont pas ici, comme chez les Mammifères et les Oiseaux, des pattes transformées. En revanche, chez les Arachnides et les nombreux Insectes qui, habitant dans l'eau, sont souvent d'habiles nageurs, les pattes deviennent toujours les organes de natation (fig. 112) ; il leur suffit pour cela de s'aplatir et de se franger de larges cils. Les Arachnides et les Insectes aquatiques continuent à respirer l'air libre qu'ils viennent chercher à la surface. Quelques Araignées en font provision soit dans les poils de leur abdomen, soit, comme les Argyronètes, dans des coques soyeuses qu'elles savent filer et maintenir sous l'eau ; c'est aussi dans les poils de leur abdomen que de gros Insectes, les Hydrophiles (fig. 112), emprisonnent l'air qu'ils respirent. Mais l'appareil respiratoire peut se plier aussi aux conditions d'existence nouvelles qui sont faites à l'animal. Chaque anneau porte ordinairement une paire d'orifices pour les trachées : chez certaines Punaises aquatiques, les Nèpes (fig. 113), ces orifices s'oblitèrent ; il n'en reste que deux au dernier anneau et ils sont en rapport, d'une part, avec une paire de grosses trachées qui parcourent la longueur entière du corps et

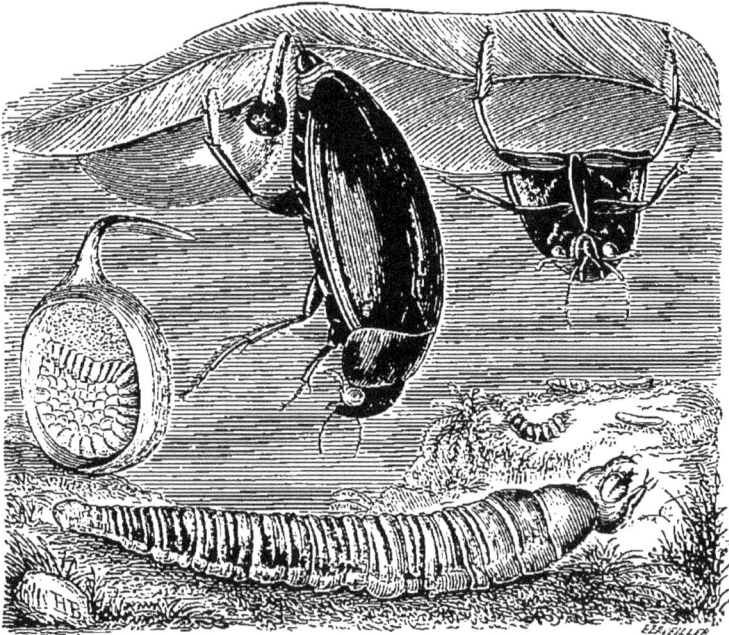

FIG. 112. — Hydrophile brun, ses œufs et sa larve.

donnent naissance à toutes les ramifications de l'arbre respiratoire, d'autre part, avec deux longs tubes constituant une sorte de double queue que l'animal fait saillir hors de l'eau et avec laquelle il va chercher l'air extérieur. Quelque chose d'analogue se produit chez les larves de Cousins (fig. 114), qui sont également aquatiques.

Chez beaucoup de larves d'Insectes aquatiques, l'appareil respiratoire est même complètement clos : l'air ne pénètre dans les trachées qu'au travers d'expansions des téguments en forme de poils comme chez les chenilles des Papillons du genre *Hydrocampe*, ou de lamelles latérales tantôt simples, tantôt déchiquetées en forme de plumes comme chez les larves d'*Éphémères* (fig. 115), de *Semblis* (fig. 116), etc. Des appendices analogues se montrent également à l'extrémité postérieure du corps ; il se constitue ainsi de véritables branchies trachéennes. Chez les larves de Libellules (fig. 117), qui sont aquatiques malgré l'existence essentiellement aérienne de l'animal adulte, l'eau respirable est introduite dans l'extrémité

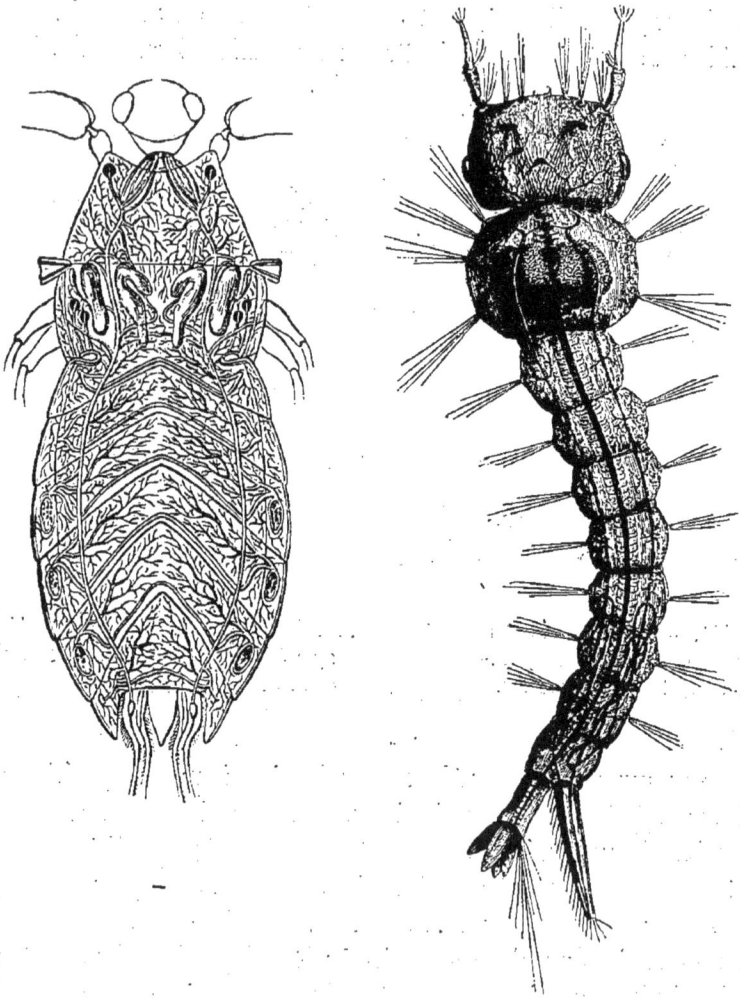

FIG.113.—Appareil respiratoire d'une Nèpe. FIG.114.—Larve de Cousin très grossie.

postérieure de l'intestin dont les parois présentent de nombreux feuillets saillants, et c'est dans ces feuillets que les trachées viennent chercher l'air. Ainsi de très légères modifications de détails transforment l'appareil de respiration essentiellement aérien des Insectes en un appareil de respiration aquatique.

Inversement, certaines dispositions fort curieuses permettent aux branchies des Crustacés de fonctionner dans l'air et quelques-uns de ces animaux peuvent, de la sorte, séjourner à terre un temps plus ou moins long ou même indéfiniment. Chez plusieurs Crabes terrestres il a suffi, pour cela, que sur les parois de la chambre qui renferme les branchies se développent des espèces d'excroissances spongieuses qui s'imprègnent d'eau et maintiennent les branchies humides ; une espèce remplit d'eau sa chambre branchiale, injecte

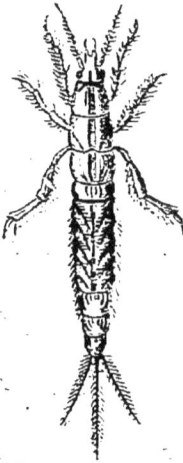

FIG. 115. — Larve d'Éphémère avec ses branchies plumeuses abattues sur le dos.

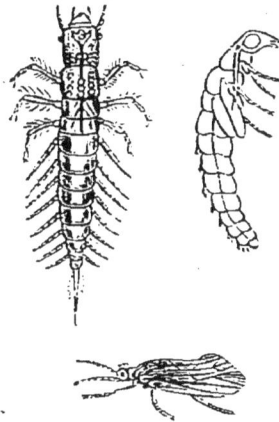

FIG. 116. — Larve à branchies étalées, nymphe et état parfait du *Semblis de la boue*.

cette eau sur sa carapace, la reprend grâce à une disposition spéciale, quand elle s'est chargée d'air, et trouve ainsi le moyen de respirer dans l'eau, quoique voyageant sur terre. L'appareil respiratoire des Cloportes et des autres Crustacés terrestres, quoique plus simple, n'en est pas moins construit sur le type branchial.

On pourrait poursuivre cette étude des adaptations dans toutes les parties du Règne animal et montrer la part considérable qui revient à ce phénomène dans la diversification des formes organiques. Ce que nous venons de dire suffit à la faire apprécier. La plupart des organes sont ainsi capables de jouer les rôles les plus différents ; ils se modifient suivant ce rôle, et leur véritable nature se reconnaît soit à leur mode de production, soit à la forme et à la fonction qu'ils présentent au début de leur développement, et qui changent par la suite, soit enfin aux connexions qu'ils conservent avec les organes voisins.

Mimétisme. — Parmi les adaptations, il en est cependant quelques-unes sur lesquelles nous devons encore insister, parce qu'elles concernent non plus tel ou tel organe déterminé, mais l'aspect général de l'être vivant. En premier lieu sont celles qu'on a groupées sous la dénomination générale de *mimétisme*. Elles consistent ordinairement dans une ressemblance singulière que prend l'animal avec les objets qui l'entourent. Quelquefois cette ressemblance peut n'être que passagère. Certains Poissons, par exemple, peuvent changer de couleur et prendre une teinte voisine de celle du fond sur lequel ils se trouvent, de manière à se dissimuler. M. Georges Pouchet a montré que cette adaptation momentanée était sous l'influence de l'œil et qu'elle disparaissait quand on aveuglait l'animal. Le plus souvent cependant la couleur n'est pas susceptible de varier : l'adaptation de l'animal au milieu dans lequel il vit habituellement est définitive. On trouve des exemples de cette adaptation dans tous les groupes du Règne animal. C'est dans les régions glaciales qu'on rencontre le plus grand nombre d'animaux blancs ; presque tous les animaux des déserts sablonneux sont, au contraire, couleur isabelle ; beaucoup d'Oiseaux, de Reptiles vivant dans le feuillage, présentent des teintes ou le vert prédomine ; cette couleur dissimule admirablement nos Rainettes dans les arbres ; il est des serpents grimpeurs que leur couleur verte, leur forme et leur immobilité empêchent de distinguer, même quand on est prévenu, parmi les branches qui les entourent. On trouve surtout chez les Arthropodes

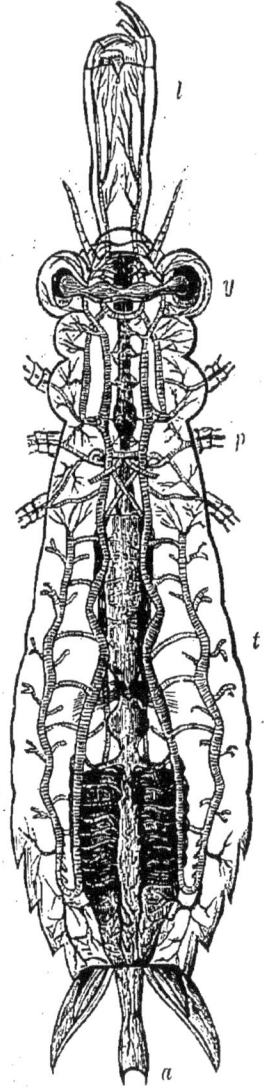

FIG. 117. — Appareil respiratoire d'une larve de Libellule.— *l*, lèvre inférieure mobile ; *y*, yeux ; *p*, pattes ; *t*, trachées ; *r*, rectum sur lequel se ramifient les trachées ; *a*, anus.

un nombre considérable de cas de mimétisme. Tout le monde a été frappé de la ressemblance que présentent avec les feuilles les ailes des Sauterelles, et tout le monde sait combien on aperçoit

FIG. 118. — Phasme (*Bacillus Rossii*).

difficilement dans les buissons la grande Sauterelle verte, alors même qu'elle chante le plus bruyamment. Chez des Insectes voisins, les Phasmides, le corps tout entier prend l'aspect végétal : les Phyllies ressemblent à des feuilles, la plupart des autres Phasmides (fig. 118) à des branches sèches; chez quelques-uns le corps se recouvre même d'excroissances que l'on prendrait pour de la mousse. Beaucoup de Papillons de nuit (fig. 119) ont les ailes supérieures veinées comme une écorce recouverte de lichen [1]; d'autres, par la teinte et la forme de leurs ailes, simulent absolument des feuilles mortes [2]. La transparence des Crevettes et d'un très grand nombre d'animaux marins est aussi pour eux un excellent moyen de protection. Les espèces de Crustacés qui vivent parmi les Fucus sont souvent transpa-

FIG. 119. — Lichénée bleue.

rentes, sauf quelques taches olivâtres qui reproduisent exactement la forme et la couleur des fonds d'algues environnants.

Un cas particulièrement curieux est celui où, dans une même contrée, deux animaux, d'ailleurs fort différents d'organisation, se ressemblent par la forme, la taille et la couleur au point qu'il est souvent difficile de les distinguer. Le fait a été particulièrement observé en ce qui concerne des Papillons et des Oiseaux et, dans ce cas, l'on remarque que l'une des espèces est très commune, l'autre rare. L'espèce commune possède toujours quelque faculté ou quelque propriété qui est avantageuse pour elle et qui lui crée une immunité dont semble profiter l'espèce imitatrice. Ainsi, les Papil-

1. Lichénées.
2. Gastropaches du chêne, etc.

lons de la famille des Héliconides sécrètent une humeur âcre qui les protège contre la voracité des Oiseaux insectivores ; beaucoup de Papillons qui n'ont pas le même moyen de protection ressemblent à des Héliconides au point qu'un entomologiste peut seul les distinguer. Il en résulte que ces Papillons ne sont pas poursuivis par les Oiseaux, qui leur attribuent le mauvais goût des espèces qu'elles imitent.

Il y a des cas de mimétisme bien constaté entre Insectes appartenant à des ordres différents : des Papillons crépusculaires de nos pays, les Sésies notamment (fig. 120), imitent à s'y méprendre la coloration et les allures des *Guêpes* et des *Frelons* dont l'aiguillon est redouté des Oiseaux. Quelquefois une espèce carnassière imite une espèce inoffensive, ce qui lui permet d'approcher, sans éveiller leur défiance, les animaux dont elle se nourrit :

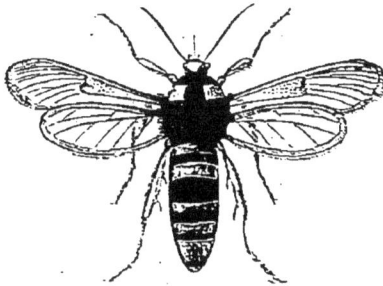

FIG. 120. — Sésie apiforme.

c'est ce qui arrive pour deux Oiseaux de proie des environs de Rio-Janeiro ; l'espèce la plus commune est insectivore ; l'autre se nourrit d'Oiseaux.

Déguisements artificiels chez les animaux; adaptation des Pagures à leur abri. — Il n'est pas rare d'ailleurs de voir des animaux recourir à un véritable déguisement, soit pour assurer leur sécurité, soit pour favoriser leur chasse. La larve d'un Insecte voisin des Cigales, le Cercope écumant, s'entoure d'un liquide semblable à de la salive qui la cache complètement ; celle d'un autre petit Insecte rouge, fort abondant sur les feuilles du lis blanc, le Criocère du lis, se recouvre de ses excréments ; la larve du Réduve masqué, sorte de Punaise qui vit surtout de Punaises des lits, se couvre de poussière et marche par saccades, de manière à ressembler à un flocon de matières inertes poussé par le vent. De nombreux

Crabes marins, les *Maïa*, notamment, ont une carapace rugueuse sur laquelle poussent toutes sortes d'Algues et de Zoophytes qui les dissimulent d'une façon parfaite; mais la famille de Crustacés la plus intéressante à cet égard est celle des Pagures ou Bernard l'Ermite.

Tous les grands Crustacés subissent des mues périodiques : entre le moment où ils viennent de déposer leur ancienne carapace et celui où leur carapace nouvelle s'est constituée, il s'écoule un certain temps pendant lequel le corps est d'une mollesse extrême :

Fig. 121. — Pagure dans une coquille de Buccin ondé.

l'animal se cache alors dans des trous, sous des pierres, et manifeste la plus vive frayeur lorsqu'il vient à être découvert. Or, l'abdomen des Pagures demeure toujours à l'état de mollesse que présente après la mue le corps des Crustacés ordinaires; aussi ces animaux le tiennent-ils constamment caché dans une coquille de Mollusque (fig. 121); mais, suivant les recherches récentes de M. Alphonse Milne-Edwards, ils ne sont pas absolument exclusifs. Les uns habitent des coquilles spirales, d'autres des coquilles droites; il en est qui se contentent de morceaux de bois ou de jonc qu'ils creusent eux-mêmes et dans lesquels ils entrent comme dans un habit; d'autres enfin se logent tout simplement dans des trous. Tous ferment exactement l'entrée de leur demeure à l'aide de leurs pinces, dont l'une au moins s'adapte exactement à la forme de son ouverture ; mais leur corps présente, suivant ces diverses circonstances, de curieuses modifications. Chez ceux qui vivent dans des trous, les anneaux de l'abdomen ont une carapace presque complète ; chez ceux qui vivent dans des morceaux de bois, l'abdomen se consolide seulement à son extrémité postérieure de manière à fermer en arrière l'habitation, close en avant par les pinces ; chez ceux qui logent dans des coquilles de Mollusques, le corps devient dissymétrique et se contourne plus ou moins en spirale.

On constate que dans ce même groupe, cet abdomen embarrassant, à qui l'animal est obligé de chercher un moyen de protection, tend à s'amoindrir ; chez certaines espèces il est d'une petitesse extrême et s'abrite dans des coquilles minuscules : la carapace céphalothoracique est, au contraire, parfaitement développée ; il semble que l'on s'achemine vers des formes analogues à celles des Crabes dont l'abdomen très petit vient tout simplement se cacher sous le céphalothorax auquel semble réduit l'animal. Ainsi, par toute une série de formes, les Pagures autrefois isolés se rattachent aux Crustacés ordinaires.

Adaptation à un régime alimentaire donné. — Les Pagures nous montrent que le corps de certains animaux peut, en quelque sorte, se mouler sur des objets inertes ; mais on peut constater des rapports plus remarquables encore entre les êtres vivants. Actuellement les Mammifères carnassiers et les Mammifères herbivores se distinguent les uns des autres par tout un ensemble de caractères tirés de la forme des membres, de la dentition, et l'on pourrait dire de toutes les parties de leur économie ; mais nos espèces actuelles, si bien appropriées à leur genre de vie, ont été précédées par d'autres où cette appropriation était loin d'être aussi complète. Les *Anthracotherium* du début de la période tertiaire, par exemple, avaient des dents antérieures de carnassiers, des dents postérieures d'animaux à nourriture végétale.

A cette même époque, de nombreux animaux herbivores tels que les *Cœnotherium*, n'étaient décidément ni Pachydermes ni Ruminants ; et l'on peut suivre chez eux, presque dans la même espèce, toute la transition entre la dentition des Pachydermes et celle des Ruminants ; chez les Carnassiers eux-mêmes on trouve, durant toute cette longue période, des types oscillant entre les Chiens et les Ours, les Hyènes et les Civettes, les Civettes et les Martres,

les Martres et les Chats. C'est seulement à la fin de l'époque tertiaire
que les différentes espèces de Mammifères manifestent complètement, au point de vue de la dentition, les caractères tranchés que
nous leur voyons ; de sorte que la dentition des espèces actuelles
peut être considérée comme résultant d'une adaptation à des conditions de nourriture plus spéciales que celles qui les ont précédées.
Mais ces adaptations sont moins frappantes encore que celles des
animaux qu'on désigne, à cause des rapports étroits qui les unissent à d'autres espèces, sous les noms de *commensaux*, de *mutualistes* et de *parasites*.

Commensaux, mutualistes, parasites. — On appelle *commensal* un animal qui s'associe à un autre et partage sa nourriture. Il y a de nombreux exemples de ces associations. Un petit
Crabe, le Pinnothère (fig. 122), habite ainsi constamment la coquille
des Moules et se nourrit des matières alimentaires que le Mollusque

FIG. 122. — Pinnothère.

attire à lui. De nombreux Crustacés, et même des Poissons, habitent
pour le même motif dans des Méduses, et les Ascidies logent souvent toute une colonie d'animaux de diverses sortes. Quelquefois
ce n'est pas précisément la nourriture que demande le commensal,
c'est un abri, une protection, un soutien ; ainsi, un singulier
Poisson, le *Remora* (fig. 123), qui porte sur la tête une ventouse
ovale, fort complexe, lui permettant d'adhérer aux corps solides, se
fixe à la surface ventrale des Requins et se fait transporter par eux
sans aucune fatigue.

Il arrive que les deux individus associés se rendent des services
réciproques : ce sont alors des *mutualistes*. Il est quelquefois difficile de distinguer entre commensaux et mutualistes. Souvent plusieurs espèces d'Anémones de mer se fixent, par exemple, sur des
coquilles habitées par des Bernard-l'Ermite ; elles sont voiturées
par eux, et le Bernard profite de la pêche que fait l'Anémone avec
ses bras armés de flèches empoisonnées. Quelquefois, une Annélide
carnassière vient se joindre à eux, et le trio chasse de concert. On

trouve souvent dans les fourmilières de petits Coléoptères, les *Claviger* (fig. 107), et des Pucerons qui sont les uns nourris, les autres soignés par les Fourmis, et qui leur fournissent, en échange, un liquide sucré dont elles sont très friandes. Nous formons nous-mêmes avec nos animaux domestiques une association de mutualistes ; les modifications qu'ont subies autour de nous ces animaux et dont le plus grand nombre, produites en dehors de notre volonté, n'ont été que par la suite maintenues et exagérées par nous, montrent que de telles associations ne peuvent être sans influence sur les animaux qui s'y soumettent.

Il s'en faut, d'ailleurs, que l'association soit toujours inoffensive pour les individus associés.

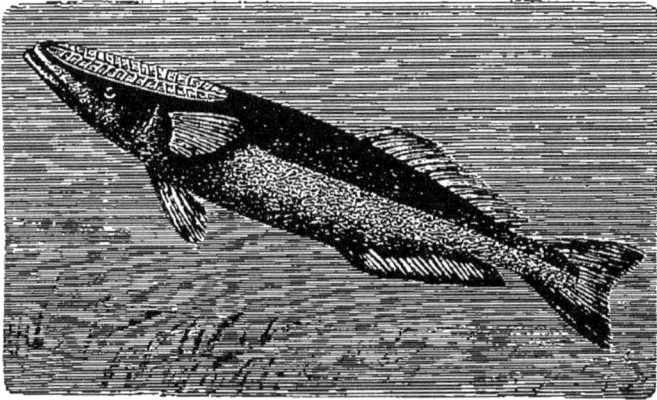

FIG. 123. — Remora.

D'innombrables animaux vivent aux dépens d'animaux d'espèce différente et l'on peut trouver toutes les gradations entre les cas où ces *parasites* sont presque bienfaisants et ceux où ils deviennent nuisibles au premier chef. Les mêmes espèces peuvent être inoffensives pendant une saison et produire des maladies graves pendant une autre. M. Mégnin a décrit plusieurs espèces de Mites qui, pendant l'été, se contentent de vivre des débris de l'épiderme des Mammifères et leur sont peut-être utiles par ce mode de nettoyage, mais qui, pendant l'hiver, creusent les tissus, se comportent absolument comme le Sarcopte de la gale, et produisent une maladie tout à fait semblable à celle que provoque ce dernier. Les Ricins, ou Poux d'oiseaux, ne vivent également que des débris de plumes et d'épiderme ; les Poux, qui sont des insectes comme les Ricins, sucent au contraire le sang des animaux sur lesquels ils vivent.

Des Crustacés nombreux remplacent sur les animaux aquatiques les Mites, les Ricins et les Poux des animaux terrestres.

Or, tous ces parasites présentent, dans la structure de leurs membres et de leur bouche, des modifications particulières, merveilleusement appropriées à leur genre de vie, mais qui ne sont que des adaptations d'organes existant sous une autre forme chez les animaux non parasites du même groupe.

Souvent la vie de l'animal parasite se décompose en plusieurs phases : l'une pendant laquelle il est libre, l'autre pendant laquelle il est fixé à son hôte ; il subit alors les plus étranges déformations.

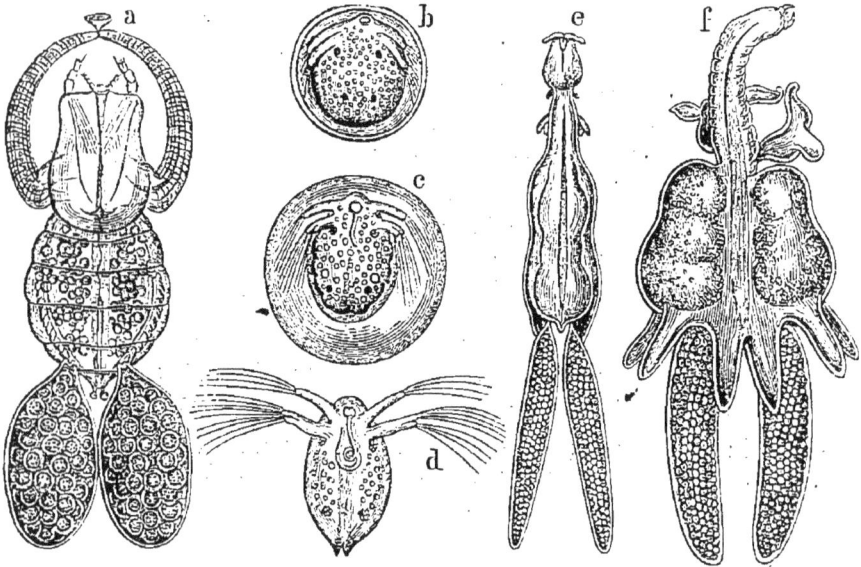

FIG. 124. — Lernées. — *a*, Achthère de la Perche (*Achtheres percarum*). — *b*, *c*, *d*, son nauplius dans l'œuf et après l'éclosion. — *e*, *Chondracanthus cornutus*. — *f*, *Brachiella impudica*. — Tous ces individus sont femelles et portent une paire de sacs à œufs.

On trouve sur les Poissons des êtres bizarres, les Lernées, que Cuvier classait parmi les Zoophytes. Les jeunes Lernées (fig. 124, *d*) sont de petits Crustacés fort agiles, présentant cette forme de *nauplius* que nous avons dit être la forme fondamentale des larves de Crustacés ; leur larve subit plusieurs mues, finalement elle s'attache à quelque animal aquatique : ses organes locomoteurs et ses organes des sens s'atrophient ; sa bouche et les appendices qui l'accompagnent se modifient profondément ; l'abdomen se gonfle, se déforme, ses anneaux disparaissent et de volumineux sacs à œufs se constituent à sa partie postérieure ; le Crustacé est devenu méconnaissable (fig. 124, *a*, *e*, *f*). Souvent un seul sexe éprouve ces étonnantes métamorphoses ; le mâle change peu, demeure extrêmement petit, et vit quelquefois en parasite sur la femelle.

Les parasites qui, au lieu de vivre à la surface du corps d'autres animaux, viennent habiter dans leurs organes et se nourrir de leur substance sont plus nombreux encore. Ils appartiennent généralement au type des Vers, mais on en connaît aussi parmi les Crustacés et les Arachnides. Presque tous présentent, dès le début de leur existence, cette atrophie des organes locomoteurs, cette simplification de tous les appareils que nous montrent les Lernées arrivés à une certaine période de leur évolution. Seul, l'appareil reproducteur se développe d'autant plus qu'est plus grande la réduction des autres parties de l'économie ; en même temps, des artifices particuliers, que nous aurons bientôt à étudier, sont mis en œuvre pour faire parvenir les œufs ou les embryons dans l'hôte où ils doivent définitivement se nourrir. Il est possible de rattacher un grand nombre de ces parasites à des groupes d'animaux vivant habituellement en liberté ; mais qu'il s'agisse d'Arachnides, de Mollusques, ou de ces Vers plats connus sous le nom de Turbellariés, partout les mêmes caractères de dégradation se manifestent. Le tube digestif lui-même peut disparaître. Quelques appareils de fixation, des ventouses, des crochets diversement disposés sont, en dehors de l'appareil génital, les seules parties de l'organisme qui présentent un certain luxe de détails ; mais c'est, en grande partie, la disproportion apparente de l'appareil génital relativement aux autres appareils physiologiques qui caractérise l'adaptation des animaux à la vie parasitaire.

Variabilité des animaux domestiques. — Les développements que nous avons précédemment donnés, relativement aux variétés et aux races, montrent que les espèces animales ne sont pas maintenues dans un cadre absolument fixe.

Lorsqu'on fait varier autour d'un animal les conditions dans lesquelles il doit vivre, si l'animal résiste à ces changements, il arrive d'ordinaire qu'il se produit en lui quelque modification. La grande étendue des variations qu'une même espèce peut subir est nettement indiquée par ce qui est advenu de nos animaux domestiques. Le Chien, le Pigeon, les Volailles, ont produit des races innombrables dont un certain nombre ont une histoire connue et peuvent être considérées comme le résultat des soins intelligents de l'homme, mais dont beaucoup se sont produites en dehors de tout dessein préconçu. Tel est le Bœuf *gnato* dont la face ressemble à celle d'un Bouledogue et qui s'est spontanément produit, en Amérique, dans la descendance de Bœufs ordinaires importés d'Europe ; tel est aussi le Zébu portant une corne sur le nez que M. de Rochebrune a observé en Sénégambie.

On voit de même des races apparaître spontanément chez les animaux sauvages. Toutefois, ces races sont généralement peu nombreuses et quand rien ne les empêche de se mélanger, toute démarcation entre elles doit s'effacer rapidement. L'homme intervient soit en maintenant d'une façon plus ou moins rigoureuse le milieu qui a amené telle ou telle modification, et en déterminant ainsi l'exagération de celle-ci, soit en empêchant le mélange des races qu'il veut conserver pures et en fixant ainsi leurs caractères.

Races et variétés géographiques. — Des résultats analogues à ceux que l'homme obtient artificiellement se trouvent naturellement réalisés lorsque des animaux de même espèce habitent des pays éloignés, ou sont séparés par des obstacles infranchissables. Dès lors, chaque groupe isolé de ces animaux peut céder aux actions modificatrices spéciales qui agissent sur lui, et comme rien ne ramène à un type commun les groupes qui se modifient dans des sens différents, chacun d'eux peut arriver à former une race distincte. C'est ce qui arrive dans les îles. Les îles voisines d'un continent nourrissent ordinairement des formes animales très analogues, mais non pas complètement identiques à celles du continent voisin, à côté de formes identiques aux formes continentales et d'autres qui sont absolument particulières. Il y a tout lieu de penser que, parmi ces formes, beaucoup ne sont autre chose que des races détachées des espèces du continent.

On observe la même chose dans tous les lacs ayant une grande profondeur et une grande étendue. Chacun sait que parmi les Poissons du genre *Coregonus*, le Féra (fig. 125) ne se trouve guère en dehors du lac de Genève et de quelques lacs analogues; le Lavaret est, de même, presque spécial au lac du Bourget.

Il n'est du reste pas nécessaire que l'isolement soit aussi complet pour que des races nouvelles arrivent à se former, et la plupart des espèces qui habitent un vaste territoire présentent ce qu'on appelle des *races géographiques* permettant de reconnaître souvent la localité d'où elles viennent. Les Lions d'Asie et des diverses régions de l'Afrique présentent des différences locales dans leur crinière

et leur coloration ; il en est de même, en Asie, des Tigres ; les
Oiseaux, les Insectes, les Coquillages, fournissent des races
géographiques encore plus prononcées.

Il est donc incontestable que les espèces sont variables, au moins
dans une certaine mesure : il est incontestable également que les
conditions dans lesquelles elles sont placées influent sur leurs
caractères ; et l'on peut se demander si les nombreux exemples
d'adaptation que nous avons cités ne sont pas une conséquence des
variations éprouvées par un même type, sous l'action des conditions
extérieures. La lumière, la chaleur, le degré de sécheresse ou d'hu-

FIG. 125. — Le Féra (*Coregonus Fera*).

midité, l'abondance, la rareté ou la qualité de la nourriture, les
luttes que l'animal a à soutenir, et bien d'autres circonstances
extérieures, contribuent sans aucun doute à faire apparaître des
variétés dans beaucoup d'espèces animales : on a constaté que les
Oiseaux et les Papillons d'une même espèce étaient souvent plus vivement colorés dans les pays chauds et à vive lumière que dans les climats plus sombres ; tout le monde sait encore que l'usage fréquent
d'un organe le développe, que le défaut d'usage l'affaiblit et l'amoindrit, mais personne ne peut dire malheureusement dans quelles
limites ces causes peuvent intervenir dans la formation de races
capables de se maintenir, ni par quels procédés leur action s'exerce
sur l'organisme.

Résistance variable des organismes aux modifications. — C'est qu'il y a ici un élément de première importance dont il est indispensable de tenir compte : la réaction de l'animal contre les causes qui tendent à le modifier. Deux espèces différentes ne se comportent, en effet, nullement de la même façon, quand on fait varier d'une façon identique, au moins en apparence, les conditions dans lesquelles elles sont placées. Le Papillon flambé (fig. 126) forme en Espagne et en Afrique une race distincte de la race française ; au contraire, son voisin, le Papillon Machaon, demeure le même partout,

FIG. 126. — Papillon flambé.

bien qu'on le trouve à la fois dans presque toute l'Europe, dans presque toute l'Asie et dans le nord de l'Afrique. La Vanesse Morio noire, à ailes bordées de jaune, est la même en Europe et dans l'Amérique du Nord. La Vanesse Belle-Dame (fig. 127) est cosmopolite et ne change pas davantage ; au contraire, la Vanesse Vulcain fournit plusieurs variétés souvent considérées comme autant d'espèces. Les races d'une même espèce ne présentent pas moins de différence que les espèces elles-mêmes, au point de vue de la résistance à la variation.

Dimorphisme de certaines espèces. — Il est plus singulier peut-être de voir la même espèce présenter, dans le même pays, deux ou plusieurs formes distinctes. La petite Vanesse Carte géographique se montre deux fois dans l'année, au mois de mai et au mois de juillet; au printemps, elle a les ailes fauves; en été, elle les a noires; or, les individus à ailes noires sont les fils des individus à ailes fauves, et réciproquement, de sorte que, dans cette espèce, un Papillon ne ressemble jamais qu'à ses grands parents.

Voici un fait plus étrange encore : le Papillon Memnon de l'Asie et des îles de la Sonde a des femelles de deux sortes, différant à la

FIG. 127. — Vanesse Belle-Dame.

fois par la forme et la couleur des ailes, et il est impossible de rattacher l'apparition de ces deux formes femelles à une cause extérieure quelconque, car, des œufs pondus à la même époque, par une même femelle, sortent à la fois des femelles appartenant aux deux variétés et des mâles. On a constaté des faits analogues chez plusieurs autres espèces d'Insectes. Chez quelques Crustacés, ce sont les mâles qui présentent deux formes différentes.

Dans tous ces cas, ce n'est évidemment pas sous l'action actuelle des circonstances extérieures que ces formes se produisent : il y a là — on ne saurait trop insister sur ce point — un facteur dépendant uniquement de l'animal. Ce facteur que nous devons étudier, mais

sur la nature intime duquel nous ne possédons aucun renseigne-
ment précis, est ce qu'on nomme l'*hérédité*.

Hérédité. — C'est un fait vulgaire que les enfants ressemblent
à leurs parents et reproduisent souvent les traits du visage, la conformation du corps, les maladies, les qualités ou les défauts intellectuels
soit de leur père, soit de leur mère, soit de quelque membre plus ou
moins rapproché de leur famille. En cela consiste le phénomène de
l'*hérédité*. Grâce à cette propriété des êtres vivants, animaux ou végétaux, de transmettre à leur progéniture aussi bien leurs caractères
spécifiques que leurs caractères personnels, on peut dire qu'un
individu donné porte en lui l'empreinte de la série entière de ses
ancêtres. Aucune des modifications subies par un organisme n'est
perdue pour ses descendants et cette modification, se fût-elle effacée,
peut reparaître inopinément. Alors même qu'une modification aurait
été produite sur un animal par l'action des milieux extérieurs, cette
modification pourra donc reparaître sur ses descendants sous forme
de *modification spontanée;* elle pourra venir troubler l'action des
milieux, et, comme deux individus ne sont jamais identiques au
fond, ne présentent jamais exactement les mêmes tendances héréditaires, les mêmes actions exercées sur eux pourront produire
des résultats en apparence contradictoires.

Inversement l'action des milieux peut être, dans certaines circonstances, plus forte que les tendances héréditaires et modifier
profondément les résultats qu'on attend. Tous les éleveurs savent
qu'une race transportée dans un milieu différent de celui dans
lequel elle a été constituée, dégénère ; ainsi ont fait les Bœufs de
Hollande transportés en Bretagne, les Chevaux anglais pur sang,
les Taureaux de Durham, les Béliers South-Down, transportés dans
le centre et le midi de la France. Tout individu est donc le résultat
de deux facteurs : l'un interne, qu'il apporte en naissant et qui est
l'*hérédité*, l'autre externe, qui est le milieu dans lequel il doit se développer et avec lequel il tend toujours à se mettre en état d'*adaptation*.

Formes diverses et lois de l'hérédité. — L'*hérédité directe*,
dans laquelle un individu présente les traits de ses parents immédiats, est seulement l'une des formes de la transmission héréditaire.
L'un des caractères les plus remarquables de l'hérédité est, en effet,
qu'un être vivant peut transmettre à sa progéniture des caractères
qu'il ne possède pas lui-même, mais que présentait quelqu'un de
ses ascendants : c'est dans cette transmission irrégulière que con-

siste ce qu'on nomme l'*atavisme*. En dehors de ses caractères apparents, qui le font ressembler à tels ou tels de ses ascendants, l'être vivant a donc en lui des caractères latents ou, si l'on veut, des propriétés de nature inconnue qu'il tient d'ascendants dont il ne reproduit pas extérieurement les traits et qui peuvent faire reparaître ces traits dans sa progéniture. Quelquefois même on voit ainsi apparaître, chez certains individus, des traits appartenant à des collatéraux, et qui ne se sont jamais montrés dans leurs ascendants directs. Cette *hérédité collatérale* est évidemment, comme l'atavisme, le produit de propriétés latentes qui existaient chez les ancêtres communs des individus chez qui on l'observe.

Quelle que soit la forme de la transmission héréditaire, ses lois sont encore fort obscures. Dans l'espèce humaine, tantôt les garçons ressemblent à leur mère et les filles à leur père, c'est l'*hérédité croisée;* tantôt le contraire a lieu, et les mêmes variations peuvent se produire en ce qui concerne l'*atavisme* et l'*hérédité collatérale.* Quelquefois même les caractères les plus saillants des ancêtres semblent avoir sombré chez un individu pour reparaître dans sa descendance. Il y a là des phénomènes compliqués, très difficiles à soumettre à l'analyse et qu'une longue statistique de faits bien observés permettrait seule d'enchaîner dans des lois.

Quelques points cependant sont hors de doute :

1° *Les descendants immédiats d'un couple dans lequel les deux parents possèdent un même caractère, présentent d'ordinaire ce caractère plus accentué.*

2° *Si l'on accouple, pendant un certain nombre de générations successives, des individus présentant un ensemble de caractères communs, ces caractères finissent par apparaître régulièrement, sans variation, dans la descendance.*

3° *Lorsqu'un caractère a apparu chez un individu à un certain âge, si le caractère reparaît chez ses descendants, il tend à se montrer à un âge correspondant de la vie.*

Sélection artificielle. — Les deux premières de ces lois ont une importance pratique considérable. La possibilité de fixer un ensemble de caractères par un choix convenable de progéniteurs permet à l'homme de créer, ou tout au moins de conserver à volonté des *races* dans les animaux domestiques. Ce procédé, bien connu des éleveurs, est ce qu'on appelle la *sélection.* C'est grâce à lui que l'on maintient, avec toutes leurs qualités, les races de Chevaux, de Chiens, de Bœufs, de Moutons, de Volailles auxquelles on attache quelque prix. Le moindre croisement peut altérer ces qualités et exposer à des retours d'atavisme souvent défavorables.

Ce dernier point mérite attention. On a espéré, en effet, obtenir par l'union directe de métis provenant de deux races différentes, des races nouvelles, présentant des caractères intermédiaires à ceux des races parentes, et qui se maintiendraient naturellement. Or, les descendants de ces métis, comme ceux des hybrides provenant d'espèces différentes, présentent irrégulièrement tantôt les caractères cherchés, tantôt des caractères plus ou moins voisins de ceux des races primitives, qui tendent à reparaître à l'état de pureté, et dont l'une prédomine généralement. C'est sans doute, comme dans le cas des Léporides qui reviennent au type Lapin, la forme primitive la mieux adaptée aux conditions d'existence imposées aux métis qui l'emporte définitivement.

On peut toutefois profiter de cette *tendance au retour* vers les types primitifs, pour obtenir l'un quelconque d'entre eux, en partant de métis. Il suffit d'accoupler constamment ensemble ceux des métis qui présentent au plus haut degré les caractères du type que l'on cherche.

Si la sélection a pour effet de conserver et de fixer les caractères personnels communs aux deux individus d'un même couple, inversement les caractères différents doivent avoir une tendance à se neutraliser : cela peut servir à expliquer la permanence de l'espèce. Deux individus de même espèce présentent, en effet, un ensemble considérable de caractères communs et un certain nombre de caractères plus ou moins opposés ; en l'absence de toute sélection, ces derniers se contrarient et n'arrivent pas à se fixer ; ils constituent une sorte de fond flottant sur lequel se détache plus vigoureusement à chaque génération l'ensemble des caractères communs.

A l'appui de cette explication de la permanence relative de l'espèce, on peut rappeler que l'espèce n'existe pas, à proprement parler, dans les groupes du Règne animal où manque la génération sexuée ; chez les Foraminifères, chez les Radiolaires et même chez les Spongiaires, où la reproduction agame a une importance prédominante, les formes présentent une grande mobilité. Rien n'empêche, en effet, toutes les modifications individuelles de se transmettre indéfiniment, comme elles le font chez les végétaux que l'on multiplie par greffe ou par bouture. Ajoutons que les seuls caractères distinctifs qui aient été donnés entre la race, relativement mobile, et l'espèce, considérée comme fixe, sont précisément basés sur l'existence de la génération sexuée.

Possibilité de la variation des espèces. — En résumant ce qui précède, on voit que les espèces animales sont variables ; que, placées dans des conditions d'existence différentes, elles revêtent des formes diverses et donnent naissance à des races distinctes ; qne, dans l'étendue d'un même type, les espèces vivant dans des conditions différentes peuvent être considérées comme dérivées d'une forme unique, dont les organes se seraient modifiés de manière à s'*adapter* à ces conditions. Il semblerait dès lors naturel de penser que toutes les espèces d'un même type sont réellement résultées des transformations graduelles d'une forme primitive commune. Cela est possible ; mais il faut convenir que *si des faits nombreux tirés de la paléontologie, de l'anatomie et de l'embryogénie comparées permettent de supposer qu'au moyen d'adaptations successives un très grand nombre d'espèces animales ont pu provenir d'une origine commune, il n'y a pas encore de preuve matérielle que la distance toute physiologique, qui sépare l'espèce de la race ait jamais été franchie.*

Les raisons qui justifient encore les doutes de quelques naturalistes sont les suivantes :

1° L'anatomie et l'embryogénie comparées ne permettent de rattacher les uns aux autres que des faits actuels, et c'est en vertu d'une hypothèse que l'on admet que ces faits, tous aujourd'hui contemporains, ont pu se succéder chronologiquement, les plus simples ayant préparé les plus complexes et étant, par conséquent, antérieurs.

2° La paléontologie qui permettrait de s'assurer que cette succession a été réelle, ne fournit que des résultats incomplets, destinés à le demeurer toujours, et susceptibles d'interprétations diverses tant que les lois du développement des organismes ne seront pas connues.

3° La production d'une espèce dérivée d'une espèce préexistante exige du temps. Or, le problème est posé depuis un trop petit nombre d'années pour avoir pu donner lieu à des observations précises.

Mais aucune de ces difficultés n'est insurmontable. S'il est vrai que les différences que l'on observe entre les animaux soient le résultat d'une adaptation à des conditions d'existence diverses, une étude comparative des organismes d'un même type et des conditions d'existence où ils sont placés doit permettre de déterminer un jour quelle est l'influence de ces conditions sur un type donné. La comparaison des modifications subies par un animal adulte et des changements correspondants que l'on peut observer dans son mode de développement doit conduire à une interprétation incontestée des phénomènes embryogéniques.

Ce travail préliminaire une fois accompli, il serait possible de découvrir, parmi les organismes, ceux qui sont primitifs et ceux qui sont dérivés, de dresser un tableau de leur succession chronologique, et de rechercher alors s'il y a accord entre ces données *inductives* et les indications de la paléontologie.

D'autre part, l'étude attentive des modifications subies par les animaux transportés dans des climats différents, peut conduire à observer des cas où l'union de ces animaux avec ceux qui sont demeurés dans le pays natal serait inféconde, ou ne produirait que des êtres présentant les caractères des hybrides. Aucun des faits négatifs signalés jusqu'à ce jour ne prévaudrait contre une observation positive, et il faudrait bien alors reconnaître qu'il n'y a entre la race et l'espèce qu'une différence du plus au moins et que la première peut acquérir les qualités de la seconde.

S'il y a lieu de laisser la question indécise, la science ne doit donc pas renoncer à la résoudre ; elle sait aujourd'hui dans quelle voie elle doit marcher pour y parvenir : c'est, en dehors de leur application à l'industrie et à la médecine, l'intérêt suprême des sciences naturelles. Aussi les tentatives faites pour enchaîner les espèces les unes aux autres, celles qui ont pour objet de trouver une explication à leur origine, méritent-elles, de nos jours, un intérêt qu'on pouvait autrefois ne pas leur accorder.

Lutte pour l'existence ; sélection naturelle. — Parmi les notions qui ont été récemment introduites dans l'étude des rapports réciproques des êtres vivants, il en est deux qui ont été particulièrement l'objet de l'attention des naturalistes, ce sont celles de la *lutte pour l'existence* et de la *sélection naturelle* qui en est la conséquence.

Dans un district déterminé, il n'y a pour les animaux d'une espèce donnée qu'une quantité limitée d'aliments. Tant que, dans ce district, ces animaux sont en nombre tel que la quantité totale de nourriture qu'ils consomment est inférieure à la quantité totale des aliments disponibles, la subsistance est assurée pour tous, les individus se multiplient, leur nombre augmente d'une façon continue. Mais il arrive un moment où ce nombre devient assez grand pour que la quantité d'aliments ne suffise plus aux besoins de tous ; à partir de ce moment, une lutte s'établit entre les êtres qui se nourrissent de la même façon, lutte dans laquelle les divers individus n'apportent pas les mêmes avantages.

Pendant la période d'abondance, les variations inévitables dans la taille, la force, la couleur, les organes, les aptitudes, peuvent être indifférentes ; il n'en est plus ainsi dès que la lutte commence. Si elles constituent un avantage, même léger, de telles variations assurent une plus grande durée aux individus qui les présentent. La durée de la vie de ces individus étant plus grande, leur progéniture est plus nombreuse et, comme l'hérédité tend à perpétuer toutes les variations, le nombre des individus qui possèdent les caractères avantageux augmente à chaque génération. Dès lors, les couples formés de deux individus favorisés deviennent plus fréquents ; dans une même lignée, ces couples se répètent plus souvent, et la proportion relative des frères, issus de ces couples, qui offrent le caractère utile, s'accroît peu à peu jusqu'à ce que la variation ait atteint la totalité des individus. A ce moment, une race nouvelle s'est constituée par une sélection graduelle, comparable à celle que pratiquent les éleveurs. Cette sélection qui est la conséquence de la *lutte pour l'existence*, dont la raison se trouve par conséquent dans la force des choses, est appelée, pour cela, *sélection naturelle*.

Il est à remarquer que les conditions de la lutte pour l'existence étant différentes d'un district à un autre, la même espèce peut, dans divers districts de son aire de répartition, donner simultanément naissance à des races différentes ; d'autre part, la production de ces races nouvelles n'implique nullement la disparition de la race primitive dans les districts où l'abondance n'a pas cessé de régner et dans ceux où elle se trouve naturellement la plus favorisée.

Les races nouvelles qui prennent naissance ne pouvant d'ailleurs se former que parce qu'elles sont adaptées d'une façon plus complète que la race mère aux conditions dans lesquelles elles ont à lutter, ces races se *spécialisent*, en quelque sorte, de plus en plus, et l'on *admet* qu'il arrive un moment où elles sont tellement spécialisées qu'elles ne peuvent plus se mélanger aux autres races issues de la même souche, mais spécialisées dans des sens différents : à ce moment la souche primitive aurait donné naissance à plusieurs espèces.

Transformisme et Darwinisme. — Telle est, en substance, la théorie de l'*origine des espèces* qui a été développée pour la première fois d'une manière complète en 1859, par le naturaliste anglais Charles Darwin, et qui est devenue la base de cette forme particulière du *Transformisme* que l'on appelle le *Darwinisme*. Ces deux mots ne sont pas synonymes quoiqu'on les emploie indifféremment l'un pour l'autre dans le langage courant.

Le Transformisme est l'ensemble des doctrines qui admettent que · les espèces ont pu dériver d'espèces antérieures, quelles que soient les causes qui sont supposées avoir amené cette transformation. Le Darwinisme est la doctrine qui assigne pour causes à la production des espèces la lutte pour l'existence et la sélection naturelle.

Ces deux grands phénomènes ont incontestablement joué un rôle dans la formation des races naturelles et dans l'adaptation de ces races à leurs conditions d'existence ; mais la théorie de Darwin ne remonte pas jusqu'aux causes mêmes des variations spontanées, en apparence, sur lesquelles porte la sélection ; elle n'explique pas non plus pourquoi des organismes de type différent se sont développés côte à côte, au lieu de suivre la même voie, et, d'autre part, la question fondamentale de la distinction entre la race et l'espèce, sur laquelle nous avons longuement insisté, n'en reste pas moins un problème à résoudre préalablement.

La sélection naturelle peut fixer ou exagérer des caractères après leur apparition, mais elle n'est pour rien dans cette apparition qui est la conséquence de propriétés particulières aux êtres vivants et de l'action directe qu'exercent sur eux les agents naturels. Nous allons trouver, dans l'étude de la reproduction des organismes inférieurs, des phénomènes remarquables, qui peuvent jeter quelque jour sur les origines des caractères primordiaux des grands types organiques.

CHAPITRE IV

MULTIPLICATION ET REPRODUCTION DES ÊTRES VIVANTS

ANIMAUX VIVIPARES ET OVIPARES : Constitution de l'œuf; premières phases de son développement. — Parthénogénèse. — Métagénèse. — GÉNÉRATION ALTERNANTE : Signification des zoonites chez les animaux segmentés. — Lien de la métagenèse, de l'accroissement et du développement embryogénique. — MIGRATIONS DES VERS PARASITES. — MÉTAMORPHOSES : Lien entre les métamorphoses et les conditions d'existence.

Animaux ovipares; animaux vivipares. — Tout animal procède d'un œuf.

Les animaux qui mettent au monde des petits vivants, comme les Mammifères, et qu'on dit être, pour cette raison, *vivipares*, ne diffèrent pas, à cet égard, de ceux qui pondent des œufs et qu'on qualifie d'*ovipares*. Seulement, l'œuf des vivipares accomplit dans l'organisme maternel la plus grande partie de son développement, tandis que les ovipares abandonnent leurs œufs avant que le jeune animal ait terminé son évolution et souvent même avant qu'il l'ait commencée. Entre ces deux cas extrêmes, on trouve dans le Règne animal tous les intermédiaires possibles. Des Oursins, des Étoiles de mer, des Bryozoaires, des Annélides, des Mollusques lamellibranches, gardent leurs œufs dans des organes appropriés jusqu'à l'achèvement complet du développement; de nombreux Vers parasites, les Trichines, par exemple, des Ascidies, plusieurs espèces de Mollusques gastéropodes, des Insectes, quelques Batraciens, divers Reptiles, tels que les Orvets et les Vipères, accomplissent leur développement dans l'oviducte de leur mère qui semble ainsi mettre au monde des petits vivants; mais l'organisme de la mère n'intervient pas ici dans la nutrition des jeunes; ceux-ci sont même d'ordinaire enveloppés dans une coque qui les isole complètement. Ils ne se nourrissent qu'aux dépens des matières nutritives accumulées sous cette coque. Un retard dans la ponte : voilà tout ce qui distingue les vivipares apparents que nous venons d'énumérer des vivipares proprement dits.

De singuliers Tuniciers nageurs, les Salpes (fig. 131), beaucoup d'espèces de Requins nous présentent, par des procédés d'ailleurs différents, un acheminement vers ce qu'on observe chez les Mammifères. Chez les Salpes, il se constitue un organe particulier dans lequel viennent cheminer côte à côte, sans se confondre, les vaisseaux de la mère et ceux de l'embryon, de sorte que des échanges nutritifs peuvent s'établir entre le sang de l'un et le sang de l'autre. Chez les Requins (*Carcharias, Mustelus lœvis*), il s'établit aussi, grâce à des dispositions spéciales, des échanges nutritifs entre l'embryon et la mère, mais ce mode de nutrition de l'embryon, pendant la période de formation de ses organes, ne devient général que chez les Mammifères, où toute une série d'enveloppes protègent le jeune, en même temps qu'elles contribuent à l'unir à sa mère au moyen d'un organe particulier, le *placenta*. Il n'y a, du reste, jamais passage direct du sang de la mère dans l'embryon : et c'est à travers les parois des vaisseaux que s'accomplissent les échanges nutritifs.

Constitution de l'œuf ; premières phases de son développement. — Chez les animaux ovipares, des substances destinées à nourrir l'embryon s'accumulent souvent en quantité considérable autour de l'œuf qui devra produire ce dernier ; ce sont ces substances, formant ce qu'on appelle ordinairement le jaune et le blanc, qui donnent à l'œuf des Oiseaux et des Reptiles son volume relativement considérable. L'œuf des Mammifères, où le mode d'alimentation de l'embryon rend superflus les matériaux secondaires, est au contraire petit, et ne dépasse pas quelques dixièmes de millimètre. A cet œuf correspond, chez les Oiseaux, une tache blanche que l'on aperçoit à la surface du jaune et que l'on appelle la *cicatricule*. Par opposition, on désigne sous le nom d'*œufs simples* les œufs analogues aux œufs de Mammifères, et sous celui d'*œufs composés* ceux qui ajoutent aux éléments de l'œuf simple des parties accessoires plus ou moins importantes, comme les œufs des Reptiles et des Oiseaux.

Chez tous les animaux, des Éponges jusqu'à l'Homme, l'œuf simple est constitué de la même manière. On y distingue une masse granuleuse, tantôt incolore, tantôt plus ou moins vivement colorée, qu'on avait d'abord assimilée au jaune de l'œuf des Oiseaux et qui a conservé le nom de *vitellus* (fig. 123, n° 1, V). Ce vitellus est enveloppé d'une mince membrane qui le protège, la *membrane vitelline* ; il présente une tache claire, arrondie, de volume assez considérable, qu'on appelle la *vésicule transparente*, la *vésicule germinative* ou la *vésicule de Purkinje*, du nom de l'anatomiste qui l'a découverte ; dans cette vésicule, un ou plusieurs petits corps brillants, arron-

dis, existent constamment : on les désigne sous le nom de *taches ger-
minatives* ou de *taches de Wagner.* La fécondation résulte de la
pénétration dans le vitellus de l'œuf d'un *zoosperme*, sorte de filament
mobile, généralement terminé à l'une de ses extrémités par une tête
renflée. Après la ponte, la vésicule germinative et son contenu
disparaissent; mais les granulations vitellines s'arrangent en files
rayonnantes (fig. 128, n° 2, *ai*) de manière à former une étoile dont
le centre est situé entre la surface de l'œuf et la position qu'occupait

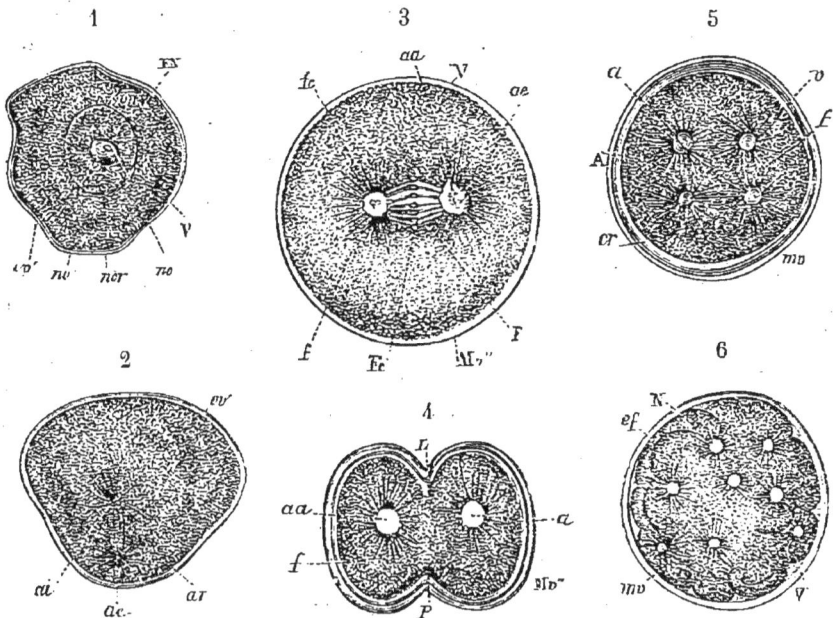

Fig. 128. — L'œuf et sa segmentation. — 1, œuf d'un Oursin : *ev*, membrane vitelline; V, vitellus; EN, enveloppant la vésicule germinative ; *nv*, tache germinative; *no*, nucléole. — 2, un autre œuf présentant les deux étoiles *ai*, *ae*, qui
préparent l'expulsion des globules polaires. — 3, débuts de la segmentation. —
4, division de l'œuf en deux segments. — 5 et 6, stades plus avancés (d'après
H. Fol).

la vésicule germinative. Bientôt cette étoile se divise en deux autres
dont l'une, plus petite, se rapproche graduellement de la surface de
l'œuf et se ramasse en un petit globule, le *globule polaire*, qui est
expulsé. L'étoile restante se divise alors de nouveau en deux autres,
dont l'une est également expulsée sous forme d'un second globule
polaire. L'étoile qui est demeurée dans l'œuf se transforme peu à
peu en une tache claire qui rejoint quelques taches semblables,
s'enfonce dans le vitellus, sans en atteindre le centre, et demeurerait
immobile si l'œuf n'était pas fécondé. Le zoosperme pénètre dans

l'œuf et s'y dissout, et sa tête devient le centre d'une sorte de noyau protoplasmique qui s'enfonce peu à peu, et se confond avec la tache claire déjà contenue dans l'œuf. Il en résulte un noyau central, entouré d'une étoile protoplasmique. Celle-ci se dédouble bientôt en deux étoiles (fig. A, n° 3) ; un sillon circulaire se marque à la surface du vitellus (n° 4) en passant par le point de sortie des globules polaires : la masse vitelline se divise en deux moitiés, au centre de chacune desquelles les étoiles qui ont commencé la division se transforment en une tache obscure, le *noyau* des sphères vitellines résultant de cette *segmentation*. Les phénomènes que nous venons de décrire ne tardent pas à se produire de nouveau dans les deux sphères ainsi formées et, cette *segmentation du vitellus* se poursuivant, on aperçoit finalement sous la membrane vitelline une sphère composée d'un nombre considérable de sphères plus petites, toutes semblables entre elles, qui sont les *sphères* ou *cellules de segmentation*. L'œuf, arrivé à ce degré de développement, a l'aspect d'une petite mûre : il est, suivant une expression récente, à l'état de *morula*. Le nombre des cellules provenant de la segmentation du vitellus continuant à augmenter, la *morula* se déprime ordinairement en un de ses points ; l'une de ses moitiés rentre en quelque sorte dans l'autre : la *morula* ressemble alors à une coupe à doubles parois (fig. 129), dont les bords se rapprochent peu à peu et finissent par ne plus laisser qu'un étroit orifice, par lequel l'intérieur de la coupe demeure en communication avec l'extérieur. A ce moment, les cellules formant la paroi interne de la coupe ont cessé de ressembler à celles qui forment sa paroi externe : la *morula* est devenue un *embryon*, dont les parois sont

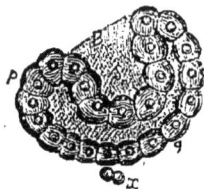

Fig. 129. — Gastrula en voie de formation. — B, bouche primitive ; S, estomac primitif ; q, exoderme ; p, commencement de l'entoderme ; x, globules polaires.

formées de deux couches cellulaires qu'on appelle ses deux *feuillets*. Le feuillet externe, ou *exoderme*, continuant son évolution, formera l'épiderme, le système nerveux, les organes des sens ; le feuillet interne, ou *entoderme*, formera la paroi interne du tube digestif et prendra une part importante à la constitution des glandes qui en dépendent. En général, un feuillet moyen, ou *mésoderme*, se constitue aux dépens de l'un de ces feuillets primitifs ; il produit les autres organes tels que les muscles, l'appareil circulatoire, le squelette et les parties accessoires des organes qui empruntent leurs parties essentielles à l'entoderme et à l'exoderme.

PERRIER.   11

Dans l'embryon en forme de double sac, n'ayant qu'un orifice commun, le feuillet externe, ou exoderme, peut être considéré comme la paroi primitive du corps ; le sac interne ou entoderme, comme le sac digestif ou estomac primitif. L'orifice commun est la bouche primitive. A cet embryon, ayant ainsi un rudiment d'appareil digestif, Hæckel a donné le nom de *gastrula*.

Jusqu'ici les phases du développement, plus ou moins modifiées par diverses circonstances accessoires, comme la présence en quantité variable, dans l'œuf, d'éléments nutritifs, sont communes à presque tous les animaux ; mais, à partir de la formation de la *gastrula*, l'évolution ultérieure de l'embryon présente, suivant le terme qu'elle doit atteindre, des modifications nombreuses, dont l'étude comparative constitue toute une science, l'*Embryologie*.

On a pu suivre pas à pas, pour un très grand nombre de formes vivantes, les phases successives du développement, depuis l'état d'œuf jusqu'à l'état parfait. On sait que tous les éléments des corps vivants se produisent par la division ou la prolifération d'éléments préexistants, plus ou moins semblables, qui proviennent à leur tour des sphères de segmentation de l'œuf. A mesure que le nombre de ces éléments augmente, que leurs rapports avec le milieu extérieur, que leurs relations réciproques deviennent plus variées, leurs formes et leurs propriétés changent notablement ; leur mode de nutrition, leurs réactions en présence des divers stimulants se modifient ; des *fonctions* naissent, que certaines catégories d'éléments sont seules aptes à remplir ; conformément à la loi bien connue de la *division du travail physiologique*, il se fait entre les éléments divers un partage de ces fonctions dont l'ensemble constitue l'activité physiologique totale de l'organisme. Enfin les éléments semblables ou différents, concourant à l'accomplissement d'une même fonction, se groupent en *tissus, organes, appareils*, qui introduisent dans les corps vivants l'étonnante variété que l'anatomiste constate à chaque pas.

Parthénogénèse. — Mais ce mode de formation des organismes subit, dans certains cas, des changements remarquables, et le point de départ lui-même peut être modifié. Beaucoup d'animaux inférieurs, tels que les Rotifères et un assez grand nombre de Vers de la classe des Turbellariés, produisent, pendant la belle saison, des œufs qui se développent sans avoir besoin d'être fécondés. Les œufs destinés à passer l'hiver et à ne se développer qu'au printemps subissent seuls la fécondation.

Ce phénomène étonnant, auquel on a donné le nom de *parthénogénèse*[1], peut être constaté même chez les Insectes. Les Pucerons (fig. 130) produisent pendant toute la belle saison des œufs qui se développent, sans fécondation préalable, dans l'intérieur de leur corps; les jeunes naissent vivants, et c'est seulement à l'automne que des individus sexués apparaissent, s'accouplent et pondent des œufs qui hivernent et n'éclosent qu'au printemps suivant. Les formes asexuées et sexuées sont souvent différentes, les unes étant pourvues d'ailes, les autres en étant dépourvues. Les *Phylloxera*

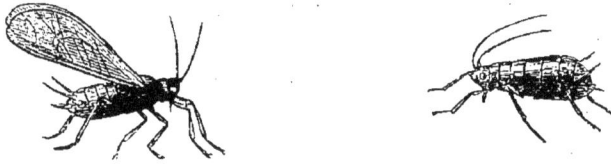

FIG. 130. — Forme ailée et forme aptère d'une même espèce de Pucerons.

produisent une génération ailée, puis une génération aptère, qui pondent l'une et l'autre des œufs se développant sans fécondation ; arrive ensuite une génération sexuée, dont les femelles pondent un œuf unique qui passe l'hiver et éclôt au printemps.

Les Guêpes, les Abeilles, les larves de certains Diptères, les *Cécidomyes*, présentent également des phénomènes de parthénogénèse.

Chez les Abeilles, les œufs non fécondés ne donnent naissance qu'à des mâles; les œufs fécondés produisent des ouvrières neutres ou des femelles, suivant la nourriture qui a été donnée à la larve. Ici la formation des nouveaux individus a lieu à très peu de chose près comme celle des individus qui proviennent des œufs fécondés ; mais il est un autre mode de reproduction beaucoup plus général chez les animaux inférieurs, qui se complique de phénomènes d'un haut intérêt et qui n'exige plus la formation préalable d'un œuf: c'est le mode de reproduction auquel on a donné, suivant la façon dont il se manifeste, les noms de *reproduction par bourgeonnement, gemmiparité, reproduction par division, scissiparité*, ou encore ceux non moins significatifs de *reproduction agame* et de *métagénèse*[2]. Nous pourrons employer chacun de ces termes, mais le dernier, plus court et aussi plus compréhensif, paraît préférable à tous les autres.

---

1. Du grec παρθένος, vierge et γένεσις, génération.
2. De μετά après et γένεσις, génération; c'est-à-dire génération se manifestant après la génération sexuée.

Métagénèse. — La *métagénèse* consiste essentiellement en ce qu'un animal issu d'un œuf devient capable, arrivé à une période variable de son développement, de constituer de nouveaux individus plus ou moins semblables à lui, à la formation desquels concourt une partie de sa substance qui ne revêt pas la forme d'œuf. Ordinairement plusieurs générations sont ainsi produites l'une après l'autre, et les individus qui les composent sont tous asexués ; ce n'est qu'après une succession plus ou moins longue d'individus asexués qu'apparaissent des individus sexués qui pondent des œufs, d'où sortent de nouveaux individus asexués.

La définition du type Cœlentéré nous a conduits à signaler la très grande généralité, dans cet intéressant groupe zoologique, d'une forme de la métagénèse qu'on peut considérer comme le type de la *reproduction par bourgeonnement :* la presque totalité des Polypes hydraires, le plus grand nombre des Polypes coralliaires, et même beaucoup de Méduses, possèdent cette faculté de reproduction ; elle est aussi générale chez les Éponges, chez les Bryozoaires, et s'observe même chez un grand nombre d'organismes plus élevés appartenant à la classe des Tuniciers, tels que les *Doliolum*, les Salpes, les Pyrosomes, toutes les Ascidies sociales, toutes les Ascidies composées.

Les animaux appartenant au type des Vers présentent aussi de nombreux phénomènes de métagénèse ; on admet souvent que ces phénomènes rentrent plutôt dans la *reproduction par division* ou *scissiparité* que dans la reproduction par bourgeonnement ou gemmiparité. Nous verrons bientôt qu'il est impossible de tracer une limite entre ces divers modes de reproduction.

La métagénèse se manifeste encore de diverses façons chez les Échinodermes ; ce n'est donc pas un phénomène exceptionnel dans le Règne animal ; c'est, au contraire, un phénomène d'une très grande généralité, d'une haute importance, et comme il est surtout répandu dans les types inférieurs, il y a lieu de se demander pourquoi il semble manquer chez les Arthropodes, les Mollusques et les Vertébrés.

La question exige donc une étude plus attentive, qui sera féconde en conséquences.

Génération alternante. — Tant que les individus nés les uns des autres par métagénèse sont également sexués ou asexués, ils présentent généralement les mêmes caractères: c'est le cas des Hydres d'eau douce, des Bryozoaires, des Ascidies composées; mais si leurs rôles ne sont pas identiques, leurs caractères peuvent changer d'une génération à l'autre et il peut arriver qu'un certain nombre de formes différentes, appartenant à des générations successives, séparent régulièrement deux formes identiques. On dit alors qu'il y a *génération alternante*. Les Méduses, succédant aux Polypes, chez les Cœlentérés, constituent un cas de génération alternante. Là, nous avons vu que la Méduse devait sa forme spéciale à ce qu'elle représente non pas un Polype, mais un bouquet de Polypes.

Il en est autrement chez les *Salpes* (fig. 131), organismes marins du type des Tuniciers, remarquables par leur transparence parfaite et qui fournirent au poète de Chamisso l'occasion d'observer le premier cas de génération alternante. On rencontre les Salpes nageant à la surface de la mer sous deux états différents : tantôt grandes et isolées, tantôt petites et formant des chaînes plus ou moins allongées. Les *Salpes solitaires* et les *Salpes agrégées* ne se ressemblent pas : la forme du corps est différente, les appendices qu'il présente ne sont pas disposés de la même façon ; les anciens naturalistes avaient fait de ces animaux deux groupes bien distincts. Mais si l'on observe avec un peu d'attention une Salpe solitaire, on aperçoit, tout autour de la masse sphérique et vivement colorée qui représente l'ensemble de ses viscères, une chaîne d'organismes qui ne sont autre chose que de jeunes Salpes de moins en moins dévelop-

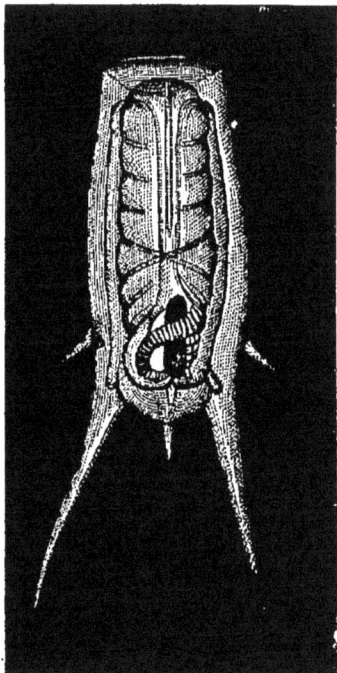

FIG. 131. — Salpe solitaire contenant une chaîne de jeunes Salpes agrégées.

pées à mesure que l'on se rapproche du point d'attache de la chaîne sur la Salpe solitaire.

Quand des fragments de la chaîne arrivent à maturité, ils se détachent et sont expulsés par un orifice spécial ménagé dans les téguments de la mère. Or les individus contenus dans ces fragments sont identiques à ceux qui composent les chaînes adultes de Salpes : ce sont des *Salpes agrégées*, dont chacune contient déjà, à sa naissance, un embryon plus ou moins développé qui deviendra, à son tour, une Salpe solitaire.

On ne peut donc douter un seul instant que les Salpes ne revêtent alternativement deux formes très différentes, filles cependant l'une de l'autre et menant chacune un mode d'existence spécial.

Mais comparons ces deux formes : nous leur trouvons les mêmes organes essentiels disposés sensiblement de la même façon : il ne s'agit plus de deux formes, l'une simple, l'autre complexe, comme l'Hydre et la Méduse, mais bien de deux formes exactement équivalentes et que séparent seulement des caractères secondaires. Les Méduses étant composées de plusieurs Polypes soudés ensemble, s'il y avait un rapprochement à établir entre elles et les Salpes, il faudrait les rapprocher non pas des individus qui composent une même chaîne de Salpes, mais de cette chaîne tout entière.

Cette comparaison n'est d'ailleurs pas aussi singulière qu'on pouvait le croire au premier abord. En effet, bien qu'il n'y ait en apparence que des liens de contiguïté entre les Salpes composant une même chaîne, chaque chaîne n'en possède pas moins une certaine individualité. Tous les individus qui s'y trouvent associés se mettent d'accord pour exécuter certains mouvements ; ils voyagent de concert, savent virer de bord et fuir la main qui veut les saisir ; ils se comportent dans ces circonstances à peu de chose près comme pourrait le faire une Méduse : une chaîne de Salpes paraît avoir une conscience et une volonté tout comme une Méduse; seulement, tandis que chez cette dernière les produits de la digestion sont mis en commun entre les individus composants qui sont presque entièrement soudés entre eux, chez les Salpes chaque individu est nettement séparé de ses voisins.

Les *Pyrosomes* (fig. 132) sont plus étonnants encore que les Salpes. On trouve, nageant près de la surface, dans les mers chaudes et dans la Méditerranée, des êtres qui semblent des manchons de cristal taillé. Ces manchons sont fermés à un bout, ouverts à l'autre, et leur orifice est rétréci par une sorte d'anneau musculaire, rappelant l'anneau de l'ombrelle des Méduses. Leur surface est hérissée d'une multitude de pyramides irrégulières, également transparentes, correspondant chacune à un animal, enfoui dans les parois du manchon, et dont l'organisation est voisine de celle des Salpes. Les Pyrosomes sont donc, comme les chaînes de Salpes, des colonies de Tuniciers. Il semble cependant qu'on n'observe pas sur eux les phénomènes de la génération alternante; en réalité, une observation plus complète montre que chaque individu de la colonie ne cesse de produire de nouveaux individus par un procédé tout semblable à celui grâce auquel les Salpes solitaires produisent des Salpes agrégées ; seulement les individus nés par voie agame, au lieu de se détacher, viennent tout simplement s'intercaler entre les individus déjà existants, et sont ainsi employés à accroître le volume du manchon. En outre, on trouve dans chacun d'eux un œuf en voie de développement.

Dans cet œuf se manifestent les plus singuliers phénomènes. Un embryon se forme, qui semble devoir constituer un Tunicier parfait, mais, avant même d'être entièrement développé, il produit, à son extrémité postérieure, quatre bourgeons qui deviennent peu à peu autant d'individus distincts. Pendant que ces derniers grandissent, et que leurs organes deviennent de plus en plus nets, leur parent commun s'arrête dans son développement et rétrograde ; ses organes s'effacent ; il se réduit finalement à une sorte de coupe, destinée à diminuer encore davantage, et sur les bords de laquelle viennent se ranger, en se soudant en couronne, les quatre individus qu'il a formés. Ainsi se constitue dans l'œuf, une petite colonie qui finit par être mise en liberté ; c'est le commencement d'un nouveau Pyrosome dont l'accroissement aura lieu par l'intercalation dans la colonie de chaînes d'individus qui prendront successivement naissance dans les individus déjà formés.

On ne saurait trop insister sur la haute signification du mode de développement des Pyrosomes. Nous voyons là, en effet, un individu se reproduire

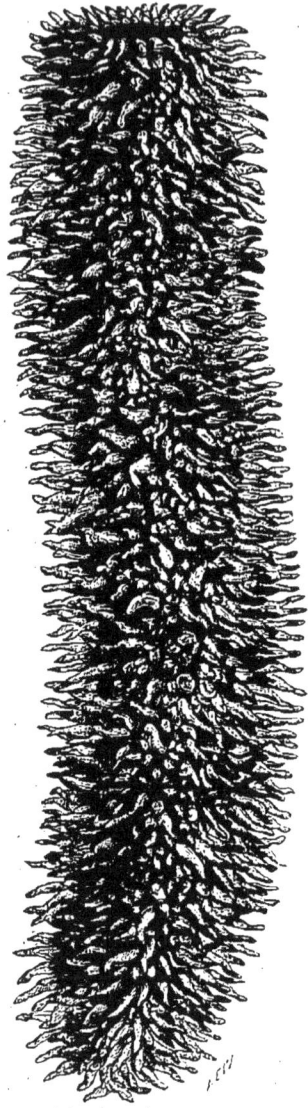

A.L. Clément.

FIG. 132. — Pyrosome (demi-grandeur naturelle).

par métagénèse avant d'avoir atteint son complet développement ; une petite colonie, formée d'individus distincts, se constituer dans l'œuf même, qui paraît ainsi avoir donné naissance à plusieurs individus à la fois. Or ce n'est pas là un fait isolé. Ce bourgeonnement hâtif, nous le retrouvons à tous les degrés chez un grand nombre d'Ascidies composées, chez les Siphonophores, chez toutes les colonies dans lesquelles les individus sont unis de telle façon, que leur ensemble se comporte comme un organisme autonome. L'œuf acquiert alors une tendance à reproduire non pas seulement l'individu dans lequel il s'est formé, mais la colonie dont cet individu faisait partie avec toutes ses parties essentielles, et cette propriété nouvelle se manifeste avant tout par une *accélération des phénomènes de métagénèse.*

L'application de ce principe de l'*accélération métagénésique* va nous permettre de comprendre bien des faits de l'histoire des Vers annelés et des Arthropodes.

Métagénèse chez les animaux segmentés; signification des zoonites. — Nous avons vu qu'un grand nombre d'animaux segmentés sont, au sortir de l'œuf, dépourvus des anneaux, qui seront plus tard, à un si haut degré, caractéristiques de leur organisation. Les Vers annelés présentent alors la forme de *trochosphère ;* les Arthropodes, celle de *nauplius.* La trochosphère et le nauplius deviennent respectivement la tête, ou même, simplement, une partie de la tête des animaux dont ils sont le commencement : les autres anneaux du corps se forment à leur partie postérieure. Quelle est la signification de ces anneaux? Il va nous être facile de répondre.

Lorsqu'on suit attentivement le mode de croissance de la plupart des Annélides marines, ou même des *Naïs*, petits Vers voisins des Lombrics, assez communs dans nos eaux douces, on reconnaît que le corps s'allonge constamment par l'addition de nouveaux anneaux à sa partie postérieure. Le dernier anneau du corps demeure intact, et c'est immédiatement au devant de lui que se trouvent les anneaux les plus jeunes. Souvent des anneaux s'ajoutent ainsi à la partie postérieure de l'animal pendant toute sa vie. Il s'en suit qu'un nombre déterminé d'anneaux n'est pas strictement nécessaire à l'existence du Ver. Cela est si vrai que, lorsque le Ver a suffisamment grandi, on voit, vers le milieu de son corps, deux anneaux contigus se mettre à bourgeonner, comme le fait, en temps ordinaire, l'avant-dernier anneau ; le premier de ces anneaux en forme de nouveaux à sa partie postérieure; le second, à sa partie antérieure. Ceux-ci sont peu nombreux, ils prennent rapidement une organisation spéciale : c'est une seconde tête qui apparaît vers le milieu du corps ; bientôt cette tête se sépare du bourgeon qui s'est formé au devant d'elle : la Naïs ou l'Annélide s'est partagée en deux autres (fig. 133) qui emportent chacune la moitié des anneaux du Ver primitif, et n'en sont pas moins deux individus distincts, parfaitement autonomes.

Il peut arriver que les anneaux constituant l'individu postérieur soient sexués, tandis que les anneaux de l'individu antérieur, qui vont se mettre à bourgeonner de nouveau, ne le soient pas. Dans ce cas, les individus sexués diffèrent de l'individu asexué par des .

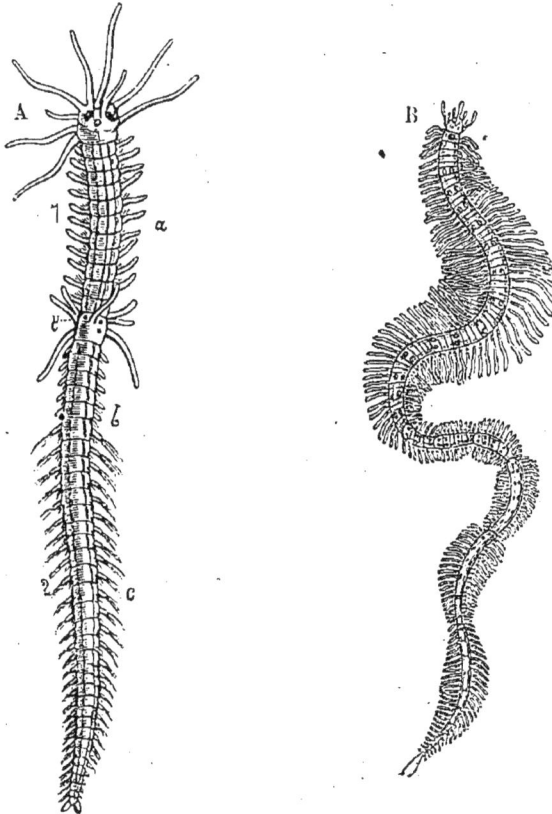

Fig. 133. — Métagénèse des Annélides. — A, une Annélide marine (*Autolytus cornutus*) en train de se partager en deux individus l'un, 1, asexué, l'autre, 2, sexué. — *a*, anneaux asexués ; *b*, *c*, deux régions du corps de l'individu sexué ; *t*, sa tête. — B, autre Annélide (*Myrianis fasciata*) dont les anneaux postérieurs sont développés en une chaîne de six jeunes individus.

caractères assez nombreux et souvent très frappants (fig. 133, A) : il semble qu'on soit en présence d'un cas de génération alternante ; en somme tout se réduit, comme pour les Salpes, à ce que les individus sexués n'ont pas les mêmes caractères que ceux qui ne le sont pas, et cela n'est pas plus étonnant que de voir les mâles et les femelles d'une même espèce présenter, comme il arrive si souvent, des caractères distincts.

Dans les Annélides qui se partagent ainsi en deux individus dissemblables, les anneaux nés les uns des autres sont d'abord tous identiques entre eux, mais avant que la séparation ait commencé, les anneaux postérieurs, destinés à devenir sexués, prennent leurs caractères spéciaux : cela suppose évidemment que, même lorsqu'ils sont unis entre eux, les divers anneaux d'un Ver jouissent d'une réelle indépendance relative. Effectivement, dans un assez grand nombre de Lombriciens d'eau douce et chez quelques Annélides marines, telles que les Myrianides (fig. 133, B), un anneau unique peut se mettre à ·bourgeonner à la fois à son extrémité antérieure et à son extrémité postérieure et se transformer ainsi, à lui tout seul, en un nouveau Ver. Cette transformation a lieu successivement d'arrière en avant pour tous les anneaux, de sorte que le Ver primitif semble traîner, à un moment donné, à son extrémité postérieure, une chaîne de Vers de tous les âges, d'autant plus développés que leur rang est plus reculé, et qui arriveront à se séparer l'un après l'autre. Dans certaines espèces (*Chætogaster*), le Ver, composé d'abord de nombreux anneaux, peut être réduit par ce phénomène à n'en avoir plus que quatre ; arrivé à ce point, il forme, pour se compléter, de nouveaux anneaux à son extrémité postérieure.

Mais il résulte nécessairement de ce phénomène que chacun des zoonites d'un Ver annelé est capable de s'isoler de ses compagnons, capable de se reproduire : c'est donc un véritable individu. Le Ver lui-même est une colonie, différant seulement des colonies d'Hydraires ou d'Ascidies, telles que les Siphonophores ou les Pyrosomes, en ce que les individus qui la composent sont disposés en série linéaire au lieu d'affecter une disposition irrégulière. Nous savons d'ailleurs que ces individus sont non seulement capables de se reproduire par voie agame, mais aussi de vivre d'une façon totalement indépendante, puisque le Ver annelé était, à sa naissance, réduit à un seul de ses segments, la trochosphère, c'est-à-dire la tête future, le premier segment du Ver. Il est donc rigoureusement démontré que *les divers segments, anneaux ou zoonites d'un ver annelé, doivent être considérés comme autant d'individus distincts, autonomes.* La personnalité de l'Annélide se constitue, comme celle que nous avons vue s'ébaucher chez les Siphonophores et les Ascidies composées, par la fusion de personnalités différentes, unies temporairement dans un but commun, conservant dans les formes inférieures la faculté de se séparer, et n'atteignant à une complète solidarité que dans les formes supérieures.

Cette proposition est tout aussi rigoureusement vraie des Arthropodes, qui naissent, comme les Vers, réduits à leur tête, à leur premier segment, et dont les anneaux se forment successivement, par métagénèse, à la partie postérieure de ce segment représenté par le nauplius. On ne voit plus, à la vérité, chez ces animaux, de groupes d'anneaux se séparer pour mener une vie indépendante, mais cette faculté disparaît aussi chez les Annélides supérieures, à mesure

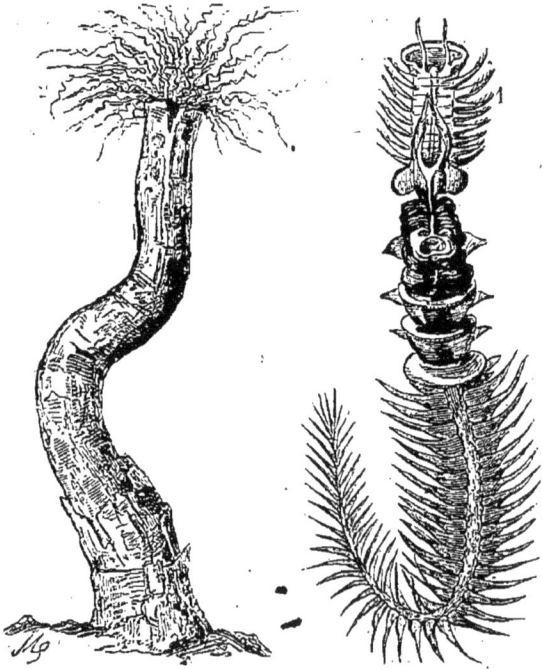

Fig. 134. — 1, Chétoptère. — 2, l'une des extrémités du tube qu'il habite.

que l'organisme se perfectionne, et que ses parties deviennent plus étroitement solidaires, à mesure que la personnalité de la colonie se substitue plus complètement à celle des individus qui la composent.

Dans les deux cas, les progrès de cette personnalité sont marqués par les mêmes phénomènes. Entre les zoonites associés, il se fait une division du travail physiologique analogue à celle que nous ont montrée les colonies d'Hydraires ; la forme et l'organisation des zoonites se modifie, sans changer de plan de structure, et ces zoonites se consacrent à des fonctions particulières : c'est ainsi que

les segments essentiellement *sensitifs* ou *céphaliques*, et les segments *locomoteurs* ou thoraciques, cessent de ressembler aux segments essentiellement *viscéraux* constituant l'abdomen (fig. 134).
Mais à mesure que ces zoonites se spécialisent et se perfectionnent,
leur nombre se réduit. Illimité chez beaucoup d'Annélides et quelques Myriapodes dont tous les segments se ressemblent, il finit par
devenir strictement limité dans des classes entières, telles que celle
des Insectes, où les diverses régions du corps, prises ensemble, ne
contiennent pas plus de dix-huit segments. Le corps semble se
réduire à ce qui est indispensable pour assurer avec la plus grande
perfection possible l'exercice de toutes les fonctions : la queue de
quelques Annélides (Hermelles), celle des Scorpions, sont formées
d'anneaux incomplètement développés, en qui on pourrait voir le
superflu de ce qui n'a pas été utilisé pour l'accomplissement des
fonctions principales.

**Lien de la métagénèse, de l'accroissement et du dévelop-
pement embryogénique. Individus isolés, individus agrégés.**
— Si nous avons vu la personnalité incomplète qui se développe
dans les colonies irrégulières, telles que celles des Siphonophores
et des Pyrosomes, entraîner avec elle une accélération de la métagénèse suffisante pour amener la constitution dans l'œuf d'une
petite colonie, à plus forte raison devons-nous nous attendre à voir
une accélération semblable se produire, lorsqu'un groupe de zoonites
arrive à cette étroite coordination des parties, à cette solidarité
absolue que nous présentent les diverses parties du corps d'une
Annélide supérieure et surtout d'un Insecte. Aussi peut-on passer,
dans la série des Vers annelés comme dans celle des Arthropodes,
par une série de transitions des plus ménagées, du cas où l'œuf ne
produit qu'une trochosphère ou un nauplius, c'est-à-dire un seul
segment du corps, au cas où l'animal sort de l'œuf avec tous ses
anneaux, comme cela arrive chez les Arachnides, les Insectes, et les
Crustacés supérieurs : les Écrevisses, par exemple. Naturellement
une telle accélération dans la formation des parties entraîne avec
elle de nombreuses modifications dans la façon dont ces parties
elles-mêmes se constituent. L'étude méthodique de ces modifications
est du ressort de l'Embryologie générale. Mais, dès lors, les phénomènes de la formation de l'embryon dans l'œuf sont étroitement en-
chaînés à ceux de la métagénèse. Chez les Vertébrés eux-mêmes, il est
possible de démontrer l'existence de segments analogues à ceux des
Vers annelés, et se développant successivement, comme eux, pendant

la période embryonnaire. La métagénèse apparaît ainsi, non plus comme un phénomène particulier aux organismes inférieurs, mais comme un phénomène général, jouant un rôle de premier ordre dans le développement des animaux. La seule différence qui existe, à cet égard, entre les animaux supérieurs et les animaux inférieurs, consiste en ce que, chez les premiers, les divers zoonites nés par cette voie, plus ou moins rapidement formés, plus ou moins confondus, en raison de l'étroite solidarité qui les enchaîne, ne sont employés qu'à former une seule individualité d'ordre supérieur; en d'autres termes, *la métagénèse est tout entière employée à l'ac-*

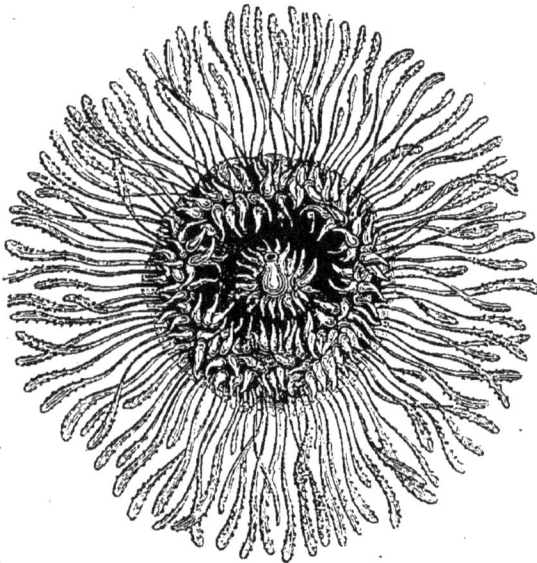

Fig. 135. — Porpite de la Méditerranée vue en dessous : l'individu central est seul pourvu d'une bouche; les autres sont des dactylozoïdes.

croissement du corps de l'animal. Chez les animaux inférieurs, les individus ou zoonites, nés les uns des autres par métagénèse, arrivent, au contraire, à une plus grande indépendance et peuvent se séparer soit isolément, soit par groupes, de manière à constituer autant d'individualités distinctes.

Quand les individus ou groupes d'individus diffèrent, par quelques caractères, de l'individu produit directement par l'œuf, ou de ceux qui persistent à vivre dans les mêmes conditions que lui, on dit qu'il y a *génération alternante.* Quelquefois chaque individu, à peine formé, se sépare de ses compagnons; il ne naît ainsi que des *individus isolés;* mais, le plus souvent, un nombre plus ou moins considérable d'individus produits par métagénèse demeurent unis.

Fig. 136. — Physalie.

Ces *individus agrégés* forment, nous le savons, ce qu'on appelle une *colonie*. Dans la colonie, les individus composants sont plus ou moins solidaires, au point de vue physiologique; ils peuvent même se fusionner au point que la colonie devient un véritable individu dont ils semblent être les organes. Les Siphonophores nous offrent les exemples les plus variés de ces *individus composés*. Leur forme peut être totalement irrégulière (fig. 136) comme dans les Physalies et dans les types que nous connaissons déjà (fig. 67 et 68), ou prendre, au contraire, une apparence géométrique simulant celle des animaux rayonnés, comme dans les Porpites (fig. 135).

Parmi les autres groupes du Règne animal, les Annelés et les Arthropodes, pour le moins, sont des colonies, des individus composés, formés de la même façon que les colonies de polypes, mais au moyen d'individus placés bout à bout, les zoonites. On peut même considérer les diverses régions du corps de ces animaux, tête, thorax, abdomen, comme autant d'individus distincts placés bout à bout; chacune de ces régions peut en effet s'accroître séparément par l'addition de nouveaux anneaux à sa partie postérieure. L'origine de ces régions est d'ailleurs nettement indiquée par un phénomème remarquable que l'on observe dans les familles d'Annélides, telles que celles des Syllidiens et des Néréidiens, où un individu sexué présentant des caractères très différents de ceux de l'individu sexué se forme à la partie postérieure de ce dernier. Chez la plupart des Syllidiens les deux individus se séparent quand l'individu sexué arrive à maturité (fig. 133, A); mais chez certaines espèces de Néréides cette séparation des deux individus cesse de s'effectuer; seulement à une certaine époque, deux régions tout à fait distinctes apparaissent dans le corps primitivement formé dans toute sa longueur d'anneaux semblables entre eux. Ici la métagénèse pure et simple a produit la Néréide; mais la production dans le corps de celle-ci de deux régions distinctes est due à des phénomènes qui présentent la plus grande analogie avec ceux de la génération alternante.

Migrations des Vers parasites. — Chez les Vers parasites, il arrive fréquemment que les diverses générations nées par voie de métagénèse se trouvent successivement placées dans des conditions d'existence différentes. Chacune d'elles revêt alors une forme particulière, en même temps qu'elle change de milieu. Les parasites les plus étonnants, sous ce rapport, sont les Trématodes (fig. 137), sortes de Vers plats, munis, à l'état adulte, de ventouses semblables à celles des Sangsues, de crochets ou autres organes d'adhérence parfois très compliqués. Deux espèces très répandues, la *Douve*

ou *Fasciole hépatique* et le *Distome lancéolé*, habitent à l'état adulte
le foie des moutons, de quelques herbivores et de l'homme lui-même ;
elles sont la cause d'une grave affection qui, dans les pays maré-
cageux, détruit quelquefois les moutons par milliers. On ignore
quelle est l'origine de ces parasites, mais on a pu suivre toutes les
phases du développement d'espèces voisines, et voici quelle en est la
marche chez l'une des plus connues, le *Distomum militare*.

Au sortir de l'œuf, ce Distome est un petit être, tout couvert de
cils vibratiles et qui nage avec autant d'agilité, à l'aide de ces petits
organes, que le ferait un Infusoire. Bientôt il pénètre dans les

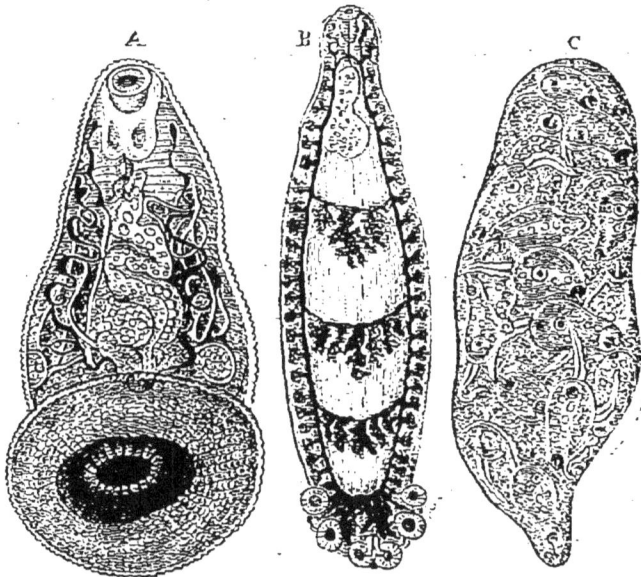

Fig. 137. — Trématodes. — A, — *Amphistomum*. — B, *Polystomum integerrimum*
(de la Grenouille). — C, Sporocyste rempli de Cercaires.

tissus d'un Mollusque aquatique, se loge habituellement dans le foie
et là se transforme en un organisme pourvu d'un intestin rudimentaire et de moignons de membres qu'on appelle une *Rédie*. La Rédie
est souvent remplacée, dans d'autres espèces, par un simple sac
dépourvu d'organes, le *Sporocyste* (fig. 137). Dans l'intérieur de
la Rédie, on ne tarde pas à voir se former des masses distinctes dont
il serait d'abord difficile de préciser la nature, mais peu à peu ces
masses deviennent de petits êtres ayant tout à fait l'apparence
générale de microscopiques têtards de grenouilles : ce sont des
Cercaires (fig. 137). Les Cercaires sortent de l'enveloppe que leur
constitue la peau de la Rédie, abandonnent même le Mollusque qui

leur a servi d'habitation, nagent dans l'eau à l'aide de vifs mouvements de leur queue et finissent par se fixer sur quelque nouveau
Mollusque où sur quelque larve d'Insecte aquatique : elles perforent
alors les téguments de leur nouvel hôte à l'aide d'un stylet dont
leur bouche est armée, et vont s'installer dans l'épaisseur de ses
tissus où elles perdent leur queue, tandis qu'une membrane close se
développe autour d'elles pour les protéger. Ainsi *enkystées*, elles
prennent tous les caractères d'un jeune Distome, attendant en
repos que leur hôte soit dévoré par quelque oiseau aquatique, généralement un Canard ou une Bécassine. L'oiseau digère le kyste
membraneux : le Distome mis en liberté se développe rapidement,
sous la double influence de la nourriture abondante et de la température élevée qu'il trouve dans l'intestin de l'animal supérieur qu'il
habite maintenant : c'est là qu'il va pondre, et ses œufs, répandus
partout par l'oiseau, produiront, à leur tour, des embryons qui
recommenceront le cycle que nous venons de décrire.

On donne le nom de *migrations* à ces passages successifs d'une
même espèce de parasite d'un hôte dans un autre.

De semblables migrations se retrouvent, à quelques différences
de détail près, chez un grand nombre de Trématodes ; elles ne
sont pas particulières à ces Vers. D'autres parasites plus connus,
les *Cestoïdes*, très improprement appelés *Vers solitaires*, en présentent de non moins remarquables.

Les Cestoïdes, parmi lesquels viennent se ranger les Ténias
(fig. 138, *a* à *f*) et les Bothriocéphales (fig. 138, *g, i*), parasites de
l'homme, sont formés d'anneaux aplatis, placés bout à bout, dont la
longueur diminue et dont l'organisation se simplifie dé l'extrémité
libre du corps à celle qui se fixe dans les tissus et qui est ainsi
beaucoup plus mince que l'autre. A cette extrémité se trouve un
anneau très différent des autres, portant chez le *Tœnia solium* ou
Ver solitaire de l'homme quatre ventouses et une double couronne de crochets (fig. 138, *b* et *d*). Cet anneau est ce qu'on
appelle le *scolex*, ou vulgairement la *tête* du Ténia. Les anneaux
qui le suivent sont les *proglottis* ou *cucurbitains*. Ils passent
tous par les mêmes phases de développement et l'on reconnaît
sans peine qu'ils présentent tous la même structure, que les organes
qu'ils contiennent se répètent dans tous, que chacun d'eux est
presque entièrement indépendant de ses voisins : un système de
canaux assez complexes, et dont le rôle a été diversement apprécié,
met seul les divers proglottis en communication les uns avec les
autres. Chose plus remarquable ! l'organisation de l'un de ces pro-

glottis est exactement celle d'un Trématode tout entier ; il devient donc évident que le *ruban aplati, long quelquefois de plusieurs mètres, habituellement désigné sous le nom de Ver solitaire, n'est autre chose qu'une colonie linéaire de Trématodes.* Le scolex est une sorte de Rédie qui, au lieu de produire de jeunes Trématodes dans l'épaisseur de ses tissus, en produit par bourgeonnement externe à l'une de ses extrémités.

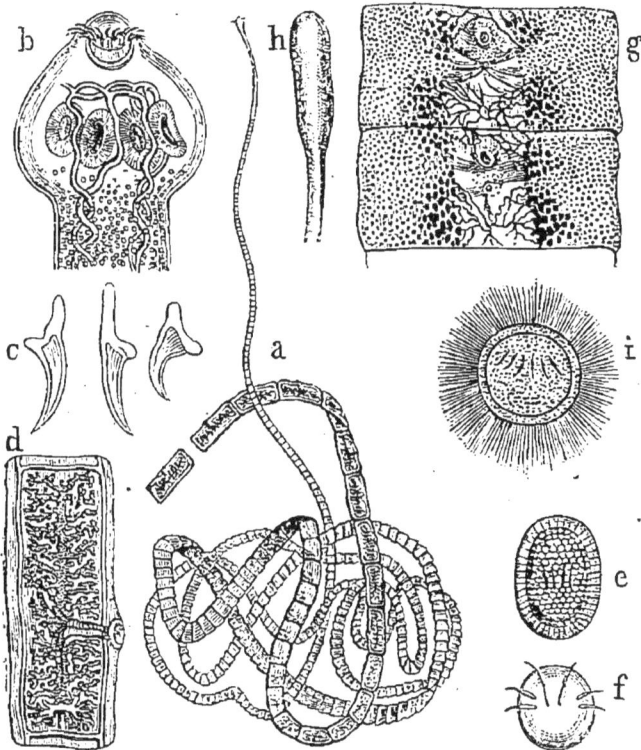

Fig. 138. — *a*, Ver solitaire (*Tænia solium*). — *b*, sa tête très grossie. — *c*, crochets dont elle est armée. — *d*, proglottis. — *e*, œuf. — *f*, embryon hexacanthe. — *h*, tête du *Botriocéphale* de l'homme. — *g*, deux de ses proglottis. — *i*, son embryon hexacanthe enfermé dans une enveloppe ciliée.

Effectivement, les proglottis, arrivés à maturité (fig. 138, *d*), se détachent un à un, tombent sur le sol où ils vivent quelque temps s'ils sont placés dans des conditions convenables ; mais ordinairement ils se dissolvent assez vite et les œufs qu'ils contiennent sont mis en liberté. Ces œufs, répandus sur le gazon, entraînés par les eaux de pluie, arrivent par accident dans le corps d'un animal spécifiquement différent de celui chez qui s'était logé leur parent. Sou-

vent, les Porcs, peu difficiles sur leur nourriture, avalent des proglottis tout entiers et les digèrent: les œufs du Ténia se répandent
alors dans leur estomac. Mais de ces œufs ne sort pas un Ténia :
il s'en échappe un embryon pourvu de six crochets disposés deux en
avant et deux de chaque côté de la partie antérieure du corps : c'est
l'*embryon hexacanthe* (fig. 138, *f*). Ce petit être se met, aussitôt
après sa naissance, à fouir les tissus qu'il perfore avec ses deux
crochets antérieurs, tandis qu'il se pousse en avant avec ses crochets latéraux. Quand il est arrivé à une place convenable, il s'arrête, se gonfle, et prend peu à peu la forme d'une vésicule arrondie sur laquelle ne tarde pas à se développer un scolex capable de se
rétracter dans l'intérieur de la vésicule. Il est à remarquer que
l'embryon hexacanthe correspond par son origine et par ses fonctions à la trochosphère qui devient la tête des Annélides ; le scolex
correspond au second anneau formé qui devient, chez ces Vers, le
dernier segment, et, en même temps, le générateur des nouveaux
anneaux du corps. Or, tous les anneaux du Ténia se développent
entre la vésicule provenant de l'embryon hexacanthe et le scolex,
exactement comme tous ceux de l'Annélide se développent entre
sa tête et sa queue ; si l'on veut comparer les deux animaux,
il devient évident que, contrairement à l'opinion reçue, la vésicule
provenant de l'embryon hexacanthe marque l'extrémité antérieure
du Cestoïde, et le scolex, que l'on prend presque toujours pour une
tête, son extrémité postérieure.

Le développement des Ténias éprouve le plus souvent un temps
d'arrêt après la formation du scolex ; l'ensemble formé par ce
dernier et la vésicule dans laquelle il s'abrite forme ce qu'on
appelle un *cysticerque* (fig. 139, *a*). Le *Tænia solium*, ou Ver solitaire commun de l'homme, habite, à l'état de cysticerque, les muscles
et le lard du Porc ; il est alors de la grosseur d'un noyau de cerise.
Certains Porcs en contiennent par centaines ; on dit qu'ils sont *ladres.*
Si l'on mange de la viande insuffisamment cuite de ces Porcs ladres,
les cysticerques, encore vivants, se débarrassent dans l'estomac de
leur vésicule ; les scolex arrivent dans l'intestin, se fixent à la muqueuse et se développent peu à peu en Ténias. Chaque cysticerque
avalé peut produire un Ténia, de sorte que ce Ver n'est pas du tout
nécessairement *solitaire*, comme on le croit généralement.

Il existe chez l'homme deux autres espèces de Cestoïdes qui
atteignent des dimensions égales ou supérieures à celles du *Tænia
solium.* Ce sont le *Tænia mediocanellata* ou *T. saginata*, plus
commun à Paris que le *T. solium*, et le *Bothriocephalus latus*

(fig. 138, *h*, *i*). Le cysticerque du *T. mediocanellata* se trouve dans la viande de Bœuf, où il n'a été que rarement observé avec certitude ; son scolex est dépourvu de couronnes de crochets. Le Bothriocéphale est commun chez les riverains des lacs et des grandes rivières, particulièrement en Russie et en Suisse. On ne connaît pas son cysticerque ; son scolex manque de crochets et présente, au lieu de quatre ventouses, deux fentes longitudinales à lèvres mobiles ; son embryon hexacanthe (fig. 138, *i*) est enfermé, à sa

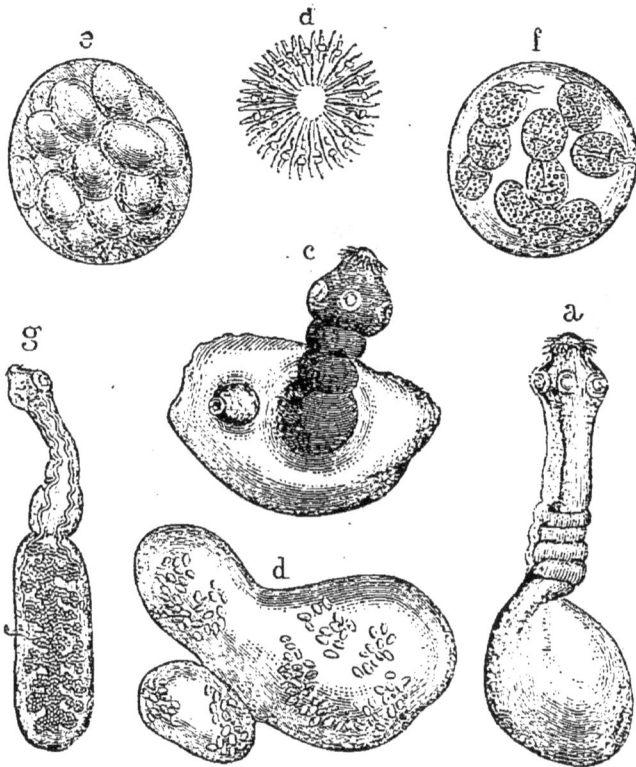

FIG. 139. — *a*, cysticerque du *Ver solitaire* (*Tænia solium*) avec le scolex développé. — *b*, sa couronne de crochets. — *c*, deux scolex du *Cénure cérébral* du mouton. — *d*, Cénure entier montrant les scolex multiples. — *e*, Échinocoque. — *f*, une vésicule d'Échinocoque avec ses scolex. — *g*, *Tænia Echinococcus* adulte du chien.

naissance, dans une vésicule sphérique, toute couverte de longs cils vibratiles qui permettent à l'animal de nager dans l'eau en attendant qu'il trouve un hôte convenable.

Quelques cysticerques présentent de remarquables particularités. L'un d'eux, le *Cénure cérébral*, habite le cerveau des Moutons (fig. 140) et produit chez ces animaux la singulière maladie connue sous le nom de *tournis*. Chaque vésicule produit un grand nombre de scolex qui deviennent autant de Ténias dans l'intestin du Chien.

Les *Échinocoques* (fig. 139, *e* à *g*) s'attaquent à un grand nombre d'animaux domestiques et à l'homme lui-même; leur vésicule, entourée d'enveloppes spéciales, est capable d'en produire, par bourgeonnement, plusieurs autres sur lesquelles se forment de nombreux sco-

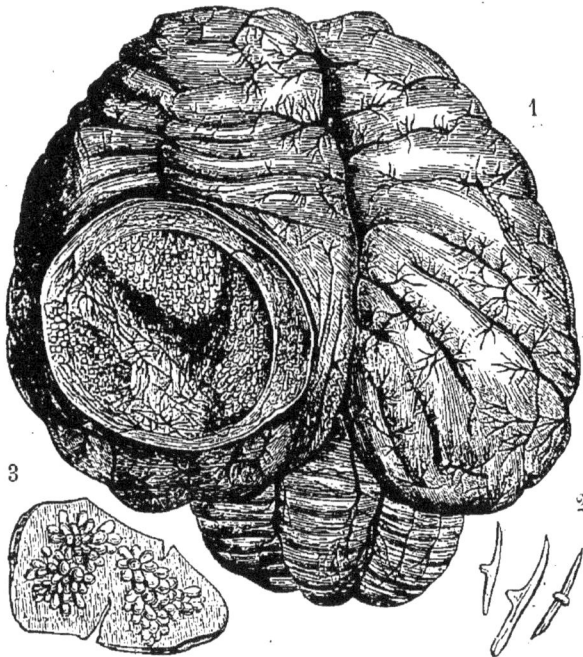

Fig. 140. — 1, cerveau de Mouton présentant un Cénure à la surface de l'hémisphère gauche. — 2, crochets des scolex — 3, portion de la vésicule du Cénure couverte de scolex.

lex. Ces scolex se développent, comme les précédents, dans l'intestin du Chien, mais ne produisent simultanément que deux ou trois proglottis, de sorte qu'ils demeurent extrêmement petits. Leurs vésicules, au contraire, peuvent former d'énormes tumeurs qui sont fréquentes chez les animaux et même chez les hommes dans les pays où les Chiens sont nombreux. En Islande, où chaque paysan possède au moins six Chiens, un neuvième des maladies peuvent être attribuées aux Échinocoques.

On n'est pas encore absolument certain que tous les Cestoïdes traversent nécessairement la phase de cysticerque et éprouvent des migrations. Quelques embryons hexacanthes pourraient, d'après des naturalistes distingués, se développer directement en Ténias dans l'intestin de leur hôte. C'est un fait à vérifier ; quoi qu'il en soit, le plus grand nombre des animaux s'infestent de Cestoïdes en mangeant d'autres animaux atteints de cysticerques, soit qu'ils fassent de ces animaux leur nourriture habituelle, soit qu'ils les avalent accidentellement comme peuvent le faire les animaux herbivores.

On a également constaté des migrations chez quelques Vers au corps allongé et arrondi, appartenant par conséquent au groupe des Nématoïdes, dont l'*Ascaris lumbricoïdes* des enfants est le type. Les plus connues sont celles de la *Trichine*, qui s'enkyste à la façon des cysticerques dans les muscles de divers Mammifères, devient adulte et donne naissance à des petits vivants dans l'intestin d'autres Mammifères qui ont mangé la chair des premiers. Les petits s'enkystent à leur tour dans les muscles de leur hôte ; mais il leur a fallu, pour y arriver, traverser l'intestin et d'autres organes : de là des désordres graves, qui peuvent même déterminer la mort du patient.

Métamorphoses. — Dans la série des faits que nous venons d'exposer, nous avons vu un grand nombre d'espèces revêtir successivement des formes diverses. Ces formes ont pu appartenir à des individus distincts nés les uns des autres, comme dans les cas des Salpes solitaires et des Salpes agrégées, des Hydraires et des Méduses, des diverses générations de Pucerons, etc. ; c'est le propre des *générations alternantes* ; mais des formes différentes peuvent aussi se succéder sur le même individu, qui subit alors des *métamorphoses*. Le lien étroit dont nous avons fait ressortir l'existence entre le développement ou l'accroissement d'un animal, la métagenèse, le polymorphisme et les générations alternantes, montre que la démarcation entre ces dernières et les métamorphoses n'est pas facile à établir. Lorsqu'une Annélide ou un Crustacé se développe, la forme définitive de l'animal ne ressemble en rien à la trochosphère ou au nauplius qui a été le point de départ de l'évolution. L'Annélide ou le Crustacé paraît être le même individu que l'embryon d'où il provient ; il semble que nous assistions à une simple métamorphose : le phénomène est cependant bien plus complexe. La trochosphère et le nauplius produisent, en effet, *par métagenèse*, de nouveaux segments ou zoonites, c'est-à-dire de nouveaux êtres équivalents à eux-mêmes qui, en s'ajoutant les uns aux autres, forment l'individu définitif ; en même temps, la trochosphère et le nauplius éprouvent des *métamorphoses* et les zoonites qu'ils ont produits peuvent également en subir ; ils peuvent aussi apparaître directement sous des formes différentes de celle des zoonites déjà formés et ce dernier fait relève à la fois du *polymorphisme* et de la *génération alternante*. Tous les phénomènes qu'il s'agit de distinguer se trouvent donc confondus dans le cas actuel.

Il n'en est plus de même lorsque des changements importants se produisent dans des organismes après que leurs zoonites ont atteint leur nombre définitif, après que leur *développement* semble terminé. C'est à ces changements qu'il conviendrait de réserver le nom de *métamorphoses*. Tels sont ceux que subissent les Insectes lorsqu'ils passent de l'état de larve à l'état de nymphe, de l'état de nymphe à l'état parfait[1]. Les larves possèdent déjà tous les zoonites qui constitueront l'Insecte parfait ; il n'y a, durant les changements qu'elles subissent, aucune addition d'individualités nouvelles : ces changements sont essentiellement des *métamorphoses*. Il en est de même des modifications de formes que subissent les Mollusques, les Ascidies, plusieurs Poissons et presque tous les Batraciens. Il ne faudrait pas croire cependant que ces métamorphoses consistent en de simples changements dans la forme des organes préexistants, ou de simples perfectionnements d'organes d'abord rudimentaires. Dans beaucoup de cas, la métamorphose se complique d'un renouvellement presque complet de l'individu. Chez les Insectes, par exemple, en même temps qu'il se forme des ailes, un appareil reproducteur et divers autres organes qui primitivement n'existaient pas, les ganglions nerveux se déplacent, se concentrent, se fusionnent ou parfois s'écartent davantage ; des trachées nouvelles se forment en grand nombre, mais surtout l'ancien système musculaire de la larve disparaît presque en entier, et un système musculaire nouveau se constitue de toutes pièces. Les résidus des organes et tissus qui disparaissent servent à nourrir les parties qui se développent ou sont rejetées au dehors. Le liquide rougeâtre qu'expulsent les papillons après leur éclosion, et qu'on appelle le *meconium*, n'a pas d'autre provenance.

Lien entre les métamorphoses et un changement dans les conditions d'existence. — Les animaux dont il est le plus facile d'observer les métamorphoses sont les Batraciens et les Insectes et

---

1. Voir les Cours des classes de huitième et de cinquième.

l'on peut souvent constater que les changements qu'ils présentent dans la forme de leur corps coïncident avec un changement
plus ou moins complet dans leurs conditions d'existence. Tout
jeunes, les têtards des Batraciens ne respiraient que dans l'eau
et ne pouvaient que nager ou se fixer à l'aide de petites ventouses céphaliques; ils deviennent d'un seul coup capables de
respirer l'air en nature à l'aide de poumons et de marcher sur le sol
à l'aide de véritables pattes. Parmi les Insectes, on constate des
phénomènes de même ordre : les larves des Libellules, des Phryganes, des Perles, et de bon nombre de Diptères sont essentiellement
aquatiques; l'Insecte parfait est capable de voler. Les Chenilles des

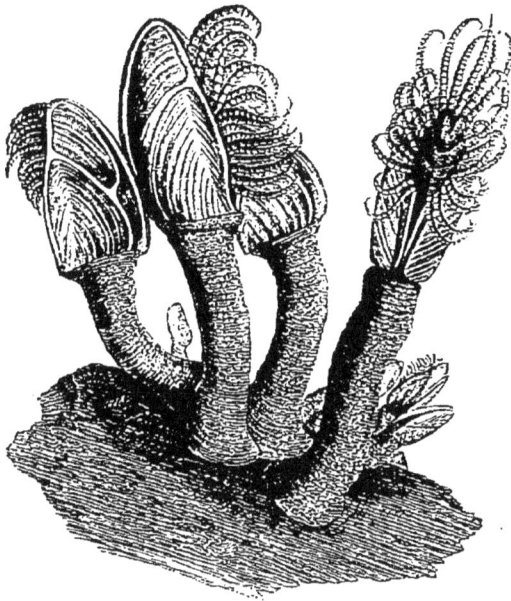

Fig. 147. — Cirripèdes (*Anatifa lœvis*).

Papillons, les larves de beaucoup d'Hyménoptères et de Diptères
dévorent des aliments solides et les broient à l'aide d'une armature
buccale très compliquée : tous ces animaux, à l'état adulte, vivent
généralement d'aliments liquides et leur armature buccale est sou--
vent modifiée de manière à leur permettre de humer ces aliments
et de venir même les puiser sous les téguments des animaux ou
l'écorce des plantes.

Nous avons vu tout à l'heure que les nombreux animaux parasites qui passent une partie de leur existence en liberté ou éprouvent
des migrations, changent également de forme presque à chacune de

leurs stations, de manière à s'adapter chaque fois à leur nouveau
milieu. Chez eux les changements sont parfois si profonds qu'il
n'est possible de reconnaître le type auquel l'animal appartient que
dans les premières phases de son développement. C'est ce que
nous ont montré les Lernéens, qui sont des Crustacés ; c'est ce que
montreraient de même les Linguatules, qui sont des Arachnides, ou
les *Entoconcha*, qui sont des Mollusques, et que l'on a pris un
moment pour de jeunes Holothuries.

Mais il est un changement dans les conditions d'existence qui
coïncide, en général, avec un changement de type plus profond

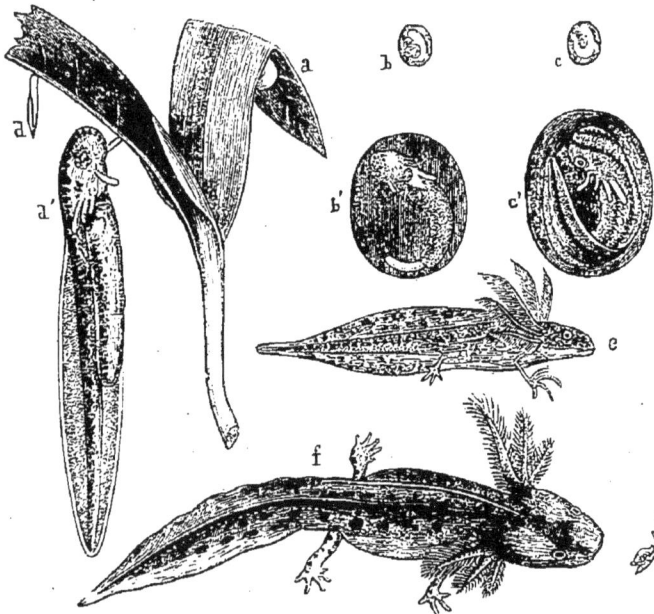

Fig. 142. — Métamorphoses d'une Salamandre (*Triton cristatus*). — *a* à *c'*, l'œuf
à divers états de développement. — *d*, jeune Triton fixé par ses ventouses céphaliques. — *d'*, le même plus grossi. — *e*, Triton plus âgé dont les membres
viennent d'apparaître. — *f*, un individu plus développé.

encore que celui qu'on observe dans le cas de parasitisme. C'est
le passage de la vie libre et vagabonde à l'état sédentaire et fixé.
Déjà, parmi les Mollusques bivalves dont l'existence est passablement sédentaire, on voit des espèces d'Huîtres, les *Anomies*, être
déformées complètement parce que leur pied se fixe aux corps
étrangers ; mais rien d'essentiel ne se modifie en elles parce qu'elles
appartiennent à un type dont toutes les formes sont elles-mêmes
adaptées à la vie sédentaire. Les changements sont infiniment
plus grands quand il y a passage d'une existence vraiment active à

l'état de fixation absolue. C'est ce qu'on observe chez les *Cirripè-des* (Balanes, Anatifes) qui naissent à l'état de nauplius, parcourent quelques autres phases du développement des Crustacés normaux, et affirment ainsi leur parenté intime avec ces animaux; mais bien-

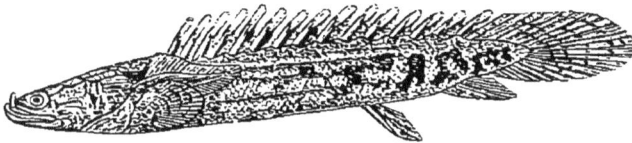

Fig. 143. — Jeune Polyptère possédant encore ses branchies externes.

tôt ils se fixent : alors tout change, et le Crustacé devient tellement méconnaissable, que Cuvier avait placé les Cirripèdes (fig. 141) parmi les Mollusques à coquille. De même les Brachiopodes perdent en se fixant tous les caractères qui rapprochaient leurs larves de celles des Vers. C'est aussi au moment où elles se fixent que les Ascidies simples changent complètement de forme et qu'après avoir

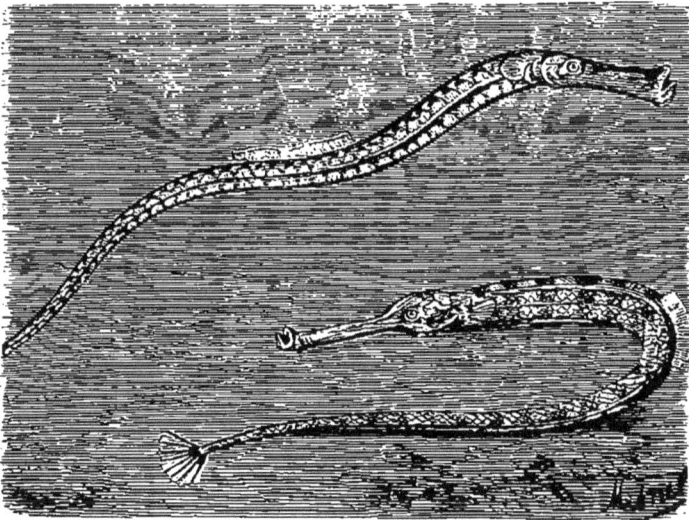

Fig. 144. — Poisson lophobranche (*Syngnathus*).

présenté une certaine ressemblance avec les Vertébrés, elles se modifient de manière à se rapprocher, en apparence, des Mollus-ques acéphales (fig. 27 et 28). Toutes ces modifications sont com-mandées par la nécessité où est un animal fixé d'attirer à lui l'eau et les aliments qu'il pouvait aller chercher quand il était libre. La disparition des organes locomoteurs ou leur adaptation à des fonc-tions nouvelles caractérise secondairement ces métamorphoses.

Toutes les métamorphoses ne coïncident pas cependant d'une façon évidente avec un changement dans les conditions d'existence. Ainsi la disparition des branchies externes des Batraciens et leur remplacement par des branchies internes ne présentent aucune coïncidence de ce genre ; il arrive souvent alors qu'on trouve à l'état permanent, chez les formes inférieures du groupe que l'on étudie, les dispositions qui ne sont que transitoires dans les formes supérieures, comme si ces dernières devaient traverser les premières avant de se constituer définitivement. C'est ainsi que les branchies

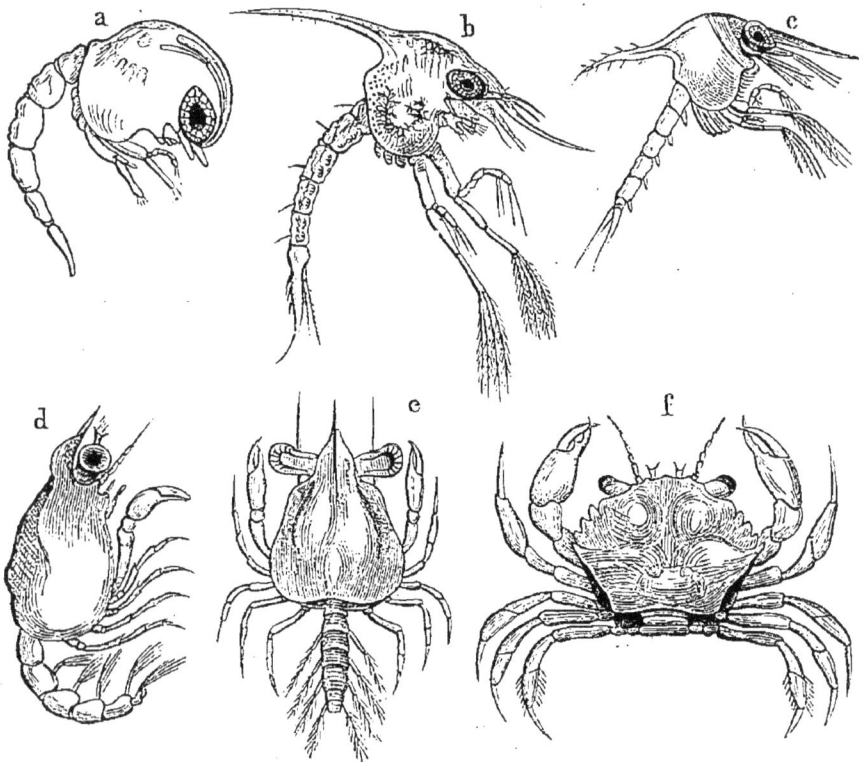

FIG. 145. — Métamorphoses du Crabe commun (*Cancer Mœnas*). — *a*, larve au moment de l'éclosion. — *b*, *c*, Zoë, avec ses pointes frontale et thoracique. — *d*, *e*, Zoë ne possédant plus que la pointe frontale. — *f*, Crabe adulte à abdomen rudimentaire.

transitoires des têtards de grenouille, qui durent beaucoup plus longtemps déjà chez les Salamandres (fig. 142, *e*, *f*), deviennent presque permanentes chez les Axolotls, et persistent constamment chez les Sirènes (fig. 36). Plusieurs Poissons, le Polyptère (fig. 143), les jeunes Requins possèdent, dans leur jeune âge, des branchies externes transitoires toutes semblables à celles des jeunes Batraciens; ces branchies externes sont permanentes chez les Poissons lophobranchess tels que les Hippocampes et les Syngnathes (fig. 144).

De même encore les Crabes, qui traversent dans l'œuf, avant d'éclore, la phase de nauplius et presque toutes celles qui conduisent à la constitution du nombre définitif de leurs anneaux, sortent de l'œuf sous une forme à laquelle on a donné le nom de *Zoë* (fig. 145), bien différente de la forme adulte. Le Crabe possède alors une queue, analogue à celle des Écrevisses, et l'on retrouve les caractères larvaires de la Zoë, permanents chez les formes les moins élevées des Crustacés décapodes.

CHAPITRE V

Premiers phénomènes intellectuels. — L'étude des mœurs des animaux révèle en eux des facultés psychologiques dont l'homme n'aurait aucune idée s'il se bornait à s'observer lui-même.

Même dans les types élevés il est beaucoup de ces êtres, dont toute l'existence consiste à errer sans but et à s'emparer de la nourriture que le hasard met à leur portée. La plupart de ceux qui demeurent fixés au sol, ne choisissent même pas leurs aliments : ils mangent tout ce que leur apporte l'eau dans laquelle ils vivent. C'est déjà un premier progrès intellectuel que de choisir une nourriture déterminée, que de distinguer une proie et de se précipiter sur elle quand elle se présente, que de reconnaître ses pareils et de s'assembler à eux, à l'époque de la reproduction, pour assurer la fécondation des œufs. Tous ces actes supposent une certaine mémoire, une certaine conscience, mais il semble encore que l'animal ne se détermine qu'en raison des actions directes qu'il subit ; il ne prévoit rien, ne combine rien en vue d'un but éloigné à atteindre, d'un résultat futur à obtenir.

Cette forme nouvelle des phénomènes intellectuels est, pour la première fois, réalisée dans ce que l'on a appelé l'*instinct*, faculté bien distincte en apparence de l'*intelligence* quand on ne l'étudie que dans un certain nombre de ses manifestations et qu'on la considère seulement dans son état actuel.

Caractères de l'instinct. — On trouve l'instinct développé d'une façon remarquable chez les Insectes, chez les Oiseaux, chez un assez grand nombre de Mammifères. Quelques faits nous permettront de faire bien saisir ses caractères et de préciser ensuite en quoi il diffère de l'intelligence.

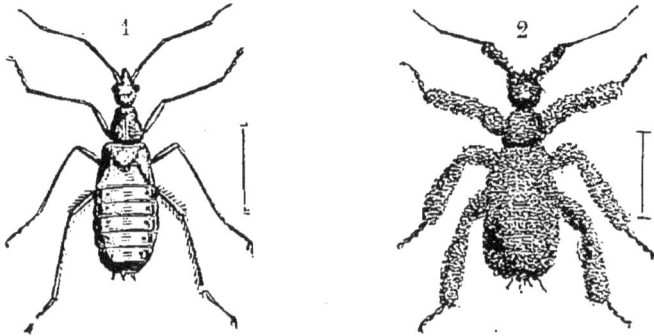

FIG. 146. — 1, larve de Réduve masqué, dépouillée de son déguisement. — 2, la même, couverte des poussières qu'elle amasse sur elle.

Chez la plupart des Insectes, l'existence à l'état parfait est de courte durée. La fin de la belle saison marque la disparition de presque tous les individus adultes, et les œufs n'éclosent qu'au

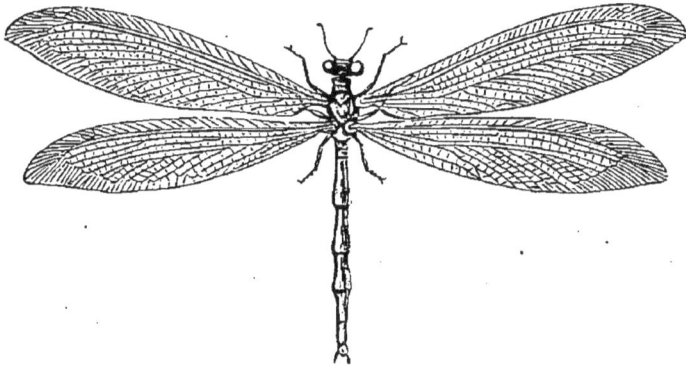

FIG. 147. — Fourmilion adulte.

printemps suivant. Les jeunes larves qui en sortent ne connaissent donc jamais leurs parents, ne peuvent avoir reçu d'eux aucune éducation et doivent tirer d'elles-mêmes toutes les ressources de leur industrie. Or, l'industrie de ces larves est d'emblée hors de toute proportion avec ce qu'il leur a été possible d'apprendre spontanément. Les larves d'une espèce de Punaise, le Réduve masqué (fig. 146),

se couvrent, nous l'avons vu, d'un habit de poussière qui leur permet
d'échapper à l'attention des animaux qu'elles poursuivent pour
en faire leur proie ; celles de beaux Névroptères, les Fourmilions (fig. 147), voisins des Libellules, se creusent habilement
dans le sable une sorte d'entonnoir au fond duquel elles se tiennent (fig. 148), et dont les pentes sont établies de telle sorte que les
Insectes ne puissent que difficilement les remonter ; le jeune Fourmilion rend la fuite plus difficile encore, en projetant sur sa victime
des grains de sable qui la font souvent trébucher et rouler jusqu'au
fond du précipice en miniature qu'il a préparé ; les larves des
Meloës, des Milabres, des Sitaris (fig. 149) et des Cantharides,
qui doivent, durant leur premier âge, se nourrir de miel, s'atta-

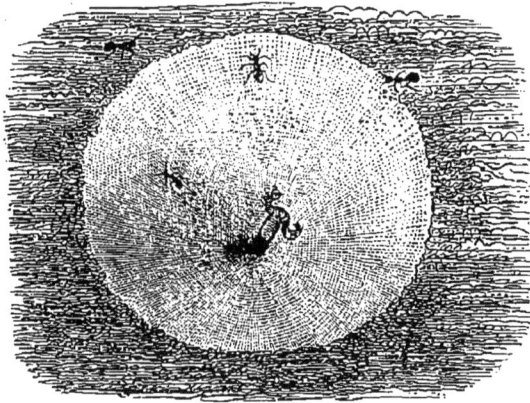

FIG. 148. — Piège en entonnoir de la larve du Fourmilion.

chent au corps des Hyménoptères, dans le nid desquels elles
doivent subir leurs métamorphoses, et chacune reconnaît, sans l'a-
voir jamais vue, l'espèce qui lui convient le mieux ; les chenilles
des Teignes, les larves des Phryganes, abritent leur corps dans un
étui qu'elles filent ou construisent elles-mêmes ; les chenilles de
tous les Papillons nocturnes tissent pour s'y abriter, durant leur
métamorphose, un cocon soyeux et beaucoup d'autres Insectes
font comme elles. On pourrait multiplier indéfiniment ces exemples.
La larve de Réduve agit, en naissant, comme si elle savait qu'il
lui sera utile de se dissimuler ; celles du Fourmilion, de la Teigne,
de la Phrygane possèdent, dès leur éclosion, une industrie qu'elles
n'ont point eu besoin d'apprendre ; les chenilles, arrivées à un
certain âge, paraissent savoir qu'elles vont avoir à traverser une
phase de repos pendant laquelle un abri leur sera de la plus

grande utilité. Or, il est manifeste que la science de chacune de ces larves est innée chez elle ; que chacune agit sans avoir conscience du but de ses actions ; tout au moins, si elle a connaissance de ce but, cette connaissance, — ce qui est tout aussi étrange, — est également innée.

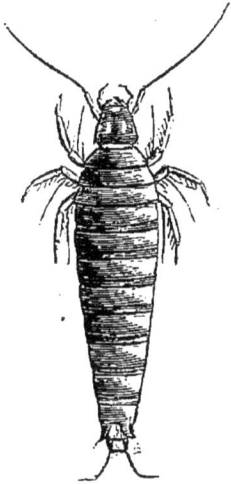

FIG. 149. — Larve de
Sitaris.

Voilà déjà, entre les actes raisonnés qu'accomplit un être intelligent et les actes tout aussi complexes qu'accomplissent les larves que nous venons de citer, une différence importante. Les actes inspirés par l'intelligence résultent d'une science individuellement acquise, ceux dont il s'agit ici résultent d'une science innée, qui n'a pas été acquise par l'individu qui la possède. On dit que ces actes sont *instinctifs* et l'on appelle *instinct* la faculté intellectuelle qui y préside.

Là n'est pas la seule différence entre l'instinct et l'intelligence. Examinez les étuis des individus d'une même espèce de Teignes ou de Phryganes, les cocons d'une même espèce de Papillons ; observez comment les divers individus d'une même espèce de Fourmilions s'y prennent pour creuser leur entonnoir, vous verrez qu'il y a, dans tous les cas, identité presque absolue, soit dans les résultats obtenus, soit dans les procédés mis en œuvre pour les obtenir. Vous aurez beau modifier les conditions de vie, offrir par exemple des matériaux nouveaux à la larve de Phrygane ou à celle de Teigne, pour construire son abri, l'animal travaillera comme ses frères ou ne travaillera pas. Tandis que l'intelligence modifie sans cesse ses procédés, s'accommode de tout, pourvu que le but poursuivi et nettement conçu soit atteint, l'instinct arrive à son but inconscient, par un chemin toujours le même et qu'il ne change pas ; il suit la route tracée sans s'en écarter et ne voit même pas les routes plus courtes qui pourraient s'offrir à lui.

Bien plus, entourez une larve de Fourmilion d'une nourriture suffisante pour qu'elle n'ait besoin ni de pièges, ni de subterfuges pour s'emparer d'une proie toujours à sa portée, la larve ne s'efforcera pas moins de se faire un entonnoir, devenu parfaitement inutile, et peut-être se laissera-t-elle mourir de faim plutôt que de ne pas prendre sa proie au piège. Il y a dans les actes instinctifs quelque chose de fatal qu'on ne retrouve pas dans les actes provoqués par le raisonnement.

Enfin ces larves que vous voyez si habiles à se vêtir, à creuser et à façonner le sol, si perspicaces pour découvrir l'hôte dans le logis duquel elles devront trouver une abondante nourriture, ces larves ne se distinguent nullement, sous le rapport de leurs autres facultés intellectuelles, des larves moins bien douées. Ce qu'elles font, elles le font généralement très bien ; mais elles ne savent pas faire autre chose et vous ne les voyez jamais exécuter ou combiner, en vue d'atteindre un but nouveau, les actions si merveilleuses qui se coordonnent si bien dans l'unique circonstance où elles les accomplissent.

Ainsi l'animal doué d'instinct agit sans se rendre compte de la fin de ses actes ; il ne perfectionne pas les procédés employés pour atteindre cette fin ; alors même que le but est supprimé, il n'en persiste pas moins à agir comme si ce but existait ; il ne généralise pas et ne combine pas ses actions, dans un cas particulier, autrement que dans un autre ; il transmet exactement à sa descendance les instincts qu'il possède lui-même sans modification d'aucune sorte.

Tels sont les caractères que depuis les observations de Frédéric Cuvier, frère de l'illustre anatomiste, nombre de naturalistes et de philosophes ont attribués ou attribuent encore à l'instinct. Compris de la sorte, il diffère essentiellement de l'intelligence, pour qui le but est tout, qui s'efforce de l'atteindre par les voies les plus simples, accomplit sans cesse des actes nouveaux, cherche et trouve les combinaisons propres à obtenir le résultat qu'elle se propose, découvre toutes les applications des actes qu'elle commande, se perfectionne sans cesse, mais demeure essentiellement personnelle et ne réalise pas de progrès qui se transmettent par voie d'hérédité.

Automatisme des animaux. — De cette conception de l'instinct, étendue à tous les actes psychiques des animaux, il n'y avait évidemment pas loin à ne voir dans ces êtres que des automates ; dans leurs actes, que les conséquences naturelles, fatales, du fonctionnement des organes qui les constituaient ; dans la constance et la transmissibilité héréditaire de leurs facultés, que le résultat de la fixité même des formes organiques. C'était la doctrine de Descartes et même, à peu de chose près, celle de Buffon. Il y avait là une exagération manifeste ; nous verrons bientôt, — et l'on a peine à concevoir que le fait ait besoin d'être prouvé, — que beaucoup d'animaux même assez inférieurs ont une incontestable intelligence ;

mais, sans parler de ceux-là, un examen impartial montre bientôt
que les caractères des actes réputés instinctifs ne sont pas toujours
aussi nets que dans les cas auxquels nous nous sommes arrêtés, et
à mesure que les observateurs accumulent des faits nouveaux, la
limite entre l'instinct et l'intelligence devient plus difficile à
tracer.

Difficulté de distinguer l'instinct de l'intelligence. — Les
Insectes parfaits ont des instincts comme les larves; les plus
remarquables sont ceux qui les poussent à pondre leurs œufs dans
des conditions assurant à la larve la plus grande sécurité possible
et lui permettant de trouver facilement une nourriture appropriée
à ses besoins, alors même que cette nourriture est fort différente
de celle de l'adulte lui-même. Lors-
qu'un certain nombre de Nécrophores
(fig. 150) unissent leurs efforts pour
enterrer le cadavre de la Souris ou de
l'Oiseau dans lequel ils ont déposé leur
ponte, ils ne peuvent avoir appris à
pratiquer un tel enfouissement; lorsqu'un singulier Hyménoptère, la *Cer-
ceris bupresticida*, frappe de son aiguillon d'autres Insectes, les Buprestes,
à l'endroit précis où son venin produira
un engourdissement léthargique, grâce
auquel les malheureuses victimes de-

FIG. 150. — Nécrophore ger-
manique.

meureront immobiles jusqu'au moment où elles pourront servir à
l'alimentation des larves de l'Hyménoptère, ce dernier fait preuve
d'une science qui certainement est innée en lui; mais les Insectes
parfaits ayant traversé l'état de larve, on peut se demander déjà
quelle part il faut faire chez eux à l'instinct proprement dit et
quelle part revient au souvenir dont on ne saurait toujours nier
l'existence. La question se complique encore davantage lorsqu'il
s'agit d'animaux dont les diverses générations sont mêlées, comme
c'est le cas pour la plupart des Oiseaux et des Mammifères.

Les Oiseaux ont des nids qui passent pour être invariablement
construits de même par tous les individus d'une même espèce, et
l'on admet généralement qu'ils apportent en naissant toute leur
science d'architectes. C'est donc, de l'avis de la plupart des zoologistes, par pur instinct que les Oiseaux bâtissent le palais de leur
couvée. Mais ici on a fait observer que les jeunes Oiseaux reçoivent

de leurs parents une longue éducation ; qu'ils apprennent certainement d'eux à voler, à chasser et à chanter ; qu'il existe par conséquent, entre Oiseaux d'une même espèce, une sorte d'instruction mutuelle et que, dès lors, il ne serait pas impossible que, tout au moins au moment de la couvée, les Oiseaux de l'année apprissent des vieux, ne fût-ce que par imitation, comment un nid s'édifie.

Modification des instincts. — D'autre part, l'immuabilité des œuvres de l'instinct n'est pas absolue : le Moineau ordinaire construit un nid assez bien fait et couvert lorsqu'il est obligé de le placer sur un arbre ; il se contente d'un nid grossier lorsqu'il peut trouver un trou ou quelque autre abri naturel pour l'établir ; quelquefois, il s'empare tout bonnement d'un nid d'Hirondelle. Le Loriot a la singulière habitude d'attacher son nid entre deux branches d'arbre, faisant la fourche, à l'aide de brins de ficelle ou d'un fil de laine ; son instinct a donc été modifié postérieurement à l'époque où les hommes ont imaginé de filer de la laine ou du chanvre ; des Oiseaux essentiellement américains, les Cassiques, construisent de grands nids avec des filaments végétaux ; une de leurs espèces a substitué à ces filaments des crins de cheval, modification de date récente puisque le Cheval n'a été introduit en Amérique qu'après la conquête du nouveau monde. On a observé que, dans les quartiers neufs de Rouen, les Hirondelles construisent leurs nids autrement que dans les vieux quartiers. Dans ces diverses circonstances, on peut dire que l'instinct a subi des perfectionnements ; mais, s'il est des instincts qui se perfectionnent, il en est aussi qui s'amoindrissent et disparaissent. Le Castor construisait autrefois des digues et des cabanes en Europe comme au Canada ; les Castors du Rhône, gênés par la présence constante de l'homme, se bornent aujourd'hui à se creuser des terriers sur les bords du fleuve. Si l'imitation et l'observation personnelle du jeune animal ne sont pour rien dans les habitudes que nous venons de rappeler, il faut bien admettre cependant que l'instinct n'est pas aussi immuable qu'on l'a d'abord supposé, qu'il peut se modifier avec le temps et que ses modifications sont héréditaires comme le fonds primitif lui-même.

Instincts indépendants de la forme des organes. — Le fait bien constaté de la perfectibilité ou de l'amoindrissement des instincts ne permet plus d'accepter l'ancienne théorie qui considérait les instincts comme liés d'une façon indissoluble à la forme, à la disposition des organes et commandés en quelque sorte par l'organisation de l'animal. Il est hors de doute que chez les êtres doués d'instinct et particulièrement chez ceux qui sont doués des instincts les plus compliqués, chaque individu est merveilleusement organisé pour faire ce qu'il fait. Il y a là des phénomènes d'adaptation d'autant plus remarquables, qu'ils sont en rapport avec des habitudes plus spéciales ; mais les organes qui manifestent ces adaptations ne se modifient pas aussi vite que les habitudes avec lesquelles ils sont en rapport : les peignes et crochets si parfaits qui terminent les pattes d'une Araignée ne peuvent guère lui servir qu'à construire sa toile et à marcher sur les fils qui la composent ; sans cette toile, les filières seraient également inutiles ; ces crochets et ces filières varient assez peu d'une espèce à l'autre, et cependant quelle différence dans les instincts des Araignées coureuses qui ne font pas de toile, dans ceux de la Mygale qui se creuse un tube souterrain fermé par un clapet à charnière, dans ceux de l'Araignée domestique avec sa toile irrégulière, et dans ceux de l'Épeire diadème dont la toile circulaire a une régularité géométrique !

Le contraste entre la fixité de la forme et la variabilité des instincts est plus frappant encore lorsqu'il s'agit d'animaux appartenant à la même espèce et possédant par conséquent les mêmes organes semblablement conformés. Tout le monde sait combien sont variés les instincts que manifestent nos diverses races de Chiens et combien, dans deux races extrêmement voisines, ces instincts peuvent être différents. Une espèce de Fourmi, la *Formica sanguinea*, élève en général des Fourmis d'une autre espèce, la *Formica fusca*, auxquelles elle abandonne en partie le travail de la fourmilière. C'est là un instinct fort curieux et sur lequel nous aurons à revenir ; mais il présente aussi des variations nombreuses. Les *Formica sanguinea* s'associent accidentellement, d'après les observations de M. Forel, avec d'autres espèces que la *F. fusca*, telles que les *Formica rufibarbis* et les *F. pratensis ;* elles mangent ordinairement, au contraire, les nymphes de ces deux espèces au lieu d'en faire des esclaves. Une fois, M. Forel, ayant donné des nymphes de *F. pratensis* à des *F. sanguinea,* a vu celles-ci manger une partie des nymphes qui leur avaient été données et élever l'autre. On rencontre enfin des nids de *Formica sanguinea* où il n'existe aucune Fourmi d'une autre espèce. Dans tous ces cas si variés, la Fourmi sanguine ne présente aucune modification, si légère qu'elle soit, dans ses organes : l'instinct étonnant qu'elle déploie, n'est nullement commandé par sa structure anatomique puisqu'elle est parfaitement capable de se suffire à elle-même et ce fait, dont il serait facile de trouver de nombreux analogues dans le Règne animal, montre à lui seul que ce n'est pas dans la forme des organes qu'il faut chercher les causes de l'instinct. Si l'instinct se montre ainsi *indépendant de la forme des organes*, les actes qui en dépendent cessent d'appartenir au domaine des actes automatiques, purement mécaniques, pour se rapprocher considérablement des actes dominés par l'intelligence. Les instincts qui se sont modifiés depuis une date précise méritent à cet égard une attention particulière.

Rapports de l'instinct et de l'intelligence. — Laissons de côté les cas nombreux où l'homme a transformé volontairement les instincts des animaux domestiques et où les modifications de ces instincts peuvent être considérées comme un produit de l'intelligence humaine ; revenons aux cas où la modification a été spontanée.

La première fois qu'un Loriot a employé un fil fabriqué par l'homme pour fixer son nid, l'Oiseau n'était déterminé par aucune impulsion héréditaire. Ce ne peut être que par l'effet d'une comparaison et d'un raisonnement fort simples, c'est-à-dire par un acte d'intelligence, qu'il a substitué une matière nouvelle à celle qu'il employait d'abord. L'instinct a donc été modifié dans le cas actuel par l'intelligence : un progrès a été accompli à la suite d'une sorte d'effort intellectuel ; l'hérédité a, pour ainsi dire, enregistré le résultat de l'effort accompli, et l'instinct du Loriot s'est ainsi trouvé compliqué d'un acte de plus.

Lorsque le Cassique dont nous parlions tout à l'heure a substitué, dans la fabrication de son nid, le crin de cheval aux filaments tirés des végétaux, il a nécessairement comparé au début les crins et les filaments végétaux, il leur a reconnu des propriétés communes et finalement a constaté que les crins employés aujourd'hui exclusivement par lui étaient plus avantageux ; tout cela a été fait à un degré aussi rudimentaire que l'on voudra ; mais tout cela, c'est du raisonnement, c'est de l'intelligence.

Les associations de Fourmis d'espèces différentes rentrent évidemment, dans certains cas, dans la catégorie des phénomènes instinctifs. Il y a, en effet, des espèces de Fourmis telles que les Polyergues roussâtres *(Polyergus rufescens)* qui sont incapables de travailler à leur fourmilière, d'élever leurs larves et même de manger sans l'assistance des Fourmis brunes *(Formica fusca)*. Les Fourmis brunes sont donc indispensables à l'existence des Polyergues dont les ouvriers n'ont d'autre industrie que de capturer les nymphes des premières pour s'en faire des auxiliaires. Ce penchant à la rapine, ils l'apportent en naissant; ils ne sont pas conscients du but à atteindre, car, dans la fourmilière, les Fourmis brunes paraissent décider de tout, et emportent même leurs maîtres quand il faut changer de logis. C'est donc bien d'un instinct qu'il s'agit ici, et cependant M. Forel a pu établir entre d'autres espèces, ordinairement ennemies et se suffisant à elles-mêmes, des rapports analogues à ceux qui existent entre les Polyergues et les Fourmis brunes. Ce qui est une règle fatale, nécessaire à l'existence même de l'espèce chez les Polyergues, se produit, chez d'autres espèces de Fourmis, à la suite d'un simple accident. Les Fourmis sanguines (*F. sanguinea*) et les Fourmis des prés (*F. pratensis*) sont habituellement ennemies. M. Forel enlève une fourmilière de chacune d'elles, les mélange dans un sac, les y laisse enfermées pendant une heure, puis les met en observation dans un appareil approprié. Dans le sac a lieu une rude bataille dont témoignent de nombreux morts; la bataille continue d'abord dans l'appareil; mais peu à peu le calme se rétablit. Les Fourmis des deux espèces travaillent de concert à l'établissement d'une fourmilière commune et se prêtent mutuellement assistance dans les soins à donner aux larves. Les instincts des Fourmis sanguines et des Fourmis des prés, hostiles à l'état de nature, se sont donc subitement modifiés sous l'influence d'une force majeure. Or, à quoi attribuer cette modification, toute personnelle cette fois, sinon à l'intelligence qui a permis à ces Fourmis de comprendre qu'il valait mieux vivre en paix côte à côte que s'entre-dévorer ?

Dans les cas simples comme dans les cas compliqués, nous voyons donc l'intelligence intervenir sans cesse pour modifier l'instinct et le modifier tantôt d'une manière durable, persistante, héréditaire, comme dans le cas du Loriot et du Cassique, ou d'une façon accidentelle et temporaire, comme dans les expériences de M. Forel.

L'instinct et l'habitude. — Mais si l'intelligence peut modifier l'instinct, cela suppose qu'elle n'est pas d'une nature absolument différente et, en appliquant à l'acte instinctif le plus simple ce que nous venons de dire du perfectionnement des instincts, on est conduit à se demander si l'instinct n'a pas été créé par l'intelligence, si cette merveilleuse faculté, parfois si complexe, n'est pas le résultat héréditaire d'obscurs efforts intellectuels, accumulés durant un nombre considérable de générations par une longue succession d'individus d'une même espèce. On arrive, en effet, à constater dans les actes que l'on regarde habituellement comme le plus directement liés à l'exercice de l'intelligence des ressemblances frappantes avec les actes instinctifs. Chacun sait quelle attention soutenue, quels efforts il faut à un pianiste novice pour déchiffrer un morceau de musique; la lecture du morceau devient de plus en plus facile à mesure qu'on la répète plus souvent; puis l'on réussit à jouer le morceau par cœur, mais cela demande encore de l'attention; finalement, on joue tout le morceau machinalement, sans avoir à faire aucun effort d'intelligence et avec une telle absence de conscience que si l'on venait à être interrompu au milieu de l'exécution, on serait souvent incapable de dire à quel point on s'est arrêté. Ce défaut total de conscience n'est-il pas un des caractères les plus nets de l'instinct et n'avons-nous pas assisté chez notre musicien à la métamorphose graduelle d'un acte intellectuel en un acte instinctif? Chacun ne pourrait-il pas trouver, parmi ses actes habituels, un certain nombre de cas d'une transformation analogue? Ne suit-on pas, par exemple, sans y apporter aucune attention, sans en avoir aucune conscience et sans se tromper cependant, un chemin très compliqué, mais que l'on a souvent parcouru? Ne trouvons-nous pas chez les marins, parmi les hommes civilisés, et chez tous les sauvages, une faculté inconsciente de s'orienter tout à fait incompréhensible pour ceux qui ont, pour la première fois, l'occasion de la constater? Ces intermédiaires ne nous rapprochent-ils pas de cette mystérieuse faculté que possèdent les Oiseaux voyageurs de voler droit vers les régions qu'ils ont habitées, alors même que rien d'appréciable pour nous ne semble pouvoir les diriger?

La ressemblance entre l'instinct et les résultats de l'habitude avait vivement frappé Condillac qui définissait l'instinct *une habitude privée de réflexion*, et c'est aussi cette même ressemblance qui a inspiré cette autre définition : *l'instinct est une habitude héréditaire*. Comme l'habitude suppose une série d'efforts intellectuels, on voit que ces deux définitions attribuent l'une et l'autre la formation des instincts à un premier rudiment d'intelligence.

On a souvent cherché à expliquer les effets de l'habitude en admettant que la répétition d'un acte donné établissait entre les organes nécessaires pour l'accomplir, ou tout au moins entre les parties du système nerveux chargées d'en diriger l'exécution, des relations anatomiques particulières dont l'existence n'a jamais pu être constatée; c'était expliquer l'habitude par le même automatisme qui avait déjà servi à expliquer l'instinct. Le fait que la volonté suffit presque toujours pour changer les habitudes les plus invétérées laisse très douteuse la création de telles connexions et donne à penser qu'elles n'ont pas dû être davantage constituées d'emblée pour les animaux doués d'instinct.

Les phénomènes intellectuels inconscients. —D'ailleurs, ce n'est pas seulement par l'habitude que des actes de nature essentiellement intellectuelle arrivent à ressembler à des actes instinctifs. On voit fréquemment, durant les crises de certaines névroses, des malades se livrer à des actions fort compliquées, parfaitement coordonnées, et dont ils n'ont cependant aucune conscience, dont ils ne gardent aucun souvenir : les somnambules présentent des phénomènes tout à fait semblables, et si leur état se prolongeait toute la vie, au lieu d'être intermittent, ils se distingueraient d'autant moins des êtres instinctifs, que le nombre des actes qu'ils accomplissent avec la sûreté qu'on leur connaît est en général assez limité. C'est à cette comparaison que s'était arrêté G. Cuvier ; pour faire comprendre en quoi consistait l'instinct, il disait : « On ne peut se faire une idée claire de l'instinct qu'en admettant que les animaux ont dans leur sensorium des sensations constantes qui les déterminent à agir, comme les sensations ordinaires et accidentelles déterminent communément. C'est une sorte de rêve ou de vision qui les poursuit toujours, et dans tout ce qui a rapport à leur instinct, on peut les regarder comme des espèces de somnambules. »

Dans cette façon d'envisager l'instinct, deux choses le distinguent de l'intelligence : l'absence de conscience des actes accomplis, la présence dans le sensorium d'images que la conscience n'y a pas fixées. Nous avons déjà vu que le premier caractère n'était pas propre à l'instinct, le second ne l'est pas davantage. Des impressions durables peuvent, en effet, se fixer dans l'esprit involontairement, sans que nous en ayons conscience, sans que nous y soyons arrêtés. En voici un exemple emprunté au naturaliste anglais Carpenter par M. Ribot, et que nous citons d'après lui [1] : « Un homme, doué d'un tempérament artistique, alla avec des amis faire une partie près d'un château du comté de Sussex, *qu'il n'avait aucun souvenir d'avoir visité.* En approchant de la grande porte, il eut une impression extrêmement vive de l'avoir déjà vue, et il revoyait, non seulement cette porte, mais des gens installés sur le haut, et, en

1. Th. Ribot, *Les maladies de la mémoire*, p. 144.

bas, des ânes sous le porche. Cette conviction singulière s'imposant à lui, il s'adressa à sa mère pour avoir quelques éclaircissements sur ce point. Il apprit d'elle qu'*étant âgé de seize mois*, il avait été conduit en partie dans cet endroit ; qu'il avait été porté en panier sur le dos d'un âne ; qu'il avait été laissé en bas avec les ânes et les domestiques, tandis que les plus âgés de la bande s'étaient installés pour manger au-dessus de la porte du château. »

Voici un cas plus frappant encore :

Un jeune boucher observé par Michéa, à Bicêtre, récitait pendant ses accès de manie des tirades entières de *Phèdre*, de Racine. Or, il n'avait entendu cette pièce qu'une fois, et soit avant, soit après sa maladie, il avait toujours été incapable, dans l'état de calme, d'en retrouver un seul vers. Van Swieten a vu une jeune ouvrière, qui ne s'était jamais occupée de poésie, écrire des vers pendant le délire que lui causait un accès de fièvre. Ce n'est plus cette fois une impression fugitive, échappant à toute conscience, qui se retrouve à un moment donné, nette et précise dans l'esprit, c'est une opération intellectuelle, réputée parmi les plus élevées, qui s'accomplit sans que la conscience y prenne part.

Rien ne saurait mieux démontrer que l'absence de conscience, soit des images qui sont dans le sensorium, soit des actes effectués, soit du but vers lequel ils tendent, ne peut servir à séparer l'instinct de l'intelligence ; l'hérédité bien constatée de facultés ou de dispositions purement intellectuelles montre que la transmission de la science instinctive d'un animal à sa descendance n'établit pas non plus une barrière entre l'instinct et l'intelligence, et nous sommes par conséquent amenés à les considérer simplement comme deux formes extrêmes de l'activité psychique reliées entre elles par une multitude d'intermédiaires.

Sous sa forme typique l'instinct résulte d'une série d'opérations mentales qui se produisent sans que l'animal en ait aucunement conscience, qu'il ne peut ni provoquer, ni empêcher, qui le poussent à des actions dont il n'aperçoit pas le but, et qui se répètent spontanément de génération en génération, sans modification sensible.

Tant que la conscience demeure rudimentaire ; tant que l'animal ne se voit pas, ne se sent pas agir ; tant qu'il ne perçoit que vaguement les rapports qu'il présente avec le monde extérieur ou qu'il ne perçoit que les plus immédiats d'entre eux; tant que lui échappe le but à atteindre, il n'y a aucune raison pour que l'instinct se modifie; les opérations intellectuelles conscientes sont trop peu nom-

breuses pour effacer les opérations inconscientes qui se sont faites,
comme d'elles-mêmes, durant une longue série de générations. L'activité psychique de l'animal n'a rien de personnel ; elle se transmet,
sans changer de forme, de génération en génération : l'instinct est
donc au plus haut point héréditaire, et se modifie si lentement, qu'il
nous paraît immuable. Mais dès que la conscience se développe, l'intelligence proprement dite apparaît ; elle croît en même temps que
la conscience ; une activité psychique personnelle se combine, à tous
les degrés, avec l'activité héréditaire ; l'intelligence se superpose à
l'instinct, le modifie, le transforme de mille manières ; le canevas
primitif se couvre de broderies, d'autant plus variées que le nombre
des rapports dont l'animal a clairement conscience, devient plus
considérable. Enfin, le fonds héréditaire se trouve finalement masqué
par les combinaisons psychiques personnelles qui deviennent de
plus en plus nombreuses ; la mobilité et la variété de ces combinaisons marque pour ainsi dire le degré de l'intelligence ; il semble,
comme le pensaient Frédéric Cuvier et Flourens, que plus l'intelligence augmente, plus l'instinct diminue et qu'il y ait un rapport
inverse entre ces deux facultés.

En même temps que l'intelligence s'accroît, les conditions de
l'hérédité sont profondément modifiées : ce n'est plus l'aptitude inconsciente à former une combinaison d'actes déterminés qui est
transmise, c'est l'aptitude à agir différemment suivant les circonstances, et il devient d'autant plus difficile de définir le côté héréditaire de l'intelligence, que plus elle s'accroît, plus sont nombreuses et variées les combinaisons possibles à chaque individu.

Les sociétés et les colonies animales. — C'est à ce point de
vue de l'identité fondamentale de l'instinct et de l'intelligence, de
la possibilité de leur alliance à tous les degrés, qu'il faut se placer,
lorsqu'on veut apprécier les faits si étonnants que présente l'histoire des animaux sociaux.

Ces animaux sont fort nombreux, et leurs associations récemment étudiées d'une manière remarquable, au point de vue philo-
sophique, par M. Alfred Espinas [1], peuvent présenter les formes
les plus diverses. Avec M. Alfred Espinas, on peut remarquer que
ces associations tendent généralement vers un but final qui peut
être, soit la *nutrition* dans des conditions meilleures des individus
associés, soit l'élevage des jeunes et, par conséquent, la *reproduc-*

---

1. *Les sociétés animales*, 1 vol. in-8°, 2ᵉ édition, 1878.

tion, soit les nécessités de la défense commune, soit enfin le simple plaisir qui peut résulter, pour des êtres vivants, de leur réunion avec des êtres semblables, éprouvant les mêmes besoins, les mêmes désirs, les mêmes craintes, les mêmes émotions; dans ces dernières sociétés, les fonctions de *relation* sont seules mises en jeu. Chacun des trois grands ordres de fonctions que présentent les animaux, peut donc servir de base à une association.

On peut considérer comme étant à peu près exclusivement des sociétés basées sur la nutrition en commun, ou des *sociétés de nutrition*, les diverses formes d'association que nous avons déjà décrites sous le nom de *colonies*, et dans lesquelles il y a non-seulement continuité de tissus entre les animaux associés, mais encore création d'organes communs indivis, qui établissent entre les divers individus des rapports extrêmement étroits, et les rendent complètement inséparables lorsqu'ils deviennent nécessaires à leur existence. Nous retrouverons dans les sociétés d'un autre ordre, deux des phénomènes les plus importants que nous avons eus à signaler dans les colonies animales, à savoir la *division du travail physiologique* et le *polymorphisme* qui en est la conséquence.

Les *sociétés de reproduction* sont de beaucoup les plus nombreuses. Elles peuvent se borner, comme chez la plupart des Oiseaux, à la formation d'un seul couple qui, tantôt ne demeure uni que pendant la période de la fabrication du nid, de la couvaison et de l'élevage des petits, et tantôt dure au contraire pendant toute la vie. On voit même, chez les Perruches ondulées et quelques autres Oiseaux, une union si étroite entre les deux époux, que la mort de l'un entraîne fréquemment la mort de l'autre. Assez souvent les sociétés de reproduction prennent un développement plus considérable, comme en témoignent les bancs de Poissons qui, à l'époque du frai, se montrent en diverses mers ou remontent les fleuves, et surtout les sociétés si intéressantes des Abeilles, des Fourmis, des Termites.

Les *sociétés de relation* se rencontrent surtout parmi les animaux qui se nourrissent de substances végétales, et, chez les moins bien doués au point de vue psychique, n'ont d'autre but que la défense commune; mais beaucoup d'animaux se réunissent aussi pour le simple plaisir d'être ensemble, témoignant ainsi qu'il existe chez eux un instinct de sociabilité tout à fait indépendant des nécessités physiologiques. Il n'est pas rare, par exemple, qu'un grand nombre d'Oiseaux de même espèce se réunissent tous les soirs à leurs semblables, un peu avant le coucher du soleil, et ne se séparent qu'à son lever. Par leurs cris, leur agitation, leur gaîté remuante, ces Oiseaux ne manquent jamais, avant de s'endormir et durant quelques instants après leur réveil, de manifester le plaisir qu'ils éprouvent de se trouver ensemble. Les Corbeaux ont quelquefois des lieux de réunion où ils se rendent de fort loin, et où ils se rassemblent au nombre de plusieurs milliers. Beaucoup d'espèces ont ainsi des assemblées périodiques sans but déterminé.

Les bandes d'Oiseaux voyageurs qui comprennent quelquefois, chez le Pigeon voyageur américain, des millions d'individus, les légions que forment lorsqu'ils émigrent les Lemmings, petits rongeurs des régions froides septentrionales, sont des sociétés de relation, ayant assez ordinairement un caractère temporaire. Ces sociétés deviennent permanentes chez les Ruminants, les Pachydermes, de nombreuses espèces de Singes, qui forment des bandes obéissant chacune à un chef et où il existe une réelle solidarité. Dans nos pays, les Lapins aiment à établir leurs terriers au voisinage les uns des autres; un intéressant rongeur de l'Amérique, le *Cynomys ludovicanus* ou *Chien des prairies*, forme de véritables villages; nos Marmottes travaillent ensemble à leurs provisions et l'on prétend qu'elles s'avertissent au moindre danger; il est hors de doute que dans les troupeaux de Chamois et de plusieurs espèces de Ruminants, de même que dans les bandes d'Oiseaux, un individu est souvent chargé de faire sentinelle et de veiller à la sécurité de ses camarades.

Nous trouvons enfin, chez les Castors, des sociétés essentiellement permanentes, qui ont pour but la construction en commun d'habitations et de moyens de défense contre les crues des cours d'eau, au bord desquels habitent ces industrieux animaux.

Sociétés des Hyménoptères.— Comme les animaux réunis dans une même société possèdent généralement les trois ordres de fonctions qui nous ont permis de distinguer trois sortes de communautés, il arrive que la cohabitation, en vue de l'accomplissement en commun de l'une de ces fonctions, entraîne des modifications dans la façon dont s'exercent les deux autres. La plupart des sociétés animales un peu élevées ont donc un caractère multiple : c'est ce que l'on peut observer chez les Abeilles et les Fourmis, par exemple, dont les ruches et les fourmilières peuvent être considérées à la fois comme des sociétés de nutrition, de reproduction et de relation.

La cohabitation entraîne également, entre les animaux qui s'y soumettent, des rapports nombreux qui développent d'une façon particulière leurs facultés psychiques; c'est parmi les animaux sociaux que se trouvent, en effet, les êtres les plus intelligents : c'est dans les sociétés animales que l'on trouve réunis de la façon la plus inextricable, les actes purement instinctifs et les actes intellectuels.

Les sociétés animales les plus remarquables et les plus parfaites se trouvent parmi les Insectes. Tout le monde connaît les vastes associations formées par les Abeilles et plusieurs sortes d'Hyménoptères voisins, tels que les Mélipones, les Guêpes, les Bourdons; les sociétés non moins remarquables que forment presque toutes les espèces de Fourmis, enfin les sociétés de Termites [1]. Dans les plus élevées de ces sociétés, il semble que tout ait été combiné pour donner à l'association la plus grande perfection possible. On demeure confondu de la régularité géométrique avec laquelle sont disposées les alvéoles d'un rayon de miel, et de la savante économie avec laquelle elles sont construites. Les ouvriers paraissent avoir été rigoureusement organisés pour accomplir leur œuvre et leurs actes dont un certain nombre sont, sans aucun doute, purement instinctifs, semblent dictés par la plus prévoyante sagesse. Mais quand on étend le cercle de ses études, on arrive bien vite à trouver des sociétés moins parfaites.

Beaucoup d'Hyménoptères produisant du miel et plus ou moins voisins des abeilles, les Osmies, les Mégachiles, les Anthocopes, les Xylocopes, les Anthopodes, les Andrènes, etc., sont solitaires. Chaque femelle, en pondant ses œufs, dépose auprès d'eux une sorte de pâtée composée de miel et de pollen, qui doit servir à la nourriture de la larve jusqu'au moment où elle deviendra adulte. Les travaux auxquels se livrent ces Hyménoptères pour assurer la sécurité de leur progéniture, sont vraiment merveilleux : les instincts les plus étonnants et les plus variés sont manifestés par ces petits êtres et leur ont valu les noms d'*Abeilles maçonnes*, de *Coupeuses de feuilles*, d'*Abeilles tapissières*, de *Coupeuses de fleurs*, d'*Abeilles perce-bois*, etc., sous lesquels on les désigne parfois [2].

Chez tous les Hyménoptères solitaires, il n'existe, dans chaque espèce, que deux sortes d'individus : les mâles et les femelles. Chez les Bourdons (fig. 151), nous voyons apparaître une troisième catégorie, les *neutres* ou *ouvriers*. Les sociétés des Bourdons ne durent qu'un an. Leur nid est tantôt souterrain, tantôt à fleur de terre, mais caché sous des brins d'herbe ou sous de la mousse que ces

---

1. Voir nos *Leçons de zoologie* à l'usage de la classe de cinquième.
2. On trouvera un attachant et remarquable exposé des mœurs de ces animaux dans le livre de M. Blanchard, intitulé : *Les métamorphoses, les mœurs et les instincts des Insectes.*

Insectes accumulent eux-mêmes. Dans tous les cas, il est protégé contre l'humidité par une voûte de cire, sous laquelle sont accumulées des cellules sphéroïdales de même substance, contenant chacune la provision de pâtée de miel et de pollen nécessaire à l'éducation d'une larve. A certaines époques, des gobelets remplis de miel pur se trouvent aussi sur le bord du nid.

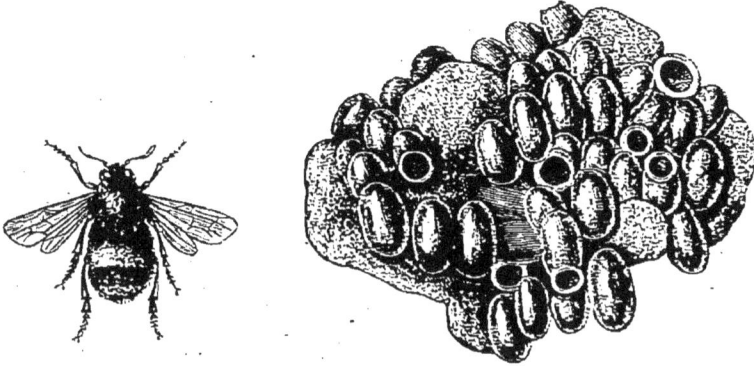

Fig. 151. — 1, Bourdon, individu mâle. — 2, cellules d'un nid de Bourdons.

De curieux insectes, les Psithyres, qui ressemblent extérieurement d'une façon complète à des Bourdons, mais qui sont incapables de construire des nids, viennent souvent pondre dans ceux des Bourdons, et leurs larves vivent des provisions que ces derniers ont préparées pour leur progéniture. Cas de mimétisme bien remarquable! Chaque espèce de Psithyre présente exactement la forme et les couleurs de l'espèce de Bourdon dans le nid duquel elle dépose ses œufs.

Tout nid de Bourdons est fondé au printemps par une seule femelle, qui joue alors le rôle de femelle et d'ouvrière ; mais, plus tard, apparaissent des mâles et des femelles ; la population d'un seul nid peut s'élever jusqu'à deux cents individus qui travaillent de concert à l'édification ou à l'entretien de leur demeure, ainsi qu'à l'approvisionnement des larves.

Fig. 152.—Mélipone.

Les Mélipones (fig. 152) représentent, en Amérique, nos Abeilles ; elles sont, en général, plus petites et dépourvues d'aiguillons. De même que les grands animaux de l'Amérique semblent appartenir à une époque de la vie du globe plus ancienne que nos animaux d'Europe, les instincts des Mélipones sont aussi moins parfaits que ceux de nos Abeilles. Leurs rayons sont composés d'un seul rang de cellules à peu près cylindriques, fermées, en dessus, par une sorte de dôme hémisphérique. Ces cellules sont destinées à l'éducation des petits. Dans une autre partie de leur demeure, de grandes cellules de cire irrégulières sont destinées à recevoir des provisions de miel. Il existe aussi chez les Mélipones des femelles, des mâles et des neutres. Plusieurs femelles vivent côte à côte dans la même ruche.

La forme presque cylindrique des alvéoles des Mélipones, leur disposition sur un seul rang qui entraîne la construction d'un plancher pour chaque rayon et d'un couvercle hémisphérique pour chaque alvéole, la forme irrégulière des magasins à miel isolés

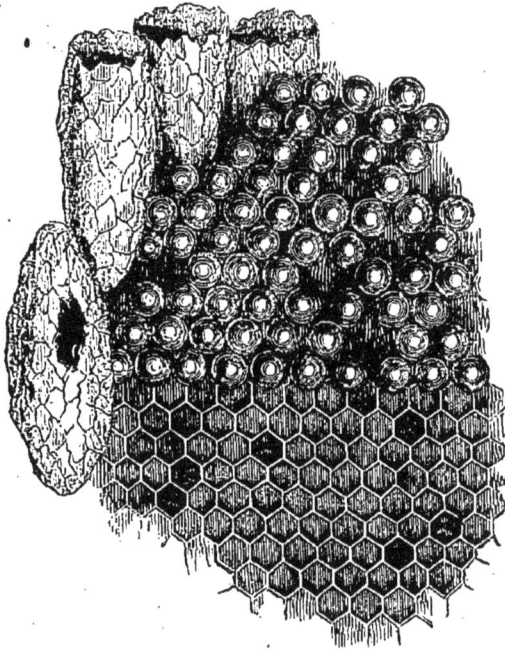

Fig. 153. — Alvéoles d'Abeilles avec magasins à miel.

les uns des autres, entraîne une dépense de cire considérable. Cette dépense est réduite au minimum chez les Abeilles, où chaque face du prisme à six pans d'une alvéole lui est commune avec une alvéole voisine, où les trois losanges qui contribuent par l'une de leurs faces à former le fond d'une cellule, contribuent par leur face opposée à former le fond des cellules de l'autre côté du rayon. C'est de cellules de même forme que les abeilles se servent, soit pour élever leurs larves, soit pour enfermer leurs provisions de miel et la même cellule, comme cela a lieu chez les Bourdons, peut servir successivement à ces deux usages. Toutefois, dans les cas où la récolte est abondante, les Abeilles savent parfaitement agrandir les alvéoles qui leur servent de magasins (fig. 153).

La durée d'un nid de Bourdons n'excède pas un an ; dans nos pays, les nids de Guêpes dont les cellules ressemblent davantage à celles des Abeilles, n'ont pas une durée plus grande ; rien ne limite, au contraire, l'existence d'une ruche, que la disette, les ennemis du dehors ou les épidémies. Chaque ruche ne contient cependant qu'une seule Abeille pondeuse, la *reine*; c'est encore un élément de supériorité, car elle possède toujours ainsi le nombre d'ouvrières nécessaires pour élever les jeunes, tandis qu'en raison de l'extrême fécondité des pondeuses, ce nombre pourrait devenir insuffisant s'il existait plusieurs reines; l'existence même de la ruche serait alors compromise. Poussée par un remarquable instinct, une reine ne supporte d'ailleurs, en temps ordinaire, aucune rivale dans la ruche qu'elle habite; elle n'a de cesse qu'elle ne l'ait tuée, et elle tue également, quand elle n'en est pas empêchée par les ouvrières, les larves qu'élèvent celles-ci pour en faire des reines nouvelles.

Ces jeunes reines ont un rôle important à jouer : en elles repose la durée de la ruche. En effet, la reine ne cessant de pondre, le nombre des abeilles ouvrières d'une ruche finit par devenir trop considérable, soit pour l'étendue du local disponible, soit pour la somme des travaux à effectuer ; c'est alors que les jeunes reines deviennent utiles. Une de leurs larves, protégée par les ouvrières contre la jalousie de la reine mère, nourrie assidûment, ne tarde pas à éclore. Alors l'ancienne reine abandonne le logis suivie d'un nombre plus ou moins considérable d'ouvrières : un *essaim* s'est formé. Quand l'année a été bonne, que la population est nombreuse, plusieurs essaims peuvent ainsi émigrer coup sur coup. Quand la population de la ruche n'a pas augmenté, que l'essaimage est impossible, les ouvrières laissent les reines se combattre jusqu'à ce qu'il n'en reste qu'une seule. Ainsi, le travail de l'élevage des jeunes se trouve toujours proportionné aux forces des ouvrières ; il ne se fait de pondeuses nouvelles que lorsque les ouvrières sont en nombre pour lui prêter l'assistance dont elle a besoin. Tandis que tant d'animaux répandent des œufs inutiles, chez les Abeilles chaque œuf pondu reçoit tous les soins nécessaires pour arriver à bien.

Il y a donc dans les sociétés d'Abeilles, à quelque point de vue qu'on les considère, une merveilleuse économie des forces; tout est prévu de manière que les meilleurs résultats soient obtenus à aussi peu de frais que possible ; le contraste est grand avec ce qu'on observe chez les Mélipones, qui réalisent cependant elles-mêmes un si grand progrès sur les Bourdons.

Imperfection de certains instincts. — Cette gradation que nous venons de constater dans l'organisation des sociétés appartenant à un même groupe zoologique, n'est pas un fait isolé. Les sociétés de Guêpes, très voisines de celles des Abeilles, présentent des gradations analogues ; les sociétés de Fourmis, dont les bases sont assez différentes, ne présentent pas non plus, les unes par rapport aux autres, la même perfection, et peut-être pourrait-on en dire autant des sociétés de Termites si elles étaient plus connues ; mais, fait bien significatif, la même gradation se retrouve dans des instincts bien différents des instincts de sociabilité. Quoi de plus singulier, par exemple, que l'instinct du Coucou, qui va déposer ses œufs un à un dans les nids d'autres oiseaux ? Cet instinct est si bien enraciné, que le jeune Oiseau y participe et que son organisation s'en trouve même modifiée : à peine né, il jette par-dessus bord les petits de ses parents adoptifs, de manière à demeurer seul dans le nid, et son dos est conformé de façon à lui faciliter autant que possible cette cruelle opération. Bien entendu, notre Coucou ne se préoccupe pas de fabriquer un nid ; ses œufs sont d'ailleurs remarquablement petits par rapport à sa taille, ce qui lui permet de les déposer dans les nids les plus nombreux, ceux des petits oiseaux.

Trois Coucous d'Australie ont à peu près les mêmes habitudes que le Coucou européen ; toutefois les œufs de l'une des espèces, au lieu d'être régulièrement petits, varient beaucoup de grosseur. Le Coucou d'Amérique pond des œufs proportionnés à sa taille ; mais ce n'est qu'accidentellement que cet oiseau dépose ses œufs dans des nids étrangers ; il se construit ordinairement un nid et il élève lui-même ses petits, demeurant ainsi dans la règle ordinaire, d'où il semble que les autres se soient graduellement départis, s'arrêtant d'ailleurs plus ou moins loin.

Les *Molothrus* sont plus instructifs encore. Le *Molothrus pecoris* de l'Amérique du Nord pond dans des nids étrangers comme notre Coucou d'Europe, et ne dépose qu'un seul œuf dans chaque nid. Les *Molothrus bonaciensis* s'associent d'abord pour faire un nid ; mais ils le commencent n'importe où, souvent dans les emplacements les plus bizarres ; ces nids ne sont jamais achevés, et les femelles vont constamment pondre leurs œufs dans des nids étrangers ; seulement elles en pondent jusqu'à vingt dans le même nid, de telle sorte que la plupart sont perdus, parfois même la femelle abandonne ses œufs sur

PERRIER. 14

le sol, comme si elle avait été surprise par l'époque de la ponte et n'avait eu le temps ni d'achever son nid, ni d'en trouver un tout fait. Enfin le *Molothrus badius* s'empare souvent du nid de quelque autre oiseau, mais il fait aussi quelquefois son nid lui-même et élève toujours ses petits.

On ne peut guère expliquer ces gradations et ces imperfections de l'instinct des Coucous et des *Molothrus*, qu'en admettant qu'il s'est développé peu à peu, et cette conclusion s'étend dès lors aux sociétés d'Insectes où nous trouvons de semblables transitions.

Polymorphisme des individus sociaux. — Les sociétés de Fourmis, d'Abeilles et de Termites nous présentent d'ailleurs un caractère commun dont on peut démontrer le développement graduel. Dans toutes les agglomérations d'individus, il se fait une division du travail très avancée. Chez les Abeilles, en dehors des reines et des mâles ou faux-bourdons, il existe, deux catégories d'ouvrières : les *cirières* qui fabriquent la cire et construisent les gâteaux, et les

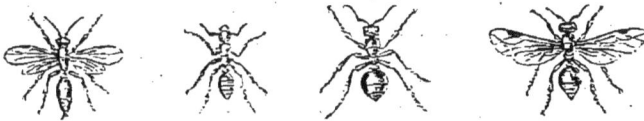

FIG. 154. — Fourmis roussâtres, mâle, ouvrière, soldat, femelle.

nourrices qui élèvent les jeunes larves ; chez les Fourmis (fig. 154), on distingue des ouvrières ordinaires, des individus armés de plus fortes mandibules, possédant une tête plus grosse et qui, spécialement chargés de la défense de la société, sont justement désignés sous le nom de *soldats ;* il existe aussi chez les Termites (fig. 155), en dehors des mâles et des femelles, des ouvriers et des soldats qui jouent, paraît-il, quelquefois le rôle de chefs vis-à-vis des ouvriers. Chez les Abeilles et les Fourmis tous les individus stériles sont des femelles avortées. Les Abeilles nourrices spontanément en fournissent une preuve convaincante : il leur suffit de changer la nourriture d'une larve d'ouvrière pour en faire une reine. Chez les Termites, les individus stériles peuvent être des mâles ou des femelles. Ainsi dans toutes les sociétés, des catégories nouvelles d'individus se forment, comme nous en avons vu se former dans les colonies proprement dites, mais ces individus ne sont qu'une simple modification des individus sexués ordinaires.

Une fois les neutres créés, il se fait entre eux une nouvelle divi-

sion du travail, et leurs organes s'approprient à leurs fonctions res-
pectives ; mais il arrive fréquemment, chez les Fourmis surtout,
qu'on trouve dans une même fourmilière tous les passages entre
les deux formes extrêmes de neutres ; ce qui indique que ces formes
n'ont pas été séparées d'emblée, mais se sont établies graduellement.
Les formes spéciales des neutres, leurs instincts fort différents
de ceux des individus sexués qui, le plus souvent, ne prennent au-

Fig. 155. — Termites, mâle, femelle, soldat, ouvrier.

cune part à leurs travaux, sont cependant fort difficiles à expliquer
dans l'hypothèse du développement graduel de ces formes et de ces
instincts. On est étonné de voir des animaux doués des plus merveilleuses facultés instinctives, pourvus d'organes spéciaux étroitement
en rapport avec ces facultés, naître régulièrement de parents à qui
ces facultés et ces organes font complètement défaut. Mais cela est-il
beaucoup plus étrange que de voir dans les colonies de Polypes, des
Méduses naître sur des Hydres, parmi les Trématodes, des Rédies
engendrer des Cercaires, etc. ?

L'intelligence chez les animaux. — Jusqu'ici, nous n'avons indiqué, dans les sociétés animales, rien qui ne puisse rentrer, à la rigueur, dans la catégorie des phénomènes que l'on nomme instinctifs. On peut même rattacher à cette catégorie de phénomènes, l'habitude, très répandue chez les Fourmis, d'élever dans leur demeure des animaux d'espèce différente, qui sécrètent pour la plupart un liquide sucré dont elles sont très friandes. Outre les Pucerons qu'elles n'introduisent pas toujours dans la fourmilière, mais à qui elles construisent parfois un abri sur place, ou qu'elles vont simplement visiter à l'endroit où elles les trouvent, ce sont de petits Coléoptères : les Loméchuses, certains Psélaphes et les Clavigères. Ces derniers, incapables de manger par eux-mêmes, sont nourris par les Fourmis. Les Termites ont sans doute des habitudes analogues, car on trouve dans leurs nids plusieurs espèces de petits Coléoptères vivipares. On peut également rattacher à l'instinct le soin que prennent certaines Fourmis américaines de plantes dont elles ont l'habitude de récolter les graines, lorsque ces plantes poussent dans le voisinage de leur fourmilière. Ce sont là, en effet, des actes dans lesquels il n'entre qu'une bien faible part d'imprévu, et qui s'accomplissent toujours à peu près de la même manière. Mais lorsque, dans un nid d'Insectes sociaux, un événement inattendu se produit, et que l'on voit les propriétaires du nid tenir conseil, hésiter d'abord, puis se décider et prendre aussitôt des mesures conformes à la circonstance qui se présente, il faut bien reconnaître que ces animaux font preuve d'une véritable intelligence. Or, tous les observateurs qui ont étudié les mœurs des Insectes sociaux, Pierre et François Huber, Latreille, Smeethmann, MM. de Quatrefages, Darwin, Espinas, signalent des faits qui ne peuvent s'expliquer que par une intelligence assez développée : P. Huber a vu des Bourdons étayer avec de la cire leur nid, qu'il avait enlevé et posé sur sa table de travail, dans une position mal équilibrée. Les Abeilles défont souvent un rayon commencé lorsqu'il présente quelque défectuosité; qu'un rayon de miel trop lourd ou mal attaché menace de tomber, elles le consolident aussitôt et fréquemment consolident en même temps les autres rayons, comme si elles craignaient qu'il leur arrivât le même accident. Lorsque la chaleur devient trop grande dans la ruche, ou que l'air y est vicié, plusieurs ouvrières s'entendent pour établir un courant d'air, en faisant vibrer leurs ailes d'une certaine façon. La nuit, elles placent des sentinelles à la porte de leur ruche. Un gros Papillon, le Sphinx Tête-de-mort, est très friand de miel et, protégé contre l'aiguillon des Abeilles par son

épaisse toison et par la résistance de ses téguments, pénètre parfois
dans les ruches dont il a bientôt fait de vider les alvéoles. Lorsque
les Abeilles redoutent ses visites, elles rétrécissent l'ouverture de
leur ruche, et l'agrandissent de nouveau, quand l'époque où vole
ce Sphinx est passée. Que la reine vienne à mourir ou à disparaître,
les ouvrières manifestent le plus profond découragement, si elles
n'ont aucun espoir de la remplacer; mais si elles ont de jeunes
larves d'ouvrières, elles agrandissent la demeure de quelques-unes
d'entre elles, qu'elles nourrissent d'une façon spéciale ; elles font
ainsi une nouvelle reine et l'activité ne cesse pas dans la ruche.
Dans tout cela, les Abeilles ne se comportent pas comme des êtres
guidés par un instinct aveugle et lui obéissant sans savoir pourquoi; elles savent apprécier les circonstances dans lesquelles elles
doivent agir d'une certaine façon, et leur conduite présente toutes
les nuances que commandent les circonstances elles-mêmes ; or
cela n'a qu'un nom : c'est de l'intelligence.

Les Fourmis offrent encore peut-être plus de variété dans
leurs actes : elles se reconnaissent parfaitement, ou tout au moins
distinguent leur espèce des espèces voisines ; elles se communiquent,
au moyen de leurs antennes, des idées dont elles complètent l'expression par une sorte de mimique ; elles aident leurs compagnes
lorsque celles-ci entreprennent des travaux au-dessus de leurs forces ;
combinent des expéditions, se livrent des batailles où chaque espèce
secourt et emporte ses blessés. Même en temps ordinaire, une
Fourmi blessée au voisinage de la fourmilière est à peu près assurée
de recevoir les soins de quelques-unes de ses semblables.

L'intelligence se révèle donc avec ses caractères propres, à côté
de cet état intellectuel particulier auquel on réserve le nom d'instinct, même dans des formes relativement inférieures du Règne animal, et elle atteint un assez haut degré de développement chez des
êtres que leur petite taille semblerait devoir réduire à de bien
moindres facultés.

Il y a des raisons de penser que la vie sociale n'a pas été étrangère au développement si remarquable de l'intelligence chez les
Insectes. Dans les groupes plus élevés du Règne animal, l'intelligence peut se manifester à un assez haut degré chez des espèces
solitaires, chez les animaux carnassiers, par exemple ; mais c'est
surtout chez les espèces vivant en sociétés, ou capables tout
au moins de s'associer temporairement, soit entre elles, soit à
d'autres espèces, que les facultés intellectuelles prennent le plus de
développement. Ainsi que l'a justement observé Frédéric Cuvier,

c'est parmi les animaux sociables que l'homme a choisi le plus grand nombre de ses animaux domestiques, à la seule exception peut-être du Chat. Ces animaux, en acceptant la domesticité, n'ont fait en quelque sorte que transporter à l'homme le sentiment qui les poussait à rechercher leurs semblables, et ce respect instinctif que nombre d'animaux sociables éprouvent pour le plus fort, le plus courageux ou le plus intelligent de leur bande. Dans cette forme nouvelle de l'association que crée la domesticité, ceux des animaux domestiques qui se sont trouvés le plus directement en contact avec l'homme, ceux qu'il a choisis pour auxiliaires de ses travaux, au lieu de les exploiter simplement pour ses besoins, se sont remarquablement perfectionnés sous le rapport intellectuel. On s'est souvent demandé s'il n'existait pas entre l'intelligence des animaux et l'intelligence humaine quelque différence capitale ; en se basant sur l'étude des facultés psychiques des animaux domestiques et principalement de celles du Cheval et du Chien, un illustre naturaliste, M. H. Milne-Edwards, dont l'opinion ne saurait être suspecte, a démontré qu'il n'était pas une seule faculté de l'entendement humain dont il ne fût possible de retrouver le germe chez les animaux. Mais l'intelligence n'est pas l'apanage exclusif des animaux domestiques ; on voit aussi des animaux sauvages compatir aux souffrances de leurs semblables, secourir ceux d'entre eux que l'âge a rendus impotents, ou qui ont été victimes de quelque accident, protéger les jeunes, alors même qu'ils n'en sont pas les parents, éprouver les uns pour les autres une affection réelle, et ne pas reculer même devant le sacrifice de leur vie pour défendre leurs amis.

S'ils peuvent posséder nos meilleurs sentiments, les animaux partagent aussi nos passions. Ils passent, comme nous, de la gaîté à la tristesse, sont susceptibles de colère, de jalousie, de haine ; quelques-uns ressentent vivement les insultes et on en a vu dont l'amour-propre s'offusquait d'actes tout à fait inoffensifs, auxquels leur imagination attachait un caractère injurieux. Chez quelques Chiens particulièrement bien doués, on a pu constater une sorte de sentiment du devoir, et l'on a vu la honte ou le remords d'avoir accompli un larcin se manifester chez eux, en l'absence de tout châtiment.

A côté de ces facultés qu'on peut appeler morales, beaucoup d'animaux présentent certaines facultés esthétiques incontestables. L'ostentation avec laquelle les Oiseaux mâles, ornés de brillantes couleurs, étalent leur parure, l'émulation, la jalousie ou la fureur qu'ils éprouvent lorsqu'ils sont en présence de rivaux, font supposer qu'ils sont sensibles à la beauté. Il s'établit quelquefois entre les Rossignols un véritable concours vocal à la suite duquel on en a vu tomber épuisés. Les Chlamydères, oiseaux d'Australie, voisins des Loriots, des Pies et des Corbeaux, construisent pour leur plaisir une sorte de bosquet qu'ils ornent de tous les objets brillants qu'ils peuvent rencontrer; les *Amblyornis*, autres oiseaux de la Nouvelle-Guinée, habitent des huttes à l'entrée desquelles ils plantent des bouquets de fleurs brillantes qu'ils rapportent souvent de fort loin.

On ne saurait douter d'autre part que les animaux ne possèdent de la mémoire, de l'imagination, qu'ils ne soient capables d'abstraction et de généralisation, qu'ils ne puissent enchaîner des idées, faire des raisonnements et combiner volontairement leurs actes, de manière à atteindre un but déterminé. Un chien reconnaît les chemins par où il a passé, il rêve fréquemment et témoigne une joie bruyante à l'idée d'une partie de chasse où il va accompagner son maître, d'une promenade qu'il va faire. Frédéric Cuvier a observé un jeune Chimpanzé qui avait appris tout seul à ouvrir la porte de sa cabane en tournant la clef dans la serrure; comme il était trop petit pour atteindre cette clef, il allait chercher une chaise sur laquelle il montait pour arriver jusqu'à elle. M. H. Milne Edwards [1] raconte, d'après Tilesius, qu'un Chien, « après avoir été maltraité par un individu de son espèce, s'abstint pendant plusieurs jours de manger la totalité de la ration qui lui était donnée, et mit en réserve une partie de ses aliments; puis il sortit et ramena avec lui plusieurs Chiens du voisinage qui se régalèrent des provisions ainsi amassées. Cela fait, tous ces animaux sortirent ensemble, et, conduits par leur hôte, allèrent fort loin, à l'endroit où demeurait le Chien dont celui-ci avait à se plaindre, et là se jetèrent tous sur lui, et le punirent sévèrement de ses méfaits ». Ce Chien avait presque fait de la diplomatie.

Supériorité de l'intelligence humaine; influence du langage. — Sans doute, quelques-uns des exemples que nous venons de citer doivent être considérés comme exceptionnels; ils n'ont frappé l'attention qu'en raison même de leur rareté; mais ils n'en démontrent pas moins qu'au point de vue de leur nature intime, les phénomènes intellectuels que présentent les animaux ne peuvent être séparés de ceux qui sont arrivés chez l'homme à un si haut déve-

---

1. *Leçons sur l'Anatomie et la Physiologie comparées de l'homme et des animaux*, t. XIV, p. 120.

loppement; entre les uns et les autres, il n'y a qu'une différence de degré.

Mais deux causes ont placé l'homme à une distance considérable au-dessus des bêtes les mieux douées : l'usage de la parole et une activité dans la recherche des causes dont on trouve à peine le rudiment dans l'intelligence des animaux.

Par le langage dont l'évolution s'est faite lentement, et qui paraît n'avoir d'abord été qu'un ensemble de cris imitatifs peu différents de ceux des animaux, mais qui avait à son service un instrument d'une merveilleuse souplesse, l'homme a pu donner un corps à ses idées, les conserver dans son esprit, les communiquer à ses semblables, et ainsi s'est accru peu à peu le fonds intellectuel primitivement fort simple de l'humanité. A mesure que se développaient des idées plus nombreuses et plus précises, le besoin de connaître les causes a lui-même grandi, et presque tous les hommes sont arrivés à se demander quelle avait pu être leur origine, quelle avait été celle du monde où ils vivaient, quels étaient l'avenir et le but de tout ce qui les entourait, quelle était leur propre fin. C'est là, pour M. de Quatrefages, le caractère propre de l'intelligence humaine, et il lui a paru suffisant, pour justifier le maintien de ce Règne humain qu'Isidore Geoffroy Saint-Hilaire et quelques autres naturalistes concevaient au faîte de tout ce qui est.

Si, maintenant, nous essayons de résumer ce long chapitre, nous arrivons à cette conclusion que, dans tous les animaux, les manifestations mentales, des plus humbles aux plus élevées, sont toutes de même nature. Elles sont d'abord inconscientes, limitées aux actions et aux réactions les plus immédiates de l'organisme et du milieu dans lequel il vit. Chaque animal vivant dans des conditions déterminées, les actions et les réactions sont toujours à peu près les mêmes pour une même espèce, provoquent les mêmes obscures opérations intellectuelles. Ces opérations toujours répétées s'incrustent en quelque sorte dans le sensorium de l'animal, arrivent à faire partie de lui-même ; l'aptitude à les reproduire, en dehors de toute conscience, se transmet héréditairement : nous sommes alors en présence des *instincts* proprement dits, des *instincts innés*, immuables. A cet état rudimentaire, succède une notion plus claire des rapports de l'organisme et du milieu ; la conscience se dégage ; le but prochain des actes accomplis d'abord instinctivement apparaît dès lors ; les actes purement instinctifs sont susceptibles d'être légèrement modifiés et perfectionnés ; et, si les causes qui ont amené ces modifications sont persistantes, ces modifications, d'abord intelligentes, sortent de la conscience pour redevenir instinctives ; l'instinct se modifie, mais il domine l'intelligence. Peu à peu, cependant, la conscience devient plus étendue, les idées plus claires, les rapports compris plus nombreux, l'intelligence se distingue nettement. Elle se mélange d'abord à tous les degrés à l'instinct ; enfin arrive le moment où elle masque à peu près complètement les instincts innés, où ce qu'ils ont de fixe disparaît sous le flot changeant de ses incessantes innovations, où ce qui se fixe par hérédité, ce n'est plus l'aptitude à concevoir presque inconsciemment tel ou tel rapport, c'est l'aptitude à rechercher et à découvrir des rapports nouveaux, jusqu'à ce qu'enfin se montre le merveilleux épanouissement de la raison humaine.

CHAPITRE VI

STRUCTURE INTIME DU CORPS DES ANIMAUX

Organes. — ÉLÉMENTS ANATOMIQUES. — LA CELLULE. — Individu protoplasmique ou plastide. — SUBSTANCES INTERSTITIELLES; HUMEURS. — ÉLÉMENTS ANATOMIQUES LIBRES. — ÉLÉMENTS ANATOMIQUES AGRÉGÉS EN TISSUS; PRINCIPAUX TISSUS : Tissu celluleux, épithéliums. — Épithélium vibratile. — Tissu conjonctif. — Tissu cartilagineux; tissu osseux. — Tissu musculaire. — Tissu nerveux. — VIE CELLULAIRE; GREFFE. — Indépendance des éléments anatomiques. — Les éléments anatomiques et les ferments.

Organes. — L'anatomie nous fait connaître que le corps des animaux est, en général, composé d'un certain nombre de parties bien distinctes les unes des autres par leur forme extérieure, par leur apparence générale et par la nature de la substance qui les constitue. Ces parties que nous pouvons reconnaître chez les gros animaux sans autre secours que le scalpel, sont ce que nous appelons les *organes* : chez les Vertébrés, le cerveau, le cœur, l'estomac, le foie, le tube digestif, etc., sont des organes. Toute la science de l'organisation des êtres vivants a longtemps consisté à décrire minutieusement les moindres particularités que l'œil permettait de reconnaître dans ces organes. C'est seulement depuis le commencement de ce siècle que l'on a cherché à pénétrer la nature de la substance même qui les forme, en appliquant à leur étude, comme l'avaient déjà fait au dix-septième et au dix-huitième siècle Malpighi (1628-1694) et Leeuwenhoek (1632-1723), un instrument d'optique qui a acquis une merveilleuse puissance, le *microscope*.

Éléments anatomiques. — Lorsqu'on vient à détacher une petite portion d'un organe quelconque d'un animal, et à la déchirer à l'aide d'aiguilles fines sur une plaque de verre, de manière à l'étaler le plus possible, puis qu'on examine à l'aide d'un microscope grossissant suffisamment la préparation ainsi obtenue, préalablement recouverte d'une plaque de verre mince pour la protéger, on reconnaît, en général, que cette portion d'organe se résout en une

multitude de corpuscules tantôt arrondis, tantôt polyédriques ou
étoilés, tantôt cylindriques ou coniques, tantôt enfin allongés en
filaments, mais présentant toujours une forme et des contours nettement définis. Ces corpuscules qu'on réussit souvent à séparer les
uns des autres par le procédé de dilacération que nous venons d'indiquer, sont les éléments constitutifs des organes; on les appelle,
pour cette raison, les *éléments anatomiques*.

Un procédé de recherche différent permet de les voir en place
et de reconnaître leur arrangement et leurs relations réciproques.
Il consiste à durcir dans des réactifs divers, tels que l'alcool absolu
ou l'acide chromique, la portion d'organe que l'on veut étudier, et
à pratiquer ensuite à l'aide d'un rasoir des *coupes* parallèles aussi
minces que possible dans l'épaisseur de sa substance. Par suite du

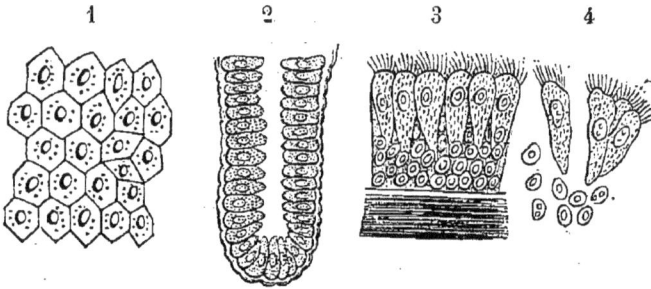

FIG. 156. — Éléments anatomiques. —1, cellules polyédriques de l'épiderme d'un
embryon. — 2, coupe d'une glande de l'intestin du Lapin. — 3, coupe dans
l'épaisseur d'une bronche à surface vibratile. — 4, éléments dissociés de l'épithélium de la bronche.

durcissement, les éléments anatomiques sont en quelque sorte
collés les uns aux autres ; ils sont tout au moins suffisamment adhé-
rents pour que la lame bien tranchante du rasoir ne modifie pas
leurs rapports. Ces coupes (fig. 1, 2 et 3), que leur minceur rend
transparentes, peuvent être facilement étudiées au microscope et,
quand elles sont faites d'une façon méthodique par une main habile,
elles permettent de déterminer d'une façon précise la structure intime des organes les plus complexes.

L'étude des organes au moyen des coupes corrobore ce que la
dilacération nous avait appris : elle nous montre chez tous et dans
toutes leurs parties ces mêmes corpuscules, ces mêmes éléments
anatomiques qui, par leur juxtaposition, constituent l'animal,
absolument comme les pierres d'un palais constituent cet édifice.
Les éléments anatomiques prennent donc une importance considérable et demandent une étude approfondie.

La cellule. — Les végétaux ont, en général, une consistance qui permet de pratiquer sans aucune préparation à travers leur épaisseur les coupes que l'on ne peut ordinairement faire à travers la substance des animaux qu'après l'avoir préalablement soumise à l'action de divers réactifs.

Les botanistes avaient depuis longtemps reconnu par ce procédé que la substance des plantes est, en grande partie, formée de vésicules, naturellement sphériques, mais qui en raison de la compression réciproque qu'elles exercent les unes sur les autres, prennent presque toujours une forme polyédrique. Ils donnaient à ces vésicules le nom de *cellules*. En 1838, Schleiden établit que l'on pouvait considérer tous les éléments anatomiques des végétaux comme de simples modifications de ces cellules et l'année suivante Théodore Schwann étendit aux animaux la théorie de Schleiden : toutes les recherches entreprises depuis cette époque n'ont fait que confirmer cette idée que tous les êtres vivants, animaux ou végétaux, sont essentiellement formés d'éléments anatomiques ; tous peuvent être ramenés à un même type, la *cellule*.

Mais qu'est-ce que la cellule ?

Il faut, pour se rendre un compte exact de la signification de cet élément, revenir aux organismes inférieurs, aux Monères, aux Rhizopodes les plus simples, aux Infusoires flagellifères. Tous ces êtres présentent une propriété commune ; ils ne peuvent grandir indéfiniment ; à de très rares exceptions près, leurs dimensions ne dépassent pas quelques dixièmes de millimètre. Une fois cette taille atteinte, leur masse se divise soit en deux moitiés égales, comme chez les Protamibes, soit en un nombre variable et assez grand de parties, comme chez les *Protomyxa* (fig. 92) et les Radiolaires, et cette division multiple est alors accompagnée de phénomènes particuliers.

La division une fois accomplie, les parties qui en résultent deviennent isolément, ou après s'être réunies plusieurs ensemble, autant de nouveaux individus. Ces individus, examinés à une phase quelconque de leur développement, à un grossissement du microscope aussi fort que l'on voudra, ne se résolvent plus en éléments anatomiques comme les organismes plus élevés. Ils ont, d'ailleurs, des dimensions approximativement égales à celles de ces éléments et présentent, à l'examen microscopique, le même degré de simplicité : on est ainsi conduit à les considérer comme les équivalents d'un seul élément anatomique.

Nous avons déjà vu que les Monères sont exclusivement formées d'un petit grumeau d'une substance homogène, le *protoplasma*, capable, malgré son homogénéité, de se mouvoir, de se nourrir, même d'animaux vivants, de grandir et de se reproduire. Telle est aussi l'idée qu'il faut se faire du plus simple des éléments anatomiques : c'est une petite masse de protoplasma, un *individu protoplasmique.*

Des êtres qui ont été d'abord aussi homogènes que les Monères, tels que les Grégarines (fig. 157), arrivent ensuite à une phase d'organisation un peu plus élevée qui se retrouve chez les Amibes, les Infusoires flagellifères et quelques Rhizopodes. Au centre de leur protoplasma se forme une petite masse plus cohérente, tantôt plus transparente, tantôt plus granuleuse, absorbant autrement que la substance restante, les matières colorantes et se comportant aussi d'une façon spéciale sous l'action des réactifs : c'est ce qu'on nomme le *noyau*, dans lequel peuvent se montrer un ou plusieurs corpuscules plus petits, les *nucléoles*. Il n'est pas rare que les éléments anatomiques des animaux même les plus élevés s'arrêtent à cet état de développement ; mais, de même qu'on voit un certain nombre d'Infusoires et de Rhizopodes s'enfermer, au moins à une certaine période de leur existence, dans une enveloppe complètement close de nature variable, de même la plupart des éléments anatomiques des végétaux et beaucoup de ceux des animaux subissent une dernière transformation. La couche superficielle de leur protoplasma se condense en une membrane continue qui peut s'encroûter de substances diverses et forme la *membrane d'enveloppe* de la cellule. Le protoplasma restant

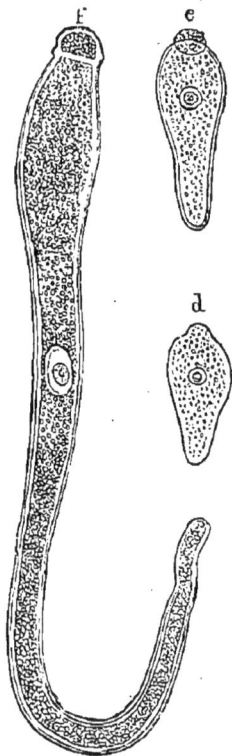

FIG. 157. — Grégarines à derniers états de développement.

peut alors emmagasiner des produits particuliers, qui finissent par prendre sa place ; il peut aussi se résorber entièrement. La cellule, réduite ainsi à son enveloppe sur la paroi de laquelle est quelquefois appliqué son noyau, a dès lors cessé de vivre ; elle persiste plus ou moins longtemps encore, mais elle ne grandit plus, ne se nourrit plus, ne se reproduit plus et finit souvent par être complètement éliminée : c'est ce qui arrive tôt ou tard aux cellules de notre épiderme.

L'individu protoplasmique ou plastide. — La forme vésicu-
laire n'est donc, ordinairement pour un élément anatomique, qu'un
signe de décrépitude ; c'est cependant cette forme qu'on a d'abord
considérée comme la forme typique, et de là vient le nom de cellule
sous lequel on désigne habituellement les premières parties constitutives des organismes ; en réalité, ce qui est essentiel dans les éléments
anatomiques, ce qui fait qu'ils sont vivants, c'est leur protoplasma et
comme ce protoplasma ; demeure souvent libre durant toute la vie de
l'élément, que celui-ci n'est jamais, dans ce cas, une véritable cellule,
on évite toute équivoque en désignant les éléments anatomiques, en
général, sous le nom de *plastide*[1] et en réservant le nom de *cellule*
pour ceux d'entre eux qui sont formés d'une masse protoplasmique,
enfermée dans une membrane et contenant un noyau (fig. 158).

Si, au point de vue des phénomènes vitaux, le protoplasma est la

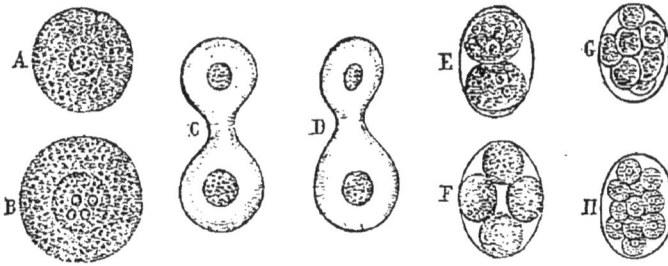

Fig. 158. — Cellules. A, cellule typique pourvue d'un noyau ; B, autre cellule dont
le noyau contient des nucléoles ; C, D, deux cellules (globules sanguins du
Poulet) se reproduisant par division ; E et H, phases de la segmentation de l'œuf
d'un Ver intestinal (*Ascaris*).

partie essentielle, la seule partie active des plastides, la production
de la membrane d'enveloppe n'en est pas moins un fait d'une haute
importance. C'est, en effet, par la constance relative de cette membrane et par sa nature que les plastides végétaux diffèrent le
plus nettement des plastides animaux. Tandis que la membrane
cellulaire est, en général, chez les animaux, molle et extensible,
chez les végétaux elle s'encroûte d'une substance plus ou moins
rigide, la *cellulose*. Il résulte de là que les cellules des animaux
peuvent se déformer facilement par suite des mouvements de leur
protoplasma, tandis que les cellules végétales ne trahissent pas à
l'extérieur ces mouvements ; cette différence explique, en partie,

1. Ce nom a été imaginé par le professeur Hæckel, d'Iéna. Il est dérivé du verbe
grec πλάσσω, je forme.

pourquoi les animaux possèdent la faculté de se mouvoir, tandis que les végétaux en sont généralement dépourvus. On aura une idée de la rigidité que peut atteindre la cellulose chez les végétaux et du rôle important qu'elle joue dans leur économie, si l'on se rappelle que le bois est presque exclusivement formé d'une variété particulière de cette substance. Dans le Règne animal, la cellulose ou l'une de ses variétés n'a été trouvée jusqu'ici que dans la tunique des Ascidies.

L'*œuf* de tous les animaux présente, à tous les points de vue, une identité absolue avec les plastides. Tous les animaux sont donc réduits, au début de leur existence, à un seul élément anatomique. Ainsi que nous l'avons déjà vu, tous les autres plastides naissent de celui-là par une longue série de divisions ou de bourgeonnements successifs, qui ne cessent totalement de se produire dans un organisme qu'à sa mort.

Les plastides nés de la segmentation de l'œuf ou de l'ovule sont d'abord tous semblables (fig. 159), mais peu à peu ils prennent des caractères de plus en plus dissemblables, ils se *différencient* aussi bien au point de vue de leur forme ou de leur constitution que de leurs fonctions. On est ainsi conduit à distinguer d'une façon particulière quelques formes remarquables d'éléments anatomiques. Souvent les cellules, au lieu d'offrir un contour arrondi ou polyédrique, présentent en plusieurs points de leur surface des prolongements en forme de filaments qui se terminent parfois librement, mais viennent plus souvent encore se souder aux prolongements semblables d'autres cellules; on appelle ces cellules, *cellules étoilées*. Très souvent

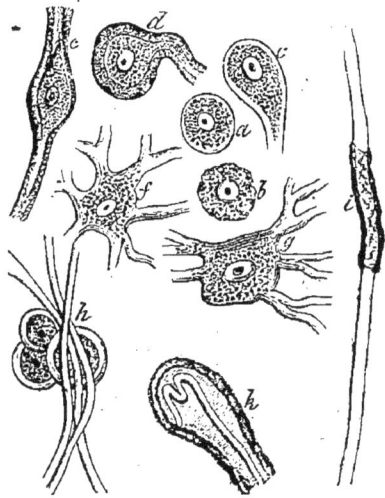

FIG. 159. — Diverses formes de cellules et de fibres tirées du système nerveux. — *a*, *b*, cellules sphériques; *c*, *d*, cellules unipolaires; *e*, cellule bipolaire; *f*, *g*, cellules multipolaires; *k*, *k*, *i*, fibres nerveuses.

la cellule ne présente que deux prolongements opposés l'un à l'autre et s'étire elle-même dans leur direction, de sorte que l'élément tout entier prend la forme d'un fuseau plus ou moins allongé, c'est alors une *fibre*. Les éléments constitutifs des muscles

sont presque exclusivement des fibres; le plus grand nombre des
cellules du cerveau sont des cellules étoilées.

**Substances interstitielles, humeurs, éléments anatomiques
libres.** — Les cellules ont subi encore d'autres déformations qui
les rendent méconnaissables. Plusieurs peuvent se fusionner et ne
demeurer distinctes que par leur noyau, ou même former des masses
amorphes au sein desquelles il devient difficile de reconnaître les
traces des éléments primitifs. Cela arrive également lorsqu'il se
forme entre les cellules des produits d'exsudation qui les éloignent
les unes des autres, les isolent de tout milieu nutritif et finissent

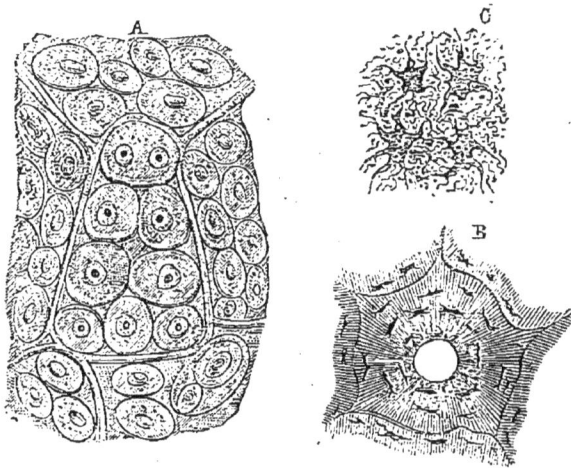

FIG. 160. — A, coupe d'un cartilage montrant les cellules et les substances
interstitielles qui les sépare; B, C, corpuscules osseux étoilés séparés par la substance fondamentale de l'os.

quelquefois par les faire disparaître; mais s'ils sont parfois une
gêne pour la nutrition des éléments anatomiques, ils se laissent
souvent aussi pénétrer par leurs sucs nutritifs, ou constituent eux-
mêmes le milieu dans lequel vivent, se nourrissent et se reproduisent
les plastides. Les produits d'exsudation peuvent avoir les consis-
tances les plus variées; leur composition chimique est aussi variable
que leur consistance. La plus grande partie de la substance des
cartilages et probablement une portion de la substance dure et minérale des os sont dues à des exsudations de ce genre (fig. 157); la
couche élastique et résistante qui recouvre le corps des Insectes, la
substance calcaire qui constitue la coquille des Mollusques, sont
certainement formées de la sorte par les cellules épidermiques, mais

les produits d'exsudation des éléments anatomiques peuvent aussi demeurer à l'état liquide. Souvent ils sont purement et simplement rejetés à l'extérieur comme la sueur, la salive, etc., ce sont alors des *sécrétions* et les organes qui les produisent portent le nom de *glandes;* d'autres fois, ils s'accumulent dans des cavités spéciales, comme cela arrive pour la synovie des articulations et autres liquides *séreux;* d'autres fois enfin ils circulent dans un système compliqué de canaux, comme le *serum* du sang et de la lymphe.

Ces derniers liquides, dont l'origine est fort complexe, ont dans l'économie une importance exceptionnelle. Non seulement ils se trouvent, durant leur circulation, en contact avec le plus grand nombre des éléments anatomiques du corps, mais encore ils entraînent avec eux des plastides vivants, qui demeurent en suspen-

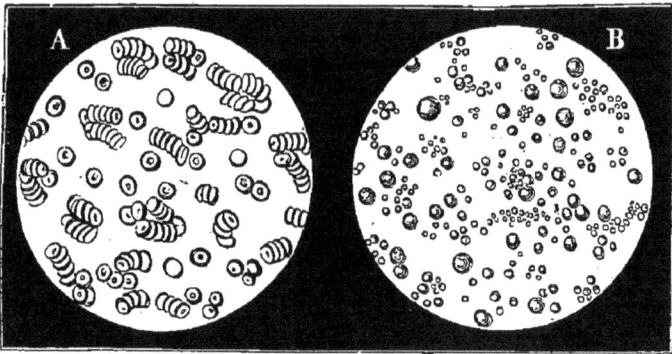

Fig. 161. — A, globules du sang. — B, corpuscules graisseux du lait.

sion dans leur masse, y mènent une existence très active, s'y nourrissent et s'y reproduisent, contribuent pour une large part à la nutrition des éléments anatomiques fixes, quoiqu'ils ne prennent jamais place parmi eux, et ne cessent de circuler dans l'organisme. Ces *éléments anatomiques libres* sont bien connus sous les noms de *globules du sang* (fig. 161, A) et de *corpuscules de la lymphe*.

On désigne sous le nom d'*humeurs* les divers liquides de l'organisme, qu'ils contiennent ou non des éléments anatomiques libres. Certaines humeurs, sans contenir des éléments anatomiques, tiennent en suspension des corpuscules spéciaux, c'est ainsi que le lait laisse voir au microscope une infinité de globules graisseux entourés chacun d'une mince membrane (fig. 161, B).

Éléments anatomiques agrégés en tissus, principaux tissus. — On appelle *tissu* tout ensemble formé par la réunion d'éléments anatomiques de même nature. L'étude des tissus et des éléments anatomiques qui les composent, constitue une science particulière, l'*histologie*, auxiliaire indispensable aujourd'hui de l'anatomie, de la physiologie et de la médecine, et dont les fondements ont été jetés, en 1801, par un médecin français, Xavier Bichat [1].

Il ne faut pas confondre les *tissus* avec les *organes*, qui sont formés, en général, de la combinaison de plusieurs tissus.

Les tissus résultant de la juxtaposition d'éléments anatomiques semblables, dont quelques-uns peuvent d'ailleurs avoir subi certaines modifications à l'exclusion des autres, il y a naturellement autant d'espèces de tissus qu'il y a d'espèces d'éléments anatomiques. Ces tissus, dont Bichat a le premier essayé de définir les diverses sortes, peuvent être ramenés aux types suivants :

1° Tissus celluleux ou épithéliaux ;

2° Tissu conjonctif ;

3° Tissu cartilagineux ;

4° Tissu osseux ;

5° Tissu musculaire ;

6° Tissu nerveux.

Tissus celluleux : épithéliums. — Les tissus celluleux sont presque exclusivement formés de cellules juxtaposées en couche simple, ou en couches superposées, et ayant gardé une forme voisine de la forme fondamentale.

C'est un tissu celluleux qui revêt toute la paroi externe du corps et qui constitue l'*épiderme*.

Toutes les cavités internes du corps sont également tapissées par une ou plusieurs couches de tissu celluleux. On donne à ces revêtements de cellules le nom d'*épithéliums*. Il en existe de plusieurs sortes qui méritent d'être distinguées.

L'épithélium est *simple* quand il n'est formé que d'une seule couche de cellules (fig. 156, n° 2) ; il est *stratifié* quand il est formé de plusieurs couches de cellules superposées (fig. 156, n° 3).

La forme des cellules qui les composent, donne aussi aux épithéliums des caractères particuliers. Lorsque les cellules sont aplaties, ont un contour polygonal et sont juxtaposées comme les pierres d'un pavé, l'épithélium est *pavimenteux* (fig. 156, n° 1) ; il est *cylindrique* si les cellules ont une forme allongée normalement à la surface qu'elles revêtent (fig. 162). Les cellules de l'épithélium

_____

1. Bichat mourut en 1802, à Paris, à l'âge de trente et un ans

cylindrique n'ont, du reste, jamais une forme régulièrement géométrique ; souvent leur extrémité externe est recouverte par une sorte de plateau strié tandis que leur extrémité interne semble déchiquetée et présente des prolongements qui peuvent s'étendre fort loin de la cellule (fig. 162).

L'épithélium pavimenteux tapisse, en général, les cavités closes de l'organisme, les cavités limitées par les *membranes séreuses*, par exemple. Les cavités ouvertes, comme celles de l'intestin ou des canaux excréteurs des glandes sont le plus souvent recouvertes d'épithélium cylindrique, et les membranes qui les limitent portent le nom de *muqueuses*.

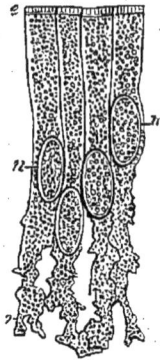

FIG. 162. — Quatre cellules d'épithélium cylindrique (intestin de la Grenouille).—*e*, plateau strié terminal ; *n*, noyau ; *o*, extrémité interne déchiquetée.

Les régions sécrétantes des glandes présentent des épithéliums très variés, spéciaux à chaque glande et qui constituent leur partie active. La sécrétion est, en effet, l'un des rôles les plus importants des épithéliums ; la plupart laissent suinter des liquides qui tantôt humectent simplement leur surface, comme la *sérosité* des séreuses ou le *mucus* des muqueuses, mais qui peuvent aussi être portés au dehors par des conduits spéciaux ou s'accumuler dans des réservoirs pour jouer un rôle à un moment donné. Ce sont des épithéliums qui produisent tous les liquides digestifs, les larmes, la sueur, etc. L'importance physiologique des tissus celluleux est donc considérable.

Épithélium vibratile. — Parmi les formes d'épithélium les plus importantes, l'une des plus remarquables est celle de l'*épithélium vibratile*. Cet épithélium est constitué par des cellules généralement cylindriques ou coniques (fig. 163), portant à leur surface libre un certain nombre de filaments, assez semblables à des cils ou à des poils, et animés, tant que l'épithélium est vivant, d'un mouvement constant et rapide d'oscillation autour de leur base. Ces filaments, qui ne sont autre

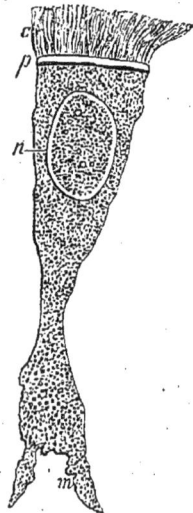

FIG. 163. — Cellule vibratile.—*c*, cils vibratiles ; *p*, plateau qui les supporte ; *n*, noyau ; *m*, extrémité interne déchiquetée de la cellule.

chose que des prolongements du protoplasma de la cellule, portent le nom de *cils vibratiles*. Quelquefois, chez les Infusoires flagellifères, chez les Éponges (fig. 81), chez les Cœlentérés, par exemple, chaque cellule ne porte qu'un seul cil vibratile, généralement très grêle et très allongé et qu'on appelle alors un *flagellum*.

Le corps de beaucoup d'animaux aquatiques adultes et d'un nombre plus grand encore d'embryons est recouvert, au moins dans une partie de son étendue, d'un épithélium vibratile. Les cils vibratiles peuvent fonctionner alors comme autant de petites nageoires qui, fouettant sans relâche l'eau ambiante, prennent une part active à la locomotion de l'animal, comme on le voit chez les Infusoires ciliés, les Rotifères, les Vers turbellariés ou chez les larves d'Éponges, d'Hydres, de Coralliaires, d'Échinodermes, d'Annélides, de Mollusques, etc. Mais le plus souvent les cils vibratiles ne sont pas assez puissants pour emporter l'animal qui possède d'autres moyens de locomotion, ou qui même est fixé au sol; ils déterminent alors, dans le liquide qu'ils fouettent, des courants de direction constante qu'il est facile d'observer en mélangeant au liquide des poudres colorées. On voit les cils vibratiles jouer successivement ces deux rôles chez certains Infusoires, chez les Rotifères, chez les embryons de Mollusques, etc.

Chez tous les animaux (sauf les Arthropodes qui ne présentent jamais d'épithélium de ce genre), les cils vibratiles jouent un rôle de premier ordre dans la respiration; ils sont chargés de renouveler l'eau constamment autour des organes respiratoires des animaux aquatiques, et chez les animaux aériens ils font circuler les liquides chargés de gaz qui humectent les parois de l'appareil; chez tous les animaux sédentaires ou fixés qui n'appartiennent pas au type des Arthropodes, ce sont encore les cils vibratiles qui déterminent dans l'eau les courants dirigés vers la bouche de l'animal, par lesquels les matières alimentaires sont amenées à ce dernier : les Ascidies, les Moules, les Huîtres et beaucoup d'autres Mollusques n'ont pas d'autres moyens de préhension des aliments.

Les cils vibratiles, quoique invisibles à l'œil nu, ont donc une part importante dans les phénomènes de locomotion, surtout chez les animaux inférieurs; ils font mouvoir l'animal dans le milieu où il vit, ou déplacent ce milieu autour de lui. Ils sont suppléés dans ce double rôle, chez les Arthropodes, par les membres articulés, qui sont susceptibles des modifications les plus diverses. Chez les Vertébrés, ils tapissent toujours la surface des organes respiratoires tournée vers le milieu respirable; chez beaucoup de Vertébrés aquatiques, la Grenouille, par exemple, l'épithélium de la cavité buccale et de l'œsophage est lui-même vibratile, et il le devient chez l'*Amphioxus* sur toute l'étendue de l'intestin, comme on peut le voir encore chez beaucoup d'Annélides, chez les Vers de terre et chez la plupart des Mollusques. L'épithélium qui revêt diverses glandes, ou tout au moins leurs canaux excréteurs, est aussi souvent pourvu de cils vibratiles.

Tissu conjonctif. — Le *tissu conjonctif* est fort répandu dans les animaux. Il doit son nom à ce qu'il sert en quelque sorte de trait d'union entre les diverses parties des organes, ou entre les organes eux-mêmes. On l'a quelquefois comparé au coton ou aux ma tières d'emballage que, dans une caisse de voyage, on met entre les différents objets pour les maintenir en place et les empêcher de se heurter. Interposé entre les organes, il forme dans leur intervalle une sorte de feutrage blanchâtre à mailles lâches, que les bouchers gonflent d'air pour donner à leur viande un plus bel aspect; c'est ce que les anciens anatomistes appelaient le *tissu cellulaire;* souvent ce tissu se charge spontanément d'une quantité considérable de graisse, il devient alors le *tissu adipeux* (fig. 164). Immédiatement autour des prin-

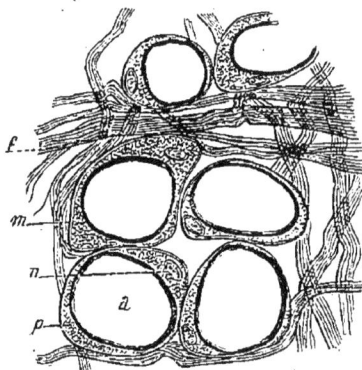

FIG. 164. — Tissu adipeux. — *a*, globule de graisse enfermé dans une cellule; adipeuse; *p*, protoplasma de la cellule; *n*, son noyau; *m*, la membrane d'enveloppe; *f*, faisceau conjonctif.

cipaux organes, il s'aplatit en lames minces ou *membranes* qui forment des capsules ou des tuniques étroitement adhérentes aux organes qu'elles recouvrent. Partant de ces membranes, le tissu conjonctif s'infiltre, en quelque sorte, dans la substance des organes eux-mêmes et relie entre eux les vaisseaux, les nerfs, les muscles et les autres parties qui les composent.

Autour des organes destinés à effectuer des mouvements, ou entre eux, le tissu conjonctif forme encore des bourses complètement closes, remplies d'un liquide, et tapissées intérieurement d'un épithélium pavimenteux : ces bourses membraneuses que nous avons eu déjà l'occasion de signaler ont reçu la dénomination de *séreuses*. Entre les articulations des membres elles forment les *synoviales;*

autour des viscères abdominaux elles constituent le *péritoine*, autour des poumons la *plèvre*, autour du cœur le *péricarde*, etc.

Sous sa forme la plus simple, le tissu conjonctif est simplement formé de cellules sphériques ou polyédriques juxtaposées ; c'est l'apparence qu'il présente d'abord chez les plus jeunes embryons. Mais ces cellules changent bientôt d'aspect ; le plus souvent elles deviennent étoilées (fig. 165, C), et une abondante substance interstitielle se développe entre elles. Cette substance est quelquefois homogène. Elle se décompose souvent en fibrilles disposées en faisceaux, les *faisceaux conjonctifs* (fig. 164, *f* et 162, A). Dans un grand nombre de cas, ces fibrilles sont résistantes, extensibles, mais reviennent rapidement à leurs dimensions premières ; elles forment alors le *tissu élastique.*

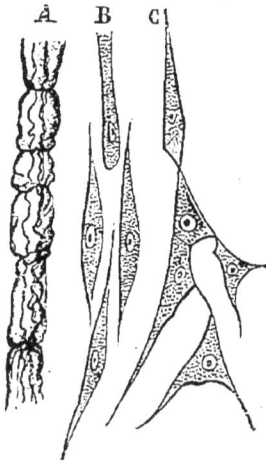

FIG. 165. — Éléments du tissu conjonctif. — A, faisceau de fibres conjonctives avec fibres annulaires ; B, éléments du tissu conjonctif de la peau d'un agneau ; C, cellules étoilées du tissu conjonctif d'un embryon.

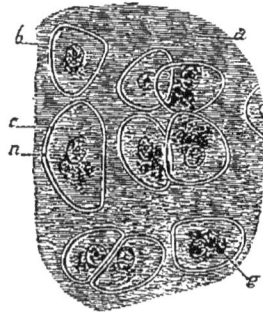

FIG. 166. — Tissu cartilagineux. — *a*, substance fondamentale ; *b*, capsule ; *c*, protoplasma des cellules ; *n*, noyau ; *g*, granulations graisseuses.

Tissu cartilagineux et tissu osseux. — Le *tissu cartilagineux* et le *tissu osseux* ne sont eux-mêmes que des transformations du tissu conjonctif. Dans le cartilage (fig. 165), les cellules conservent une forme arrondie. La substance interstitielle peut présenter toutes les variétés qu'elle offre dans le tissu conjonctif ordinaire ; autour des cellules, elle se condense de manière à leur former une *capsule* qu'il ne faut pas confondre avec la membrane d'enveloppe des cellules ordinaires. Les cartilages ont, en général, la consistance de la gélatine fortement coagulée ou de la corne ; ils sont flexibles et

faciles à couper; mais quelquefois leur substance interstitielle
s'infiltre de sels calcaires, et ils peuvent atteindre la consistance
des os. De tels cartilages précèdent ordinairement l'apparition des
os proprement dits qui les enveloppent en partie et, en partie, se
substituent à eux.

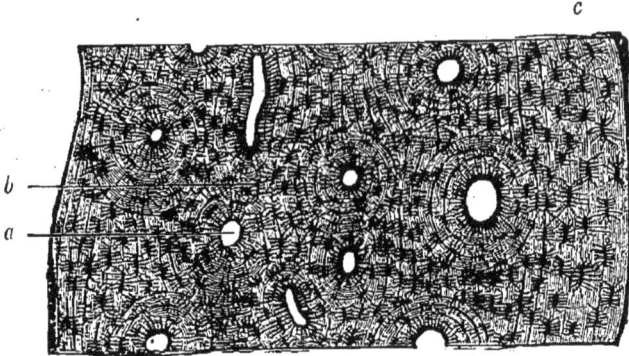

Fig. 167. — Tissu osseux. — *a*, canaux de Havers; *b*, systèmes de lamelles osseuses
qui les entourent et corpuscules osseux; *c*, systèmes communs de lamelles de
la surface de l'os.

Le *tissu osseux* proprement dit a une structure toute particulière. Dans l'épaisseur des os (fig. 167) sont creusés de petits canaux
contenant des vaisseaux, les *canaux de Havers*.
Autour de ces canaux, la substance osseuse,
imprégnée de phosphate et de carbonate de
chaux, forme des couches concentriques, les
lamelles osseuses, traversées par de fins canalicules ramifiés et anastomosés en tous sens,
les *canalicules osseux*, et aboutissant à de
petites cavités allongées dans le sens des lamelles, mais à contours irréguliers, les *corpuscules osseux*. Ces corpuscules (fig. 168)
contiennent chacun une cellule étoilée dont les
prolongements protoplasmiques ne paraissent
cependant pas s'étendre dans les canalicules
osseux. A la périphérie des os, les lamelles
osseuses enveloppent l'ensemble des systèmes
concentriques formés autour des canaux de
Havers (fig. 167, *c*); l'os tout entier est recouvert par une membrane fibreuse extérieu-
rement, cellulaire intérieurement, qui prend une part active à sa
formation; c'est le *périoste*. Des fibres d'une grande longueur,

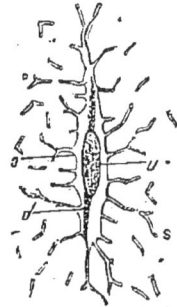

Fig. 168. — Un corpus-
cule osseux dépouillé
de substance calcaire.
— *n*, noyau qu'il con-
tient; *p*, tractus de
protoplasma qui unit
ce noyau aux parois
du corpuscule; *c*, ori-
gine des canalicules
osseux.

parfois proportionnellement peu nombreuses, parfois formant à elles seules la trame de la substance de l'os, les *fibres perforantes* ou *fibres de Sharpey* (fig. 169, *p*) établissent la continuité entre les tissus extérieurs et l'os. Ces fibres se continuent avec le tissu fibreux du périoste et avec le tissu des ligaments et des tendons qui viennent s'attacher à l'os.

Les ligaments et les tendons sont eux-mêmes constitués par du tissu conjonctif fibreux ou élastique. Ils se trouvent, à leur tour, en continuité immédiate avec le tissu conjonctif qui enveloppe et pénètre les muscles ou les différents organes ; de là, une union des plus intimes entre ces organes et les os ou les cartilages qui possèdent tous un *périchondre*, comme les os ont eux-mêmes un périoste.

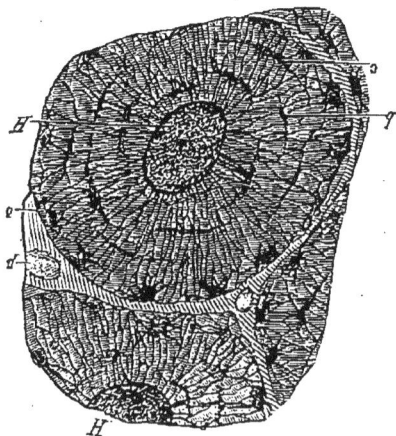

Fig. 169. — Coupe à travers un fragment d'os plus grossi.—H, canaux de Havers ; *b*, points où s'anastomosent les canalicules osseux ; *a*, *c*, corpuscules osseux ; *p*, fibres de Sharpey.

Les os et les cartilages n'étant d'ailleurs que du tissu conjonctif modifié, on voit que ce tissu forme dans tout l'organisme une charpente absolument continue, molle, flexible, comprenant dans ses mailles tous les organes dont elle maintient unies les parties les plus délicates, ou bien dure, résistante, et offrant ainsi à ces mêmes organes de solides points d'appui. Par le tissu conjonctif, toutes les régions de l'organisme se trouvent mises en rapport ; c'est un point qui doit être toujours présent à l'esprit si l'on veut avoir une intelligence complète des phénomènes physiologiques.

Dans les tissus conjonctifs, nous avons constaté l'existence de fibres ou de filaments, mais ces fibres ne sont pas de véritables éléments anatomiques ; elles ne dérivent pas de cellules, et résultent simplement d'une transformation particulière de la substance interstitielle. Nous allons trouver de véritables fibres issues de cellules dans les tissus qui nous restent à étudier.

Tissu musculaire. — Le *tissu musculaire* nous présente le premier exemple d'un tissu fibreux exclusivement formé de cellules modifiées. Tandis que les fibres du tissu élastique ne se raccourcissent que lorsqu'elles ont été préalablement étirées, les fibres musculaires jouissent de cette propriété particulière de se raccourcir plus ou moins brusquement sous l'action de divers agents et principalement sous celle de l'agent nerveux : elles sont, en un mot, *contractiles* et deviennent, en raison de cette propriété, les organes actifs du mouvement.

Chez beaucoup d'animaux inférieurs, le tissu musculaire est représenté, au moins en partie, par des cellules étoilées dont les prolongements plus ou moins ramifiés sont contractiles comme les véritables fibres. A mesure que l'on s'élève dans la série organique, les *cellules musculaires* tendent à disparaître ; elles sont presque entièrement remplacées chez les Vers supérieurs et chez les Mollusques par des fibres allongées, en forme de fuseau aplati et contenant un noyau de forme ovalaire. Ces fibres ont une longueur qui varie de 20 à 225 millièmes de millimètre, tandis que leur largeur oscille entre 4 et 7 millièmes de millimètre seulement. On trouve encore ces *fibres lisses*, en grande abondance, chez les animaux vertébrés ; mais leurs contractions sont complètement soustraites à l'action de la volonté : elles agissent sans que nous en ayons aucunement conscience, sans que nous puissions maîtriser leurs effets.

Les mouvements volontaires sont produits par des fibres d'une autre nature qui présentent, ainsi que les fibres musculaires des animaux arthropodes, un caractère constant : elles sont marquées de stries transversales alternativement claires et obscures, et sont, pour cette raison, désignées sous le nom de *fibres musculaires striées*. Les

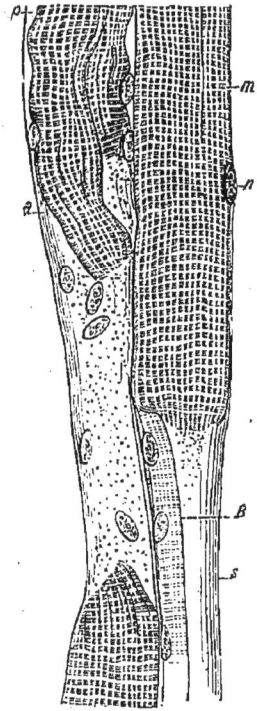

Fig. 170. — Deux faisceaux musculaires non étendus et montrant les deux systèmes de stries. — *s*, sarcolemme ; *m*, substance musculaire ; *n*, noyaux ; *a*, région où l'un des faisceaux musculaires est rompu ; B, substance musculaire demeurée adhérente au sarcolemme.

fibres striées ou, plus exactement, les faisceaux musculaires striés, peuvent avoir une beaucoup plus grande longueur que les fibres lisses ; ces faisceaux ont, en général, toute l'étendue du muscle auquel ils appartiennent, et, quoique leur diamètre transversal ne soit pas supérieur à 80 millièmes de millimètre, leur longueur peut être de plusieurs décimètres ; mais ce ne sont plus des éléments anatomiques proprement dits et chaque faisceau musculaire a une structure compliquée.

Dans tout faisceau musculaire strié, on distingue une membrane fine, transparente, qui enveloppe la substance musculaire proprement dite, c'est le *sarcolemme* (fig. 170). La substance musculaire elle-même présente deux catégories de striés, les unes transversales, les autres longitudinales et on peut, à l'aide de réactifs appropriés, l'amener à se diviser en *fibrilles* limitées par les stries longitudinales, ou en *disques* superposés correspondant à la striation transversale. Les fibrilles, étant striées transversalement comme les fibres elles-mêmes, peuvent comme elles se décomposer en petits éléments

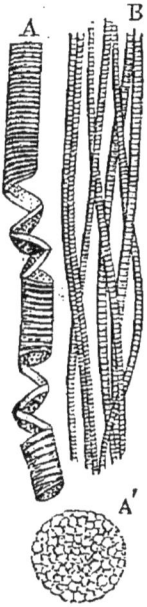

Fig. 171. — A, faisceau musculaire décomposé en disques. — B, autre faisceau décomposé en fibrilles. — A', disque plus grossi montrant les éléments qui le constituent.

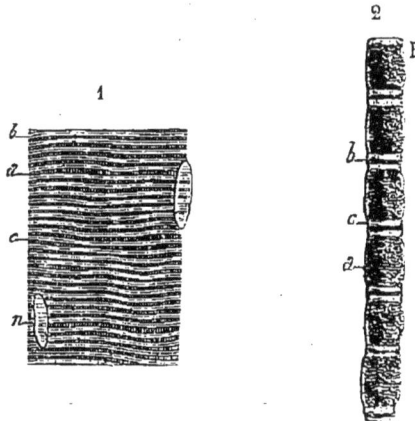

Fig. 172. — 1, faisceau musculaire étendu, et montrant seulement des stries transversales. — 2, fibrille musculaire isolée : *a*, disques épais ; *b*, disques minces traversés par une strie ; *c*, *n*, noyaux.

que l'on considère comme les éléments primitifs des muscles. Ces éléments, empilés les uns sur les autres sur une seule file, constituent les fibrilles ; placés côte à côte sur une seule assise, ils constituent les disques ; ce ne sont pas plus que des fibrilles, des éléments anatomiques des cellules. Tout faisceau musculaire provient originairement d'une cellule fusiforme qui s'est considérablement agrandie et dont le noyau s'est multiplié de manière à fournir les nombreux noyaux disséminés sous le sarcolemme à la surface de la substance musculaire. Lors de la division de cette substance en disques, on voit souvent un seul noyau unir entre eux plusieurs disques. Les fibres musculaires striées, reliées entre elles par du tissu conjonctif qui se laisse pénétrer par des nerfs et des vaisseaux, constituent à elles seules les *muscles* ou la chair des animaux.

Au point de vue physiologique, les fibres musculaires striées se distinguent des fibres musculaires lisses par la rapidité avec laquelle elles se contractent.

Tissu nerveux. — Le tissu musculaire est placé sous la dépendance étroite d'un autre tissu qui détermine ses contractions, mais qui jouit aussi de propriétés indépendantes, car c'est par son intermédiaire, que nous sommes capables de percevoir des sensations, de les distinguer, de les apprécier, de les grouper, de les coordonner, de les transformer en idées, de nous déterminer d'après ces idées, et d'envoyer enfin aux muscles les ordres de notre volonté. Ce tissu si important, qui est, en définitive, le tissu directeur de l'organisme, s'appelle le *tissu nerveux.* Il est, lui aussi, composé de fibres et de cellules. Les cellules se réunissent, en général, en organes plus ou moins volumineux, où elles sont d'ailleurs toujours associées à des fibres ; à cette catégorie d'organes, ou *centres nerveux,* appartiennent le *cerveau* et la *moelle épinière* des animaux vertébrés, ainsi que les divers *ganglions* qui les remplacent dans les autres types du Règne animal.

Les cellules nerveuses (fig. 159) sont assez volumineuses ; leur diamètre varie de 12 à 150 millièmes de millimètre environ ; elles sont ordinairement privées de membrane d'enveloppe, bien qu'elles puissent être entourées d'une gaine pourvue de plusieurs noyaux. Leur protoplasma contient un gros noyau muni d'un nucléole ; il semble au premier abord irrégulièrement granuleux ; mais, sous l'action de certains réactifs, apparaît dans sa substance une structure à la fois fort régulière et fort compliquée.

La plupart des cellules nerveuses, et peut-être toutes, émettent sur leur périphérie des prolongements en nombre variable tantôt simples, tantôt ramifiés : on les distingue en *cellules unipolaires,* *bipolaires* ou *multipolaires* suivant qu'elles possèdent un, deux ou plusieurs de ces prolongements, qui leur donnent, dans le dernier cas, une apparence étoilée. Les *cellules apolaires* sont celles où l'on ne découvre aucun prolongement d'aucune sorte.

Les filaments qui naissent des cellules nerveuses, peuvent s'unir à des filaments semblables nés d'autres cellules : ils mettent alors les cellules nerveuses en communication les unes avec les autres ; ou bien ils se continuent avec les *fibres nerveuses* qui constituent à elles seules les *nerfs*. Ces fibres appartiennent à deux types distincts : les *fibres pâles*, seules présentes chez les animaux inférieurs, et les *fibres à double contour* que l'on observe, unies aux précédentes, chez les animaux vertébrés. Elles n'ont guère qu'un centième de millimètre de largeur ; mais il en est qui peuvent s'étendre sur toute la longueur du corps et posséder par conséquent, chez un animal de grande taille, plusieurs mètres de longueur. Bien entendu ces longues fibres ne sont pas formées d'une seule cellule : chacune d'elles (fig. 173) est constituée par une série de cellules placées bout à bout, ayant chacune leur noyau distinct, et dont la longueur est d'environ un millimètre et demi. Chaque fibre nerveuse se termine, à l'une de ses extrémités, en s'unissant à des éléments nouveaux soit dans la peau, soit dans l'un des organes des sens, soit dans une glande, soit sur une fibre musculaire, et aboutit, à son autre extrémité, à une cellule nerveuse, de sorte que celles-ci tiennent sous leur dépendance toutes les parties de l'animal, en reçoivent des impressions ou leur transmettent des ordres.

Le tissu nerveux a donc sur les autres tissus une réelle prééminence ; on peut dire qu'il représente la forme la plus élevée des tissus vivants.

Fig. 173. — Fibres nerveuses. — *n*, noyaux ; *e*, cloisons qui séparent leurs éléments.

Vie cellulaire ; greffe. — Indépendance des éléments anatomiques. — Chacune des catégories de tissus que nous venons de définir a, en même temps qu'une forme particulière, un rôle physiologique qui lui est propre. De toutes parts, l'organisme est limité par du tissu celluleux, dont les éléments constituent pour lui un appareil protecteur, le débarrassent des produits nuisibles qui pourraient s'accumuler en lui, ou sécrètent des liquides, qui peuvent être utilisés de diverses façons. Le tissu conjonctif forme en quelque sorte le canevas de l'organisme ; par lui toutes les parties sont unies ensemble, maintenues à leur place et souvent même soutenues et protégées ; il est, en même temps, l'intermédiaire obligé par lequel leur arrivent les matières nutritives. Mais, réduit à ces deux sortes de tissus, l'organisme de l'animal, incapable d'accomplir aucun mouvement, serait inerte, comme celui du végétal. Le tissu musculaire qui se glisse dans les interstices du tissu conjonctif, apporte les ressorts qui faisaient défaut et devient l'instrument actif de tous les mouvements ; il ne manque plus que l'artiste capable de faire jouer les ressorts prêts à agir et de combiner leur action ; cet artiste c'est le tissu nerveux.

Par une remarquable division du travail organique, toutes les catégories de tissus concourent donc au maintien de l'existence de l'être vivant, et la part d'activité physiologique de chaque tissu n'est que la somme des activités physiologiques des éléments qui le composent. Dans une certaine mesure, chacun d'eux est nécessaire à l'existence des autres ; tous sont solidaires ; leur ensemble constitue une véritable unité ; mais il ne faudrait pas croire, pour cela, que les éléments anatomiques aient perdu l'individualité qui leur est propre. Obligés de se segmenter dès qu'ils ont atteint une certaine taille, ne conservant, en général, aucune continuité de substance avec leurs voisins, capables de revêtir des propriétés particulières, ils gardent vis-à-vis les uns des autres une réelle *indépendance*. De leur association résulte la formation d'un milieu spécial, caractérisé par certaines conditions de température et de composition chimique : c'est ce milieu, œuvre commune des éléments anatomiques, qui leur est nécessaire et hors duquel ils ne peuvent vivre.

Détachez d'un organisme donné un groupe d'éléments anatomiques, et transplantez-le dans un milieu identique ou même simplement analogue à celui dans lequel il vivait, ce groupe d'éléments continuera la même existence qu'auparavant. Les globules du sang sont des éléments vivants ; tirez à un homme une certaine quantité de sang et injectez-le dans les veines d'un autre homme, ces globules continueront à accomplir toutes leurs fonctions ; c'est sur ce fait qu'est basée l'opération de la *transfusion du sang*, grâce à laquelle on a pu souvent conserver la vie à des malades épuisés par d'abondantes hémorrhagies.

Arrachez une dent à un individu et implantez aussitôt dans l'alvéole une dent nouvelle, fraîchement enlevée à un autre individu, cette dent prendra racine et demeurera aussi vivante que ses voisines. On a pu ainsi remplacer, chez certaines personnes, des dents cariées par des dents parfaitement saines. Prenez dans une partie quelconque du corps un petit lambeau d'épiderme et placez-le dans une partie toute différente, au préalable mise à vif, l'épiderme reprendra et continuera à se développer. On a obtenu, par cette sorte de *greffe épidermique*, la cicatrisation de plaies jusque-là rebelles ; on peut même greffer sur un animal et faire vivre quelque temps de l'épiderme appartenant à un animal tout différent. Il en est de même pour le périoste : la greffe osseuse, pratiquée dans de bonnes conditions, a permis de reconstituer, dans presque toute leur longueur, des os enlevés par des blessures ou des opérations chirurgicales.

Tout aussi bien qu'un autre tissu, un ensemble de tissus, c'est-à-dire un organe, peut être amené à vivre tout autre part qu'à l'endroit où il s'était développé. L'opération de la *rhinoplastie* consiste à reconstituer un nez avec la peau du front. M. Paul Bert a obtenu des résultats plus curieux encore. Ayant coupé à un très jeune Rat soit une patte, soit une portion de la queue, il a introduit ces organes sous la peau d'un rat plus âgé. Ainsi enfermés au milieu de tissus où ils pouvaient puiser une nourriture analogue à celle qu'ils recevaient auparavant, non seulement ces organes ont continué à vivre, mais ils ont grandi dans la proportion du simple au double.

Toutes ces expériences montrent qu'un milieu nutritif, présentant certaines conditions, est seul nécessaire à la vie des éléments anatomiques ; mais dans ce milieu même les divers éléments ne puisent pas une nourriture identique ; une altération du milieu qui laissera intacte toute l'activité de certains éléments peut, au contraire, devenir mortelle pour certains autres et démontrer ainsi à quel point les fonctions nutritives sont demeurées indépendantes. On voit effectivement certaines catégories de tissus devenir malades en même temps dans toute l'étendue du corps : dans les affections rhumatismales, par exemple, toutes les séreuses peuvent être prises simultanément. Il y a des poisons qui n'agissent que sur certaines catégories d'éléments et permettent, en quelque sorte, de les isoler dans l'organisme : Claude Bernard a montré que le curare n'empoisonnait que les extrémités musculaires des nerfs moteurs, et, depuis ses travaux, les faits analogues se sont multipliés.

En conséquence, s'il existe entre les fonctions des éléments anatomiques une admirable coordination, si le milieu commun dans lequel ils vivent, qui est à la fois sans cesse élaboré, sans cesse modifié par tous, et qui est maintenu constant par leur action simultanée, si ce milieu crée entre les éléments une étroite solidarité, il n'en est pas moins vrai que chacun d'eux vit d'une vie propre, personnelle et se comporte comme s'il était seul. Son mode d'existence, dans ce milieu, est de tous points comparable au mode d'existence des êtres unicellulaires qui se développent en si grande abondance dans certaines liqueurs et qui déterminent en elles ce qu'on nomme des *fermentations*. Cela est si vrai que quelques uns des êtres qui semblent faits pour se développer dans certains organismes et déterminent chez eux de graves maladies épidémiques et contagieuses, telles que le choléra des poules, le charbon, la fièvre puerpérale, ont pu être *cultivés* en dehors de tout être vivant, dans des milieux appropriés, préparés artificiellement.

La nutrition des éléments anatomiques et les ferments. — La vie des éléments anatomiques, dans le milieu spécial qui leur est fourni par le sang, étant un phénomène exactement de même ordre que la vie des cellules de la levûre de bière (*Torula cerevisiæ*), dans le milieu sucré où elles se développent, ou celle des fleurs du vinaigre (*Mycoderma aceti*) dans le milieu alcoolique qu'elles préfèrent, l'étude des fermentations peut nous donner une idée des phénomènes intimes qui s'accomplissent dans un organisme; mais nous sommes ici dans des conditions particulièrement avantageuses.

Dans un liquide capable de fermenter, on peut ne semer qu'une seule espèce de ferment, et l'on ne cultive alors que des cellules d'une seule espèce; on est ainsi débarrassé des complications qui résultent de la vie simultanée dans un même milieu d'éléments de nature différente. Tout se passe, au point de vue de la nutrition, comme si une cellule de dimension gigantesque se développait. La composition du liquide fermentescible peut être rigoureusement déterminée avant et après la fermentation; on peut connaître par conséquent les changements qu'il a subis. On peut peser rigoureusement la quantité de levûre qui s'est développée à ses dépens, et établir avec précision sa composition chimique. L'expérimentateur se trouve en présence d'un problème dont toutes les données sont en sa possession. De là, la haute importance qu'a acquise, au point de vue biologique, entre les mains de M. Pasteur, l'étude des fermentations.

Or, qu'arrive-t-il dans la fermentation des liquides sucrés, par exemple? Que l'on sème, au contact d'une quantité limitée d'air, quelques globules de levûre de bière dans une eau sucrée à laquelle on a ajouté une petite quantité de sels ammoniacaux et de phosphates; les cellules de levûre se multiplient rapidement par division; le poids de la levûre augmente; mais on reconnaît en même temps qu'une certaine proportion de sucre a disparu, ainsi que de l'ammoniaque et des phosphates; en revanche, la liqueur contient de l'alcool, de la glycérine et un peu d'acide succinique qui n'y existaient pas auparavant; l'oxygène de l'atmosphère limitée, au contact de laquelle a vécu la levûre, a également été en partie absorbé; de l'acide carbonique a été, au contraire, exhalé. Que l'on diminue progressivement la quantité d'oxygène disponible, par exemple en remplissant de plus en plus, de liquide sucré, le ballon fermé où se fait l'expérience, la levûre n'en continuera pas moins à se développer : elle formera les mêmes produits. Seulement, ne pouvant plus emprunter à l'air l'oxygène dont elle a besoin pour vivre et se multiplier, elle le prendra au sucre, en décomposera une quantité de plus en plus grande, dégagera une quantité de plus en plus grande d'acide carbonique, produira une quantité de plus en plus grande d'alcool; de sorte que la proportion de levûre formée à la proportion de sucre détruit, qui était, au contact de l'air, de 1 à 4, pourra devenir de 1 à 176. Si, au lieu de faire varier la quantité d'oxygène, on fait varier la proportion des sels minéraux que contient la liqueur ou celle des matières albuminoïdes qu'on peut leur substituer, la proportion d'acide succinique et de glycérine formée variera; si on supprime totalement ces sels, la levûre n'en continuera pas moins à vivre et à décomposer du sucre, mais les cellules récemment formées détruiront les plus anciennes et leur enlèveront les sels minéraux dont elles ont besoin.

Tout cela montre que les éléments de la levûre possèdent une activité vitale, qui peut s'exercer, dans des conditions différentes, avec une intensité plus ou moins grande, mais qui donne toujours naissance aux mêmes produits. Tout le temps qu'elles vivent, les cellules de levûre prennent quelque chose au milieu qui les entoure; tout le temps qu'elles vivent, elles rejettent quelque chose au dehors, et elles se divisent, bourgeonnent, se multiplient avec une rapidité proportionnelle à leur activité vitale. Si, dans le même milieu, on sème des levûres différentes de la levûre de bière, des phénomènes analogues se manifesteront, mais les produits formés seront d'une autre nature; c'est ainsi que dans la fermentation lactique, le produit prédominant de la fermentation ne sera plus de l'alcool, mais de l'acide lactique.

Les éléments anatomiques se comportent d'une façon semblable à ces levûres. Dans le milieu commun, fort complexe, où ils sont placés, chacun puise les éléments nutritifs qui lui sont nécessaires;

chacun vient chercher l'oxygène dont il a besoin, les diverses substances solubles qu'il doit s'assimiler après les avoir transformées ;
chacun rejette aussi dans ce milieu certains produits, qui peuvent
être pris et utilisés par d'autres, mais dont un grand nombre sont
des produits d'excrétion destinés à être expulsés de l'organisme.
Pendant ce temps, les éléments anatomiques grandissent et se multiplient ; il en est qui se détruisent, tandis que d'autres plus jeunes
prennent leur place, et ce renouvellement se fait sans que l'organisme soit appauvri, sans que l'exercice régulier des fonctions soit
en rien troublé.

Que deviennent les substances prises dans le sang par les éléments anatomiques ? Sont-elles assimilées telles quelles, ou subis-
sent-elles une transformation plus ou moins importante ? L'étude
des fermentations va encore répondre. Le liquide dans lequel la
levûre de bière s'est développée contenait au début de l'expérience
du sucre et des sels minéraux ; ces produits ont en partie disparu :
nous trouvons à leur place beaucoup d'alcool, et un peu d'acide succinique et de glycérine. Analysons la levûre. Nous la trouvons formée
de cellulose, substance bien différente du sucre par ses propriétés,
quoique de composition chimique analogue, de matières grasses,
et, en petite proportion, de matières albuminoïdes. Rien de tout cela
n'existait dans la liqueur primitive. La levûre a donc fabriqué de
toutes pièces des substances chimiques nouvelles. Il en est de même
des éléments anatomiques : ils absorbent ce qu'ils trouvent dans
le sang, et en forment des composés nouveaux qu'ils s'assimilent et
qui constituent désormais leur propre substance.

CHAPITRE VII

PHÉNOMÈNES CHIMIQUES ET PHÉNOMÈNES PHYSIQUES
QUI S'ACCOMPLISSENT DANS LES ORGANISMES

ÉLÉMENTS MINÉRAUX CONSTITUTIFS DE LA SUBSTANCE VIVANTE. — PRINCIPES IMMÉ-
DIATS : Substances féculentes et sucrées; substances grasses; substances albu-
minoïdes.— Analogie de la composition chimique des animaux et des végétaux.
— LE PROTOPLASMA; PROPRIÉTÉS DE LA SUBSTANCE VIVANTE.— Différences entre
le protoplasma et les composés chimiques. — Pluralité des substances proto-
plasmiques. — OPPOSITION APPARENTE DU VÉGÉTAL ET DE L'ANIMAL. — TRANS-
FORMATION DES MATIÈRES ALIMENTAIRES EN ACIDE CARBONIQUE CHEZ LES ANIMAUX;
RÉDUCTION DE L'ACIDE CARBONIQUE PAR LES PARTIES VERTES DES PLANTES. —
TRANSFORMATION DES FORCES DANS L'ORGANISME : Phénomènes calorifiques qui ac-
compagnent la vie. — Phénomènes lumineux présentés par les êtres vivants. —
Production d'électricité par les animaux et les végétaux. — Volonté.

Éléments minéraux constitutifs de la substance vivante.
— Les composés que l'analyse chimique décèle dans les êtres organisés sont ordinairement fort complexes. On a cru longtemps qu'ils
ne pouvaient être produits que sous l'influence de la vie; on sait
aujourd'hui fabriquer la plupart d'entre eux par des procédés
purement chimiques. D'ailleurs, et c'est là un fait d'une haute
importance, un très petit nombre de corps simples prennent
part à leur constitution : le carbone, l'hydrogène, l'oxygène et
l'azote sont leurs éléments fondamentaux; une faible quantité de
soufre et de phosphore viennent, dans certains cas, s'ajouter à ces
éléments; enfin quelques substances organiques contiennent aussi
du fer, de la silice, du sel marin, du fluorure de calcium, du carbonate et du phosphate de chaux. Mais, à part le fer qui entre dans
la constitution des globules du sang, ces dernières substances se
trouvent surtout dans des humeurs excrétées, comme la salive et
les autres sucs digestifs, ou dans les substances interstitielles produites par les éléments anatomiques, comme la carapace de certaines algues, la substance fondamentale des cartilages et la
substance des os.

Principes immédiats. — Les composés de carbone, d'hydrogène, d'oxygène et d'azote qui se produisent dans les êtres vivants sont extrêmement nombreux, comme en témoigne la chimie organique. Il n'y a pas d'autres corps qui fournissent des combinaisons aussi variées que ces quatre éléments; mais celles de ces combinaisons qui existent toutes formées dans les tissus et qu'on appelle les *principes immédiats*, peuvent être ramenées à trois types fondamentaux :

1° Les *substances féculentes* ou *sucrées ;*

2° Les *substances grasses ;*

3° Les *substances albuminoïdes.*

Dans les substances des deux premiers types on ne trouve que trois éléments constitutifs; l'azote fait défaut. Aussi désigne-t-on quelquefois ces substances sous le nom de *substances ternaires,* par opposition au nom de *substances quaternaires* qui est attribué aux substances albuminoïdes.

Substances féculentes et sucrées. — La composition des substances féculentes ou sucrées est assez constante. On peut les considérer comme formées par du carbone et de l'eau. Leur formule s'éloigne peu de celle de l'amidon : $C^{12}H^{10}O^{10}$. L'addition de quelques équivalents d'eau suffit pour transformer cet amidon insoluble en sucre de canne ou en glucose, solubles tous les deux. La cellulose qui encroûte les membranes des cellules végétales, qui forme le bois, qui est presque pure dans le coton et le papier, et qui est remarquable par son insolubilité, la dextrine et les gommes qui sont solubles, présentent la même composition chimique que l'amidon, mais donnent cependant des produits différents lorsqu'on les soumet aux mêmes actions chimiques. Toutes ces matières se trouvent en abondance dans les végétaux; il existe aussi, en proportions moindres il est vrai, des substances analogues chez les animaux: nous avons vu que la tunique des Ascidies contient une substance voisine de la cellulose; on trouve toujours du sucre dans le sang des animaux, et le foie des Vertébrés produit sans cesse une matière transformable en sucre, véritable amidon animal, nommé par Claude Bernard qui l'a découverte, le *glycogène*.

Substances grasses. — Les substances grasses diffèrent des substances féculentes par leur composition chimique : l'eau y est associée à du carbone et à de l'hydrogène, comme l'indique, par exemple, la formule $C^{114}H^{110}O^{12}$, qui est celle de la stéarine, et où, après avoir soustrait les éléments de l'eau, il reste 114 équivalents de charbon et 98 équivalents d'hydrogène. Les corps gras sont des combinaisons en proportions diverses avec la glycérine, qui a pour formule chimique $C^6H^8O^6$, d'acides appartenant à une série dont la formule générale est : $C^{2n}H^{2n}O^4$, n pouvant avoir un grand nombre de valeurs. Une certaine quantité d'eau est éliminée dans la combinaison. Ainsi la formation de la stéarine, graisse naturelle résultant de la combinaison avec la glycérine de l'acide stéarique, substance qui sert à fabriquer les bougies, peut être représentée par l'équation :

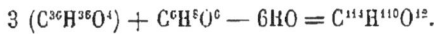

$$3 (C^{36}H^{35}O^4) + C^6H^8O^6 - 6HO = C^{114}H^{110}O^{12}.$$

Les substances grasses naturelles sont ordinairement des mélanges de plusieurs autres substances. Elles sont onctueuses, tachent le papier d'une façon caractéristique, ne se dissolvent pas dans l'eau, mais sont solubles dans l'alcool et l'éther; dans l'eau, en présence d'une petite quantité d'alcali, elles s'*émulsionnent*, c'est-à-dire qu'elles peuvent se résoudre en une infinité de très petites gouttelettes qui demeurent en suspension dans l'eau et lui donnent une apparence laiteuse.

On désigne les substances grasses sous des noms différents suivant leur degré de fusibilité. Les *huiles* sont liquides à la température ordinaire; les *beurres* et les *graisses* fondent vers 30 degrés; les *suifs* vers 40 degrés; les *cires* vers 66 degrés.

Il existe des matières grasses en abondance dans les animaux et les végétaux; les huiles sont principalement fournies par les végétaux et les animaux aquatiques; les beurres, les graisses et les suifs sont principalement d'origine animale; mais, si les Abeilles produisent de la cire, il existe plusieurs végétaux qui exsudent des quantités considérables de substances très analogues.

Il est à remarquer que les produits définitifs de la combustion des corps gras et des matières féculentes sont l'eau et l'acide carbonique qui sont exhalés en si grande abondance dans la respiration des animaux; mais avant d'arriver à cet état, ces substances peuvent fournir une infinité de produits : des alcools, des éthers, des acides, que l'on rencontre à l'état de liberté dans un grand nombre d'organismes.

Substances albuminoïdes. — Les substances albuminoïdes sont les plus complexes des substances organiques. Non seulement elles contiennent quatre éléments au lieu de trois, mais ces éléments sont combinés dans de telles proportions qu'il faut, pour représenter leur composition chimique, faire intervenir un nombre considérable d'équivalents. Une petite quantité de soufre paraît d'ailleurs indispensable à ces matières auxquelles Lieberkühn a attribué, en conséquence, la formule :

$$C^{144}H^{112}O^{44}Az^{18}S^2.$$

Abstraction faite du soufre, et si l'on veut simplement représenter d'une façon approximative les proportions des éléments qui entrent dans la composition des matières albuminoïdes, on peut adopter la formule, facile à retenir : $C^9H^6O^3Az$.

Les substances albuminoïdes se présentent presque toutes sous deux formes, l'une soluble, l'autre insoluble dans l'eau. Il n'y en a qu'un très petit nombre qui puissent prendre la forme cristalline, et leur présence dans une solution de substances cristallisables s'oppose même à ce que ces substances, en se solidifiant, prennent une forme géométrique régulière.

Leurs solutions offrent aussi des caractères tout particuliers. Si on les filtre au travers d'une membrane, ou même simplement d'une feuille de papier-parchemin, l'eau seule passe au travers de la membrane, entraînant les substances minérales et les substances organiques cristallisables; la matière albuminoïde reste sur le filtre. Cette opération constitue la *dialyse ;* elle peut être utilisée pour purifier les substances albuminoïdes, mais ne les prive jamais d'une petite quantité de sels minéraux, tels que les phosphates de chaux et de magnésie; aussi les matières albuminoïdes laissent-elles après leur combustion un faible résidu de cendres. On en a conclu que ces matières contenaient une petite quantité de phosphore.

Les phénomènes de dialyse ont conduit à distinguer les corps en deux catégories : les uns, capables de prendre la forme cristalline, donnent des solutions qui passent en bloc au travers des membranes: ce sont les corps *cristalloïdes ;* les autres, dont les matières albuminoïdes sont le type, ne cristallisent pas et sont séparés de leur dissolution par les filtres membraneux : ce sont les *colloïdes.* La distinction de ces deux catégories est d'une haute importance pour l'explication des phénomènes physiologiques, car les liquides de l'organisme sont constamment en présence de membranes qui fonctionnent exactement comme des filtres à dialyse, par rapport aux substances tenues en dissolution dans ces liquides.

Beaucoup de substances albuminoïdes insolubles se laissent cependant facilement pénétrer par l'eau et par les corps qu'elle tient en dissolution; elles se gonflent alors considérablement et prennent une consistance gélatineuse. Ces substances, lorsqu'elles sont dissoutes, sont précipitées de leur dissolution par les acides minéraux concentrés, l'acide picrique, l'alcool, le tannin, etc. Elles sont insolubles dans l'alcool, l'éther, la benzine, les essences et les huiles.

Tandis que la synthèse chimique a réalisé la plupart des autres composés organiques, on n'a pas encore découvert la voie à suivre pour constituer de toutes pièces les substances albuminoïdes, à la fois si compliquées et si mobiles.

Les principales matières albuminoïdes que l'on trouve chez les animaux sont l'*albumine*, la *fibrine* et la *caséine;* mais autour de ces substances viennent se grouper un grand nombre d'autres composés analogues, qui n'en diffèrent que par des propriétés secondaires et qui ont, en général, reçu des noms dérivés de ceux des organes ou des animaux chez qui on les a découverts.

L'*albumine* forme la majeure partie du blanc de l'œuf des Oiseaux; une substance très peu différente peut être extraite du sérum du sang; on la désigne sous le nom de *sérine*. L'albumine normale est soluble dans l'eau; mais elle se coagule à une température de 60 à 70 degrés, et en changeant un peu de composition, comme le démontre le dégagement d'une petite quantité d'acide sulfhydrique; elle devient alors insoluble. L'alcool concentré la coagule également. Tout le monde connaît l'apparence de cette albumine coagulée, c'est celle du blanc d'œuf cuit. L'eau ne dissout plus l'albumine, coagulée qui peut cependant redevenir soluble en s'oxydant, après une longue ébullition.

La *fibrine* se trouve en abondance dans le sang et dans la lymphe des animaux. Elle y reste à l'état liquide; mais tandis que l'albumine ne se coagule que sous l'action de la chaleur ou de certains réactifs bien connus, la fibrine paraît se coaguler spontanément lorsqu'elle est extraite de l'organisme. Les causes de ce phénomène n'ont pas encore été déterminées d'une façon précise. C'est à la coagulation de la fibrine qu'est due, en grande partie, la raideur caractéristique que présentent les tissus et les membres peu de temps après la mort et qui constitue le phénomène de la *rigidité cadavérique.*

A l'état coagulé, l'albumine et la fibrine manifestent la plus grande ressemblance; leur identité n'est cependant pas absolue, car cette dernière possède, entre autres propriétés que n'a pas la première, le pouvoir de décomposer l'eau oxygénée.

-- La *caséine* est dissoute et émulsionnée dans le lait ; on en trouve aussi dans le sang en quantité variable. Cette substance est précipitée de ses dissolutions par l'acide acétique, l'acide lactique, les sucs sécrétés par l'estomac, le sulfate de magnésie, etc. ; mais elle n'est pas coagulée par l'ébullition comme l'albumine et ne se coagule pas spontanément comme la fibrine. C'est à ces propriétés de la caséine que le lait doit de pouvoir être conservé liquide aussi longtemps que l'on veut, quand on le protège contre toute fermentation, et de pouvoir être porté à l'ébullition sans se prendre en masse, comme le ferait une solution de blanc d'œuf. Mais si on l'abandonne à l'air libre, l'air dépose bientôt à sa surface les germes flottants des ferments qu'il contient : l'un de ces ferments, la *levûre lactique*, se développe alors abondamment dans sa masse et décompose le sucre qu'il contient, en le transformant partiellement en acide lactique. Cet acide précipite la caséine en flocons blancs qui se rassemblent au fond du vase ; on dit alors que le lait est *caillé*. C'est ce lait caillé qui sert, comme chacun sait, à la fabrication des fromages. L'arome de ces derniers est dû aux altérations qu'éprouve la caséine sous l'action de ferments nouveaux.

A chacune des trois substances albuminoïdes fondamentales, propres aux animaux, correspondent, chez les végétaux, des substances qui reproduisent, à peu de chose près, leurs propriétés et que l'on peut, en conséquence, considérer comme des albumines, des fibrines et des caséines végétales. On extrait des substances albuminoïdes, coagulables par la chaleur, de la farine de pois, de féverolles, de blé, etc. Ces substances, solubles dans l'eau ou dans l'eau additionnée d'une petite quantité de chaux, se rapprochent par là de l'albumine.

Les graines des légumineuses et les graines oléagineuses contiennent, outre les albumines coagulables dont nous venons de parler, des substances insolubles dans l'eau pure, non coagulables par la chaleur, mais coagulables par les acides ; elles se comportent donc à peu près comme la caséine. Leur abondance est suffisante pour permettre aux Chinois de fabriquer avec des pois un véritable fromage.

Enfin, si l'on malaxe entre les doigts, sous un filet d'eau froide qui entraîne l'amidon, de la pâte de farine, il reste une substance grise, élastique, le *gluten*. Cette substance abandonne à l'alcool une matière que l'on a comparée à de la gélatine, et il reste une autre matière, dont une partie au moins, spontanément coagulée durant l'expérience, peut être considérée comme une fibrine végétale.

Analogies dans la composition chimique des animaux et des végétaux. — Ce que nous venons de dire démontre que les trois grandes catégories de substances organiques, substances féculentes ou sucrées, substances grasses, substances albuminoïdes, existent tout aussi bien dans le Règne animal que dans le Règne végétal. L'analyse chimique immédiate met en évidence, dans toute l'étendue de l'empire organique, une remarquable identité de composition chimique. Les substances que le chimiste extrait des tissus des animaux et des tissus des végétaux présentant une aussi grande ressemblance, on s'explique que l'homme et les animaux omnivores puissent s'accommoder indifféremment de régimes où prédominent soit les substances animales, soit les substances végétales.

Il y a, au premier abord, dans les proportions relatives de ces diverses catégories de substances d'importantes différences entre les animaux et les végétaux : les substances féculentes, la cellulose, l'amidon, les sucres, les gommes, etc., sont abondantes dans les tissus des végétaux, relativement rares dans les tissus des animaux ; les substances grasses sont plus également réparties entre les deux Règnes, bien que leur existence soit plus générale chez les animaux que chez les végétaux ; enfin les substances albuminoïdes prédominent décidément chez les animaux. Mais ici, il faut faire une distinction importante. La plus grande partie des substances féculentes ou sucrées et des matières grasses, bien que souvent contenues à l'intérieur de véritables cellules, ne sont, en réalité, que des produits élaborés par elles, qu'elles tiennent en réserve pour les faire servir à la nutrition du végétal et de l'animal en les abandonnent aux sucs chargés de les répartir dans tout l'organisme, ou qu'elles accumulent autour d'elles, pour les faire participer, concurremment avec diverses matières minérales à la constitution de la charpente solide inerte de l'être vivant. Chez les végétaux ce dernier rôle est surtout rempli par la cellulose, c'est-à-dire par une substance ternaire. Il est au contraire dévolu presque exclusivement chez les animaux à des substances azotées : l'*osséine* des os, qui de même que la substance des tendons se transforme par l'ébullition en *gélatine;* la substance fondamentale des cartilages ou *cartilagéine,* qui ne devient soluble que par l'ébullition sous pression, et donne alors une substance différente de la gélatine, la *chondrine;* la substance fondamentale du tissu élastique

ou *élastine ;* la substance singulièrement résistante à toutes les
actions chimiques et qui, bien connue sous le nom de *chitine,* forme
la partie essentielle du revêtement solide des animaux articulés, etc. Il y a donc, dans la nature des substances qui forment
la charpente de l'organisme, des différences frappantes entre
les animaux et les végétaux ; mais ces substances ne sont pas vivantes : si l'organisme a la faculté de les reprendre pour les faire
servir à ses besoins, il peut aussi les abandonner définitivement.
Au moment de la mort de l'animal ou du végétal, elles persistent
avec tous leurs caractères, avec toutes leurs propriétés ; le chimiste
ne saurait reconnaître en elles aucune modification, et cependant
tous les phénomènes caractéristiques de la vie ont cessé. C'est
qu'en effet la vie est ailleurs. Elle réside uniquement dans cette
substance dont nous avons eu déjà fréquemment l'occasion de
signaler les étonnantes propriétés soit chez les animaux, soit chez
les végétaux, elle réside dans le *protoplasma.*

Le protoplasma ; propriétés de la substance vivante. —
Dans la capsule de cellulose de toutes les jeunes cellules végétales,
autour du noyau des éléments anatomiques des animaux, on trouve
constamment une substance demi-fluide, qui forme également le
corps presque tout entier des Infusoires et que nous avons vu, chez
les Monères, se constituer en petites masses homogènes qui sont à
elles seules tout l'être vivant. C'est là ce qu'on nomme le *protoplasma,* décrit pour la première fois, sous le nom de *sarcode,* par
l'anatomiste français Dujardin.

Partout où il existe, le protoplasma jouit d'un certain nombre de
propriétés communes : sa consistance est à peu près celle de l'albumine ; sa transparence est parfois aussi grande que celle des minces
filets que l'on observe au-dessus d'un morceau de sucre qui fond ;
le plus souvent cependant il contient des granulations nombreuses
dont l'observation révèle un fait d'une grande importance. Ces granulations ne sont, en effet, presque jamais en repos : elles sont
entraînées par un mouvement continu, assez régulier quand le protoplasma est enfermé dans une capsule close qu'il remplit, nécessairement subordonné aux formes variées que prend le protoplasma
lorsqu'il est libre. Ce mouvement sur lequel peuvent influer diverses
causes, mais dont la nature intime est inconnue, semble faire partie
des propriétés vitales essentielles du protoplasma : on lui donne le
nom de *circulation protoplasmique.* On peut l'observer dans les
cellules des *Chara,* dans les poils des étamines de la *Tradescantia*

virginica et dans la plupart des jeunes cellules végétales; il est également facile à voir chez les Infusoires, les Rhizopodes et les Monères, où l'on peut suivre les granulations jusque dans les filaments irréguliers qui constituent les pseudopodes.

Le protoplasma libre jouit toujours de la faculté de se mouvoir. Nous l'avons vu se découper, chez les Amibes, en lobes de formes variées; ou s'étirer en grêles filaments, chez les Radiolaires et les Foraminifères; il peut, chez les organismes les plus élevés, revêtir les mêmes aspects. Les cellules des Éponges, celles qui tapissent la cavité stomacale des Hydres, les cellules externes de certains organes de ces animaux, les globules blancs du sang et de la lymphe des animaux supérieurs et de l'Homme lui-même, exécutent des mouvements en tout semblables à ceux des Amibes. Les globules du sang des Oursins ont des pseudopodes aussi allongés que ceux des Radiolaires; on voit le protoplasma libre des poils de certaines plantes, telles que les *Dipsacus*, émettre également de vrais pseudopodes; à une période de leur vie, certains Champignons, tels que le Champignon de la tannée, sont réduits à des réseaux protoplasmiques qui rampent sur leur support de la plus étrange façon. Le mouvement incessant des flagellums et des cils vibratiles n'est lui-même qu'une forme particulière des mouvements du protoplasme. On trouve ces organes chez les végétaux [1] aussi bien que chez les animaux, et les mouvements intimes du protoplasma végétal ne sont pas moins actifs que ceux du protoplasma animal.

Non seulement tous les protoplasmes se meuvent, mais ils se nourrissent, et leurs mouvements ont le plus ordinairement pour effet d'amener à eux les matières qui leur servent d'aliments. Pour les protoplasmes enveloppés dans une capsule, quelle que soit la nature de celle-ci, ou même dans une simple membrane, tous les aliments sont nécessairement liquides ou gazeux; mais les protoplasmes libres se nourrissent également bien de matières solides. Ce sont tantôt des matières inertes: grains d'amidon, fécules, substances albuminoïdes diverses, tantôt des protoplasmes vivants. Les *Vampyrella*, par exemple, s'attachent à la surface des Algues, dissolvent la paroi de leurs cellules, et vont chercher, dans l'intérieur même de celles-ci, le protoplasma qu'elles contiennent; de simples Monères capturent fort bien et digèrent des Infusoires ou de petits Crustacés. Dans tous les cas, les substances qui servent à la

---

1. Éléments reproducteurs des Algues, des Champignons, des Chara, des Prêles, des Mousses, des Fougères et autres Cryptogames.

nutrition ne sont pas incorporées telles quelles. Le protoplasma leur fait subir des modifications plus ou moins profondes, crée à leurs dépens une quantité nouvelle de protoplasma identique à lui-même, et rejette ce qui n'a pu servir à cet usage ; c'est ce que nous a montré clairement déjà la levure de bière, prenant au sucre le carbone et l'oxygène qui lui sont nécessaires et rejetant de l'acide carbonique et de l'alcool.

Mais ce n'est pas seulement le surplus de matière nutritive qui est ainsi rejeté ; à mesure qu'il crée de nouvelle substance vivante, le protoplasma se détruit lui-même, de sorte que les éléments qui le composent sont constamment renouvelés et qu'il semble traversé par un perpétuel courant de matières. Aucune de ses molécules n'est destinée à rester en lui indéfiniment ; malgré ce changement incessant des particules matérielles qui le composent, le protoplasme n'en conserve pas moins ses propriétés et jusqu'à sa forme. Ainsi, dans le tourbillon de nos cours d'eau, il entre constamment de nouveaux filets liquides, constamment chassés par d'autres ; ainsi la substance du tourbillon se renouvelle sans trêve, bien que la forme du tourbillon subsiste, bien qu'il nous semble n'avoir pas changé, bien qu'il nous paraisse toujours doué des mêmes propriétés fondamentales.

Ce qui est essentiel dans un protoplasma, ce n'est donc pas la substance dont il se compose, c'est la façon dont il se détruit et se modifie simultanément, c'est en somme la nature — malheureusement inconnue — des mouvements intimes dont sa substance est le siège, et ce sont ces mouvements mêmes qui constituent la *vie*.

Nécessairement, le protoplasma, perdant toujours quelque chose de sa substance, diminuerait de poids et de volume, et finirait par se réduire à rien s'il ne réparait pas ses pertes. De là, pour lui, la nécessité de se nourrir. Quand il y a égalité de poids entre les substances qui entrent dans le protoplasma et celles qui en sortent, la masse vivante demeure stationnaire ; mais il n'en est généralement pas ainsi, le protoplasma tendant toujours à garder plus qu'il ne rend. Quand les circonstances sont favorables, sa masse augmente donc peu à peu, et aussi ses dimensions. Alors se manifeste une autre propriété très générale. Au lieu d'augmenter indéfiniment, les dimensions des masses protoplasmiques ne dépassent pas certaines limites. Ces limites atteintes les Monères les plus simples elles-mêmes se partagent directement en deux parties égales ; ou bien, elles s'enferment dans une membrane d'enveloppe qui se rompt plus tard et livre passage à un nombre variable de nouveaux individus. C'est en cela

que consiste le phénomène de la *reproduction* des êtres inférieurs.
Au sein des organismes plus élevés, les éléments anatomiques,
après s'être nourris et avoir grandi, se reproduisent exactement de
la même façon que lesindividus protoplasmiques isolés.

Quand on fait varier les conditions dans lesquelles se développent
les êtres les plus simples, il est possible d'obtenir certaines modifications dans leurs propriétés. Nous avons vu la levûre de bière se
comporter différemment, suivant qu'elle était placée au contact de
l'air ou maintenue hors de son contact. Comme le montrent les
expériences dans lesquelles M. Pasteur a réussi à atténuer les propriétés virulentes de l'être microscopique qui produit le choléra des
Poules et de celui qui produit le charbon, on peut donner une permanence aussi grande que l'on veut aux modifications obtenues.
Cela suppose que les propriétés des protoplasmes ne sont pas immuables, qu'elles sont soumises, au moins dans une certaine mesure,
à l'influence des conditions dans lesquelles ils sont placés. Toutefois, quand ces conditions changent trop brusquement, on voit la
vie s'arrêter momentanément dans les êtres inférieurs. Les Infusoires, les masses protoplasmiques nues du Champignon du tan,
s'entourent alors de membranes protectrices et attendent, dans un
repos relatif, que les conditions ambiantes redeviennent ce qu'elles
étaient d'abord. Si même le changement de ces conditions est trop
brusque ou trop considérable, les protoplasmes se dissocient, et la
mort survient.

**Différences entre le protoplasma et les composés chimi-
ques.** — Si l'on réfléchit maintenant sur cet ensemble de propriétés,
on voit que le protoplasma, qui est, à proprement parler, la vraie
substance vivante, diffère considérablement de toutes les substances
dites organiques que nous avons précédemment étudiées. Bien que
ses éléments chimiques soient précisément ceux qui constituent les
substances albuminoïdes, bien qu'ils se trouvent en lui dans des
proportions voisines de celles suivant lesquelles ils sont combinés
dans ces substances, on ne peut dire que les protoplasmes soient
des composés albuminoïdes. Ce ne sont même pas des composés
chimiques, car l'essence des composés chimiques est d'avoir une
composition définie, d'être essentiellement caractérisés par les
molécules matérielles qu'ils contiennent; ces molécules restent en
eux sans se renouveler, et rien ne s'oppose à ce qu'une masse donnée de l'un de ces composés s'accroisse indéfiniment par l'addition
à sa surface de quantités nouvelles de la substance qui le forme :

ainsi s'accroissent les cristaux d'un sel placés dans une dissolution de ce sel ; enfin, ces composés ne peuvent éprouver aucune modification dans leurs propriétés sans cesser d'être eux-mêmes, et leur substance demeure inaltérée tant qu'une action chimique nouvelle ne vient pas la détruire. C'est précisément l'opposé de tout ce que nous savons de la substance protoplasmique qui ne devient comparable à un composé chimique que lorsqu'elle a cessé de se modifier, c'est-à-dire lorsqu'elle a cessé de vivre, lorsqu'elle n'est plus le protoplasma.

Aussi doit-on reconnaître que si les progrès de la chimie nous ont éclairés sur la constitution des composés qui se produisent dans les corps vivants, s'ils nous ont montré les forces physiques et chimiques agissant dans tous les corps vivants comme dans le monde inorganique et suivant les mêmes lois, ils nous laissent entièrement ignorants sur la nature de la vie elle-même, sur l'essence de la cause qui fait que certaines substances se nourrissent, se modifient, grandissent et se reproduisent spontanément.

Eût-on réussi à fabriquer artificiellement toutes les substances albuminoïdes connues, on serait loin d'avoir créé la vie, car il faudrait encore communiquer à ces substances le mouvement spécial aux protoplasmes, et l'on n'y est parvenu jusqu'ici qu'à la condition de les mettre en contact avec des protoplasmes vivants qui s'en nourrissent. De sorte qu'on peut énoncer comme l'expression de tous les faits actuellement connus, cet aphorisme : *La vie seule engendre la vie.*

Pluralité des substances protoplasmiques. — Rien n'autorise, d'ailleurs, à considérer les protoplasmes comme des modifications diverses d'une substance unique. Déjà les Monères diffèrent considérablement entre elles par leur façon de se nourrir et de se reproduire, et elles transmettent toutes leurs facultés spéciales à leur descendance ; le protoplasma des Foraminifères s'enveloppe d'une coquille calcaire, celui des Radiolaires sécrète un squelette siliceux ; celui des végétaux produit de la cellulose, celui des animaux n'en produit presque jamais, et l'on trouverait non seulement d'un végétal à l'autre, mais encore dans le même animal, dans le même végétal, des différences nombreuses entre les protoplasmes des divers éléments anatomiques.

Le mot protoplasma représente donc une classe de substances, les *substances vivantes*, plutôt qu'une substance unique, se retrouvant toujours la même dans tout ce qui vit.

Opposition apparente du végétal et de l'animal.— Transformation des matières alimentaires en acide carbonique chez les animaux; réduction de l'acide carbonique par les parties vertes des plantes. — Parmi les substances chimiques que peut produire le protoplasma des cellules, il en est une particulièrement remarquable, parce qu'elle caractérise à un haut degré le protoplasma des végétaux; cette substance, de nature azotée, est la *chlorophylle*, à laquelle les plantes doivent leur couleur verte. Parmi les végétaux il n'y a guère que les Champignons qui en soient dépourvus. Un très petit nombre d'animaux produisent, en revanche, une substance verte que l'on a comparée à la chlorophylle. La matière verte se présente dans les cellules sous divers états, mais partout elle joue un rôle important dans l'alimentation du protoplasma avec lequel elle est en contact.

Le protoplasma vivant est le siège d'actions chimiques aealogues à celles qu'on observe dans les fermentations; il puise constamment de l'oxygène dans l'atmosphère et y rejette de l'acide carbonique; c'est un fait que l'on observe aussi bien chez les animaux que chez les végétaux et que l'on peut regarder comme une sorte de *respiration* protoplasmique. Il est lié surtout à la destruction continue du protoplasma qui abandonne ainsi constamment à l'air une partie du carbone qu'il contient. Au moyen des aliments qu'il s'incorpore le protoplasma répare cette perte de carbone, et il trouve ordinairement ses aliments dans des matières organiques, telles que les matières féculentes, les matières grasses et les matières albuminoïdes. Comme le carbone de ces matières est tôt ou tard rejeté sous la forme d'acide carbonique, tandis que de l'oxygène est absorbé, il en résulte que tout se passe dans le protoplasma, comme si les aliments dont il se nourrit étaient graduellement brûlés dans sa substance et éliminés quand la combustion est complète.

La présence de la chlorophylle ne change rien à ce phénomène essentiel; mais elle rend le protoplasma des plantes capable de puiser directement, sous l'action de la lumière solaire, le carbone dont il a besoin dans l'acide carbonique de l'air. L'acide carbonique est décomposé et, tandis que le carbone se fixe dans le protoplasma, l'oxygène se dégage. Le carbone ainsi fixé est naturellement brûlé peu à peu et retransformé en acide carbonique; mais pendant le jour, ce travail est beaucoup plus lent que celui de la décomposition de l'acide carbonique, de sorte que le dégagement d'oxygène, qui correspond à la *digestion* de la plante, masque presque entièrement le dégagement d'acide carbonique correspondant à sa *respi-*

ration. C'est seulement pendant la nuit que ce dernier phénomène se manifeste avec toute sa netteté. D'ailleurs, la plante grandissant sans cesse et ne puisant guère que dans l'acide carbonique de l'air le carbone qui lui est nécessaire, il est de toute évidence qu'elle décompose plus d'acide carbonique qu'elle n'en produit. La résultante des actions chimiques qui s'accomplissent dans une plante est donc la réduction d'une quantité d'acide carbonique proportionnelle au carbone qu'elle a fixé dans un temps donné.

Au contraire, le protoplasma des animaux prenant, en l'absence de chlorophylle, tout son carbone à des matières féculentes, grasses ou albuminoïdes qu'il trouve, soit dans des végétaux, soit dans d'autres animaux, et transformant peu à peu une partie de ce carbone en acide carbonique, le résultat final de la vie de l'animal est la combustion d'une quantité de carbone proportionnelle à l'énergie de son activité vitale. Bien qu'au fond les phénomènes qui s'accomplissent dans le végétal et dans l'animal soient exactement les mêmes, bien qu'ils aient pour but commun de produire des substances très analogues, les protoplasmes, un simple changement dans la façon dont les protoplasmes se procurent le charbon nécessaire à leur formation, suffit à établir entre les animaux et les végétaux une opposition apparente. Ces derniers enlèvent réellement à l'atmosphère l'acide carbonique qu'y déversent constamment les premiers, et lui rendent l'oxygène nécessaire à la respiration de tous ; les uns et les autres sont indispensables au maintien de la composition constante de l'atmosphère ; sans les animaux, les végétaux auraient bien vite épuisé la provision d'acide carbonique que contient l'atmosphère, et mourraient faute de carbone ; sans les végétaux, les animaux seraient bien vite asphyxiés, dans une atmosphère dont ils auraient transformé tout l'oxygène en acide carbonique ; animaux et végétaux se rendent la vie réciproquement possible.

C'est là une harmonie merveilleuse, qui avait vivement frappé les philosophes, depuis que Priestley l'avait mise en évidence, et qui avait empêché d'apercevoir l'unité profonde des phénomènes vitaux, si bien mise en lumière par les derniers ouvrages de Claude Bernard. Cette harmonie repose tout entière sur ce simple fait : l'existence de la chlorophylle capable de décomposer l'acide carbonique sous l'influence de la lumière solaire.

Phénomènes calorifiques qui accompagnent la vie. — Les phénomènes chimiques provoqués par la nutrition des cellules composant les organismes sont nécessairement accompagnés, comme les phénomènes chimiques ordinaires, de phénomènes purement physiques, qui tirent une importance nouvelle des conditions dans lesquelles ils se produisent. Si nous revenons à la fermentation de la levûre de bière, où nous avons pu étudier en grand les phénomènes chimiques de la vie d'une espèce déterminée de cellules, nous voyons les transformations chimiques qui la caractérisent être accompagnées d'un développement de chaleur proportionnel à la quantité d'acide carbonique et des autres composés qui se sont formés.

Chez les animaux, l'un des résultats principaux de la nutrition étant l'exhalaison d'une certaine quantité d'acide carbonique et de vapeur d'eau, il doit y avoir dégagement d'une quantité de chaleur au moins égale à celle qui est nécessaire pour brûler complètement les substances, qui ont subi ces transformations dernières; l'animal produit donc de la chaleur. Chez le végétal, le résultat final étant la réduction d'une certaine quantité d'acide carbonique, il y a absorption de chaleur. Cette chaleur est fournie au végétal par le soleil. Quand l'animal reprend les matières élaborées par le végétal aux dépens de l'acide carbonique de l'air et qu'il les transforme de nouveau en acide carbonique, il dégage précisément la quantité de chaleur employée par le végétal à former ces substances : on peut dire, dès lors, que le végétal emmagasine, en quelque sorte, la chaleur solaire que l'animal remet ensuite en liberté.

Mais cette espèce de cycle ne s'accomplit pas simplement : entre le moment où elle est emmagasinée et le moment où elle est dégagée, la chaleur solaire peut éprouver les transformations les plus diverses. Tout d'abord les phénomènes d'absorption et de dégagement de chaleur que nous venons d'opposer ne sont pas des effets simples, ils sont la somme d'un nombre plus ou moins considérable de phénomènes secondaires. En même temps que de l'oxygène, le végétal dégage de l'acide carbonique; s'il absorbe de la chaleur, il en produit aussi, et cette chaleur, au lieu de se fixer dans les tissus, peut devenir sensible, même chez les végétaux pourvus de chlorophylle, lorsqu'elle se localise en certains organes. C'est ainsi que les fleurs des *Arum* et celles de la *Victoria regia*, superbe plante voisine des Nénuphars, produisent une quantité de chaleur suffisante pour élever leur température de plusieurs degrés au-dessus de celle de l'air ambiant; elles absorbent en même temps une quantité considérable d'oxygène. D'autre part, chez un grand nombre d'animaux, malgré la combustion qui se produit sans cesse, la quantité de chaleur libre est à peine suffisante pour maintenir la température du corps de quelques degrés au-dessus de celle du milieu ambiant ; c'est seulement chez les Vertébrés supérieurs, les Mammifères et les Oiseaux, que la chaleur libre est toujours en assez grande quantité pour parer aux pertes que fait sans cesse la surface du corps, et pour produire une température intérieure constante.

En supposant qu'un animal ne change pas de poids dans un temps donné, et en admettant, ce qui est sensiblement vrai, que tout l'oxygène consommé pendant la respiration est employé à former de l'acide carbonique et de la vapeur d'eau, on peut évaluer la quantité de chaleur produite par cette combustion. Il est facile, en effet, de mesurer la quantité d'oxygène absorbé, celle de l'acide carbonique exhalé et d'en déduire la quantité d'eau produite. On sait d'ailleurs combien le carbone et l'hydrogène peuvent dégager de chaleur par leur combustion ; on peut donc calculer la quantité de chaleur qui correspond à la consommation d'un poids connu d'oxygène. Or, on trouve que tout travail entraîne une consommation de ce gaz beaucoup plus grande que celle qui correspond à l'état de repos. Le travail amène donc dans l'organisme un dégagement de chaleur ; mais ce surcroît de chaleur ne devient pas entièrement sensible, les mesures les plus précises ne permettraient d'en observer qu'une partie. Effectivement, si les animaux produisent de la chaleur, ils en font également disparaître, et présentent ainsi un double mouvement calorifique analogue à celui que nous avons déjà constaté chez les végétaux, et si l'on pouvait faire le compte exact de toute la chaleur dégagée dans le corps d'un animal et de celle qui est émise au dehors, on trouverait un défaut considérable.

Consommation de chaleur résultant de la production des mouvements. — Que devient la différence entre la quantité de chaleur observée et la quantité de chaleur réellement produite ? Quelques réactions chimiques, même dans l'animal, peuvent exiger une consommation de calorique ; toute substance solide, venant du dehors ou emmagasinée dans les tissus, qui se dissout dans les sucs organiques, toute substance liquide qui se diffuse, absorbe également de la chaleur ; mais ces causes de déperdition sont, en somme, peu de chose en regard d'une autre cause plus considérable encore et qui tient à l'exercice de l'une des facultés les plus importantes des animaux, celle de produire des mouvements. Tout mouvement s'accomplit sous l'action d'une force, mais une force ne naît pas de rien, et ce que nous appelons ainsi n'est qu'une transformation d'un mouvement antérieur. La chaleur est précisément l'une des forces à qui l'on demande le plus souvent la production du mouvement : un mouvement donné peut toujours être représenté par une quantité de chaleur disparue, et cette dernière quantité est constante pour un même effet produit : c'est là un des principes les mieux établis de la physique. On nomme *calorie* la quantité de chaleur nécessaire pour élever de 0 à 1 degré la température de 1 kilogramme d'eau. On nomme *kilogrammètre* la quantité de *travail* nécessaire pour élever 1 kilogramme à 1 mètre de hauteur. Une calorie produit en disparaissant un travail de 425 kilogrammètres. Inversement tout travail brusquement anéanti et correspondant à 425 kilogrammètres, dégage une quantité de chaleur égale à une calorie. Un poids de 425 kilogrammes tombant de 1 mètre de hauteur et subitement arrêté, dégagerait une quantité de chaleur capable d'élever de 1 degré la température de 1 kilogramme d'eau. Il y a donc un rapport absolu entre la chaleur et le travail ; le nombre 425 que nous venons d'indiquer est l'expression de ce rapport ; il représente en kilogrammètres *l'équivalent mécanique de la chaleur*.

Dans l'organisme d'un animal, un muscle qui se contracte soulève nécessairement un poids, ne fût-ce que le sien propre et produit, en conséquence, un travail. Ce travail exige une consommation de chaleur, et il disparaît dans l'organisme autant de calories, qu'il s'y produit de fois 425 kilogrammètres de travail. La quantité de travail possible à un animal est donc en rapport avec la quantité de chaleur qu'il développe ; celle-ci est en rapport avec l'énergie de sa combustion respiratoire ; aussi les animaux à température variable, qui développent peu de chaleur, ont-ils en général, surtout quand la température extérieure est basse, des mouvements moins nombreux et moins rapides que ceux des animaux à température constante. L'intensité de la combustion respiratoire augmente chez ces derniers, quand ils se livrent à une grande dépense de force ; pour suffire aux besoins de cette combustion, ils doivent ingérer une quantité plus grande d'aliments. Que ces aliments ne soient pas en quantité suffisante, la quantité de chaleur habituellement libre diminue, le corps se refroidit ; c'est ce qui arrive pour les hommes et les animaux soumis à une abstinence prolongée et qui finissent, lorsque leur température s'est par trop abaissée, par devenir incapables de se mouvoir. Un effet semblable est produit par le froid : lorsqu'il devient très intense, la chaleur intérieure est insuffisante pour compenser la déperdition qui se produit à la surface du corps ; un engourdissement général envahit l'organisme, et la mort survient enfin si quelque vigoureuse réaction ne se produit pas.

Phénomènes lumineux présentés par les êtres vivants. — La transformation en mouvement n'est pas la seule que puisse subir la chaleur : elle est aussi capable de produire de la lumière et de l'électricité, et ces deux formes de la force se manifestent d'une façon évidente chez de nombreux organismes. Outre les Noctiluques qui sont les causes ordinaires de la phosphorescence de la mer, beaucoup d'animaux marins sont phosphorescents au moins à l'époque de la reproduction ; il est impossible pendant la nuit d'imprimer une brusque secousse à un vase rempli d'eau de mer fraîche sans y voir briller des étincelles ; les brins de Fucus que l'on agite dans l'obscurité se couvrent de points lumineux ; la plupart de ces lueurs sont dues à des Infusoires. Un certain nombre de Méduses, plusieurs Coralliaires, les Pennatules entre autres (fig. 174), quantité d'Annélides, des Tuniciers tels que les Pyrosomes, répandent autour d'eux une vive phosphorescence ; plusieurs Crustacés, des Myriapodes, des Insectes possèdent la même propriété.

Chez les uns, l'émission de lumière paraît soumise à l'action de la volonté. Chez d'autres, la moindre excitation portée en un point quelconque suffit pour déterminer une explosion d'étincelles. Chez les animaux vivant en colonies, comme les Polypes des Pennatules ou les Ascidies d'un Pyrosome, tous les membres de la colonie font souvent jaillir successivement leur lumière dès que l'un d'eux a émis un éclair. La phosphorescence est d'ailleurs limitée à certains organes, tels que les yeux, les glandes reproductrices, ou à des corps spéciaux.

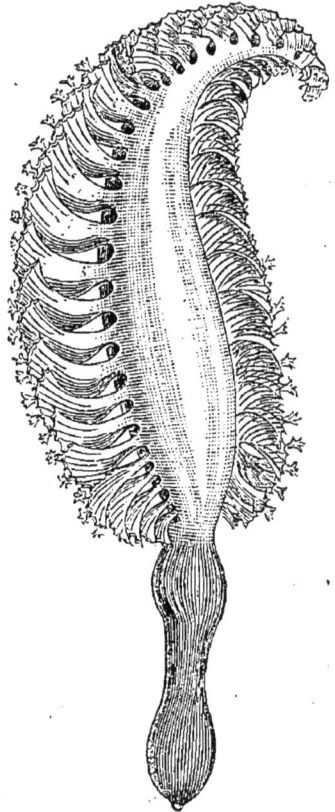

FIG. 174. — Pennatule.

Production d'électricité par les animaux et les végétaux. — La production d'électricité est non moins facile à constater dans les corps vivants. Toutes les réactions chimiques donnent lieu à des phénomènes électriques plus ou moins sensibles ; il aurait été bien

étonnant que cette électricité ne devînt pas sensible chez les organismes, sièges de si nombreuses réactions. On constate, en effet, des
courants électriques faibles, mais de direction constante dans la
plupart des tissus ; les courants prennent une intensité plus
grande dans le tissu glandulaire et surtout dans les nerfs et
dans les muscles des animaux. Dans les muscles, les courants électriques se modifient lorsque ces organes se contractent. L'origine
et la signification de ces courants ont été très discutées ; mais la
production d'une somme considérable d'électricité sous l'influence
de la nutrition est mise en pleine évidence par les phénomènes que
l'on observe chez les Gymnotes, les Malaptérures, les Torpilles et
plus difficilement chez quelques espèces de Raies. Ces poissons
accumulent l'électricité qu'ils développent dans des organes particuliers et produisent de véritables décharges électriques comparables à celles d'une bouteille de Leyde. Ils peuvent stupéfier ainsi
les animaux qui les approchent, causent à l'homme même un douloureux engourdissement et le courant qui se développe alors est
parfaitement appréciable au galvanomètre. Ces décharges sont produites, comme la contraction des muscles striés, sous l'influence de
la volonté, et il est digne de remarque que, suivant des recherches
récentes, les organes électriques des Torpilles et des Gymnotes
résulteraient d'une transformation spéciale des muscles striés.

Volonté. — Mais la volonté capable de faire contracter les
muscles, de déterminer des émissions de lumière et d'électricité, la
volonté est elle-même une force. Latente ou active, comme l'est
tour à tour l'électricité, repliée sur elle-même ou se développant
dans toute son énergie, elle ne saurait puiser le pouvoir de mettre
en jeu l'organisme, de provoquer ou d'arrêter des mouvements, que
dans une provision de mouvements emmagasinés par les cellules
nerveuses où elle réside, et par lesquelles elle agit. Ces mouvements
emmagasinés équivalent à de la chaleur ; une quantité nouvelle
de chaleur est donc absorbée par les organes nerveux, prête à
régénérer du mouvement, à se transformer en activité chimique, en
électricité, en lumière dès qu'une cause quelconque lui permet de
réapparaître.

Une expérience curieuse permet de mettre en relief le lien qui
existe entre la volonté et les forces physiques qu'elle peut mettre en
jeu. Un homme plonge ses bras dans deux vases remplis d'un liquide
conducteur, mis en communication avec un galvanomètre. En général,
on ne constate aucun effet ; mais que l'homme contracte violem-

ment les muscles de l'un de ses bras, sans mouvoir ce dernier : aussitôt l'aiguille aimantée du galvanomètre annonce un courant marchant de la main vers l'épaule. Quels que soient les phénomènes intimes qui ont pû se passer dans les muscles et qui sont la cause immédiate du courant, ces phénomènes ont été provoqués par l'action de la volonté; c'est jusqu'à elle qu'il faut faire remonter la cause première du courant : quel que soit l'intermédiaire, l'aiguille aimantée a été déviée sous l'action de la volonté, et cette faculté insaisissable de notre esprit se trouve ainsi reliée à un autre agent insaisissable, mais de nature purement physique, l'électricité.

L'électricité dégagée équivaut à une certaine quantité de chaleur : la volonté représente donc, elle aussi, de la chaleur emmagasinée, c'est-à-dire transformée, rendue insensible au thermomètre.

Quand on veut retrouver dans un organisme toute la chaleur correspondant à la combustion d'une quantité donnée d'aliments, il est indispensable de tenir compte de toutes ces transformations possibles de la force ; la science a entrepris de les analyser, mais dans le milieu si complexe où elles s'accomplissent, les difficultés sont grandes et les progrès ne peuvent être rapides.

CHAPITRE VIII

ÉVOLUTION DE L'ÊTRE VIVANT SIMPLE OU COMPOSÉ. — MORT, DÉCOM-
POSITION CADAVÉRIQUE. — RÉVIVISCENCE.

Loi de constitution des organismes. — Nous avons étudié
jusqu'ici les phénomènes qui s'accomplissent dans un être vivant en
pleine activité. Nous savons que ces phénomènes sont essentiellement déterminés par l'activité des *éléments anatomiques, cellules*
ou *plastides*, qui peuvent être considérés comme autant d'individus
autonomes, vivant chacun pour son compte, ayant chacun ses propriétés et ses facultés spéciales, jouissant chacun de la vie dans toute
sa plénitude, bien qu'ils puissent être quelquefois réduits à un
grumeau d'une substance homogène. Certains êtres sont constitués,
pendant toute la durée de leur existence, par un plastide unique ;
tous commencent par n'être qu'un simple plastide, l'œuf ou l'ovule.
Dans tous les cas, ce plastide se reproduit en se divisant en deux ou
plusieurs parties semblables entre elles : tantôt les parties ainsi
produites se séparent rapidement les unes des autres pour vivre
isolément ; tantôt elles demeurent unies en nombre plus ou moins
considérable et constituent alors un organisme dont les plastides
nés les uns des autres sont les éléments anatomiques. Véritable
république de plastides où tous les individus sont à la fois indépendants et solidaires, un tel *organisme* est généralement capable d'en
produire d'autres, plus ou moins semblables à lui, qui peuvent à
leur tour se séparer très vite de leur progéniteur, comme cela arrive
chez l'Hydre d'eau douce, chez certains Coralliaires et chez un assez
grand nombre de Vers, ou lui demeurer unis. Bien que ce soit dans
le premier cas que la république de plastides semble fonder des

colonies, on donne le nom de *colonies* aux associations d'organisme qui se produisent dans le second[1].

Quand la solidarité entre les diverses parties d'une colonie devient étroite, comme cela a lieu presque toujours dans les colonies linéaires, formées d'individus placés bout à bout, la colonie prend de nouveau le caractère d'*organisme* et le passage se fait d'une façon insensible. On considère les Siphonophores et les Pyrosomes comme des colonies, uniquement parce que les individus qui les composent sont irrégulièrement groupés ; en fait, ils se comportent, en tout et pour tout, comme de véritables organismes ; on discute encore parfois la question de savoir s'il faut voir dans un ruban de Ténia une colonie dont les anneaux seraient les individus, ou un organisme ; la première opinion est généralement adoptée, et cependant le lien qui unit les anneaux d'un Ténia est à peine moins étroit que celui qui relie les anneaux de beaucoup d'Annélides inférieures. Les anneaux d'un Arthropode et d'un Annelé ont, vis-à-vis les uns des autres, une indépendance moindre, à la vérité, que celle des Polypes d'une même colonie, mais cependant de même nature. Comme les éléments anatomiques, ils sont à la fois indépendants et solidaires, et ce peut être l'une ou l'autre de ces qualités qui domine.

Nous devions rappeler ces prémisses pour faire bien comprendre en quoi consiste l'évolution des êtres vivants, et quelle est la raison des différences que l'on remarque entre eux sous ce rapport.

Pérennité de certains organismes. — En général, tout être vivant naît, grandit pendant un certain temps, demeure stationnaire pendant une nouvelle période, puis s'affaiblit et meurt. La *naissance* et la *mort* sont les deux termes extrêmes de son évolution. Mais il est des êtres pour qui cette proposition n'est pas absolue, pour qui l'immortalité n'est pas une fiction, pour qui la durée de la vie peut être indéfinie si les conditions demeurent propices. Ces êtres ne sont pas rares : la plupart des arbres ne portent en eux-mêmes aucune cause de mort spontanée ; on a évalué à cinq ou six mille ans l'âge d'un Baobab des îles du Cap-Vert et certains *Wel-*

---

1. Dans notre récent ouvrage : *Les colonies animales,* nous avons proposé la nomenclature suivante pour représenter ces différents degrés d'association : nous appelons *mérides* les associations de plastides, *zoïdes* les colonies de mérides, *dèmes* les colonies dans lesquels on peut distinguer des groupes distincts ayant la valeur de zoïdes, comme on le voit, par exemple, chez les Siphonophores où des Hydres, ayant la valeur des mérides, sont associées à des Méduses, qui sont des zoïdes.

lingtonia, arbres résineux de Californie, ne sont guère plus jeunes. A quoi tient ce privilège?

Remarquons tout d'abord que le privilège n'est qu'apparent. Revenons aux fermentations, et à celle que provoque la levûre de bière, en particulier. Supposez que cette fermentation s'accomplisse à l'air libre et que vous renouveliez la provision de sucre que contient le liquide fermentescible, au contact d'un air bien pur, qui se renouvelle constamment lui-même ; admettez que vous puissiez aussi semer dans ce liquide une seule cellule de levûre. Les cellules de levûre se multiplieront indéfiniment, naissant les uns des autres par voie de division successive, et la fermentation ne s'arrêtera pas. Toutes les nouvelles cellules formées seront la descendance directe de la cellule primitive ; chacune d'elles mourra et se dissoudra au bout de quelque temps, mais ses descendants la remplaceront et la vie ne s'éteindra pas dans le vase où s'accomplit le phénomène.

Si les cellules de levûre au lieu de s'isoler les unes des autres étaient demeurées accolées, elles auraient constitué par leur ensemble un immense individu dont la vie ne se serait pas arrêtée, parce que de toutes ses parties, quelques-unes l'auraient toujours conservée. Il y a dans un arbre quelque chose d'analogue : en lui se forment sans cesse des cellules nouvelles qui sont sa partie vraiment vivante : à l'extrémité des branches et des racines, entre le bois et l'écorce, la vie est active ; le bois est au contraire presque entièrement composé de cellules mortes qui ont cependant encore un rôle important à jouer, car elles donnent à l'arbre sa solidité et contribuent à conduire les sucs nourriciers des radicelles aux feuilles. Au bout de quelques années les cellules qui constituaient l'arbre à ses débuts sont toutes inertes, ou ne remplissent plus que des fonctions secondaires, nous disons cependant que l'arbre vit comme nous disions tout à l'heure que la fermentation continue, bien que la partie vivante de l'arbre, comme la partie active de la levûre, soit entièrement renouvelée. La vie de l'arbre est donc indépendante de celle des éléments anatomiques qui le composent, et se continue en raison même du renouvellement de ses éléments. Parmi ces derniers ceux qui vivent en même temps ne sont même nullement nécessaires les uns aux autres ; on peut tirer de l'arbre des boutures qui, à certains égards, ne font que continuer l'individu. Ces boutures vivent pour leur compte et se comportent désormais comme des organismes autonomes.

Durée des colonies animales. — On retrouve exactement les

mêmes faites dans beaucoup de colonies animales. Si les éléments
anatomiques composant chaque individu, si les individus composant la colonie meurent, ils sont sans cesse remplacés par d'autres
qui ont été formés par eux, la colonie n'en continue pas moins à
vivre par ces nouveaux individus, et c'est ainsi qu'ont pu se développer, en partie, les immenses bancs de Madrépores qui étonnent
les voyageurs dans les régions chaudes des mers. Les individus
composant ces colonies sont d'ailleurs indépendants les uns des
autres; on peut les détacher et ils deviennent alors, tout à fait comme
les boutures des arbres, les fondateurs de nouvelles colonies.

Causes de destruction des organismes. — Cette indépendance
réciproque, non seulement des éléments anatomiques, mais encore
des individus composant les colonies est la condition indispensable
de leur durée illimitée. Dès qu'une solidarité quelque peu étroite
relie toutes les parties d'un organisme, la durée de la vie de celui-ci
est aussitôt limitée. Les chances de destruction sont, en effet, considérablement accrues : tout d'abord les parties séparées de l'ensemble meurent infailliblement au lieu de continuer à se développer, comme dans le cas des colonies. En outre, certaines parties
sont absolument indispensables à la vie des autres; que ces parties,
assez nombreuses, soient atteintes dans un organisme quelque peu
compliqué, cet organisme disparaît tout entier. La mort accidentelle est donc beaucoup plus fréquente chez de tels êtres que chez
les végétaux tels que les arbres; on voit encore quelques-uns d'entre
eux, même d'un ordre élevé, des Poissons, des Oiseaux, et probablement les Éléphants et les Baleines, vivre plus d'un siècle, cependant
les phases de la vie semblent nettement marquées pour tous : l'animal est *jeune, adulte* ou *vieux*, et la vieillesse conduit à un terme
naturel, la mort, qui arrive fatalement en dehors de tout accident,
sans autre raison que la durée du temps pendant lequel l'animal a
vécu.

Tandis que l'arbre est pour ainsi dire enveloppé d'une couche
vivante, seule vraiment active, dont les éléments anatomiques vieillis viennent grossir chaque année le diamètre du tronc, sans apporter aucune gêne au fonctionnement des éléments plus jeunes avec
lesquels ils ne sont jamais mêlés, il y a, chez la plupart des animaux,
un mélange intime entre les éléments jeunes et les éléments vieillis;
on trouve les uns et les autres dans tous les organes, à toutes les
profondeurs; ceux qu'un trop long fonctionnement a altérés ou qui
sont devenus inertes et incapables de se reproduire, ne sont pas

immédiatement éliminés ; mélangés aux éléments plus actifs, conservant leur place parmi eux dans les tissus des organes, ils diminuent la puissance physiologique de ceux-ci ; cette puissance allant sans cesse en s'affaiblissant, l'organe finit par n'être plus capable de remplir la fonction qui lui était dévolue et, si cette fonction est importante, la mort survient naturellement. C'est ainsi que chez beaucoup de vieillards certaines parties du cœur s'imprègnent de sels calcaires ou se chargent de graisse ; le jeu de cet organe est dès lors imparfait, la circulation et la nutrition s'accomplissent mal et la mort arrive peu à peu ; chez d'autres, ce sont les parois des artères qui subissent une dégénérescence particulière, deviennent cassantes et finissent par se rompre ; si la rupture a lieu dans le cerveau, elle détermine, par apoplexie, une mort instantanée ; ailleurs le cerveau lui-même s'altère, la démence sénile survient, et avec elle des troubles de nutrition qui amènent lentement la mort. La liste serait longue de ces altérations des organes qui caractérisent la vieillesse et qui tôt ou tard sont fatales à l'individu, soit qu'elle mettent directement un terme à sa vie, soit qu'elles le rendent incapable de soutenir la concurrence vitale pour laquelle de plus jeunes sont mieux armés.

Terme naturel de la vie. — Il y a d'ailleurs des espèces chez qui cette usure des organes survient de très bonne heure et semble provoquée par le développement rapide, à une époque déterminée, des organes de la reproduction. Beaucoup de parasites sont, à un moment donné, de véritables sacs à œufs. Tous leurs organes ont disparu ; on dirait que l'ovaire s'est nourri à leurs dépens, de manière à former le plus grand nombre possible d'éléments reproducteurs : c'est ce qui arrive aux Ténias, par exemple, dont les anneaux se détachent et ne tardent pas à se dissoudre lorsqu'ils sont arrivés à cet état. On voit même dans quelques espèces d'animaux, les Trichines, les Rédies des Trématodes, par exemple, les jeunes individus qui se développent dans les tissus de leur parent, n'être mis en liberté que par la dissolution de celui-ci, dont toute la substance paraît avoir été employée à la nutrition ou, si l'on aime mieux, à la formation de sa progéniture.

Chez un très grand nombre d'animaux, notamment chez les Insectes, l'arrivée de la saison froide semble, comme pour les plantes annuelles, la cause naturelle de la mort ; mais là encore cette cause réside bien plutôt dans l'évolution de l'appareil reproducteur. En effet, les larves d'Insectes vivent souvent plusieurs années et traversent les hivers les plus rigoureux. Les Insectes parfaits qui ne se sont pas reproduits avant l'automne, arrivent de même à passer la saison froide, sauf à s'engourdir quand la température s'abaisse par trop; par un procédé analogue on transforme diverses plantes annuelles en plantes vivaces en les empêchant de fleurir, et l'on peut hâter leur mort en activant leur floraison.

Le développement de certains tissus, l'accomplissement de certaines fonctions marquent donc ici un terme naturel à la vie et c'est surtout, dans ces cas, que nous observons chez les animaux cette évolution rapide, ces métamorphoses remarquables qui se succèdent avec un ordre parfait, et que nous avons précédemment décrites. Tout dans l'organisme, tout dans le développement de individu, semble alors avoir pour but la préparation des organes qui doivent assurer la perpétuité de l'espèce. Ce but, une fois atteint, la vie peut ne durer que quelques heures. Les Éphémères, Insectes qui abondent parfois aux environs des eaux et qui passent plusieurs mois à l'état de larves, ne vivent guère plus d'un jour sous leur état d'Insectes parfaits et sont même incapables de prendre toute nourriture.

Régénération des parties perdues; reproduction après scission. — Beaucoup d'animaux présentent cette curieuse propriété que lorsqu'on vient à détacher certaines parties de leur corps, ces parties reconstituent un nouvel individu; souvent même cette opération se fait spontanément et devient un mode normal de reproduction. On trouve dans plusieurs groupes zoologiques, tous les passages entre le cas où les parties de l'organisme sont suffisamment indépendantes pour vivre ainsi séparées les unes des autres et le cas où toutes les parties sont si étroitement solidaires qu'on ne saurait les isoler sans amener leur mort. Nous savons qu'on peut couper les Hydres d'eau douce en plusieurs morceaux dont chacun devient un nouvel animal; il est peu probable que cette opération réussisse avec des Méduses. On l'a faite avec succès chez des Vers inférieurs, tels que les Planaires, et l'on a constaté que ces animaux se reconstituaient sans changer de poids ni de volume comme si les éléments qui les composaient étaient les seuls matériaux employés à leur reconstitution. Chez certaines Étoiles de mer, chaque bras séparé de l'animal refait une nouvelle Étoile, mais cette faculté est limitée à quelques espèces; la plupart des autres se bornent à reproduire le bras mutilé; quant à celui-ci, il meurt; enfin, chez d'autres espèces de forme pentagonale ou même presque sphérique, le corps ne se distingue plus des bras, la reproduction des parties perdues ne diffère guère des cicatrisations qu'on observe chez les animaux supérieurs. Il en est de même chez les Oursins, qui appartiennent au même embranchement que les Étoiles de mer. Chez les Holothuries, voisines elles-mêmes des Oursins, on observe cependant un fait curieux : l'animal inquiété se débarrasse de tous ses viscères et les reconstitue ensuite peu à peu lorsqu'il est placé dans de bonnes conditions.

Chez les Annélides, il est probable que si l'on coupait en deux un individu appartenant à l'une des espèces qui se partagent spontanément, à une certaine période de leur vie, en deux ou plusieurs individus, chacune des moitiés vivrait pour son compte, referait la partie qui lui manque et évoluerait séparément. Chez les espèces où la reproduction par scission n'existe pas, la solidarité est déjà bien plus grande. C'est ce dont on peut s'assurer facilement chez les Lombrics. Si l'on coupe l'un de ces animaux en deux, par la moitié du corps, la moitié antérieure qui contient tous les organes importants, se refait une queue et continue à vivre comme auparavant ; la moitié postérieure, privée des organes essentiels qui sont contenus dans les premiers anneaux, ne possédant plus, en conséquence, les moyens de se nourrir, vit encore fort longtemps, mais on n'est pas certain qu'elle puisse se refaire une partie antérieure. Le Lombric, privé de ses premiers anneaux, les reproduit cependant rapidement. Ces phénomènes ne diffèrent guère, en somme, des phénomènes d'accroissement proprement dits, puisque chez les Vers annelés, l'accroissement consiste, au moins en partie, dans la formation de nouveaux anneaux, à la partie postérieure du corps.

Peut-être faut-il rapprocher aussi des simples phénomènes d'accroissement la faculté que possède la queue des Salamandres, des Lézards et de quelques Serpents, de repousser lorsqu'elle a été coupée. Mais la réparation des mutilations qui portent sur les membres présente un tout autre caractère. Il est bien avéré que les pattes d'une Salamandre repoussent si l'on n'a pas arraché l'épaule avec le membre. On a vu des Salamandres reproduire même une portion de leur tête. Il est d'observation vulgaire que les pattes des Écrevisses se reconstituent sous la carapace, après avoir été coupées, et reprennent leurs fonctions dès qu'une mue les a mises en liberté. On a constaté le même phénomène chez des Insectes tels que les Bacilles, du midi de la France ; et la reproduction chez l'Insecte parfait, d'un membre coupé à sa larve, est un fait assez fréquent lorsque la blessure a respecté le bourgeon qui doit former les parties essentielles du membre au moment de la métamorphose.

Tous ces faits sont assez difficiles à expliquer d'une façon positive ; mais ils témoignent au moins dans les régions mutilées d'une vitalité propre qui tend à les reconstituer telles qu'elles étaient lorsqu'un accident quelconque est venu à les altérer. On dirait que chaque membre est une unité qui peut être refaite par chacune de ses parties, comme une Hydre peut être refaite par les lambeaux qui ont été détachés de son corps. Il semble que les éléments anatomiques d'une région donnée, qui se reproduisent sans cesse, évoluent toujours de la même façon, de manière à se replacer spontanément dans les conditions normales, lorsqu'une circonstance quelconque les en a éloignés.

Les phénomènes de la greffe nous ont déjà montré que la vie d'un membre n'était liée à celle de l'organisme dont il fait partie que par les nécessités de la nutrition et qu'on pouvait lui conserver la vie, après l'avoir bien détaché, à la condition de le transplanter sur un animal semblable. Bien évidemment, ces phénomènes de reproduction des parties perdues et de greffe ne sont autre chose que les conséquences de l'indépendance des éléments anatomiques, affaiblie par la solidarité qui existe entre eux chez les animaux supérieurs.

Mort. — Réviviscence. — Dans le phénomène de la greffe, nous constatons avec une évidence frappante un fait étonnant au premier abord. On peut tuer l'individu auquel le membre greffé a été enlevé, ce membre greffé n'en continue pas moins à vivre, alors même qu'il n'est pas encore définitivement implanté sur l'organisme à qui il a été ajouté. Les diverses parties du corps d'un animal peuvent donc vivre et mourir séparément, et ce phénomène, en apparence si singulier, se produit en réalité tous les jours sans que nous y prenions garde.

Ce que nous appelons la mort chez un organisme supérieur, ce n'est pas la dissolution des parties vivantes qui le composent, comme c'est le cas pour les protoplasmes, c'est, en définitive, l'arrêt des fonctions qui maintiennent constant le milieu dans lequel doivent vivre et se nourrir les éléments anatomiques. Quand ces fonctions sont arrêtées, l'organisme est mort, mais ses organes et ses éléments anatomiques ne le sont pas pour cela. Cela est si vrai qu'on peut, dans certaines circonstances, profiter de la vie latente qu'ils conservent pour ressusciter, en quelque sorte, la vie de l'organisme dont ils font partie.

On empoisonne, comme l'a fait Claude Bernard, un animal par le curare qui abolit la fonction locomotrice tout entière. L'animal devient inerte, sa respiration s'arrête, son cœur lui-même cesse de battre. Pour tout le monde, il est mort. Qu'on l'abandonne à lui-même, le sang se coagulera, la putréfaction s'emparera bientôt du cadavre. Mais le curare est un poison dont l'organisme se débarrasse assez rapidement : si, au lieu de laisser aller les choses, on entretient mécaniquement la respiration, en gonflant d'air les poumons et en les forçant ensuite à revenir sur eux-mêmes, ce mouvement de va-et-vient déterminer une lente circulation, le cœur se laissera gonfler et dégonfler alternativement ; ses éléments, nourris par un sang suffisamment oxygéné, continueront à vivre ; bientôt le centre respiratoire reprendra ses battements, enverra de nouveau des ondées de sang dans tout l'organisme ; le curare sera peu à peu éliminé par les éléments anatomiques toujours vivants ; finalement l'animal, véritablement ressuscité, reprendra toute sa force.

Ce procédé de la respiration artificielle permet de ramener également à la vie des noyés et des asphyxiés dont la mort apparente est récente.

On peut même conserver un certain temps la vie à des parties du corps complètement détachées des autres organes. Dans la tête d'un chien récemment décapité, Brown-Séquard injecte du sang chaud défibriné ; aussitôt cette tête, tout à l'heure immobile, ouvre les yeux ; l'expérimentateur prononce le nom de l'animal et ces yeux se tournent vers celui qui a parlé.

Dans quelques animaux inférieurs, cette vie latente des éléments anatomiques peut être d'assez longue durée et résister même à la congélation. Des Grenouilles prises dans la glace et complètement congelées, des chrysalides de Papillons exposées au froid et solidifiées au point de résonner comme des morceaux de pierre, sont revenues complètement à la vie après avoir été lentement réchauffées.

La privation d'eau, la dessiccation, ne réussit même pas à faire disparaître la vitalité des éléments. Quand l'eau qu'ils habitent vient à se dessécher, la plupart des Infusoires s'enferment dans une membrane imperméable et attendent ainsi le retour de conditions meilleures ; mais il est des Rotifères, des Tardigrades, de petits Vers, les Anguillules, organismes cependant assez élevés, qui se laissent tout bonnement dessécher. Immobiles et même un peu déformés, ils paraissent absolument morts, mais si on les replace dans l'humidité, la vie ne tarde pas à renaître. C'est ce phénomène long-temps considéré comme exceptionnel qu'on a particulièrement désigné sous le nom de *réviviscence*, et qui a si profondément étonné les physiologistes au commencement de ce siècle.

Toutefois aucune de ces conditions anormales ne saurait être in-définiment prolongée, et la mort des éléments anatomiques suit généralement, au bout d'un temps plus ou moins long, celle de l'or-ganisme dont ils font partie ou la suspension de leur activité. L'absence de nutrition dans un organe, ou la viciation dans cet organe du milieu nutritif peut d'ailleurs amener la mort de cet organe sans entraîner la mort immédiate de l'être auquel il appartient. Les élé-ments anatomiques se décomposent alors sur place et c'est ce qui constitue la *gangrène*.

Décomposition cadavérique. — Quand la vie s'est arrêtée dans un organisme, quand les fonctions multiples qui assurent le main-tien de la composition constante de son milieu intérieur ne s'exer-cent plus, les éléments anatomiques continuent quelque temps encore une vie obscure. Les plus superficiels, ceux qui sont relativement les plus indépendants, peuvent même se nourrir et se reproduire : on a vu les poils et les ongles grandir sur un cadavre. Mais bientôt cette vie même devient impossible : l'oxygène n'étant plus porté par le sang au contact des éléments anatomiques, ces éléments essayent quelque temps de l'enlever au sucre et aux matériaux décomposables qui les environnent, comme l'ont constaté MM. Le-chartier et Bellamy pour la pulpe des fruits plongés dans l'acide carbonique ; puis ils deviennent inertes. Chez les animaux, la fibrine se coagule dans toute l'étendue du corps, les muscles et tous les organes mous deviennent rigides au point qu'on casserait parfois les membres plutôt que de les faire plier. Le protoplasma n'est plus vivant pour façonner et élaborer les substances organiques : il n'y a plus, dans le cadavre, que des composés nombreux et instables, qui agissent les uns sur les autres suivant les lois ordinaires de la chimie, et dont les réactions peuvent varier dans une certaine me-sure suivant les conditions d'humidité et de température dans les-quelles ils se trouvent placés.

Après qu'un certain équilibre s'est établi entre ces composés, une dessiccation rapide, la présence de certaines substances dites *antisep-tiques*, telles que l'acide phénique, l'acide borique, l'acide salyci-lique, le sulfate d'alumine, l'alcool, etc., la privation du contact de l'air ordinaire et quelques autres circonstances peuvent empêcher toute altération nouvelle ; de là la pratique des *embaumements*, répandue en divers pays, générale chez les anciens Égyptiens, les Guanches des îles Canaries et les anciens Péruviens, dont les *momies* sont bien connues.

Mais dans les conditions ordinaires, le cadavre d'un homme ou d'un animal est une riche nourriture pour une foule d'organismes. Sans parler des Carnassiers qui dépècent sa chair, des Insectes nombreux viennent lui confier une progéniture avide, d'innombrables Microbes, dont les germes sont apportés par l'air, y trouvent les conditions d'un développement rapide. Toute cette substance renaît à la vie sous une forme nouvelle. L'odeur même qu'elle répand et qui, pour tous, indique sa décomposition, n'est qu'un effet de la vie qui la reprend ; c'est celle des produits azotés et sulfurés, exhalés concurremment avec l'acide carbonique par les innombrables ferments qui se repaissent des matières albuminoïdes. Ces divers produits, rejetés dans l'atmosphère, peuvent être eux-mêmes utilisés par les végétaux qui croissent dans les régions voisines de celle où le cadavre se décompose.

Enfin toute cette activité s'arrête à son tour : après sa mort, l'animal ou le végétal a encore servi quelque temps à entretenir la vie, finalement il ne laisse d'autre reste apparent de lui-même que des matières minérales telles que les sels calcaires des os, ou des substances que protège une résistance particulière à la destruction.

DEUXIÈME PARTIE

ÉTUDE SPÉCIALE DE L'HOMME

CHAPITRE PREMIER

DESCRIPTION ANATOMIQUE SOMMAIRE

LES GRANDES FONCTIONS PHYSIOLOGIQUES dans les deux Règnes. — APPAREILS; ORGANES; DIVISION DU TRAVAIL PHYSIOLOGIQUE; Systèmes. — Régions du corps; ORGANES DES SENS; ORGANES THORACIQUES; ORGANES ABDOMINAUX.

. **Les grandes fonctions physiologiques dans les deux Règnes.** — Nous devons appliquer à l'Homme, dans cette partie de nos études, les notions que nous avons acquises précédemment sur les conditions générales de l'organisation et les propriétés des êtres vivants. Si l'Homme domine de haut les animaux par le développement de son intelligence et la perfection de son cerveau, il se rapproche considérablement par le reste de son organisation des Mammifères supérieurs, de sorte que les principales fonctions physiologiques s'accomplissent chez lui exactement de la même façon que chez eux. Chez l'Homme, comme chez tous les animaux, ces fonctions sont de trois sortes : les fonctions de *nutrition* comprennent l'ensemble des actes qui s'accomplissent dans l'organisme, abstraction faite du monde extérieur, et qui ont pour objet la conservation de l'individu; les fonctions de *relation* comprennent, au contraire, l'ensemble des actes par lesquels l'organisme se met en rapport avec le monde extérieur; les fonctions de *reproduction* ont trait particulièrement à la conservation de l'espèce.

Il n'y a pas entre ces trois ordres de fonctions une séparation aussi absolue que cette nomenclature semblerait l'indiquer. Les

actes qui relèvent des fonctions de relation viennent fréquemment
en aide à la nutrition et concourent d'ailleurs efficacement à la conservation de l'individu. C'est, en effet, dans le monde extérieur que
l'Homme et les bêtes trouvent les aliments qui leur sont nécessaires
et qu'ils élaborent dans leur appareil digestif pour se les assimiler ;
dans leurs courses quotidiennes, l'animal et le sauvage ont, en
grande partie, pour objet la recherche de leur nourriture, et ils
appliquent à la découvrir toute la finesse de leurs sens. C'est aussi
grâce à la connaissance du monde extérieur, qu'ils reconnaissent et
évitent les dangers qui les menacent : ils emploient à leur défense
l'intelligence aussi bien que la force. Les fonctions de relation contribuent donc pour une large part à la conservation de l'individu.
On pourrait tout aussi facilement démontrer qu'elles viennent puis-
samment en aide aux fonctions de reproduction ; il est donc très
difficile aussi de diviser, comme on le fait quelquefois, les fonctions physiologiques en deux catégories suivant qu'elles ont pour
objet la conservation de l'individu ou la conservation de l'espèce.

Les fonctions de nutrition et de reproduction sont communes aux
végétaux et aux animaux ; on les désigne assez souvent sous le nom
de *fonctions de la vie végétative*. Si l'on ne peut dire que les végétaux soient privés de toute fonction destinée à les mettre en rapport
avec le monde extérieur, il est au moins certain que la manière
dont l'animal entre en relation avec ce qui l'entoure lui est particulière ; c'est là un das grands caractères qui le distinguent du végétal : aussi les fonctions de relation sont-elles considérées plus
particulièrement comme les *fonctions de la vie animale*.

Cette distinction ne doit pas être non plus prise à la lettre, car
toutes les fonctions résultent, en définitive, de propriétés du protoplasma qui sont communes aux deux Règnes. Le mouvement
qui caractérise à un si haut degré les animaux, trouve sa
source dans l'aptitude du protoplasma à se mouvoir ; or, le
protoplasma végétal se meut tout aussi bien que le protoplasma
animal. La sensibilité a pour origine les modifications passagères
ou durables que le protoplasma reçoit des agents extérieurs ; or, le
protoplasma végétal est modifié par ces agents comme le protoplasma
animal, et garde même plus ou moins longtemps la trace de ces modifications. Aussi ne doit-on pas être étonné de voir le mouvement se
manifester chez les éléments reproducteurs de la plupart des végétaux cryptogames avec une telle netteté qu'on a pris d'abord beaucoup de ces éléments pour des animaux ; chez quelques plantes élevées,
telles que les *Sensitives*, les feuilles exécutent des mouvements dès

qu'on les touche, et de tels mouvements, provoqués par le contact d'un corps étranger, ne sont pas sans certaines analogies avec ceux que manifestent les animaux stimulés par les agents extérieurs. L'éther, le chloroforme endorment la Sensitive et empêchent ses mouvements, tout comme ils rendent les animaux insensibles et inertes. Les fonctions de relation elles-mêmes n'établissent donc pas une démarcation absolue entre les deux Règnes, dont les formes inférieures présentent entre elles de nombreuses ressemblances.

Cependant, si l'on étudie plus en détail la façon dont s'accomplissent les fonctions physiologiques correspondantes, on trouve qu'il existe entre eux de frappantes différences.

Chez les animaux et chez les végétaux les fonctions de nutrition sont au nombre de cinq : la *Digestion*, la *Respiration*, la *Circulation*, la *Sécrétion* et l'*Assimilation*.

La *digestion* consiste, pour l'animal, dans l'introduction, à l'intérieur d'un système de cavités particulières, de substances solides ou liquides qui subissent dans ces cavités des transformations diverses, sont ensuite absorbées et réparties entre les divers tissus, auxquels elles servent d'aliments. Les plantes ne possèdent jamais de cavités où s'élaborent leurs aliments, et ces aliments qu'elles vont chercher à l'aide de leurs racines ou de leurs feuilles ne sont jamais solides ; ils sont toujours dissous par les liquides qui environnent la plante ou par ceux qu'elle excrète, avant de pénétrer dans ses tissus.

La *respiration* est la fonction qui préside aux échanges gazeux entre l'être vivant et l'atmosphère ; elle s'accomplit généralement chez les animaux dans une partie du corps distincte de celle où a lieu la digestion, mais qui peut parfois en être considérée comme une dépendance. Au moyen de leurs feuilles et de leurs autres parties vertes, les plantes puisent indifféremment dans l'atmosphère de l'acide carbonique, qui est pour elles un véritable aliment gazeux, et de l'oxygène, qui sert à la respiration de leur protoplasma. Elles exhalent de l'oxygène, plus ou moins mélangé d'acide carbonique suivant l'intensité de la lumière ; or, l'oxygène exhalé est un résidu de la digestion de l'acide carbonique puisé dans l'air et dont le carbone se fixe dans la plante ; l'acide carbonique dégagé provient de la respiration de cette dernière, de sorte que les feuilles contribuent d'un seul coup à l'exercice de deux fonctions distinctes. A ce point de vue la division du travail physiologique est tout autre chez l'animal et chez le végétal.

Au moins chez les animaux supérieurs, les matières nutritives, amenées à l'état liquide, sont réparties entre les diverses régions du corps, par un système de canaux sur le trajet desquels se trouvent des organes contractiles, des *cœurs*, qui forcent les sucs nutritifs à marcher dans une certaine direction. En cela consiste chez eux la fonction de *circulation*. C'est d'une façon toute passive que les liquides nutritifs circulent chez les végétaux, dont les vaisseaux ne sont eux-mêmes constitués que par des files de cellules mortes.

La *sécrétion* est la fonction grâce à laquelle des substances de nature diverse sont constamment extraites du liquide nourricier et exsudées par les éléments anatomiques, après avoir subi ou non certaines transformations. Cette fonction est généralement effectuée par des éléments anatomiques diversement groupés et laissant entre eux des espaces vides, souvent en forme de canaux, par lesquels s'écoule le produit de la sécrétion; c'est là ce qu'on appelle *des glandes simples;* elles sont de petites dimensions. Les glandes de grand volume peuvent être considérées comme formées par un certain nombre de glandes simples; ce sont des *glandes composées*. Mais il peut arriver aussi que des sécrétions soient produites par des éléments anatomiques qui ne forment nullement de glandes définies. Quelquefois les produits de la sécrétion sont purement et simplement éliminés comme cela arrive pour la sueur et pour l'urine; la fonction de sécrétion prend alors plus particulièrement le nom d'*excrétion*. Quelquefois aussi, le produit formé doit jouer un rôle physiologique, et se trouve utilisé par l'organisme; nous en verrons de nombreux exemples, quand nous étudierons en détail la fonction de digestion. Les végétaux possèdent des glandes aussi bien que les animaux; mais les glandes n'ont pas chez eux l'importance qu'elles présentent chez les animaux; elles ne forment jamais de masses volumineuses, ne concourent que très rarement à rendre assimilables les aliments de la plante, et leurs produits, qui sont le plus souvent des matières sucrées, des corps gras ou des essences, diffèrent considérablement des produits sécrétés par les glandes des animaux.

L'*assimilation* est, enfin, la fonction que remplissent les éléments anatomiques, lorsqu'ils vont puiser les matières nutritives dans le milieu intérieur, pour les incorporer à leur propre substance. Nous savons déjà que le résultat final de cette assimilation est tout autre chez les animaux et chez les végétaux, quant à la proportion relative des substances formées, sinon quant à leur nature.

A côté de certaines ressemblances, on ne trouverait pas moins de différences entre les deux Règnes, dans la manière dont s'accomplit la fonction de reproduction. Ainsi les grandes fonctions que tout le monde s'accorde à reconnaître comme leur étant communes, établissent cependant entre eux de nombreux contrastes.

L'opposition s'accentue encore dans les fonctions de relation, dont on fait souvent l'apanage exclusif des animaux. Ces fonctions comprennent trois ordres de phénomènes : les *phénomènes de mouvement*, les *phénomènes de sensibilité* et les *phénomènes intellectuels*. Or, les phénomènes intellectuels, contestables à la vérité chez un petit nombre d'animaux, manquent complètement aux plantes. Il existe chez certaines d'entre elles une faculté qui ressemble à la sensibilité : chacun sait que beaucoup de plantes sont sensibles à l'action de la lumière, suivent le mouvement du soleil, étalent leurs feuilles pendant le jour et les replient pendant la nuit ; les étamines de l'Épine-vinette, les feuilles des *Drosera*, de la Dionée gobe-mouches, des Sensitives, etc., sont même affectées par le contact d'un corps étranger et se meuvent sous l'action de ce contact. Mais, outre que le végétal ne possède jamais aucune conscience des impressions qu'il semble ressentir, les mouvements que de rares espèces exécutent sous l'influence d'excitations extérieures, ne peuvent être ni modifiés, ni arrêtés par lui ; ils ne peuvent être produits en dehors de ces excitations et présentent quelque chose de fatal, qui les distingue bien nettement des mouvements *voulus* des animaux. Ils paraissent souvent être le résultat de causes toutes physiques. Quelques végétaux accomplissent cependant des mouvements spontanés : mais ces mouvements ne sont autre chose que les mouvements amiboïdes du protoplasma qui est, comme on sait, libre chez certaines espèces, ou les mouvements des cils vibratiles dont sont pourvus les zoospores des Champignons et des Algues, les anthérozoïdes de certaines Algues, des Mousses, des Prêles et des Fougères.

Il n'existe, d'ailleurs, chez les végétaux, rien que l'on puisse comparer aux sens du *toucher*, du *goût*, de l'*odorat*, de l'*ouïe* et de la *vue* que possèdent le plus grand nombre des animaux ; et l'on ne trouve pas davantage chez eux de tissu comparable au tissu musculaire ou au tissu nerveux. Aussi les dissemblances entre les deux Règnes deviennent-elles plus nombreuses et plus profondes à mesure que se complique l'organisation des représentants de chacun d'eux.

Appareils, organes ; division du travail physiologique ; systèmes. — Les végétaux et les animaux étant ainsi distingués par la façon dont s'accomplissent chez eux les grandes fonctions physiologiques, cherchons quels sont chez les animaux les instruments de ces fonctions. On donne le nom d'*appareil* à l'ensemble des parties du corps qui concourent à l'accomplissement d'une même fonction. Dans les animaux supérieurs, les principaux appareils se décomposent en *organes*, à chacun desquels est dévolue une part de la fonction à remplir. Nous avons déjà vu dans les colonies et dans les sociétés animales, chacun des membres de l'association prendre une fonction particulière, revêtir en même temps une forme spéciale et concourir ainsi d'une façon qui lui est propre à la prospérité commune : une semblable *division du travail physiologique* existe entre les organes constituant un même appareil. C'est ainsi que l'*appareil digestif* se compose, chez l'Homme et les animaux supérieurs, de plusieurs cavités dans chacune desquelles les aliments subissent des changements particuliers, et d'un assez grand nombre de glandes, dont les sucs ont chacun leur rôle dans la digestion. Dans le même sens, l'*appareil circulatoire* est constitué par les organes qui concourent à l'accomplissement de la fonction de circulation, l'*appareil respiratoire* par ceux qui servent à la respiration.

On pourrait également donner le nom d'*appareil sensitif* à l'ensemble des organes des sens, et celui d'*appareil locomoteur* au squelette et aux muscles qui le font mouvoir. Mais ces appareils sont formés d'organes qui, au lieu d'avoir une structure fort différente, comme les organes des fonctions de nutrition, ne comprennent guère que des organes de même structure et dans lesquels un seul tissu est en général prédominant. En anatomie comparée on appelle *systèmes* ces séries d'organes semblables entre eux dont beaucoup d'animaux nous offrent des exemples : le *système musculaire*, le *système squelettique*, le *système nerveux*, le *système vasculaire*, etc., sont l'ensemble des muscles, des os, des nerfs, des vaisseaux de l'économie.

La distinction des systèmes et des appareils est importante lorsqu'on veut énoncer certaines propositions générales de pathologie ou d'anatomie comparée : ainsi, tandis que la maladie d'un organe n'entraîne que rarement une altération de tout l'appareil dont cet organe fait partie, il est assez fréquent que tous les organes d'un même système, en raison de l'identité de leur constitution, soient malades simultanément ; on a vu des hommes dont tous les os se ramollissaient progressivement ; d'autres, chez qui tous les muscles s'atrophiaient peu à peu ; nous avons déjà dit que, chez les rhumatisants toutes les séreuses pouvaient être prises en même temps ; il serait facile de multiplier beaucoup ces exemples.

Au point de vue de l'anatomie comparée, indépendamment du degré plus ou moins grand de complication des appareils, les Poissons se laissent assez naturellement distinguer en deux groupes caractérisés par ce fait, que chez les uns le système squelettique demeure *cartilagineux*, tandis qu'il est *osseux* chez les autres. Chez les Arthropodes et les Mollusques, le système vasculaire est incomplet ; les principaux types du Règne animal sont caractérisés par la disposition de leur système nerveux.

Les organes appartenant à un même système sont, en général, répartis dans toute l'étendue du corps : on trouve partout des muscles, des os, des nerfs et des vaisseaux ; ceux qui constituent un même appareil sont, au contraire, réunis le plus souvent dans des *régions* distinctes.

Régions du corps ; organes des sens ; organes thoraciques ; organes abdominaux. — Chez l'Homme et les Vertébrés supérieurs, les régions du corps sont ordinairement au nombre de trois : la *tête*, le *thorax* et l'*abdomen*. Ces deux dernières régions forment par leur ensemble le *tronc*, dont les *membres*, presque toujours au nombre de quatre, sont une dépendance.

Les organes les plus importants de l'appareil sensitif sont réunis sur la tête. Dans le crâne se trouve le *cerveau* auquel aboutissent toutes les impressions et d'où partent les ordres de la volonté ; autour de lui, directement en rapport avec le monde extérieur qu'ils sont chargés de nous faire connaître, se trouvent les organes du goût, de l'odorat, de l'ouïe et de la vue. Le sens du toucher n'est pas aussi nettement localisé : toutes les parties du corps sont plus ou moins aptes à percevoir des impressions tactiles.

L'organe central de la circulation, celui qui donne au sang l'impulsion, grâce à laquelle il peut parcourir le corps tout entier, le *cœur* (fig. 175), est toujours situé dans le thorax, chez les Vertébrés qui respirent l'air en nature. Il en occupe la partie centrale ; à sa droite, à sa gauche et au-dessus de lui se trouve l'appareil respiratoire tout entier, dont les organes principaux sont les *poumons*, à l'intérieur desquels les mouvements du thorax contribuent à établir un renouvellement d'air constant. Le cœur et les poumons, liés ensemble par la nécessité où se trouve le sang d'aller se revivifier périodiquement au contact de l'air, remplissent à eux seuls presque entièrement la cavité du thorax ; chez les Mammifères et chez eux seulement, cette cavité est séparée de celle de l'abdomen par une cloison musculaire, en forme de voûte, le *diaphragme*.

C'est dans l'abdomen que l'on trouve les principaux organes de

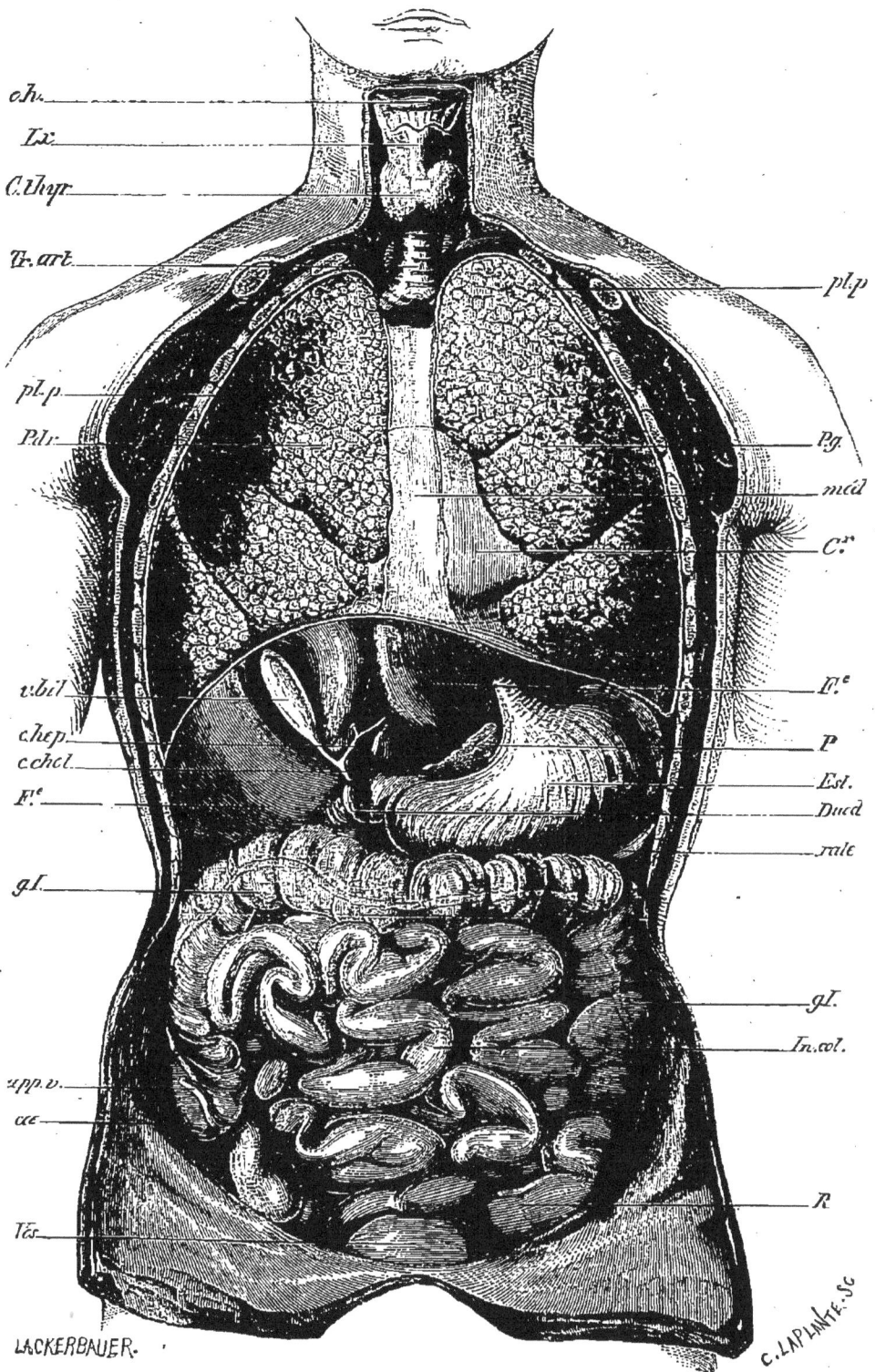

FIG. 173. — Tronc de l'Homme et ses principaux organes. — *oh*, os hyoïde; *Lx*, larynx; *C.thyr*, corps thyroïde; *Tr.art*, trachée artère; *pl.p*, plèvre; *P.dr*, poumon droit; *Pg*, poumon gauche; *med*, médiastin; *Cr*, cœur indiqué au pointillé; *Fe*, foie; *c.hep*, canal hépatique; *v.bil*, vésicule biliaire; *c.chol*, canal cholédoque; *P*, pancréas; *Est*, estomac; *rate*, rate; *gI*, gros intestin; *cœ*, cæcum; *app.v*, appendice vermiculaire; *R*, rectum; *In.col*, intestin grêle; *Ves*, vessie.

la digestion, ainsi que les organes dépurateurs par excellence, les *reins* dont la secrétion s'amasse dans la *vessie* (fig. 175, *ves*), et les organes internes de l'appareil reproducteur. L'appareil digestif s'étend d'ailleurs sur les trois régions du corps; c'est, en effet, la tête qui porte la *bouche;* l'*œsophage* parcourt toute la longueur du thorax et conduit les aliments dans l'*estomac* (fig. 175, *Est*); ce dernier est situé dans l'abdomen, au-dessous du diaphragme, ainsi que le *foie* et le *pancréas* qui fournissent les sucs digestifs les plus importants; l'*intestin* fait suite à l'estomac et ne s'ouvre extérieurement qu'à l'extrémité postérieure du corps.

Les membres, au nombre de quatre, symétriques deux à deux chez les Vertébrés supérieurs, sont attachés aux deux extrémités du tronc. Presque tous les Mammifères se servent de leurs quatre membres pour soutenir leur corps à la surface du sol : leur tête est située *en avant;* la bouche s'ouvre à l'extrémité antérieure de la tête; l'axe longitudinal du corps est horizontal; on appelle *face dorsale* la partie *supérieure* du corps, celle qui regarde le ciel, *face ventrale* la partie *inférieure* du corps, celle qui est tournée vers la terre. Chez l'Homme qui se tient debout sur ses membres postérieurs, c'est le sommet de la tête qui est dirigé vers le haut; le visage regarde tout entier en *avant;* le dos constitue la face *postérieure* du corps, le ventre fait partie de la face *antérieure.*

Ces données générales étant établies, nous devons passer à l'étude particulière des fonctions et des organes qui, chez l'Homme, sont chargés de les accomplir.

CHAPITRE II

LA DIGESTION.

Les fonctions secondaires de la digestion. — L'étude de la fonction de digestion consiste dans la recherche des modifications que subissent les aliments depuis l'instant où ils sont introduits dans l'appareil digestif jusqu'au moment où ils le quittent, soit pour être expulsés au dehors, soit pour entrer dans l'appareil circulatoire. On reconnaît alors que cette grande fonction peut se décomposer en huit fonctions secondaires auxquelles on donne quelquefois le nom d'*actes*.

Les aliments sont d'abord saisis au moyen de divers organes qui les portent jusque dans la cavité buccale. Cela constitue la *préhension des aliments*. Dans la bouche les aliments sont broyés, triturés et réduits en une sorte de pâte, propre à être imprégnée par les sucs digestifs et à en subir l'action. C'est là la *mastication* qui est exercée par des organes spéciaux, les *dents*, supportées par des *mâchoires*, mues elles-mêmes par des muscles d'une certaine puissance.

Pendant que la mastication s'opère, les aliments sont mélangés avec un suc particulier, la *salive*, qui commence leur digestion. Puis ils quittent la cavité buccale pour pénétrer dans l'*œsophage*. Ces deux actes, qui portent les noms d'*insalivation* et de *déglutition*, sont bientôt suivis de la *digestion stomacale* ou *chymification*, puis de la *digestion intestinale* ou *chylification*. Après la digestion stomacale, les aliments sont transformés en une sorte de bouillie, le *chyme ;* la masse du chyme se divise dans l'intestin en deux parties dont le sort est bien différent : l'une d'elles, le *chyle,* ne tarde pas à passer dans le sang; l'autre constitue les *matières fécales* ou *fèces* qui sont expulsées au dehors : *l'absorption du chyle* et la *défécation* sont les derniers actes de la digestion.

Préhension des aliments. — La façon dont les animaux saisissent et portent à leur bouche leurs aliments fournirait un intéressant chapitre à la physiologie comparée. Nous avons vu que les Foraminifères et les Radiolaires étendent tout autour d'eux leurs fins pseudopodes, comme une toile d'araignée vivante à laquelle viennent se prendre des Infusoires et de petits Crustacés; ainsi font également les Hydres dont le corps ne dépasse guère 1 centimètre de long ; on les voit cependant, dans certaines conditions, étirer leurs tentacules de manière à leur donner plusieurs décimètres de longueur et les tendre dans l'eau, en les fixant aux corps solides, comme les pêcheurs tendent leurs lignes. Beaucoup de Polypes hydraires (fig. 176) font probablement de même. Quelques Infusoires fixés, tels que les Vorticelles, les Éponges, des animaux éga-

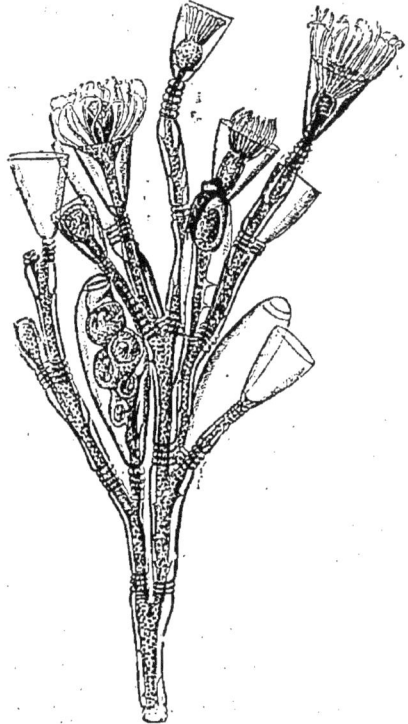

FIG. 176. — Polype hydraire (*Campanulaire*); deux individus ont leurs tentacules épanouis.

lement sédentaires mais bien plus élevés, tels que les Bryozoaires (fig. 177), les Brachiopodes, beaucoup de Mollusques acéphales, les Annélides tubicoles, les Tuniciers et peut-être même quelques Vertébrés, attirent à eux des matières alimentaires qu'ils ne choisissent pas, au moyen des courants déterminés dans l'eau ambiante par les cils vibratiles dont est pourvue l'entrée de leur appareil digestif; chez les Cirripèdes (fig. 141) ce sont des mouvements rythmés des pattes modifiées de ces animaux qui remplacent les battements des cils vibratiles absents.

Chez les animaux libres et errants, on peut dire que l'appareil locomoteur tout entier est mis au service de la digestion et concourt à la préhension des aliments. Nous avons déjà insisté sur ce point, et nous avons eu l'occasion de citer de merveilleux instincts, celui du Fourmilion par exemple, celui de la larve de Réduve, celui de l'Araignée, beaucoup de traits des mœurs des Abeilles, des Fourmis et des Termites, en particulier l'élevage d'animaux domestiques par ces deux dernières sortes d'Insectes, qui n'ont pas d'autre but que de donner aux animaux qui les possèdent les moyens de se

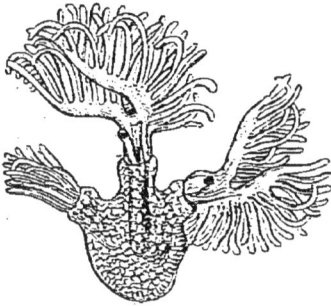

Fig. 177. — Bryozoaire (jeune Cristatelle) : deux individus montrent leur panache fiburqué couvert de cils vibratiles.

procurer plus facilement leur nourriture. L'Homme est un exemple plus frappant peut-être que tous les autres du rôle considérable que jouent les facultés intellectuelles dans la recherche des aliments : il a déployé d'abord dans la chasse et la pêche toutes les ressources de son esprit ; puis la culture des végétaux, l'élevage des animaux domestiques ont assuré d'une façon définitive sa subsistance, et ses pensées ont pris un autre cours. L'Homme a pu dès lors songer à autre chose qu'à se procurer de quoi vivre : il a eu des loisirs qui ont permis à son esprit de contempler le monde où il vivait, ont laissé s'éveiller en lui les sentiments d'admiration et de curiosité, et l'ont mis en état d'inventer les beaux-arts, la littérature et les sciences.

La nourriture une fois trouvée, les moyens de l'introduire dans l'organisme varient naturellement avec la nature de l'aliment et avec la structure de l'animal. Certaines espèces ne peuvent se nourrir que de liquides élaborés par des êtres vivants. C'est parmi elles que l'on trouve les vrais parasites. Les uns, plongés au milieu des tissus, enfermés dans le tube digestif de leur hôte, n'ont que des moyens de préhension des aliments rudimentaires et parfois se laissent même pénétrer tout simplement par les sucs nourriciers qui abondent autour d'eux ; les Ténias sont dans ce cas ; d'autres demeurent à l'extérieur, enfoncent dans les tissus de l'être à qui ils doivent demander leur subsistance une sorte de trompe, armée chez les Arthropodes parasites de stylets perforants qui lui permettent de se frayer un passage. Il en est qui meurent à la place où ils sont

fixés, tels sont les Cochenilles, certains Pucerons, parasites des
végétaux, les Sacculines, les Lernées et autres parasites des animaux; beaucoup d'Insectes suceurs demeurent au contraire complètement libres, retirent à la moindre alerte leur trompe de l'endroit

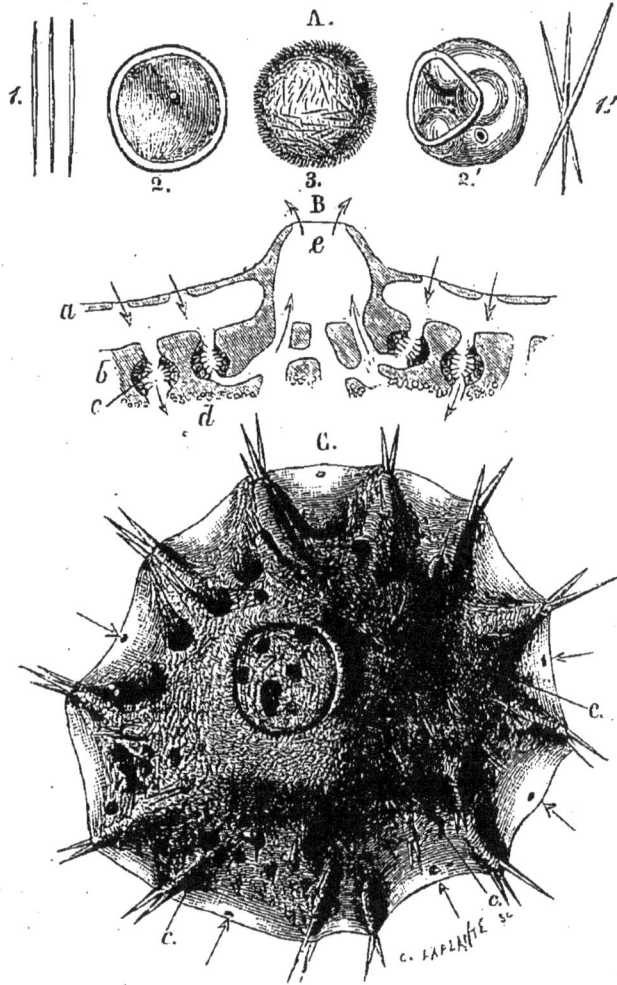

FIG. 178.— Éponge (*Spongilla fluviatilis*).— A, les corps reproducteurs; B, figure
montrant la direction des courants déterminés par les corbeilles vibratiles *c*,
entrant par les *pores inhalants a*, et sortant par l'*oscule*; B, C, jeune Spongille.

où ils l'ont enfoncée, et se sauvent. Les Cousins, les Puces, les
Punaises nous permettent trop souvent d'examiner à loisir ce petit
manège qui est aussi celui des Cigales, des Taons et d'un grand
nombre d'insectes hémiptères et diptères. Les Abeilles et les Papil-

lons ont aussi une trompe, d'ailleurs différemment construite, mais
ne s'en servent que pour recueillir les liquides exsudés par les végétaux ; un seul Papillon australien possède une trompe perforante,
avec laquelle il puise, à travers l'écorce, le suc des oranges.

Les animaux qui se nourrissent d'aliments solides ont des moyens
de préhension plus variés encore. Les plus singuliers sont peut-être
les Fourmiliers, les Myrmécobies (fig. 180) et les Échidnés qui,
dépourvus de dents, étendent leur longue langue visqueuse à la
surface des fourmilières et la retirent lorsqu'elle est chargée d'Insectes ; les Caméléons se servent aussi de leur langue pour capturer
des Mouches et des Papillons : cet organe est terminé par une sorte

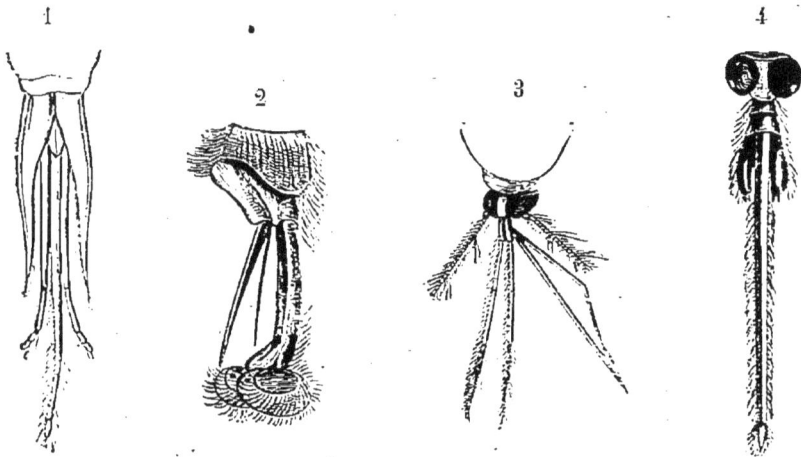

Fig. 179.— Bouches d'Insectes suceurs.— 1, trompe de l'Abeille ; 2, trompe de la
Mouche de la viande, laissant apercevoir les stylets qu'elle contient ; 3, bouche
de Cousin au moment où les stylets pénètrent dans la peau ; 4, la même au repos et plus grossie.

de petite ventouse que le reptile darde brusquement loin de lui et
qui vient s'appliquer sur la victime ; celle-ci est de la sorte capturée
et ramenée à la bouche. Beaucoup d'Herbivores se servent de leur
langue pour saisir les bouquets d'herbes ou de feuillages avant de
les couper ; les Girafes montrent dans cette opération une adresse
toute particulière ; il n'est pas jusqu'au Chien qui ne *lappe* au moyen
de sa langue les aliments liquides qu'on lui sert. La langue joue
donc un rôle assez actif dans la préhension des aliments et il en est
de même des lèvres sur les fonctions évidentes desquelles il est
inutile d'insister ; mais le nez peut à son tour s'allonger et devenir
un organe de préhension de première importance : nos deux espèces
d'Éléphants sont les seuls animaux où il ait aujourd'hui cet usage,

bien que d'autres, les Tapirs, les Desmans, les Musaraignes, par exemple, possèdent une sorte de petite trompe qui est surtout un organe du tact.

Chez tous les Mammifères dont les membres sont terminés par des mains plus ou moins parfaites, ces organes sont fréquemment employés pour porter à la bouche les matières alimentaires : beaucoup de Rongeurs, bien que n'ayant pas de pouce opposable, se servent déjà de la sorte de leurs membres antérieurs ; chez tous les

FIG. 180. — Myrmécobie (de la Nouvelle-Hollande).

Singes cette façon de se servir des mains est constante, et c'est aussi le cas chez l'Homme.

La bouche. — La bouche, dans laquelle les aliments sont d'abord introduits, est, chez les Mammifères, une cavité limitée en haut par le *palais*, en bas par la *langue*, latéralement par les *joues*, en avant par les *lèvres* et fermée incomplètement en arrière par une sorte de rideau musculaire, qui tombe à peu près verticalement de la voûte palatine et qu'on appelle le *voile du palais*. Les lèvres et les joues recouvrent, sans adhérer avec elles, les deux *mâchoires* qui portent les *dents*, arrivent au contact l'une de l'autre lorsque l'orifice buccal est clos, mais peuvent, à la volonté de l'animal, s'écarter, ou se rapprocher et se serrer énergiquement l'une contre l'autre. Les substances qui se trouvent entre elles sont alors, suivant la forme des dents, hachées, écrasées ou broyées : c'est en cela que consiste la *mastication*.

Si les mâchoires et les dents sont les instruments essentiels de la mastication, les lèvres, les joues et la langue leur prêtent une assistance efficace, en ramenant sans cesse entre elles les aliments qu'elles doivent triturer et en s'opposant à leur sortie hors de la cavité buccale. Ce sont des organes essentiellement musculaires ; leur structure est même fort complexe. Abstraction faite des muscles qui servent à faire mouvoir les mâchoires, on ne compte pas moins de huit paires de muscles dans la constitution des lèvres et des joues et il faut y ajouter un muscle elliptique, l'*orbiculaire des lèvres*, qui entoure la bouche comme un anneau, et un muscle impair, la *houppe du menton* qui contribue à faire mouvoir la lèvre inférieure (voy. plus loin les figures relatives au système musculaire).

Les muscles des lèvres et des joues sont les plus importants de ceux qui donnent à la physionomie humaine sa mobilité. L'*élévateur commun* de l'aile du nez et des lèvres supérieures, l'*élévateur propre* de la lèvre supérieure, qui vont de différents points de l'orbite aux téguments de la lèvre supérieure, relèvent celle-ci ; le *grand* et le *petit zygomatique* vont de l'os malaire, qui forme la pommette des joues, à l'angle des lèvres, et relèvent les coins de la bouche dans le sourire ; le *canin* s'insère sur la mâchoire supérieure et sur la commissure des lèvres qu'il contribue aussi à relever ; le *triangulaire des lèvres*, qui va de la mâchoire inférieure aux commissures, les abaisse au contraire, et le principal muscle abaisseur de la lèvre inférieure est le *carré*, qui s'insère en partie sur la peau et aboutit aux téguments de la lèvre inférieure. Les *buccinateurs* forment la plus grande partie de la paroi latérale des joues ; ils s'insèrent à la fois sur les deux mâchoires et sur les commissures des lèvres ; ce sont eux surtout qui se contractent pour chasser brusquement l'air hors de la bouche lorsqu'on a gonflé ses joues ; ils sont, en conséquence, particulièrement mis en action par les joueurs d'instruments à vent ; leur nom vient, en effet, du mot latin *buccinum*, trompette.

Extérieurement les lèvres et les joues sont tapissées par la peau ; celle-ci devient graduellement plus mince et plus transparente au voisinage de l'orifice buccal, elle prend une couleur rosée, celle de la *muqueuse*, constamment mouillée par des liquides spéciaux, qui tapisse toute la face intérieure des lèvres et des joues ainsi que les autres parties de la cavité buccale. De nombreuses petites glandes sont cachées dans l'épaisseur de cette muqueuse et versent sans cesse à sa surface un *mucus* qui la recouvre et lui conserve sa souplesse.

Mâchoire inférieure et muscles qui la font mouvoir. — Des deux mâchoires, l'inférieure est seule mobile (fig. 181); elle est formée d'une partie horizontale, ayant l'aspect d'un fer à cheval, dont chaque extrémité se redresse à peu près verticalement pour

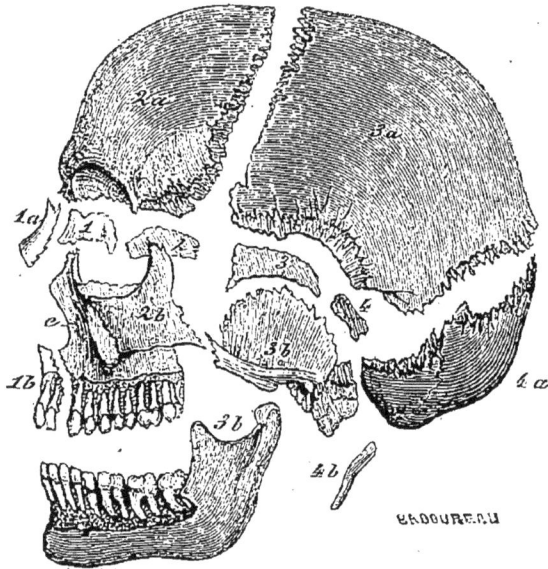

FIG. 181. — Os du crâne et de la face de lH'omme pour montrer les positions relatives des deux mâchoires.

constituer la *branche ascendante* de la mâchoire. Cette branche présente, en haut, une échancrure profonde, qui sépare l'une de l'autre l'*apophyse coronoïde* en forme d'aile pointue, et le *condyle* de la mâchoire, sorte de tête arrondie unie à la branche montante par une partie rétrécie en forme de col. Le condyle vient s'implanter dans une cavité correspondante du crâne avec lequel la mâchoire inférieure se trouve ainsi articulée. Le condyle, pouvant rouler sur la surface concave du crâne contre laquelle il est appliqué, permet à la mâchoire inférieure de se mouvoir de haut en bas et même d'effectuer quelques mouvements latéraux. Des muscles spéciaux président à ces mouvements.

Deux d'entre eux élèvent la mâchoire inférieure et contribuent, par conséquent, à fermer la bouche : on les nomme le *masséter* et le *crotaphite* ou *temporal*. Le masséter s'insère, d'une part, sur l'arcade osseuse, dite *arcade zygomatique*, qui forme la pommette des joues, et d'autre part sur l'angle de la mâchoire et la face externe de sa branche ascendante. Le temporal s'attache au crâne sur toute la surface de la fosse temporale, passe au-dessous de l'arcade zygomatique et semble rayonner autour d'un gros tendon par lequel il se fixe sur la face intérieure de l'apophyse coronoïde. Plus ce muscle est développé, plus l'arcade zygomatique est éloignée du crâne, c'est ce qui donne à la face des Carnassiers du genre Chat sa largeur caractéristique.

D'autres muscles, les *ptérygoïdiens internes* et *externes,* qui s'étendent entre le crâne et la face intérieure de l'angle et de la branche ascendante de la mâchoire inférieure, contribuent également à élever celle-ci ; mais leur contraction produit surtout les mouvements latéraux que l'on observe pendant la mastication, et qui sont particulièrement frappants chez les Ruminants.

Les muscles qui abaissent la mâchoire inférieure sont situés en arrière du menton, dans la région du cou. Là se trouve un os remarquable, en forme de demi-anneau, indépendant du reste du squelette, et servant de point d'attache à un grand nombre de muscles, en particulier à quelques-uns des muscles principaux de la langue : c'est l'*os hyoïde*. Il sert aussi de point d'attache aux muscles abaisseurs de la mâchoire inférieure, qui sont au nombre de trois paires. Deux d'entre eux forment le plancher inférieur de la cavité buccale, ce sont les muscles *génio-hyoïdiens* et *mylo-hyoïdiens*, dont les seconds points de fixation sont le sommet du fer à cheval que forme la mâchoire et le bord interne des branches de ce fer à cheval. Le troisième a une forme très remarquable. Il s'insère sur le crâne, au-dessous et en arrière de l'oreille, sur une saillie qu'on appelle l'*apophyse mastoïde;* il se dirige d'abord vers l'os hyoïde, en s'amincissant, et s'y fixe par un tendon, puis il se relève en fournissant un second tendon, d'où partent de nouvelles fibres musculaires qui vont, en divergeant, se fixer sur le bord de l'arc antérieur de la mâchoire. Ce muscle, interrompu en son milieu par un tendon, est donc renflé à ses deux extrémités : ce sont ses deux renflements ou ventres qui l'ont fait appeler *muscle digastrique*.

Tel est l'appareil compliqué qui fait mouvoir la mâchoire inférieure, et contribue en même temps, pour une large part, à former les parois de la cavité buccale. Mais la mâchoire inférieure n'agit pas directement sur les matières alimentaires : les *dents* qu'elle porte sont seules chargées de broyer ces matières, et doivent être étudiées en détail.

Dents. — Chez l'Homme adulte les dents sont au nombre de trente-deux, seize à chaque mâchoire (fig. 182). Un rapide examen montre que ces dents sont loin de se ressembler. Sur le devant de

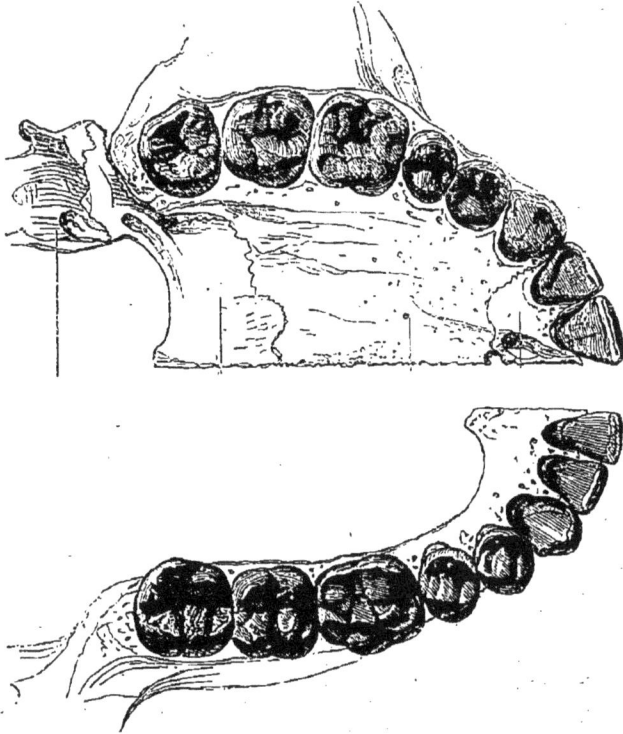

Fig. 182. — Dents de la mâchoire supérieure et de la mâchoire inférieure de l'Homme, vues par la couronne.

chaque mâchoire, on en voit quatre dont la partie visible est aplatie transversalement en forme de lame, et se termine par un bord plus ou moins tranchant, ce sont les *incisives* (fig. 183, 1, 2); en arrière des incisives, une dent conique, pointue, s'en distingue bien nettement, c'est la *canine* (fig. 183, 3); elle est suivie de chaque côté par deux dents plus larges, à surface libre mamelonnée et taillée en biseau, qu'on désigne sous le nom de *petites molaires* ou de *prémolaires* (fig. 183, 4, 5). Les *molaires* (fig. 183, 6, 7, 8) terminent cette série; elles sont au nombre de trois de chaque côté, larges, à contour arrondi, à surface libre irrégulière, légèrement concave, venant s'appliquer contre la surface semblable des dents de la mâchoire opposée, comme les deux meules d'un moulin s'appliquent l'une contre l'autre.

La forme différente des dents indique qu'elles ne servent pas aux mêmes usages. Les incisives sont particulièrement propres à détacher les masses trop volumineuses pour être introduites dans la

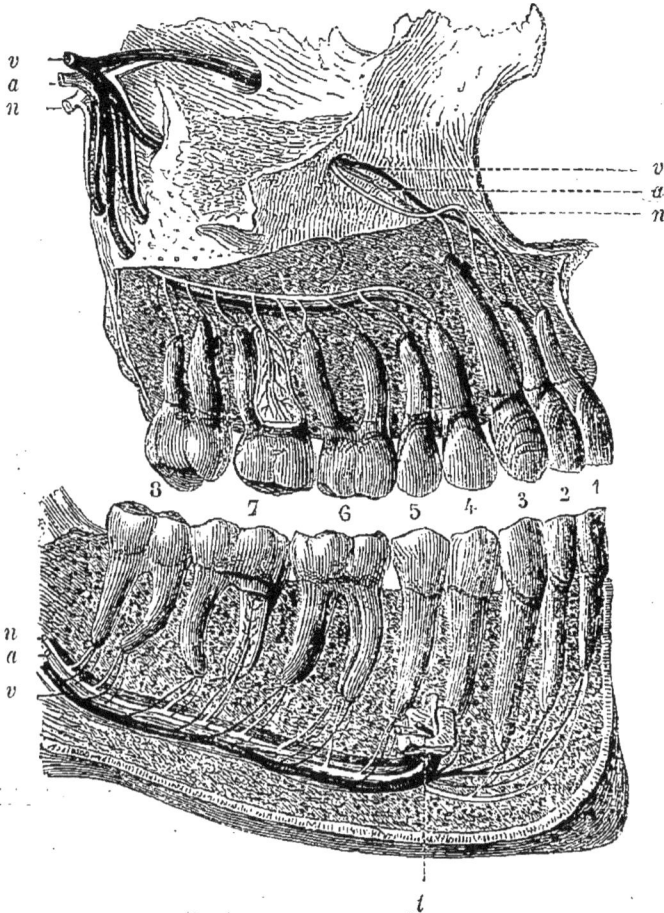

FIG. 183. — Dents de l'Homme dont la racine a été découverte pour montrer les nerfs et les vaisseaux qui s'y rendent. — 1, 2, incisives droites; 3, canines; 4, 5, prémolaires; 6, 7, 8, molaires. — *v*, veines; *a*, artères; *n*, nerfs dentaires; *t*, trou mentonnier par lequel les branches de ces vaisseaux et de ces nerfs se rendent à la lèvre inférieure.

bouche, des parties plus petites pouvant être mâchées sans grande gêne; les canines, longues et pointues chez un très grand nombre d'animaux (fig. 184), passant au-devant l'une de l'autre de manière à ne pas émousser leur pointe quand la bouche se ferme, peuvent faire des morsures cruelles et enlever des morceaux de chair en agissant comme des crochets ; mais ce sont surtout des organes d'attaque et de défense ; chez l'Homme où elles ne dépassent pas les autres dents, on peut dire qu'elles viennent simplement en aide aux

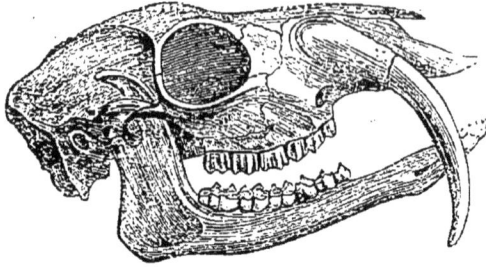

Fig. 184. — Tête d'un Ruminant pourvu de défenses (Chevrotain porte-musc).

incisives. Les molaires sont enfin les dents mâchelières par excellence. Saisissant les aliments entre leurs surfaces terminales, elles

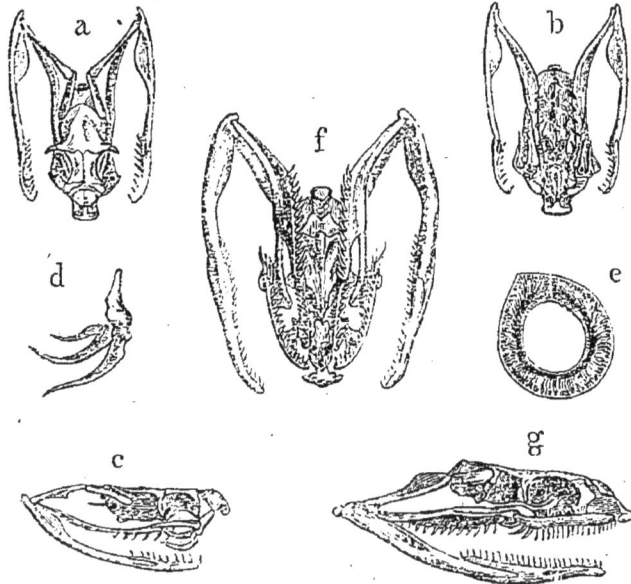

Fig. 185. — Têtes de Serpents montrant des dents non seulement sur les deux mâchoires, mais encore sur les os palatins et ptérygoïdiens. — a, b, c, crânes de Vipères vus en dessus, en dessous et de profil ; d, crochets venimeux ; e, coupe de l'un de ces crochets montrant le canal central. — f, g, crâne de *Couleuvre à collier*, vu en dessous et de profil.

les écrasent, les broient, les triturent et les rendent à la bouche réduites en une sorte de bouillie, apte à se mélanger intimement avec les sucs digestifs.

Sauf les Tortues et les Oiseaux actuels, la plupart des Vertébrés possèdent des dents ; mais ces dents sont loin de se ressembler. Chez les Poissons, les Batraciens et les Reptiles, il en existe sur d'autres os que les mâchoires (fig. 185) et l'on trouve même, chez quelques-uns de ces animaux, des formations analogues sur des os qui n'ont aucun rapport avec la mastication : le premier rayon ou le rayon

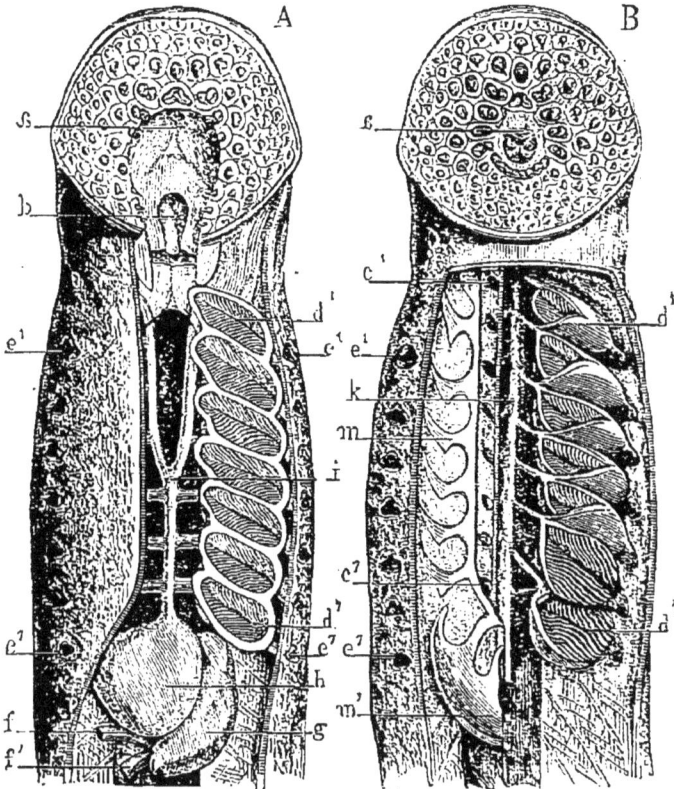

FIG. 186. — Partie antérieure de la lamproie. — *a*, bouche entourée de sa muqueuse couverte de dents ; *b*, pharynx ; *c*, *e*, trous interne et externe des poches respiratoires *d* ; *h*, cœur ; *i*, artère branchiale ; *f*, veines caves ; *m*, squelette protecteur des branchies et du cœur.

protecteur de la nageoire dorsale, par exemple. La peau des Poissons ganoïdes est même recouverte d'écailles, dont la structure rappelle singulièrement celle des dents ; en suivant toutes ces transformations, ou pourrait donc considérer les dents comme des productions osseuses des téguments, adaptées à la mastication. Les dents nombreuses et revêtant d'une sorte de pavage la muqueuse buccale des Lamproies (fig. 186), des Raies et des Squales ne sont certainement pas autre chose. Chez les Vertébrés inférieurs, les dents peuvent d'ailleurs ou bien être simplement fixées sur les os qui les supportent (Caméléons, Agames, Lézards, Iguanes) ou bien s'enfoncer dans des cavités de ces os qu'on appelle les *alvéoles*. On ne trouve que des dents de cette dernière sorte chez les Mammifères, qui ne présentent jamais d'organes semblables autre part que sur les deux mâchoires.

Le nombre et la forme des dents varient d'ailleurs chez ces animaux avec le régime alimentaire. On dit que la dentition est complète lorsqu'on y peut distinguer les trois sortes de dents que nous venons de décrire chez l'Homme ; les incisives manquent à la mâchoire supérieure des Ruminants (fig. 10 et 184), et, par une remarquable corrélation, ceux de ces animaux qui sont pourvus de cornes manquent également de canines à cette mâchoire ; les Édentés manquent toujours d'incisives aux deux mâchoires, quelques-uns, comme le Fourmilier tamanoir, n'ont même aucune trace de dents ; il en est encore ainsi des Baleines et de l'Échidné. L'Ornithorhynque n'a qu'une paire de dents cornées à chaque mâchoire ; leur position doit les faire considérer comme des molaires. Les canines manquent chez tous les Rongeurs.

Les molaires sont donc de beaucoup les dents les plus constantes ; ce sont aussi celles dont les modifications suivent le plus fidèlement les modifications du régime alimentaire des animaux. A part quelques variations dans les dimensions relatives, les incisives changent peu de forme ; elles sont cependant profondément déchiquetées de manière à ressembler à de petits peignes chez les Galéopithèques et s'allongent au contraire de manière à constituer de longues défenses chez les Hippopotames, et surtout chez les Éléphants où elles protègent la trompe de chaque côté et peuvent atteindre un poids de 100 kilogrammes. Les canines font aussi souvent saillie hors de la bouche chez les Ruminants sans cornes (fig. 184) et les Porcins ; ces dents saillantes, incisives ou canines, prennent le nom de *défenses*, nom d'autant mieux mérité que, dans plusieurs cas, elles ne sauraient jouer de rôle dans la mastication. Les canines supérieures du *Babiroussa* sont de véritables cornes redressées vers le haut et recourbées en arrière.

Les molaires des Singes sont à peu près de même forme que celles de l'homme ; chez les Herbivores (fig. 10 et 187), ces dents sont également aplaties, mais leur surface est marquée de rubans en relief qui les rendent plus propres encore à broyer les substances végétales, et qu'on nomme les *collines*. Les collines ont une forme suffisamment constante pour servir à caractériser des espèces et même des genres. Chez l'Éléphant d'Asie, ce sont des ellipses tellement allongées que leur grand axe est presque nul ; ce sont des

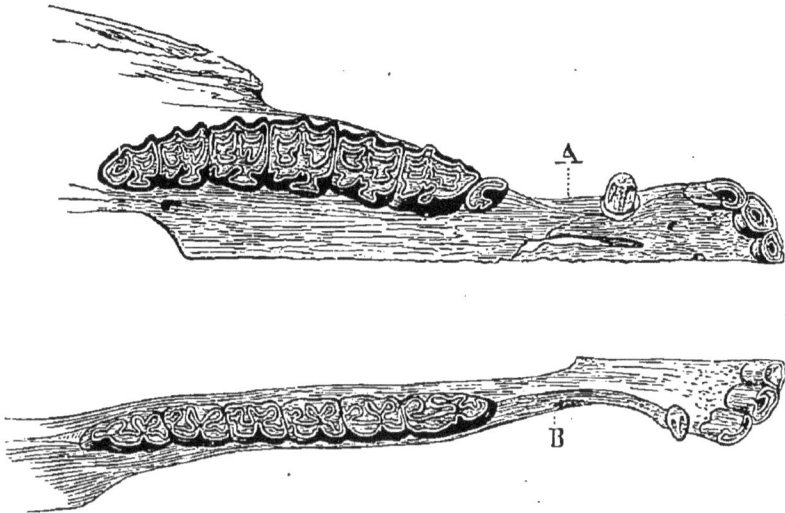

Fig. 187. — Dents à collines saillantes d'Herbivore (Cheval).

losanges chez l'Éléphant d'Afrique, des espèces de trèfles chez l'Hippopotame, des croissants plus ou moins réguliers chez les Ruminants, etc. Les Porcs dont le régime est plutôt omnivore que herbivore ont des dents mamelonnées. Chez les Rongeurs, les molaires présentent des bandes saillantes ; mais ces bandes sont transversales, parallèles, rapprochées les unes des autres, arrivant toutes au même niveau, de sorte que l'ensemble des molaires a tout à fait l'aspect d'une sorte de lime. Chez les Insectivores (fig. 188) les molaires sont encore larges, mais chacune d'elles

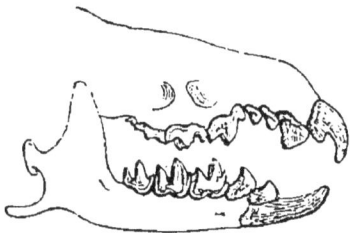

Fig. 188. — Dents d'Insectivore (Musaraigne des sables).

est découpée en petits cônes très pointus, s'emboîtant dans les intervalles de ceux de la dent opposée et admirablement propres à écraser la carapace des Insectes dont ces petits êtres font leur nourriture habituelle. Chez les Carnassiers (fig. 6 et 8) apparaissent des molaires d'une autre sorte ; elles sont terminées par une surface aplatie dans le sens de la mâchoire, tranchante, et qui vient se craiser avec le tranchant correspondant de la dent opposée. Ces deux dents fonctionnent alors comme les branches d'une paire de ciseaux : elles sont particulièrement aptes à hacher les chairs molles qui sont soumises à leur action et dont les fibres résisteraient à une trituration pure et simple. Ces dents tranchantes, dont le caractère est surtout développé chez les grands Carnassiers du genre Chat, sont les *carnassières* ; elles sont suivies de *tuberculeuses* de forme irrégulière, présentant souvent en dedans une sorte de talon aplati, et propres surtout à broyer les os.

Formule dentaire. — Si la forme des dents est sensiblement constante pour chaque espèce, leur nombre est encore moins variable, et il est utile de pouvoir indiquer rapidement, dans les caractéristiques, le nombre des dents de chaque sorte que possède un animal. On a imaginé pour cela ce qu'on nomme la *formule dentaire*. C'est une série de fractions, dont le numérateur représente le nombre des dents de même sorte de la moitié de la mâchoire supérieure, et le dénominateur, le nombre des dents analogues de la mâchoire inférieure ; le double de la somme des numérateurs des fractions représente évidemment le nombre des dents de la mâchoire supérieure ; le double de la somme des dénominateurs est le nombre des dents de la mâchoire inférieure ; en ajoutant ces deux nombres, on a le nombre total des dents. Pour distinguer chaque sorte de dents, on fait souvent suivre la fraction qui lui correspond des lettres i, pour les incisives, c, pour les canines, pm, pour les prémolaires, m, pour les molaires.

Ainsi la formule dentaire de l'Homme est :

$$2\left(\frac{2}{2}\,i + \frac{1}{1}\,c + \frac{2}{2}\,pm + \frac{3}{3}\,m\right) = 32 ;$$

celle du Chien :

$$2\left(\frac{3}{3}\,i + \frac{1}{1}\,c + \frac{3}{3}\,pm + \frac{3}{4}\,m\right) = 42 ;$$

celle du Chat :

$$2\left(\frac{3}{3}\,i + \frac{1}{1}\,c + \frac{3}{2}\,pm + \frac{1}{1}\,m\right) = 30 ;$$

celle du Bœuf :

$$2\left(\frac{0}{3}\,i + \frac{0}{1}\,c + \frac{6}{6}\,m\right) = 32$$

Remplacement des dents. — Chez un même Mammifère la
formule dentaire est susceptible de varier avec l'âge. Les dents
apparaissent généralement après la naissance et leur nombre augmente graduellement pendant un certain temps. De quatre à dix
mois se développent les incisives inférieures moyennes du jeune
enfant, ensuite les incisives moyennes supérieures et les incisives
latérales; de quinze mois à deux ans, on voit percer les premières
molaires inférieures et supérieures; souvent vers l'âge de vingt-
cinq mois, les canines; enfin un peu plus tard, généralement vers

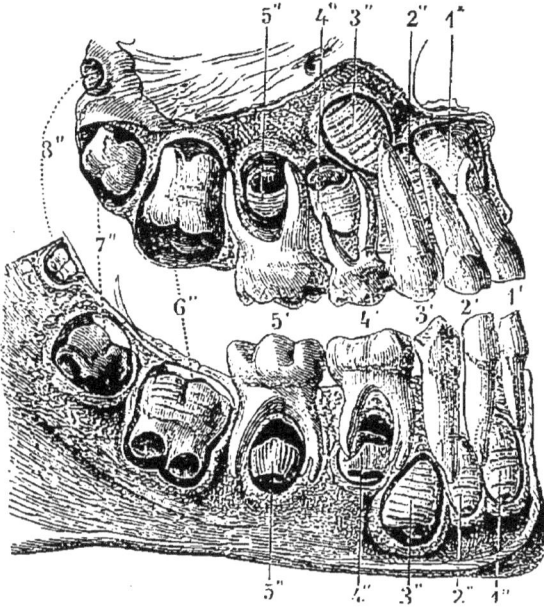

Fig. 189. — Première dentition de l'enfant, dont la racine est découverte
pour montrer les germes des dents de remplacement.

le trentième ou le quarantième mois, les secondes molaires complètent cette *première dentition* composée de vingt dents (fig. 189). Les
dents n'augmenteront plus de nombre jusque vers l'âge de sept ans,
époque où se montrent les troisièmes molaires; mais à ce moment
toutes les dents précédemment formées vont s'ébranler; toutes tom-
beront spontanément dans l'ordre où elles ont apparu, et seront remplacées par des dents plus grandes, plus fortes, mais en même
nombre, qui ont commencé à se constituer de très bonne heure au-
dessous d'elles (fig. 189, 1″ à 8″) et qui constituent la *seconde dentition*. Comme les dents caduques de la première dentition ont apparu
en partie durant la période d'allaitement, on les appelle souvent les
dents de lait. Cependant, en arrière des troisièmes molaires, qui se

sont formées après les dernières molaires de la première dentition, apparaîtront successivement deux autres paires de molaires ; c'est seulement de douze à quatorze ans que la quatrième paire de molaires se montre ; quelquefois la cinquième n'est pas encore entièrement développée aux deux mâchoires à l'âge de trente ans ; en raison de leur apparition tardive ces dernières molaires sont communément appelées *dents de sagesse*. Elles ne manquent jamais chez les Singes, ni chez les races humaines sauvages, mais elles paraissent avoir une tendance à disparaître chez les races civilisées où leur nombre est souvent incomplet. Les dents antérieures sont renouvelées, à peu près comme chez l'Homme, chez la plupart des Mammifères.

Corrélation entre la forme des molaires et le mode d'articulation de la mâchoire inférieure. — Nous avons trouvé chez les divers Mammifères des dents molaires qui rappellent par leur forme et leur disposition des meules capables de broyer les matières végétales, des limes propres à râper les substances les plus dures, des branches de ciseaux aptes à couper. Or, la façon dont nous employons ces outils est particulière à chacun d'eux ; une meule que l'on manœuvrerait comme une lime ne produirait que peu d'effet utile, et l'on ne manie pas davantage une paire de ciseaux comme une lime. Il servirait donc de peu que la forme des dents se modifiât chez un animal, si la façon dont ces dents fonctionnent ne changeait pas en même temps ; leur mode d'emploi ne peut changer, à son tour, qu'à la condition d'entraîner des modifications dans les mouvements de la mâchoire inférieure. Ces modifications sont obtenues de la façon la plus simple, par quelques transformations dans la configuration du condyle de la mâchoire et de la cavité dans laquelle il vient s'articuler.

Chez les Ruminants, le condyle de la mâchoire inférieure est aplati ou même légèrement concave, et il n'existe pas à proprement parler sur le crâne de cavité articulaire : le condyle vient s'appliquer sur une surface plane ou un peu convexe, sur laquelle il peut glisser, permettant ainsi à la mâchoire, non seulement de s'abaisser et de s'élever, mais encore de se porter en avant, en arrière et de côté, ou même de se mouvoir circulairement et de faire glisser, de la même façon, les surfaces des molaires l'une contre l'autre. Chez les Rongeurs, le condyle a la forme d'une olive dont le grand axe serait antéro-postérieur, et il est enfermé dans une gouttière de même direction ; il en résulte que la mâchoire inférieure n'a dans le sens vertical que des mouvements peu étendus, mais qu'elle peut

glisser facilement d'arrière en avant et d'avant en arrière, au-
dessous de la mâchoire supérieure ; c'est précisément le mouvement que nous donnons à une lime quand nous voulons la faire
mordre sur une surface ; chez les Carnassiers, le condyle est aussi
en olive, mais il est perpendiculaire au plan de symétrie de la
mâchoire et enfermé dans une cavité de même forme que lui ; la
mâchoire inférieure peut bien tourner sur l'axe de ses condyles,
mais elle ne peut se mouvoir ni en avant, ni en arrière, ni à
droite, ni à gauche ; les portions tranchantes des dents viennent
dès lors constamment glisser l'une contre l'autre à la façon des
branches d'une paire de ciseaux, lorsque l'écrou qui les unit est
très serré. L'articulation de la mâchoire avec le crâne présente
donc généralement les dispositions les plus propres à assurer le
meilleur fonctionnement possible des molaires, mais il est utile
d'ajouter que la corrélation entre la forme de la dent et le mode
d'articulation de la mâchoire n'est parfaite que dans un petit
nombre de cas, et chez les Ruminants, les Rongeurs et les Carnassiers, les dispositions que nous venons d'indiquer sont loin d'être
toujours aussi nettement caractérisées que celles que nous venons
de décrire, et que l'on peut observer chez le Bœuf, le Cabiai et le
Tigre.

Structure des dents. — Quelle que soit la forme et la fonction
des dents des Mammifères, on distingue généralement chez elles
deux parties (fig. 190) : l'une extérieure qu'on nomme la *couronne* (*a*) ; l'autre enfoncée dans les mâchoires, recouverte au moins
par le tissu mou des *gencives*, et qui est la *racine*. Chez l'Homme
ces deux parties sont nettement distinctes : la couronne est recouverte par un vernis d'*émail* (*b*), substance dure, semi-transparente,
en couche mince, d'un blanc souvent éclatant quand elle est en
couche plus épaisse. Les collines saillantes des dents des Herbivores,
les replis de celles des Rongeurs sont formés par des rubans d'émail.
La couche qui recouvre la racine est jaunâtre, moins dure que l'émail,
beaucoup plus semblable à la substance des os : c'est le *cément* (*f*).
Le cément finit chez l'Homme où l'émail commence ; la séparation
est très nette entre la couronne et la racine, et la ligne suivant
laquelle elle s'opère est le *collet* de la dent ; mais chez beaucoup
d'animaux le cément recouvre la plus grande partie de l'émail,
comme on le voit chez la plupart des Herbivores ; plusieurs dents
sont même, chez l'Éléphant, soudées ensemble par leur cément et
constituent une *dent composée*.

La racine des dents incisives et canines, ainsi que celle des pré-molaires, est simple chez lH'omme; celle des molaires vraies est divisée en deux ou trois branches.

La partie centrale de la dent immédiatement au-dessous de l'émail et du cément est formée par une troisième substance, l'*ivoire* (*e*), moins dure que l'émail, plus dure que le cément. Au centre de l'ivoire se trouve une cavité (*d*), qui se prolonge jusqu'à l'extrémité de chacune des branches de la racine, où se trouve un petit orifice.

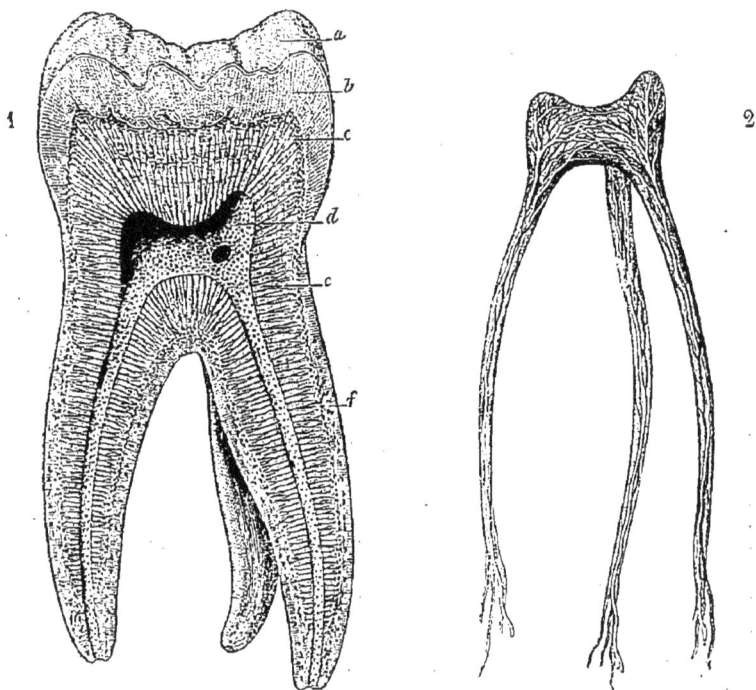

FIG. 190. — 1, coupe à travers une molaire de l'Homme pour montrer sa struc-ture : *a*, couronne; *b*, émail ; *c*, ivoire; *d*, cavité contenant la pulpe dentaire ; *f*, cément. — 2, pulpe dentaire isolée et plus grossie avec ses nerfs et ses vais-seaux.

Un filament du nerf dentaire, un rameau artériel et un rameau vei-neux pénètrent par chacun de ces orifices à l'intérieur de la dent; ils viennent se diviser dans une petite masse de tissu conjonctif qui en occupe la cavité et qu'on appelle la *pulpe dentaire* (fig. 190, n° 2). Lorsque, par la destruction d'une partie de l'émail et de l'ivoire, cette pulpe vient à être mise à découvert, le nerf qu'elle contient est souvent irrité, et devient la cause des vives douleurs que trop de personnes connaissent. Souvent aussi cette pulpe s'enflamme, meurt, détermine l'inflammation des tissus environnants et produit les fluxions et les abcès dont souffrent les personnes qui ont des dents cariées. Recouvrir cette pulpe par des substances inaltérables qui la protègent contre les agents extérieurs, l'enlever lorsqu'elle est malade et devient une cause continue de souffrances, sont les opérations les plus ordinaires des dentistes, lorsque l'état de la dent n'en nécessite pas l'ablation.

L'*ivoire*, le *cément* et l'*émail* ont chacun une structure particulière. La partie essentielle de l'ivoire (fig. 191, *a*) est une substance organique imprégnée d'une grande quantité de phosphate de chaux et contenant une proportion beaucoup moindre de carbonate de chaux, de fluorure de calcium, de phosphate de magnésie et de quelques autres sels. Cette substance est traversée par de fins canaux qui vont en suivant un trajet sinueux de la surface de l'ivoire à la cavité intérieure de la dent. Ces *canalicules dentaires* (*f*) émettent sur leur trajet de fines ramification qui s'anastomosent entre elles ; ils sont tapissés par une délicate membrane dans la cavité de laquelle on trouve souvent les débris d'une mince *fibre dentaire*. Au contact du cément et de l'émail, la masse de l'ivoire se termine par une couche de corpuscules irrégulièrement sphériques, dont les intervalles sont remplis d'air (*e*). Certains canalicules dentaires viennent se terminer dans cette couche des *globules de l'ivoire*, tandis que d'autres se recourbent en anse pour se continuer avec les canalicules voisins.

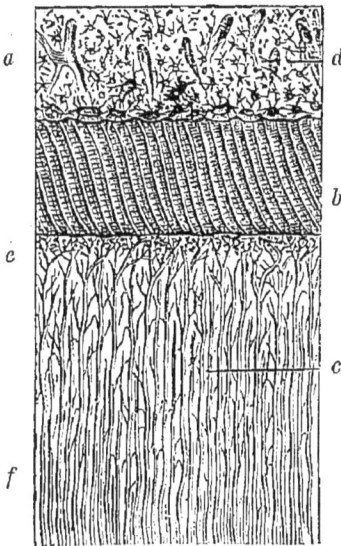

FIG. 191. — Structure des dents.— *a*, cément avec canaux de Havers et corpuscules osseux ; *b*, prismes de l'émail ; *c*, ivoire avec globules *e*, et canalicules *f*.

Le *cément* (*a*) se distingue à peine par sa structure de la substance osseuse ordinaire ; il est formé de couches superposées dans lesquelles on aperçoit de nombreux corpuscules osseux ; on y trouve même, chez les vieillards, des canaux de Havers, avec leur système ordinaire de lamelles osseuses. Le cément est d'ailleurs produit par le périoste qui tapisse les alvéoles et qui appartient en propre à la dent.

L'*émail* (*b*) a une structure extrêmement simple ; il est formé de prismes parallèles entre eux, légèrement onduleux, un peu obliques par rapport à la surface de la dent et marqués de fines stries transversales, disposées par groupes assez régulièrement espacés. L'émail présente beaucoup moins de substance organique que l'ivoire; il est en revanche plus riche en sels calcaires et notamment en phosphate de chaux et en fluorure de calcium; il en contient près de 90 pour 100. C'est donc une couche presque exclusivement minérale. Il est protégé par une cuticule mince, imprégnée elle aussi de substances minérales et dont la résistance à toutes les actions chimiques est particulièrement remarquable. Quand la *cuticule de l'émail* vient à être mécaniquement entamée, il arrive souvent que l'émail se désagrège à son tour sur le point endommagé, qui peut devenir le point de départ d'une carie de la dent. L'émail étant presque exclusivement minéral se dilate et se resserre comme une véritable couche de vernis; des variations trop brusques de température, souvent répétées, peuvent amener une dissociation de ses prismes qui ne protègent plus suffisamment l'ivoire et, dès lors, les dents sont exposées à se gâter.

L'altération de la substance dure de la dent qui constitue la carie se poursuit, en général, jusqu'à ce que la dent disparaisse d'une façon complète; cependant elle s'arrête parfois spontanément avant d'avoir mis à nu la pulpe dentaire. La partie malade s'élimine, l'ivoire se consolide, sans doute sous l'action de la pulpe demeurée vivante, et la dent revient à la santé. Toutefois la partie perdue ne se régénère pas; cela était facile à prévoir, puisque en dehors de la pulpe nous n'avons trouvé dans la dent aucune partie réellement vivante. La dent, presque entièrement formée de substances interstitielles, produites par des cellules dont nous ne retrouvons même plus les traces, peut bien s'altérer, s'user, mais ne saurait se réparer.

Alors même qu'elles sont en pleine santé, les dents s'usent, en effet, peu à peu. Chez les Hommes d'un certain âge, on voit souvent l'ivoire apparaître sur la tranche des incisives. Chez les animaux où l'émail est disposé en rubans irréguliers, l'usure de la dent modifie graduellement les figures formées par ces rubans, et leur aspect permet de reconnaître l'âge approximatif de l'animal. C'est là un caractère auquel les maquignons se trompent rarement, quand ils examinent un Cheval.

A mesure que les dents s'usent, leur couronne se raccourcit; il y a pourtant des animaux dont quelques dents possèdent la propriété de grandir par la base à mesure qu'elles s'usent par le sommet :

telles sont les incisives des Rongeurs, les défenses des Éléphants, des Hippopotames et des Sangliers, etc. Ces *dents à croissance continue* sont des dents dont la racine est demeurée ouverte au lieu de se fermer graduellement, de manière que la pulpe dentaire ne soit plus en communication avec le reste des tissus que par un étroit orifice. La pulpe, plus volumineuse, abondamment nourrie, forme constamment de la substance dentaire nouvelle; la substance déjà formée, se trouvant constamment repoussée au dehors, la dent prend des dimensions énormes, et devient une défense quand elle ne rencontre pas en face d'elle de dent sur laquelle elle puisse s'user; elle conserve une longueur sensiblement constante lorsqu'elle s'use, comme chez les Rongeurs, sur les dents opposées. Si, par un accident quelconque, l'une de ces dents vient à être brisée chez ces animaux, celle qui lui était opposée grandit outre mesure et se dévie parfois de sa direction normale; sa croissance est indéfinie, comme celle des défenses; de telles dents monstrueuses arrivent à devenir tellement gênantes que leur porteur, ne pouvant plus saisir sa nourriture, est condamné à mourir de faim.

Développement des dents. — Les dents, bien qu'elles apparaissent seulement après la naissance, commencent à se former de très bonne heure chez l'enfant; mais elles demeurent longtemps cachées sous la muqueuse des gencives. Tout d'abord les futures mâchoires sont recouvertes par un épithélium épais dont la couche profonde est formée de cellules cylindriques parfaitement régulières (fig. 192, n°s 1 et 2, *b*). Bientôt une lame mince formée par une double couche de ces cellules cylindriques s'enfonce dans le tissu muqueux situé au-dessous de l'épithélium et y forme une bande continue (*c*); puis, en certains points où devront bientôt se former les germes dentaires, de nouvelles cellules naissent entre les deux couches primitives, les écartent et forment ainsi autant de renflements de la lame qu'il y aura de dents. Au-dessous de chacun de ces renflements apparaît alors un bouton de tissu conjonctif qui n'est autre chose que le *germe dentaire* (fig. 192, n° 2). Ce bouton grandit peu à peu, refoule devant lui le renflement épithélial et s'en coiffe comme d'un capuchon. Cependant les cellules qui ont déterminé la formation du renflement épithélial et qui sont enfermées à son intérieur comme dans un sac, se transforment en une sorte de gelée transparente, dont l'aspect a valu au sac qui les contient et qui coiffe le germe dentaire, le nom d'*organe adamantin* (*d*).

Tous les organes adamantins se trouvent encore reliés entre eux et à l'épithélium extérieur par la bande épithéliale continue qui leur a donné naissance. Au-dessus et en dedans de chacun de ces organes cette bande cellulaire (*c*) produit encore un petit bourgeon qui est destiné à former, lui aussi, un nouvel organe adamantin : celui

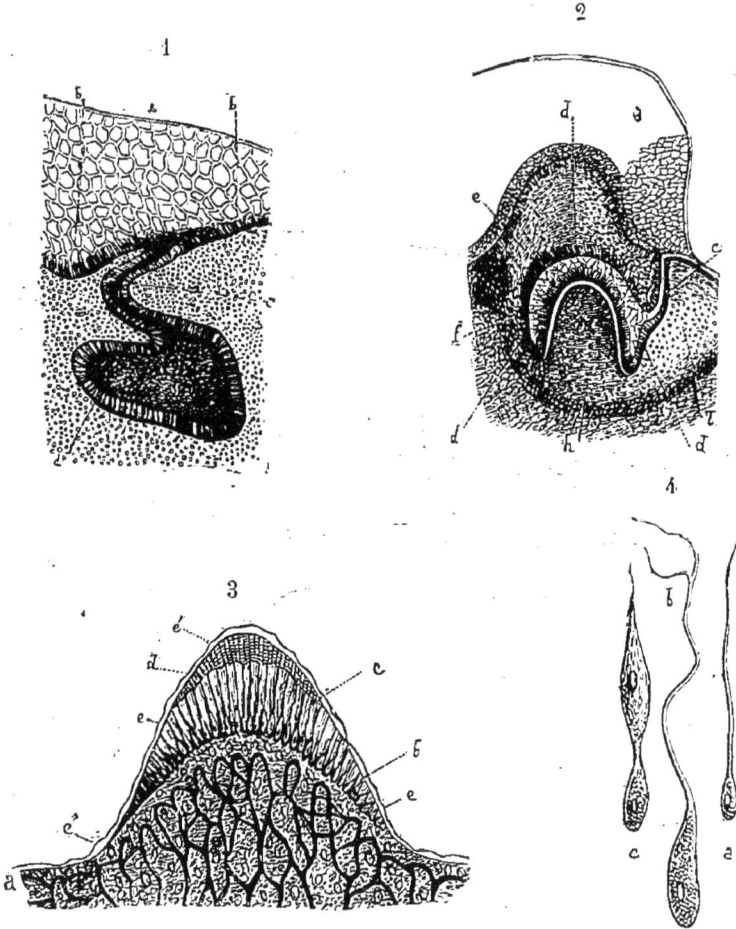

FIG. 192. — 1 et 2, développement des dents : *a*, épithélium du bourrelet dentaire; *b*, cellules cylindriques profondes de l'épithélium ; *c*, *d*, *e*, *f*, germe de l'organe adamantin continu avec cet épithélium ; *d*, couches superficielles de la muqueuse ; *h*, couche de tissu conjonctif commençant à former le sac dentaire. — 3, coupe à travers le sommet d'une molaire de fœtus humain : *a*, pulpe dentaire pourvue de vaisseaux ; *b*, cellules de l'ivoire ; *c*, ivoire développé ; *d*, émail ; *e*, membrane préformative. — 4, *a*, *b*, *c*, cellules de l'ivoire isolées.

de la dent de seconde dentition, destinée à remplacer la dent en voie de développement au-dessus de laquelle il est situé. Ainsi, les deux séries de dents qui se succèdent dans la bouche, à cinq ou six ans d'intervalle, ont commencé à se former presque simultanément aux

dépens d'une même partie de l'embryon ; chaque dent nouvelle est
reliée généalogiquement à celle qui la précède ; son évolution, commencée de la même façon, se produit de la même manière, et l'on
pourrait presque dire, comme nous le verrons dans d'autres cas,
que c'est la première dent qui a produit la seconde, par une sorte
de bourgeonnement. Toutes deux ne sont, au début, que des dépendances de l'épithélium de la muqueuse buccale.

Cependant les divers organes adamantins ne tardent pas à se séparer les uns des autres et à s'isoler de l'épithélium de la muqueuse.
Dans le tissu conjonctif où ils sont plongés, une sorte de sac se

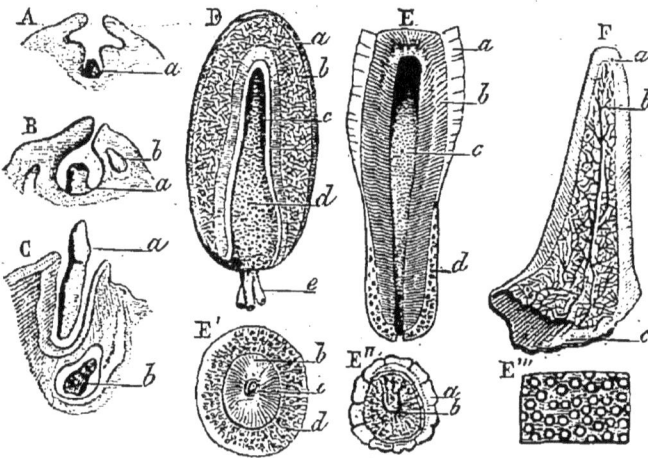

Fig. 193. — Suite du développement des dents. — A, B, C, phases du développement d'une dent de lait : *a*, germe dentaire ; *b*, dent de remplacement. — D,
germe dentaire déjà avancé dans son développement : *a*, sac dentaire ; *b*, sa
couche interne ; *c*, organe adamantin au-dessous duquel se trouvent l'émail et
l'ivoire, coiffant la pulpe dentaire ; *d*, *e*, vaisseaux et nerfs dentaires. —
E, E', E″, coupes longitudinale et transversales d'une incisive humaine.— E‴, canalicules dentaires très grossis.— F, coupe longitudinale d'une dent de Requin.

forme autour de chacun d'eux, mais à quelque distance, et devient
le *sac dentaire* dans lequel la dent en voie d'évolution sera bientôt
complètement enfermée (fig. 193, D). C'est au-dessous de l'épithélium intérieur de la coiffe formée par l'organe adamantin que se
produit l'émail, probablement simple exsudation de ses cellules.

La formation de l'ivoire est un peu plus compliquée. A sa surface,
le germe dentaire, recouvert par l'organe adamantin, est entièrement
revêtu de cellules en forme de poire (fig. 192, n° 3, *b* et n° 4) dont
le côté aminci est tourné vers l'intérieur et se prolonge en un
long filament. L'ivoire paraît se déposer autour de ces cellules comme
un produit d'exsudation, soit des cellules elles-mêmes, soit du tissu

du germe dentaire ; le prolongement extérieur des cellules de l'ivoire
est l'origine des canalicules dentaires, et la membrane qui tapisse ces
canalicules n'est que le reste de ces prolongements cellulaires.

L'ivoire et l'émail apparaissent de bonne heure ; la partie solide
de la dent est d'abord largement ouverte par le bas (fig. 192, n° 3) ;
mais, à mesure que la dent s'allonge, l'ouverture se rétrécit ; finalement elle se ferme presque entièrement, et ce qui reste du germe
dentaire devient la pulpe dentaire.

Dans cet intervalle, la partie gélatineuse de l'organe adamantin a
disparu peu à peu, ainsi que le feuillet externe de cet organe ; le
feuillet interne ou *membrane adamantine* et le sac dentaire arrivent au contact, et la dent, continuant à grandir, est prête à paraître au dehors.

Les dents de la seconde dentition, qui existent toutes à l'état rudimentaire et dont quelques-unes, les grosses molaires, ont même
commencé à s'ossifier avant la naissance, continuent, elles aussi, leur
évolution. Quand elles sont suffisamment avancées, la racine des
dents de lait se résorbe ; la dent qui n'adhère plus qu'à la gencive
tombe et laisse la place libre à celle qui doit lui succéder.

Insalivation. — En même temps que les aliments sont broyés par
les dents, ils sont mélangés intimement avec les liquides que contient la bouche et qui forment par leur ensemble la *salive*. Les
glandes qui déversent leurs produits dans la bouche sont nombreuses. Les lèvres, les joues contiennent un grand nombre de
petits organes sécréteurs produisant du mucus, qui humecte leur
surface ; au fond de la bouche deux masses glandulaires plus volumineuses pourvues d'un nombre variable d'orifices, constituent les
amygdales ; mais la salive, proprement dite, est produite par trois
paires de glandes que l'on nomme les *glandes salivaires* (fig. 194)
et qu'il est important de connaître.

Les plus volumineuses des glandes salivaires sont, chez l'Homme,
les *glandes parotides ;* viennent ensuite les *glandes sous-maxillaires*, et enfin les *glandes sublinguales*.

Les *glandes parotides* (fig. 194, n° 1) sont situées immédiatement
en avant et un peu au-dessous des oreilles ; elles recouvrent en
partie le masseter et se prolongent, en arrière, jusqu'à l'apophyse
mastoïde ; chacune d'elles s'ouvre dans la bouche par un canal assez
volumineux, le *canal de Sténon*, qui croise extérieurement le masseter, traverse le buccinateur et se termine par un orifice situé au
niveau de la deuxième grosse molaire supérieure.

Les *glandes sous-maxillaires* se trouvent au-dessous et en dedans du corps de la mâchoire inférieure, un peu au-dessus du tendon du muscle digastrique et à cheval sur le muscle mylo-hyoïdien ; leur canal excréteur, ou *canal de Wharton*, large de 2 millimètres environ, aboutit, de chaque côté, à une petite papille voisine du frein de la langue.

Les *glandes sublinguales* sont grosses comme des amandes ; elles sont contenues dans l'épaisseur du plancher buccal, tout près du

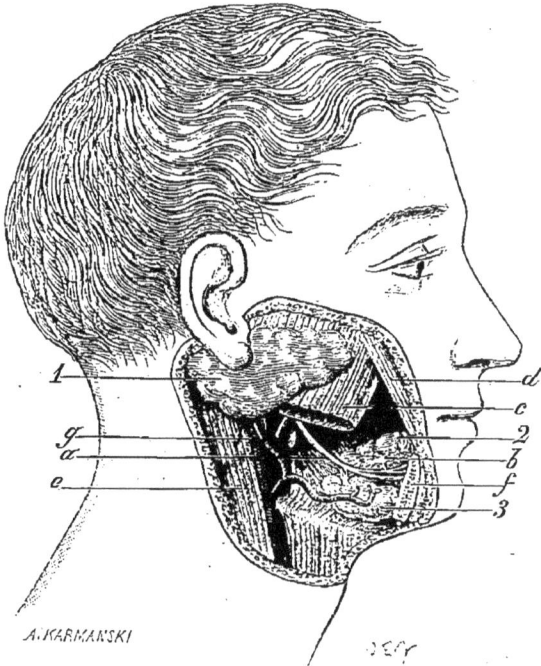

FIG. 194. — 1, glande parotide ; 2, glande sublinguale ; 3, glande sous-maxillaire ; *a*, nerf lingual envoyant des rameaux aux deux glandes ; *b*, ganglion nerveux sous-maxillaire ; *c*, muscle masséter ; *d*, muscle grand zygomatique ; *e*, muscle sterno-clido-mastoïdien ; *f*, section de la mâchoire inférieure ; *g*, artère carotide externe et rameaux qu'elle envoie aux glandes salivaires.

frein de la langue, et le liquide qu'elles sécrètent arrive dans la bouche par quatre conduits, dont les orifices se voient au bord supérieur et interne de ces glandes ; l'un de ces conduits, plus grand que les autres chez le Veau et la Brebis, où il fut observé pour la première fois par l'anatomiste Rivinus, ainsi que chez l'Ours et le Lion, où il fut décrit par Bartholin, est quelquefois désigné sous les noms de *canal de Rivinus* et de *canal de Bartholin*. Son orifice est peu éloigné de celui du canal de Wharton du même côté.

Les trois glandes salivaires ont à très peu près la même structure. Leur canal excréteur se ramifie à l'infini et ses ramifications aboutissent à des renflements irréguliers, formés chacun de tubes courts, sinueux, bosselés, terminés en cul-de-sac, enchevêtrés de toutes les façons possibles, et formant ainsi les *lobules* d'apparence sphérique de la glande. Le cul-de-sac qui termine chaque tube est un *acinus* sécréteur. Ces termes sont applicables à toutes les glandes que nous aurons à étudier. L'épithélium spécial qui tapisse les *acini* est la partie active de la glande; cet épithélium devient cylindrique sur les parois du canal excréteur, où il forme un simple revêtement, et où il repose sur du tissu conjonctif, mélangé de fibres musculaires lisses constituant la charpente du canal.

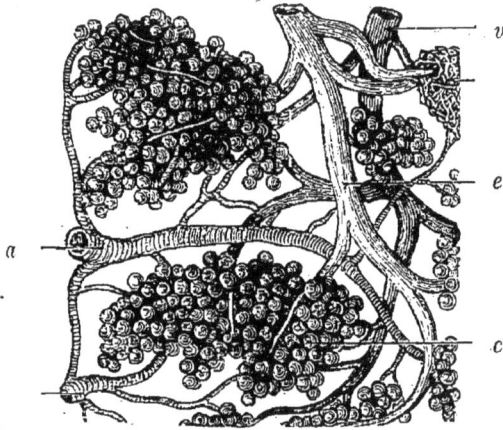

FIG. 195. — Portion de la parotide dilacérée et grossie. — *a*, artère; *v*, veine; *c*, groupes de lobules de la glande; *e*, canal excréteur.

Les glandes ne peuvent tirer que du sang le liquide qu'elles sécrètent; aussi des vaisseaux, l'un afférent (fig. 195, *a*), l'autre efférent (fig. 195, *v*), richement ramifiés dans la glande, lui apportent-ils le sang dont elle a besoin, tandis qu'un nerf règle son activité, stimule la sécrétion ou la ralentit (fig. 194, *a*). Les nerfs, les vaisseaux, les lobules de la glande et les ramifications des canaux excréteurs sont intimement unis entre eux par du tissu conjonctif, qui fournit souvent même à la glande une enveloppe spéciale, et en fait un organe à part, généralement facile à isoler au milieu des tissus qui l'entourent. Telles sont les glandes salivaires qui sont construites sur le type commun des *glandes en grappe* et qui ne présentent d'ailleurs aucune particularité de structure d'intérêt général.

Propriétés des trois sortes de salives. — Puisqu'il existe trois sortes de glandes salivaires, il y a lieu de se demander si les fluides sécrétés par ces trois sortes de glandes sont identiques, ou s'ils jouissent de propriétés particulières. Claude Bernard a le premier cherché à étudier séparément les trois salives, et à déterminer leur rôle dans cette première phase de la digestion qui s'accomplit dans la bouche. Grâce au développement relativement considérable du canal de Sténon, il est facile d'isoler la salive parotidienne : il suffit, pour cela, de mettre à nu ce canal dans une petite étendue, chez un Chien, et d'y suspendre, à l'aide d'un tube d'argent, un petit ballon de caoutchouc dans lequel la salive s'accumule au lieu d'être déversée dans la bouche. On se procure de faibles quantités de salive sous-maxillaire, en introduisant de minces tubes de verre dans les orifices du canal de Wharton ; on peut enfin recueillir la salive sublinguale au moment où elle vient d'être sécrétée : on reconnaît ainsi que la salive parotidienne est très fluide quand elle est recueillie depuis peu, et conserve sa fluidité en se refroidissant : la salive sous-maxillaire s'épaissit, au contraire, peu à peu, à mesure que sa température s'abaisse ; la salive sublinguale se distingue par sa viscosité ; elle ne se coagule pas par le refroidissement.

A ces différences d'aspect correspondent des différences physiologiques : la salive parotidienne coule surtout pendant la mastication et son abondance est alors proportionnelle au degré de sécheresse des aliments ; aussi la parotide prend-elle un développement considérable chez les animaux qui vivent de foin, tandis qu'elle manque complètement chez beaucoup de Cétacés, qui sont des animaux essentiellement aquatiques ; chez les Herbivores, si le canal de Sténon vient à être divisé de manière que la salive parotidienne s'écoule hors de la bouche, l'animal mâche ses aliments beaucoup plus longtemps que d'habitude, avant de les avaler. De ces faits on peut conclure que la salive parotidienne est particulièrement destinée à humecter les aliments pendant la mastication, et à les transformer en une pâte pouvant facilement se mouler sur les conduits digestifs.

La salive sous-maxillaire apparaît surtout lorsqu'on dépose sur la langue des substances sapides ; on la voit aussi arriver en assez grande quantité lorsqu'on montre à un animal à jeun un aliment qu'il désire ; il paraît probable, en conséquence, que la salive sous-maxillaire est en rapport avec l'exercice du sens du goût ; la glande sous-maxillaire manque, en effet, aux Oiseaux granivores, qui ne goûtent pas leurs aliments.

Quant à la salive sublinguale, elle est principalement sécrétée au moment de la déglutition et couvre d'une sorte de vernis la masse alimentaire, au moment où elle va passer dans l'œsophage.

Il se manifeste donc entre les trois sortes de salive une remarquable division du travail physiologique; mais il ne faudrait cependant pas croire que chacune d'elles s'enferme d'une façon absolue dans son rôle particulier. Il est bien évident, par exemple, que la salive parotidienne dissout les substances sapides et concourt par conséquent à la gustation, mais elle est déversée dans la bouche plus loin de l'extrémité de la langue que la salive sous-maxillaire et se trouve, par conséquent, moins vite en contact avec les aliments, tandis qu'arrivant en abondance au voisinage des dents molaires, elle est toute prête pour humecter les aliments pendant qu'ils sont broyés par elles. D'autre part, toutes les salives concourent, avec le mucus buccal, à donner à la masse alimentaire le vernis qui lui permet de glisser facilement dans le tube digestif, mais la salive sublinguale est plus propre à cet usage en raison de sa viscosité spéciale.

Il est probable, d'ailleurs, que les rôles des trois salives peuvent être notablement modifiés dans la série animale, que des fonctions nouvelles peuvent même s'ajouter à celles qu'elles remplissent d'habitude. Chez les Fourmiliers, par exemple, les glandes sous-maxillaires prennent un développement énorme et forment au-devant du cou une sorte de tablier qui descend jusqu'à la poitrine ; la salive qu'elles produisent fournit à la langue l'enduit, à l'aide duquel le singulier animal englue les fourmis dont il se nourrit. La glande qui produit le venin des Serpents est, d'autre part, probablement analogue à la glande parotide des Vertébrés supérieurs et leur salive devient ainsi un puissant agent destructeur.

Dans la bouche les trois salives sont ordinairement mélangées entre elles, ne fût-ce que par les mouvements communiqués aux aliments durant la mastication ; elles se mélangent aussi avec le mucus buccal et forment ainsi la *salive mixte*. Cette salive est toujours alcaline au moment des repas ; elle devient parfois neutre ou même acide dans les intervalles, et ses propriétés peuvent, par conséquent, paraître assez différentes suivant le moment où on les examine ; aussi de nombreuses discussions ont-elles eu lieu relativement au rôle chimique de la salive dans la digestion. Que ce soit ou non une propriété particulière à l'une des salives ou même au mucus buccal, que cette propriété soit propre à la salive ou qu'elle lui soit commune avec des liquides de l'organisme qui n'ont rien à faire avec la digestion, il est certain que la salive mixte agit sur les matières féculentes et les

transforme peu à peu en sucre assimilable ou glucose ; cette action
est lente, mais elle est réelle et la digestion des matières féculentes
commence, par conséquent, dans la bouche, pour se continuer tant
que ces matières sont humectées de salive. Le principe actif de la
salive est une substance albuminoïde, la *ptyaline* ou *diastase salivaire*. C'est le premier exemple que nous rencontrions d'une classe
curieuse de substances, celle des *ferments solubles*, qui jouissent
de la propriété de se détruire au contact de certaines substances,
mais en déterminant, en même temps, des transformations plus ou
moins profondes dans des masses de ces substances souvent énormes
par rapport à la masse du ferment. La diastase salivaire n'a pas une
action d'une aussi grande énergie, elle ne représente d'ailleurs que
deux parties sur mille de la salive mixte, qui contient 990 parties
d'eau, 3 parties de mucus et de débris organiques et des sels divers
parmi lesquels on remarque des chlorures de sodium et de potassium,
des phosphates de chaux et de soude, et surtout un sel tout à fait
inattendu, mais dont la présence est constante, le sulfocyanure de
potassium.

Déglutition. — Les aliments, après avoir été triturés dans la
bouche et mélangés à la salive, passent dans l'œsophage (fig. 196,
n° 9), canal qui doit les conduire dans l'estomac ; mais le passage ne
s'accomplit pas d'une façon passive. Les matières qui ont subi la
mastication et l'insalivation, réunies en une seule masse formant le
bol alimentaire, sont amenées dans *l'arrière-bouche* ou *pharynx*,
par des mouvements particuliers de la langue qui se renfle en
avant, leur ferme le passage du côté de l'orifice buccal, les presse
contre le palais et les pousse en arrière de manière à les rejeter
dans le fond de la cavité buccale et à leur faire traverser *l'isthme du
gosier*. Cette traversée n'est pas sans quelque difficulté. Dans l'arrière-bouche se trouvent, en effet, trois orifices dont deux doivent
être fermés au bol alimentaire : ce sont, en haut, l'orifice des fosses
nasales (fig. 196, n° 3) par lequel les aliments pénétreraient dans
le nez ; en bas, et en avant, l'orifice du larynx, par lequel les aliments arriveraient dans les voies respiratoires, accident qui se
produit quelquefois et peut présenter une certaine gravité ; enfin
l'orifice de l'œsophage. Nous avons à voir comment les deux
premiers de ces orifices se trouvent protégés au moment de la déglutition.

La bouche est, on le sait, limitée postérieurement par le voile du
palais constitué par un mince repli musculaire que prolonge, en

son milieu, une languette très contractile ; on aperçoit facilement cette languette dans le fond de la bouche ; elle vient souvent frotter

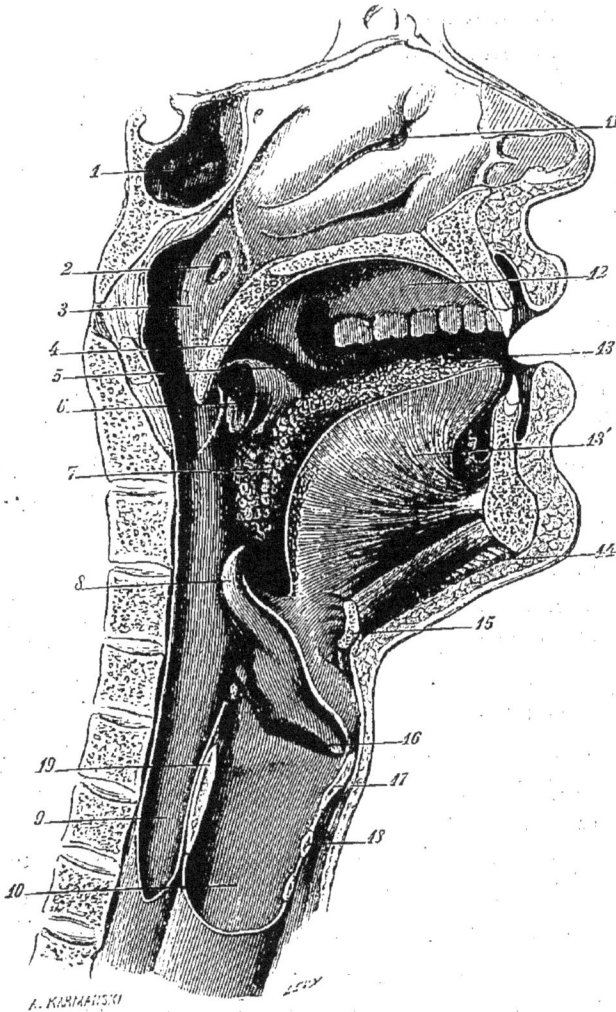

FIG. 196. — Coupe de la bouche, des fosses nasales et de l'arrière-bouche. — 1, sinus sphénoïdal ; 2, orifice de la trompe d'Eustache ; 3, arrière-cavité des fosses nasales ; 4, voile du palais ; 5, pilier antérieur du voile du palais ; 6, amygdale entre le pilier postérieur ; 7, partie postérieure de la langue ; 8, épiglotte ; 9, œsophage ; 10, trachée artère ; 11, orifice du canal nasal dans le méat moyen ; 12, palais ; 13, langue ; 13', muscle génio-glosse ; 14, muscle mylo-hyoïdien et au-dessus de lui muscle génio-hyoïdien ; 15, coupe de l'os hyoïde ; 16, glotte ; 17, cartilage thyroïde du larynx (en coupe) ; 18 et 19, cartilage cricoïde.

contre la base de la langue. Le voile du palais forme la paroi antérieure du pharynx, descend de chaque côté de la base de la langue et

va retrouver les bords d'une sorte d'auvent cartilagineux, l'*épiglotte*
(fig. 196, n° 8), qui se trouve au-dessus de l'orifice du larynx et se
dresse derrière la base de la langue en formant avec elle une gouttière transversale.

De la face postérieure du voile du palais part, en outre, de chaque
côté de la languette médiane, un nouveau repli éminemment musculaire qui se dirige obliquement vers le fond du pharynx et forme
avec le repli opposé une cloison incomplète : l'intervalle qui sépare
ces deux replis, appelés *piliers postérieurs du voile du palais*,
peut être très réduit lorsque les muscles qui les constituent se
contractent; le redressement de la languette médiane du voile du
palais diminue encore cet intervalle. Il en résulte qu'au moment où
tous ces mouvements se produisent, l'arrière-bouche se trouve
divisée par une cloison oblique en deux étages, l'un dans lequel
viennent s'ouvrir les fosses nasales, l'autre qui présente à sa partie
inférieure les orifices du larynx et de l'œsophage. La cloison qui
s'est ainsi constituée, bien que temporaire et incomplète, suffit pour
guider le bol alimentaire, l'empêcher de remonter vers les fosses
nasales et le diriger vers le bas.

Mais, en même temps que cette cloison s'est formée, des muscles
spéciaux ont fait remonter le larynx : ce mouvement est facile à
constater, au moment de la déglutition, en plaçant le doigt sur la
saillie connue sous le nom de *pomme d'Adam*, et qui est produite
au-devant du cou par une partie du larynx, le *cartilage thyroïde*
(fig. 196, n° 17); pendant que le larynx est ainsi relevé, la langue
est ramenée en arrière; ce double mouvement fait basculer l'épiglotte qui, dans cette nouvelle position, forme un toit oblique au-
dessus de l'orifice du larynx. Les aliments passent donc devant cet
orifice sans y pénétrer, et ils sont aussitôt saisis par l'œsophage.

Tout cela se produit, pour ainsi dire, instantanément et les mouvements nécessaires se coordonnent d'eux-mêmes, sans que la volonté
ait besoin d'intervenir. Il peut cependant y avoir des surprises : un
faux mouvement, un éclat de rire intempestif suffisent souvent pour
rejeter quelque parcelle d'aliment, soit dans les fosses nasales, soit
dans le larynx et pour provoquer des éternuements ou une toux
opiniâtre, dont le but est d'expulser les particules solides ou liquides
qui ont fait fausse route. L'entrée des corps solides dans le larynx
est particulièrement dangereuse ; la toux qui en est le résultat peut
amener, si elle persiste trop longtemps, la suffocation et la mort.

L'œsophage dans lequel se trouve maintenant le bol alimentaire
est, chez l'Homme, un tube de 22 à 25 centimètres de longueur, et

de 25 à 30 millimètres de diamètre ; il descend vers le diaphragme en s'inclinant légèrement à gauche, traverse cette cloison en se dirigeant un peu vers la droite, et revient presque aussitôt à gauche pour s'ouvrir dans l'estomac. Ses parois ont une épaisseur de 3 ou 4 millimètres ; elles sont formées de dehors en dedans par diverses couches de tissus qui sont les suivantes :

1° Une membrane fibreuse contenant des fibres élastiques ;

2° Une couche assez épaisse de fibres musculaires longitudinales, les unes lisses, les autres striées, unies par du tissu conjonctif ;

3° Une couche de fibres musculaires transversales où les fibres lisses sont plus nombreuses que les fibres striées ;

4° Une tunique muqueuse formée par une couche de tissu conjonctif dans lequel se trouvent des fibres musculaires longitudinales, des lobules de graisse et de nombreuses glandes. Un épithélium cylindrique stratifié recouvre cette muqueuse dont les papilles pénètrent dans son épaisseur.

Grâce à la présence des glandes muqueuses, la surface interne de l'œsophage est lubréfiée de façon à permettre le glissement facile du bol alimentaire ; mais, en outre, cet organe est le siège de mouvements énergiques, les *mouvements péristaltiques,* qui assurent la progression rapide de la pelote nutritive. Ces mouvements consistent dans une contraction du tube, produite par le rétrécissement des anneaux musculaires transversaux, et qui chemine graduellement de haut en bas, repoussant constamment devant elle le bol alimentaire, tandis que la partie non contractée vient au-devant de lui par suite du raccourcissement des fibres musculaires longitudinales. Les aliments sont ainsi précipités dans l'estomac.

Dans le vomissement, l'œsophage est le siège de mouvements analogues, mais qui cheminent en sens inverse ; on les appelle *mouvements antipéristaltiques.* Ces mouvements peuvent être produits à volonté par certains individus qui ont la possibilité de ramener vers leur bouche les aliments contenus dans leur estomac ; on donne à cette faculté le nom de *mérycisme.* Elle est générale chez les animaux ruminants qui avalent, sans la mâcher, l'herbe dont ils se repaissent et la ramènent plus tard vers la bouche pour lui faire subir, quand ils sont au repos, une trituration complète.

L'estomac. — C'est dans l'estomac, où les conduit l'œsophage, que les aliments subissent leur transformation la plus apparente ; aussi cet organe important a-t-il été toujours considéré comme l'organe de la digestion par excellence.

L'estomac humain (fig. 197) situé immédiatement au-dessous du dia-

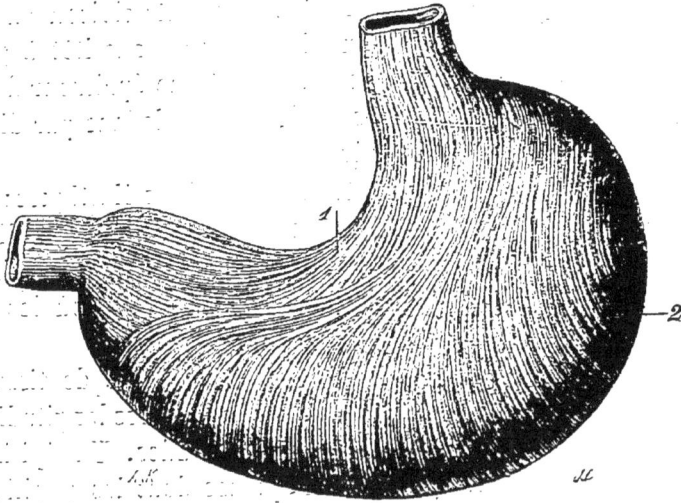

FIG. 197. — Estomac humain. — a, œsophage; b, duodénum; 1, petite courbure;
2, grande tubérosité.

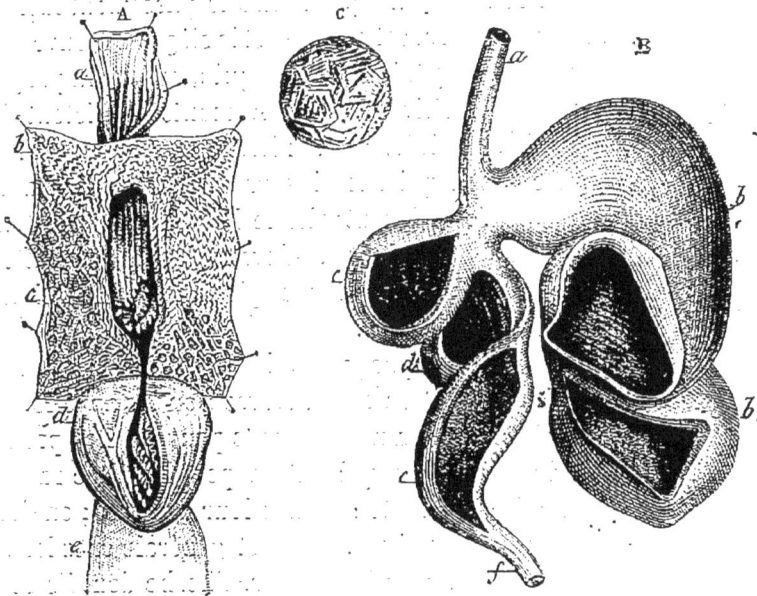

FIG. 198. — Estomac d'un Ruminant (le Mouton). — A, a, extrémité inférieure de
l'œsophage ouverte; b, c, régions contiguës de la panse et du bonnet ouvertes
pour montrer la gouttière conduisant à l'œsophage; d, feuillet fendu longitudinalement; e, caillette. — B, les diverses parties de l'estomac composé, ouvertes
seulement sur le côté pour montrer leur intérieur : a, œsophage; b, panse;
c, bonnet; d, feuillet; e, caillette; f, duodénum. — C, pelote ramenée de la panse
à la bouche pendant la rumination.

phragme a la forme d'une cornemuse placée horizontalement, de manière que son extrémité la plus large ou *grande tubérosité* soit située à gauche, et son extrémité amincie ou *petite tubérosité* à droite. L'œsophage s'ouvre dans l'estomac un peu à droite du sommet de la grande tubérosité, et l'intestin prend naissance immédiatement au-dessus de la petite. L'orifice de l'œsophage dans l'estomac porte le nom de *cardia*; l'orifice dans l'intestin, celui de *pylore*; un repli membraneux de forme particulière, la *valvule pylorique*, ferme ce dernier orifice. Les dimensions de l'estomac de l'Homme adulte sont, en moyenne, dans le sens transversal, de 26 centimètres; dans le sens antéro-postérieur, de 12 centimètres; dans le sens vertical, de 9 centimètres.

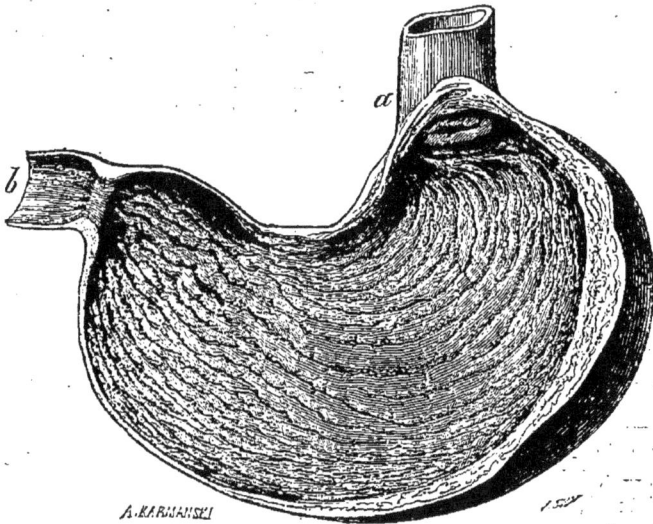

FIG. 199. — Estomac ouvert montrant les plis longitudinaux de sa muqueuse en *a*, le cardia; en *b*, le pylore.

Chez le plus grand nombre des Mammifères, l'estomac a, comme chez l'Homme, la forme d'une simple poche; mais chez d'autres, il se complique singulièrement. Déjà chez le Porc on y distingue des régions distinctes; chez le Pécari, sorte de petit sanglier américain, l'estomac se décompose nettement en plusieurs poches; chez les Ruminants, ces poches, bien séparées les unes des autres, sont au nombre de quatre (fig. 198) : la *panse*, où les aliments se rassemblent avant d'être mâchés et d'où ils reviennent dans la bouche; le *bonnet*, où les aliments sortant de la panse arrivent, pour être moulés en petite pelote, et renvoyés de là dans la bouche; le *feuillet*, où le bol alimentaire, complètement mâché et insalivé, revient directement, en quittant la bouche, pour subir l'action des sucs gastriques qui se continue dans la *caillette;* celle-ci correspond à la petite courbure de notre estomac dont la panse représente la grande courbure. De la caillette les aliments réduits en chyme passent dans l'intestin.

Les parois de l'estomac humain sont assez épaisses; lisses en dehors, elles présentent à l'intérieur un grand nombre de plis longitudinaux (fig. 199) qui augmentent notablement leur surface. On constate dans leur épaisseur plusieurs couches ou tuniques. A l'extérieur se trouve d'abord une tunique musculaire comprenant trois séries successives de fibres qui sont de dehors en dedans des *fibres longitudinales*, des *fibres transversales* ou *circulaires* et des *fibres obliques*. Viennent ensuite une tunique muqueuse de couleur grisâtre et enfin un épithélium pavimenteux qui revêt toute la surface stomacale et se termine au cardia par un bord dentelé très net.

La présence dans la paroi de l'estomac de trois ordres de fibres musculaires montre que cet organe peut se contracter dans tous les sens. Il est, en effet, durant la digestion, le siège de mouvements de même nature que les mouvements péristaltiques de l'œsophage.

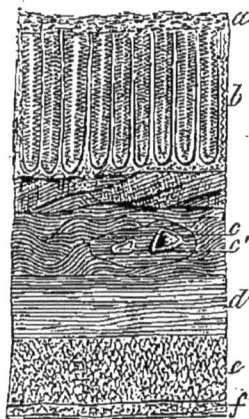

FIG. 200. — Coupe de la muqueuse de l'estomac du Porc. — *a,* épithélium superficiel; *b,* glandes muqueuses; . *c,* tissu conjonctif sous-muqueux avec des vaisseaux *c'*; *d,* fibres musculaires transversales; *e,* fibres musculaires longitudinales; *f,* tunique séreuse faisant partie du péritoine.

Dans la muqueuse stomacale se trouvent des glandes extrêmement nombreuses qui appartiennent à trois sortes bien distinctes. Dans toute l'étendue de l'organe, on peut apercevoir des glandes en forme de tube droit, pressées les unes contre les autres, tapissées d'un épithélium cylindrique, ce sont les *glandes muqueuses* (fig. 200, *b*) dont on a évalué le nombre à près de cinq millions dans l'estomac humain; près du pylore ces glandes sont remplacées par des glandes plus compliquées, présentant de nombreuses digitations, comme si plusieurs glandes tubulaires s'étaient réunies autour d'un orifice commun (fig. 201, A).

Dans la région moyenne et celle du cardia, d'autres glandes tubulaires se font remarquer par leur aspect bosselé et par la grandeur des cellules sphériques qui remplissent presque toute leur cavité. Ces cellules ont quelquefois jusqu'à 22 millièmes de millimètre de diamètre; les glandes qui les contiennent sont dites *glandes à pepsine* (fig. 201, B). Elles produisent, en effet, une substance particulière, la *pepsine*, dont le rôle important dans la digestion stomacale apparaîtra bientôt. De même que les glandes muqueuses deviennent digitées dans le voisinage du pylore, les glandes à pepsine, sans perdre leur aspect caractéristique, deviennent arborescentes au voisinage du cardia et peuvent avoir jusqu'à 18 centièmes de millimètre de longueur dans cette partie de l'estomac.

Autour de toutes ces glandes, serpente un réseau vasculaire extrêmement serré, dont les mailles profondes emprisonnent les acini leur fournissant les éléments des sucs qu'ils élaborent, tandis que

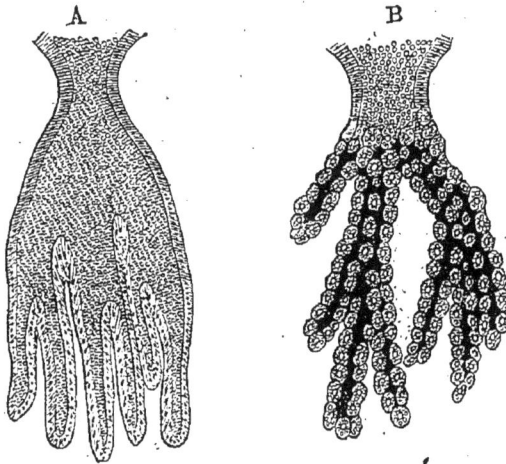

FIG. 201. — Glandes composées de l'estomac. — A, glande muqueuse de la région pylorique. — B, glande à pepsine.

le réseau superficiel commence déjà à absorber en assez grande quantité les matières nutritives, rendues assimilables dans l'estomac. Les nombreux plis que présente intérieurement la muqueuse stomacale, en augmentant la surface de contact de l'estomac avec les aliments, accroissent singulièrement, par cela même, la puissance d'absorption de cet organe.

La digestion stomacale. — Les théories les plus variées ont eu cours jusqu'au dix-huitième siècle, relativement à la nature de la digestion.

Hippocrate supposait que les aliments subissaient dans le tube digestif une sorte de coction, et, suivant Galien, cette coction se produisait en partie dans l'estomac, en partie dans l'intestin, en partie dans le foie ; Plistonicus, dans l'antiquité, et Chesleden, en 1763, comparaient la digestion à une putréfaction ; Van Helmont, Sylvius, Boyle préféraient y voir une fermentation, ce que nous savons aujourd'hui être peu différent de la vérité ; Michel Servet pensait que l'appareil digestif distillait les matières nutritives ; enfin Érasistrate, Borelli (1608), Boërhave (1668), Pitcairn (1700) attribuaient à l'estomac le pouvoir de triturer les aliments ; ce dernier évaluait même à 12 951 livres la force triturante de notre poche digestive, sans se laisser arrêter par la minceur de ses parois.

Tous ces savants n'appuyaient leur opinion que sur des observations incomplètes ou sur des inductions *a priori*. Bien peu s'étaient astreints à suivre les aliments dans l'estomac, à étudier les actions auxquelles ils y étaient soumis, à définir les transformations qu'ils y subissaient ; encore moins s'était-on proposé de rechercher si ces transformations pouvaient être accomplies en dehors de l'organisme, et dans quelles conditions cela était possible. C'est en suivant cette voie rigoureusement logique, en n'abandonnant rien à l'imagination, en contrôlant soigneusement la justesse de toutes les suppositions, en cherchant à reproduire artificiellement les phénomènes naturels, c'est en s'astreignant à cette *méthode expérimentale* si sévère, mais si féconde, que la science moderne est arrivée à asseoir chacune de ses affirmations sur des bases inébranlables, à introduire dans les recherches de physiologie une précision de tous points aussi grande que celle dont se font justement honneur les physiciens et les chimistes, à démontrer que tous les phénomènes de la vie étaient déterminés par des causes très nettement définies, soumis à des lois aussi précises que celles qui régissent les phénomènes du monde inorganique. Il a fallu arriver jusqu'à la dernière moitié de ce siècle pour que ce lien des phénomènes physiologiques à leurs causes, ou, comme disent les philosophes, ce *déterminisme* des phénomènes physiologiques ait été accepté comme une vérité incontestée.

Une histoire rapide des recherches dont la digestion stomacale a été l'objet, montrera combien a été lente cette conquête, et fera mieux apprécier la haute valeur de la méthode qui dirige aujourd'hui les études de tous les physiologistes.

Réaumur, le premier, établit nettement que la digestion n'était pas un phénomène mécanique, dû à une prétendue action triturante de l'estomac, mais bien un phénomène chimique. Il fit avaler à des Corbeaux de la viande hachée, enfermée dans des tubes percés de trous, et reconnut que cette viande était digérée au bout de quelque temps, bien qu'elle eût été soustraite à toute action triturante de la part de l'estomac. Il attribua donc la digestion à un suc particulier produit par cet organe, et chercha même à obtenir ce suc en substituant, dans ses tubes, une éponge comprimée à la viande qu'ils contenaient d'abord. Réaumur essaya aussi de faire des digestions en dehors de l'organisme, à l'aide du *suc gastrique* qu'il recueillait ainsi; mais il mourut, en 1757, avant d'avoir pu terminer ses expériences.

De 1777 à 1783, l'illustre naturaliste italien Spallanzani reprit à Genève les études de Réaumur. Il se procurait le suc gastrique soit par la méthode même de Réaumur, soit en faisant avaler à un aigle une bille en os, que l'animal rejetait au bout de quelque temps avec les liquides contenus dans l'estomac, soit en avalant lui-même des tubes en bois, percés de trous et contenant des éponges qui s'imprégnaient de suc gastrique; il rendait ces tubes quand il les supposait suffisamment chargés de liquides gastriques. En mélangeant ces liquides avec de la viande broyée, dans un vase maintenu à une température constante, Spallanzani put voir que la viande se dissolvait, et réussit de la manière la plus complète à en obtenir la digestion hors de l'estomac.

Après les expériences de Spallanzani, il fallut bien admettre que le suc gastrique était l'agent principal de la digestion ; mais la discussion porta sur la nature de ce suc; les uns prétendaient que sa composition était variable, d'autres la voulaient plus fixe, d'autres encore soutenaient qu'il n'agissait pas hors de l'estomac comme dans l'estomac, et que l'intervention de la vie était nécessaire à l'accomplissement de la digestion. L'Académie des sciences mit en 1823 la question de la digestion au concours. Dans le mémoire qu'ils soumirent au jugement de ce corps savant, Tiedemann et Gmelin établirent que le suc gastrique était constamment acide comme l'avait déjà soutenu W. Prout. Ce point a été confirmé par toutes les recherches ultérieures.

Les études les plus complètes faites, vers cette époque, sur la digestion furent celles du médecin américain William Beaumont. En 1833, le hasard mit entre ses mains un jeune chasseur canadien, du nom d'Alexis Saint-Martin, dont l'estomac avait été perforé par un coup de fusil. La blessure guérit, mais l'estomac demeura en communication avec l'extérieur par un orifice qui permettait de voir tout ce qui se passait dans sa cavité. Malgré tout ce qu'une semblable condition pouvait avoir d'étrange, Alexis Saint-Martin n'en continua pas moins à se bien porter; quoique d'une fort

grande intempérance, il vivait encore en 1850, époque à laquelle
Claude Bernard chercha à savoir ce qu'il était devenu ; il n'avait
d'ailleurs à cette dernière date que trente-cinq ans.

Pendant près d'un an, Beaumont put observer, dans l'estomac de
ce singulier malade, toutes les phases de la digestion ; il constata
qu'au moment de la digestion la muqueuse stomacale rougit et s'é-
paissit dans sa portion moyenne ; le suc gastrique perle alors de
toutes parts sous forme de fines gouttelettes ; son action est donc
intermittente ; Beaumont put recueillir le suc en quantité plus considérable et dans un état de pureté plus grand qu'on ne l'avait fait
jusque-là, pratiqua de nombreuses digestions artificielles, et dressa
une liste intéressante du temps qu'exige la digestion des différentes
sortes d'aliments.

Avant les travaux de William Beaumont on avait observé quelques
cas de fistule gastrique, on en revit après lui un certain nombre,
et le peu de gravité de cette infirmité suggéra bientôt l'idée de la
faire naître artificiellement sur des Chiens qui pourraient ensuite
servir indéfiniment aux besoins de l'expérimentation physiologique (fig. 202). Dès 1842, le docteur Bassow, de Moscou, et le docteur Blondlot, de Nancy, essayèrent avec succès cette opération ;
elle a été depuis pratiquée de diverses façons, et de nos jours on
la renouvelle constamment dans les laboratoires de physiologie.
Pour cela, on pratique une incision sur la paroi de l'abdomen, de
manière à mettre à nu la paroi stomacale, on saisit cette paroi, on
la perce, et, après avoir fixé les bords de la plaie stomacale à ceux
de la plaie abdominale, on introduit dans l'ouverture une petite canule d'argent formée de deux tubes pouvant se visser l'un sur l'autre
et terminés chacun par une tête donnant à l'instrument la forme
d'un bouton double (fig. 202, *a*, *b*, *c*) : entre les parties élargies du
bouton se trouvent prises la muqueuse stomacale et la paroi de
l'abdomen qui sont ainsi maintenues étroitement unies. Dans l'intervalle des études on bouche tout simplement la canule avec un
bouchon ordinaire. Quand on veut se procurer du suc gastrique, on
enlève le bouchon, on adapte à la canule un petit sac de caoutchouc
(fig. 202, *d*), semblable à celui qui nous a déjà servi pour recueillir
la salive parotidienne, et l'on fait manger l'animal. Le suc gastrique
est aussitôt sécrété et s'épanche en partie dans le sac disposé pour
le recevoir.

Le suc gastrique ainsi recueilli est un liquide acide qui tient en
dissolution divers chlorures alcalins, des phosphates de chaux, de
magnésie et de fer en petite quantité, mais dont la composition

paraît pouvoir être modifiée par le mode d'alimentation. D'après les recherches les plus récentes, ce suc doit son acidité à la présence d'une petite quantité d'acide chlorhydrique combiné avec de la leucine et quelques substances analogues qui ne le neutralisent pas. L'acide n'agit d'ailleurs pas par lui-même : il fournit seulement le milieu dans lequel un agent nouveau peut intervenir dans

FIG. 202. — Chien porteur d'une fistule gastrique. — *a*, canule d'argent dont la partie élargie est introduite dans l'estomac ; *b*, tube qui se visse dans la canule de manière à faire bouton double ; *d*, sac en caoutchouc fixé à un tube traversant un bouchon de caoutchouc, et qui sert à recueillir le suc gastrique.

les conditions où il possède la plus grande énergie. Cet agent, qui appartient, comme la diastase salivaire, au groupe des ferments solubles, est la *pepsine*. On peut l'obtenir à l'état isolé, en traitant le suc gastrique par dix fois son poids d'alcool ; c'est alors une matière floconneuse, dont la composition chimique est la même que celle des substances albuminoïdes. La pepsine jouit de la faculté de coaguler le lait, même en l'absence d'un acide, ce qui la distingue de la ptyaline et de la diastase. Elle existe dans la caillette du Veau, dont on emploie l'infusion, sous le nom de *présure*, pour cailler le lait ; mais cette portion de l'estomac du Veau est naturellement acide, de sorte qu'on peut attribuer à son acidité aussi bien qu'à la pepsine son action sur le lait.

Si l'on vient maintenant à rechercher l'action du suc gastrique sur les aliments, ce qu'on peut faire soit en le mettant en contact avec des aliments normaux, soit en déterminant isolément son action sur des matières féculentes, des matières grasses ou des matières albuminoïdes déterminées, on reconnaît les faits suivants :

Le suc gastrique ne modifie pas les *matières féculentes*, mais la digestion de ces matières paraît se poursuivre dans l'estomac sous l'action de la salive. A la longue, le sucre de canne, qui n'est pas naturellement assimilable, est transformé en *sucre interverti* par l'acide du suc gastrique, mais cette transformation est trop lente pour qu'elle puisse avoir lieu dans l'estomac d'une façon utile.

Les *matières grasses* ne subissent également aucune modification de la part du suc gastrique, qui se borne à dissoudre la fine membrane albuminoïde dont les globules de graisse sont enveloppés chez les animaux.

Les *matières albuminoïdes* sont au contraire attaquées, ramollies et désagrégées par le suc gastrique, qui les transforme en diverses substances dont les unes demeurent insolubles, tandis que les autres, en majorité, sont solubles et sont désignées sous la dénomination générale de *peptones*. Ces peptones ont souvent des propriétés différentes suivant leur provenance. Mais toutes sont solubles dans l'eau, d'où elles ne peuvent être précipitées ni par les acides faibles, ni par les alcalis, ni par la chaleur. L'alcool absolu, le tannin, l'acide métaphosphorique, les acides picrique, nitrique, chlorhydrique ou acétique et quelques sels métalliques les font au contraire aussitôt apparaître dans la liqueur. Les peptones passent facilement au travers des membranes ; elles sont directement assimilables, même par injection dans le sang. Une matière albuminoïde est donc prête à entrer dans l'organisme, elle est complètement digérée quand elle a été transformée en peptone, et le *suc gastrique* nous apparaît dès lors comme *l'agent essentiel de la digestion des matières albuminoïdes.*

La digestion n'est pas également rapide pour tous les tissus où prédominent les substances albuminoïdes. Dans la viande, le tissu conjonctif est dissous le premier, et après lui les fibres musculaires ; la substance organique des os est dissoute par le suc gastrique des Carnivores, les os sont ainsi réduits en une pulpe terreuse, dont une petite portion est dissoute par le suc gastrique et utilisée par l'organisme, mais dont le reste est rejeté. La caséine coagulée est redissoute par le suc gastrique et rendue assimilable comme l'albumine et la fibrine.

Suivant leur composition, les aliments demeurent plus ou moins longtemps dans l'estomac. La durée moyenne de leur séjour dans cet organe a été soigneusement notée par William Beaumont. L'un des aliments qui passent le plus vite est le riz, qui arrive dans l'intestin au bout d'une heure. Viennent ensuite :

La soupe au gruau............	1ʰ,30.
Le tapioca...................	1ʰ,45.
Les Truites et le Saumon........	1ʰ,30.
Le lait bouilli, les œufs crus.....	2ʰ,
Le lait non bouilli, les œufs frits.	2ʰ,15.
Les Volailles bouillies..........	2ʰ,30.
Le Bœuf bouilli..............	2ʰ,45.
Les œufs mollets, le Bœuf grillé...	3ʰ,
Le pain, le Bœuf rôti, le fromage..	3ʰ,30.
Les Volailles rôties, la graisse de Mouton.......................	4ʰ,30.
La graisse de Bœuf............	5ʰ,30.

Ces chiffres sont, bien entendu, un peu variables avec les individus et avec leur état de santé, mais ils donnent une idée du degré de digestibilité des principales sortes d'aliments. Ajoutons que les légumes paraissent passer dans l'intestin plus rapidement que tous les autres aliments; ce passage est aussi extrêmement rapide pour les boissons.

Les parois de l'estomac étant de la même nature que les matières alimentaires d'origine animale qui sont soumises à l'action du suc gastrique, on s'est demandé comment, pendant la vie, l'estomac ne se digérait pas lui-même, et l'on a cherché diverses réponses à cette étrange question. Il n'y en a évidemment qu'une qui soit plausible : c'est que si les cellules stomacales avaient sécrété un produit propre à les détruire, elles et leurs voisines, durant leur période d'activité, il n'y aurait jamais eu d'estomac.

Après avoir subi, dans l'estomac, l'action du suc gastrique, les aliments, réduits en une sorte de bouillie qu'on appelle le *chyme*, passent dans l'intestin. Celui-ci, naissant de l'estomac à son extrémité droite, revient d'abord sur lui-même vers la gauche et forme ainsi une première anse qu'on appelle le *duodénum*.

A peine arrivé dans cette région du tube digestif, le chyme s'y mélange aux sucs déversés dans l'intestin par deux glandes importantes, le *foie* et le *pancréas*.

Foie. — Le foie est situé dans la partie droite de l'abdomen, immédiatement au-dessous du diaphragme, qui seul le sépare du poumon droit et du cœur; il se trouve donc au-dessus de l'estomac, et l'on attribue quelquefois à la pression qu'il exerce sur lui le malaise qu'éprouvent certaines personnes, pendant leur sommeil, lorsqu'elles sont couchées sur le côté gauche. Le foie est une grosse glande, compacte, de couleur brune, pesant chez l'Homme, de un

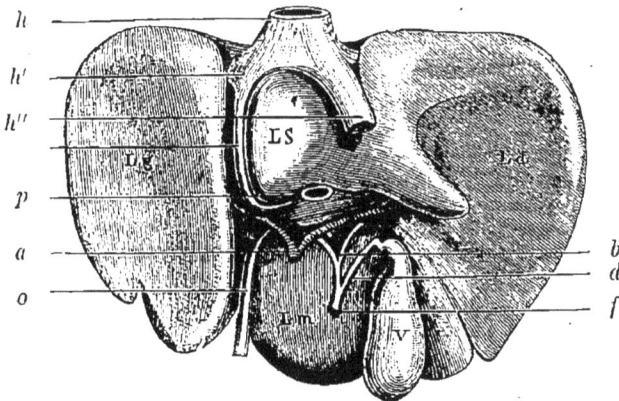

Fig. 203. — Foie vu par sa face inférieure; — L*d*, lobe droit; L*g*, lobe gauche; L*s*, lobule de Spiegel; L*m*, lobe carré ou médian; V, vésicule biliaire; *c*, veine cave; *h*, *h'*, *h''*, veines sus-hépatiques; *p*, veine porte; *a*, artère hépatique; *o*, cordon fibreux résultant de l'atrophie de la veine ombilicale du fœtus; *b*, canal hépatique; *d*, canal cystique; *f*, canal cholédoque.

kilo et demi à deux kilos, assez régulièrement convexe en dessus, moins régulièrement concave en dessous (fig. 203) où se montrent divers organes; son contour, quoique peu régulier, est sensiblement quadrilatère : on y distingue un lobe droit, et un lobe gauche beaucoup plus petit, séparés l'un de l'autre, en arrière par les veines sus-hépatiques, en avant par un troisième lobe, plus petit lui-même que le lobe gauche, et qu'on appelle le *lobe carré*. Entre le lobe carré et le lobe droit, à la face inférieure du foie et dans sa partie antérieure, se trouve une poche membraneuse, en forme de poire, dont la partie amincie est tournée en arrière et se réfléchit en avant pour constituer un canal dans lequel vient s'ouvrir un autre conduit venant directement du foie. Cette poche est remplie d'un liquide verdâtre, très foncé, la *bile :* elle porte le nom de *vé-sicule biliaire.* Le canal qui naît de son extrémité amincie s'appelle le *canal cystique ;* celui qui vient du foie pour s'unir à lui est le *canal hépatique ;* ces deux canaux, réunis en un seul, forment le *canal cholédoque,* qui s'ouvre dans l'intestin et y déverse la bile au point où le duodénum se réfléchit.

Deux sortes de vaisseaux amènent du sang au foie. Ce sont : l'*artère hépatique* (fig. 203, *a*), qui y amène du sang artériel ordinaire, et la *veine porte (p),* qui présente une disposition toute particulière. Cette veine naît du réseau vasculaire de l'intestin et de la plupart des viscères abdominaux par un grand nombre de branches qui, s'ouvrant les unes dans les autres, finissent par former un tronc unique ; elle détourne donc la plus grande partie du sang qui s'est chargé de matières nutritives dans les parois du tube digestif et transporte ce sang dans le foie où elle se divise de nouveau en rameaux, ramuscules et capillaires, cheminant presque toujours côte à côte avec les divisions correspondantes de l'artère hépatique, et formant finalement avec elles un réseau capillaire commun. Ce réseau, qui pénètre toute la substance du foie de ses mailles très serrées, donne naissance, à son tour, à d'autres ramuscules vasculaires qui marchent isolément, se réunissent peu à peu en vaisseaux plus gros et constituent finalement un vaisseau unique, la *veine hépatique,* qui ramène dans la circulation générale le sang de double provenance élaboré par le foie. Naturellement, la veine hépatique, devant contenir le sang qui provient de l'artère hépatique et celui qui provient de la veine porte, est plus volumineuse que ces deux vaisseaux ; la veine porte est à son tour plus volumineuse que l'artère hépatique, très petite elle-même relativement au volume de la glande.

La veine porte et l'artère hépatique pénètrent dans le foie au voisinage de la région même où l'on en voit sortir le canal hépatique et où commence la vésicule biliaire, un peu en avant d'une partie saillante de la substance de la glande qui forme le *lobule de Spiegel.* C'est en arrière de ce lobule qu'émerge la veine hépatique (fig. 203).

Cette disposition montre qu'une grande partie du sang qui revient de l'intestin après avoir absorbé les matières assimilables qu'il trouve sur son passage, traverse le foie avant de rentrer dans le courant circulatoire et témoigne du rôle important que joue cette glande dans l'économie. Le sang y subit, en effet, une élaboration complexe : les matières qui prennent naissance dans sa masse, sous l'action du tissu de la glande, et celles que ce tissu y déverse suivent deux voies bien différentes : les unes sont emportées par la veine hépatique et vont servir directement à la nutrition. Ce sont des matières sucrées sur l'étude desquelles nous aurons bientôt à revenir ; les autres sont définitivement extraites du sang, se rassemblent dans des conduits spéciaux, qui, s'abouchant de proche en proche les uns dans les autres, aboutissent soit à la vésicule biliaire, soit au canal hépatique. Ces dernières substances constituent la bile, et les conduits dans lesquels elles se rassemblent sont les *canalicules biliaires*.

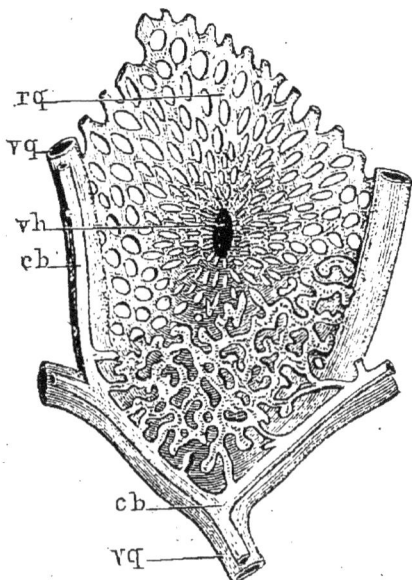

FIG. 204. — Une portion du réseau vasculaire du foie. — *vh*, veine hépatique ; *vq*, rameau de la veine porte ; *cb*, artère hépatique ; *rq* réseau capillaire.

Dans le foie, nous ne trouvons plus de tubes glandulaires, de culs-de-sacs ou d'acini semblables à ceux que nous ont offerts les glandes salivaires. Toute la masse de l'organe, en dehors des nerfs, des vaisseaux, des canalicules biliaires et du tissu conjonctif, est constituée par des cellules polyédriques (fig. 206), ayant de 18 à 26 millièmes de millimètre de diamètre, contenant un gros noyau de 6 à 9 millièmes de millimètre, formées par un protoplasma granuleux au sein duquel on aperçoit souvent des gouttelettes graisseuses ou des gouttelettes de bile. Ces cellules se pressent autour des ramifications de la veine hépatique (fig. 204), dont chacune est enveloppée par un faisceau de ramuscules de la veine porte et de l'artère hépatique ; ces faisceaux vasculaires semblent détacher dans le foie des îlots de substance, qu'on appelle les *lobules hépatiques* (fig. 205). Au centre de chaque lobule se trouve donc un

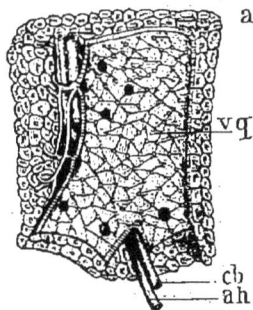

FIG. 205. — Portion du foie du Porc. — *vq*, rameau ouvert de la veine porte montrant les orifices des vaisseaux qui en naissent ; *ah*, artère hépatique ; *cb*, canalicule biliaire ; *a*, lobules du foie très distincts et isolés par une membrane chez le Porc.

rameau de la veine hépatique, sur la périphérie un faisceau vasculaire venant de la veine porte et de l'artère hépatique ; les plus fines ramifications du vaisseau central et du vaisseau périphérique marchent les unes vers les autres et s'anastomosent enfin pour constituer le réseau capillaire commun. Les dimensions de ces capillaires n'excèdent pas 12 millièmes de millimètre ; elles sont plus faibles que celles des noyaux des cellules et les mailles du réseau sont tellement serrées que chacune ne contient pas plus d'une cellule glandulaire. Sur des coupes convenables on aperçoit la lumière d'un capillaire à chacun des angles des cellules (fig. 206). C'est au contraire vers le milieu des côtés des coupes des cellules qu'on voit la section des plus fins canalicules biliaires, dont le diamètre peut descendre à un millième de millimètre et qui forment également un réseau à mailles ne contenant pas plus d'une cellule. Les canalicules biliaires de dimensions un peu plus fortes suivent d'une manière générale le même trajet que les ramifications de la veine porte et de l'artère hépatique, ramifications également

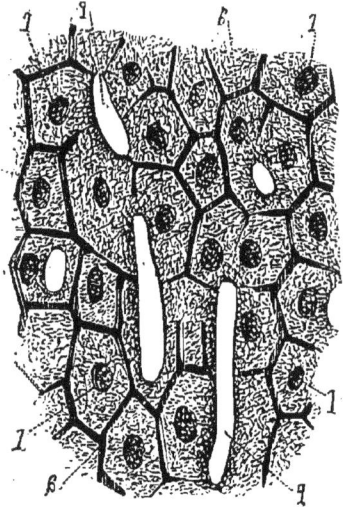

FIG. 206. — Coupe mince faite dans la substance du foie perpendiculairement aux capillaires ; — q, capillaires ; a, réseau d'origine des canalicules biliaires ; l, noyaux des cellules hépatiques.

accompagnées par les ramifications des nerfs. Ce mode de distribution parallèle des vaisseaux et des nerfs est assez général, non seulement dans les glandes, mais dans l'économie tout entière. On appelle *hile d'une glande* la région par laquelle pénètrent à son intérieur ses vaisseaux et ses nerfs.

Le tissu conjonctif du foie se condense à la surface de cet organe de manière à former une membrane qui le protège et l'isole au milieu des tissus environnants ; cette membrane enveloppante fournit aux vaisseaux du foie une graine commune qui accompagne leurs ramifications dans la glande, et qui est la *capsule de Glisson*.

Bile. — En raison de sa grande abondance, la bile est facile à recueillir à l'état de pureté et facile à étudier. C'est un liquide visqueux, filant, verdâtre, très foncé chez les Carnivores, tirant un peu sur le jaune chez les Herbivores, d'une odeur nauséabonde, d'une saveur d'abord très amère, puis légèrement douceâtre. Elle a une densité un peu plus forte que celle de l'eau (1,020 à 1,026), dans laquelle elle se dissout facilement. Son altérabilité est très grande et elle répand alors une odeur des plus fétides, rappelant celle des excréments.

La bile est constamment alcaline ; nous avons vu que le suc gastrique était acide, la salive alcaline : il y a donc dans les réactions des sucs digestifs, une sorte d'alternance que Berzélius a signalée le premier et qui est en rapport avec les modifications diverses que doivent subir les aliments, pour être rendus aussi complètement assimilables que possible.

Comme la plupart des liquides de l'économie, la bile renferme, en petite quantité, un assez grand nombre de sels, parmi lesquels des phosphates de chaux et de magnésie, du phosphate de soude, du chlorure de sodium et du sulfate de fer ; mais elle contient aussi des substances colorantes spéciales, notamment la *bilirubine* et la *biliverdine*; diverses substances grasses, parmi lesquelles la *cholestérine*, et surtout deux sels alcalins auxquels elle doit sa réaction basique : le *taurocholate* et le *glycocholate de soude*. La composition de l'*acide taurocholique* peut être représentée par la formule $C^{52}H^{45}AzO^{14}S^2$. L'*acide glycocholique* ne contient pas de soufre et sa formule est $C^{52}H^{42}Az^4O^4.HO$. Son existence dans la bile est plus constante que celle du premier.

La quantité de bile produite par le foie, en un jour, est assez considérable. Un chien de 10 kilogrammes sécrète environ 200 grammes de bile dans cet espace de temps.

Le rôle de la bile dans la digestion ne paraît pas être en rapport avec cette sécrétion considérable ; les opinions émises à son égard ont beaucoup varié. Ce rôle est complexe comme la composition de la bile elle-même, à qui on a eu le tort de vouloir attribuer, ainsi qu'à la plupart des liquides de l'économie, une fonction particulière, exclusive de toutes les autres. De toutes les expériences dont elle a été l'objet, il résulte les faits suivants :

1° Une portion de la bile est purement et simplement rejetée au dehors, sans avoir joué aucun rôle dans la digestion.

2° Il est impossible d'anéantir la sécrétion biliaire sans apporter des troubles profonds dans l'organisme. Le simple contact de la bile et d'un muscle ou du nerf qui l'anime suffit à faire contracter les fibres musculaires ; la bile placée sur les ganglions du cœur en provoque l'arrêt immédiat.

3° Si l'on fait écouler la bile au dehors par une fistule artificielle, il n'en résulte aucun trouble immédiat pour l'animal, qui maigrit cependant peu à peu.

4° Les acides déterminent constamment l'apparition d'un jet de bile lorsqu'on les fait agir sur l'extrémité intestinale du canal cholédoque.

5° Les villosités intestinales se contractent sous l'action de la bile.

De ces faits, on conclut nécessairement que le foie extrait du sang des substances qui ne sauraient y rester sans danger pour l'organisme ; il fonctionne donc en partie comme une glande épuratrice ; quelques-unes des substances qu'il enlève au sang sont rejetées, au dehors, à titre d'excréments. D'autres, comme les matières grasses, sont reprises en assez grande quantité dans l'intestin et assimilées de nouveau. L'amaigrissement des animaux porteurs d'une fistule biliaire prouve, d'ailleurs, que la bile joue un rôle dans la digestion des matières grasses. En raison de l'action des acides sur l'expulsion de la bile dans l'intestin, le chyme acide qui sort de l'estomac, ne peut passer devant l'orifice du canal cholédoque sans déterminer l'arrivée d'un flux de bile ; la bile se mélange avec lui et tend à neutraliser, par suite de sa réaction alcaline, l'acide du suc gastrique. Enfin, cette bile arrivant au contact des villosités intestinales provoque leur contraction, et le contenu de leurs vaisseaux est ainsi chassé plus activement vers l'appareil circulatoire.

On remarque, en outre, que chez les animaux portant une fistule hépatique, les excréments acquièrent une fétidité extraordinaire ; cela laisse supposer que la bile joue dans l'intestin le rôle d'antiseptique, ou que tout au moins elle diminue l'intensité des altérations que peuvent produire, dans le tube digestif, les acides résultant de la fermentation des matières alimentaires.

Toutes ces conclusions sont également légitimes ; mais nous allons pouvoir mieux préciser l'action digestive de la bile quand nous aurons étudié le *pancréas*, dont la sécrétion arrive dans l'intestin en même temps que celle du foie.

Pancréas. — Le pancréas a un tout autre aspect que le foie. C'est une glande d'un blanc terne ou grisâtre qui devient légèrement rosée pendant la digestion ; elle est située dans l'anse du duodénum (fig. 207). Sa forme est allongée transversalement. Sa longueur est d'environ 16 centimètres ; son épaisseur de 10 à 15 millimètres et son poids de 60 à 78 grammes.

Le pancréas est plus renflé du côté du sommet de l'anse du

duodénum qui l'embrasse que du côté opposé ; aussi les anatomistes distinguent-ils une *tête* et une *queue* du pancréas (fig. 207). La tête du pancréas est séparée du corps de la glande par une sorte d'enfoncement ou *col du pancréas*, destiné à loger le tronc de la veine porte et l'artère qui l'accompagne. Du col du pancréas part aussi un canal qui se dirige vers l'intestin, s'ouvre dans l'intérieur de ce tube 2 centimètres au-dessous de l'ouverture du canal cholédoque et déverse le suc pancréatique dans le duodénum. Mais ce n'est là que le *canal accessoire* du pancréas ; le canal principal, ou *canal de Wirsung*, part de l'extrémité gauche du pancréas, chemine côte à côte avec le canal cholédoque et vient s'ouvrir tout près de lui dans un léger enfoncement de la muqueuse intestinale nommé l'*ampoule de Vater*.

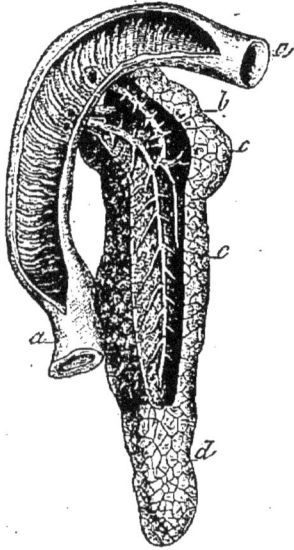

FIG. 207. — Pancréas et anse du duodénum dans laquelle il est compris. — *a, a*, duodénum ouvert ; *b*, tête du pancréas ; *c, c*, corps du pancréas ouvert ; *d*, queue du pancréas. Les canaux pancréatiques sont disséqués pour montrer leurs rapports avec le duodénum.

L'aspect du pancréas et sa structure sont tellement semblables à l'aspect et à la structure des glandes salivaires, qu'on a dit de lui que c'était une glande salivaire abdominale.

La disposition des canaux pancréatiques présente quelques variations dignes d'intérêt. Le canal de Wirsung n'est pas toujours aussi étroitement accolé au canal cholédoque. Chez le Lapin, par exemple, il s'ouvre notablement plus bas et cela coïncide avec une remarquable particularité. Nous pouvons, sans anticiper beaucoup, dire que les matières nutritives et notamment les matières grasses passent de l'intestin dans un système de vaisseaux, les *vaisseaux chylifères* (fig. 212), qui contiennent d'ordinaire un liquide transparent, mais qui, pendant la digestion, regorgent d'un suc laiteux, dont la couleur blanche est due aux fines et innombrables gouttelettes de graisse qui nagent dans sa masse. Chez le Lapin, bien qu'il existe des chylifères entre le canal cholédoque et le canal de Wirsung, ces vaisseaux ne se montrent jamais chargés de graisse et ne prennent jamais l'aspect lactescent qu'ils offrent au-dessous de l'orifice de celui-ci. Cette simple observation anatomique rend déjà probable que le suc pancréatique joue un rôle important dans la digestion des matières grasses; elle a été le point de départ des recherches de Claude Bernard sur ce sujet.

On peut obtenir le suc pancréatique à l'état de pureté par le procédé qui nous a déjà servi à obtenir la salive parotidienne. On découvre le canal de Wirsung et l'on y introduit un tube d'argent auquel est attachée une ampoule de caoutchouc. Ce procédé permet non seulement de recueillir le suc pancréatique, mais encore de déterminer les conditions dans lesquelles il est sécrété. On reconnaît ainsi, par exemple, que cette sécrétion est intermittente comme celle du suc gastrique; elle a lieu, en moyenne, de 3 à 5 heures après le repas; un Chien fournit environ 6 à 8 grammes de suc pancréatique par heure; un Cheval jusqu'à 120 grammes.

L'opération de la fistule pancréatique ne présente aucune gravité; le canal coupé se régénère avec la plus grande facilité. On a vu le même Chien servir, en peu de temps, trois fois à cette opération. Cependant il faut user de certaines précautions pour obtenir, dans l'étude du suc pancréatique, des résultats toujours comparables entre eux. Il convient, en général, de choisir un Chien bien rustique, afin d'éviter les complications morbides qui pourraient suivre; il faut aussi avoir soin de recueillir le suc pancréatique dans les heures qui suivent l'opération, sans cela l'inflammation, qui survient toujours peu de temps après, altère le produit de la glande, et ce produit, ne présentant plus son caractère normal, pourrait fournir à l'étude des résultats contradictoires. C'est dans le discernement de ces conditions qui viennent altérer les propriétés physiologiques des organes, que réside l'habileté du physiologiste; c'est seulement quand l'expérimentateur a appris à l'acquérir, qu'il arrive à se placer toujours dans les mêmes conditions, à obtenir toujours les mêmes résultats, à provoquer à son gré les phénomènes sans avoir jamais aucun mécompte, à être maître de l'être qu'il veut étudier comme le physicien et le chimiste sont maîtres de leurs appareils. Pour n'avoir pas su toujours se placer dans ces conditions de recherche, pour n'avoir pas tenu compte des éléments accessoires qui venaient compliquer leurs expériences, les anciens physiologistes étaient arrivés à croire qu'il y avait dans les phénomènes vitaux quelque chose de capricieux, d'imprévu, tenant à l'essence même de la vie, rebelle à toute loi. Telle était la doctrine de l'école dite *vitaliste*.

Le suc pancréatique obtenu dans les conditions normales est un liquide clair, visqueux, de réaction alcaline, comme la bile qui arrive en même temps que lui dans l'intestin; il est coagulable par la chaleur, l'alcool, les acides énergiques et contient, outre les sels ordinaires, une substance albuminoïde particulière, qui se comporte comme un ferment soluble de grande puissance.

Quand on fait agir le suc pancréatique sur des matières grasses, ces matières sont rapidement réduites, sous son action, en fines gouttelettes, capables de passer à travers la muqueuse intestinale. Les graisses qui se présentent sous cet état sont dites *émulsionnées*. La bile jouit aussi, quoique dans une bien plus faible mesure, de la propriété d'émulsionner les graisses et de les rendre par cela même absorbables. Combinée avec le suc pancréatique, elle constitue donc le liquide digestif spécial de ces substances que le suc gastrique avait laissées intactes.

Là ne se borne pas l'action du suc pancréatique. Par lui, les matières féculentes sont encore transformées en glucose soluble, et il continue, en outre, le changement en substances assimilables des matières albuminoïdes, déjà attaquées par le suc gastrique. La pepsine n'agit, en effet, sur ces substances que dans un milieu acide. L'arrivée de la bile dans le duodénum change le milieu acide constitué par le suc gastrique, en un milieu alcalin. La digestion des matières albuminoïdes par la pepsine est donc arrêtée dès le passage de ces matières dans l'intestin; mais le suc pancréatique possède précisément son maximum d'activité dans un milieu alcalin, il reprend donc l'œuvre du suc gastrique, continue la digestion des matières albuminoïdes en même temps qu'il opère celle des matières féculentes, à peine commencée par la salive, et qu'il émulsionne les graisses jusque-là demeurées inattaquées. Le suc pancréatique a donc un rôle multiple comme tous les liquides digestifs que nous avons rencontrés; il remplit ses différentes fonctions avec une énergie que nous n'avons pas trouvée même dans le suc gastrique, et doit être considéré comme l'un des agents les plus importants de la digestion.

Digestion intestinale. — Dans le duodénum les diverses sortes de matières alimentaires sont déjà profondément modifiées ; elles ont cependant à parcourir encore toute la longueur de l'intestin dont nous n'avons jusqu'à présent rien dit.

L'intestin (fig. 208) est un long tube divisé en deux parties bien distinctes : l'une, nommée *intestin grêle*, dont le diamètre moyen ne dépasse pas 3 centimètres chez l'Homme, et l'autre, nommée *gros intestin*, beaucoup plus large et se terminant à l'*anus*. La longueur totale de l'intestin de l'Homme peut atteindre 12 mètres : c'est donc plus de 6 fois la longueur du corps. Ces proportions varient beaucoup chez les Mammifères et sont en rapport avec le régime alimentaire.

Chez les animaux herbivores, l'intestin est toujours considérablement plus long que chez les Carnivores. Chez le Bœuf, il a environ 50 mètres, près de 28 chez le Mouton, une vingtaine chez le Porc et seulement de 6 à 7 chez le Lion.

On décrit, en général, dans l'intestin grêle trois parties qui sont

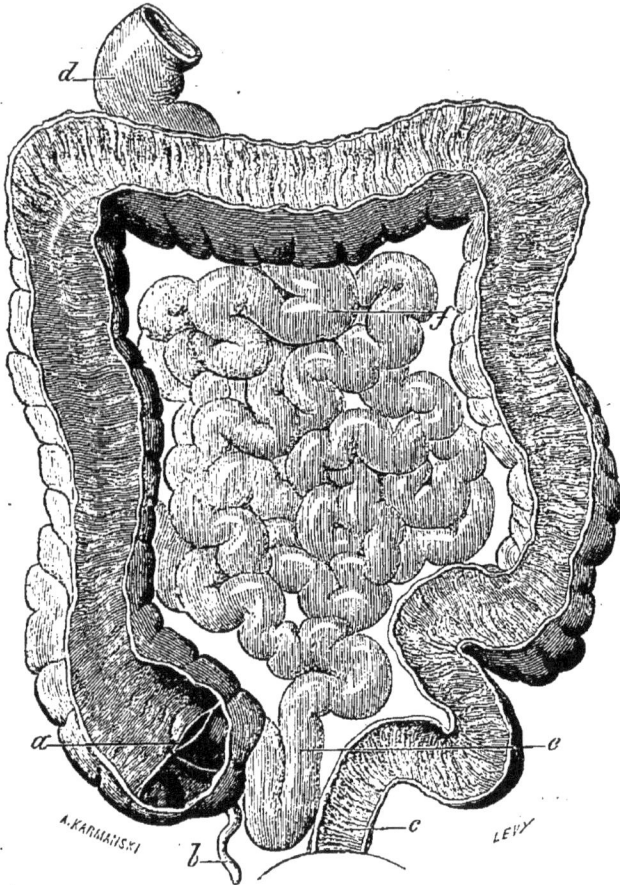

Fig. 208. —Intestins de l'Homme. — *d*, duodénum; *f*, *e*, jéjunum et iléon; *a*, valvule iléo-cæcale ; *b*, appendice vermiculaire du cæcum; *c*, rectum faisant suite au côlon, qui a été ouvert sur toute sa longueur.

d'ailleurs en continuité absolue l'une avec l'autre et qui ne sont séparées par aucune limite précise. Ces trois parties sont le *duodénum* [1], dont nous avons déjà parlé; le *jéjunum*, ainsi nommé

_____

1. De δώδεκα, douze, et δάκτυλος, doigt, parce que sa longueur est d'environ douze travers de doigt.

parce qu'il est généralement vide, et l'*iléon* [1], remarquable par ses nombreuses circonvolutions.

Le duodénum, naissant de l'estomac au-dessus de la petite tubérosité, a un calibre un peu plus gros que le reste de l'intestin grêle. On trouve dans l'épaisseur de ses parois de nombreuses glandes en grappe, les *glandes de Brünner* (fig. 209), qui manquent dans les autres parties de l'intestin et dont le rôle est inconnu. Le duodenum

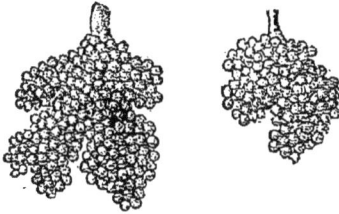

FIG. 209. — Glandes de Brünner du duodénum.

se dirige d'abord à droite, se réfléchit rapidement pour se porter horizontalement vers la partie gauche et profonde de l'abdomen; il se continue par le jéjunum auquel fait suite l'iléon enroulé, comme lui, de mille façons. L'iléon se termine dans le gros intestin qui se divise lui-même en trois parties: le *cæcum*, situé au delà de la terminaison de l'intestin grêle, le *côlon* [2], présentant des plis transversaux caractéristiques, et le *rectum*, tube à parois lisses, qui forme la partie terminale de l'intestin.

Chez l'Homme, le cæcum est extrêmement court, et réduit à une sorte de calotte hémisphérique que prolonge un appendice de petit diamètre, l'*appendice cœcal* ou *appendice vermiculaire* (fig. 208, *b*). Le cæcum manque totalement chez certains Carnassiers, comme l'Ours, et chez la plupart des Insectivores; chez les Herbivores, et surtout chez certains Rongeurs, il prend au contraire un volume et une longueur considérables, ainsi qu'une structure assez compliquée. Il semble qu'il y ait là comme un second estomac, sans qu'il soit possible, d'ailleurs, d'établir aucune analogie entre le rôle de cet organe et le rôle de la poche qui termine l'œsophage.

L'iléon pénètre très obliquement dans les parois du colon et refoule devant lui un repli de ces parois, en forme de croissant, sur le bord libre et concave duquel il se termine par un orifice en forme de boutonnière (fig. 208, *a*). C'est l'ensemble de ce repli et de la partie de l'iléon qui le traverse qu'on appelle la *valvule iléocœcale*. Cette disposition a pour effet d'empêcher le reflux vers l'intestin grêle des matières contenues dans le gros intestin. Les deux faces du repli valvulaire, sont, en effet, com-

1. Du grec εἰλεὸν, provenant lui-même de εἰλεῖν, tourner.
2. De κωλύω, j'arrête.

primées à la fois par les matières contenues dans le gros intestin et qui oblitèrent d'autant mieux son orifice que la pression est plus grande.

Le còlon se dirige d'abord en remontant obliquement d'arrière en avant, passe, à peu près horizontalement, de droite à gauche, au-dessous de l'estomac ; il devient ensuite vertical, plonge de gauche à droite, en arrière, dans la cavité abdominale, puis descend, en décrivant une courbe en forme d'S, jusqu'à l'extrémité inférieure du tronc ; là, après un léger coude, il s'ouvre à l'extérieur. Ses diverses parties portent les noms de *còlon ascendant*, *còlon transverse* et *còlon descendant*.

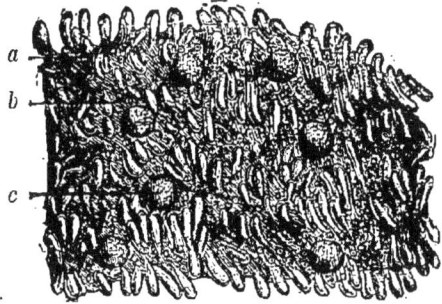

FIG. 210. — Portion de la surface de l'intestin grêle, montrant les villosités *a*, les orifices des glandes de Lieberkühn *b*, et les follicules clos *c*.

Si l'on examine maintenant la surface interne de l'intestin grêle, on y remarque de nombreux replis, distants de 6 à 8 millimètres les uns des autres, flottants, faciles à déplisser et qu'on appelle les *valvules conniventes*. Ces valvules ont simplement pour effet d'augmenter considérablement la surface d'absorption de l'intestin. Elles ont, comme tout le reste de la muqueuse intestinale, une apparence veloutée, due à la présence d'une infinité de petites saillies, semblables à de gros poils très mous et très flexibles, qui sont les *villosités* (fig. 210 et 211, *a*, *a'*), les organes d'absorption par excellence. Chaque villosité contient, en effet, un réseau vasculaire serré, formé par les

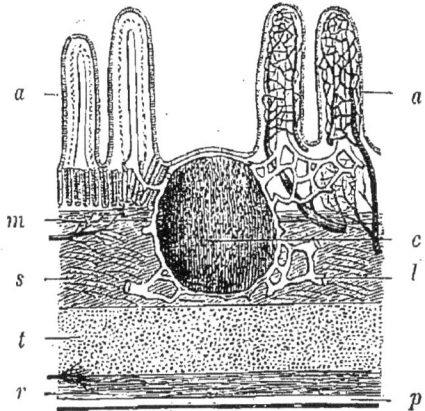

FIG. 211. — Coupé à travers les parois de l'intestin grêle.— *a* villosités avec leur réseau vasculaire et leur chylifère central ; *a'*, villosités où le chylifère seul a été représenté ; *c*, follicule clos ; *l*, réseau lymphatique entourant ce follicule clos ; *m*, glandes de Lieberkühn et couche musculaire sous-jacente ; *s*, tissu conjonctif sous-muqueux ; *f*, fibres musculaires transversales ; *r*, fibres longitudinales ; *p*, enveloppe péritonéal.

nombreux ramuscules émis par deux vaisseaux, l'un afférent, l'autre

efférent ; les mailles de ce réseau entourent un vaisseau central
de nature particulière, uniquement destiné à absorber le chyle.
Ces vaisseaux spéciaux, qui se terminent en cul-de-sac dans chaque
villosité, sont les origines du système des *vaisseaux chylifères*
(fig. 212) que nous aurons bientôt à décrire.

On peut distinguer dans les parois de l'intestin grêle deux tuniques : 1° la *tunique musculeuse,* formée de deux couches de
fibres lisses, les extérieures longitudinales, les intérieures transversales ; 2° la *tunique muqueuse,* qui comprend, de dehors en
dedans : une couche de tissu conjonctif contenant des fibres élastiques et des cellules étoilées, une couche de fibres musculaires
longitudinales, une nouvelle couche conjonctive sans éléments élas-

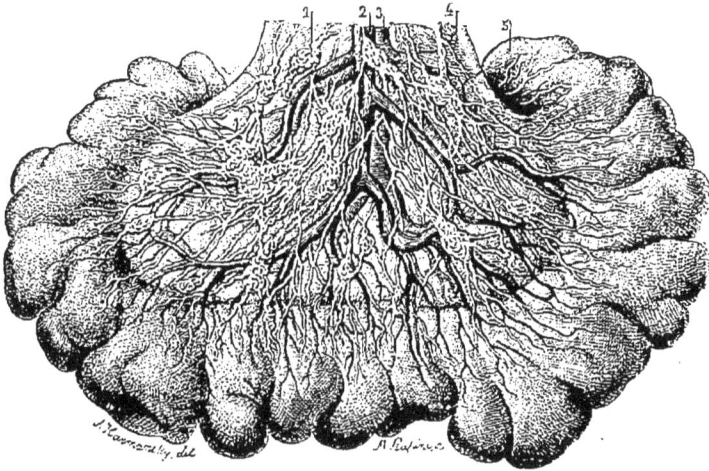

FIG. 212. — Chylifères et vaisseaux de l'intestin. — 1, chylifères avec leurs ganglions ;
2, rameau de la veine porte ; 3, rameau de l'une des artères mésentériques ;
4, mésentère ; 5, portion de l'intestin.

tiques, enfin un épithélium cylindrique formé d'une seule série de
cellules dont les unes sont terminées du côté de l'intestin par un
plateau plus résistant, marqué de fines stries perpendiculaires à sa
surface, tandis que les autres, arrondies au sommet, présentent
souvent en ce point une perforation de leur membrane d'enveloppe
qui leur a valu le nom de *cellules caliciformes ;* elles semblent
être des cellules glandulaires.

Dans l'épaisseur de la muqueuse se trouvent les très nombreuses
glandes de Lieberkühn, en forme de tube simple chez l'Homme, divisées en deux ou trois branches chez beaucoup d'animaux (fig. 213),

pressées les unes contre les autres tout autour des villosités, revêtues d'un épithélium cylindrique, et fournissant le *suc intestinal.*
Ces glandes reposent sur la couche musculaire de la muqueuse
(fig. 211, *m*) qui contribue sans doute par ses contractions à expulser les sucs qu'elles sécrètent.

Parmi les glandes de Lieberkühn sont disséminés les *follicules
clos*, qui sont des corps arrondis, blanchâtres, opaques, dont les
dimensions varient de deux dixièmes de millimètre à deux millimètres. On trouve des follicules
clos isolés dans toute l'étendue
de l'intestin grêle ; il en existe
même dans l'estomac. En certains points, ces follicules se
réunissent par groupes de 3 à 60
et forment alors des *plaques de
Peyer*, dont le diamètre varie
de 6 millimètres à plusieurs
centimètres. Les follicules clos,
simples organes lymphatiques,
sont formés par une enveloppe

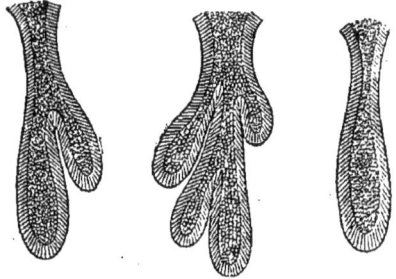

FIG. 213. — Trois glandes de Lieberkühn
isolées.

de tissu conjonctif entourée d'un réseau de vaisseaux lymphatiques,
se prolongeant à l'intérieur du follicule en un tissu réticulé, dans
les mailles duquel se trouvent de nombreuses cellules lymphatiques. Un lacis très serré de vaisseaux sanguins constitue le système
nourricier de chaque follicule (fig. 211, *c*).

Le suc intestinal, sécrété par des glandes très petites, est moins
facile à étudier à l'état de pureté que les autres liquides digestifs.
On peut cependant profiter, pour l'obtenir, de cette circonstance que
des longueurs plus ou moins considérables de l'intestin peuvent
être supprimées, même chez l'Homme, sans que cette opération soit
nécessairement fatale. Sur un Chien vigoureux on divise donc l'intestin, on recoud le segment inférieur avec le segment supérieur,
en laissant en dehors une certaine longueur de ce dernier, dont on
ferme l'extrémité libre au moyen d'une ligature. On constitue ainsi
une sorte d'appendice de l'intestin que les aliments ne traversent
pas, et dans lequel peut s'accumuler du suc intestinal sensiblement
pur, qu'il est dès lors facile d'en extraire. On peut aussi se procurer
le même suc en comprenant entre deux ligatures une anse de l'intestin à l'état de vacuité. Le suc intestinal ainsi obtenu est un liquide
transparent d'où se sépare encore par le repos une couche de
mucus.

Au moment où les aliments sont soumis à l'action de ce suc, la digestion des matières féculentes, commencée par la salive, a été presque entièrement achevée par le suc pancréatique ; celle des matières albuminoïdes, déjà profondément modifiées par le suc gastrique, a été également continuée par le suc pancréatique ; ce même suc et la bile ont émulsionné et, en partie, saponifié les matières grasses. La digestion des aliments les plus complexes est donc fort avancée ; le suc pancréatique et la bile suffisent pour achever ce qui est commencé ; aussi le suc intestinal n'a-t-il qu'une faible action sur les matières féculentes et sur les matières albuminoïdes ; mais il possède en revanche une action toute spécifique sur une matière alimentaire très importante, le sucre de canne. Le sucre de canne est naturellement soluble ; il semblerait donc qu'il n'ait besoin d'aucune modification pour pénétrer dans l'organisme. Mais ce serait une erreur que de confondre une substance simplement soluble avec une substance assimilable. L'albumine est également soluble ; cependant, injectée dans le sang, elle est presque aussitôt rejetée par les reins sans avoir été utilisée par l'organisme ; ce n'est qu'après avoir subi l'action du suc gastrique et du suc pancréatique qu'elle devient assimilable. Il en est de même du sucre de canne. Directement introduit dans le sang, il est éliminé comme l'albumine ; il ne devient assimilable qu'après avoir été transformé en *sucre interverti*. Nous avons vu que le suc gastrique pouvait à la longue opérer cette transformation ; mais la durée normale de son action sur les aliments est trop courte pour qu'une notable quantité de sucre de canne ait été modifiée par lui. Ce que le suc gastrique ne fait que lentement, le suc intestinal le fait avec une grande rapidité et c'est encore à une substance albuminoïde particulière, à un ferment soluble spécial, précipitable comme d'habitude par l'alcool, c'est au *ferment inversif*, qu'il doit sa propriété spécifique.

Le ferment inversif n'existe pas dans le gros intestin.

En arrivant dans cette dernière partie du tube digestif, toutes les parties utilisables des matières alimentaires ont été transformées ; sur le long parcours de l'intestin grêle, toutes les substances solubles ont été graduellement absorbées par les terminaisons des chylifères et par les vaisseaux que contiennent les villosités, ainsi que par ceux qui rampent sous la muqueuse intestinale. Pendant tout le temps que ces phénomènes s'opèrent, la tunique musculaire de l'intestin est le siège de contractions qui produisent dans ce tube des mouvements analogues aux mouvements péristaltiques de l'œsophage. Par ces mouvements la masse alimentaire, sans cesse dimi-

nuée de ses éléments nutritifs, est graduellement poussée vers le
gros intestin où les phénomènes digestifs sont désormais insignifiants.
Les matières inassimilables, celles qui n'ont pu être suffisamment
modifiées par les sucs digestifs, s'y rassemblent en un résidu qui ne
tarde pas à être expulsé au dehors.

Absorption intestinale, chylifères. — La portion utile des
aliments, modifiée par l'ensemble des
sucs digestifs, constitue le *chyle*. Une
partie du chyle passe directement dans
le sang, et notamment dans le sang de la
veine porte, par l'intermédiaire du réseau
vasculaire de l'intestin ; une autre pénètre dans les chylifères que nous avons
vus naître dans les villosités intestinales.
Ces chylifères (fig. 212) semblent pendant la digestion remplis de lait, aussi
les appelle-t-on parfois les *vaisseaux
lactés*. On les voit former sur une membrane importante dont nous avons encore à parler, le *péritoine*, des arborescences riches en ramifications, qui convergent graduellement vers des vaisseaux
de plus en plus gros, lesquels aboutissent
à un réservoir spécial, la *citerne de Pecquet ;* celle-ci est elle-même l'origine du
canal thoracique (fig. 214). Ce canal,
remontant le long de la colonne vertébrale, vient s'ouvrir dans l'une des veines
principales de la région supérieure du
corps, la *veine sous-clavière gauche*, et
déverse ainsi directement dans le sang,
outre la *lymphe* qui lui arrive de la plus
grande partie du tronc et des membres
inférieurs, le chyle qu'il a reçu des vaisseaux lactés.

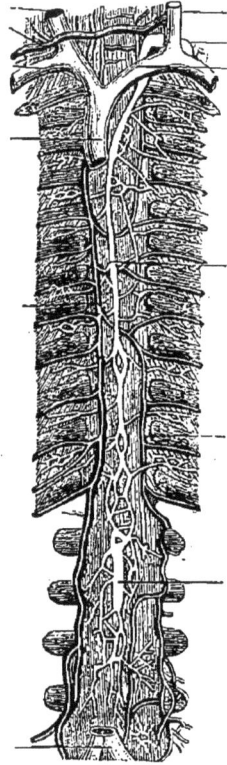

Fig. 214. — Canal thoracique. —
a, b, veines jugulaires aboutissant dans les veines sous-
clavières correspondantes
e, d; c, extrémité du canal
thoracique ; *f,* veine cave
supérieure ; *g,* canal thoracique ; *h, i,* veine azygos ;
j, citerne de Pecquet ; *k,* confluent des veines iliaques
primitives d'où naît la veine
cave inférieure.

Péritoine. — C'est, avons-nous dit,
dans le *péritoine* que courent les rami-
fications de ces vaisseaux. Le péritoine est une vaste poche séreuse
dont le rôle est fort important, car c'est par son intermédiaire

que les intestins et les autres organes abdominaux sont reliés aux
parois de la cavité qui les contient et maintenus en place ; c'est
elle aussi qui adoucit les frottements qu'exercent nécessairement
les uns sur les autres, les nombreux organes situés au-dessous du
diaphragme ; c'est elle qui facilite le glissement des replis intestinaux durant les mouvements péristaltiques ; elle enfin qui fournit
aux viscères abdominaux l'un de leurs appareils protecteurs les plus
importants.

La disposition du péritoine est fort compliquée : il est facile
cependant d'en faire saisir les traits essentiels. Supposons que dans
l'intérieur de la cavité abdominale, complètement vide et dépourvue
de viscères, se trouve une poche membraneuse, close de toutes parts,
suivant dans toutes ses anfractuosités cette cavité et contenant un
liquide d'une grande fluidité : cette poche nous représentera exactement un péritoine théorique. Il nous faut maintenant placer les
viscères : c'est-à-dire l'estomac, le foie, le pancréas, l'intestin
grêle, le gros intestin, la rate, les reins, la vessie et les autres
organes que contient la cavité abdominale. Tous ces organes viennent
s'intercaler entre la paroi interne de l'abdomen et la paroi externe
du péritoine ; ils refoulent devant eux les parois de cette poche,
sans pénétrer dans sa cavité ; le péritoine à son tour se moule exactement sur leur surface à laquelle il se soude, et leur forme un revêtement complet ; les deux bords de sa partie refoulée s'adossent l'un à
l'autre, puis vont rejoindre la paroi abdominale avec laquelle le péritoine est également soudé partout où il n'existe pas de viscères. Il
résulte de cette disposition qu'un double feuillet du péritoine relie
les intestins à la paroi abdominale. Ce double feuillet porte le nom
de *mésentère*, et c'est dans ses parois que rampent les chylifères
et les vaisseaux sanguins.

Les viscères abdominaux remplissant à eux seuls toute la cavité
abdominale, il est évident que la cavité du péritoine est réduite
presque à rien ; le liquide contenu dans cette cavité ou *liquide
péritonéal* est lui-même fort peu abondant. Dans les cas d'inflammation du péritoine, qui constituent la grave maladie connue sous
le nom de *péritonite*, il peut augmenter beaucoup de quantité, et
dans la maladie chronique bien connue sous le nom d'*hydropisie*,
il distend parfois énormément les parois de l'abdomen qui prend
alors un volume considérable.

De la paroi antérieure de l'estomac, descend au-devant des intestins un vaste repli du péritoine qui les sépare de la paroi interne de
l'abdomen et forme ainsi une sorte de tablier, le *grand épiploon*,

chargé chez les gens obèses d'une énorme quantité de graisse.

Le péritoine est la première des *membranes* ou *poches séreuses* que nous ayons à décrire; il existe des poches analogues autour de tous les organes qui doivent effectuer des mouvements dans l'organisme, et ces poches séreuses présentent toujours une disposition semblable à celle du péritoine, c'est-à-dire que les organes qu'elles recouvrent ne sont jamais placés dans leur cavité, mais les refoulent devant eux, comme pour s'en coiffer; leur paroi se soude à la partie ainsi refoulée que nous appellerons le *feuillet interne* de la séreuse; l'autre partie de la séreuse, ou *feuillet externe*, vient s'appliquer sur le feuillet interne de manière qu'entre les deux feuillets, il n'existe qu'un très faible intervalle rempli par le liquide séreux ou *sérosité*. Ce liquide est uniquement destiné à faciliter le glissement des deux feuillets l'un sur l'autre pendant les mouvements de l'organe que contient la séreuse; en général, le feuillet externe vient se souder en quelque point aux parois du corps et contribue ainsi à maintenir l'organe en place.

CHAPITRE III

Conditions générales de constitution d'un appareil respiratoire. — Description des parois de la cavité thoracique. — Mouvements respiratoires. — TRACHÉE; BRONCHES; POUMONS. — CIRCULATION PULMONAIRE. — Plèvre. — Physiologie de la respiration; CHANGEMENT DE COULEUR DU SANG. — Quantité d'air nécessaire à la respiration; réserve pulmonaire. — Action de l'oxygène sur l'organisme. — CLOCHES A PLONGEUR. — MAL DES MONTAGNES. — Gaz respirables.

Conditions générales de constitution d'un appareil respiratoire. — De même que la digestion est la fonction qui préside à l'incorporation dans l'organisme des substances liquides ou solides destinées à réparer ses pertes, de même la respiration est la fonction qui préside à l'introduction dans les tissus de l'animal des gaz nécessaires à l'entretien de la vie. En même temps que ces gaz sont introduits dans l'appareil respiratoire, d'autres, formés dans l'organisme, sont expulsés au dehors, de sorte qu'il s'établit dans les organes de la respiration un échange gazeux des plus actifs entre l'être vivant et le milieu extérieur.

La disposition de l'appareil respiratoire est très variable dans les différents groupes zoologiques. Les animaux ont deux genres de vie bien différents. Les uns vivent constamment dans l'eau et ne respirent que l'air dissous dans le liquide qui les entoure, les autres vivent à l'air libre et respirent l'air en nature. Il y a donc deux sortes de respiration : la *respiration aquatique*, et la *respiration aérienne ;* à ces deux sortes de respiration correspondent plusieurs formes d'appareil respiratoire.

Chez les animaux aquatiques, l'appareil respiratoire est généralement plus simple que chez les animaux aériens. Dans les types les plus inférieurs, les échanges gazeux s'accomplissent tout simplement par l'intermédiaire de la peau qui est alors, d'habitude, couverte de cils vibratiles. La *respiration cutanée* persiste assez souvent chez des animaux relativement élevés et qui possèdent un appareil de respiration bien développé, tels que les *Batraciens*.

Quand l'organisme se perfectionne, les premières traces d'un appareil respiratoire distinct sont des expansions de la peau couvertes de cils vibratiles, et qui peuvent prendre les aspects les plus variés, depuis celui de simples tubes cutanés, jusqu'à celui de panaches ou d'arborescences volumineuses et souvent d'une grande élé-

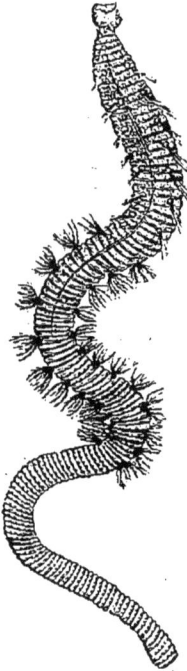

FIG. 215. — Annélide (*Arenicola piscatorum*) ayant une paire de branchies arborescentes à chaque anneau de la région moyenne du corps.

FIG. 216. — Mollusque nudibranche (*Eolis*) avec branchies en forme de houppe sur toute sa région dorsale. (Voy. aussi fig. 54 et 55.)

gance (fig. 215 et 216). Ces expansions cutanées constituent ce qu'on appelle des *branchies*; elles sont libres chez les Annélides et chez beaucoup de Mollusques; mais, chez ces derniers, on voit déjà les branchies se localiser (fig. 217); des cavités spéciales se forment pour les abriter; les orifices par lesquels ces cavités communiquent avec l'extérieur, se rétrécissent beaucoup; leurs parois peuvent être ainsi maintenues humides plus longtemps et elles finissent par s'organiser de manière à pouvoir servir elles-mêmes à la respiration. Cela entraîne ordinairement la disparition de la branchie que contenait d'abord la cavité. Ainsi se constitue, chez les Mollusques, à l'aide de parties de même nature que celles qui servent habituellement à la respiration aquatique, un organe de respiration aérienne, un *pou-mon*, tel que celui des Escargots, des Limaces, des Lymnées, etc.

Nous avons déjà indiqué dans la partie générale de cet ouvrage [1] des adaptations assez nombreuses d'organes de la respiration aqua-tique à la respiration aérienne, et inversement ; nous avons égale-ment décrit sommairement le remarquable appareil respiratoire

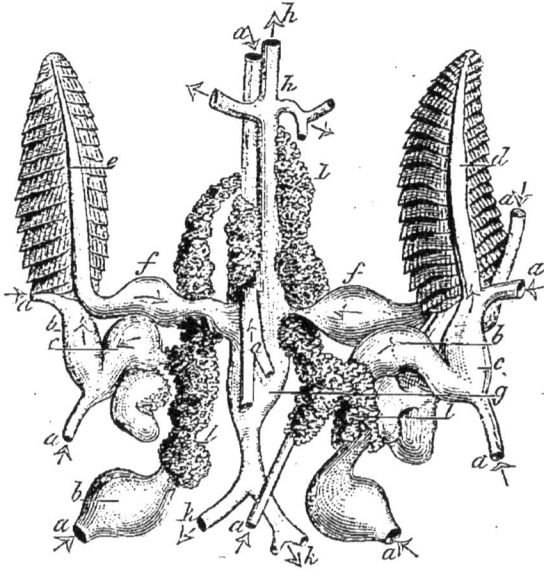

Fig. 217. — Cœur et branchies, au nombre d'une seule paire, d'un Mollusque cépha-lopode. — *a*, veine cave ; *b*, oreillettes du cœur veineux ; *c*, leurs ventricules ; *d*, artère branchiale ; *e*, veine branchiale ; *f*, oreillettes du cœur aortique ; *g*, son ventricule ; *h*, *k*, les deux aortes ; *l*, organes de sécrétion (reins ?).

des Arthropodes terrestres, uniquement composé de *trachées*, c'est-à-dire de tubes ramifiés (fig. 218), soutenus par un ruban chi-tineux, enroulé en spirale et dans la cavité desquels l'air pénètre pour aller à la rencontre du liquide sanguin.

Chez les Vertébrés, l'appareil respiratoire est toujours dans des rapports étroits avec l'appareil digestif, soit qu'il s'agisse d'animaux aquatiques comme les Poissons, soit qu'il s'agisse d'animaux aériens comme les Reptiles, les Oiseaux et les Mammifères.

Chez les Poissons, l'eau, pénétrant par la bouche, sort par les côtés de la tête après avoir traversé une série de poches respiratoires, comme chez les Lamproies (fig. 186), ou avoir passé au-dessus d'arcs

1. Voy. p. 129 et suivantes.

osseux garnis de nombreux prolongements disposés en dents de

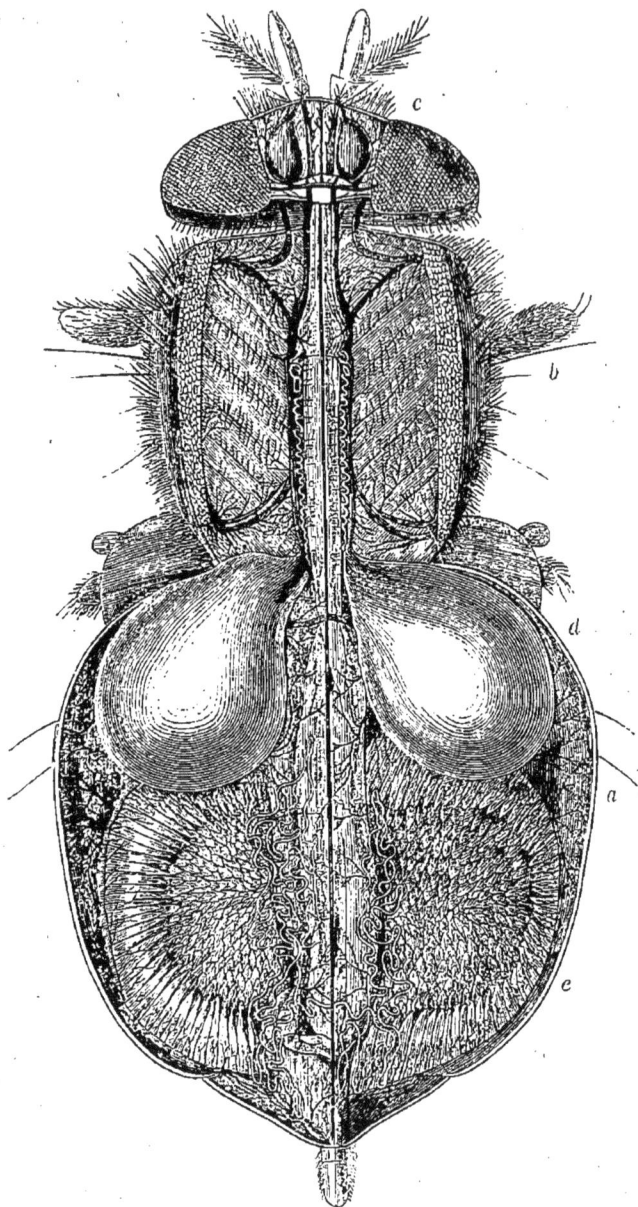

Fig. 218. — Appareil respiratoire de la Mouche commune. — *a*, vaisseau dorsal;
— *b*, son prolongement dans le thorax; *c*, trachées vésiculeuses de la tête;
d, trachées vésiculeuses de l'abdomen; *e*, ovaires. — Les trachées tubuleuses
sont figurées sous forme d'arborescences ou de canaux noirs.

peigne et couverts d'une peau fine et riche en vaisseaux; ce sont là
les branchies des Poissons typiques.

Chez tous les Vertébrés à respiration aérienne, l'air arrive par la bouche ou les' fosses nasales dans un système tantôt fort simple (fig. 219), tantôt fort compliqué de poches aux parois très vasculaires qui ne sont autre chose que les *poumons*. Le conduit qui fait communiquer ces poches avec l'extérieur vient toujours s'ouvrir dans l'arrière-bouche ou dans l'œsophage, et c'est toujours sur la partie antérieure du tube digestif de l'embryon qu'on voit apparaître les premières traces du poumon.

L'eau aérée est renouvelée autour des branchies soit par les mouvements de l'animal, soit par les courants que déterminent les cils vibratiles dont ces organes sont ordinairement recouverts. Ces moyens seraient insuffisants pour renouveler l'air dans les poumons. Il faut qu'un mécanisme particulier comprime ceux-ci pour en chasser l'air, ou les dilate pour l'y appeler ; ce ne sont pas les poumons qui accomplissent ces mouvements d'*inspiration* et d'*expiration*. Ce sont les parois de la cavité dans laquelle ils sont enfermés, la cavité de la *poitrine* ou du *thorax*. Pour nous rendre compte des phénomènes mécaniques de la respiration chez l'Homme nous avons donc à rechercher d'abord comment sont constituées les parois de la *cavité thoracique*.

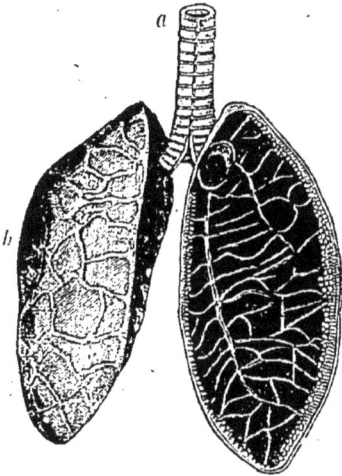

Fig. 219. — Poumons d'un lézard (*Ameiva*). — *a*, trachée-artère se divisant en deux bronches qui s'ouvrent directement dans les poumons. — *b*, poumon, en forme de sac membraneux, à paroi couverte de replis simulant des alvéoles.

Description des parois de la cavité thoracique. — La région du corps dont la cavité contient les poumons et le cœur, et que nous appelons le *thorax*, commence en haut, à la base du cou, où elle est assez étroite, bien que les membres qui y sont attachés lui donnent dans cette partie de son étendue une grande largeur apparente. La cavité thoracique se prolonge dans le cou, mais elle est close, dans cette direction, par les tissus qui unissent les divers organes contenus dans le cou au squelette de la tête. Latéralement les parois du cou et du thorax limitent cette cavité ; inférieurement elle est fermée par le *diaphragme* (fig. 220, B). Les poumons se trouvent donc contenus dans une cavité qui ne communique avec l'extérieur par aucun orifice et qu'ils remplissent presque entièrement. Que le volume de cette cavité augmente, le vide se fera autour d'eux ; les gaz contenus dans leur intérieur se dilateront de manière à leur faire remplir de nouveau tout l'espace devenu libre ; mais leur élasticité tendra dès lors à devenir moindre que celle de l'atmosphère et l'air extérieur pénétrera dans le poumon pour rétablir l'équilibre. Que la capacité de la cavité thoracique redevienne ce qu'elle était avant, les poumons seront, au contraire, comprimés et une quantité de gaz égale à celle qui était entrée dans ces organes, par le fait de l'augmentation de volume, sera expulsée. Ces alternances d'augmentation et de diminution de volume de la cavité thoracique sont obtenues par la contraction et le relâchement successifs des muscles qui s'attachent aux diverses parties du squelette du tronc que nous devons maintenant faire connaître.

La partie principale de ce squelette est la *colonne vertébrale* ou *rachis* (fig. 221, *b* à *f*), formée de trente-trois vertèbres, dont sept appartiennent à la région du cou, douze à la région thoracique, cinq à la région lombaire ; les autres sont soudées entre elles de manière à constituer deux os : le *sacrum*, qui supporte les *os du bassin*, et le *coccyx.* Le sacrum comprend cinq vertèbres ; le coccyx, quatre.

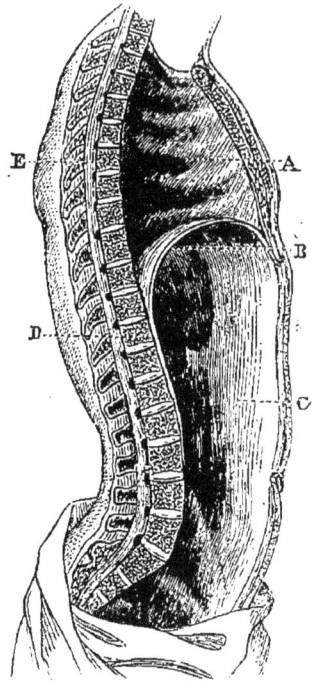

FIG. 218. — Coupe du tronc de l'homme. — A, cavité thoracique ; B, diaphragme ; C, cavité abdominale ; D, partie antérieure de la colonne vertébrale ; E, canal rachidien contenant la moelle épinière.

Toutes les vertèbres portent en arrière trois prolongements osseux : l'un, médian, est l'*apophyse épineuse ;* les deux autres, latéraux et symétriques, sont les *apophyses transverses*. Entre ces apophyses et le *corps* de la vertèbre, se trouve un espace vide qui contribue avec les espaces correspondants des autres vertèbres à former le *canal rachidien* (fig. 220), où est placée la *moelle épinière.*

Seules les vertèbres de la région thoracique ou *vertèbres dorsales* portent des *côtes*. Ces côtes, au nombre de douze (fig. 221, *c*), sont des arcs osseux, mobiles sur les vertèbres auxquelles ils s'articulent, et que l'on distingue en deux catégories, les *vraies côtes* et les

fausses côtes. Les vraies côtes sont au nombre de sept ; elles viennent s'articuler en avant, par l'intermédiaire de cartilages qui leur
font suite, avec un os plat, le *sternum* (*s*), légèrement élargi en
haut, terminé en bas par un appendice
libre, l'*appendice xiphoïde*. Les cinq
fausses côtes ne s'articulent pas avec le
sternum ; les trois premières sont réunies entre elles, en avant, par un bord
cartilagineux qui va s'attacher au cartilage sternal de la septième côte ; les
deux dernières, dont la courbure est
moins forte que celle des précédentes,
sont libres et amincies en avant.

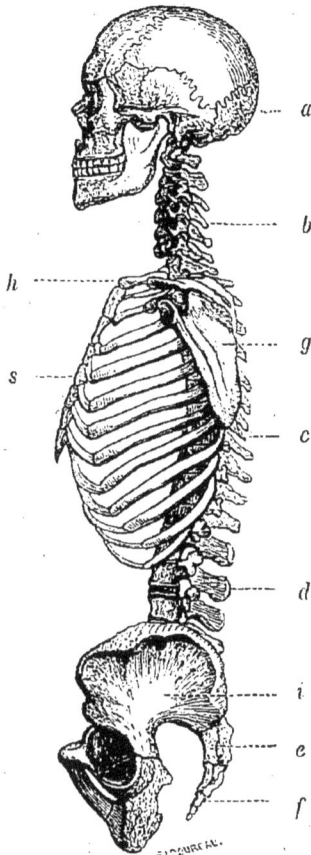

En arrière, les côtes se terminent
par un renflement arrondi ou *tête*, qui
vient s'insérer sur la vertèbre qui les
soutient et leur permet de tourner sur
cet os ; en outre, elles portent, en arrière, non loin de leur tête, une saillie
qui vient butter, lorsque la côte s'écarte
latéralement, contre l'apophyse transverse de la vertèbre ; c'est la *tubérosité*.

Les côtes sont aplaties de manière à
présenter un bord supérieur et un bord
inférieur ; elles ne figurent pas des arcs
de cercle : leur courbure est plus prononcée dans la région dorsale qu'en
avant ; en outre, elles se recourbent de
haut en bas pour venir rejoindre le
sternum. Le diamètre transversal de la
courbe fermée constituée par chaque
vertèbre, les deux côtes qu'elle porte
et le sternum, est beaucoup plus grand
que son diamètre antéro-postérieur ; il
augmente graduellement de la pre-

Fig. 221. — Os de la tête et du
tronc d'un squelette humain.—
a, crâne ; *b*, les sept vertèbres
cervicales ; *c*, les douze vertèbres dorsales portant les
côtes ; *d*, les six vertèbres lombaires ; *e*, le sacrum ; *f*, le coccyx ; *g*, l'omoplate ; *h*, la clavicule ; *s*, le sternum ; *i*, l'un des
os du bassin.

mière paire de côtes à la septième et diminue ensuite légèrement ;
il en résulte que l'ensemble de la *cage thoracique* a une forme
ovoïde. Les côtes sont articulées obliquement aux vertèbres ; elles
sont, à l'état de repos, un peu inclinées de haut en bas et d'arrière
en avant.

Mouvements respiratoires. — Toute la charpente osseuse du thorax est mise en mouvement par trois catégories de muscles : les uns relient les côtes aux vertèbres ou à d'autres parties du squelette placées au-dessus d'elles ; d'autres relient les côtes entre elles ; d'autres enfin relient les côtes aux vertèbres ou aux parties du squelette placées au-dessous d'elles.

La contraction des muscles de la première catégorie a pour effet de relever les côtes ; comme ces muscles s'insèrent obliquement de haut en bas et de dedans en dehors, en se raccourcissant, ils tirent aussi les côtes en dehors, de manière à écarter chacune d'elles de la côte symétrique. Par le relèvement des côtes le diamètre antéro-postérieur de la poitrine est augmenté ; par leur écartement, son diamètre transversal grandit : pour ces deux causes, la capacité intérieure du thorax s'accroît et l'air peut dès lors refouler les poumons contre ses parois. Au double mouvement de redressement et d'écartement des côtes correspond, par conséquent, une inspiration. Les muscles qui produisent ce double mouvement sont dits *muscles inspirateurs*.

Les muscles inspirateurs ne s'attachent pas à toutes les côtes ; ils ont en général d'autres rôles à jouer, et leur effet serait incomplet s'ils n'étaient aidés par les muscles de la deuxième catégorie ou *muscles intercostaux*. Ces derniers muscles vont de chaque côte à la suivante et forment une double couche musculaire sur toute la paroi du thorax. On les distingue en deux séries. Les fibres des *muscles intercostaux externes* vont très obliquement de haut en bas et d'*arrière* en *avant* de chaque côte à celle qui est au-dessous. Les fibres des *muscles intercostaux internes* vont aussi très obliquement, mais d'*avant* en *arrière* de chaque côte à la suivante. Elles croisent donc la direction des fibres des muscles précédents. Cela compris, supposons que les muscles inspirateurs se contractent et relèvent ainsi les premières côtes, il est évident que les fibres des muscles intercostaux externes sont parfaitement disposées pour transmettre, en se raccourcissant, ce mouvement à toutes les autres côtes ; de sorte que toutes les côtes formant la cage thoracique se redresseront en bloc. Les muscles intercostaux externes peuvent donc être rattachés aux muscles inspirateurs.

Les muscles de la troisième catégorie tirent vers le bas, par leur contraction, les côtes inférieures auxquelles ils s'attachent ; ils produisent un mouvement inverse de celui que déterminent les muscles inspirateurs, diminuent la capacité thoracique et méritent, par conséquent, le nom de *muscles expirateurs*. Les fibres des *muscles intercostaux internes* sont parfaitement disposées pour venir en aide à leur action et ces muscles doivent être considérés dès lors comme des muscles expirateurs. Il est à remarquer cependant que la contraction des muscles intercostaux internes ou externes a toujours pour effet de rapprocher les côtes les unes des autres et ces muscles ne deviennent inspirateurs ou expirateurs qu'en raison de la prédominance de leur action lorsque la partie supérieure de la poitrine est tirée vers le haut ou sa partie inférieure vers le bas.

Parmi les muscles inspirateurs il faut citer [1] le *scalène antérieur*, qui va des apophyses transverses des 3e, 4e, 5e et 6e vertèbres cervicales au milieu de la première côte ; le *scalène postérieur*, qui s'étend des apophyses transverses des six dernières vertèbres cervicales à la partie interne et postérieure des deux premières côtes ; les *muscles surcostaux*, qui vont de l'apophyse transverse de chaque vertèbre à la côte située immédiatement au-dessous ; le *cervical descendant*, qui part des apophyses épineuses des cinq dernières vertèbres cervicales pour aboutir à l'angle supérieur des côtes ; le *petit dentelé supérieur*, qui s'insère sur les apophyses épineuses des deux dernières vertèbres cervicales et des deux premières dorsales d'une part, et envoie quatre digitations au bord supérieur des 2e, 3e, 4e et 5e côtes. Ces muscles peuvent également faire mouvoir les côtes ou la colonne vertébrale suivant que ces parties du squelette sont libres ou maintenues en place par d'autres muscles.

Le *sterno-cléido-mastoïdien*, dont les deux extrémités s'attachent à l'apophyse mastoïde, à la clavicule et au sommet du sternum : le *trapèze*, qui va de la partie inférieure de la tête à la 7e vertèbre cervicale et à celles du dos, peuvent faire mouvoir soit la tête, soit les côtes ; enfin, il est des muscles inspirateurs, comme le *grand dentelé*, l'*angulaire de l'omoplate*, le *grand pectoral* et le *petit pectoral*, qui sont en rapport d'une part avec les os supérieurs du bras, d'autre part avec les côtes, et peuvent par conséquent agir suivant les circonstances, soit sur les uns de ces os, soit sur les autres.

La même chose a lieu pour les muscles expirateurs. Les *souscostaux* vont des apophyses épineuses des vertèbres aux côtes situées au-dessous ; le *triangulaire du sternum* va obliquement de bas en haut, de la face interne du sternum aux cartilages des 6e, 5e, 4e et 3e paires de côtes ; le *petit dentelé inférieur* descend des dernières côtes aux apophyses épineuses des vertèbres lombaires ; il faut aussi compter, parmi les muscles expirateurs, les muscles

---

1. Voy. plus loin les figures relatives à l'appareil musculaire.

formant la paroi de l'abdomen, tels que le *transverse*, le *petit oblique* et surtout le *grand droit* qui, tout au-devant de l'abdomen, s'étend du bassin au sternum et aux cartilages des 7ᵉ, 6ᵉ et 5ᵉ côtes, ainsi que le *sacro-lombaire* qui va du bassin aux six ou sept dernières côtes. Tous ces muscles peuvent produire d'autres mouvements que les mouvements respiratoires, mais viennent, dans certains cas, prêter leur concours à l'importante fonction qui nous occupe.

Enfin le *diaphragme* joue à son tour un rôle considérable dans l'appel et l'expulsion de l'air. Ce n'est pas une simple cloison membraneuse séparant le thorax de l'abdomen : c'est une voûte musculaire puissante (fig. 220, B), concave du côté de l'abdomen, convexe du côté du thorax, et formée de fibres naissant de tout le pourtour inférieur de la cavité thoracique, ou provenant de l'épanouissement de deux muscles entre-croisés à leur partie supérieure, les *piliers du diaphragme;* les points d'attaches des piliers sur la colonne vertébrale s'étendent jusqu'à la 4ᵉ vertèbre lombaire. Tout cet appareil musculaire aboutit à une plage tendineuse qui occupe le sommet de la voûte et affecte la forme générale d'un trèfle; on désigne cette plage sous le nom de *centre phrénique.*

Les fibres musculaires du diaphragme, en se contractant, aplatissent la voûte qu'il constitue ; par cela même le diamètre vertical de la cavité thoracique s'allonge, et comme l'abaissement du diaphragme se produit juste au moment où les côtes se relèvent, au moment de l'inspiration, l'espace que peuvent occuper les poumons se trouve simultanément agrandi dans ses trois dimensions.

Au moment de l'expiration, le diaphragme remonte dans la cage thoracique et reprend sa voussure primitive.

Le diaphragme séparant exactement la cavité thoracique de la cavité abdominale, l'agrandissement vertical de la première ne peut avoir lieu qu'aux dépens de la seconde ; le diaphragme en s'abaissant refoule donc devant lui les viscères au-dessus desquels il est placé, et si, à ce moment, les parois de l'abdomen sont relâchées, les viscères refoulent à leur tour ces parois qu'on voit, en effet, alternativement se gonfler et revenir sur elles-mêmes pendant qu'on respire.

Bien que les divers mouvements qui déterminent l'inspiration et l'expiration puissent se produire simultanément et concourir également à l'appel ou à l'expulsion de l'air, il arrive généralement que certains d'entre eux prédominent sur les autres. Chez les jeunes enfants des deux sexes, jusqu'à l'âge de trois ans, chez beaucoup d'hommes et de jeunes garçons les côtes demeurent à peu près immobiles : tout le travail respiratoire est accompli par le diaphragme et les muscles de l'abdomen qui, après s'être laissé distendre par les viscères, les refoulent derrière eux et les forcent à remonter sous le diaphragme ; on dit alors que la respiration appartient au *type abdominal*. D'autres fois, la 1re et la 2e côte demeurent immobiles, ainsi que l'abdomen, et ce sont les côtes inférieures qui agrandissent ou diminuent la cavité thoracique ; ce type *costo-inférieur* de la respiration s'observe chez les hommes aussi souvent que le précédent ; il est fréquent comme lui chez les animaux. Un assez grand nombre de femmes respirent enfin au moyen de mouvements plus ou moins énergiques des côtes supérieures ; ce type de respiration que l'on distingue sous le nom de *costo-supérieur* paraît ne pas exister chez les animaux.

Les mouvements respiratoires sont en partie soumis à l'action de la volonté, en partie soustraits à son action. Nous respirons sans en avoir aucunement conscience ; un effort prolongé, une émotion accélèrent ou ralentissent même le rythme et l'étendue de nos mouvements respiratoires sans que nous ayons besoin d'intervenir volontairement et sans que nous en ayons conscience. Contrairement à ce qui a lieu pour les mouvements de l'œsophage, de l'estomac et de l'intestin qui sont presque toujours en dehors de l'action de la volonté, nous pouvons cependant, quand nous voulons respirer vite ou lentement, faire une inspiration prolongée ou une expiration forcée. Il ne saurait en être autrement puisque les muscles respirateurs sont, en définitive, au moins en partie, les mêmes qui font mouvoir, comme nous voulons, les diverses parties de notre tronc, nos membres supérieurs et même notre tête ; mais il est fort remarquable de voir les muscles qui attendent nos ordres quand il s'agit de mouvements propres à modifier nos relations avec le milieu extérieur, fonctionner tout seuls, automatiquement, comme le font les muscles du tube digestif qui n'ont rien à faire avec ce milieu, lorsqu'il s'agit du concours qu'ils prêtent à l'une des plus importantes fonctions de la vie organique.

Dans l'état normal, un homme bien portant fait 18 ou 19 inspirations par minute ; la respiration des femmes et des enfants est plus fréquente. Une foule de circonstances font d'ailleurs varier les conditions de la respiration : telles sont la température, la raréfaction de l'air, celle de l'oxygène dans l'air, l'état de santé ou de maladie, les émotions, l'exercice, la fatigue, etc., etc.

Les mouvements respiratoires ne commencent qu'après la nais-

sance, et le premier usage que fait de ses poumons le nouveau-né,
c'est de crier. Parfois, cependant, la respiration tarde à s'établir,
auquel cas les médecins n'hésitent pas à provoquer par des frictions
énergiques ou même par quelques claques le premier cri de l'enfant. Il semble donc que les mouvements respiratoires aient besoin
pour apparaître, d'un premier stimulant venant du dehors, mais
encore mal déterminé. Une ingénieuse expérience de M. Gréhant
donne une grande probabilité à cette opinion.

Une Tanche cesse d'effectuer des mouvements respiratoires, si on
lui tient le museau hors de l'eau, alors même que ses branchies
baignent dans le liquide ; le même Poisson, maintenu dans une
atmosphère humide, le museau seul plongé dans l'eau, continue à
faire mouvoir ses ouïes ; comme ses branchies ne peuvent se dessécher dans l'atmosphère saturée de vapeur d'eau où il est suspendu,
il respire réellement et peut vivre assez longtemps hors de son élément naturel. C'est donc l'excitation produite par l'eau sur le bout
du museau qui, chez cet animal, détermine les mouvements respiratoires.

Trachée-artère; bronches; poumons. — Tout l'appareil que
nous venons de décrire n'est que l'accessoire de l'appareil de la
respiration. Ce dernier se compose essentiellement des *voies respiratoires*, par lesquelles l'air arrive dans les poumons, et des *poumons*, dans lesquels l'échange gazeux s'accomplit. Pour arriver
jusqu'aux voies respiratoires, l'air demande d'abord passage à des
cavités qui servent encore à d'autres usages.; telles sont la bouche,
entrée du tube digestif et siège de l'organe du goût, les fosses
nasales, communiquant avec l'arrière-bouche, et siège, elles-mêmes,
de l'organe de l'odorat. C'est aussi dans le pharynx, nous l'avons
vu, que vient s'ouvrir par un orifice spécial, la *glotte*, le canal qui
doit conduire l'air par les poumons. Ce canal est la *trachée-artère*
(fig. 222) ; sa partie supérieure est constituée par le *larynx*, organe
producteur de la voix. Le. larynx, qui a la forme générale d'un
entonnoir, est lui-même soutenu par l'*os hyoïde*, que nous avons
déjà vu servir de point d'attache à différents muscles du pharynx
et de la langue (fig. 175).

Nous étudierons la structure du larynx, en exposant le mécanisme de la production de la voix. La trachée-artère adossée à
l'œsophage est un tube demi-cylindrique, qui descend le long du cou
jusqu'à la hauteur de l'union de la première côte avec la première
pièce sternale ; au-dessous de ce point, elle se bifurque et chacune

de ses branches pénètre dans l'un des poumons (fig. 222). Si nous
suivons dans les poumons ces nouveaux conduits qu'on appelle les
bronches, nous les voyons se ramifier à l'infini, en diminuant de
calibre à mesure qu'ils se divisent. Les dernières ramifications des
bronches n'ont pas plus de 1 dixième de millimètre de diamètre ;
elles viennent aboutir à de petits sacs, les *lobules pulmonaires*
(fig. 223 et 224), aux parois irrégulièrement mamelonnées et dont
les bosselures sont les *vésicules pulmonaires*. C'est jusqu'au
fond de ces vésicules que l'air pénètre et c'est là que s'accomplit

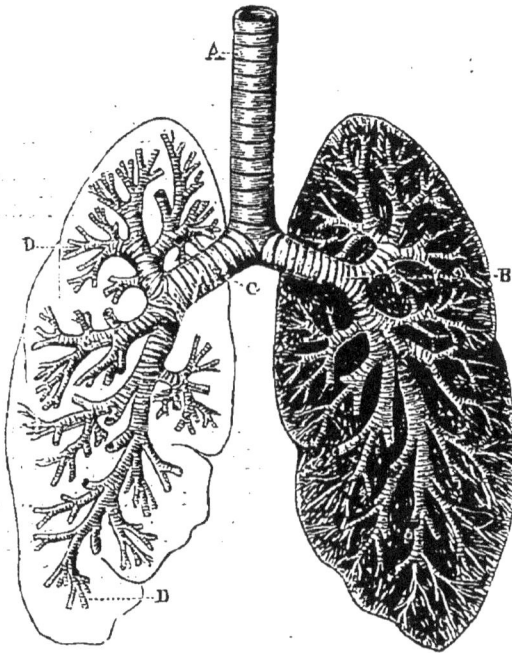

Fig. 222. — A, trachée-artère. — B, C, D, bronches et leurs ramifications.

l'échange gazeux. Un poumon n'est autre chose que l'ensemble des
lobules, des bronches qui se ramifient pour y parvenir, des vaisseaux qui amènent le sang et qui le remportent, de ceux qui doivent
nourrir les bronches et le tissu pulmonaire, des nerfs qui animent
tout cet ensemble, et enfin, du tissu conjonctif fort abondant qui
maintient unis ces éléments si divers.

La trachée-artère est maintenue constamment béante par des
arcs cartilagineux, qui deviennent membraneux en arrière, dans la
région où elle s'adosse à l'œsophage, et lui donnent ainsi sa forme
demi-cylindrique ; sur les bronches, ces anneaux sont complets, puis sont remplacés par des lamelles cartilagineuses irrégu-

lières; ils disparaissent enfin tout à fait sur les bronches de moins de 1 millimètre de diamètre. En dehors du cartilage, on aperçoit, sur une coupe de la trachée artère (fig. 225), une tunique fibreuse, élastique, qui s'étend sur toute la circonférence de la coupe ; vient ensuite en arrière une couche de fibres musculaires lisses qui remplacent la partie absente des anneaux ; puis, de nouveau, sur toute la circonférence, une couche de tissu conjonctif, dans laquelle sont enfouies des glandes nombreuses débouchant dans la cavité de la trachée. Cette couche de tissu conjonctif est enfin suivie d'une couche de fibres élastiques longitudinales que recouvre un épithé-

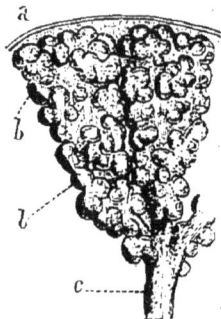

FIG. 223. — Deux lobules pulmonaires, — *a*, enveloppe séreuse ; *b*, vésicules pulmonaires ; *c*, rameau bronchique.

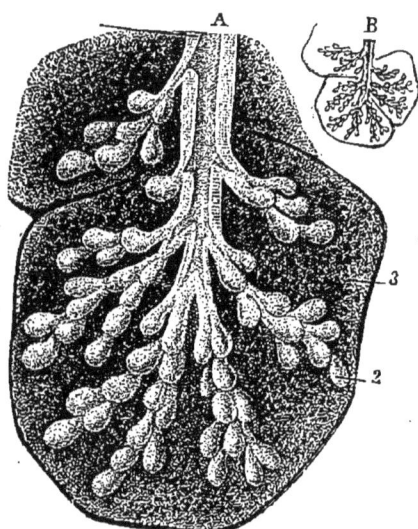

FIG. 224. — A, lobules pulmonaires dans un poumon en voie de développement : 1, rameau bronchique ; 2, vésicules pulmonaires ; 3, tissu conjonctif. — B, les mêmes parties, grandeur naturelle.

lium stratifié, dont les cellules superficielles, de forme conique, portent de nombreux cils vibratiles. A mesure que le calibre des bronches diminue, cette structure se modifie peu à peu ; toutes les couches s'amincissent graduellement, et nous savons que les cartilages tendent à disparaître ; inversement, les fibres musculaires lisses prédominent peu à peu sur le tissu élastique, on en retrouve jusque sur les plus fines bronches ; les cellules de l'épithélium stratifié deviennent moins nombreuses, elles finissent par ne former qu'une seule couche vibratile à laquelle se substitue même dans les lobules un simple épithélium pavimenteux.

Toutes ces dispositions histologiques ont leur importance. L'abondance du tissu élastique dans les conduits aériens leur permet de céder à la pression de l'air quand augmente la cavité thoracique, de manière à laisser les poumons la remplir ; en vertu de leur élasticité, ces mêmes conduits reviennent spontanément à leurs dimensions primitives lors de l'expiration. Les anneaux cartilagineux maintiennent ouverts les canaux bronchiques dans toute l'étendue desquels l'air peut ainsi circuler librement ; la présence de fibres musculaires, plus abondantes dans la région où l'épaisseur des parois des bronches diminue, permet à ces parois de se contracter et de contribuer, lors de l'expiration, à l'expulsion de l'air ; les glandes maintiennent constamment humides les parois des bronches et leur donnent la souplesse nécessaire à l'accomplissement de leurs fonctions ; enfin les battements des cils vibratiles déterminent un courant de bas en haut, par lequel sont entraînées vers l'orifice supérieur de la trachée les mucosités qui la recouvrent. Ces mucosités ne peuvent ainsi s'accumuler dans les poumons, dont elles gêneraient le fonctionnement. Chez l'Homme, les cils vibratiles disparaissent dans les vésicules pulmonaires. On trouve cependant des cils vibratiles jusque dans ces vésicules chez beaucoup de Mammifères et sur toute la surface du poumon des animaux chez qui la structure de cet organe est relativement simple. Les glandes muqueuses manquent déjà sur les très petites bronches.

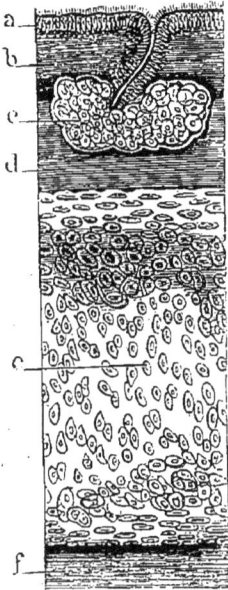

Fig. 225. — Coupe dans l'épaisseur de la trachée-artère. — a, épithélium vibratile ; b, couche de fibres élastiques longitudinales ; c, glande muqueuse ; d, tissu conjonctif ; e, cartilage ; f, tunique fibreuse.

L'air, en pénétrant dans les vésicules bronchiques, produit un bruissement caractéristique, parfaitement régulier, lorsqu'il ne rencontre aucun obstacle devant lui. Ce *murmure pulmonaire* est profondément modifié lorsque le gaz est obligé de traverser des accumulations de mucosités et lorsqu'il barbote dans du liquide placé sur son trajet. Il se produit alors des *râles*, des *crépitements*, des *craquements*, et autres bruits qui servent au médecin à reconnaître l'état du poumon et à en diagnostiquer les maladies. Dans le poumon sain, les vésicules et les bronches contenant toujours une plus ou moins grande quantité d'air, les coups frappés sur le thorax résonnent comme ceux qu'on frappe sur un tonneau vide ; cette résonnance disparaît quand une inflammation a diminué ou fait disparaître la lumière des vésicules aériennes ; la *percussion* du thorax produit alors un son mat, et cette *matité* est encore caractéristique d'affections telles que le début de la phtisie. Il suffit, du reste, pour produire de la matité, que les vaisseaux du poumon s'engorgent et se dilatent en certains points.

Circulation pulmonaire. — L'appareil vasculaire des poumons est extraordinairement riche, ce qui n'étonnera pas, puisque tout le sang doit périodiquement traverser ces organes et s'y mettre en contact avec l'air atmosphérique. Dans chaque poumon, une branche d'un gros vaisseau, l'*artère pulmonaire* (fig. 227, D), apporte du cœur le sang qui doit respirer, tandis que deux veines, les *veines pulmonaires*, rapportent ce sang vers le cœur. Dans l'intérieur de chaque poumon ces trois vaisseaux se ramifient de plus en plus, cheminent souvent en suivant les bronches, et finissent par former un réseau commun de capillaires (fig. 226) qui permet au sang apporté par l'artère pulmonaire de passer dans les veines après s'être chargé d'oxygène. Les mailles de ce réseau capillaire sont tellement serrées que leur diamètre ne dépasse pas celui des cellules de l'épithélium pavimenteux qui tapisse les vési-

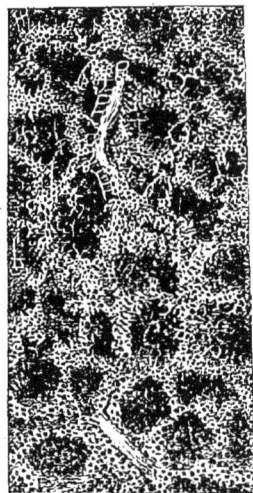

FIG. 226. — Réseau capillaire des vésicules pulmonaires.

cules aériennes : leurs dimensions varient de 4 à 18 millièmes de millimètre, et le diamètre des capillaires de 6 à 11 millièmes de millimètre. La surface couverte par le sang dans la paroi des vésicules aériennes est donc moindre que la surface vide ; on peut dire que chaque vésicule aérienne est doublée d'une mince couche de sang, ce qui explique la rapidité avec laquelle l'échange gazeux s'accomplit à travers ses parois.

On observe facilement l'activité de la circulation pulmonaire dans des poumons de Grenouille, qui sont de simples sacs transparents, faisant naturellement hernie au dehors quand on incise la peau des flancs de l'animal. On peut alors porter directement ces organes sous le microscope où un faible grossissement montre la disposition des capillaires et la marche du sang dans leur intérieur.

Chez l'Homme, les poumons, au nombre de deux (fig. 227), forment deux masses volumineuses d'un blanc ardoisé, rosées chez l'enfant, d'un rouge brun chez le fœtus, avant la naissance ; ils reprennent cette couleur dans les cas d'inflammation. Ces organes sont, chez l'adulte, convexes au dehors, concaves au dedans et

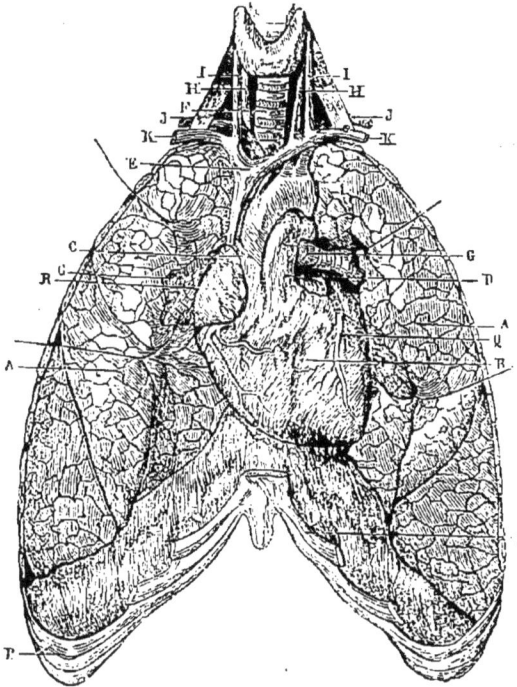

Fig. 227. — Cœur et poumons de l'Homme. — A, poumons droit et gauche ; B, cœur entouré de son péricarde ; C, origine de la crosse de l'aorte ; D, artère pulmonaire ; E, veine cave supérieure ; F, trachée-artère ; G, bronches ; H, I, veines jugulaires ; K, veines sous-clavières ; P, partie inférieure du sternum et cartilages costaux laissant voir le diaphragme ; Q, veine coronaire antérieure ; R, oreillette droite.

comprennent le cœur entre eux. Les deux poumons sont inégaux : le gauche est plus long que le droit qui est, en revanche, plus large ; le premier est généralement divisé en deux lobes, le second en trois ; outre les lobes, on reconnaît facilement dans le poumon une disposition alvéolaire qui le fait paraître décomposé en îlots, dont chacun correspond à l'aire de répartition des différents groupes de ramification des bronches et des vaisseaux. Le poids des poumons chez l'adulte est environ de 1000 à 1200 grammes.

— **Plèvre.** — La cavité thoracique est pour ainsi dire cloisonnée longitudinalement par les organes situés entre les poumons, c'est-à-dire la colonne vertébrale, l'œsophage, la fin de la trachée, le cœur et les vaisseaux qui y arrivent.

Comme dans la cavité abdominale, il y a dans chaque moitié de la cavité thoracique une poche séreuse, la *plèvre*, dont les deux feuillets passent au-devant de la colonne vertébrale et se soudent l'un à la paroi interne du thorax, l'autre à la surface externe des poumons. Arrivés en arrière du sternum, les deux feuillets de la plèvre droite et les deux feuillets de la plèvre gauche se trouvent en présence ; les feuillets internes continuent à tapisser la surface pulmonaire, les feuillets externes s'accolent de manière à constituer une sorte de cloison verticale, le *médiastin antérieur*. Ces deux feuillets, arrivés au cœur, s'écartent, passent l'un à droite, l'autre à gauche, après avoir tapissé les organes qu'ils rencontrent, et forment le *médiastin postérieur* ; ils vont enfin rejoindre le feuillet pulmonaire de la plèvre qui correspond à chacun d'eux.

La cavité des plèvres, presque nulle dans l'état de santé, est humectée par un liquide qui facilite, comme d'habitude, le glissement des deux feuillets l'un sur l'autre. Quand la plèvre s'enflamme, ce liquide augmente de quantité, distend la poche séreuse malade, refoule devant lui le poumon correspondant, arrive à réduire notablement son volume et s'oppose ainsi à l'accomplissement des phénomènes respiratoires. C'est la maladie connue sous le nom de *pleurésie,* qui peut être chronique ou aiguë et se terminer par l'asphyxie du malade si sa marche n'est pas enrayée à temps. Une plaie de la poitrine perforant le feuillet thoracique de la plèvre fait aussi pénétrer l'air dans sa cavité, et cet air, comme le liquide pleurétique, devient une gêne pour le fonctionnement du poumon. Dans la phtisie les cavernes du poumon peuvent ainsi s'ouvrir dans la plèvre et y déterminer l'introduction de l'air, accident qui constitue le *pneumothorax.*

Physiologie de la respiration. — Quelle est la nature des phénomènes qui s'accomplissent lorsque, dans l'intérieur des organes respiratoires, l'air arrive au contact du sang ? Quelle est en un mot la théorie physiologique de la respiration ? Cette théorie suppose évidemment une connaissance exacte de la composition de l'air et des propriétés de ses éléments : on doit donc s'attendre à la voir suivre pas à pas les progrès de la chimie, et n'arriver à être complète que le jour où l'on apprend à distinguer nettement les

divers gaz les uns des autres, où l'on réussit à déterminer les composés qu'ils peuvent former et les circonstances dans lesquelles
ils se produisent. L'histoire de la théorie de la respiration comprend donc naturellement deux grandes périodes : l'une qui
s'étend depuis l'antiquité jusqu'à l'année 1774, date de la découverte de l'oxygène ; l'autre qui commence à cette époque et se continue jusqu'à nos jours.

Durant la première période, tous les gaz sont plus ou moins confondus avec l'air atmosphérique. On sait bien que ce dernier pénètre dans l'organisme, mais on n'est pas même renseigné sur les
organes dans lesquels il se rend. Les hypothèses se succèdent sans
aucun fondement sérieux. Hippocrate, Aristote, Hérophile, Erasis-
trate connaissaient l'existence dans le corps de deux catégories de
vaisseaux, les uns qui sont à peu près vides sur le cadavre, les
autres qui sont remplis de sang. Ils supposent que les premiers
doivent porter l'air dans toutes les parties du corps et leur donnent
le nom d'*artères ;* les autres sont ce que nous appelons les *veines.*
Galien établit le premier que, durant la vie, les artères contiennent
du sang comme les veines ; il démontre que ces deux catégories de
vaisseaux communiquent ensemble ; il sait même que les artères
contiennent un *sang rouge,* un sang *subtil, spiritueux,* bien distinct du *sang noir,* du sang *grossier* que contiennent les veines.
Les organes, suivant leur nature, exigent, pour se nourrir, le sang
le plus pur, ou se contentent du second ; les deux liquides ne diffèrent, du reste, suivant lui, que parce qu'une certaine quantité
d'*esprit* s'ajoute au sang veineux, et il suppose que ce dernier se
transforme en sang rouge dans le cœur. Après lui, les opinions
continuent à demeurer contradictoires sur le rôle de la respiration.
Il faut arriver jusqu'à 1553 pour voir établir une corrélation directe
entre l'action de l'air et la coloration du sang. Michel Servet, qui
devait être, la même année, brûlé à Genève, comme hérétique, par
Calvin, reconnaît que le cœur envoie dans les poumons du sang
qui y dégage une *matière fuligineuse,* se vivifie au contact de l'air,
se transforme en sang rouge et revient au cœur, après avoir été
ainsi modifié. A Servet revient donc l'honneur d'avoir trouvé le lieu
de l'organisme où s'accomplit la métamorphose du *sang veineux*
en *sang artériel,* d'avoir montré en même temps que c'était sous
l'action de l'air que s'opérait cette métamorphose, due à ce que le
sang se déchargeait de certains produits pour absorber une substance qui lui était fournie par l'air.

C'était là sans doute un grand pas. Mais quel produit dégageait donc le sang noir et que venait-il emprunter à l'air dans les poumons? Quelle était la raison de cet échange singulier? Servet ne le disait pas. En 1670, un premier fait positif est constaté : Robert Boyle, physicien anglais, reconnaît que de l'air ayant servi à la respiration ne peut plus être utilisé de nouveau ; mais dès qu'il s'agit d'expliquer ce phénomène, les discussions reparaissent et l'on attribue la mort des animaux enfermés dans une enceinte où l'air ne se renouvelle pas, soit à la cessation de la transpiration, soit à l'irritation produite sur les bronches par les vapeurs infectées dont se charge l'air confiné, soit à d'autres causes encore.

Cependant, en 1648, Van Helmont avait nettement distingué de l'air ordinaire, un corps aériforme, qui se dégageait de la craie sous l'influence des acides, et qu'il avait désigné sous le nom d'*air fixe*. Il faut encore plus de cent ans avant que l'on constate la présence de cet air dans les produits de la respiration des animaux, et dans ceux de la combustion, honneur qui revient à Black. Nous sommes en 1757. Bientôt les découvertes se précipitent : Rutherford, en 1772, Priestley, un peu plus tard, distinguent dans l'air un gaz irrespirable, comme l'*air fixe*, mais différent : c'est l'azote. Deux ans après, en 1774, Scheele en Suède, Priestley en Angleterre, découvrent simultanément l'oxygène. Priestley l'appelle encore *air déphlogistiqué;* il reconnaît que cette nouvelle espèce d'air entretient la combustion d'une façon plus énergique que l'air ordinaire ; en 1775, il découvre que ce gaz est propre à entretenir la respiration, et l'air déphlogistiqué devient aussi l'*air respirable*. Absorbé par les animaux, il est régénéré par les végétaux, tellement que si une Souris meurt, au bout de quelque temps, sous une cloche où l'air n'est pas renouvelé, il suffit de placer auprès d'elle un pied de Menthe, comme le fit Priestley, ou tout autre végétal pour que la plante et l'animal vivent parfaitement côte à côte. Une des plus belles harmonies de la nature est découverte ; mais Priestley ne peut en reconnaître la signification.

Il était réservé à Lavoisier de dissiper le mystère et de donner une théorie de la respiration qui est devenue définitive. C'est lui qui démontre que les corps chauffés au contact de l'air lui enlèvent de l'oxygène, que l'on peut parfois remettre en liberté et recueillir à l'état de pureté en chauffant ces corps davantage ; c'est lui qui démontre que l'air fixe de Van Helmont résulte de l'union du charbon brûlant dans l'air, avec l'oxygène atmosphérique. Or, le sang au contact de l'air absorbe de l'oxygène, comme un corps qui brûle ; puis il dégage de l'acide carbonique, comme un charbon qui se consume. Lavoisier le constate avec précision : « Il résulte de ces expériences, dit-il en 1777, que pour ramener l'air qui a été vicié par la respiration à l'état d'air commun et respirable il faut opérer deux effets : 1° enlever à cet air, par la chaux ou un alcali caustique, la proportion d'*acide crayeux* aériforme qu'il contient ; 2° lui rendre une quantité d'*air respirable* ou *déphlogistiqué* égale à celle qu'il a perdue. La respiration, par une suite nécessaire, opère l'inverse de ces deux effets et je me trouve, à cet égard, conduit à deux conséquences entre lesquelles l'expérience ne m'a pas encore permis de prononcer : ou la portion d'air éminemment respirable contenue dans l'air de l'atmosphère est convertie en acide crayeux aériforme en passant par le poumon ; ou bien il se forme un échange dans ce viscère : d'une part, l'air éminemment respirable est absorbé, et de l'autre, le poumon restitue une portion d'acide crayeux aériforme presque égale en volume. »

Lavoisier n'a jamais positivement choisi entre ces deux alternatives ; il a cependant donné de ses idées sur la respiration une expression plus complète. Non seulement il a déterminé la composition de l'air, mais la suite de ses recherches lui démontre que l'eau est elle-même composée d'*air respirable* et d'une autre espèce d'air, découverte par Cavendish, en 1777, l'*air inflammable*, l'hydrogène. Par la respiration, il disparaît dans un temps donné plus d'oxygène que n'en contient l'acide carbonique exhalé ; mais les poumons dégagent beaucoup de vapeur d'eau ; d'où vient cette vapeur ? Sans qu'il soit possible de le démontrer complètement, n'est-il pas naturel de penser que l'excès d'oxygène absorbé par l'animal qui respire, trouve dans les tissus de l'air inflammable, de l'hydrogène dont il fait de l'eau ? En 1789, Lavoisier n'hésite plus et il écrit : « La respiration n'est qu'une combustion lente de carbone et d'hydrogène qui est semblable en tout à celle qui s'opère dans une lampe ou dans une bougie allumée et, sous ce point de vue, les animaux sont de véritables corps combustibles qui brûlent et se consument.

» Dans la respiration comme dans la combustion, c'est l'air de l'atmosphère qui fournit l'oxygène ; mais, comme dans la respiration, c'est la substance même de l'animal qui fournit le combustible ; si les animaux ne réparaient pas habituellement par les aliments ce qu'ils perdent par la respiration, l'huile manquerait bientôt à la lampe, et l'animal périrait comme une lampe s'éteint lorsqu'elle manque de nourriture.

» .... L'effet de la respiration est d'extraire du sang une portion de carbone et d'hydrogène et d'y déposer à la place une portion de son calorique spécifique, qui, pendant la circulation, se distribue avec le sang dans toutes les parties de l'économie et y entretient cette température à peu près constante que l'on observe chez tous les animaux qui respirent.

» En rapprochant ces résultats des réflexions qui les ont précédées, on voit que la machine animale est essentiellement gouvernée par trois régulateurs principaux : la *respiration*, qui consomme du carbone et de l'hydrogène et qui fournit du calorique ; la *transpiration*, qui augmente ou diminue suivant qu'il est nécessaire d'emporter plus ou moins de calorique ; la *digestion*, qui rend au sang ce qu'il perd par la respiration et la transpiration. »

Pour la première fois, dans ces simples lignes, une théorie rationnelle de la respiration se trouve exposée ; pour la première fois le lien qui lie cette fonction à la production de chaleur est nettement aperçu ; pour la première fois sont établis les rapports nécessaires des grandes fonctions de la vie organique. Sans doute, nous aurons à modifier légèrement cette lumineuse conception de la vie, quelques points demeurent encore douteux, mais les grandes lignes de l'édifice sont tracées et les transformations que nous aurons à leur faire subir n'en changeront que fort peu la majestueuse ordonnance.

Lavoisier laisse indéterminée la région du corps où s'accomplit la combustion respiratoire. Est-ce dans les poumons mêmes ? Est-ce dans la profondeur des tissus, où le sang emporterait l'oxygène nécessaire pour brûler lentement l'hydrogène et le carbone qui doivent former la vapeur d'eau et l'acide carbonique exhalés ? Lagrange fait remarquer que la combustion respiratoire ne peut s'accomplir dans les poumons, car toute la chaleur résultant de la combinaison de l'hydrogène et du carbone avec l'oxygène devrait alors se dégager d'un coup dans ces organes, qui seraient sans cesse exposés à être desséchés et brûlés. En 1803, Spallanzani va plus loin : il place des Colimaçons dans de l'azote ou de l'hydrogène pur. Ces animaux n'ayant plus d'oxygène à leur disposition, la respiration devrait cesser immédiatement si l'oxygène s'unissait au carbone et à l'hydrogène dans les organes respiratoires : il n'en est rien, et l'on trouve qu'ils dégagent de l'acide carbonique dans l'atmosphère artificielle où ils sont placés. Les Grenouilles, pourvues de poumons et d'organes disposés comme ceux des animaux supérieurs, se prêtent à une expérience plus démonstrative encore, réalisée par William Edwards : elles sont dépourvues de côtes et l'on peut, par la simple compression, vider à peu près complètement leurs poumons de manière à n'y laisser qu'une très faible quantité d'oxygène. Ces animaux résistent d'ailleurs assez bien à la privation d'air respirable et l'on reconnaît que, placés dans une atmosphère d'hydrogène ou d'azote, ils dégagent au bout de huit heures un volume d'acide carbonique supérieur à celui de leur corps. Les Grenouilles, dans les poumons desquelles il n'arrive plus d'air respirable et qui dégagent cependant de l'acide carbonique, doivent de toute nécessité avoir de l'oxygène emmagasiné dans leurs tissus, et c'est par conséquent dans les profondeurs de l'organisme seulement que ce gaz oxyde le carbone et l'hydrogène pour faire de l'acide carbonique et de l'eau.

Dans les poumons il s'accomplit seulement un échange entre le sang et l'air avec lequel il est en contact. Est-ce à dire que l'acide carbonique soit simplement dissous dans le sang qui arrive aux poumons, comme il l'est dans l'eau d'un siphon d'eau de Seltz, et qu'il se dégage en arrivant dans le poumon comme il le fait quand on presse la soupape du siphon ? Il résulte des recherches de M. Em. Fernet, confirmées depuis par tous les physiologistes, que l'acide carbonique du sang est combiné, au moins en partie, aux sels alcalins, et principalement aux carbonate et phosphate de soude, dissous dans le sérum du sang. L'oxygène de l'air se fixe de même dans les poumons, sur d'autres substances contenues dans le sang, dont la principale est l'hémoglobine ou substance colorante rouge des globules. Les deux gaz résident donc dans deux parties différentes du liquide sanguin. La fixation de l'oxygène sur les globules explique suffisamment le changement de coloration du sang, lors de son passage dans les poumons. Dissous ou combinés, l'acide carbonique et l'oxygène se dégagent spontanément du sang, en proportion considérable, lorsque ce liquide se trouve en présence d'une atmosphère où ils n'existent pas.

Quantité d'air nécessaire à la respiration ; réserve pulmonaire. — La respiration a été, de la part des chimistes et des physiologistes, l'objet de nombreuses recherches, qui ont permis de recueillir à son égard bien des données précises. Lavoisier et Seguin, en 1789, Dulong, en 1822, Despretz, en 1823, Regnault et Reiset, en 1849, M. Boussingault, vers la même époque, ont cherché à déterminer la quantité d'oxygène nécessaire à la respiration de l'homme ou des animaux. On peut employer pour cela plusieurs méthodes. La *méthode directe* consiste à enfermer le sujet en expérience dans une chambre hermétiquement close où l'on introduit, soit à intervalles réguliers, soit au moyen d'un courant continu, des quantités connues d'oxygène ou d'air, et à recueillir la quantité d'acide carbonique formée. La chambre peut être soit une simple cloche de verre sous laquelle on introduit un petit animal, soit une véritable chambre construite exprès et dans laquelle un homme peut séjourner en se livrant à des occupations variées. On a ainsi constaté qu'un Homme consommait en moyenne, en une heure, de 20 à 25 litres d'oxygène, qu'il exhalait, pendant ce temps, de 15 à 20 litres d'acide carbonique et environ 32 grammes de vapeur d'eau dont 24 dus à l'action comburante de l'oxygène sur les tissus.

Mais ces nombres peuvent varier avec diverses circonstances. Ainsi dans les expériences de Lavoisier et Séguin, par une température extérieure de 32°,5, Séguin, qui avait bien voulu se prêter aux observations communes, consommait, au repos et à jeun, 24^l,002 d'oxygène par heure. Si la température baissait, la quantité d'oxygène consommée augmentait. A 15 degrés elle était de 26^l,660. Pendant la digestion, à cette même température de 15 degrés, elle devenait de 37^l,689. Elle augmentait bien plus encore si un travail extérieur était effectué. Le travail correspondant à l'élévation, en un quart d'heure, de 7 kilogrammes 343 grammes, à 199 mètres de hauteur, entraînait à jeun une consommation de 63^l,477 d'oxygène et pendant la digestion, si le même poids était élevé à 211^m,146, cette consommation montait à 91^l,248.

Ainsi un travail accompli entraîne une consommation d'oxygène. Cet oxygène produit de la chaleur et comme la température du corps n'augmente pas, il faut bien admettre que la chaleur produite est employée à produire du travail, comme nous avons eu précédemment occasion de l'indiquer. On connaît la quantité de chaleur que produisent, en brûlant, l'hydrogène et le carbone, on connaît la quantité d'acide carbonique et de vapeur d'eau produites durant l'expérience, on connaît le travail accompli, les chiffres réunis ici sembleraient donc pouvoir permettre une détermination, au moins approximative, de l'équivalent mécanique de la chaleur. Mais l'accomplissement d'un travail mécanique par l'organisme humain est accompagné de phénomènes physiologiques, tels que la sécrétion et l'évaporation de la sueur, dont il est difficile de déterminer l'influence et qui apportent dans un pareil calcul des causes d'erreur considérables. C'est cependant en se basant sur des données de ce genre que Mayer d'Heilbronn a mis en relief la haute importance de cette idée de la transformation de la chaleur en travail.

La digestion, elle aussi, consomme de l'oxygène et par conséquent de la chaleur. On peut donc la considérer comme un travail intérieur complexe que les expériences sur la respiration permettent d'évaluer avec une assez grande certitude et de représenter par un travail mécanique simple, tel que l'élévation d'un poids à une certaine hauteur. On peut encore évaluer de la même façon le travail intellectuel.

Il est facile de rendre sensible par une expérience fort simple le lien qui existe entre le travail mécanique produit par un animal et l'oxygène qu'il consomme. Un Moineau est mis sous un cloche hermétiquement fermée ; il commence par se débattre, puis s'accoutume à sa prison et finit par demeurer en repos. Cependant il consomme l'oxygène de l'atmosphère limitée où il est placé ; quand on juge que la proportion de cet oxygène est suffisamment diminuée, on introduit un second Moineau sous la cloche ; le premier reste calme, en repos ; le nouvel arrivant se débat et produit par conséquent plus de travail mécanique que son compagnon. La proportion d'oxygène contenue dans la cloche n'est pas suffisante pour fournir à la dépense de l'oiseau agité, qui meurt en quelques instants, tandis que la vie du Moineau demeuré calme, se prolonge encore.

Cette expérience nous montre, en outre, un fait important. Au moment où l'un des Moineaux meurt sous la cloche, il y reste encore de l'oxygène, puisque l'autre continue à vivre ; mais cette quantité a été insuffisante pour permettre au premier mort de vivre ; au moment où le second Moineau mourra, il restera également de l'oxygène sous la cloche. On doit conclure de là que non seulement ce gaz est nécessaire à la respiration, mais qu'il en faut encore une certaine proportion, dans une atmosphère donnée, pour que cette atmosphère puisse entretenir la vie des animaux supérieurs. Un nouveau problème vient donc se poser. Quelle est la quantité d'air qu'il faut fournir à un homme pour lui permettre de respirer librement pendant un certain temps ? Tout architecte ayant à construire des salles où un certain nombre de personnes peuvent demeurer enfermées, doit se préoccuper de la réponse à cette question et ce n'est pas toujours une mince difficulté que l'aération, dans des conditions convenables, de toutes les parties d'un édifice.

Un homme adulte exécute, avons-nous dit précédemment, 18 à 19 inspirations par minute. Chacune de ces inspirations introduit dans les poumons un demi-litre d'air ; il semblerait donc, au premier abord, qu'il soit nécessaire de fournir à l'homme 9 à 10 litres d'air par minute. Mais en réalité, cette quantité est trop considérable ; en effet, l'air expiré n'est pas complètement dépouillé d'oxygène ; il peut être repris par les poumons et servir encore à la respiration. D'autre part, tout l'air contenu dans les poumons n'est pas chassé hors de l'organe à chaque expiration ; même dans les expirations les plus prolongées, il en reste dans les vésicules aériennes une certaine quantité qui constitue la *réserve pulmonaire*. On peut déterminer rigoureusement la valeur de cette réserve pulmonaire par un habile artifice, dû à M. Gréhant.

Un homme dont les narines ont été hermétiquement closes aspire au moyen d'un tube en caoutchouc un gaz inoffensif, de l'hydrogène, par exemple, contenu dans un ballon de capacité connue ; il expire dans le même ballon le gaz respiré et répète cette opération un certain nombre de fois de suite. Bientôt le gaz du ballon et celui qui est contenu dans les poumons sont intimement mélangés ; ils constituent une seule et même atmosphère dont le volume est égal à la somme du volume du ballon et du volume des poumons. Cette atmosphère est composée d'hydrogène, d'azote, d'oxygène, d'acide carbonique et de vapeur d'eau. Quand on juge que le mélange est bien opéré, on ferme le ballon et on fait l'analyse des gaz qu'il contient.

Supposons que le volume de l'hydrogène dans le ballon ait été au début de l'expérience a, à la pression ordinaire H ; on n'en trouve plus, à l'analyse, qu'une fraction $\dfrac{1}{m}$ du volume primitif à la même pression. Si l'on ramène le gaz à son volume primitif a, sa tension ne sera plus, en conséquence, que $\dfrac{1}{m}$ H. Cette tension est celle que possède maintenant l'hydrogène dans le volume total qu'il occupe, et qui est égal à la somme du volume a du ballon, et de celui des poumons, que nous pouvons représenter par V ; le poids du gaz étant resté le même, on a, d'après la loi de Mariotte :

$$aH = (a + V)\frac{1}{m}H,$$

d'où l'on tire pour volume des poumons :

$$V = a(m - 1).$$

Dans une expérience, a étant égal à 1, on a trouvé $m = \dfrac{100}{23}$, ce qui donne pour la *capacité pulmonaire, au moment de l'expiration* : $V = 3^l,225$.

Ces nombres varient naturellement avec l'amplitude de l'inspiration et de l'expiration, amplitude soumise, on le sait, à de nombreuses influences. Dans les mouvements respiratoires ordinaires l'homme n'introduit guère plus d'un demi-litre d'air dans ses poumons ; mais il peut en chasser, par une respiration forcée, une quantité telle que l'ensemble des cavités pulmonaires n'ait plus guère qu'un volume d'un litre. C'est là la *réserve pulmonaire*, qui paraît constante pour un même individu tant qu'il demeure à l'état de santé. Chez des individus de grande taille la quantité d'air expirée peut atteindre jusqu'à sept litres, ce qui donne environ huit litres pour la capacité maximum de leurs poumons. Lorsqu'on voit cette capacité pulmonaire diminuer, on peut craindre l'invasion de maladies des organes respiratoires, notamment de l'asthme et de la phtisie.

La possibilité de respirer plusieurs fois le même air, celle de garder dans les poumons une provision relativement assez grande de gaz, réduit en moyenne à six litres par minute la quantité d'air qu'il faut fournir à un homme ordinaire. A moins de tomber en syncope, ce qui prolonge notablement la résistance en amenant un repos absolu de tout l'organisme et, par conséquent, d'après ce que nous avons vu, une diminution considérable de la consommation d'oxygène, un homme ne peut supporter plus de cinq minutes la privation totale d'air respirable. Au bout de ce temps, relativement si court, il y a peu de chances de ramener à la vie un noyé qui s'est débattu.

Action de l'oxygène sur l'organisme. — Il est intéressant d'aller plus loin dans ces études et de déterminer exactement quelles sont les conditions dans lesquelles l'air est facilement respirable, quelles sont celles où la respiration y devient difficile ou même impossible, quelle est enfin l'action sur l'organisme des différents gaz que l'on peut introduire dans l'appareil respiratoire. De nombreuses investigations ont été faites dans ce sens, mais aucune n'a conduit à des résultats aussi précis et aussi importants que celles poursuivies pendant plusieurs années par M. Paul Bert, et dont il a fait connaître les résultats de 1870 à 1873.

M. Bert a d'abord recherché quel était le mécanisme de la mort qui atteint toujours un animal obligé de respirer dans un espace limité, où l'air n'est pas renouvelé. Dans cet espace, la proportion d'oxygène diminue peu à peu, la proportion d'acide carbonique augmente. La mort peut être due à l'une de ces causes seulement ou à toutes deux ensemble. C'est cette dernière alternative qui est la vraie.

Dans une atmosphère riche en oxygène, un Moineau meurt constamment lorsque la pression de l'acide carbonique, supposé seul, équivaut à une colonne de mercure de 19 centimètres. Dans ce premier cas, la mort ne peut être attribuée qu'à un empoisonnement par l'acide carbonique.

Si l'on prend soin d'éliminer l'acide carbonique à mesure qu'il se forme, l'oxygène disparaît peu à peu sans que l'atmosphère soit viciée ; la mort survient pour le Moineau dès que l'oxygène ne représente plus, dans le mélange gazeux, qu'une pression correspondant à une colonne barométrique de $2^{cm},66$; dans ce second cas, elle a été déterminée par la privation d'oxygène.

Dans une atmosphère limitée ordinaire ces deux effets se compliquent : l'asphyxie est produite avant que la pression de l'oxygène soit tombée à 3 centimètres et que celle de l'acide carbonique se soit élevée à 19 centimètres. A la pression ordinaire, quand l'oxygène de l'atmosphère est tombé à la proportion de 15 pour 100, l'air est déjà irrespirable pour l'homme ; en revanche, il résulte des recherches de M. Gréhant que certains animaux, quelques espèces de Poissons, les Colimaçons, etc., peuvent épuiser toute la provision d'oxygène qu'on leur fournit.

La *tension de l'oxygène* dans un mélange gazeux quelconque, composé de gaz inoffensifs, est le seul élément qui rende ce mélange propre ou impropre à entretenir la respiration. La tension des autres gaz n'a aucune importance. La respiration s'accomplit sans accident, par exemple, dans une cloche à plongeur où un mélange de gaz a été comprimé de manière à posséder une tension vingt fois plus grande que celle de l'atmosphère, si dans ce mélange la tension propre de l'oxygène ne dépasse pas celle que possède ce gaz dans l'air ordinaire ; il ne se produit même pas d'accidents tant que la tension de l'oxygène demeure inférieure au triple de ce qu'elle est dans l'atmosphère ; au delà le malaise survient. Quand la pression de l'oxygène atteint trois atmosphères, quelle que soit la quantité des gaz auxquels il est mélangé, des convulsions éclatent et la mort survient. A cette dose, l'oxygène, le gaz vivifiant par excellence, se comporte comme le plus redoutable des poisons.

On peut cependant respirer l'oxygène pur ; mais c'est à la condition qu'il ne soit fourni à l'organisme qu'à une tension maximum notablement inférieure à trois atmosphères. Dans un espace clos, où de l'oxygène pur serait entretenu à une pression égale aux $\dfrac{23}{100}$ de la pression atmosphérique, la respiration s'accomplirait dans des conditions voisines de l'état normal; mais même dans l'oxygène pur, la mort surviendrait, par manque de gaz respirable, si la pression descendait au-dessous de certaines limites.

L'accomplissement de la fonction respiratoire est donc bien indépendante de la pression totale du mélange gazeux dans lequel est placé l'animal; elle ne dépend que de la pression absolue de l'oxygène dans ce mélange, ce qui est tout à fait conforme aux lois de la physique et de la chimie. Les lois connues de la solubilité des gaz, celles de la dissociation[1] montrent, en effet, que la quantité d'oxygène contenue dans le sang ne dépend que de la pression extérieure de l'oxygène considéré comme s'il était seul; or, c'est cette quantité d'oxygène contenue dans le sang qui importe seule aux éléments anatomiques.

Cloche à plongeur. — Il ne faudrait pas en conclure cependant que l'organisme soit tout à fait insensible à la pression totale à laquelle il est soumis. Des plongeurs sont morts brusquement en sortant de cloches où ils avaient supporté des pressions considérables; la cause de ces malheureux accidents est facile à découvrir. Dans ces appareils, la respiration s'accomplit sans aucune gêne si l'on prend soin que la pression de l'oxygène n'y dépasse pas la limite connue de trois atmosphères environ; mais l'oxygène contenu dans un mélange gazeux ne se dissout pas seul dans le sang à une forte pression. Les gaz inertes qui servent à le diluer se dissolvent également suivant les lois de leur propre solubilité, et il s'en dissout d'autant plus que la pression est plus considérable. Vienne une décompression brusque, les gaz dissous se dégageront par bulles dans toutes les régions du corps comme se dégage l'acide carbonique dans une bouteille de champagne qu'on débouche. Ces bulles gazeuses interrompront la colonne sanguine sur tout le parcours des capillaires et formeront des *chapelets* composés alternativement de bulles de gaz et de gouttelettes liquides; or, l'expérience démontre que des forces très énergiques ne sauraient vaincre la résistance que, dans de très petits canaux, de tels chapelets opposent au mouvement. Cette résistance sera d'autant plus grande que les capillaires seront plus petits, elle sera donc énorme dans les capillaires les plus fins comme sont ceux des centres nerveux; la circulation dans ces organes sera donc subitement arrêtée et la mort pourra être foudroyante. Le seul remède sera, aux premiers symptômes, de

1. Voy. les traités de physique et de chimie.

soumettre le malade à une recompression rapide de manière à faire dissoudre les bulles, de le faire respirer dans une atmosphère dépourvue d'azote pour éliminer ce gaz le plus promptement possible et de ménager la diminution de pression de manière à ramener lentement le malade aux conditions naturelles.

Mal des montagnes. — On a longtemps attribué à une diminution de pression un étrange malaise qui envahit les personnes qui font l'ascension des pics élevés et les aéronautes qui sont emportés dans les hautes régions de l'atmosphère. Ce malaise, connu sous le nom de *mal des montagnes*, se traduit par des bourdonnements d'oreilles, de la lourdeur de tête, un état de faiblesse général, des hémorragies et une envie de dormir qui peut devenir irrésistible. Il est hors de doute qu'il semble être en rapport avec la diminution de la pression atmosphérique, diminution à laquelle on se trouve naturellement conduit à la rapporter. La conclusion n'est cependant pas tout à fait exacte. Quand on s'élève dans l'atmosphère, le rapport des poids de l'oxygène et de l'azote dans l'air demeure constant : la tension des deux gaz diminue dans les mêmes proportions; il arrive un moment où la tension de l'oxygène est inférieure à celle qui peut mettre à la disposition des éléments anatomiques une quantité suffisante de gaz vivifiant : à ce moment, le malaise commence.

Le mal des montagnes n'est donc qu'indirectement dû à la pression : sa vraie cause, c'est le manque d'oxygène, et la preuve, c'est qu'on peut l'éviter en respirant, en temps utile, de petites quantités d'oxygène, comme on boit pendant les moments de fatigue un cordial généreux. En fait, le mal des montagnes n'est qu'un commencement d'asphyxie. Dans les ascensions en ballon, il peut d'ailleurs se compliquer des effets de brusque décomposition qui se manifestent à la sortie d'une cloche à plongeur. Cela arrive nécessairement lorsque l'ascension a été trop rapide.

Gaz respirables. — On s'est demandé s'il était possible de substituer quelque gaz à l'oxygène ou à l'azote qui composent l'air naturel ou même s'il était possible de demander des effets thérapeutiques à l'introduction de substances gazeuses particulières dans les poumons.

Nous savons déjà que l'oxygène est vénéneux à haute dose; l'azote est complètement inoffensif, mais impropre à la respiration; l'hydrogène paraît provoquer une certaine somnolence, mais peut être

respiré sans danger; le protoxyde d'azote a une action particulièrement remarquable. Il peut servir dans une certaine mesure à la
respiration; mais, dans des conditions convenables de pression, il
produit une insensibilité telle qu'à sa faveur il est possible de faire
les opérations chirurgicales les plus graves. L'éther et le chloroforme sont constamment employés à cet usage; mais il est presque
impossible de régler sûrement leur action; comment mesurer la
quantité de la vapeur de ces liquides qui pénètre dans l'appareil respiratoire? De là des accidents, rares sans doute, mais irréparables.
Le protoxyde d'azote présente l'avantage qu'on peut composer absolument comme l'on veut l'atmosphère dans laquelle doit respirer le
patient, atteindre avec précision le degré d'anesthésie que l'on désire,
prolonger, sans aucun danger, cet état autant qu'on le veut, ou le
faire cesser instantanément. Malgré les difficultés de maniement que
présente toujours un appareil encombrant, des essais d'application
du protoxyde d'azote à la grande chirurgie ont parfaitement réussi.
Son emploi est depuis longtemps entré dans la pratique de l'art
des dentistes.

Avec l'acide carbonique, nous commençons la liste des gaz vénéneux. Ce gaz n'est d'ailleurs nuisible qu'à haute pression. Il n'en
est pas de même de l'oxyde de carbone, que l'on obtient trop facilement dans la combustion du charbon et qui est l'agent ordinaire du
suicide par asphyxie. L'oxyde de carbone qui se produit en abondance sur un simple réchaud, détermine la mort en se combinant
avec les globules du sang sur lesquels l'oxygène ne peut plus se fixer.

L'hydrogène sulfuré, l'hydrogène arsénié sont vénéneux au premier chef et il en est de même bien entendu de tous les gaz irri-
tants comme le bioxyde d'azote, le chlore, l'acide sulfureux, etc.
En somme, de tous les gaz connus un seul est absolument propre à
entretenir la respiration, c'est l'oxygène, et encore ne doit-il être
fourni à l'organisme que dans des conditions aujourd'hui nettement
déterminées grâce aux recherches de M. Paul Bert.

CHAPITRE IV

CIRCULATION

Généralités. — Division de l'appareil circulatoire des vertébrés. — LE COEUR ET LES VAISSEAUX QUI EN NAISSENT DIRECTEMENT. — Battements du cœur. — Emploi des appareils enregistreurs. — Cardiographe; rythme des battements du cœur. — Causes des bruits du cœur. — Force d'impulsion du cœur. — Cause des mouvements du cœur. — LES ARTÈRES. — Mouvement du sang dans les artères; POULS. — LES VEINES. — Retour du sang vers le cœur. — Résumé. — Vitesse du sang. — HISTORIQUE DE LA DÉCOUVERTE DE LA CIRCULATION. — HARVEY. — CIRCULATION DE LA VEINE PORTE. — IDÉE SOMMAIRE DE L'APPAREIL LYMPHATIQUE. — LE SANG. — GLOBULES BLANCS. — Composition chimique du sang. — Gaz contenus dans le sang. — Hémoglobine. — Rôle des diverses matières contenues dans le sang. — Causes de la coagulation du sang. — Origine du sang et des globules.

Généralités. — Nous venons d'apprendre à connaître les appareils dans lesquels le sang vient puiser les matières nutritives qu'il doit porter aux éléments anatomiques des diverses régions du corps, et l'oxygène qu'il doit tenir sans cesse à leur disposition ; nous devons rechercher maintenant comment le sang est conduit dans ces divers appareils et comment, lorsqu'il les quitte, il peut arriver jusque dans les parties les plus reculées de l'organisme. Un appareil nouveau, l'*appareil circulatoire* est chargé de charrier ainsi le sang partout où il est nécessaire, mais cet appareil présente bien des degrés de perfection que nous avons d'abord à faire connaître; il manque tout à fait chez les Éponges et chez certains Polypes inférieurs; chez les Cœlentérés, il n'est qu'une annexe de l'appareil digestif, et chez les Échinodermes il se forme également aux dépens de celui-ci dont il est cependant séparé plus tard. Il est, en partie, emprunté aux parois du corps chez les Arthropodes et chez les Mollusques, et présente même souvent, chez ces derniers, des communications avec l'extérieur par lesquelles le sang peut s'échapper au dehors, à la volonté de l'animal. Le sang n'est, en définitive, contenu dans un système de vaisseaux complètement clos, sans aucune communication ni avec l'extérieur ni avec la cavité du corps, que chez les Vers annelés, les Tuniciers et les animaux vertébrés.

Chez ces derniers se présentent d'ailleurs d'assez nombreuses modifications, dont les unes sont nécessairement en rapport avec les dispositions diverses des membres, des viscères et de l'appareil respiratoire, tandis que les autres portent essentiellement sur l'organe chargé de mettre le sang en mouvement, sur le *cœur*. Le rôle de cœur est rempli chez les Vers annelés et chez le Vertébré le plus inférieur, l'*Amphioxus*, par un nombre variable de vaisseaux capables d'exécuter des contractions rythmiques.

Divisions de l'appareil circulatoire des Vertébrés. — A part l'Amphioxus, tous les Vertébrés possèdent un cœur ; ce cœur peu

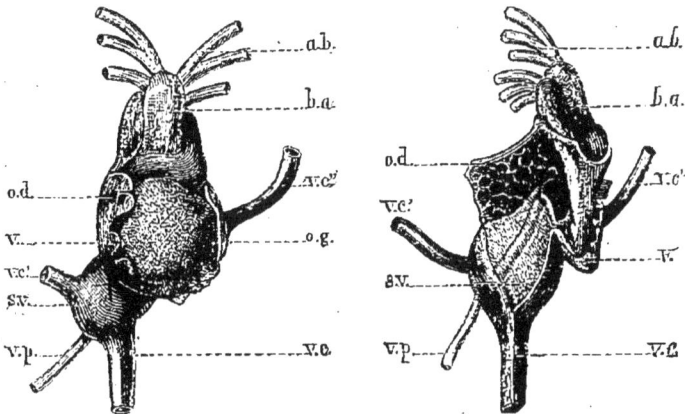

FIG. 228. — Cœur du Lépidosiren d'Afrique (*Protopterus annectens*), vu de face et de profil. — *ab*, artères branchiales ; *ba*, bulbe artériel ; *od*, oreillette droite ; *og*, oreillette gauche ; *v*, ventricule unique ; *vc, ve*, veines caves inférieures ; *vc''*, veines caves supérieures ; *vp*, veine pulmonaire ; *v*, ventricule du cœur.

présenter deux (Poissons), trois (Batraciens, fig. 228, Reptiles, fig. 230) ou quatre cavités distinctes ; c'est seulement chez les Crocodiles (fig. 229), les Oiseaux et les Mammifères que cette dernière disposition est réalisée. Du cœur partent deux systèmes de vaisseaux dans lesquels le sang coule toujours dans la même direction ; les uns emportent le sang loin du cœur pour le distribuer aux organes, ce sont les *artères ;* les autres reprennent le sang dans les organes et le ramènent vers le cœur, ce sont les *veines.* Comme les plus fines ramifications des artères se continuent directement avec les plus fines ramifications des veines, le sang accomplit dans l'organisme une révolution complète sans sortir de l'appareil vasculaire ; il *circule* réellement, de là le nom de circulation donné à la fonction qui préside à ses mouvements. Les artères et les veines ont des caractères propres qui disparaissent sur le fin réseau de vaisseaux chargés de le mettre en communication. Ces vaisseaux, dont le diamètre a été comparé à celui d'un cheveu, ont été distingués sous le nom de *capillaires*.

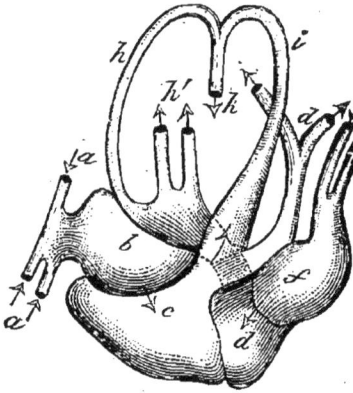

FIG. 229. — Cœur à quatre cavités du Crocodile. — *a*, veine cave; *b*, oreillette droite; *c*, ventricule droit; *d*, ventricule gauche; *e*, veines pulmonaires; *f*, oreillette gauche; *h,h'*, aorte; *i*, seconde crosse de l'aorte par laquelle se mélangent le sang rouge et le sang noir.

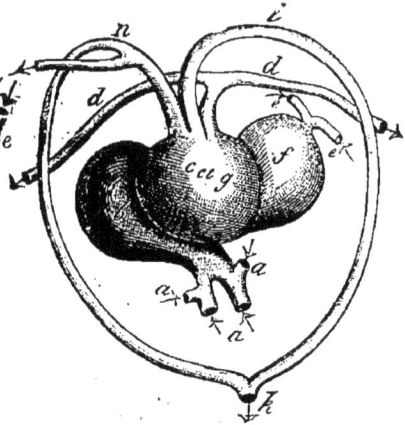

FIG. 230. — Cœur à trois cavités d'une Tortue. — *aa*, veines caves; *b*, oreillette droite; *c* et *g*, ventricule commun; *f*, oreillette gauche; *d*, artères pulmonaires; *e*, veines pulmonaires; *n*, *i*, les deux crosses.

Le cœur et les vaisseaux qui en naissent directement. — Nous savons déjà que le cœur (fig. 231), duquel le sang vient recevoir périodiquement une impulsion nouvelle, est situé dans la poitrine, entre les deux poumons (fig. 227), et qu'il est relié aux parois antérieure et postérieure du thorax par les replis de la plèvre qui contribuent à constituer les médiastins. Les gros vaisseaux qui en partent pour se rendre dans les organes le suspendent dans une position légèrement inclinée derrière le sternum; sa forme générale est celle d'un ovoïde irrégulier, de la grosseur du poing, dont la pointe serait tournée vers le bas et vers la gauche, et affleurerait à peu près au niveau du sein de ce côté, entre la cinquième et la sixième côte, où ses battements sont nettement perceptibles.

La circonférence maximum du cœur de l'Homme adulte est d'environ 26 centimètres; sa longueur approche d'un décimètre; sa largeur de droite à gauche est à peu près la même que sa longueur; son épaisseur est de 52 centimètres; son poids moyen peut être évalué à 250 grammes.

On distingue immédiatement dans le cœur une partie supérieure
relativement flasque formée par les *oreillettes* (fig. 231, C, D), et une
partie inférieure épaisse et résistante formée par les *ventricules*
(fig. 231, A, B). Les oreillettes ne présentent chez les Mammifères
adultes aucune communication entre elles; les ventricules sont aussi
complètement isolés; chaque oreillette communique, au contraire,

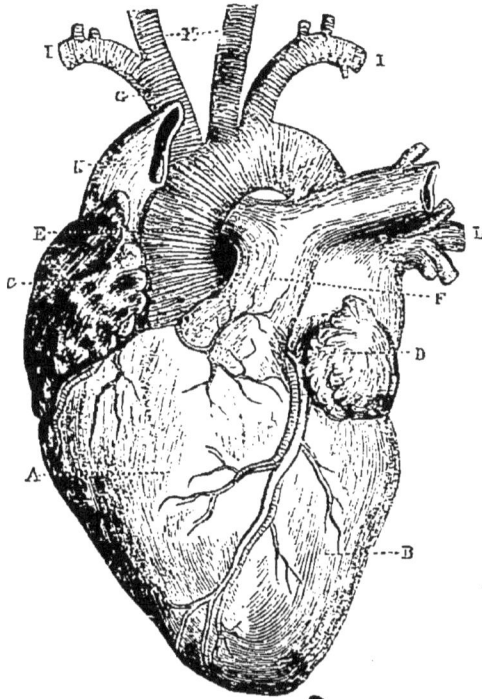

Fig. 231. — Cœur de l'Homme et vaisseaux qui en naissent directement, vu par
sa face antérieure. — A, ventricule droit; B, ventricule gauche; C, oreillette
droite; D, oreillette gauche; E, aorte; F, artère pulmonaire; G, tronc brachio-
céphalique droit; I, artères sous-clavières; H, artères carotides; K, veine cave
supérieure; L, veine pulmonaire.

par un large *orifice auriculo-ventriculaire* avec le ventricule du
même côté. La partie droite du cœur est donc complètement séparée
de sa partie gauche et l'on peut dire, en conséquence, que le cœur
est un organe double, composé de deux cœurs unis ensemble, le
cœur droit et le *cœur gauche* (fig. 232 A). Il est remarquable que
le cœur d'un singulier Mammifère marin, le Dugong, présente deux
pointes, comme si les deux moitiés n'étaient pas complètement soudées ensemble (fig. 233).

Le cœur droit ne contient que du sang noir, comme les veines; on

l'appelle quelquefois, pour cela, le *cœur veineux;* le cœur gauche
ne contient que du sang rouge comme les artères; aussi l'appelle-

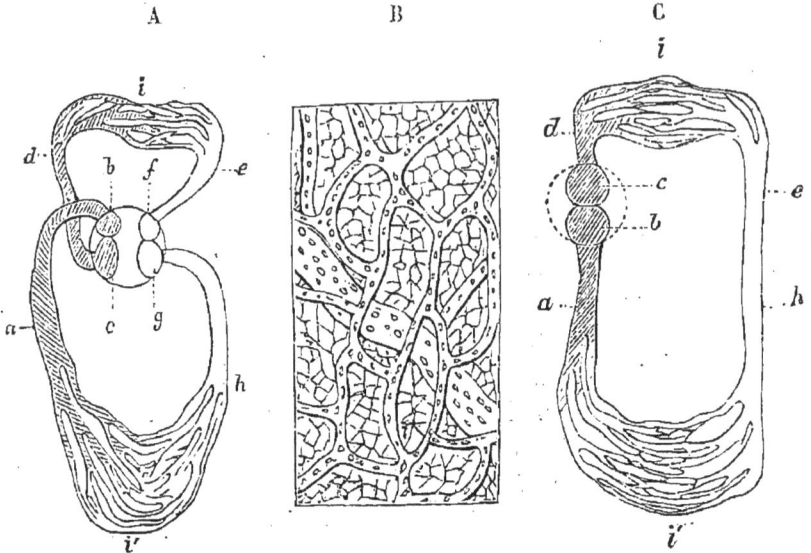

FIG. 232. — A, figure théorique représentant les deux circulations des Mammifères
et des Oiseaux : *a, b, c, d,* cœur et vaisseaux remplis de sang noir; *e, f, g, h,*
cœur et vaisseaux remplis de sang rouge; *b; c, d, e,* petite circulation ou
circulation pulmonaire; *e, f, g, h, a,* grande circulation; *i,* capillaires pulmonaire; *i',* capillaires du corps. — B, réseau théorique des capillaires. — C, circulation des Poissons; *a,* veine cave; *b, c,* cœur unique sur le trajet du sang
noir; *d,* artère branchiale; *i,* capillaires branchiaux; *e, h,* aorte; *i'',* capillaires
du corps.

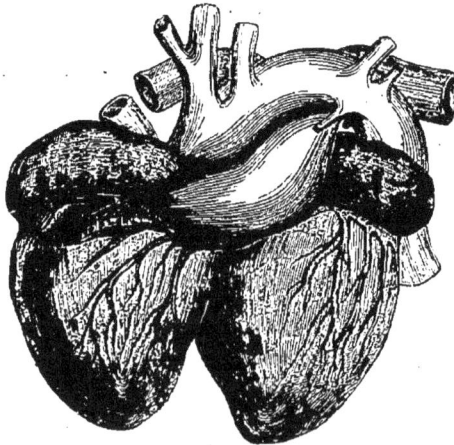

FIG. 233. — Cœur à deux pointes du Dugong.

l-on de même *cœur artériel.* Les artères issues du ventricule droit se
rendent aux poumons, où prennent naissance les veines qui abou-

tissent à l'oreillette gauche ; les artères issues du ventricule gauche
se rendent aux diverses régions du corps, et le sang de ces régions
revient au cœur par des veines qui aboutissent à l'oreillette droite.
Les vaisseaux du cœur droit sont donc immédiatement en rapport avec
ceux du cœur gauche et réciproquement ; il se constitue ainsi deux
courants circulatoires distincts qui se croisent dans le cœur, de sorte
que l'oreillette du cœur droit se trouve faire partie du même cercle
que le ventricule du cœur gauche et inversement.

Au système formé par le ventricule droit, les artères pulmonaires,
les veines de même nom et l'oreillette gauche, on donne le nom de
système de la *circulation pulmonaire* ou de la *petite circulation*.
Ce système est, en effet, relativement peu développé et uniquement
chargé de porter le sang aux poumons et de le ramener de ces
organes vers le cœur. L'autre système, formé par le ventricule
gauche, les artères, les veines du corps et l'oreillette droite, est le
système de la *grande circulation*.

Les artères de la grande circulation contiennent du sang rouge ;
les veines, du sang noir. Au contraire, les artères de la petite circulation contiennent du sang noir et les veines du sang rouge. Ces
deux sangs sont donc improprement nommés sang veineux et sang
artériel puisque la nature des vaisseaux qui les contient est inter-
vertie dans la grande et dans la petite circulation. Tous les vaisseaux qui sont en rapport avec le cœur droit, que ce soient des
veines ou des artères, contiennent du *sang noir ;* tous les vaisseaux
qui sont en rapport avec le cœur gauche, contiennent au contraire
du *sang rouge ;* ces deux cœurs mériteraient donc bien mieux les
noms de *cœur du sang noir* et de *cœur du sang rouge* que ceux de
cœur veineux et *cœur artériel* sous lesquels on les désigne fréquemment. Le cœur du sang noir est le seul qui existe chez les Poissons ;
les deux cœurs ne possèdent qu'un seul ventricule qui leur est
commun chez les Batraciens et les Reptiles, les Crocodiles exceptés.

Les parois du cœur (fig. 234) sont essentiellement musculaires et
leur épaisseur est naturellement en rapport avec la force d'impulsion qu'elles doivent développer. Les oreillettes n'ont à chasser
le sang que dans les ventricules ; elles sont relativement molles et
flasques sur l'animal mort. Chez l'Homme et chez un grand nombre
de Mammifères, elles présentent à leur partie supérieure des prolongements en forme de lames creuses qu'on a comparées à des crêtes
de coq : ce sont les *auricules*. Le ventricule droit n'a pour rôle que
de faire pénétrer le sang dans les poumons ; l'épaisseur de ses parois
et leur résistance sont près de moitié moindres que celles des parois du

ventricule gauche qui doit pousser le sang à travers la substance de
tous les organes et jusqu'aux extrémités du corps les plus éloignées.
Le ventricule gauche forme seul la pointe du cœur. Un sillon transversal sépare nettement les oreillettes des ventricules; un autre
sillon longitudinal sépare le ventricule droit, du ventricule gauche.
Ces sillons sont occupés par les *artères* et les *veines coronaires*
(fig. 234) dont la mission est de porter aux parois du corps le sang
qui doit les nourrir et qu'en raison de leur épaisseur, elles ne sauraient puiser ni dans la cavité des oreillettes, ni dans celles des ventricules. Il est donc facile de distinguer extérieurement les quatre
parties du cœur et l'on reconnaît dès lors que le ventricule droit,
dans la position normale du cœur, chez l'Homme, est situé en bas et

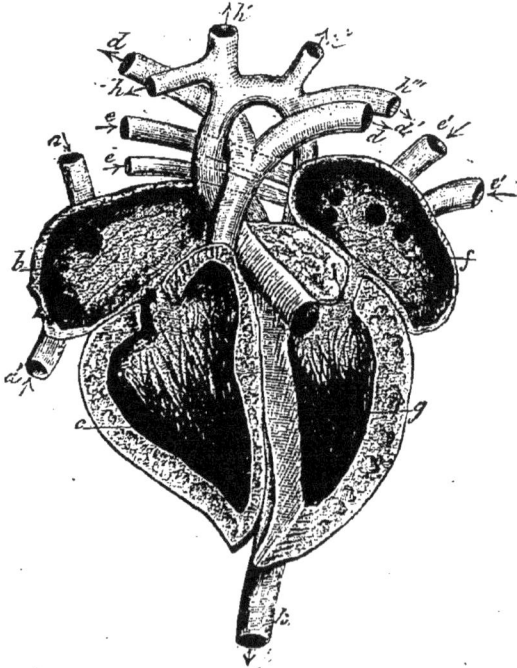

Fig. 234. — Figure théorique représentant une coupe du cœur et des principaux
vaisseaux d'un Mammifère, les valvules étant supprimées. — *a, a'*, veines caves
supérieure et inférieure; *b*, oreillette droite; *c*, ventricule droit; *d, d'*, artère
pulmonaire et ses divisions; *e, e'*, veines pulmonaires; *f*, oreillette gauche;
g, ventricule gauche; *h, h'*, crosse de l'aorte; *h, h'*, tronc brachio-céphalique
droit; *h''*, artère carotide gauche, et *h'''*, artère sous-clavière gauche, correspondant aux deux branches du tronc brachio-céphalique droit.

en avant, tandis que le ventricule gauche est situé en haut et en arrière.
Chaque oreillette est superposée au ventricule qui lui correspond.

L'oreillette gauche présente quatre orifices par lesquels s'ouvrent dans sa cavité les quatre veines pulmonaires qui reviennent deux à deux du poumon droit et du poumon gauche; l'oreillette droite n'en présente que deux : celui de la *veine cave supérieure* qui ramène au cœur le sang de la tête et de la partie supérieure de la poitrine, et celui de la *veine cave inférieure*, à laquelle aboutissent en dernier lieu les veines de toute la partie inférieure du corps.

Les ventricules ne donnent chacun naissance qu'à une seule artère qui part de sa partie supérieure, opposée à la pointe du cœur ; ils se rétrécissent graduellement jusqu'à la naissance de l'artère, disposition particulièrement propre à utiliser toute la force développée par la contraction des parois de la cavité ventriculaire. L'artère qui naît du ventricule droit est l'*artère pulmonaire* (fig. 234, *d*); elle se divise rapidement en deux grosses branches qui se rendent l'une au poumon droit, l'autre au poumon gauche. L'artère qui naît du ventricule gauche est l'*aorte ;* elle remonte d'abord verticalement, en avant de l'artère pulmonaire, se recourbe en crosse entre ses deux branches, passe ainsi en arrière du cœur et redescend verticalement, parallèlement à l'œsophage et à la trachée-artère. C'est de l'aorte que partent toutes les artères qui vont se distribuer, en se ramifiant de plus en plus, dans l'organisme.

Les orifices de ces différents vaisseaux, ceux qui font communiquer entre elles les cavités du cœur, présentent des dispositions particulières réalisant des espèces de soupapes par lesquelles le sang est obligé de marcher toujours dans une même direction. Ce résultat est obtenu au moyen de lames membraneuses qu'on nomme des *valvules* (fig. 235, E, F, G, H). Les valvules des orifices auriculo-ventriculaires pendent de ces orifices dans les cavités des ventricules; de leur bord libre, partent des cordons tendineux qui les relient à la paroi du ventricule et les empêchent de se relever du côté des oreillettes. Il existe deux replis membraneux semblables, opposés l'un à l'autre dans l'orifice auriculo-ventriculaire gauche ; ces replis constituent une valvule à qui leur forme, rappelant celle des deux moitiés d'une mitre d'évêque, a fait donner le nom de *valvule mitrale ;* trois replis, au lieu de deux, forment la *valvule tricuspide* ou *triglochine*, de l'orifice auriculo-ventriculaire droit. Lorsque les ventricules se contractent, le sang, refoulé vers la partie supérieure du cœur, tend à remonter dans l'oreillette aussi bien qu'à s'engager dans les orifices artériels ; mais, en remontant vers l'oreillette, il passe entre la paroi du ventricule et les replis membraneux des valvules qu'il chasse devant lui. Ces replis se gonflent comme des voiles retenues par des cordages le feraient sous l'action du vent ; les filaments tendineux qui les

relient aux parois du ventricule ne leur permettant pas de remonter
dans les oreillettes, les laissent cependant s'adosser les uns aux
autres, et la fermeture ainsi obtenue est d'autant plus complète que
la pression du sang est plus grande. Dès lors, il n'y a plus qu'un

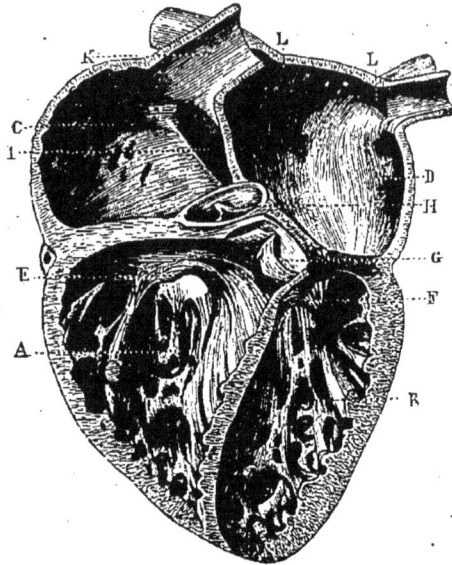

FIG. 235. — Coupe verticale du cœur de l'Homme, montrant l'intérieur de ses
quatre cavités. — A, ventricule droit; B, ventricule gauche; C, oreillette
droite; D, oreillette gauche; K, orifice auriculo-ventriculaire droit et valvule
tricuspide; F, orifice auriculo-ventriculaire gauche et valvule mitrale; G, orifice
de l'artère pulmonaire et ses valvules sigmoïdes dont l'une est entière et l'autre
coupée; H, orifice de l'aorte et ses valvules sigmoïdes; I, orifice de la veine
cave inférieure; K, veine cave supérieure; L, L, veines pulmonaires.

orifice libre par lequel le sang puisse sortir du ventricule : c'est
l'orifice artériel.

Une fois dans les artères, chaque flux de sang chassé du cœur
rencontre bientôt la masse sanguine qui remplit déjà l'appareil
vasculaire et qu'il est obligé de pousser devant lui; cet obstacle
qu'il lui faut vaincre, le ferait refluer vers les ventricules lorsque
ceux-ci se dilatent, si quelque disposition n'empêchait ce reflux;
c'est là le rôle des *valvules sigmoïdes*. Ces nouvelles valvules sont
constituées chacune par trois replis membraneux ayant la forme de
portions de sphère, ou, pour nous servir de la comparaison consa-
crée, de nids de pigeon, dont la concavité est tournée vers la
lumière de l'artère et la convexité vers le cœur. Lorsque le sang
contenu dans l'artère reflue vers le cœur, il commence à remplir la

triple cavité des valvules, adosse l'un à l'autre les trois replis, les
presse d'autant plus qu'il tend plus énergiquement à revenir en
arrière, et se barre ainsi le passage à lui-même. Le sang peut donc
aller des oreillettes dans les ventricules, des ventricules dans les
artères, mais la route inverse lui est interdite, et c'est ainsi que la
circulation est maintenue dans une direction constante. Nous avons
vu qu'il y a des animaux, les Tuniciers, chez qui la circulation se
fait, au contraire, alternativement dans un sens et dans l'autre, les
vaisseaux qui ont servi d'artères pendant un certain temps, servant
ensuite de veines, pour reprendre au bout de quelques instants leur
fonction première.

Quelquefois, à la suite d'altération de leurs tissus, les valvules du
cœur ne s'adossent pas exactement l'une à l'autre; il y a alors *insuffisance des valvules*. Une partie du sang reflue soit du ventricule
dans les oreillettes, soit des artères dans les ventricules; il en résulte pour la circulation un trouble plus ou moins profond, qui peut
avoir, lorsqu'il s'accentue, les plus graves conséquences.

Quand les oreillettes se contractent pour chasser le sang dans
les ventricules, le liquide tend aussi à refluer vers les veines; mais
le passage ouvert entre les oreillettes et les ventricules est si large
que la majeure partie du sang s'y engage naturellement; d'autre
part, les veines n'ont pas la rigidité des artères; leurs orifices ne
demeurent pas béants comme ceux de ces derniers vaisseaux et la
contraction même des oreillettes peut être employée à les rétrécir considérablement; des valvules sont donc moins nécessaires à l'orifice
des veines qu'à celui des artères. On ne trouve, en effet, de valvule
qu'à l'orifice de la veine cave inférieure, la plus volumineuse de toutes,
et à celui de la grande veine coronaire par laquelle le sang qui a
nourri les parois du cœur revient directement à cet organe. La première de ces valvules est la *valvule d'Eustachi;* la seconde, la
valvule de Thébésius.

Au-dessus des orifices de ces veines, on voit dans la cloison de
séparation des oreillettes, une dépression appelée par les anatomistes la *fosse ovale*. Un anneau musculaire, l'*anneau de Vieussens*, entoure cette dépression. La fosse ovale est le reste d'un orifice, le *trou de Botal*, qui peu de temps encore avant la naissance,
alors que la respiration pulmonaire n'existait pas, faisait communiquer les deux oreillettes; l'anneau de Vieussens est le reste d'un
anneau musculaire, d'un *sphincter*, qui pouvait fermer temporairement le trou de Botal. Quelquefois la cloison des deux oreillettes
ne réussit pas à se compléter avant la naissance; ce qui reste du

trou de Botal permet au sang noir de l'oreillette droite, de se mêler au sang rouge de l'oreillette gauche. Le sang présente alors une teinte foncée que manifeste la coloration bleuâtre de la peau, coloration désignée sous le nom de *cyanose*.

La surface intérieure des ventricules n'est pas régulière. On y distingue (fig. 235) de nombreuses colonnes charnues se prolongeant par des tendons qui vont se fixer, soit sur les valvules, soit sur d'autres colonnes charnues. Beaucoup demeurent accolés à la surface des ventricules, où ils forment un lacis irrégulier. Ce réseau semi-tendineux, semi-musculaire est évidemment un appareil de renforcement des parois des ventricules.

Les fibres musculaires du cœur (fig. 236) présentent quelques caractères particuliers. Tandis que les fibres des muscles non soumis à l'action de la volonté sont, en général, lisses, les fibres musculaires du cœur sont striées. La striation doit, d'ailleurs, être considérée, nous le montrerons plus tard, comme caractérisant non pas les fibres musculaires de telle ou telle catégorie d'organes, mais bien les fibres musculaires dont la contraction doit être énergique et presque instantanée; c'est le cas des fibres musculaires du cœur. Nous avons effectivement rencontré déjà des fibres musculaires striées dans des portions du tube digestif non soumises à la volonté. La particularité la plus remarquable des fibres du cœur, c'est qu'elles se ramifient et s'anastomosent entre elles. Elles sont formées de segments placés bout à bout, nettement séparés les uns des autres, pourvus chacun d'un noyau et pouvant s'accoler parallèlement entre eux ou sous des angles plus ou moins aigus. Ce sont les segments qui viennent s'unir obliquement aux autres qui font paraître la fibre ramifiée et servent d'intermédiaires entre les fibres anastomosées. Les cordons musculaires formés par ces segments, peuvent présenter une assez grande longueur et leur disposition est merveilleusement propre à assurer la solidité des parois du cœur. On peut suivre assez facilement la marche des faisceaux musculaires sur un cœur de bœuf, préalablement bouilli, et dont on détache les fibres à la base d'un ventricule

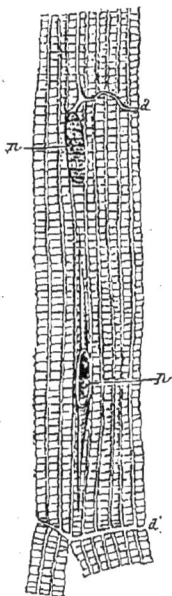

FIG. 236. — Fibre ramifiée et striée du cœur.—*a*, substance interstitielle unissant les cellules musculaires, *n*, noyau (d'après Ranvier).

près de l'oreillette, pour les arracher ensuite en suivant leur direction.

On reconnaît ainsi que la plupart de ces fiores sont communes aux deux ventricules. Celles qui commencent extérieurement, en avant, à la base du ventricule droit, se dirigent en bas et à gauche, se réfléchissent en arrivant vers la pointe du cœur, pénètrent profondément dans les parois du ventricule gauche et finissent par s'épanouir à sa surface intérieure ; ce sont les *fibres unitives antérieures.* Les *fibres unitives postérieures* commencent, en arrière, à la base du ventricule gauche, se dirigent vers le bas et à droite, se réfléchissent également à la pointe du cœur et s'enfoncent dans l'organe de manière à venir former la paroi interne du ventricule droit. Il suit de là que toutes les fibres longitudinales du cœur présentent deux branches courbes, l'une descendante, l'autre ascendante, unies entre elles à la pointe du cœur. Entre ces branches viennent se placer les *fibres propres* de chaque ventricule, qui affectent une disposition transversale. Les fibres transversales sont étroitement unies entre elles par les fibres longitudinales dans l'anse desquelles elles sont comprises et qui ne leur permettent pas de s'écarter les unes des autres ; les mêmes fibres longitudinales lient de la façon la plus solide les fibres propres du ventricule droit à celles du ventricule gauche ; de sorte que toutes ensemble forment un organe fibreux de la plus grande solidité. Les fibres musculaires sont, du reste, l'élément essentiel du cœur qui a pu être assez justement défini un *muscle creux.* Des séreuses tapissent ses cavités et recouvrent sa surface. Les séreuses qui s'étendent sur la paroi interne des ventricules constituent l'*endocarde ;* celle qui protège la surface du cœur et se prolonge sur la base des vaisseaux qui en naissent est le *péricarde :* comme d'habitude, c'est une poche dont l'une des moitiés, refoulée à l'intérieur par le cœur qui ne pénètre pas dans sa cavité, est venue s'appliquer sur l'autre moitié, dont elle n'est séparée que par une mince couche de sérosité facilitant le glissement des deux feuillets l'un sur l'autre. Dans l'inflammation du péricarde ou *péricardite,* ce liquide augmente beaucoup, gêne les battements du cœur, peut en causer l'arrêt subit, et provoquer, par conséquent, la mort. L'*endocardite* est une maladie non moins grave. L'une et l'autre sont souvent la suite d'affections rhumatismales.

Battements du cœur. — Il suffit de placer la main sur sa poitrine, au niveau du sein gauche, pour percevoir nettement des chocs successifs qui se font, en général, régulièrement sentir au nombre de 65 à 70 par minute chez les personnes adultes. Quand on applique l'oreille sur la poitrine, on reconnaît que ces *battements du cœur* sont liés à un bruit saccadé, formé lui-même de deux bruits, successifs, d'inégale durée, suivis d'un temps de repos. Dans une mesure à trois temps, le bruit le plus prolongé, plus sourd que l'autre, pourrait être représenté par une noire; le bruit sec et dur qui lui succède aussitôt, par une croche; le silence, par un demi-soupir et un soupir. La cause de ces *bruits du cœur*, comme celle des battements, est, sans aucun doute, dans la contraction et le relâchement alternatifs des oreillettes et des ventricules, ainsi que dans les déplacements de l'organe qui peuvent accompagner ses contractions. Mais il est de toute évidence qu'on ne peut en avoir une explication complète, qu'à la condition de bien connaître dans tous leurs détails, les mouvements auxquels le sang doit son impulsion.

Emploi des appareils enregistreurs. — Les opinions les plus contradictoires ont été soutenues relativement aux mouvements du cœur tant qu'on n'a pas employé, pour les étudier, des moyens d'investigation permettant, en quelque sorte, de les prendre sur le fait et de déterminer avec une certitude absolue, indépendante de l'habileté plus ou moins grande de l'expérimentateur, l'instant précis où ils se produisent.

On appelle *systole*, l'état de contraction des oreillettes ou des ventricules; *diastole*, l'état de relâchement. Dans quel ordre se succèdent la systole et la diastole des deux oreillettes et des deux ventricules? Divers procédés ont été employés pour le déterminer. Le plus simple et le plus précis consiste à avoir recours à un petit appareil imaginé par MM. Chauveau et Marey et qui a reçu de ces physiologistes le nom de *cardiographe*.

Le cardiographe est le premier exemple que nous rencontrions de l'application à la physiologie d'une méthode d'investigation féconde entre toutes, la méthode d'inscription ou d'enregistrement. Cette méthode consiste à faire écrire, en quelque sorte, au moyen d'*appareils enregistreurs* spéciaux, toutes les circonstances du mouvement que l'on veut étudier, par l'organe même qui accomplit ce mouvement. Quand il s'agit de mouvements simples comme le sont quelques-uns de ceux qu'on rencontre en physique, les vibrations d'un diapason, par exemple, il suffit d'adapter un mince stylet à l'une des branches vibrantes et de faire tourner, d'un mouvement uniforme, au-devant de ce stylet, un cylindre recouvert d'une feuille de papier enduite de noir de fumée. Si l'on fait mouvoir ainsi un cylindre vertical devant un diapason horizontal, au repos, ayant ses deux branches contenues dans un même plan vertical, le stylet du diapason enlèvera le noir de fumée partout où il appuiera, et tracera sur le papier un cercle blanc qui deviendra une ligne droite lorsque la feuille de papier sera déployée. Si le diapason est en mouvement, le stylet qu'il porte vibrera avec la branche sur laquelle il est attaché; il sera plus ou moins éloigné de la position de repos lorsque les différentes génératrices du cylindre viendront successivement se présenter devant lui. Comme les vibrations d'un même diapason sont toujours de même durée, le stylet tracera sur a feuille de papier du cylindre une ligne sinueuse dont les points les plus élevés et les points les plus bas seront également espacés. La distance de deux de ces points représentera la durée des vibrations du diapason, et toute ligne comprise entre les génératrices du cylindre qui correspondent à ces points, représentera un mouvement effectué dans le même temps. Or, il est facile de déterminer directement la durée des vibrations d'un diapason, étant donné le son qu'il produit; il est facile également de déduire cette durée du temps que met [le cylindre à tourner et du nombre de vibrations qui s'inscrivent pendant un tour complet. Nous voilà donc en possession d'un moyen de mesurer le temps à l'aide de notre appareil.

Supposons maintenant qu'on veuille étudier un mouvement quelconque : la contraction de petits muscles, par exemple, tels que les muscles de la cuisse d'une Grenouille ; on pourra suspendre verticalement le muscle sur lequel on veut opérer et fixer son extrémité libre à la petite branche d'un levier disposé de façon à le tendre légèrement. Toute contraction du muscle aura pour effet de soulever la petite branche du levier, qui, dès que la contraction cessera, sera ramenée à sa position primitive, soit par son propre poids, soit par de légers ressorts convenablement établis. La grande branche du levier suivra tous les mouvements de la petite, en les amplifiant beaucoup à son extrémité libre et pourra servir de stylet enregistreur. C'est le principe du *myographe* qui a permis d'étudier des points intéressants relatifs à la contraction musculaire. La plupart des mouvements de l'organisme peuvent être enregistrés au moyen de leviers semblables; mais on ne saurait d'ordinaire leur transmettre directement ces mouvements. On doit à M. Marey, qui a contribué plus que personne au perfectionnement des appareils enregistreurs, des moyens de transmission des mouvements dont l'application est, pour ainsi dire, universelle. L'air et le caoutchouc font tous les frais de ces appareils. Sur le point du corps dont on veut étudier les mouvements, on place un petit tambour en bois, le *tambour explorateur*, supportant une membrane de caoutchouc mince et bien tendue. Du fond du tambour part un tube en caoutchouc qui va aboutir à une sorte de boîte cylindrique à parois inextensibles et dont la surface supérieure est percée d'un orifice sur lequel est tendue une autre membrane de caoutchouc ; sur cette membrane repose la courte branche du levier enregistreur. Cela étant, que l'on applique sur la poitrine, au point où l'on sent battre le cœur, la membrane du tambour explorateur : à chaque battement, la membrane sera repoussée vers l'intérieur du tambour ; l'air contenu dans celui-ci sera comprimé ; cette compression se transmettra de proche en proche, à travers le tube en caoutchouc, jusqu'à l'air contenu dans la boîte à parois rigides. L'air comprimé ne peut agir sur ces parois ; son action se portera tout entière sur la mince membrane qui supporte le levier et la repoussera vers le dehors ; celle-ci soulèvera, à son tour, le levier et la pointe de la branche libre de ce dernier inscrira ses déplacements sur le cylindre tournant. Ce petit appareil, qu'on appelle le *polygraphe de Marey*, peut trouver de très nombreuses applications et a été effectivement utilisé pour l'étude des battements du cœur.

Cardiographe. — Rythme des contractions du cœur. — Le *cardiographe* (fig. 237) n'est qu'une réunion de polygraphes légèrement modifiés. Trois polygraphes semblables sont disposés sur une même planchette verticale de manière que leurs leviers viennent inscrire leurs mouvements sur un même cylindre tournant (fig. 237, C). Les tambours explorateurs sont remplacés par de petites ampoules de caoutchouc (A), que l'on peut introduire soit dans les oreillettes, soit dans les ventricules du cœur, ou que l'on peut même disposer en avant de cet organe dans l'épaisseur des parois thoraciques. Ces ampoules sont comprimées par les parois des cavités cardiaques ou par le choc du cœur contre la poitrine, et chaque compression se traduit par un mouvement du levier correspondant. Comme l'inscription de ces mouvements s'effectue sur le même cylindre, une simple inspection des lignes tracées montre quels sont les mouvements simultanés et quels sont les mouvements qui se succèdent. On arrive ainsi aux conclusions suivantes :

1° Les deux oreillettes se contractent simultanément ;

2° Les deux ventricules se contractent aussi simultanément, mais après les oreillettes ;

3° Il existe un repos entre la fin de la contraction des ventricules et le commencement de la contraction des oreillettes ;

4° Le battement de la paroi de la poitrine que l'on perçoit à la main, a lieu au moment même où les ventricules se contractent.

Cette dernière proposition paraît, au premier abord, paradoxale. On comprendrait mieux, semble-t-il, que le cœur, en se dilatant, vienne soulever la paroi thoracique ; il n'en est rien. Les parois des ventricules, en se contractant brusquement, prennent une grande rigidité et rebondissent, en quelque sorte, sur le liquide sanguin qu'elles compriment. C'est à ce moment que l'on perçoit une sorte de

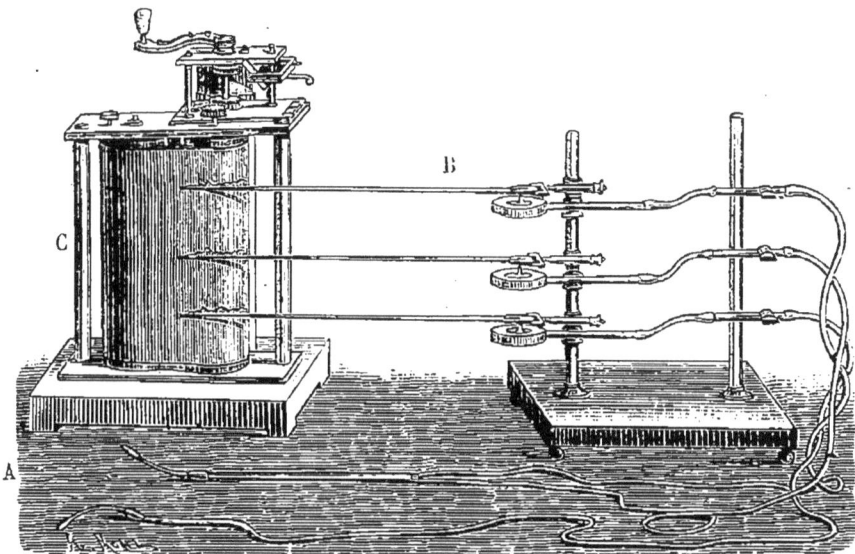

FIG. 237. — Cardiographe.

choc qui se transmet à travers les parois thoraciques ; en même temps l'organe tout entier, glissant sur le diaphragme, est projeté contre la paroi de la poitrine et la sensation de ce choc n'en est que plus accusée.

M. Marey a pu imiter artificiellement le *choc du cœur* au moyen de deux ballons en caoutchouc communiquant l'un avec l'autre par un orifice que ferme une soupape s'ouvrant de haut en bas seulement et représentant la valvule auriculo-ventriculaire. Ces deux ballons sont placés verticalement l'un au-dessous de l'autre sur une même planchette. Le ballon supérieur, muni d'un entonnoir, représente une oreillette; le ballon inférieur, un ventricule. Du sommet du ballon inférieur part un tube en caoutchouc, figurant l'aorte, et dont l'orifice dans ce ballon est fermé par une soupape s'ouvrant de dedans en dehors comme les valvules sigmoïdes ; l'aorte artificielle se recourbe et vient se terminer dans l'entonnoir du ballon supérieur. Un filet dont toutes les cordelettes s'attachent à un ressort placé derrière la planchette, enveloppe le ballon qui tient lieu de ventricule ; un pendule muni d'un poids met en mouvement le ressort, entraîne le filet ou le laisse revenir sur lui-même de manière à figurer les contractions rythmiques des muscles du cœur. Si l'on verse de l'eau dans le ballon supérieur, le liquide descend dans le ballon inférieur et le remplit. Quand le pendule s'écarte, il comprime ce ballon ; l'eau reflue dans le tube de caoutchouc et se déverse dans l'entonnoir. Or, c'est précisément au moment où le pendule s'écarte, au moment qui correspond à la systole ventriculaire, que la main placée sur le ballon inférieur perçoit nettement un choc. Cette expérience ne peut laisser aucun doute sur la cause du *choc du cœur* contre la poitrine.

La durée de la contraction des oreillettes est, à l'état normal, d'environ $0'',170$; celle de la contraction des ventricules d'environ $0'',309$; la durée du repos $0'',407$. Il s'écoule donc à peu près $1'',133$ entre les phases correspondantes de deux battements consécutifs du cœur.

Cause des bruits du cœur. — Le nombre des opinions émises par les médecins sur les causes des bruits du cœur est extraordinaire. La physiologie expérimentale a résolu le problème avec la même simplicité que celui du mode de succession des battements. Le *premier bruit* du cœur, le bruit sourd et prolongé, se produit en même temps que la systole ventriculaire et le choc du cœur, phénomènes dus aux mêmes causes. C'est donc à la contraction des ventricules qu'il est dû, et comme il est indépendant du choc du cœur contre la paroi de la poitrine, on ne peut l'attribuer qu'à la vibration des parois mêmes du cœur sous la double action d'une contraction énergique, suffisant à elle seule — nous le verrons bientôt — pour produire un son, et du rebondissement de ces parois sur le liquide brusquement comprimé qu'elles contiennent.

Le bruit sec qui succède presque immédiatement à ce bruit sourd et qu'on appelle le *second bruit* du cœur, est dû au claquement des valvules sigmoïdes subitement projetées les unes contre les autres par le recul du sang. Il cesse de se produire lorsque ces valvules sont artificiellement maintenues écartées l'une de l'autre, comme ont réussi à le faire MM. Chauveau et Faivre.

Lorsque les valvules du cœur ne ferment pas complètement les orifices qu'elles doivent obstruer, à chaque battement du cœur un flux de sang traverse ces orifices, frotte contre leurs parois et produit ainsi un bruit de *souffle* tout particulier. La coïncidence de ce bruit de souffle avec le premier ou le second bruit du cœur indique, suivant les cas, une insuffisance des valvules auriculo-ventriculaires ou des valvules sigmoïdes. L'étude des altérations des bruits normaux du cœur est d'une haute importance pour le diagnostic des maladies de cet important organe.

Force d'impulsion du cœur. — On a fait toutes sortes de calculs pour déterminer le travail accompli par le cœur, l'effort qui résulte de sa contraction, etc., etc. La plupart des nombres obtenus n'ont qu'une signification douteuse et répondent à des conceptions mécaniques parfois peu exactes. Il est cependant intéressant de savoir quelle est la pression que le sang chassé des ventricules serait capable de vaincre pour s'élancer au dehors. Cette pression peut être représentée par une colonne de mercure de 18 centimètres de hauteur environ ou de 2^m,50 d'eau. Aussi, quand on vient à blesser une grosse artère, le sang jaillit-il à une assez grande distance et l'amplitude du jet augmente-t-elle à chaque battement du cœur. C'est à ces caractères que l'on reconnaît la blessure d'une artère beaucoup plus sûrement qu'à la couleur du sang qui s'épanche et qui devient rapidement rouge au contact de l'air, même quand il sort d'une veine. Nous verrons d'ailleurs que la pression du sang dans les artères est variable ainsi que la vitesse de son mouvement.

Cause des mouvements du cœur. — Nous avons vu les mouvements inconscients des diverses parties du tube digestif être nettement provoqués par la présence même des aliments ; est-il possible de déterminer la cause des battements du cœur ? A l'état normal, le cœur, comme la plupart des organes internes, est insensible. On peut le toucher sans altérer ses mouvements et sans provoquer aucune marque de douleur. Le fait a pu être constaté même chez l'homme : Harvey l'avait déjà observé sur le vicomte de Montgomery, gentilhomme de Charles Ier, dont le cœur avait été mis à nu par une plaie pénétrante de la poitrine. Le cœur n'a donc aucune sensibilité tactile propre.

Arraché de la poitrine, ce singulier organe continue à battre pendant assez longtemps ; dans de bonnes conditions, on peut voir battre pendant quarante-huit heures un cœur de Grenouille isolé, et pendant vingt-quatre heures un cœur de Saumon. Les cœurs de Marmottes ou de Loirs arrachés de la poitrine de ces animaux pendant le sommeil hibernal peuvent aussi battre durant un certain temps et l'on réussit aussi à obtenir ce résultat avec des cœurs de mammifères ordinaires soumis à un refroidissement énergique avant d'être sacrifiés. Le cœur porte donc en lui-même la cause de ses battements ; cette cause est indépendante de la présence ou de l'absence du sang ; elle ne saurait d'ailleurs résider dans les fibres musculaires elles-mêmes et ne peut être attribuée qu'à la présence dans les parois du cœur de ganglions nerveux spéciaux qui tiennent sous leur dépendance les nerfs de cet organe. On s'explique ainsi que lorsqu'ils sont éteints, ces battements puissent être momentanément réveillés par une piqûre, une goutte d'eau froide, un léger souffle ou l'excitation électrique, toutes causes qui agissent sur les nerfs et leurs ganglions. Ces ganglions ne sont pas indépendants du système nerveux central qui réagit sur eux et provoque les modifications dans le rythme des contractions cardiaques dont les mouvements et les émotions même modérés sont ordinairement accompagnés.

Les artères. — Nous connaissons déjà la disposition générale des vaisseaux qui font partie de la circulation pulmonaire ; l'aorte est le seul vaisseau par lequel est repris dans le cœur le sang qui remplit les vaisseaux de la grande circulation. Toutes les artères naissent donc de l'aorte ou de ses ramifications. Presque en sortant du cœur, l'aorte donne naissance aux deux artères qui doivent nourrir cet organe : *l'artère coronaire antérieure* et *l'artère coronaire postérieure ;* la première descend directement sur la face antérieure du cœur, le long du sillon qui sépare les deux ventricules ; la seconde se dirige vers la droite, le long du sillon de séparation des oreillettes et des ventricules, contourne le cœur, passe en arrière et se ramifie dans la partie postérieure des parois des ventricules.

De la *crosse de l'aorte* naissent ensuite trois artères : la première que l'on rencontre en partant du cœur est le *tronc brachio-céphalique droit ;* viennent ensuite *l'artère carotide primitive gauche* et *l'artère sous-clavière gauche.* Le tronc brachio-céphalique droit correspond, pour la moitié droite du corps, aux deux artères qui le suivent ; il se divise rapidement pour fournir la *carotide primitive droite* et *l'artère sous-clavière droite.* Malgré leur mode différent de naissance, les deux carotides et les deux sous-clavières se ramifient à très peu près symétriquement, et jouent en tout cas exactement le même rôle pour la moitié droite, et pour la moitié gauche du corps.

Les carotides fournissent toutes les artères de la tête; une de leurs branches, l'*artère temporale*, devient superficielle immédiatement en avant de l'oreille. Les ramifications des sous-clavières se distribuent aux parois du thorax et aux membres supérieurs; la *radiale* qui, dans la région du poignet, donne lieu au phénomène du *pouls*, est une de leurs dépendances.

De la concavité de la crosse de l'aorte naissent encore les *artères bronchiques* qui pénètrent dans les poumons parallèlement aux bronches, se ramifient dans ces organes, indépendamment des artères pulmonaires et constituent leur réseau nourricier.

L'aorte fournit ensuite l'*artère œsophagienne*, les *intercostales postérieures*, les *diaphragmatiques*, le *tronc cœliaque*, la *mésentérique supérieure*, les *artères rénales*, celles des glandes génitales, la *mésentérique inférieure*, enfin elle se bifurque pour former les *iliaques primitives* qui se dirigent chacune vers l'un des membres postérieurs dont elles constituent l'arbre vasculaire. Près de leur origine, les iliaques émettent une branche remarquable, l'*artère épigastrique*, qui, remontant le long du tronc, vient s'anastomoser avec la *mammaire interne*, elle-même issue de la *sous-clavière* du même côté. Il en résulte que le sang des artères sous-clavières peut passer dans les membres inférieurs en suivant le tronc; en conséquence, si l'aorte venait à être comprimée, comme cela peut arriver par suite du développement de certaines tumeurs, le sang n'en continuerait pas moins à arriver à la partie inférieure du corps. On verrait les branches anastomotiques s'élargir en raison du rôle nouveau qu'elles auraient à remplir et devenir capables de *suppléer* complètement l'aorte. Les suppléances qui peuvent ainsi s'établir entre organes similaires assurent le maintien de la vie dans des circonstances où il semblerait tout à fait compromis.

C'est surtout entre les artères des viscères que de telles suppléances sont possibles, en raison des nombreuses anastomoses qu'elles présentent. Le *tronc cœliaque*, par exemple, se divise rapidement en trois grands vaisseaux : le premier, l'*artère hépatique*, se rend au foie; le second, l'*artère splénique*, à la rate; le troisième, l'*artère coronaire stomachique*, à la partie supérieure de l'estomac. Mais l'*artère coronaire stomachique* communique d'une part avec l'*artère hépatique*, de l'autre avec l'*artère splénique;* l'artère splénique communique à son tour avec l'*artère hépatique* par la *gastro-épiploïque droite ;* toutefois cette dernière ne s'ouvre pas directement dans l'artère hépatique, mais dans un rameau descendant qui la met en communication avec l'*artère mésentérique inférieure*. De cette façon toutes les artères des viscères abdominaux sont reliées entre elles et le sang peut arriver à ces organes par plusieurs chemins à la fois. Quand une route est barrée, il coule en plus grande abondance par celles qui demeurent ouvertes et l'équilibre est maintenu.

On reconnaît facilement les artères à ce que leur orifice demeure béant, quand on vient à les couper transversalement, et à ce que leurs parois, relativement très épaisses, présentent une couleur jaunâtre. Sur un animal vivant le sang qui s'échappe est rouge et forme un jet plus ou moins vigoureux dont l'amplitude augmente généralement à chaque battement du cœur, mais qui ne cesse cependant pas de couler d'une manière continue dans l'intervalle de ces battements.

L'apparence particulière des artères est due au grand développement dans leur épaisseur du tissu élastique.

Dans la paroi des grosses artères on distingue trois tuniques successives. La *tunique externe* est surtout formée de tissu conjonctif entremêlé de fibres élastiques dont une partie forme dans les grosses artères une couche continue au-dessous de la *tunique moyenne*; celle-ci, de beaucoup la plus épaisse dans les grosses artères, est surtout formée de fibres musculaires lisses transversales dont les faisceaux sont séparés par des lames parallèles entre elles, mais anastomosées sur certains points, de tissu élastique dont les fibres sont également transversales; enfin la tunique interne est formée d'un épithléium de longues cellules en forme de losanges, au-dessous duquel est une couche assez épaisse d'un épithélium modifié et enfin une membrane élastique irrégulièrement perforée.

A mesure que les artères diminuent de calibre, le tissu musculaire de la tunique moyenne prédomine de plus en plus. En raison même de la disposition transversale des fibres qui la composent, cette tunique est beaucoup moins résistante dans le sens longitudinal que dans le sens transversal et il lui arrive assez souvent de se rompre. Dès lors, le sang qui presse constamment sur la paroi de l'artère, distend peu à peu la tunique externe et détermine, sur le point où a eu lieu la rupture, la formation d'une poche de plus en plus volumineuse. C'est ce qu'on appelle un *anévrysme*. Cette poche finit toujours elle-même par s'ouvrir, il se produit alors une hémorragie qui peut entraîner la mort foudroyante du malade. Grâce aux anastomoses des artères et aux suppléances qu'elles permettent, on peut quelquefois prévenir ce dénouement en opérant

la ligature de l'artère portant l'anévrysme et en empêchant ainsi le
sang de circuler dans son intérieur.

Mouvement du sang dans les artères ; pouls. — Le
rôle des artères dans la circulation n'est pas absolument passif.
Le sang n'étant lancé dans ces vaisseaux que d'une façon intermittente par le cœur, on peut déjà s'étonner que le jet sanguin qui s'en
échappe soit à peu près continu : les battements du cœur ne se
manifestent, nous l'avons vu, que par une variation rythmique
dans l'amplitude de ce jet. Dans une artère intacte, les battements
se font encore sentir d'une autre façon. Lorsqu'on vient à comprimer
légèrement sous le doigt, en l'appliquant contre les os sous-jacents,
une artère superficielle, telle que l'artère temporale ou l'artère
radiale, on sent nettement que le doigt est périodiquement soulevé ; c'est le phénomène du *pouls* à l'étude duquel les médecins
attachent tant d'importance.

Ces deux formes du phénomène s'expliquent simplement. Chez
l'Homme et chez l'animal vivant, les artères sont constamment remplies par le sang ; le liquide nourricier presse même sur leurs
parois avec une certaine énergie et sa pression — mesurable au
moyen de manomètres légèrement modifiés dans ce but, ou même
transformés en manomètres enregistreurs [1] — peut faire équilibre,
chez le Chien, à une colonne de mercure de 10 centimètres environ pour les grosses artères. La paroi des artères est donc constamment tendue. Dans leur cavité déjà pleine, chaque battement
du cœur fait entrer un nouveau flot de sang qui refoule aussitôt le
sang qu'il trouve devant lui. Les liquides étant incompressibles,
cette impulsion se transmet instantanément jusqu'aux extrémités du
réseau artériel ; mais elle se décompose en deux parties ; une partie
du sang est immédiatement poussée en avant, une autre repousse
les parois de l'artère à qui son élasticité permet de céder sous
la pression. L'artère se dilate donc sur une certaine étendue ;
mais elle revient sur elle-même, en vertu de son élasticité, dès que
la systole cesse, et le sang, à qui la route est barrée en arrière par
les valvules sigmoïdes, est poussé en avant par ce mouvement de
retrait. L'accroissement de pression qui s'était produit près du
cœur est ainsi transmis de proche en proche en s'amoindrissant.
A mesure que l'on s'éloigne du cœur, l'impulsion directement
reçue par le sang diminue ; au contraire, les impulsions successives

---

1. On a appelé ces derniers des *kymographions*, de κῦμα, flot, et γράφειν, écrire.

provenant de la rétraction des artères, s'ajoutent dans l'intervalle
de deux impulsions successives ; ces impulsions graduelles tendent
de plus en plus à masquer l'impulsion brusque produite par la contraction du cœur et le cours du sang devient ainsi de plus en plus
régulier, de plus en plus uniforme ; il s'en suit que le jet sanguin,
sortant d'une artère coupée, doit prendre, lui aussi, une amplitude
de plus en plus constante. Pendant toute la durée de la diastole le
sang est donc poussé en avant par la contraction des artères dans
lesquelles la pression n'arrive jamais à être nulle. Mais la distension
des parois des artères est elle-même due à la pression développée
par les battements du cœur, de sorte que les artères ne font qu'emmagasiner, pour le restituer au sang, le mouvement reçu par lui du
cœur et qui serait en grande partie perdu si leurs parois n'étaient
ni extensibles, ni élastiques.

Le pouls n'est que le résultat de l'augmentation de pression qui se
produit dans les artères au moment de la systole ; on doit, en conséquence, le percevoir à peu près en même temps dans toutes les
artères, mais il doit être d'autant moins sensible qu'on l'observe

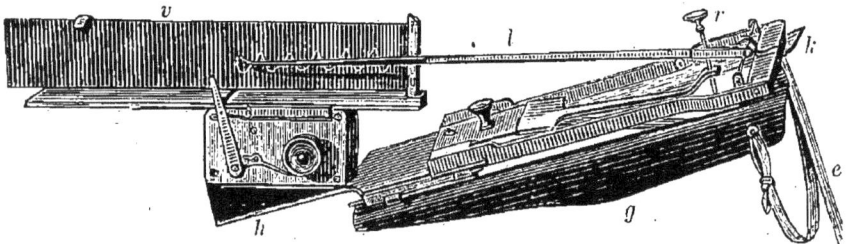

Fig. 238. — Sphygmographe. — *r*, ressort appuyant sur l'artère et vis qui l'unit au
levier enregistreur ; *l*, levier enregistreur ; *v*, plaque de verre enfumée sur
laquelle se fait l'inscription ; *h*, mouvement d'horlogerie qui fait mouvoir cette
plaque devant le levier ; *g*, gouttière métallique qui permet de fixer le sphygmographe sur le bras, à l'aide de la courroie *e* ; *k*, cadre métallique supportant le
levier et le ressort.

plus loin du cœur. La fréquence des battements du cœur, les
obstacles plus ou moins considérables qui sont opposés au cours du
sang modifient naturellement la réaction des artères et donnent par
conséquent au pouls des caractères particuliers. Ces caractères ne
pouvaient être autrefois distingués que par les sensations éprouvées
par le doigt appliqué sur le vaisseau ; un petit appareil, le *sphygmographe* (fig. 238), enregistre aujourd'hui les battements du pouls et
permet de conserver aussi longtemps que l'on veut et de rendre
sensible à l'œil la trace de ses modifications diverses. Il est essen-

tiellement composé d'un petit ressort (fig. 238, *r*) qui appuie légèrement sur l'artère et qui, lorsqu'il est soulevé, communique son
mouvement à un levier (*l*) muni d'un stylet devant lequel glisse d'un
mouvement uniforme une plaque de verre (*v*) couverte de noir de
fumée. Un cadre métallique, auquel le ressort est fixé, peut s'attacher
au bras de manière que le ressort vienne appuyer sur l'artère radiale ; on règle la pression du ressort sur le vaisseau au moyen d'une
vis. A chaque battement du pouls, le levier est soulevé et sa pointe
inscrit une courbe sinueuse sur la plaque de verre qui se meut
devant elle. Le sphygmographe a rendu de réels services tout à la
fois aux physiologistes et aux médecins et l'étude des lignes qu'il
trace est devenue un moyen de diagnostic d'une grande délicatesse.

Rôle des artérioles. — A mesure que le volume des artères
diminue, nous avons vu que dans leurs parois qui s'amincissent
graduellement, les fibres musculaires prennent peu à peu la prédominance sur le tissu élastique et finissent par subsister à peu près
seules sur les dernières artérioles, suivies à leur tour de capillaires
aux parois uniquement constituées d'épithélium. Il suit de là que le
calibre des artérioles peut varier considérablement avec l'état de
contraction ou de relâchement des fibres musculaires que contiennent leurs parois. Quand leur calibre est petit, il ne livre passage
qu'à une quantité relativement faible de sang ; ce liquide, que chaque
battement du cœur chasse en quantité constante dans les artères,
s'accumule dans les vaisseaux ; la pression artérielle augmente.
Mais alors l'obstacle que doit vaincre le cœur pour expulser le sang
qu'il contient est plus considérable ; les battements deviennent plus
lents. Ils sont au contraire plus rapides quand les artérioles étant
relâchées laissent passer une plus grande quantité du fluide nourricier. Ainsi les modifications survenues dans l'état des plus fines
artères réagissent presque immédiatement sur le cœur ; ces artérioles sont surtout nombreuses à la périphérie du corps ; le froid les
fait contracter, la chaleur les fait relâcher, aussi les variations de
température modifient-elles notablement le nombre des battements
du cœur. Dans la fièvre les artérioles de la peau sont très dilatées, la
circulation rapide, le cœur bat généralement très vite et très fort.
Les artérioles, tout en réglant la rapidité du cours du sang dans les
différents organes, fonctionnent donc aussi comme un véritable ré-
gulateur des battements du cœur. En opposant une résistance plus
ou moins grande au cours du sang, elles font nécessairement
varier sa vitesse ; le liquide sanguin qui a encore à traverser les

capillaires ne garde donc pas une partie toujours égale de l'impulsion qu'il a primitivement reçue du cœur. Quand les artérioles sont dilatées, cette impulsion peut se faire encore sentir dans certaines veines, comme dans les artères elles-mêmes, et il existe quelquefois alors un véritable *pouls veineux ;* quand ces petits vaisseaux sont contractés, l'impulsion reçue du cœur est presque entièrement éteinte lorsque le sang s'engage dans le réseau veineux, et, pour comprendre comment il peut continuer à cheminer vers le cœur, il devient nécessaire de connaître la structure des veines et leur disposition générale.

Les veines. — Les veines se distinguent des artères par la moins grande épaisseur de leurs parois à peu près complètement dépourvues de l'élasticité caractéristique des artères. Leur constitution histologique ne diffère cependant de celle de ces derniers vaisseaux que par la proportion relative et la disposition des différentes sortes de tissus. Sur la coupe de toutes les veines de grande ou de moyenne dimension, on distingue encore trois tuniques ; mais tandis que dans les artères c'est la tunique moyenne, riche en tissu élastique et en tissu musculaire, qui est la plus développée, dans les veines c'est la tunique externe, formée surtout de tissu conjonctif ; il faut attribuer à la diminution de la quantité du tissu élastique la flaccidité relative des veines, incapables d'exercer aucune réaction mécanique sur le liquide qu'elles contiennent.

A l'intérieur d'un très grand nombre de veines, on remarque des replis spéciaux ou *valvules* (fig. 239), qui manquent totalement aux artères et qui ont à très peu près la forme en nid de pigeon que nous ont déjà offerte les valvules sigmoïdes ; seulement ces valvules sont isolées ou combinées deux par deux.

Fig. 239. — Valvules des veines.

Elles ont leur cavité dirigée du côté du cœur, de sorte qu'elles se remplissent de sang lorsque ce liquide tend à revenir en arrière, et s'opposent à son reflux en obstruant plus ou moins complètement la cavité de la veine. Les valvules sont surtout nombreuses dans les veines profondes de la partie inférieure du corps ; elles ne manquent que dans les plus grosses veines viscérales et dans les veines superficielles ; elles sont rares dans les veines céphaliques.

Les veines profondes suivent généralement le même trajet que les artères, se ramifient comme elles et accompagnent le plus souvent aussi leurs plus petites branches. On observe cependant que leur diamètre est fréquemment un peu plus grand que celui des artères qu'elles accompagnent; parfois même il existe deux veines pour une artère, et un réseau vasculaire embrassant l'artère met alors ces deux veines en communication l'une avec l'autre. Les veines superficielles forment un vaste réseau qui ne présente plus aucun rapport avec le système artériel et qui est particulièrement remarquable par la fréquence des anastomoses. Il est facile d'observer un grand nombre de ces dernières à travers la peau sous laquelle les veines apparaissent comme des cordons de couleur bleuâtre, qui font même, chez l'Homme adulte, une saillie plus ou moins considérable, lorsque pour une raison quelconque le sang s'accumule en un point du corps. Lorsque cette accumulation est habituelle, ainsi que cela arrive fréquemment aux jambes, chez les personnes qui se tiennent longtemps debout et immobiles, les veines dont les parois sont peu résistantes finissent par se distendre et par former des espèces de poches irrégulières qu'on appelle des *varices*. Les varices peuvent être le point de départ d'accidents d'une certaine gravité.

Quelquefois les parois des veines contractent des adhérences avec d'autres organes et notamment avec des os ; leur cavité devient alors irrégulière et demeure constamment béante ; ces veines de forme particulière sont désignées sous le nom de *sinus*. C'est à la base du crâne, où arrive le sang venant de diverses parties du cerveau, que l'on trouve les sinus les plus remarquables ; ils offrent au sang de l'organe cérébral un passage facile, grâce auquel les engorgements de l'appareil vasculaire cérébral sont prévenus.

Tout le sang se rassemble, avant de rentrer au cœur, dans deux grands vaisseaux qui aboutissent à l'oreillette droite : la *veine cave supérieure* et la *veine cave inférieure* (fig. 234 *a*, *a'*,). La veine cave supérieure reçoit le sang de toutes les parties du corps situées au-dessus du diaphragme ; elle court, vers la droite, le long de la trachée-artère et finit par cheminer parallèlement à l'aorte ; elle fournit fes *troncs veineux brachio-céphaliques*, les *veines jugulaires antérieure*, *postérieure*, *externe* et *interne* qui reçoivent toutes les veines de la tête, et dont la dernière prend naissance dans les sinus veineux de la base du crâne.

La *veine cave inférieure* est formée par la réunion des deux *veines iliaques*, qui ramènent le sang des membres postérieurs ;

elle reçoit toutes les veines des parois du corps et des viscères situés au-dessous du diaphragme et vient s'ouvrir, comme la veine cave supérieure, dans l'oreillette droite. Ces deux veines sont réunies par une importante anastomose (fig. 241, n° 6) constituant la *grande veine azygos* [1] qui naît au-dessous du diaphragme et remonte le long du côté droit de la colonne vertébrale jusqu'à la veine cave supérieure dans laquelle elle se jette à son entrée dans le péricarde. Grâce à la veine azygos, le sang de la partie supérieure et celui de la partie inférieure du corps peuvent revenir au cœur alors même que l'une des deux veines caves serait obstruée.

Retour du sang vers le cœur. — Tous les traits généraux de la disposition du système veineux montrent que le volume total des vaisseaux qui le composent est supérieur au volume total des artères. Il suit de là que le sang qui remplissait les artères, pressait sur leurs parois et se trouvait sans cesse poussé en avant par le sang venant du cœur, ne sera plus assez abondant pour remplir l'ensemble des veines, ne pressera que médiocrement sur leurs parois, n'en pourra subir qu'une faible réaction et que, d'autre part, l'impulsion venue du cœur, déjà faible à l'origine du système veineux, ira constamment en diminuant encore. Les conditions de la progression du sang sont donc bien différentes dans les artères et dans les veines. Le mouvement dans ces derniers vaisseaux est, en effet, presque entièrement passif. Dans les parties supérieures du corps, le sang tombe naturellement vers le cœur sous l'action de la pesanteur; dans les parties inférieures, il est d'abord poussé dans les veines par le sang qui arrive des artères; les valvules s'opposent à ce qu'il puisse revenir en arrière ; de plus, elles fragmentent la colonne sanguine et comme les veines ne sont pas complètement distendues, le liquide, poussé en avant, n'a à soulever, pour avancer, qu'une petite partie de cette colonne, au lieu d'avoir à la soulever tout entière. Enfin tout mouvement de membres, toute contraction des muscles qui force le sang à se déplacer, le fait nécessairement cheminer vers le cœur puisque les valvules l'empêchent de rétrograder. La circulation veineuse trouve ainsi des auxiliaires dans toutes les parties du corps.

Parmi les mouvements, il en est d'ailleurs qui ont à cet égard une importance particulière : ce sont les mouvements respiratoires. Les poumons ne sont pas seuls, en effet, à ressentir les effets de la

---

1. De ἄ, privatif, et ζυγὸς, pair; mot à mot, veine impaire.

diminution de pression qui résulte de l'agrandissement de la cavité thoracique pendant l'inspiration. Cette diminution de pression, en même temps qu'elle appelle l'air dans les poumons, appelle également le sang dans toutes les veines thoraciques. L'aspiration qu'elle produit est tellement énergique qu'on a pu vider entièrement un vase assez volumineux, rempli d'eau, au moyen d'un tube de caoutchouc communiquant avec l'une des veines jugulaires d'un Cheval. Cette aspiration du sang par les mouvements respiratoires détermine quelquefois, durant les opérations chirurgicales, l'entrée de l'air dans les veines ; c'est là un accident redoutable, car l'air ainsi introduit est bientôt divisé en bulles qui interrompent la colonne sanguine et forment avec elle ces *chapelets* dont nous avons déjà signalé la résistance au mouvement. La circulation peut dès lors être interrompue dans des organes importants et la mort survenir d'une façon presque foudroyante.

Résumé ; vitesse du sang. — Les causes qui font mouvoir le sang dans les vaisseaux sont, comme on voit, fort multiples. En résumé, chez les Vertébrés supérieurs, le liquide nourricier reçoit son impulsion du cœur ; il est lancé par cet organe dans les artères, sur les parois desquelles il exerce toujours une certaine pression réglée, comme le nombre des battements du cœur, par l'état de plus ou moins grande contraction des artérioles qui précèdent immédiatement les capillaires. Les parois élastiques des artères compriment le sang pour le faire marcher en avant et continuent ainsi le rôle du cœur ; quand le sang arrive dans les veines, sa vitesse est tantôt encore notable, tantôt presque nulle ; elle s'épuise en tous cas rapidement et l'impulsion initiale du cœur n'est presque plus pour rien dans le mouvement du sang dans les veines ; une disposition fort simple des valvules fait que tous les mouvements du corps, y compris les mouvements respiratoires, sont pour ainsi dire utilisés pour faire revenir le sang vers l'organe duquel il doit recevoir une impulsion nouvelle.

La vitesse avec laquelle le sang se meut dans l'appareil vasculaire est très variable. Dans les grandes artères telles que la carotide, la vitesse du sang est d'environ 260 à 300 millimètres par seconde ; chez le Cheval, où elle est de 254 millimètres environ dans la carotide, elle tombe à 56 millimètres dans les artères métatarsiennes qui alimentent les pieds de derrière. Le sang accomplit la totalité de son mouvement circulatoire en 31″,5 chez le Cheval, en 16″,7 chez le Chien, en 6″,69 chez le Chat. Chez l'Homme, en 24 heures

le sang parcourt 3700 fois le corps entier, et pendant la durée de
chaque circuit, le cœur exécute, en moyenne, 27 battements; on a
calculé qu'en un jour, le travail effectué par le cœur était équivalent à celui qu'il faudrait produire pour élever 8000 kilogrammes
à 1 mètre de hauteur.

Historique de la découverte de la circulation ; Harvey. —
C'est avec une extrême lenteur qu'a été édifiée cette théorie de la
circulation aujourd'hui si bien assise dans ses traits généraux. Nous
avons vu que les anciens croyaient tous que les artères ne contenaient que de l'air, et cette croyance est précisément l'origine du

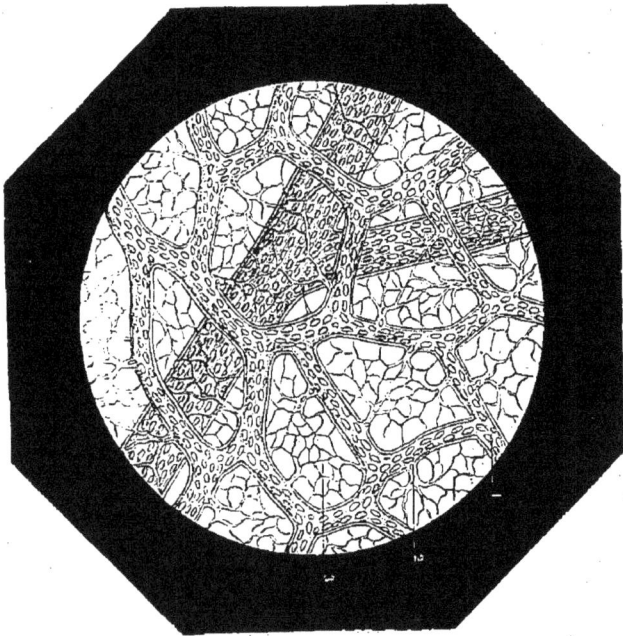

Fig. 240. — Réseau capillaire vu au microscope.

nom de ces vaisseaux; il faut arriver jusqu'au deuxième siècle après
Jésus-Christ pour que Galien découvre que les artères contiennent
du sang comme les veines; mais il croit que les deux ventricules du
cœur communiquent entre eux. Au seizième siècle, André Vésale
combat le premier cette erreur ; il conserve du reste l'opinion de
Galien, que les artères, comme les veines, portent le sang loin du
cœur, et c'est seulement au siècle suivant que Michel Servet reconnaît,
dans la circulation pulmonaire, l'existence de vaisseaux spécialement chargés les uns d'amener le sang aux poumons, les autres de
le ramener au cœur. Colombo décrit, lui aussi, la circulation pulmonaire et reconnaît, en 1559, l'usage des valvules du cœur.

Un peu avant, vers 1545, Charles Estienne, puis Fabricius d'Aquapendente (1537-1619) avaient exactement décrit les valvules des
veines, mais sans er reconnaître la signification. En 1593, Césalpin
s'élève enfin à la conception de la circulation générale, malheureusement il ne démontre pas par des preuves irréfutables la valeur de
son opinion.

La démonstration rigoureuse et complète de la circulation du
sang n'est donnée qu'en 1628, par Guillaume Harvey, qui avait étudié l'anatomie sous la direction de Fabricius d'Aquapendente et
était devenu médecin du roi Charles Ier, d'Angleterre. Harvey reconnut nettement les variations d'amplitude du jet de sang qui sort
des artères, démontra la coïncidence des augmentations de cette
amplitude avec les battements du cœur, appliqua des ligatures sur
les veines et les artères et vit, dans les premiers de ces vaisseaux, le
sang s'accumuler au-dessous de la ligature, tandis que dans les
artères, c'était entre la ligature et le cœur que se faisait l'accumulation du liquide; il prouva enfin que tout le sang pouvait s'écouler
par une blessure unique faite à une artère ou à une veine. Ces faits
bien observés démontraient sans conteste que le cœur pousse le
sang dans les artères, que dans ces vaisseaux le sang coule en s'é-
loignant du cœur, que dans les veines il afflue au contraire vers
le cœur; enfin, tout le sang pouvant s'écouler par une seule blessure faite à un gros vaisseau, quel qu'il soit, il faut bien que les
artères et les veines communiquent entre elles, et que le sang passe
des premières dans les secondes.

La démonstration de Harvey était donc complète; elle ne con-
vainquit cependant pas tout le monde; malgré l'évidence, bien des
esprits éclairés demeurèrent, comme il arrive toujours en pareil
cas, attachés aux vieilles doctrines ; après même que Malpighi
eut observé directement, en 1661, à l'aide du microscope, les mouvements du sang dans les capillaires du mésentère et du poumon de
la Grenouille, les médecins furent partagés en deux camps: les
circulateurs et les *anticirculateurs*, comme on les appelait plai-
samment; Harvey laissait cependant de la circulation une théorie
définitive et qui n'a été perfectionnée que dans les détails.

Circulation de la veine porte. — On peut considérer comme
formant un courant à part, dérivé de la grande circulation, le courant qui traverse le système de la veine porte et qui est dirigé de
l'intestin et des viscères abdominaux vers le foie. Les veines ordinaires s'unissent, en général, à d'autres veines de même calibre

pour former des veines plus grosses, ou se jettent dans des veines plus volumineuses qu'elles, finissant toutes par aboutir à l'une des veines caves, de sorte que l'on peut regarder l'ensemble du système veineux comme formé par deux arbres dont les veines caves seraient le tronc, et qui n'auraient pas de racines. La veine porte fait exception à cette règle; elle se constitue à l'aide de vaisseaux graduellement convergents qui viennent du tube digestif, de la rate, du pancréas et, s'abouchant successivement les uns dans les autres en suivant le trajet des artères, forment un gros tronc aboutissant au foie; mais dans le foie, ce tronc se ramifie de nouveau, de sorte que le système de la veine porte est comparable à un arbre complet qui aurait à la fois des branches et des racines. Dans les viscères, les dernières ramifications de la veine porte sont en communication directe avec les artères; nous avons vu que dans le foie, après avoir formé un réseau commun avec les ramifications de l'artère hépatique, elle donne naissance à la veine hépatique, chargée de ramener dans la grande circulation le sang qui en a été momentanément distrait, pour venir puiser des matières alimentaires dans l'intestin et traverser ensuite le foie où il abandonne les matériaux de la bile et se charge de matière sucrée.

Il existe chez les Reptiles, les Batraciens et les Poissons un autre courant dérivé, qui fonctionne par rapport au rein comme celui que nous venons de décrire par rapport au foie, et constitue ainsi une *veine porte rénale.*

Idée sommaire de l'appareil lymphatique.

— La veine porte intestinale est le chemin détourné par lequel une partie assez considérable des substances assimilables pénètre dans le sang. Ces substances sont, en effet, arrêtées au passage par le foie où elles subissent une élaboration spéciale [1]; reprises dans cet organe, elles sont enfin portées dans la veine cave inférieure. D'autres vaisseaux, les *chylifères* (fig. 212) portent plus directement, comme on sait, le chyle extrait de l'intestin dans l'appareil circulatoire auquel ils sont reliés par le *canal thoracique* (fig. 241). Les chylifères ne sont qu'une partie, appropriée à une fonction spéciale, d'un système très compliqué de canaux, annexes du système des vaisseaux sanguins, mais dans lesquels coule, au lieu de sang, un liquide à peu près incolore, la *lymphe*, contenant un grand nombre de corpuscules blancs, qui ne sont que des cellules libres, capables

---

1. Voy. page 438.

d'effectuer des mouvements amiboïdes, les *corpuscules lymphatiques*.
Les vaisseaux lymphatiques sont extrêmement nombreux dans

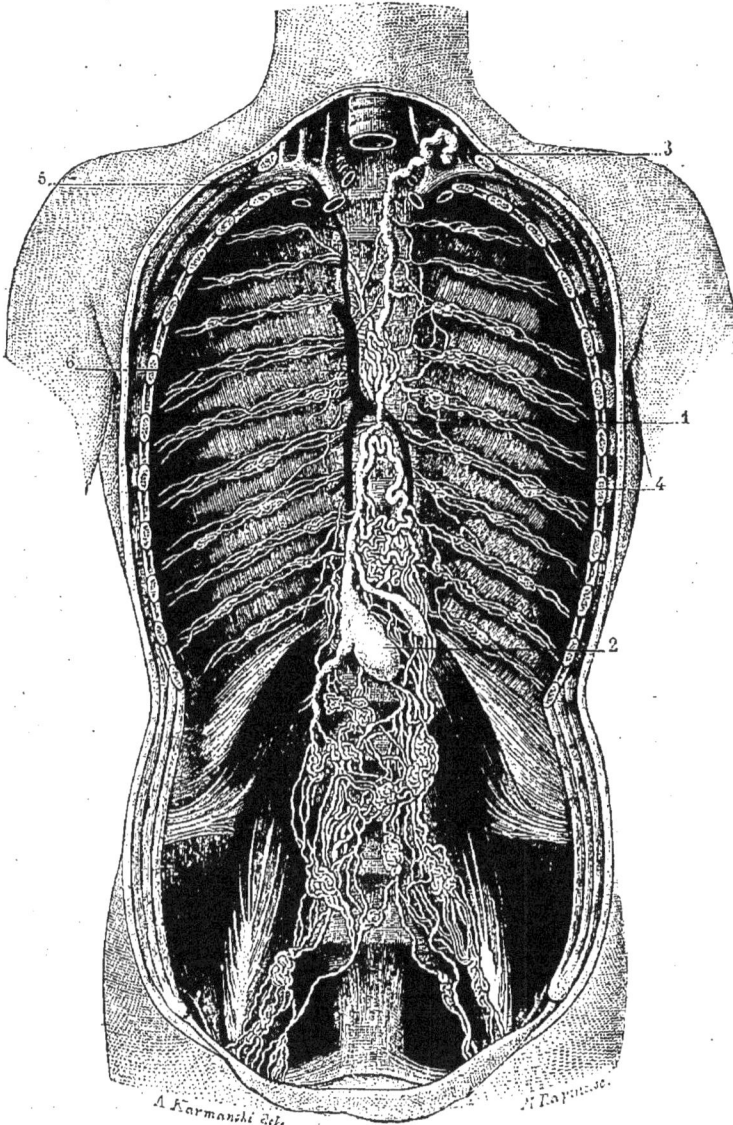

Fig. 241. — Principaux vaisseaux et ganglions lymphatiques du tronc. — 1, canal thoracique. — 2, citerne de Pecquet gonflée de chyle. — 3, confluent du
canal thoracique et de la veine sous-clavière gauche. — 4, veine sous-clavière
droite. — 5, vaisseaux et ganglions lymphatiques des parois du thorax. —
6, grande veine azygos.

toutes les régions du corps (fig. 241); ils se distinguent par une
apparence variqueuse spéciale due à ce qu'ils présentent à des
distances très rapprochées un grand nombre de valvules en

nids de pigeon (fig. 242), disposées par paires et oblitérant complètement, quand elles viennent à s'adosser, la cavité du canal. Toute l'épaisseur du vaisseau prend part à leur formation, de sorte qu'un vaisseau lymphatique semble résulter de l'union d'une série de petites ampoules en forme de poire, placées bout à bout. C'est. grâce à ces valvules que la lymphe chemine dans les vaisseaux par un mécanisme analogue à celui qui fait cheminer le sang dans les veines. On a constaté cependant chez divers Poissons et Ba-

Fig. 242. — Coupe d'un vaisseau lymphatique : valvules et renflements qui leur correspondent.

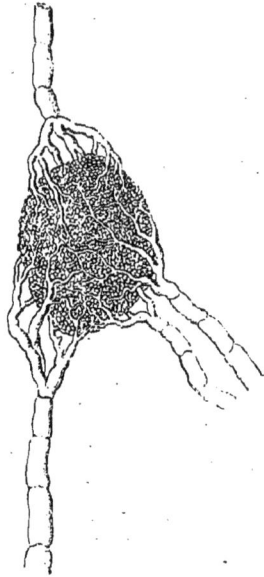

Fig. 243. — Un ganglion lymphatique avec ses vaisseaux afférents et ses vaisseaux efférents.

traciens l'existence de parties contractiles du système lymphatique, qu'on peut considérer comme des *cœurs lymphatiques.*

Les vaisseaux lymphatiques ne changent que lentement de calibre sur leur parcours ; mais ils sont brusquement interrompus de place en place par des renflements multiples, plus ou moins volumineux, auxquels aboutissent en général plusieurs vaisseaux et qui sont les *ganglions lymphatiques* (fig. 243). Ces ganglions sont surtout nombreux au voisinage des principaux viscères, à la partie interne de l'articulation des membres, du côté de la flexion, à la base et sur divers points du cou autour des carotides. Ils sont particulièrement sujets à s'enflammer : une blessure, même légère, d'un membre, un abcès, une plaie quelque peu prolongée, l'évolution d'une dent, provoquent presque toujours un accroisse-

ment de volume de ganglions parfois même assez éloignés, qui
deviennent alors durs et douloureux, font saillie sous la peau et
peuvent même arriver à suppurer. Certaines personnes, dont l'appareil lymphatique est très développé, sont extrêmement sujettes à
ce dernier accident, caractéristique d'une *constitution scrofuleuse.*

On peut assez exactement se représenter les ganglions lymphatiques comme formés d'une partie centrale finement spongieuse, contenant un réseau de vaisseaux sanguins, et d'une capsule fibreuse,

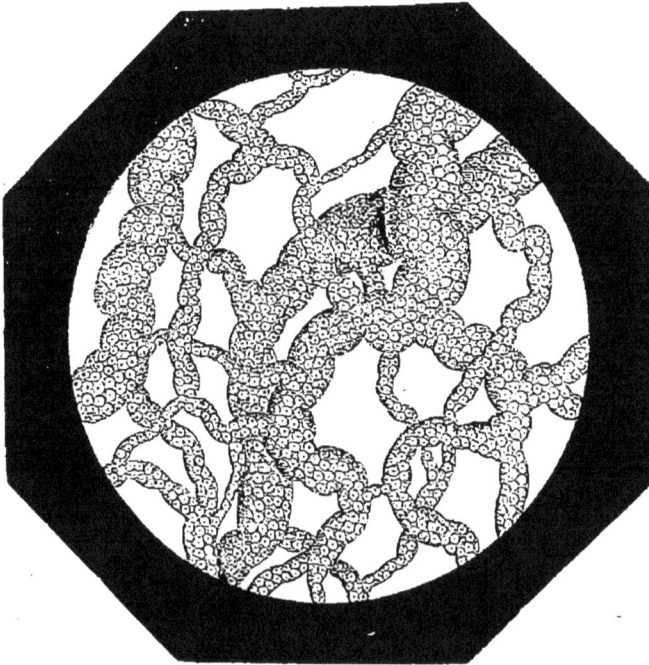

FIG. 244. — Capillaires lymphatiques vus au microscope et laissant apercevoir, à
travers leur paroi, les corpuscules de la lymphe.

séparée de cette partie centrale par un espace rempli de lymphe que
traversent les ramifications nombreuses d'un réseau de tissu
conjonctif. Ce réseau se resserre en différents points autour de la
partie centrale, de manière à constituer des îlots ou *follicules* ayant
des prolongements dans cette dernière et dans lesquels s'accumulent momentanément les cellules de la lymphe qui remplit le
ganglion. Celle-ci est amenée et remportée par des vaisseaux
lymphatiques qui, traversant l'enveloppe fibreuse du ganglion,
viennent s'ouvrir dans un espace lâchement spongieux, ou *sinus
lymphatique,* compris entre cette capsule et la zone des follicules.

On a fait des recherches nombreuses pour déterminer le mode

de naissance des vaisseaux lymphatiques. Il est aujourd'hui certain que les *capillaires lymphatiques* (fig. 244) ne communiquent pas avec les capillaires sanguins. Un grand nombre d'entre eux viennent s'ouvrir dans la cavité des séreuses et notamment dans celles du péritoine et de la plèvre par de petits orifices, bordés de cellules spéciales (fig. 245) et présentant une certaine ressemblance avec les *stomates* des végétaux. Le liquide des séreuses peut passer directement dans les vaisseaux lymphatiques et l'on explique ainsi qu'il puisse être rapidement résorbé lorsqu'une inflammation des séreuses, une pleu-
résie par exemple, vient à guérir. Les chylifères se terminent, au contraire, en doigt de gant, dans les villosités intestinales et peut-être existe-t-il encore d'autres modes de terminaison des lym-
phatiques. Quoi qu'il en soit, par les communications multiples qu'il pré-
sente avec toutes les cavités séreuses, par le réseau serré qu'il forme dans toutes les parties du corps, le système des vaisseaux lymphatiques absorbe partout les humeurs qui imprègnent naturellement les tissus, le sérum qui a traversé les capillaires sanguins, les liquides et même les corpuscules solides de très petites dimensions acci-
dentellement injectés dans les cavités

FIG. 245. — Orifices des vais-
seaux lymphatiques dans le feuillet du péritoine qui tapisse le centre phrénique du diaphragme. — *t*, fibres ten-
dineuses ; *f*, fente lympha-
tique, orifices ou *puits* lymphatiques. (Grossissement, 120 diamètres).

ou les espaces interstitiels de l'organisme. Les substances ainsi absorbées séjournent ensuite plus ou moins longtemps dans les gan-
glions; il est dès lors facile à comprendre que, dans un très grand nombre de maladies infectieuses de l'organisme, causées par l'invasion de microbes, les ganglions s'enflamment presque toujours.

La lymphe arrive dans l'appareil circulatoire proprement dit par l'intermédiaire de deux gros vaisseaux : le *canal thoracique* et la *grande veine lymphatique*. Le canal thoracique (fig. 241) commence au niveau de la deuxième vertèbre lombaire par la *citerne de Pecquet* à laquelle aboutissent les chylifères venant de l'intestin; il traverse le diaphragme avec l'aorte, s'incline ensuite vers la gauche, remonte le long de la colonne vertébrale et vient s'ouvrir dans la

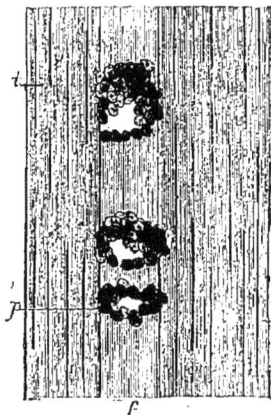

veine sous-clavière gauche, tout auprès de l'orifice de la veine jugulaire interne.

La grande veine lymphatique est très courte (10 à 12 millimètres) et quelquefois remplacée par deux ou trois troncs isolés ; elle reçoit les lymphatiques de la moitié droite de la tête, du cou, du diaphragme, du bras droit, du poumon droit et se termine dans la veine sous-clavière droite, en un point correspondant à l'orifice du canal thoracique.

Connaissant le lien qui existe entre le système des vaisseaux lymphatiques et celui des vaisseaux sanguins, on ne s'étonnera pas de retrouver dans le sang des corpuscules analogues à ceux de la lymphe ; on a cru même que ces corpuscules, dont l'origine n'est pas encore bien établie, pouvaient se transformer en globules du sang ; mais rien jusqu'ici ne le démontre positivement.

Le sang. — Nous avons suivi le liquide nourricier du cœur dans les artères, dans les veines, dans l'intestin, dans le foie, dans les poumons, ce sont là ses principales étapes. Dans ce parcours, le sang change forcément d'aspect et de propriétés ; le moment est venu de rechercher quels sont ses caractères généraux et quelles sont les modifications dont il est susceptible.

Le sang apparaît, à l'œil nu, comme un liquide visqueux, d'un rouge vif dans les artères de la grande circulation ou quand il a été exposé à l'air, d'un rouge brun ou violacé dans les veines. Il a une saveur légèrement salée, une odeur âcre particulière et une réaction constamment alcaline. Abandonné à lui-même, il perd sa consistance liquide et prend l'aspect d'une masse molle, élastique ; il est alors *coagulé*. Peu à peu, la masse déjà coagulée se sépare en deux parties, l'une, franchement liquide, de couleur jaunâtre, qui est le *sérum ;* l'autre, de plus en plus consistante à mesure qu'elle s'isole du sérum et *de couleur rouge brun :* c'est le *caillot.* Chez quelques animaux, chez le Cheval, par exemple, le sang, au moment de se coaguler, se sépare en deux couches : l'une supérieure, presque incolore, l'autre inférieure, rouge, toutes deux de même consistance ; dans certaines maladies ce mode de coagulation apparaît même chez l'Homme, et la couche supérieure incolore forme ce qu'on appelle alors la *couenne inflammatoire.*

Il résulte déjà de ces faits que le sang contient un liquide incolore et une substance colorante qui peuvent se séparer spontanément. Lorsqu'au lieu de laisser le sang se coaguler tranquillement, on le bat avec des verges, on voit s'attacher à celles-ci des filaments élastiques, résistants, que l'on reconnaît aisément pour de la fibrine ; le sang ainsi *défibriné* est encore rouge, mais il a perdu la propriété de se coaguler ; c'est donc à la fibrine, dissoute dans le sérum, qu'il doit cette propriété. Le sang défibriné a encore une belle couleur rouge. Si on le laisse reposer, peu à peu il se sépare néanmoins en deux couches, dont l'une gagne le fond et conserve seule la couleur rouge ; si on le filtre à travers un filtre suffisamment épais, il ne passe que du sérum et la matière colorante reste sur le filtre. Cette expérience indique que la matière colorante du sang est simplement tenue en suspension dans ce liquide et ne s'y trouve pas à

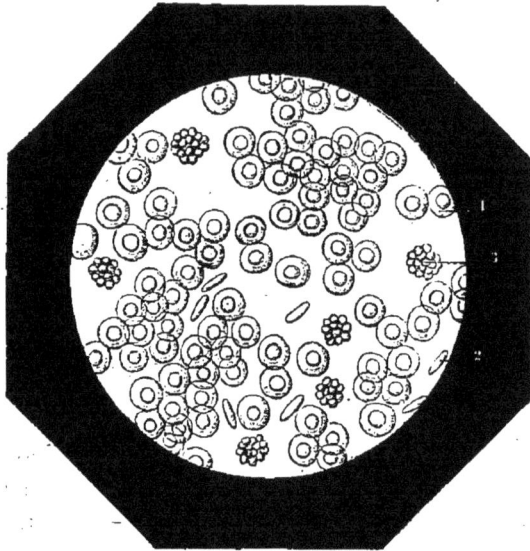

Fig. 246. — Globules du sang de l'Homme, vus à un grossissement de 600 diamètres. — 1, globules rouges vus de face ; 2, Les mêmes vus de profil ; 3, globules blancs.

l'état de dissolution. Dès lors on est conduit à rechercher, à l'aide du microscope, quelle est sa nature et on trouve qu'elle réside dans une infinité de corpuscules, tous à peu près semblables entre eux et qu'on appelle les *globules du sang*. On peut se dispenser de défibriner le sang, pour le filtrer, en y ajoutant certaines substances qui retardent sa coagulation, comme le sucre, ou l'empêchent même totalement, comme de petites quantités de soude et de potasse caustique. Les globules sanguins ont, dans ce cas, la même apparence que dans le sang défibriné et le sérum conserve la même composition. Cela prouve que la fibrine est dissoute dans le *sérum* ou *plasma* sanguin et n'a rien à faire avec les globules eux-mêmes.

Sous l'action de l'oxygène, nous avons vu que le sang noir des veines devient rouge ; ce changement de coloration ne peut d'après ce qui précède se produire que dans les globules ; il montre que ces éléments se modifient profondément pendant la respiration et confirme l'opinion déjà émise qu'ils jouent un rôle important dans l'accomplissement de cette fonction.

Les globules du sang, examinés au microscope (fig. 246), ont l'aspect de disques circulaires présentant une plage centrale de couleur foncée ou de couleur claire suivant la façon dont on met l'instrument au point ; ils n'offrent pas dans toutes les positions cette forme circulaire ; vus de trois quarts ils sont elliptiques et, vus de profil, ils ont l'apparence d'un bâtonnet arrondi aux deux bouts. Des aspects divers que peut présenter un même globule lorsqu'on le fait mouvoir dans le champ du microscope, on doit conclure que ces éléments ont la forme de disques biconcaves ; la plage centrale claire ou obscure qu'ils présentent est due tout simplement à ce que quand on les regarde au miscroscope, leurs bords saillants ne sont pas mis au point en même temps que leur partie enfoncée. La forme aplatie des globules sanguins fait qu'ils peuvent se grouper sous le microscope en piles plus ou moins considérables que l'on a comparées à des piles d'écus (fig. 247, a).

On n'aperçoit sur les globules sanguins aucune trace de noyau. Chez l'Homme leur diamètre est de sept à huit millièmes de millimètre ; leur épaisseur de deux millièmes de millimètre. On peut, au moyen de divers artifices, arriver à évaluer le nombre de globules sanguins contenus dans un centimètre cube de sang, et l'on a imaginé divers *compte-globules* qui permettent de suivre les variations du nombre de ces corpuscules dans le cours de diverses maladies. En moyenne, chez l'homme bien portant, il y a un peu plus de cinq millions de globules dans un millimètre cube de sang ; leur nombre serait un peu moindre chez la femme. Le corps entier contenant cinq à six litres de sang, ces estimations portent à 25 trillions (25 000 000 000 000) le nombre total de globules sanguins que possède chacun de nous. Un calculateur a fait remarquer que la file formée par tous ces globules réunis, aurait 175.000 kilomètres de long ; c'est presque la moitié de la distance de la terre à la lune.

La surface totale des globules de l'Homme est d'environ 3000 mètres carrés. C'est la surface sur laquelle les globules peuvent condenser l'oxygène qui doit servir à la respiration.

Les dimensions des globules sanguins varient notablement d'une

espèce animale à une autre, sans avoir aucun rapport avec la taille.
Parmi ceux des Mammifères les plus petits sont ceux du Chevrotain
porte-musc (0ᵐᵐ,002), viennent ensuite ceux du Cochon d'Inde
(0ᵐᵐ,0025). Le Cheval et le Bœuf ont des globules de 0ᵐᵐ,0056; chez
la Souris, le Rat, le Loir, le Cochon, le Rhinocéros, le Chat, leur
diamètre s'écarte peu de 0ᵐᵐ,006; il atteint son maximum chez l'Éléphant : 0ᵐ,0094. Le Chameau, le Lama et les animaux voisins présentent cette particularité que leurs globules sont elliptiques (fig. 247)
au lieu d'être circulaires, comme chez les autres Mammifères. C'est

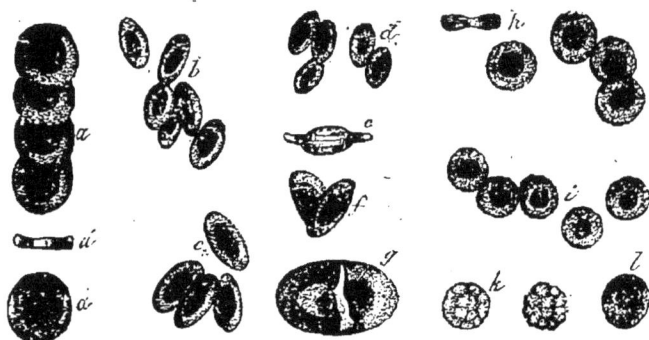

FIG. 247. — Globules sanguins de l'Homme et de divers animaux. — *a, a'*, globules sanguins de l'Homme vus de face et de profil. — *b*, globules elliptiques
du Chameau. — *c, d*, id. d'un Oiseau. — *e*, id. de la Grenouille. — *f*. id. du Protée.
— *g*. id. de la Salamandre (la membrane extérieure est déchirée). — *h*, id. de la Lamproie. — *i*, id. du Homard. — *k*. id. de la Limace. — *l*, globules blancs du sang de
l'Homme.

là du reste la forme constante des globules chez les Poissons, les
Batraciens, les Reptiles et les Oiseaux, où ces éléments présentent
généralement, en outre, un noyau. Ils ont chez certains Batraciens
des dimensions remarquables; leur longueur est de 55 millièmes de
millimètre chez la Grenouille, de 58 chez la Sirène lacertine (fig. 36),
de 77 chez l'Amphiuma tridactyle qui est, de tous les Vertébrés étudiés jusqu'ici, celui dont les globules du sang sont le plus grands.

On a cherché quel rapport pouvait exister entre l'activité physique
des animaux et les dimensions de leurs globules, à taille ou à poids
égal. Plus les globules sont petits, plus ils sont nombreux, plus la
surface par laquelle ils sont en rapport soit avec les tissus, soit avec
l'air extérieur est considérable. Il semble donc que la combustion
respiratoire, et par conséquent la quantité de chaleur ou de force
disponible, soit proportionnellement plus considérable chez les animaux à petits globules que chez les animaux à globules plus gros.

Une telle relation n'a pu être jusqu'ici mise franchement en évidence.

Globules blancs. — Outre les globules rouges on trouve dans le sang une proportion variable de *globules blancs* ou *leucocytes* [1] (fig. 246, n° 3 et 247, *l*) de couleur, de forme et de propriétés toutes différentes. Ce sont des corpuscules qui peuvent atteindre jusqu'à 14 millièmes de millimètre de diamètre, et présentent souvent plusieurs noyaux; ils sont de couleur blanche ou légèrement rosée, sensiblement sphériques, mais capables de changer de forme spontanément, de pousser des prolongements variés, de les rétracter pour en pousser de nouveaux ou pour reprendre leur forme sphérique, en un mot d'effectuer des *mouvements amiboïdes*. Grâce à cette propriété, les globules blancs sont capables de s'attacher aux parois des vaisseaux, de traverser même l'épaisseur des capillaires et de devenir libres dans les tissus; peut-être est-ce, en partie, à une migration de ce genre qu'il faut attribuer l'accumulation dans les organes enflammés de nombreux globules blancs, nageant dans une sérosité et constituant alors ce liquide bien connu sous le nom de *pus*. Il y a, en effet, identité presque absolue entre les globules du pus et les globules blancs du sang. Mais les globules du pus paraissent pouvoir se former hors des vaisseaux dans tous les tissus enflammés. Les corpuscules blancs du sang peuvent englober dans leur masse des corps étrangers et les transporter avec eux hors des vaisseaux, de sorte que s'il existe en un point de l'organisme une affection localisée causée par des microbes, les globules blancs peuvent transporter avec eux les germes de ces microbes et déterminer l'explosion de l'affection sur d'autres points du corps.

Assez souvent, on rencontre des globules blancs qui contiennent dans leur substance les débris des globules rouges qu'ils semblent avoir digérés. Ils présentent alors une couleur rose qui a fait admettre leur transformation en globules rouges. Les corpuscules de la lymphe ne différant guère des globules blancs du sang, on pourrait supposer, dans cette hypothèse, que c'étaient, en dernière analyse, les globules de la lymphe qui deviennent les globules rouges du sang; la lymphe prendrait, dans ce cas, le rôle d'une humeur essentiellement réparatrice du sang, ce qui est vrai d'ailleurs, en tout état de cause. Malheureusement la transformation des globules blancs en globules rouges n'est pas rigoureusement démontrée et la

---

1. De λεύκος blanc, et κύτος, cellule.

rapidité avec laquelle varie la proportion de ces éléments dans certaines circonstances est peu favorable à cette manière de voir. On a observé que les globules blancs sont plus nombreux après les repas qu'avant. Leur nombre a été évalué pendant l'abstinence à 1 pour 1000 globules rouges ; il peut s'élever à 1 pour 400 globules rouges après qu'on a mangé. Cela rend probable que ce sont bien les corpuscules blancs du chyle et de la lymphe qui passent directement dans le sang ; mais que deviennent ceux qui disparaissent dans l'intervalle des repas ? On l'ignore, et tout ce qu'on peut dire c'est que la destruction des globules rouges ne paraît pas assez rapide pour justifier une telle consommation de globules blancs.

Le nombre des globules blancs diminue chez les vieillards ; il est à son maximum chez les adolescents. La disparition d'une certaine quantité de globules rouges fait paraître le nombre relatif des leucocytes plus grand après les saignées. On a vu enfin le nombre de ces derniers augmenter parfois dans de telles proportions que le sang paraissait comme laiteux : c'est la maladie qu'on désigne sous le nom de *leucémie* [1] ; il ne faut pas la confondre avec l'*anémie* [2] qui provient d'une diminution du nombre des globules rouges sans changement notable dans la proportion relative des deux éléments. Dans l'anémie, les tissus se décolorent, les muqueuses ordinairement rouges deviennent pâles, caractères qui se manifestent au plus haut point dans la *chlorose* des jeunes filles [3].

Des granulations, plus petites que les globules blancs, et qu'on a désignées sous le nom de *globulins*, se trouvent encore dans le sang, mais ce ne sont probablement pas des éléments anatomiques doués d'une vie propre.

Composition chimique du sang. — Si l'on vient à soumettre le sang à l'analyse immédiate, on trouve que ses éléments constituants sont en moyenne répartis ainsi qu'il suit, dans un kilogramme de sang :

Globules	127	grammes.
Albumine	70	—
Fibrine	3	—
Eau	790	—
Substances diverses	10	—
Total	1000	—

1. De λεύκος, blanc, et αἷμα, sang.
2. De ἄ, privatif, et αἷμα, sang.
3. De χλωρός, vert.

Ces nombres peuvent subir quelques modifications ; si le poids des globules tombe au-dessous de 125 grammes, celui de l'albumine au dessous de 60, celui de la fibrine au-dessous de 20, le sang devient anormal par défaut de ces éléments ; il est anormal par excès quand les nombres dépassent 145 pour les globules, 90 pour l'albumine, 35 pour la fibrine. La rubrique *substances diverses* mérite dans cette analyse une attention particulière : elle comprend, en effet, la plupart des substances chimiques qui existent dans l'organisme et qui sont puisées dans le sang par les tissus ou rejetés par eux dans ce liquide ; elle comprend aussi les nombreuses substances solubles qui proviennent de la digestion et celles qui peuvent être accidentellement absorbées par la peau. C'est dire combien ces « substances diverses » sont nombreuses et variées ; on peut les rapporter à plus de cinquante espèces chimiques différentes. Il est commode de les diviser en *substances assimilables* qui doivent servir à la nutrition des éléments anatomiques et en *produits de désassimilation* qui sont rejetés par eux. A la première catégorie appartiennent des substances albuminoïdes, des graisses, des matières sucrées, un nombre considérable de chlorures, de carbonates, de phosphates alcalins ou terreux, de la silice, de la soude, du sesquioxyde de fer, enfin l'oxygène. La seconde catégorie comprend l'urée, les acides urique et hippurique, la créatine, la créatinine, la matière colorante de la bile, les acides provenant de la destruction des graisses, divers sucres, des lactates, de l'azote et de l'acide carbonique libres. ·

Les produits de désassimilation sont, pour la plupart, destinés à être éliminés par les glandes. Les substances assimilables sont prises par le sang en diverses parties du corps ; elles disparaissent en d'autres, et sont remplacées par des produits de désassimilation ; la composition chimique du sang change donc notablement suivant les points du corps où il est recueilli. Ainsi la composition du sang de la veine sous clavière gauche est modifiée par la lymphe qu'y déverse le canal thoracique ; celle du sang de la veine porte est modifiée par les nombreuses substances qui ont été puisées dans l'intestin ; celle du sang des veines hépatiques est modifiée par le sucre fabriqué dans le foie, nous le verrons bientôt, et abandonné par cet organe au liquide nourricier ; celle du sang des veines rénales est modifiée par la disparition d'une grande partie de l'urée et des acides urique et hippurique ; il en est de même pour les autres veines. Les modifications apparaissent surtout dans le sang au sortir des organes dans lesquels il a subi une élaboration, ou à la nutrition desquels il s'est employé ; on les constate par conséquent dans le sang veineux dont la composition est ainsi extrêmement variable. La composition du sang artériel est beaucoup plus constante ; le sang des artères demeure, en effet, à peu près tel qu'il est parti du cœur et devient, par définition même, du sang veineux dès qu'il a servi à la nutrition des organes. Cette transformation a lieu suivant des modes différents dans les diverses régions du corps, tandis que le sang veineux ne devient sang artériel qu'en traversant les poumons, où il abandonne de l'acide carbonique et prend de l'oxygène.

On peut toutefois comparer les caractères moyens du sang veineux tel qu'on le trouve dans les veines caves, par exemple, avec ceux du sang artériel et l'on reconnaît que le sang artériel, rouge vermillon, est plus riche en fibrine, en globules, en sels inorganiques ; il est aussi plus coagulable ; le sang veineux, rouge brun, est, au contraire, plus riche en albumine, en eau et en matières grasses. Mais la différence la plus grande que présentent ces deux sortes de sang, celle à laquelle ils doivent leur coloration particulière, consiste dans les proportions des différents gaz qu'ils renferment.

Gaz contenus dans le sang. — On a fait de nombreuses recherches pour déterminer la quantité des gaz contenus dans le sang ; ces gaz sont de l'acide carbonique, de l'oxygène et de l'azote. Ils existent dans le liquide nourricier sous des états bien différents : l'azote est simplement dissous dans le plasma sanguin ; on sait, depuis les recherches de M. Fernet, que l'acide carbonique s'y trouve principalement combiné aux phosphates et carbonates alcalins ; l'oxygène est presque entièrement retenu par les globules dans lesquels il est combiné avec la matière colorante qui lui doit ses variations de teinte. L'état de combinaison d'une grande partie des principaux gaz contenus dans le sang oblige à employer des moyens spéciaux pour les extraire. Ces combinaisons sont, à la vérité, peu stables et elles se dissocient déjà dans le vide de la machine pneumatique ; mais on n'obtient ainsi qu'une partie des gaz. En faisant passer dans le sang un courant d'hydrogène pur ou d'oxyde de carbone on en force davantage à se dégager : l'oxyde de carbone chasse purement et simplement l'acide carbonique et l'azote comme le ferait tout autre gaz inerte ; il peut être à son tour chassé par eux, mais il se substitue à l'oxygène dans l'hémoglobine et forme une combinaison stable que l'oxygène ne peut plus défaire ; de là les dangers que présente l'inhalation de ce gaz. On obtient une proportion plus grande encore des gaz dissous dans le sang en chauffant le liquide dans un bain-

marie et en le soumettant en même temps à l'action de la pompe à
mercure, qui produit plus rapidement un vide plus parfait que la
machine pneumatique ordinaire ; mais tout l'oxygène n'est pas encore dégagé par ce procédé et l'emploi de réactifs délicats comme
l'hydrosulfite de soude qui décolore l'indigo, en présence de l'oxygène, démontre que le sang soumis à l'action de la pompe à mercure
possède encore un pouvoir oxydant considérable. M. Schützenberger
a trouvé, par ce procédé, que l'hémoglobine, oxydée au maximum par
l'agitation du sang à l'air, possède un pouvoir comburant une fois et
demie plus grand que celui qu'on déduit de la quantité d'oxygène
extraite par la pompe à mercure. Ce pouvoir correspond à 45 centimètres cubes d'oxygène par 100 centimètres cubes de sang, tandis
que la pompe à mercure n'extrait du sang que 15 à 20 centimètres
cubes pour cent.

En se bornant à l'emploi de la pompe à mercure, on trouve que le
sang veineux contient en moyenne, pour 1000 centimètres cubes :

> 450 centimètres cubes d'acide carbonique ;
> 135 centimètres cubes d'oxygène ;
> 15 centimètres cubes d'azote.

Le sang artériel contient dans les mêmes conditions :

> 388 centimètres cubes d'acide carbonique ;
> 203 centimètres cubes d'oxygène ;
> 16 centimètres cubes d'azote.

Ces chiffres n'accusent que l'oxygène libre ou faiblement combiné
avec l'hémoglobine ; l'oxygène, plus fortement combiné avec cette
substance, ne peut lui être enlevé que par de faibles actions chimiques, actions capables cependant de se produire dans l'organisme. Cela donne un vif intérêt à l'étude de la curieuse substance
colorante qui imprègne les globules sanguins, et dont le rôle, dans
l'économie générale de la nature, semble être inverse de celui de
la chlorophylle végétale. La couleur verte de celle-ci est, par une
remarquable coïncidence, à peu près complémentaire de la couleur
rouge du sang.[1]

Hémoglobine. — L'*hémoglobine*, aussi appelée *hématoglobuline*
ou *hématocristalline*, peut être facilement extraite du sang à l'état
de pureté. Le procédé le plus sûr et le plus simple est celui de
M. Pasteur : il consiste à conserver, à l'air libre, dans un ballon à
col long et recourbé vers le bas, pour empêcher l'accès des micro-

bes, du sang extrait des artères avec toutes les précautions convenables pour qu'il ne vienne s'y mélanger aucun germe de fermentation. On voit, au bout de quelque temps, se déposer sur les parois
du ballon une matière cristalline rouge qui n'est autre chose que
l'hémoglobine (fig. 248).Ces cristaux varient de forme suivant l'espèce animale dont le sang a été ainsi conservé ; chez l'Homme, ils
ont la forme d'aiguilles ou de tablettes rectangulaires. Ils sont solubles dans l'eau, les alcalis, la bile, mais non dans l'alcool ; ils se
décomposent vers 160 degrés, en dégageant une odeur de corne
brûlée, attestant que l'azote est un de leurs éléments constitutifs.

Fig. 248. — Cristaux d'hémoglobine. — a, tablettes cristallines; b, aiguilles.

L'hémoglobine peut être, en effet, considérée comme une substance
albuminoïde caractérisée par ce fait important que le fer entre nécessairement dans sa composition. Les 127 grammes de globules
d'un kilogramme de sang ne contiennent pas moins d'un gramme
de sesquioxyde de fer ($Fe^2 O^3$). Le fer doit donc être compris dans la
catégorie des aliments nécessaires. Les globules du sang ne peuvent
se constituer sans lui ; son insuffisance peut être une cause d'anémie, et c'est alors un remède tout indiqué contre cet état maladif.

Comparant la couleur rouge du sang à la couleur de rouille de
certains sels de fer, on a quelquefois supposé que l'hémoglobine devait à ce métal sa couleur caractéristique; cela n'est pas probable,
car elle se transforme spontanément, dans les caillots de sang qui

s'extravasent dans l'organisme, par exemple, en une substance rouge comme elle, et de même composition, sauf que l'oxyde de fer y est remplacé par de l'eau. On peut d'ailleurs décomposer l'hémoglobine en une substance albuminoïde incolore, capable de cristalliser, et en une matière colorante, qui contient tout le fer et qu'on a appelée l'*hématosine.*

Rôle des diverses matières contenues dans le sang. — Nous venons de voir que l'hémoglobine est le principal agent fixateur de l'oxygène sur les globules du sang : ces globules président donc essentiellement aux phénomènes de combustion qui s'accomplissent dans l'organisme ; ils contiennent d'autres substances qui paraissent leur être plus particulièrement propres, comme les sels de potasse et certaines graisses phosphorées, parmi lesquelles le *protagon,* auquel on a attaché un moment une grande importance, à cause de sa présence dans le cerveau. Le plasma sanguin contient, au contraire, plus particulièrement les sels de soude, qui fixent l'acide carbonique, et permettent au sang d'en contenir une bien plus grande quantité qu'un égal volume d'eau ; il est digne de remarque que ce gaz, résidu de l'activité vitale, se trouve dans la partie non vivante du sang, tandis que l'oxygène qui provoque cette activité, ou qui est tout au moins nécessaire à son existence, se trouve fixé sur les éléments du sang qui vivent au même titre que les éléments anatomiques groupés en tissus. On peut conclure de là que l'échange gazeux qui s'accomplit dans les poumons, n'est pas seulement un échange mécanique comme celui que l'on observe lorsque deux liquides contenant en dissolution des gaz différents sont mis en présence à travers une membrane. En s'emparant de l'oxygène qui arrive à leur portée, les globules du sang font acte d'êtres vivants, tout comme les cellules de levûre de bière quand elles absorbent l'oxygène de l'air ou l'enlèvent au sucre au contact duquel ils se trouvent. Les globules du sang de certains animaux sont d'ailleurs capables, tout comme les cellules de levûre, de s'approprier l'oxygène déjà fixé sur les globules d'animaux d'une autre espèce ; M. Gréhant a constaté que des tanches pouvaient respirer dans du sang défibriné et ne contenant d'oxygène que celui fixé sur les globules.

Causes de la coagulation du sang. — C'est exclusivement dans le plasma sanguin que se trouve la fibrine, et nous savons que c'est la substance qui se coagule dans le sang ; mais sous quelle influence

la fibrine elle-même se coagule-t-elle? Pourquoi dans l'organisme le sang demeure-t-il en général parfaitement fluide tandis
qu'il se prend en masse presque aussitôt après en être sorti? On ne
connaît encore rien de certain sur ce sujet. On sait seulement que
le froid, l'addition de certaines substances telles que le sucre, le sel
marin, les alcalis et les sels alcalins, retardent ou empêchent la
coagulation du sang. Cette coagulation se produit le plus rapidement quand le sang est maintenu à la température de l'organisme,
le refroidissement n'y est donc pour rien. Le contact de l'air, pas
davantage : il se forme des caillots dans les vaisseaux, au cours de
diverses affections, et le sang, mis à l'abri de l'air sous une couche
d'huile, se coagule comme d'habitude. L'acide carbonique est également sans influence ; le sang mélangé à ce gaz ou complètement soustrait à son action se coagule de la même façon ; les acides et l'alcool
dilués n'agissent pas plus que l'acide carbonique. On demeure
donc dans une complète ignorance relativement aux causes de la
coagulation. Naturellement, toutes les conditions qui amènent une
diminution de la fibrine dans le sang, diminuent également la coa-
gulabilité de ce liquide. On a vu, chez quelques individus, la fibrine disparaître presque entièrement ; leur sang était incoagulable;
la moindre blessure peut alors entraîner des hémorrhagies considérables et fort dangereuses, puisqu'il ne se forme pas de caillot pouvant
fermer les ouvertures faites aux vaisseaux.

Origine du sang et de ses globules. — Où se forme le sang?
Il est bien évident que son plasma résulte du mélange du chyle avec
un produit d'exsudation, à la constitution duquel prennent part les
éléments anatomiques de toutes les régions de l'organisme et qui se
montre d'abord à l'état de lymphe. Mais il n'en est plus de même des
globules. Chez les embryons de Mammifères, les globules sont d'abord
incolores et pourvus d'un noyau : ils jouissent de la faculté de se
multiplier par division et leur reproduction paraît être particulièrement active dans le foie ; mais chez les Mammifères adultes le noyau
manque et aucune observation ne permet de supposer que les
globules rouges se segmentent. On est à peu près certain que les
globules blancs se forment dans les séreuses, à la surface des muqueuses enflammées, peut-être à l'intérieur des ganglions lymphatiques ; mais il n'est pas sûr qu'ils se transforment en globules
rouges.

Une glande spéciale, *la rate*, se trouve en rapport avec l'appareil
vasculaire et, bien qu'elle ait un volume assez considérable, on ne

lui connaît aucune fonction bien définie. On a supposé tantôt que les globules du sang s'y détruisaient, tantôt qu'ils s'y développaient. Quelques faits semblent venir à l'appui de cette manière de voir.

La rate est formée de deux enveloppes: l'une dépendant du péritoine ; l'autre, fibreuse, se repliant sur les vaisseaux de l'organe, ou *vaisseaux spléniques*, et émettant de toutes parts des trabécules qui unissent les parois externes des vaisseaux à la paroi interne de l'enveloppe. Les artérioles portent des corpuscules cellulaires assez volumineux, les *corpuscules de Malpighi*. Les interstices laissés vides par les vaisseaux et les trabécules sont remplis par la *pulpe splénique*, où l'on trouve comme dans les corpuscules de Malpighi des cellules spéciales, contenant parfois des globules sanguins. C'est ce qui a fait penser que les globules sanguins étaient détruits dans la rate ; mais, d'autre part, il existe dans la rate des jeunes animaux de petites cellules jaunes qu'on ne peut guère considérer que comme des globules du sang en voie de formation. La rate contient en outre du fer, et lorsque son activité fonctionnelle est surexcitée, par la section des nerfs de l'une de ses moitiés, par exemple, son parenchyme s'appauvrit en fer, tandis que le nombre des globules du sang augmente notablement. Il est naturel de conclure de là, comme l'ont fait MM. Picard et Malassez, qu'il se forme dans la rate de nouveaux globules et que le fer qui disparaît de sa substance est employé à leur formation. La rapidité avec laquelle le sang se régénère après d'abondantes hémorrhagies ne permet pas de mettre en doute qu'il y ait dans l'organisme une active formation de globules sanguins. Cette active formation suppose une destruction à peu près équivalente ; mais on est tout aussi peu renseigné sur la durée de l'existence des globules sanguins et sur la façon dont ils disparaissent, que sur leur origine.

CHAPITRE V

La sécrétion et la vie des éléments anatomiques. — Nous avons vu que la nutrition des éléments anatomiques consiste en deux mouvements inverses, l'un par lequel ils s'assimilent sans cesse des quantités nouvelles de substance, l'autre par lequel ils se désagrègent continuellement, et rejettent à l'extérieur les produits de cette désagrégation. Lorsque le premier de ces mouvements l'emporte en intensité sur le second, l'élément anatomique s'accroît ; il demeure stationnaire si les mouvements d'entrée et de sortie, d'*assimilation* et de *désassimilation,* se contre-balancent ; lorsque le dernier est le plus énergique, l'élément dépérit et meurt.

Quelle que soit l'activité vitale d'un élément, le mouvement de désassimilation ne cesse pas : il s'ensuit que, partout où se trouve un élément anatomique vivant, il se produit autour de lui une exsudation plus ou moins considérable de substances diverses. Lorsque des éléments anatomiques sont réunis en masse compacte, comme cela arrive dans les muscles, les produits de désassimilation imprègnent cette masse ; ils y sont généralement repris par les vaisseaux lymphatiques et sont ainsi ramenés dans la circulation générale, ou bien ils forment ces substances interstitielles qui se déposent entre les éléments et jouent parfois un rôle si important dans la constitution des tissus. Lorsque les éléments s'étendent en larges surfaces, comme cela a lieu pour les épithéliums des séreuses et des muqueuses ou pour l'épiderme lui-même, les produits exsudés forment des enduits, tels que ceux qui lubréfient toutes les muqueuses ou facilitent le glissement l'un sur l'autre des feuillets adossés des séreuses ; mais il arrive aussi que des éléments de nature particulière tapissent des cavités, tantôt cylindriques, tantôt sphériques, tantôt plus ou moins anfractueuses. Les produits qu'ils rejettent s'amassent alors dans ces cavités ; on les voit, dans certaines circonstances, sourdre au dehors en quantités appréciables ; les cavités où ils se rassemblent prennent alors le nom de *glandes* (fig. 156, n° 2) ; on dit que ces produits sont eux-mêmes *sécrétés* par la glande, et l'on considère les glandes comme chargées d'accomplir une des grandes fonctions de l'organisme, la fonction de *sécrétion*. Cette fonction n'est, comme on voit, qu'un cas particulier d'une fonction commune à tous les éléments anatomiques vivants.

Glandes. — Les glandes ont dans l'organisme une importance considérable. Il n'est pas de région de la peau ou du tube digestif qui n'en présente un nombre considérable. Beaucoup s'écartent peu de la forme primitive que nous venons d'indiquer, ce sont des *glandes simples* : elles sont généralement enfouies dans l'épaisseur des tissus, telles sont les glandes de l'estomac et de l'intestin. Mais d'autres se présentent sous l'aspect d'organes spéciaux, nettement délimités, généralement constitués par un tissu compact, d'apparence homogène. Une étude plus approfondie montre, en général, que les glandes sont constituées par des tubes fermés à une de leurs extrémités, ramifiés, cylindriques, variqueux, ou renflés à leur extrémité close. Ces tubes, pelotonnés, enchevêtrés de mille façons, forment, associés à des vaisseaux, à des nerfs et à du tissu conjonctif, la substance particulière de la glande. C'est la structure que nous ont montrée les glandes salivaires et le pancréas.

Les extrémités closes et souvent renflées en massue des tubes glandulaires sont fréquemment désignées sous le nom d'*acini* ou *culs-de-sac sécréteurs*, parce qu'ils constituent en général la partie la plus active de la glande. L'épithélium y présente presque toujours une forme particulière. La partie du tube glandulaire qui fait suite à l'*acinus* prend le nom de *canal excréteur*. Chaque *acinus*, muni de son canal excréteur, peut être considéré comme une glande simple : il s'ensuit que les glandes salivaires et les glandes analogues sont de véritables glandes composées. Les poumons ne sont, en somme, que d'énormes glandes de cet ordre.

Dans le foie on ne trouve aucune trace de tubes glandulaires ; les éléments anatomiques forment là une masse continue, et c'est dans

leurs interstices que se rend le liquide sécrété par le foie, la
bile, en attendant qu'il arrive dans les canaux biliaires, chargés
de le porter au dehors.

Les liquides sécrétés par les glandes se rassemblent dans des
canaux excréteurs de plus en plus volumineux qui se renflent parfois en réservoirs où ils séjournent un certain temps, avant d'être
définitivement expulsés, comme le fait la bile dans la vésicule du fiel.
Les parois des gros canaux excréteurs et ceux des réservoirs peuvent avoir une structure assez compliquée : ils contiennent presque
toujours des fibres musculaires qui contribuent, par leur contraction,
à chasser au dehors le liquide sécrété.

Rôle des sécrétions. — Au point de vue de leur rôle dans l'économie, les produits de sécrétion des glandes peuvent se diviser en
deux grandes catégories. Les uns, jouissant de propriétés particulières, demeurent plus ou moins longtemps dans l'organisme, après
être sortis de l'appareil glandulaire où ils se sont formés, et sont
alors utilisés pour l'accomplissement de certaines fonctions : tels sont
les différents sucs digestifs dont nous avons fait précédemment
une étude détaillée. Les autres sont expulsés au dehors, sans avoir
aucun rôle à remplir ; ce sont des produits inutiles dont l'organisme
se débarrasse par l'intermédiaire des glandes qui jouent, dans ce
cas, le rôle d'organes dépurateurs. On désigne sous le nom d'*excrétion* cette forme spéciale de la fonction plus générale de sécrétion.

Il faudrait se garder de croire que la fonction d'excrétion
soit toujours nettement délimitée : s'il est des liquides qui sont,
comme l'urine, purement et simplement rejetés ; d'autres, comme
le lait, sans être utiles à l'être qui les produit, jouent, en dehors de
lui, un rôle important, et ne sont déjà plus, par conséquent, de
simples produits d'excrétion ; d'autres encore, comme la bile, contiennent des produits qui ne sauraient sans danger séjourner dans
l'organisme et qui sont expulsés tels quels ; mais en même temps
ils peuvent être, ainsi que nous l'avons vu, utiles à l'accomplissement d'autres fonctions : la bile concourt à la digestion ; les
larmes qui sont, en grande partie, rejetées, sont indispensables à
l'exercice de la vision, en maintenant constamment humide la
face antérieure de l'œil ; la sueur elle-même, en s'évaporant constamment à la surface du corps, lui enlève de la chaleur et devient
ainsi un facteur essentiel à la régularisation de la température
intérieure du corps.

Nous n'avons pas trouvé une division du travail absolue entre les différents sucs digestifs ; de même, nous ne saurions assigner, on le voit, un rôle unique à chacun des liquides sécrétés ou excrétés par l'organisme, et le caractère mixte de la plupart de ces liquides trouvera une interprétation toute naturelle si l'on se rappelle comment les fonctions des glandes se rattachent à l'une des propriétés essentielles des éléments anatomiques vivants, la désassimilation.

L'étude des *glandes lacrymales*, produisant les larmes, trouvera naturellement place, quand nous étudierons la structure de l'œil et de ses annexes ; nous décrirons les *glandes sudoripares* où s'élabore la sueur, en même temps que la peau dans laquelle elles sont enfouies ; mais nous devons dès maintenant faire connaître un appareil sécréteur, remarquable par son indépendance des autres systèmes, par son développement, et par l'importance de sa fonction : c'est l'appareil sécréteur de l'urine.

Appareil de la sécrétion urinaire. — Cet appareil existe chez tous les Vertébrés, sauf l'*Amphioxus* chez qui il demeure tout à fait rudimentaire. Chez les embryons de certains Poissons cartilagineux de la famille des Requins et chez quelques Batraciens, il est représenté par un ensemble de tubes ciliés intérieurement, disposés par paires, de chaque côté du corps, s'ouvrant d'une part dans la cavité générale par un entonnoir couvert de cils vibratiles, et d'autre part dans deux tubes longitudinaux, symétriques, débouchant extérieurement près de l'extrémité postérieure du corps. Chaque paire de tubes ciliés correspond à une vertèbre, de sorte que l'appareil rénal accuse nettement, chez les Vertébrés inférieurs, la division du corps en segments successifs que manifestent simultanément, chez eux, la disposition des muscles, celle du squelette, celle du système nerveux, celle de l'appareil circulatoire, et à laquelle ramène par conséquent la constitution de toutes les catégories d'organes. On est ainsi conduit à attribuer aux Vertébrés une constitution analogue à celle des Arthropodes et des Vers annelés et à admettre que leur corps peut également se décomposer en zoonites. Cette idée est encore appuyée par le fait que les tubes rénaux des Vertébrés inférieurs présentent exactement la même disposition que des organes de sécrétion que l'on observe chez tous les Vers annelés et qui, en raison de la constance avec laquelle ils se répètent d'anneau en anneau, ont été désignés sous le nom d'*organes segmentaires*.

L'appareil rénal dont nous venons d'indiquer les traits généraux se retrouve, plus ou moins modifié, chez les Poissons adultes et les Batraciens. Chez ces derniers, les tubes rénaux, quoique réunis en masse, conservent même leurs orifices en forme d'entonnoirs ciliés. Il est facile de les retrouver à la surface des reins, et on leur donne le nom de *néphrostomes*. Chez les Reptiles, les Oiseaux et les Mammifères, l'appareil rénal primitif ne se montre que durant la vie embryonnaire, constituant alors ce qu'on appelle les *corps de Wolf*; il est remplacé plus tard par un autre appareil, à la formation duquel il prend part et qui devient l'appareil rénal définitif.

Chez l'Homme et les Mammifères l'appareil de la sécrétion urinaire se compose de deux glandes, les *reins*, et d'un appareil excréteur complexe, comprenant les *uretères*, la *vessie* et l'*urèthre*. Nous décrirons successivement ces diverses parties.

Les reins. — Les reins de l'Homme sont situés au-dessous du diaphragme, tout près de la colonne vertébrale (fig. 249). Le rein

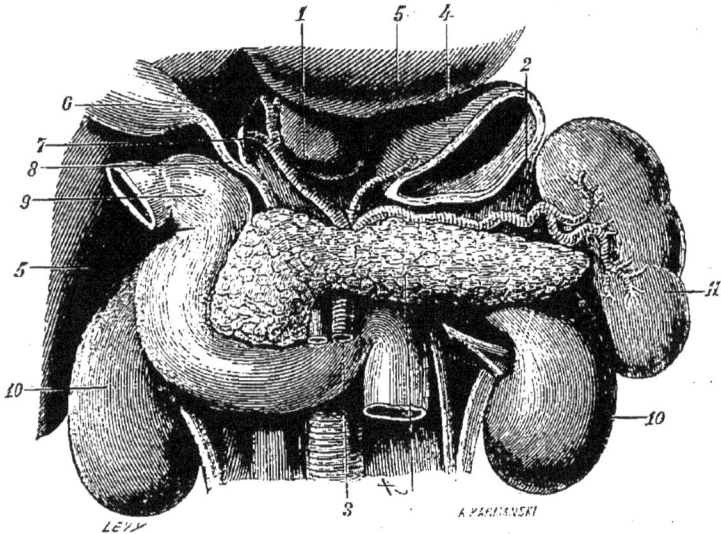

Fig. 249. — Les reins de l'Homme et les organes voisins. — 1, artère hépatique; 2, artère splénique; 3, artère mésentérique supérieure; 4, coupe du côlon transverse; 5, lobe gauche du foie; 6, vésicule du fiel; 7, canal hépatique; 8, canal cystique formant avec le canal hépatique le canal cholédoque; 9, duodénum; 10, reins et uretères; 11, rate; 12, pancréas.

droit, un peu moins long, plus large et moins épais que le rein droit, est en partie recouvert par le foie; le rein gauche par la rate. Leur longueur varie de 10 à 15 centimètres, leur largeur de 6 à 7, leur épaisseur de 2 à 3. Chaque rein pèse en moyenne 175 grammes chez la femme et 170 chez l'homme.

Ces organes ont sensiblement la forme d'un haricot, et possèdent par conséquent un bord régulièrement convexe et un autre présentant une concavité plus ou moins étendue. Par cette cavité, ou hile de la glande, pénètrent à l'intérieur de celle-ci, les gros vaisseaux qui y portent le sang et l'en ramènent, et les nerfs qui règlent la sécrétion. C'est aussi de ce point que naît pour chaque rein l'uretère qui conduit l'urine dans la vessie.

La couleur des reins est généralement d'un brun rougeâtre. Leur surface est lisse chez l'Homme et un très grand nombre de Mammifères; elle est, chez le Bœuf et quelques autres Ruminants, marquée de sillons profonds, disposés en réseau, qui découpent sa surface en une sorte de mosaïque; la glande prend chez les Phoques et les Dauphins l'apparence générale d'une grappe de raisin (fig. 250). Même dans les espèces où la surface du rein est lisse, quand on vient à couper cet organe suivant son plan de symétrie, on reconnaît qu'il est constitué par un certain nombre de pyramides juxtaposées, entièrement confondues à leur base, où elles sont séparées seulement par des travées de tissu conjonctif qu'on a désignées sous le nom de *colonnes de Bertin*, mais dont les sommets, bien distincts les uns des autres, font saillie, comme des mamelons, à l'intérieur de l'organe (fig. 251). Les sommets des pyramides sont embrassés par des

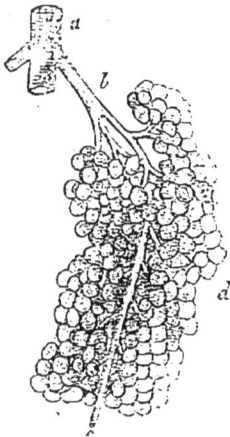

FIG. 250. — Portion du rein d'un Dauphin. — *a*, artère descendante fournissant l'artère rénale; *b*, artère rénale; *d*, grappe de lobules rénaux; *c*, uretères.

espèces de courts entonnoirs membraneux, les *calices* (*d*), chargés de recueillir l'urine qui perle à leur surface et de la porter dans un réservoir temporaire, le *bassinet* (*e*), contenu dans le rein lui-même. Du bassinet émerge l'uretère qui aboutit, nous le savons déjà, à la vessie.

Le microscope montre que les pyramides sont constituées dans la partie la plus voisine du sommet, qui est de couleur pâle, par des tubes légèrement ramifiés (*canalicules urinaires*), suivant d'abord un trajet presque rectiligne (*tubes de Bellini*); arrivés dans la couche externe, plus colorée, qui forme la *substance corticale* du rein, où leurs faisceaux forment des traînées blanchâtres, désignées sous le nom de *rayons médullaires*, ces tubes s'infléchissent à droite et à gauche de chaque rayon, deviennent extrêmement sinueux (*tubes de Ferrein*) et aboutissent chacun à un corpuscule sphérique visible à la loupe comme un point rouge (fig. 251), B. Ce sont ces

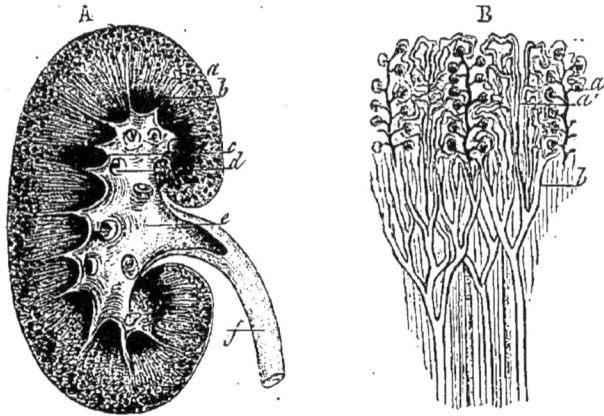

Fig. 251. — Structure des reins. — A, coupe d'un rein de Mouton : *a*, substance corticale ; *b*, substance tubuleuse formée par les tubes de Bellini ; *c*, pyramides ; *d*, calices ; *e*, bassinet ; *f*, uretère. — B, substance glandulaire du rein plus grossie : *a*, corpuscule de Malpighi ; *a'*, tubes de Ferrein ; *b'*, tubes de Bellini.

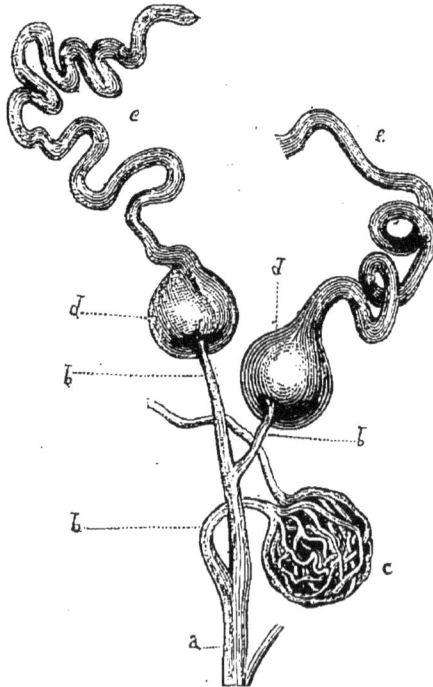

Fig. 252. — Terminaison des canalicules urinaires et corpuscules de Malpighi. — *a*, extrémité d'un rameau de l'artère rénale ; *b*, artère afférente ; *c*, glomérule de Malpighi, dépouillé de son enveloppe et montrant un vaisseau afférent ; *d*, glomérule entouré de la capsule de Müller ; *e*, tube urinifère ; *f*, veinule rénale.

corpuscules, appelés, du nom de l'anatomiste qui les a découverts, *corpuscules de Malpighi*, qui sont les organes essentiels de la sécrétion de l'urine. Ils sont constitués d'une façon remarquable (fig. 253).

A chacun d'eux aboutissent une artériole et une veinule qui se divisent en deux pinceaux de capillaires très sinueux (*c*) ; les capillaires issus de l'artériole communiquent directement avec ceux issus de la veine (fig. 253), et leur ensemble forme un peloton sphérique sur lequel vient s'appliquer, de manière à l'envelopper complètement, le cul-de-sac qui termine le canalicule urinifère correspondant. Le sang, obligé de traverser le peloton vasculaire, demeure un temps relativement assez long en contact avec le tube glandulaire ; pendant ce temps, il abandonne les éléments de l'urine. C'est au peloton vasculaire qu'ils contiennent que les corpuscules de Malpighi doivent leur couleur rouge, et la substance corticale du rein doit à l'abondance de ces corpuscules sa teinte particulière.

Les uretères. — Chaque rein donne naissance à un *uretère*. Ces conduits ont, chez l'Homme, la grosseur d'une plume d'oie ; leur longueur est de 25 à 30 centimètres. Ils viennent s'ouvrir à la partie inférieure de la vessie, en traversant très obliquement ses parois, disposition qui a pour effet de faciliter la fermeture de leur orifice et d'empêcher le reflux de l'urine vers les reins. Quand la vessie se contracte, la partie des uretères qui rampe dans son épaisseur se trouve en effet comprimée par l'urine, qui se ferme ainsi à elle-même le passage, et ne peut s'engager que dans l'orifice de l'urèthre situé en avant de ceux des uretères et constituant avec eux un triangle presque équilatéral, le *trigone vésical*.

La vessie. — La vessie où l'urine est amenée par les uretères est une poche ayant environ un volume d'un demi-litre quand elle est distendue, et se terminant en bas et en avant par un canal spécial, l'*urèthre*, permettant à l'urine de s'écouler au dehors, phénomène qui est, en général, soumis à l'action de la volonté. La vessie est située dans le bassin, dont elle occupe la partie la plus basse, immédiatement en avant du rectum. Ses parois contiennent une double couche de fibres musculaires lisses, qui les force à se contracter lorsque besoin en est.

Composition de l'urine. — La composition de l'urine varie assez considérablement chez les animaux avec le régime alimentaire. Elle est presque solide chez les Serpents et les Oiseaux et se présente sous la forme d'une concrétion blanchâtre, rejetée avec les excréments et contenant une très forte proportion d'un acide particulier, l'*acide urique*.

L'acide urique abonde également dans l'urine des animaux carnivores, urine qui présente une réaction acide ; il est remplacé dans l'urine des Herbivores, dont la réaction est alcaline, par un acide d'une composition un peu différente, l'*acide hippurique*. Ces deux acides sont des composés organiques azotés.

La formule chimique de l'acide urique est : $C^{10}H^2Az^4O^4,2HO$;

Celle de l'acide hippurique : $C^{18}H^8AzO^5,HO$.

Une autre substance, l'*urée*, se trouve dans l'urine en bien plus forte proportion que ces acides ; elle est, en quelque sorte, caractéristique de ce liquide. L'urée, préformée dans le sang, est un corps complexe, dont la composition chimique est identique à celle d'un cyanate d'ammoniaque : $2C^2AzO.AzH^4O$. Elle se comporte néanmoins dans ses réactions comme une base faible, analogue à l'ammoniaque, et non pas comme un sel. On écrit sa formule : $C^2H^4Az^2O^2$.

Sous l'action de la chaleur et sous celle de certains ferments, elle se transforme facilement en carbonate d'ammoniaque ; de là l'odeur ammoniacale que répandent les urines putréfiées. L'urine devient quelquefois ammoniacale dans la vessie et les moindres écorchures faites à cet organe sont alors rapidement mortelles.

On trouve également dans l'urine des urates, tels que l'urate de soude, des phosphates, des lactates et des chlorures ammoniacaux et alcalins, un peu de phosphate de chaux et de magnésie, et même des traces de silice.

A la suite d'un régime trop exclusivement azoté, l'acide urique se forme souvent en quantité surabondante dans l'organisme. Les reins deviennent alors impuissants à l'extraire en quantité suffisante et cet acide se dépose fréquemment dans les articulations, en compagnie de divers sels : telle est la cause des nodosités qui déforment les mains et les pieds des *goutteux*. Avant l'apparition de ces accidents, il arrive souvent que l'urine, trop chargée de sels, en laisse déposer à l'état solide soit dans les reins, soit dans la vessie. La formation habituelle de ces *calculs* constitue l'affection connue sous le nom de *gravelle*, qui est intimement liée à la *goutte*. C'est la présence de semblables calculs dans les reins qui produit les coliques néphrétiques ; leur expulsion de la vessie cause aussi de vives douleurs.

Quand un calcul séjourne longtemps dans la vessie, il grossit souvent beaucoup trop pour qu'il soit possible de l'expulser par les voies naturelles ; il peut alors causer de graves désordres et l'intervention du chirurgien devient bientôt nécessaire. Autrefois on ne guérissait la *pierre* qu'en ouvrant les parois de l'abdomen et de la vessie pour aller chercher directement le calcul. C'était la grave et douloureuse opération de la *taille*. On sait aujourd'hui atteindre la pierre dans la vessie et la broyer à l'aide d'instruments qu'on fait pénétrer par l'urèthre ; l'expulsion des fragments a lieu naturellement, comme celle des petits calculs de la gravelle. Cette opération est la *lithotritie*.

En dehors des produits qu'elle contient normalement, l'urine peut en contenir beaucoup d'autres qui varient avec tous les accidents de l'alimentation. Un très grand nombre de substances solubles non assimilables sont ainsi éliminées, soit qu'elles aient été introduites dans l'appareil digestif, soit qu'elles aient été simplement appliquées sur la peau et absorbées par elle. On a vu des sels appliqués sur la peau apparaître dans l'urine au bout de dix minutes; il ne faut pas plus d'une minute au prussiate de potasse injecté dans le sang pour apparaître dans la substance corticale des reins. La sécrétion urinaire est donc une des grandes voies par lesquelles l'organisme se débarrasse des substances inutiles ou nuisibles introduites en lui, mais ce n'est pas la seule.

Si la plupart des bases et des sels solubles s'en vont par l'urine, les glandes qui sécrètent les sucs digestifs contribuent à l'élimination de bon nombre d'acides. L'alcool, l'éther, le camphre, le musc ne passent même pas dans l'urine, et sont en partie éliminés sous forme de vapeur par les poumons. Les glandes de la peau et notamment les glandes sudoripares contribuent à leur tour pour une large part à cette élimination. La composition de la sueur est d'ailleurs voisine à certains égards de celle de l'urine ; 10 grammes d'urée peuvent être éliminés par cette voie en vingt-quatre heures. C'est le tiers de la quantité qu'éliminent les reins dans le même temps.

La composition de l'urine variant avec l'alimentation, on comprend que toutes les causes qui feront varier le mode de nutrition des éléments anatomiques, influeront sur elle. Les variations dans la composition de l'urine pourront être une indication assez sensible de l'état de l'organisme ; aussi les médecins ont-ils souvent recours à l'*uroscopie* ou examen chimique des urines, dont on a d'ailleurs quelquefois exagéré l'importance. Souvent ces modifications ne sont que passagères, mais il en est de permanentes et qui sont les symptômes d'altérations profondes des fonctions de nutrition. La présence constante du sucre dans l'urine, qui caractérise le *diabète*, celle de l'albumine, qui caractérise l'*albuminurie*, s'observent fréquemment. L'organisme lutte assez longtemps contre les pertes qu'il fait ainsi d'une façon continue, mais il finit généralement par succomber. Le diabète et l'albuminurie ne sont pas des maladies localisées dans les reins ; ce sont le plus souvent des maladies de l'organisme tout entier, dont l'altération de la sécrétion urinaire ne fait que trahir l'existence. Sans toucher en aucune façon aux reins, Claude Bernard a pu rendre des animaux diabétiques en piquant avec une aiguille une région déterminée de leur cerveau.

Quantité d'urine sécrétée. — A l'état normal, la quantité d'urine sécrétée en un jour, par un homme de taille moyenne, est d'environ 1300 grammes, contenant 28 grammes d'urée et 14 grammes d'azote. Ces 14 grammes ne représentent qu'une partie de la perte en azote que fait quotidiennement l'organisme et qu'il lui faut réparer. La sueur élimine, en effet, de l'urée, et nous avons vu qu'elle pouvait en extraire de l'organisme une quantité assez considérable ; aussi on peut évaluer à une vingtaine de grammes la perte totale de l'oxygène en azote. Il s'établit, d'ailleurs, entre la sécrétion de l'urine et celle de la sueur, une sorte de balancement. Pendant l'été où la sécrétion de la sueur est abondante, la sécrétion de l'urine diminue ; le contraire a lieu pendant l'hiver.

De quelques autres glandes de l'organisme. — Outre les reins, les glandes du tube digestif et celles de la peau, il existe encore, chez l'Homme, des organes dont le rôle est problématique et qui se rapprochent beaucoup des glandes par leur structure. Nous avons déjà parlé de la *rate* qui semble jouer un rôle dans l'élaboration des globules du sang ; nous devons encore signaler le *corps thyroïde,* situé à la partie antérieure du cou, en avant du larynx, et le *thymus,* surtout développé chez les jeunes animaux et qui, fixé plus bas, pend de la base du cou dans la poitrine. C'est un gonflement exagéré du corps thyroïde qui produit le *goitre,* singulière affection dont l'existence coïncide souvent avec le *crétinisme.* Le ris de veau dont on fait des plats si délicats, n'est autre chose que le thymus de cet animal.

Le corps thyroïde contient, au lieu de tubes glandulaires, des follicules sphériques, clos de toutes parts ; il manque totalement de canal excréteur. La structure du thymus se rapproche davantage de celle des glandes ordinaires.

On trouve également chez presque tous les Vertébrés, immédiatement au-dessus des reins, une paire de corps, de grosseur variable, dont le rôle est encore absolument inconnu : ce sont les *capsules surrénales*, qui n'ont guère, chez l'Homme adulte, que la trentième partie du volume des reins, quoiqu'elles aient été pendant la période embryonnaire plus volumineuses que ces organes.

Bilan organique; quantité d'aliments nécessaire à l'Homme.
— Les glandes ne sont pas la seule voie par laquelle l'organisme rejette au dehors les produits de désassimilation; les poumons ont aussi une grande part dans les phénomènes d'excrétion. Si l'on vient à tenir compte de tout ce qui est expulsé de l'organisme par ces diverses voies, on trouve qu'en un jour il sort, en moyenne, du corps humain :

310 grammes de carbone,
20   —   d'azote,
2000 - - d'eau.

Pour que le poids du corps ne s'amoindrisse pas, il faut que les aliments lui restituent une quantité de carbone et d'azote au moins égale à ces pertes; c'est là ce qu'on appelle la *ration d'entretien*. Cette ration d'entretien est approximativement représentée par une nourriture composée de 1000 grammes de pain et 286 grammes de viande. C'est à peu près la ration qu'avait en France le soldat, il y a quelques années, et qui était ainsi composée :

Pain. . . . . 1066 grammes
Viande. . . . . 285 —
Légumes. . . . . . . 200 —

L'écart entre la ration d'entretien et la ration réelle du soldat était d'ailleurs plus grand qu'il ne paraît ici, car nous n'avons pas tenu compte du vin et du café dont il est fait chaque jour distribution.

Le travail modifie la quantité d'aliments, qui doit être ingérée quotidiennement. Moleschott a calculé que les aliments consommés chaque jour par un ouvrier robuste devaient contenir :

Substances albuminoïdes . . . . 130 grammes
Graisse. . . . . 84 —
Corps transformables en graisse. 404 —
Sels minéraux. . . . . 30 —
Eau. . . . . 2800 —
_____
Total. . . . . . . 3448 grammes.

Lorsque la quantité d'aliments fournis à l'homme tombe au-dessous de la ration d'entretien, la *faim* et la *soif* se font sentir, sensations singulières, mal expliquées, mal définies, dont le siège paraît être à l'estomac pour la faim, au gosier pour la soif, mais qui ne sont, comme la lourdeur des paupières chez un homme qui a sommeil, que l'indication d'un besoin général de l'organisme. Les effets d'une alimentation insuffisante varient naturellement beaucoup avec la nature et le degré d'insuffisance de cette alimentation. La privation totale d'aliments, observée dans les pays sujets à des famines, ou accidentellement chez nous, entraîne un amaigrissement rapide, suivi d'une diminution considérable du volume des muscles, de sorte que la peau semble, suivant une expression vulgaire, « se coller aux os ». L'individu se nourrit aux dépens de lui-même, si bien que ses excrétions prennent tous les caractères de celles des carnivores. Plus tard, la muqueuse buccale, celles de l'œsophage et de l'estomac s'enflamment, la fièvre, le délire apparaissent, accompagnés d'une grande excitation nerveuse; puis la température du corps s'abaisse; un engourdissement survient contre lequel il est possible de lutter quelque temps encore en réchauffant l'inanitié; enfin la mort arrive lorsque l'homme ou l'animal a perdu environ les deux cinquièmes de son poids. La privation de certaines catégories d'aliments produit les mêmes effets que l'inanition pure et simple; l'organisme possède, du reste, des réserves qui peuvent modifier les résultats des expériences; l'une de ces réserves est la graisse dont nous devons maintenant parler.

Sécrétion de la graisse. — Toutes les substances élaborées par les cellules animales et qui n'entrent pas immédiatement dans la constitution du protoplasme vivant, ne sont pas pour cela rejetées au dehors : un nombre assez considérable d'entre elles se déposent à l'intérieur même des cellules; parfois elles n'y séjournent qu'un certain temps et sont ensuite reprises, soit pour être expulsées définitivement, soit pour servir à la nutrition, à titre complémentaire; d'autres fois, elles envahissent peu à peu toute la substance protoplasmique, se substituent à elle et prennent ainsi graduellement la place de la cellule dans laquelle elles avaient commencé à se déposer. La formation de ces substances est, en somme, un phénomène de sécrétion qui ne diffère de ceux que nous venons d'étudier que par la persistance de la matière sécrétée, à l'intérieur de la cellule. C'est par ce procédé de sécrétion, très répandu dans le Règne végétal, que se forment et s'accumulent, dans l'organisme des animaux, des substances d'une haute importance au point de vue physiologique, les *sub-stances grasses*. Ces substances ont, nous l'avons vu, une composition assez variée; elles sont généralement liquides à la température ordinaire, et appartiennent par conséquent à la catégorie des *huiles*, chez les Vertébrés aquatiques, tels que les Poissons, les Cétacés, les Phoques ou même certains Oiseaux; chez les Vertébrés terrestres, elles sont solides ou demi-solides, au-dessus de 30 degrés, mais fondent à une température inférieure à 100 degrés; ce sont là les *graisses* proprement dites.

Le tissu sécréteur des substances grasses n'est autre que le tissu conjonctif; on voit ces substances apparaître dans les cellules conjonctives sous forme de gouttelettes d'abord éparses, mais qui, grandissant peu à peu, s'unissent entre elles et forment ainsi des gouttes assez volumineuses (fig. 164, p. 229), bien reconnaissables au microscope à leur grande réfringence. Souvent un certain nombre de cellules graisseuses sont entourées par un réseau délicat de capillaires, et présentent ainsi une grande ressemblance avec un lobule glandulaire. On trouve de la graisse dans toutes les parties du corps, mais elle s'accumule souvent au voisinage des viscères importants, comme le cœur, les reins, autour desquels elle constitue un tissu protecteur. Il en existe une grande quantité en diverses régions du péritoine, surtout dans le grand épiploon; elle forme aussi souvent sous la peau une couche assez épaisse. La graisse se produit en quantité plus considérable pendant l'enfance et dans la seconde moitié de l'âge mûr que pendant la jeunesse et la vieillesse; elle est plus abondante proportionnellement chez les hommes des pays froids que chez les hommes des pays chauds.

Rôle de la graisse. — Ces conditions sont en rapport avec le rôle de la graisse dans l'économie. Si elle protège, dans une certaine mesure, les viscères importants, en les isolant des organes voisins, elle forme aussi autour du corps une enveloppe peu conductrice qui diminue la déperdition de chaleur par la peau; cette déperdition est plus grande chez l'enfant que chez l'adulte, en raison du volume plus faible et de la surface plus étendue de son corps; elle est plus grande aussi chez les habitants des pays froids que chez les habitants des pays chauds, à cause du peu d'élévation de la température extérieure; plus grande encore chez les animaux aquatiques que chez les animaux aériens, à cause de la grande chaleur spécifique de l'eau. Aussi les animaux aquatiques produisent-ils des quantités d'huile proportionnellement énormes. Cette huile a d'ailleurs chez eux une autre importance, car elle allège leur poids relatif et facilite par conséquent leurs mouvements dans l'eau.

Mais c'est surtout au point de vue de la nutrition que la graisse joue un rôle important. Elle n'est le plus souvent que temporairement emmagasinée dans les tissus. Lorsque, pour une raison quelconque, la consommation de l'organisme dépasse ce que les aliments lui fournissent de matière assimilable, la graisse est peu à peu reprise par le sang partout où elle est déposée, et l'être vivant trouve ainsi en lui-même un supplément d'alimentation. C'est ce qui arrive dans toutes les maladies qui portent sur les fonctions de nutrition et qui amènent un amaigrissement plus ou moins rapide; c'est ce qui arrive aussi quand l'alimentation est insuffisante : la graisse accumulée d'avance permet de résister plus ou moins longtemps à l'inanition. Cette fonction de la graisse est, pour ainsi dire, régularisée chez les *animaux hibernants*, tels que les Ours, les Hérissons, les Marmottes, les Loirs, qui passent l'hiver dans un sommeil léthargique et qui par conséquent ne mangent pas. Au début de la saison froide, ils sont chargés d'une quantité considérable de graisse qui, non seulement les nourrit pendant leur engourdissement, mais encore les protège contre un refroidissement trop rapide. Au printemps, leur provision de graisse est à peu près épuisée, mais alors ils redeviennent actifs et peuvent la reconstituer.

Origine des substances grasses chez les animaux. — On a cru longtemps que les Végétaux avaient seuls le pouvoir de former les substances grasses. Ces substances étaient, pensait-on, assimilées telles quelles par les animaux herbivores et déposées dans leurs tissus où les trouvaient, à leur tour, toutes formées, les animaux carnivores. Huber avait cependant observé que les Abeilles, exclusivement nourries de sucre, n'en formaient pas moins de la cire. Cette observation a été confirmée par MM. Milne-Edwards et Dumas; MM. de Lacaze-Duthiers et Riche ont montré, de leur côté, que les larves des Cynips, qui vivent dans les galles des arbres, font de la graisse avec les matières sucrées et la cellulose contenues dans ces excroissances. Les expériences en grand de Liebig sur l'engraissement des Oies, à l'aide du maïs, celles de M. Boussingault sur l'engraissement des animaux domestiques, ont mis hors de doute que la graisse pouvait très bien être formée chez les animaux à l'aide de substances féculentes ou sucrées, et, quoique le fait n'ait pas été établi d'une manière positive en ce qui concerne les substances albuminoïdes, tous les physiologistes sont portés à admettre que ces dernières peuvent, tout aussi bien que les substances ternaires, se transformer en substances grasses.

La formation de la graisse dans l'organisme réclame d'ailleurs certaines conditions. Il est évident que toute augmentation d'acti-

vité, amenant une consommation plus grande de substances alimentaires, tendra, toutes choses égales d'ailleurs, à diminuer la quantité de graisse qui se déposera dans les tissus. Aussi voit-on les
animaux carnivores, qui dépensent plus d'énergie que les animaux
herbivores, engraisser plus difficilement que ces derniers ; les herbivores à leur tour engraissent d'autant plus vite qu'ils sont voués à
un repos plus absolu. Les éleveurs obtiennent ce résultat en séques-
trant les sujets qu'ils veulent engraisser rapidement, en les
maintenant, autant que possible, dans l'immobilité, et même en
leur crevant les yeux ou en les éloignant de la lumière, de manière
à les forcer à une tranquillité aussi grande que possible.

Formation du glycogène dans le foie. — Des cellules d'une
autre catégorie préparent aussi une matière alimentaire particulière, qu'elles tiennent momentanément en réserve et qu'elles abandonnent au sang au fur et à mesure des besoins de l'économie : ce
sont les cellules du foie. La substance qu'elles sécrètent, voisine de
l'amidon, capable de se transformer en sucre avec la plus grande
facilité, a été nommé *glycogène* par Claude Bernard, qui a découvert cette importante fonction de la plus volumineuse des glandes de
la digestion. Le fait même de l'accumulation dans le foie des substances sucrées est facile à démontrer par une simple comparaison de la
composition du sang de la veine porte avec celle du sang ordinaire.
Le sang artériel se montre, en général, moins riche en sucre que
le sang de la veine porte, mais il est facile d'augmenter beaucoup cette
différence ; la richesse en sucre du sang de la veine porte devient,
en effet, très grande lorsqu'on nourrit un animal avec des matières
féculentes ; au contraire, même dans ce mode d'alimentation, la proportion de sucre contenue dans le sang artériel demeure ce qu'elle
était auparavant ; le sucre est donc absorbé sur le trajet de la veine
porte ; et comme le sang des veines sus-hépatiques n'est pas beaucoup plus riche en sucre que le sang artériel, il faut bien admettre
que c'est dans le foie que le sucre est demeuré. Mais il n'y reste pas
tout entier, car le sang des veines sus-hépatiques et celui de la veine
cave inférieure sont, à leur tour, plus riches en sucre que le sang de
la veine cave supérieure. Le sang de l'oreillette droite n'est cependant
pas plus sucré que le sang artériel ; c'est donc dans la profondeur
des tissus que le sucre disparaît du sang ; il nous apparaît ainsi
comme une substance nécessaire à la nutrition des éléments anatomiques.

Le tissu du foie ne contient pas, comme on pourrait le croire, beaucoup de sucre proprement dit. On peut, par des lavages répétés, épuiser presque complètement la quantité de ce corps contenue dans un foie encore frais; mais qu'on abandonne ce foie à lui-même et qu'on le lave de nouveau, on en extraira encore une quantité de sucre qui augmentera avec l'intervalle de temps laissé entre le dernier et l'avant-dernier lavage. Le sucre n'est donc pas tout formé dans le foie, il s'y forme peu à peu. Soumis à l'analyse chimique, le tissu du foie fournit, en effet, non pas du sucre, mais une substance que l'iode colore en violet, que l'acide acétique précipite à l'état gommeux de ses dissolutions, et dont la formule chimique est $C^{12} H^{10} O^{10} + 2 HO$; c'est là le *glycogène.*

D'ailleurs, comme on extrait du sucre du foie, alors même que l'organe a été rendu complètement exsangue par des lavages, il est bien évident que le sucre abandonné provient, non pas du sang, mais des cellules hépatiques elles-mêmes. Ces cellules peuvent fabriquer le glycogène de toutes pièces, car chez les animaux nourris de chair, le sang des veines intestinales et de la veine porte qui se rend au foie, est moins riche en sucre que le sang des veines hépatiques qui en sortent, ou n'en contient pas du tout. Le foie abandonnant au sang plus de sucre qu'il n'en reçoit, il faut bien de toute nécessité qu'il en produise.

A ses fonctions dépuratrices et digestives, le foie, glande remarquable entre toutes, ajoute donc une fonction nouvelle et d'une nature toute particulière : il prépare et tient en réserve une substance qu'il restitue au sang peu à peu, et qui va, dans toutes les parties de l'organisme, servir à la nutrition des éléments anatomiques.

Origine de la chaleur animale. — De même que le sucre, c'est au contact des éléments anatomiques de toutes les parties du corps que disparaît l'oxygène du sang, et que ce liquide se charge d'acide carbonique. En même temps, le sang artériel se transforme en sang veineux, et comme la disparition de l'oxygène et son remplacement par de l'acide carbonique impliquent une combustion, il semble naturel de penser que c'est au moment où le sang rouge devient noir que se développe la chaleur qui maintient constamment la température de l'organisme humain au voisinage de 37 degrés et celle de l'organisme des Oiseaux au voisinage de 40 degrés. Ces phénomènes ne sont pas toutefois aussi intimement liés qu'ils le paraissent : un organe peut s'échauffer beaucoup, contribuer énergiquement à la production de la chaleur du corps, sans que cependant le sang qui le traverse perde sa qualité de sang artériel. Il y a plus, si la chaleur animale était due à une combustion pure et simple, s'accomplissant dans le sang, comme on le dit souvent, et amenant la transformation du sang artériel en sang veineux, ce dernier devrait toujours être plus chaud que le premier, mais il n'en est rien, et la température du sang présente aux différents points de son parcours, des variations qui sont très instructives. La température du sang artériel diminue, par suite de son refroidissement à la périphérie, à mesure que ce liquide s'éloigne du cœur; dans les veines périphériques, le *sang veineux est lui-même plus froid que le sang artériel*, ce qui éloigne sinon toute idée de combustion, au moins toute idée d'échauffement du sang dans les capillaires; le sang de la veine cave supérieure demeure plus froid que le sang artériel, mais la température du sang augmente graduellement dans les veines viscérales qui aboutissent à la veine cave inférieure à mesure que l'on se rapproche du cœur. Au niveau des veines rénales, la température du sang de la veine cave inférieure est la même que dans les artères; cette température s'élève peu à peu jusqu'au cœur et, dans le ventricule droit, le sang est plus chaud de deux dixièmes de degré que dans le ventricule gauche. Entre le ventricule droit et le ventricule gauche, le sang ne traverse que les poumons; là, au contact de l'air relativement froid qui vient du dehors, il reperd une partie de sa chaleur. L'augmentation de sa température s'était manifestée dans la portion de la veine cave inférieure qui reçoit les principales veines viscérales; c'est donc en traversant les viscères abdominaux, ceux notamment où s'accomplissent les phénomènes importants de la digestion, que le sang s'échauffe; c'est là que se trouve le foyer principal de la chaleur animale. Mais pourquoi s'y produit-il plus de chaleur que partout ailleurs? L'examen de ce qui se passe dans les organes accessibles à l'expérience vient jeter quelque jour sur cette importante question. Considérons un muscle au repos et recueillons le sang qui s'échappe de la veine qui le traverse : ce sang est incomplètement noir. Dans l'état normal, un muscle est toujours dans un état de demi-contraction, et par conséquent son repos n'est que relatif; le repos devient absolu si l'on coupe le nerf qui anime le muscle, et l'on remarque que ce dernier se refroidit alors légèrement, et que le sang qu'il fournit devient plus rouge. Déterminons maintenant une contraction du muscle en galvanisant ou en excitant le nerf coupé : aussitôt le muscle s'échauffe, le sang qui en sort est noir. L'*activité* du muscle a ici déterminé deux phénomènes simultanés : 1° l'échauffement du sang; 2° son changement de couleur. Mais cette coïncidence n'est qu'accidentelle. En effet, chez un Chien empoisonné par le curare, substance qui anéantit totalement la faculté de se mouvoir, le sang artériel continue à se transformer en sang veineux et cependant la température tombe de 39°,9 à 37 degrés. Le fait seul de la disparition de l'activité musculaire amène donc un abaissement de température de près de 3 degrés. On peut démontrer plus rigoureusement encore l'indépendance de l'accroissement de la température et du changement de couleur du sang, en s'adresant non plus à un muscle, mais à une glande, la glande sous-maxillaire. Comme les muscles, les glandes sont sous la domination de nerfs qui activent leur sécrétion, et les vaisseaux qui les traversent sont eux-mêmes soumis à des nerfs qui les forcent à se contracter ou les laissent se dilater, de telle façon que le sang les parcoure plus ou moins vite. Ceci posé, excitons le nerf qui fait contracter les vaisseaux de la glande sous-maxillaire, le sang traverse la glande lentement, il en sort complètement noir; mais il est relativement froid ainsi que la glande qui est demeurée au repos et n'a produit aucune sécrétion. Galvanisons, au contraire, le nerf excitateur de la sécrétion de la glande, aussitôt la salive apparaît, la glande s'échauffe ainsi que le sang qui la traverse rapidement, et dont la température peut s'élever de 2 degrés au-dessus de ce qu'elle était d'abord; mais le sang ne s'est pas transformé en sang veineux; il est demeuré rouge, démontrant ainsi que la chaleur est due, non à la transformation du sang artériel en sang veineux, mais uniquement à l'activité de la glande. C'est exactement la conclusion à laquelle nous étions arrivés pour le muscle, et quand une même conclusion s'impose relativement à deux organes aussi différents qu'une glande et un muscle, on a bien quelque raison de la considérer comme générale. Nous pouvons donc l'étendre aux viscères abdominaux et dire que, si le sang s'échauffe en traversant ces viscères, cela est dû à l'activité qu'ils manifestent pendant toute la durée des phénomènes digestifs. Le rapport que nous avions établi précédemment, entre la chaleur animale et celle qui se produit durant les fermentations, se précise donc : dans la fermentation c'est, en effet, non à une combustion, mais aux phénomènes vitaux qui s'accomplissent dans les cellules, que la chaleur dégagée est due.

On s'attendrait d'après cela à voir varier la température de l'organisme avec les diverses causes qui le mettent en jeu; mais ces variations de température trouvent des modérateurs naturels dans la transpiration qui, en accroissant l'évaporation cutanée, amène un refroidissement, et dans les modifications qui surviennent dans la circulation du sang. Ce n'est pas sans danger, en effet, que l'orga-

nisme s'échauffe ou se refroidit. Quelques degrés de plus entraînent
la mort, c'est pourquoi on lutte contre les fièvres intenses par les
réfrigérants; quelques degrés de moins entraînent un engourdissement progressif. Il est des animaux, tels que les Mammifères hibernants et les Vertébrés inférieurs à température variable (Reptiles et Poissons), chez qui cet engourdissement n'a rien de préjudi-
ciable; chez les Oiseaux et les Mammifères supérieurs, il est rapidement suivi de mort.

On pourrait poursuivre encore l'étude des phénomènes intimes de
la nutrition, et des phénomènes qui s'y rattachent, mais ce que nous
en avons dit suffit, nous l'espérons, pour montrer en quoi ils consistent essentiellement, et c'est le but que nous avons surtout
cherché à atteindre.

CHAPITRE VI

LA LOCOMOTION

Définition de la fonction de locomotion. — Les os en général. — Accroissement des os ; périoste. — Squelette du tronc. — Os du crane et de la face. — Squelette des membres. — Articulations. — Propriétés générales des muscles ; secousse musculaire. — Myographe. — Transformation des secousses musculaires en contraction permanente. — Origine de la force musculaire. — Principaux muscles de l'Homme. — Différents modes de locomotion.

Définition de la fonction de locomotion. — Les *fonctions de relation*, par lesquelles les types supérieurs du Règne animal et du Règne végétal se distinguent nettement, comprennent tout ce qui a trait à l'exercice du *mouvement*, de la *sensibilité* et de l'*intelligence*.

Les animaux se meuvent non seulement pour rechercher leur nourriture et se l'approprier, mais encore pour éviter les dangers qui menacent leur existence, pour se soustraire aux impressions désagréables que peut leur faire éprouver le monde extérieur, ou même, sans aucun but déterminé, pour leur plaisir. Ils peuvent se déplacer par rapport aux objets qui les environnent et, de plus, les diverses parties de leur corps ont aussi la faculté de se déplacer les unes par rapport aux autres. Ces mouvements relatifs des parties de l'animal, aussi bien que les mouvements d'ensemble de son corps, relèvent de la première des fonctions de relation, la fonction de *locomotion*, que nous étudierons d'abord. D'après cette définition, une Huître qui ne fait que bâiller et attire à elle ses aliments, sans se déplacer par rapport au rocher auquel elle est fixée, est douée de la fonction de locomotion tout aussi bien que l'Oiseau au vol rapide.

Deux catégories d'organes sont les instruments actifs du mouvement : les *cils vibratiles*, dont le rôle est surtout important chez les organismes inférieurs, et les *muscles* qui prédominent chez les animaux supérieurs et dont nous avons déjà fait connaître la structure (p. 232). Ces muscles sont de deux sortes : les uns, à contraction lente, sont composés de *fibres lisses*, les autres, à contraction brusque, ne contiennent que des *fibres striées*. Les fibres musculaires lisses forment souvent des couches étendues dans la paroi des organes, mais sont rarement groupées en organes distincts ; on les observe surtout dans les appareils de la vie organique, dont les mouvements n'ont pas besoin de s'effectuer rapidement, mais doivent se répéter longtemps avec régularité. Les fibres musculaires striées se rassemblent le plus souvent en organes nettement définis, les *muscles*, séparés des autres organes par des lames de tissu conjonctif, qui les enveloppent complètement et portent le nom d'*aponévroses* (fig. 253). Les muscles des organes de la vie de relation, les muscles de la vie organique qui doivent exécuter des contractions rapides, comme ceux du cœur, sont composés de fibres striées.

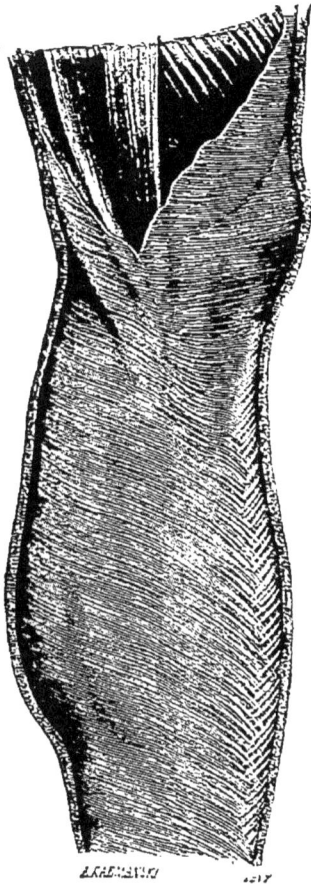

FIG. 253. — Aponévrose des muscles de la jambe.

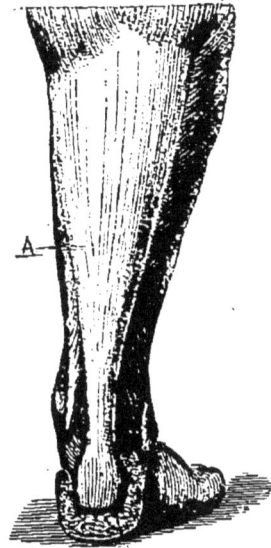

FIG. 254. — Tendon d'Achille terminant le muscle du mollet et s'insérant sur l'os du talon ou *calcanéum*.

Les os en général. — Chez les Vertébrés, les muscles qui sont en rapport avec les fonctions de relation se terminent, en général, par des organes fibreux résistants, de nature conjonctive, parfois très volumineux, qu'on appelle les *tendons* (fig. 254). Ces tendons s'attachent à leur tour à des pièces solides, les *os*, reliées entre elles de manière à constituer un ensemble qu'on nomme le *squelette*. Les liens qui unissent les os, ne les empêchent pas, bien entendu, de se mouvoir les uns par rapport aux autres, en se servant réciproquement de point d'appui. Ils constituent ainsi des leviers, sur lesquels les muscles agissent de manière à développer tantôt une grande force, tantôt une grande vitesse. Les diverses parties du squelette, servant de point d'attache aux muscles et recevant directement leur action, constituant, en un mot, les pièces rigides que les muscles déplacent et qui emportent dans leurs mouvements tous les autres organes, l'étude de la fonction de locomotion doit nécessairement commencer par une description du squelette.

Nous connaissons déjà (voy. p. 230) la structure intime du tissu osseux ; mais ce tissu se trouve disposé de façons assez différentes, suivant la forme des os que l'on considère. Cette forme peut se ramener à deux types essentiels, celui des *os longs* et celui des *os plats*.

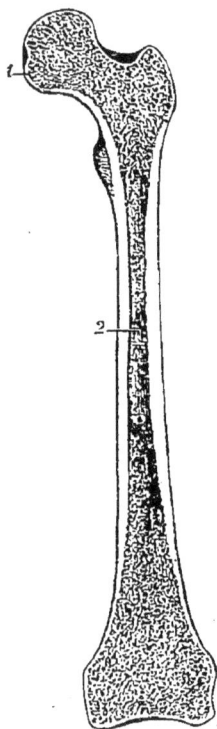

FIG. 255. — Coupe d'un os long (fémur de l'Homme). — 1, tissu spongieux de la tête de l'os ; 2, canal médullaire.

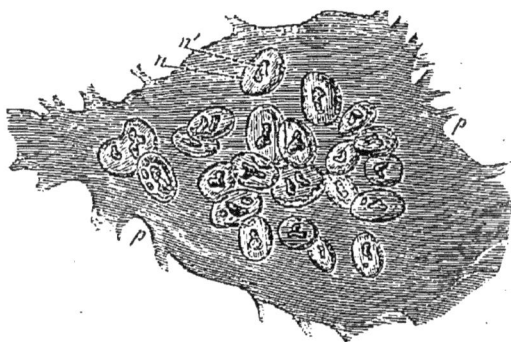

FIG. 256. — Myéloplaxe. — *p*, protoplasme ; *n*, noyau ; *n'*, nucléole (gross., 500 dm., d'après Ranvier).

Les *os longs*, tels que la plupart des os des membres, sont formés par un tissu compact ; leur axe est généralement creux (fig. 255), et la cavité qu'ils renferment est remplie par une substance molle, *jaunâtre*, graisseuse, la *moelle* de l'os, contenant en grand nombre ces énormes cellules à noyaux multiples que l'on nomme des *myéloplaxes* (fig. 256). Dans les *os plats*, la cavité centrale est remplacée par un tissu osseux, d'apparence spongieuse, dans les mailles duquel se trouve une moelle *rougeâtre*.

Accroissement des os ; périoste. — Les os, quelle que soit leur forme, sont enveloppés par une membrane de tissu conjonctif, le *périoste*, dont l'importance est considérable, car c'est au-dessous d'elle que se forme la substance osseuse. Quand on nourrit des animaux avec de la garance, comme l'ont fait Duhamel et Flourens, on voit effectivement au-dessous du périoste, si l'on vient à sacrifier les sujets en expérience, une couche osseuse rougeâtre, qui s'est nouvellement formée. On peut s'assurer encore du rôle du périoste en introduisant un fil de platine au-dessous de lui. Au bout de quelque temps, ce fil se trouve engagé dans le tissu osseux, et finalement il tombe dans la cavité médullaire, comme s'il avait traversé l'os. Cette dernière hypothèse n'étant évidemment pas admissible, l'expérience prouve deux choses, à savoir : 1° qu'il s'est formé, au-dessous du périoste, de la substance osseuse qui a graduellement recouvert le fil de platine ; 2° que les couches osseuses, limitant la cavité médullaire, se sont graduellement résorbées, de manière à réduire de plus en plus la distance qui séparait le fil de platine de cette cavité. Ainsi, un os est constamment en voie de régénération : sa paroi intérieure se résorbe sans cesse, tandis que sa paroi extérieure se renouvelle. Cette rénovation perpétuelle des os, cette vie intérieure qui ne les abandonne pas, malgré leur apparente inertie, explique comment ces pièces solides peuvent suivre le développement des organes qu'elles recouvrent, de manière à se mouler sans cesse sur eux, et comment, lorsqu'elles sont soumises à certaines tractions constantes, comme dans les cicatrices vicieuses, elles viennent à se déformer complètement. Les brûlures du cou rendent parfois ainsi le crâne complètement dissymétrique, et l'on voit fréquemment les os des membres se modifier, lorsqu'une cause quelconque, une paralysie par exemple, ou une blessure, vient à changer la façon dont les muscles agissaient habituellement sur eux.

La propriété que possède le périoste de produire la substance osseuse a reçu en chirurgie d'importantes applications. On sait aujourd'hui obtenir la régénération d'une partie d'os amputée en faisant l'amputation de manière à respecter le périoste. Mais on peut même réussir, sans cette condition, à reconstituer des os. Le docteur Mac Ewen, de Glasgow, est parvenu à régénérer l'os du bras, l'humérus, sur une longueur de plus d'un décimètre, en transplantant, dans la plaie résultant de son ablation, une série de fragments d'os, de 3 millimètres sur 5 millimètres environ, enlevés à un autre individu. Ces fragments, munis de leur périoste et de leur moelle, placés à distance les uns des autres, se sont nourris et accrus sur leur nouveau possesseur ; finalement ils se sont soudés et ont reconstitué un os parfaitement solide.

Le périoste joue naturellement un rôle important dans l'épaississement des os ; mais les os longs s'accroissent, en outre, par leurs deux extrémités. Dans ces deux régions, une partie terminale plus ou moins considérable demeure pendant longtemps séparée du corps de l'os ou *diaphyse* : c'est ce qu'on nomme l'*épiphyse*. Les épiphyses des os ne se soudent à leur diaphyse que lorsque l'accroissement est terminé, ce qui a lieu, chez l'Homme, vers l'âge de 25 ans.

Les os ont généralement une forme assez irrégulière ; ils doivent s'articuler avec d'autres os, fournir des points d'attache à des muscles, protéger divers organes, soit en les recouvrant, soit en les logeant dans leur épaisseur. En raison de leur plasticité, ils se moulent sur les organes mous qu'ils protègent et dont on peut souvent déterminer ainsi la configuration ; en outre, des saillies diverses se développent à leur surface, pour fournir aux muscles des points d'attache, et sont d'autant plus volumineuses que les muscles sont eux-mêmes plus puissants. Lorsque ces saillies sont très développées et bien distinctes du corps de l'os, elles prennent le nom d'*apophyses*.

Squelette du tronc. — Le squelette humain (fig. 257) se décompose, comme le corps lui-même, en trois régions : la *tête*, le *tronc* et les *membres*.

Nous connaissons déjà, en partie, le squelette du tronc que nous avons dû décrire lorsque nous avons traité des organes de la respiration. Nous savons qu'il est essentiellement constitué par la *colonne vertébrale*, les *côtes* et le *sternum*. Nous ajouterons seulement ici que, dans les diverses régions dans lesquelles se divise la colonne vertébrale : région *cervicale*, région *dorsale*, région *lombaire*, *sacrum* et *coccyx*, les vertèbres présentent des caractères particuliers en rapport avec le degré plus ou moins grand de mobilité de ces régions.

Des sept vertèbres cervicales, la première, l'*atlas*, qui porte la tête, a des apophyses articulaires supérieures très développées, mais elle est dépourvue d'apophyse épineuse et son corps est très réduit ; la seconde, l'*axis*, est remarquable parce que son corps se prolonge vers le haut en une sorte de cylindre vertical, l'*apophyse odontoïde*, qui sert d'axe de rotation à l'atlas. Les cinq autres vertèbres cervicales ont des apophyses transverses peu développées et percées

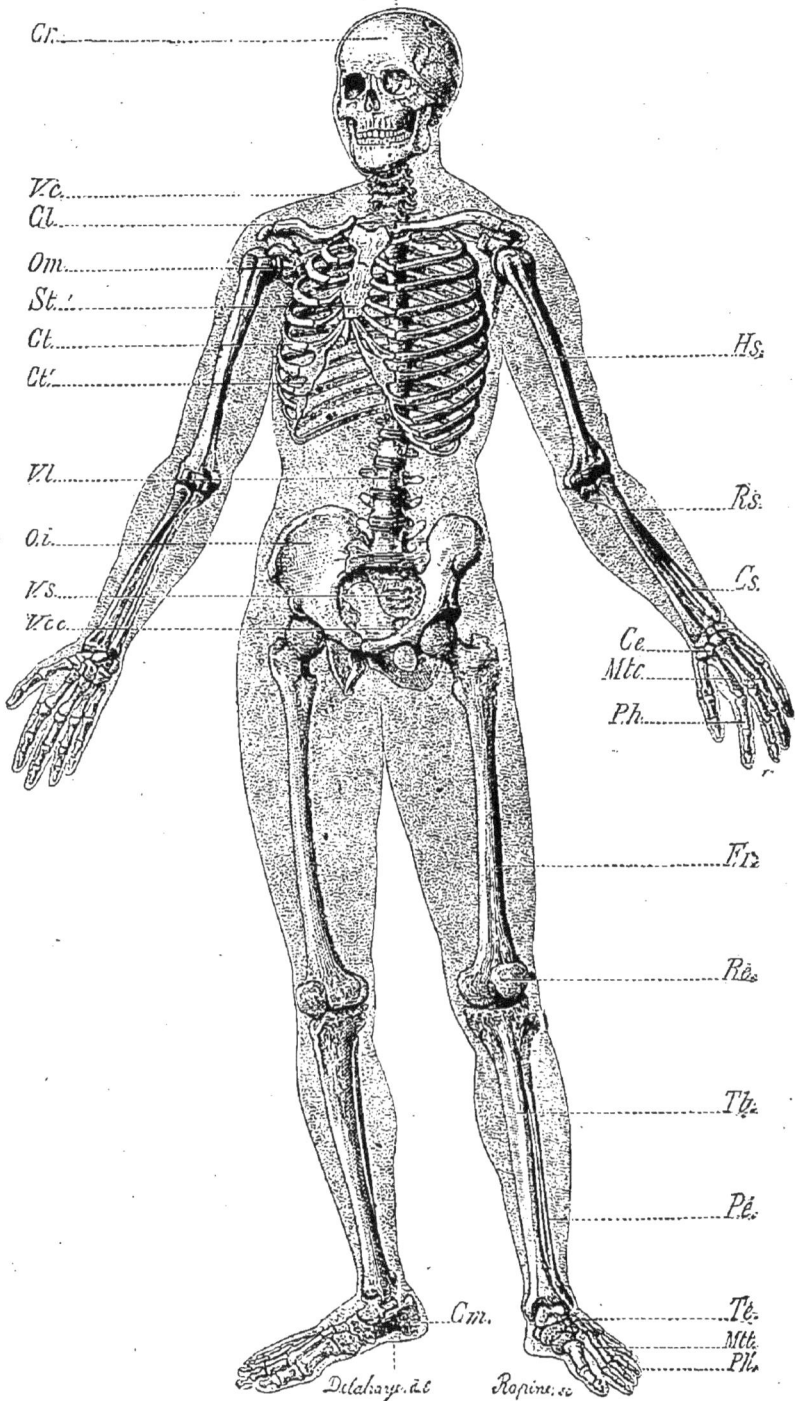

Cr
Vc
Cl
Om
St
Ct
Ct'
Vl
Oi
Vs
Vcc

Hs
Rs
Cs
Ce
Mtc
Ph
Fr
Rés
Tb
Pé
Te
Mtt
Ph
Cm

Delahaye del.   Ropine sc.

Fig. 257. — Squelette humain. — *Cr*, crâne ; *Vc*, vertèbres cervicales ; *Cl*, clavicule ; *Om*, omoplate ; *St*, sternum ; *Ct*, côtes ; *Ct'*, fausses côtes ; *Vl*, vertèbres lombaires ; *Oi*, os iliaque ; *Vs*, sacrum ; *Vcc*, coccyx ; *Hs*, humérus ; *Rs*,
radius ; *Cs*, cubitus, *Ce*, carpe ; *Mtc*, métacarpe ; *Ph*, phalanges ; *Fr*, fémur ;
Re, rotule ; *Tb*, tibia ; *Pé*, péroné ; *Te*, tarse ; *Mtt*, métatarse ; *Ph*, phalanges ;
Cm, calcanéum.

d'un trou pour le passage de l'artère vertébrale ; leur apophyse épineuse est bifurquée, peu développée et s'infléchit de plus en plus vers le bas à mesure qu'on se rapproche de la région dorsale. Le peu de développement de ces diverses apophyses permet aux vertèbres cervicales de s'incliner beaucoup les unes sur les autres, sans que rien vienne arrêter leur mouvement, c'est pourquoi le cou peut si facilement se fléchir dans tous les sens. Dans la région dorsale, les apophyses articulaires, très développées, sont solidement enchevêtrées les unes dans les autres et rendent les mouvements latéraux peu étendus, tandis que les apophyses épineuses, longues, fortement inclinées vers le bas, en venant rapidement butter contre les vertèbres inférieures, limitent les mouvements de flexion en arrière ; les mouvements de flexion en avant se trouvent limités à la fois par le mode d'articulation des vertèbre, et la grande surface de leur disque : dans cette région de la colonne vertébrale, la mobilité est sacrifiée à la solidité. Dans la région lombaire, les apophyses épineuses redeviennent droites et les mouvements étendus. Enfin, dans les régions sacrée et coccygienne, les vertèbres, profondément modifiées, sont soudées entre elles de manière à former deux os, le sacrum et le coccyx.

Os du crâne et de la face. — La tête comprend deux régions, le *crâne* et la *face*, dont il y a lieu de décrire séparément le squelette.

Le crâne est une boîte osseuse de forme sphéroïdale, principalement destiné à loger le cerveau et à le protéger. Les os qui le composent ne peuvent se mouvoir les uns sur les autres ; la plupart présentent sur leur bord une multitude de petites dents irrégulières qui viennent s'engrener avec des dents analogues présentées par les os voisins et les unissent ainsi solidement à eux.

Les os du crâne, abstraction faite de quelques petits os accessoires et d'ailleurs peu constants que l'on nomme les *os wormiens*, sont au nombre de huit. Quatre sont impairs, situés sur la ligne médiane du corps, et quatre sont symétriques deux à deux. Les quatre os impairs sont : en arrière, l'*occipital* (fig. 258, 4 et 4a), au-devant de lui, le *sphénoïde* (2 et 3), puis l'*ethmoïde* (1), qui sont tous placés au-dessous du cerveau et constituent la base du crâne ; le *frontal* ou *coronal* (2a) forme la partie antérieure de la boîte crânienne, qui est fermée latéralement par les os symétriques, les deux *temporaux* (3a) et les deux *pariétaux* (3b).

L'*occipital* retient encore quelque chose de la forme des vertèbres ; il présente, pour le passage de la moelle épinière, un trou

comparable au trou rachidien, au-devant duquel le corps vertébral
est représenté par un prolongement portant le nom d'*apophyse basilaire*. Deux *condyles*, analogues aux apophyses articulaires inférieures des vertèbres cervicales, articulent l'occipital sur l'atlas.

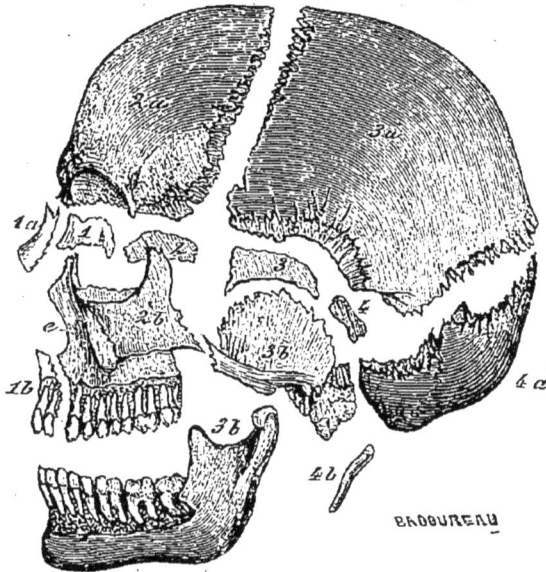

FIG. 258. — Os du crâne et de la face. — Les numéros inscrits sur les os indiquent la façon dont ils se groupent pour constituer les 4 vertèbres crâniennes
généralement admises. — 1, coupe de l'ethmoïde; — 1*a*, os nasal; — 1*b*, os
incisif détaché théoriquement du maxillaire supérieur auquel il est soudé chez
l'Homme; — 2, coupe du sphénoïde antérieur soudé chez l'Homme avec le sphénoïde postérieur; — 2*a*, frontal; — 2*b*, os malaire; — 3, coupe du sphénoïde
postérieur; — 3*a*, pariétal; — 3*b*, temporal et au-dessous de lui, maxillaire
inférieur; — 4, apophyse basilaire de l'occipital; — 4*a*, partie latérale de l'occipital; — 4*b*, indication théorique de l'os hyoïde; — *e*, maxillaire supérieur.

Le *sphénoïde* présente une forme extrêmement irrégulière, et se
divise en une partie centrale assez épaisse, le *corps*, et deux *ailes*
latérales larges et minces. Il est représenté, chez l'embryon humain,
par deux os qui demeurent distincts chez un grand nombre de
Mammifères. Le sphénoïde présente quelques apophyses remarquables. Ses *apophyses ptérygoïdes* servent à l'insertion des muscles
ptérygoïdiens et péristaphylins; une excavation creusée dans sa face
supérieure, et nommée, à cause de sa forme, la *selle turcique*, reçoit
un remarquable appendice du cerveau, l'*hypophyse* ou *corps pituitaire*.

L'*ethmoïde* a une forme presque cubique: il est divisé en deux moitiés symétriques par une lame osseuse verticale, ou *lame perpendiculaire*; ses deux *masses latérales* sont remarquables par les anfractuosités dont elles sont creusées et qui rendent leur substance osseuse extrêmement fragile.

Deux de ces anfractuosités portent le nom de *méat supérieur* et *méat moyen*. Les lames osseuses qui les circonscrivent sont elles-mêmes le *cornet supérieur* et le *cornet moyen*. Le méat moyen communique avec des cavités ou *sinus* qui sont creusées, à leur tour, dans les os maxillaires et dans l'os frontal.

Un petit os, le *vomer*, qui appartient plutôt à la face, semble prolonger en bas et en avant la lame perpendiculaire de l'ethmoïde.

L'occipital, les deux sphénoïdes et l'ethmoïde représentent les parties centrales des quatre vertèbres que l'on considère habituellement comme s'étant modifiées pour constituer la base du crâne. Quelques anatomistes voient dans le vomer le centre rudimentaire d'une cinquième vertèbre.

Les os symétriques du crâne les plus remarquables sont les *temporaux* qui présentent une partie extrêmement dure et résistante, le *rocher*, dans laquelle est logé l'appareil de l'audition, et une *portion écailleuse*. Leur *apophyse mastoïde* et leur *apophyse styloïde* fournissent des points d'attache à des muscles importants; tandis que leur *apophyse zygomatique* va s'articuler à l'un des os de la face, l'*os malaire* ou *zygoma*.

Les os de la face sont plus nombreux encore que ceux du crâne, ils sont au nombre de quatorze, à savoir : les *maxillaires supérieurs*, les *palatins*, les *malaires*, les *os propres du nez*, les *os unguis* ou *lacrymaux*, les *cornets inférieurs* du nez, le *vomer* et la *mandibule* ou *mâchoire inférieure*. Chez la plupart des Mammifères, il faut ajouter à cette liste deux *os incisifs* portant les incisives supérieures et qui, chez l'Homme, sont soudés avec les maxillaires.

Squelette des membres. — Il existe une grande analogie entre le squelette des membres antérieurs et celui des membres postérieurs. L'un et l'autre présentent une *partie basilaire* et une partie périphérique. La partie basilaire du membre antérieur est constituée, chez l'Homme, par deux os, l'*omoplate* et la *clavicule*, auxquels vient s'ajouter, chez le plus grand nombre des Vertébrés, un os important, l'*os coracoïde*, souvent accompagné d'un *procoracoïde*. Le *bassin*, ou partie basilaire du membre postérieur, présente également trois paires d'os, les *ischion*, les *ilium* et les *pubis;* mais leur comparaison avec les os de l'épaule présente quelques difficultés. Au contraire l'identité de composition, ou pour nous servir du terme anatomique, l'homologie des parties périphériques des membres antérieur et postérieur est frappante. Le membre antérieur (fig. 259) est formé de trois parties, le *bras*, l'*avant-bras* et la *main*, correspondant à la *cuisse*, à la *jambe* et au *pied* du membre postérieur

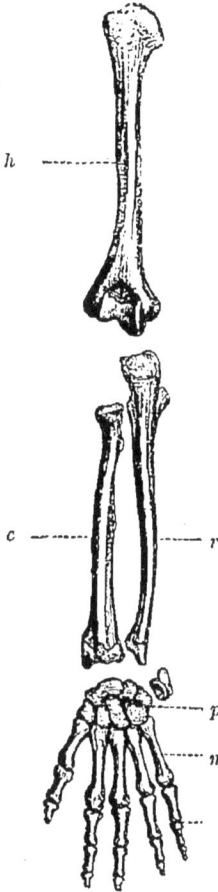

(fig. 260). Le bras est soutenu par un seul os, l'*humérus* (fig. 259, *h*), correspondant au *fémur* (fig. 260, *f*) qui soutient la cuisse; l'avant-bras comprend deux os, le *radius* et le *cubitus*, comme la jambe est constituée par le *péroné* et le *tibia* ; enfin la main se décompose,

FIG. 259. — Bras gauche de l'Homme vu en arrière. — *h*, humérus; *r*, radius; *c*, cubitus; *p*, os du carpe ou poignet; *m*, métacarpiens; *d*, doigts.

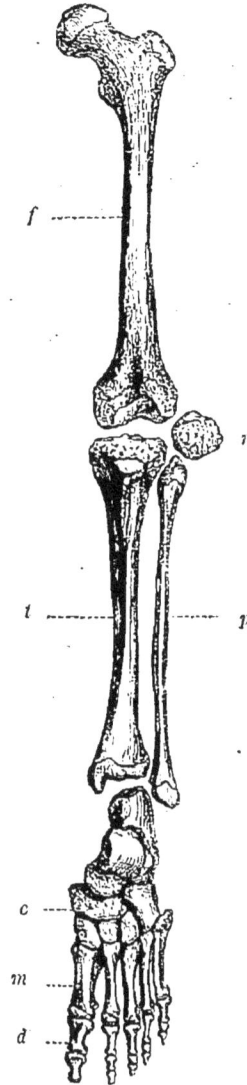

FIG. 260. — Jambe gauche de l'Homme vue en avant. — *f*, fémur; *r*, rotule; *t*, tibia; *p*, péroné; *c*, os du tarse; *m*, os métatarsiens; *d*, doigts.

comme le pied, en trois régions qui sont : pour la main, le *carpe*, le *métacarpe*, et les *doigts;* pour le pied, le *tarse*, le *métatarse* et les *orteils*. Le carpe ou *poignet* comprend huit os disposés en deux rangées; le tarse en comprend sept, également disposés sur deux rangs. Le métacarpe et le métatarse, qui forment la *paume* de la main et la *plante* du pied, sont chacun composés de cinq os portant respectivement les doigts et les orteils. Quant à ces derniers, sauf le pouce et le gros orteil, qui se correspondent et ne sont formés que de deux os, ils sont tous composés de trois leviers osseux, auxquels on donne les noms de *phalange*, de *phalangine* et de *phalangette*.

A côté de ces ressemblances fondamentales, les membres antérieurs et postérieurs présentent, dans la constitution de leur squelette, des différences presque toutes en rapport avec les usages différents auxquels ils servent. L'omoplate et la clavicule sont toujours deux os distincts; celle-ci s'articule avec une volumineuse apophyse de l'omoplate qui se prolonge en une sorte de crête ou d'épine, sur la face postérieure de cet os, et qu'on nomme l'*acromion*. L'humérus vient s'articuler dans une *cavité glénoïde*, située au sommet externe de l'omoplate, et il est retenu dans cette position par des ligaments qui, partant de son extrémité articulaire ou *tête*, vont s'attacher au pourtour de la cavité glénoïde, et à une apophyse de l'omoplate qui s'avance en avant, en forme de bec, l'*apophyse coracoïde*, seul reste de l'os coracoïde des autres Vertébrés. L'acromion, l'apophyse coracoïde et un ligament qui réunit ces deux apophyses forment au-dessus de lui une espèce de voûte. A son extrémité inférieure, l'humérus élargi est terminé par une espèce de poulie sur laquelle le cubitus peut tourner d'avant en arrière, tandis que sur son côté externe il porte une petite tête ou condyle sur laquelle s'articule le radius. Les deux os de l'avant-bras s'articulent donc avec l'humérus. Le cubitus présente à son extrémité supérieure une échancrure qui se moule à peu près exactement sur la poulie ou *trochlée* de l'humérus; la partie restante de l'os ainsi entamée forme une apophyse, l'*olécrâne*, qui vient butter, lorsque l'avant-bras se redresse, contre le fond d'une fossette de l'humérus destinée à la recevoir et qui arrête ainsi le mouvement d'extension du bras. Le radius s'articule inférieurement avec la main; en haut, il se termine par une sorte de roue perpendiculaire à son axe qui lui permet de tourner en s'appuyant sur le cubitus et d'entraîner la main dans ce mouvement de rotation; cette roue est creusée en haut d'une cavité, en forme de calotte sphérique, ou *cavité glénoïde* qui reçoit le condyle de l'humérus; en bas, il s'élargit beaucoup, devient plus volumineux que le cubitus et s'ar-

ticule avec deux des os de la première rangée du carpe; le *scaphoïde*
et le *semi-lunaire*. Le cubitus ne contracte aucun rapport direct
avec la main. Ainsi, des deux os de l'avant-bras, l'un ne s'articule
qu'avec l'humérus; l'autre s'articule à la fois avec l'humérus et avec
la main, mais conserve une grande mobilité, et peut tourner
autour de son voisin comme autour d'un axe solide, disposition
admirablement propre à faciliter les mouvements de l'extrémité
antérieure.

Toutes les parties du membre inférieur se distinguent par une
plus grande solidité et par des dispositions qui les maintiennent plus
étroitement unies entre elles. Les trois os du bassin se soudent de
bonne heure, et forment une ceinture complète, fixée en arrière
au sacrum; les deux pubis sont unis en avant par un solide
ligament. Ces trois os concourent à former en dehors, de chaque
côté, une cavité articulaire, à peu près hémisphérique, la *cavité
cotyloïde;* dans cette cavité pénètre la *tête du fémur :* elle est arrondie et reliée à la partie principale de l'os par une partie plus étroite,
oblique par rapport à l'axe de l'os, le *col du fémur.* Au-dessus et
au-dessous du point où le col du fémur s'insère sur l'os, on voit
deux tubérosités, le *grand* et le *petit trochanter.* A la différence de
l'humérus, le fémur ne s'articule à sa partie inférieure qu'avec un
seul des os de la jambe, le *tibia.* Au-devant de cette articulation se
développe, à partir de la troisième année, dans l'épaisseur du tendon
du muscle extenseur de la cuisse qui s'insère alors sur le tibia,
un os arrondi, d'ailleurs indépendant du reste du squelette, la *rotule.*
Nous n'avons trouvé dans le bras aucun os semblable.

Une différence plus importante encore, entre le membre antérieur
et le membre postérieur, consiste en ce que, chez ce dernier, les deux
os de la jambe, le tibia et le péroné, s'articulent également avec le
pied. L'un et l'autre se terminent inférieurement par une tête qui fait
saillie au-dessus de ce dernier. La tête du péroné forme la *malléole* ou
cheville externe; celle du tibia, la *malléole* ou *cheville interne.* Les
deux malléoles encastrent entre elles, la volumineuse tête articulaire
qui fournit l'os moyen de la première rangée du tarse, l'*astragale;*
l'os externe de cette rangée est venu se placer en avant de l'astragale où il forme le *scaphoïde;* l'os interne ou *calcanéum* s'étend
considérablement en arrière pour former la saillie du *talon* (fig. 254).
Au-devant de lui se trouve le *cuboïde,* qui s'unit aussi latéralement au
scaphoïde, lequel porte en avant les trois *cunéiformes,* qui complètent, avec le cuboïde, la seconde rangée des os du tarse. Le premier
et le second cunéiforme portent chacun un métatarsien; le troisième

et le cinquième métatarsien reposent entièrement sur le troisième cunéiforme et sur le cuboïde; le quatrième métatarsien est à cheval sur ces deux derniers os. Par le mode d'articulation de l'astragale avec le tibia et le péroné, les mouvements de latéralité, qui sont assez étendus pour la main, deviennent très restreints pour le pied; les mouvements de rotation du pied autour du tibia sont aussi limités de la sorte; le pied est donc beaucoup moins mobile que la main mais son articulation est aussi plus solidement établie et la marche se trouve par conséquent plus sûre. Lorsqu'un trop brusque mouvement de flexion vient à changer violemment la position des trois os qui concourent à l'articulation du pied, il se produit l'accident connu sous le nom d'*entorse*, accident qui peut amener de graves désordres lorsque ces os ne sont pas ramenés à leur position primitive par une main suffisamment habile.

Articulations. — Nous connaissons maintenant, au moins ·de nom, les pièces principales du squelette humain et nous savons quels sont leurs rapports généraux. Ces pièces s'unissent entre elles de diverses façons : tantôt elles doivent demeurer immobiles l'une par rapport à l'autre, comme cela arrive pour les os du crâne ou pour ceux du bassin; tantôt elles doivent effectuer des mouvements plus ou moins étendus, comme cela arrive pour les os des membres. Dans ces deux cas, les moyens d'union des os sont extrêmement variés et l'ensemble des tissus ou des organes qui concourent à maintenir cette union forme ce qu'on appelle une *articulation*.

Les articulations des os destinés à demeurer immobiles ou à n'effectuer que des mouvements peu étendus sont assez simples : on leur donne le nom de *sutures* lorsque les os sont rapprochés, soit qu'ils s'engrènent l'un dans l'autre au moyen d'une multitude de dents, comme plusieurs os du crâne (fig. 258, 2a, 3a, 4a), soit que l'un d'eux recouvre l'autre en s'amincissant, comme dans la *suture écailleuse* du temporal et des pariétaux (fig. 258, 3a et 3b), soit enfin qu'ils se juxtaposent simplement. Les dents qui viennent s'implanter séparément dans des trous creusés dans les mâchoires, présentent un mode d'articulation qu'on nomme *gomphose*.

Lorsque deux os doivent se mouvoir l'un sur l'autre, l'articulation est infiniment plus complexe. Les parties mobiles se recouvrent d'un tissu cartilagineux parfaitement poli qui facilite leur glissement les unes sur les autres; entre elles prend naissance une bourse séreuse, une *synoviale*, contenant un liquide particulier, la *synovie*, qui supprime d'une façon presque complète les frottements; enfin des liga-

ments unissent les deux os, des capsules fibreuses emprisonnent
l'articulation tout entière et, tout en permettant des mouvements
étendus, s'opposent à ceux qui pourraient compromettre les rapports
normaux des pièces osseuses. Lorsque par un mouvement trop violent ces rapports sont modifiés, lorsque par exemple un condyle
est sorti de la cavité qui doit le contenir et n'y peut plus être
ramené par le simple jeu des muscles, on dit qu'il y a *luxation*
de l'articulation. La réduction de certaines luxations, c'est-à-dire
leur guérison, exige souvent de la part du chirurgien beaucoup de
force et d'adresse.

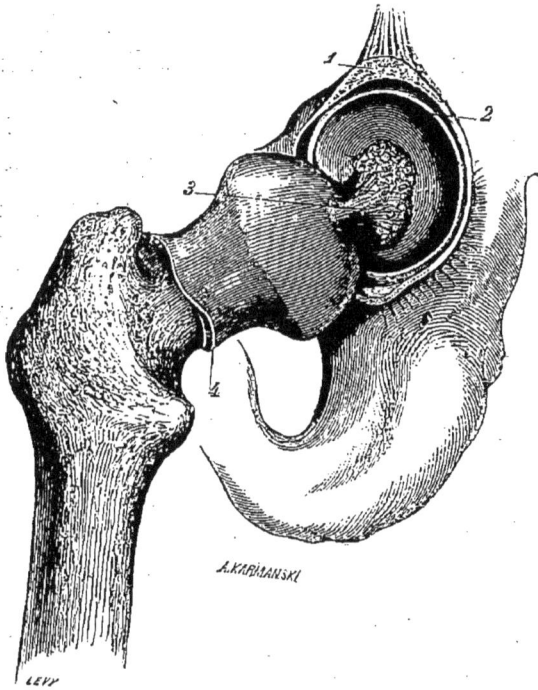

Fig. 261. — Articulation coxo-fémorale.—1, partie de la capsule articulaire adhérente
à la cavité cotyloïde; 2, bourrelet cotyloïdien; 3, ligament rond; 4, insertion
de la capsule articulaire sur le col du fémur.

L'étude de quelques articulations donnera plus de précision à ces
généralités. Considérons par exemple l'articulation du fémur avec
le bassin ou *articulation coxo-fémorale* (fig. 261) dans laquelle le
fémur est articulé de manière à se mouvoir dans presque toutes les
directions.

Nous savons déjà que la tête du fémur, couverte d'un enduit cartilagineux, s'enfonce dans la cavité cotyloïde également tapissée de

cartilage. Elle y est retenue tout d'abord par une capsule articulaire (fig. 261, n° 1) s'insérant, d'une part, sur tout le pourtour de la cavité cotyloïde, et, d'autre part, sur la ligne rugueuse antérieure qui va du grand au petit trochanter ainsi que sur le tiers inférieur du col du fémur ; cette capsule est renforcée en avant par un ligament dit *ligament de Bertin*.

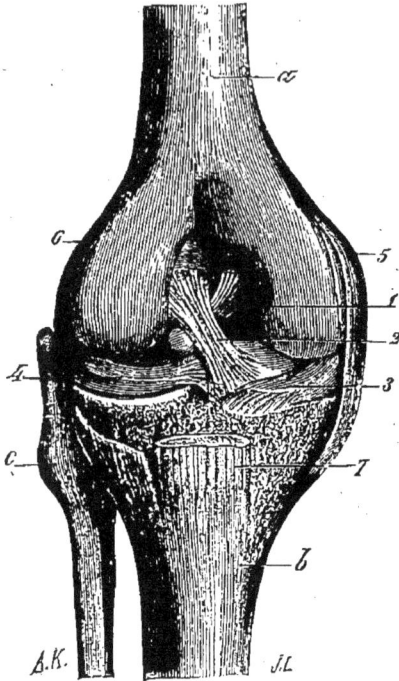

FIG. 262. — Articulation du genou vue par devant.—*a*, fémur ; *b*, tibia ; *c*, péroné ; 1, ligament croisé postérieur ; 2, ligament croisé antérieur ; 3, fibro-cartilage articulaire interne ; 4, fibro-cartilage articulaire externe ; 5, ligament latéral interne ; 6, ligament latéral externe ; 7, ligament rotulien coupé au-dessous de la rotule.

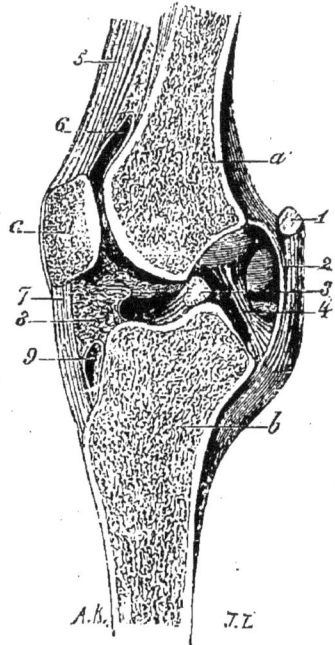

FIG. 263. — Coupe de l'articulation du genou. — *a*, fémur ; *b*, tibia ; *c*, rotule ; 1, ligament postérieur ; 2, tubercule du condyle interne ; 3, ligament croisé antérieur ; 4, ligament croisé postérieur ; 5, tendon des extenseurs de la jambe ; 6, synoviale ; 7, ligament rotulien ; 8, tissu adipeux sous-rotulien ; 9, synoviale.

Un fibro-cartilage entourant l'articulation ferme complètement l'espace laissé libre entre la cavité cotyloïde et le col du fémur ; enfin un ligament interarticulaire, le *ligament rond*, partant de la tête du fémur, va s'attacher en s'évasant sur la voûte de la cavité cotyloïde, complétant ainsi les attaches, déjà si puissantes, qui relient le fémur au bassin.

L'articulation du tibia avec le fémur (fig. 262 et 263) est plus complexe encore. Le fémur se termine par deux *tubérosités*, l'une externe, l'autre interne, à chacune desquelles correspond sur le tibia une cavité glénoïde. Le mouvement ne devant s'effectuer ici que d'arrière en avant et d'avant en arrière, une capsule articulaire complète, retenant les deux os dans tous les sens, est inutile ; elle est remplacée par deux ligaments latéraux et un ligament postérieur ; des fibro-cartilages viennent aussi s'interposer entre les deux os ; enfin, dans l'articulation même, se trouvent les *ligaments croisés* (fig. 261, nᵒˢ 1 et 2) allant, l'un du condyle externe du fémur à l'*épine du tibia*, située entre les deux cavités glénoïdes ; l'autre, partant du condyle interne du fémur, et aboutissant en arrière de l'épine du tibia. En raison de leur disposition, ces ligaments croisés s'opposent à la fois aux mouvements d'écartement et de latéralité des deux os. La synoviale remonte, en avant, derrière la rotule qu'elle sépare du fémur, et, en outre, une petite synoviale se montre entre le tibia et le ligament qui unit la rotule à cet os (fig. 263).

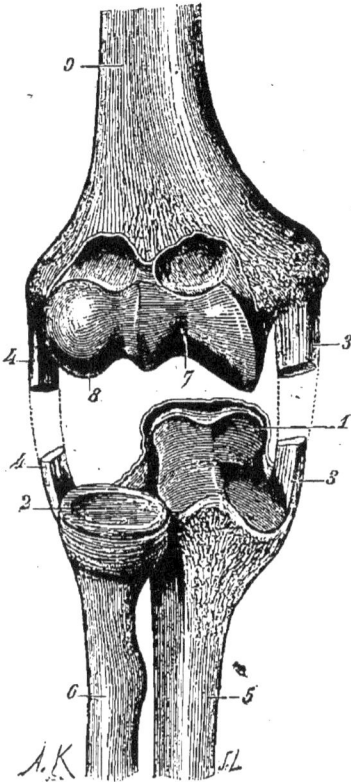

FIG. 264. — Articulations du coude. — 1, apophyse olécrâne devant laquelle est l'échancreur sigmoïde ; 2, cavité glénoïde du radius ; 3, ligament latéral externe ; 4, ligament latéral interne ; 5, cubitus ; 6, radius ; 7, trochlée de l'humérus ; 8, condyle de l'humérus ; 9, humérus.

Nous donnons figure 264, une représentation de l'articulation du coude dont la légende, jointe à ce que nous avons déjà dit, suffira à faire connaître la disposition. On retrouverait les mêmes traits généraux avec des variations de détail infinies dans toutes les autres articulations mobiles.

Après cette description générale des moyens d'union que les parties solides du corps présentent entre elles, il nous reste à étudier les organes dont l'action détermine le déplacement de ces parties ou les maintient dans des positions déterminées. Ces organes sont les *muscles*. Et tout d'abord quelles sont les propriétés générales des muscles ?

Propriétés générales des muscles. — Considérons, par exemple, le gros muscle qui ramène l'avant-bras vers le bras et qui

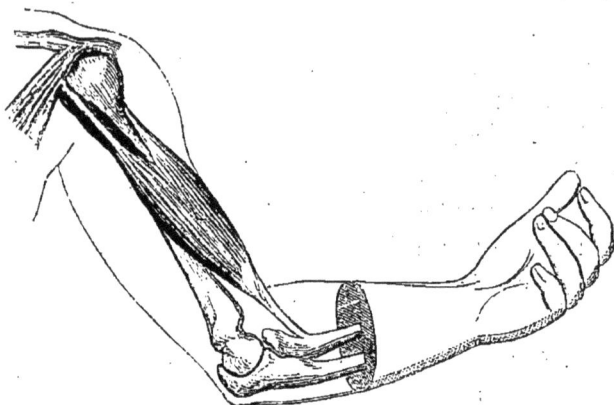

FIG. 265. — Biceps à demi contracté.

est bien connu sous le nom de *biceps* (fig. 265 et 266). Ce muscle se

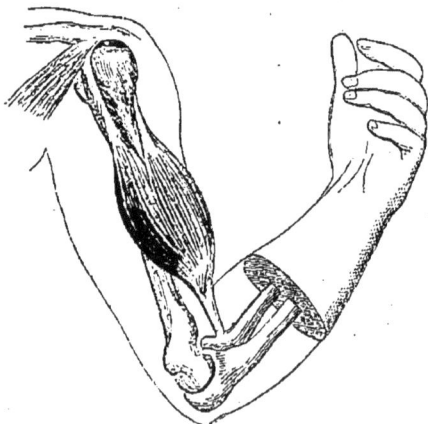

FIG. 266. — Biceps contracté.

divise vers le haut en deux masses ou têtes (d'où son nom de biceps), terminées chacune par un tendon ; ces tendons viennent s'attacher l'un à l'apophyse coracoïde, l'autre au sommet de la cavité glénoïde de l'omoplate ; le tendon inférieur s'insère sur le radius. Le biceps occupe la partie antérieure du bras. Appliquons la main sur le

muscle au moment où il entre en action, c'est-à-dire quand l'avant-
bras se fléchit sur le bras, nous sentons parfaitement que son épaisseur et sa rigidité augmentent pendant qu'il se raccourcit (fig. 266) ;
quand le muscle est dans cet état, on dit qu'il est contracté. Mais
comment se produit cette contraction ?

Dans l'organisme c'est sous l'action de la volonté, ou tout au moins,
nous le verrons bientôt, à la suite d'irritations parties du système
nerveux, que les muscles se contractent.

Il semble que dans ces conditions le phénomène de la contraction
musculaire échappe à l'expérience ; mais il existe heureusement divers moyens de le produire artificiellement. On y parvient facilement
tout d'abord en agissant sur le nerf qui se rend au muscle soit par
des moyens mécaniques, soit par des moyens physiques. Il suffit de
pincer un nerf pour faire aussitôt contracter le muscle qu'il anime ;
l'application sur le nerf de certains réactifs produit le même effet ;
mais il est un procédé plus commode et plus régulier que tous les
autres, qui consiste à faire passer au travers du nerf une décharge
électrique. On voit à chaque décharge le muscle se contracter vivement et revenir aussitôt à son état primitif. On obtient d'ailleurs
des effets analogues en agissant directement sur les muscles.

Cette propriété des muscles de se contracter, soit sous l'action des
nerfs, soit lorsqu'ils sont directement stimulés par certains agents,
est ce que Haller appelait l'*irritabilité musculaire*.

Les muscles ne sont pas seulement *contractiles* et *irritables*, ils
sont encore *élastiques*. Lorsqu'on vient à isoler un de ces organes
et à suspendre un poids à l'une de ses extrémités, après avoir fixé
l'autre extrémité, on constate que le muscle s'allonge. Cet allongement n'est pas proportionnel au poids qui tend le muscle ; comme
pour tous les corps mous, il est relativement plus petit pour un
poids plus faible. Après l'action du poids, le muscle revient à sa
longueur primitive. Lorsqu'un muscle se contracte, il a toujours un
poids à soulever et ce poids tend à déterminer en lui un allongement.
Pour une même excitation, l'état que prend alors le muscle dépend
donc à la fois de sa contractilité et de son élasticité ; celle-ci joue
d'ailleurs, nous le verrons bientôt, un rôle important dans le phénomène de la contraction proprement dite.

Secousse musculaire. — Le mouvement qu'exécute un muscle
lorsqu'il est soumis à une excitation électrique ne ressemble pas
absolument au mouvement qui résulte de l'action de la volonté.
L'animal est maître de la durée et de l'énergie de ses contractions

musculaires, la contraction produite sous l'influence de l'électricité
est, au contraire, instantanée, et on l'a justement distinguée de la
contraction permanente en lui donnant le nom de *secousse* musculaire. Il est toutefois possible de transformer la secousse en contraction, et d'imiter par conséquent, à l'aide de l'électricité, l'action
de la volonté ; il suffit, pour cela, de faire passer à travers le muscle
des décharges répétées, comme celles que peut fournir une bobine
d'induction. Lorsque ces décharges sont suffisamment nombreuses,
la contraction devient permanente : le muscle est à l'état de *tétanos*.

Myographe. — Il serait impossible de saisir par la seule observation tous les détails des mouvements musculaires ainsi provoqués

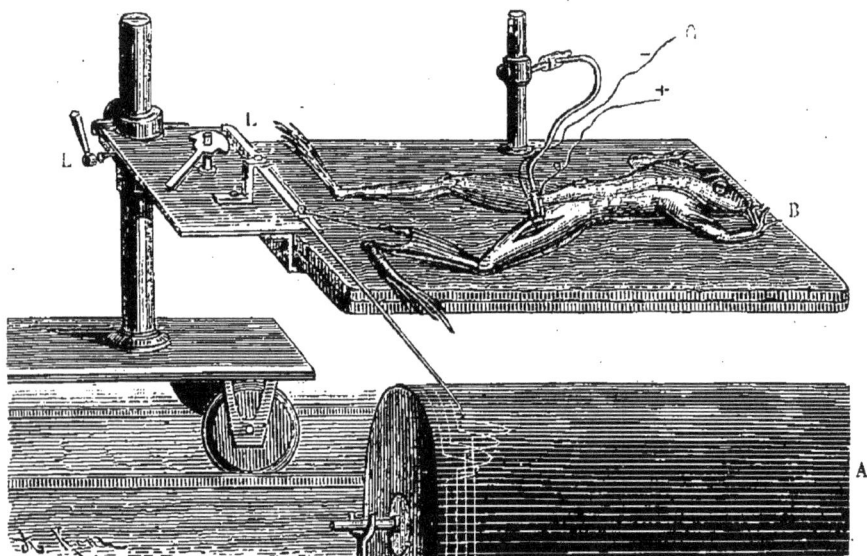

Fig. 267. — Myographe de Marey. — A, cylindre enregistreur sur lequel quatre
secousses sont déjà inscrites à l'extrémité du levier, L ; B, charriot portant le
levier et la grenouille ; C, pince électrique.

artificiellement et qui présentent tant d'intérêt à cause de leur
analogie avec les mouvements normaux. L'usage des appareils enregistreurs était naturellement indiqué pour cette étude, et l'on en a
imaginé de diverses sortes que l'on appelle des *myographes*. L'un
des plus simples et des plus commodes est le myographe de Marey
(fig. 267).

Sur une planchette horizontale est fixé le muscle qui doit servir
aux expériences, et auquel on peut substituer une Grenouille entière
que l'on a privée de son cerveau et de sa moelle épinière, pour sup-

primer toutes les réactions de l'animal. Une Grenouille ainsi mutilée
vit encore assez longtemps : son cœur bat, son sang circule, et
pendant tout ce temps ses muscles demeurent dans des conditions
normales, ce qui est un précieux avantage pour l'expérimentateur.
On découvre le muscle du mollet de l'animal, on en coupe le tendon
inférieur et on l'attache à un petit levier horizontal, qui se déplace
avec le muscle quand celui-ci se contracte, et revient à sa position
initiale dès que la contraction a cessé. En avant du levier tourne,
d'un mouvement uniforme et avec une vitesse connue, le cylindre
enregistreur, A. La tablette qui porte la Grenouille, celle qui supporte
le levier, L, et qui lui est unie, sont elles-mêmes entraînées dans le
sens horizontal par un chariot, B, qui s'avance d'un mouvement uniforme devant le cylindre. Dans ces conditions, le levier au repos
tracerait sur le cylindre une hélice continue ; mais si, à un certain
moment, il vient à être déplacé, l'hélice est interrompue par une
ligne dont la forme dépend des vitesses diverses qui ont été com-
muniquées au levier pendant son mouvement.

Lorsque des secousses se succèdent à des intervalles quelconques, en raison du double mouvement du cylindre enregistreur
et du chariot, les courbes qui leur correspondent sont tracées,
soit en des points différents d'un même tour de l'hélice, soit sur
des tours différents ; on peut ainsi, d'une façon interrompue, inscrire
et comparer un grand nombre d'observations, sans courir le risque
de voir se mélanger ou se confondre les résultats enregistrés.

A l'aide de cet appareil, M. Marey a pu constater que le même
muscle ne réagissait pas toujours de la même façon sous l'influence de l'électricité : après avoir subi plusieurs excitations le
muscle se fatigue, la durée de la secousse augmente et son intensité est plus faible ; diverses causes, le refroidissement, l'arrêt de
la circulation, plusieurs substances vénéneuses, agissent comme la
fatigue, diminuent l'amplitude et augmentent la durée de la secousse musculaire. Il est des animaux dont les muscles semblent
toujours fatigués par rapport à ceux d'animaux plus actifs : ainsi
les muscles de la Grenouille se contractent plus lentement et moins
énergiquement que ceux des Mammifères ; c'est chez les Oiseaux,
toutes choses égales d'ailleurs, que l'on trouve les contractions les
plus rapides et les plus énergiques ; chez eux une secousse ne dure
pas plus de deux ou trois centièmes de seconde.

**Transformation des secousses musculaires en contraction
permanente.** — Une secousse musculaire se décompose naturelle-

ment en deux temps : durant le premier, le muscle se raccourcit ; durant le second, il revient graduellement à son état normal. Le premier temps dure toujours beaucoup moins que le second et sa durée est plus facile à mesurer rigoureusement, puisqu'on ne peut avoir qu'une faible incertitude sur l'instant précis où la secousse commence, qu'on peut déterminer exactement, sur la courbe inscrite, l'instant du maximum de raccourcissement, tandis que la courbe de descente qui marque le second temps, se fusionne graduellement avec l'hélice. On trouve ainsi que la durée du raccourcissement est de huit à dix secondes. Supposons maintenant qu'une deuxième secousse se produise avant que le muscle soit revenu à son état normal : le muscle se raccourcira de nouveau et l'on comprend que des secousses répétées à un intervalle égal, plus faible que la durée totale d'une secousse musculaire isolée, arriveront à déterminer un raccourcissement permanent. La courbe inscrite indique comment ce raccourcissement se produit : si les secousses répétées sont lentes, elle présente des sinuosités correspondant aux raccourcissements successifs produits par chacune d'elles ; à mesure que les secousses se multiplient, ces sinuosités deviennent de moins en moins marquées ; enfin, quand les secousses deviennent suffisamment rapides, les sinuosités disparaissent ; pendant toute la durée de l'action de la bobine, le levier trace une courbe parfaitement régulière : les secousses se sont complètement fusionnées. C'est dans la fusion de ces secousses qu'intervient l'élasticité des muscles ; il se passe ici quelque chose d'analogue à ce que nous a montré le jet de sang artériel qui finit par devenir continu, grâce à l'élasticité des artères, bien que les battements du cœur ne semblent devoir produire que des projections successives.

On peut d'ailleurs observer directement, sur les muscles effectuant des secousses, quelque chose d'analogue au gonflement que le flux sanguin projeté dans une artère lui fait éprouver. L'observation directe au microscope et l'emploi d'appareils enregistreurs appropriés ont également montré qu'au moment où le muscle est excité, il se gonfle en un de ces points, et ce gonflement auquel est dû le raccourcissement, se propage graduellement jusqu'à l'extrémité du faisceau musculaire où il s'éteint. Qu'une seconde secousse se produise avant l'extinction de la première, elle produira un second gonflement qui se propagera de même ; finalement, si les secousses sont suffisamment rapides, tous les gonflements arriveront à se confondre, alors se produira un raccourcissement permanent. Mais le muscle ainsi raccourci ne sera évidemment pas au repos ;

les secousses, bien qu'elles se confondent pour notre œil, n'en existeront pas moins et mettront le muscle dans un état vibratoire particulier. Or les vibrations suffisamment rapides des corps produisent des sons. L'oreille approchée d'un muscle ainsi contracté perçoit, en effet, un son correspondant à trente ou trente-cinq vibrations par seconde.

Ce même son est parfaitement perceptible lorsqu'un muscle se contracte sous l'action de la volonté; il est connu depuis longtemps sous le nom de *son musculaire*, et l'on a constaté qu'il devient plus aigu lorsque l'intensité de la contraction augmente. Le muscle contracté sous l'action de la volonté vibre comme le muscle tétanisé par l'électricité; il éprouve donc lui aussi des secousses. Sa vibration est d'autant plus rapide que la contraction est plus énergique ; cela signifie que, plus les secousses sont nombreuses dans un même temps, plus le muscle se contracte. C'est exactement ce qui arrive pour le tétanos artificiel. Nous sommes donc autorisés à conclure, que les choses se passent sous l'action de la volonté comme sous celle de l'électricité, et que c'est par une série d'excitations, de secousses fréquemment répétées, que la volonté maintient contractés les muscles qui lui sont soumis.

Origine de la force musculaire. — Un muscle qui se contracte produit du travail, il doit donc consommer de la chaleur; où trouvet-il la chaleur qui lui est nécessaire? On constate toujours que la nutrition devient plus active dans un muscle qui travaille que dans un muscle au repos. Le fait est nettement établi par l'accumulation rapide dans sa substance de produits de désassimilation, tels que l'acide lactique et la créatine. Or la nutrition est un ensemble de phénomènes chimiques qui produisent de la chaleur. C'est donc à des phénomènes chimiques que le muscle emprunte la chaleur qu'il transforme en travail. Sa nutrition en produit même à ce moment plus qu'il n'en consomme, et c'est pourquoi l'on constate ce phénomène, en apparence paradoxal, qu'un muscle qui travaille s'échauffe. Cet excès de nutrition, il le met, du reste, à profit ; des éléments musculaires nouveaux se forment et l'on voit constamment se développer les muscles qui sont soumis à un travail habituel.

Principaux muscles de l'Homme. — La description des muscles de l'Homme occuperait à elle seule un volume; nous ne pouvons songer à les énumérer tous. Nous avons déjà donné quelques indi-

cations sur les muscles de la face et sur ceux du tronc, il n'est pas
sans utilité de signaler les principaux muscles des membres. Cela est
d'ailleurs nécessaire si l'on veut se rendre compte des conditions de
la station verticale et de la marche chez l'Homme.

Il est évident que si l'on abandonnait à lui-même un squelette,
fût-il muni de toutes les pièces ligamenteuses qui consolident les
articulations, ce squelette s'affaisserait aussitôt et tomberait sur le
sol. On a pu déterminer assez exactement le centre de gravité de la
tête, du tronc et du corps tout entier pourvus de leurs organes. Ces
centres de gravité sont respectivement situés au-dessus des condyles occipitaux et de la ligne des deux articulations coxo-fémorales.
Il s'ensuit que la tête et le tronc, alors même qu'on arriverait à les
dresser sur ces bases de sustentation, seraient en état d'équilibre in-
stable, et fléchiraient en avant ou en arrière au moindre déplacement.
C'est grâce à l'action des muscles que la stabilité est réalisée. Au
moindre danger de chute, tels ou tels muscles se contractent suivant
le cas, et c'est par les contractions alternatives de ces divers
ensembles de muscles antagonistes que sont toujours évitées des
chutes toujours imminentes. Remarquons d'ailleurs que l'instabilité
naturelle des principales parties du corps est une condition qui
facilite singulièrement les mouvements relatifs de ces parties, mouvements qui doivent pouvoir s'exécuter avec la même aisance dans
toutes les directions.

Les muscles qui font mouvoir la tête ou la maintiennent, ceux
qui agissent sur la colonne vertébrale sont nombreux et compliqués.
Ces derniers forment, dans la région des lombes ou des reins, une
masse volumineuse, celle qui constitue le *râble* du Lièvre et du
Lapin, dont les tendons vont s'insérer en avant jusque sur les vertèbres du cou, en arrière jusque sur les vertèbres caudales; c'est la
masse *sacro-lombaire* des anatomistes. Par l'action de ces muscles
se trouve conjurée, en partie, la chute de la colonne vertébrale, solli-
citée à tomber en avant par les viscères qu'elle supporte. De même
la chute en avant du bassin est prévenue par une forte masse charnue
constituant le *muscle grand fessier* (fig. 268 et 269). Le fémur ne
peut tomber en avant; son mouvement d'extension sur le tibia est
limité par la constitution même de l'articulation, sa flexion est
empêchée par le *triceps fémoral*, qui s'insère par sa masse moyenne
sur le bassin, par ses deux masses latérales sur le haut eu fémur et,
à son extrémité inférieure sur le tibia, par l'intermédiaire du
ligament rotulien. Enfin toute la colonne formée par le tibia et le
péroné est maintenue verticale par un muscle d'une très grande

puissance, le *gastrocnémien* ou muscle du *mollet*, sorte de biceps

EXPLICATION

1. 1. Triceps brachial et son tendon
2. Deltoïde
3. Auriculaire supérieur
4. Petit rond
5. Grand rond
6. Sous-épineux
7. Grand pectoral
8. Trapèze
9. Grand dorsal
10. Grand dentelé
11. Grand oblique
12. Anconé
13. Cubital antérieur
14. Grand fessier
15. Moyen fessier
16. Tenseur de l'aponévrose fascia-lata
16'. Bandelette de cette aponévrose
17. Couturier
18. Droit antérieur de la cuisse
19. Vaste interne
20. Vaste externe
21. Tendon rotulien
22. Premier adducteur
23. Droit interne
24. Troisième adducteur
25. Demi tendineux
26. Demi membraneux
27, 27. Jumeaux
28, 28. Soléaire
28'. Tendon d'Achille
29. Long fléchisseur commun des orteils.
    et tendons du jambier postérieur et du
    long fléchisseur propre du gros orteil.
30. Adducteur du gros orteil
31. Jambier antérieur.
32. Long et court péroniers latéraux.
33. Long extenseur commun des orteils.
    et péronier antérieur.
34. Extenseur propre du gros orteil
35. Ligament annulaire du tarse

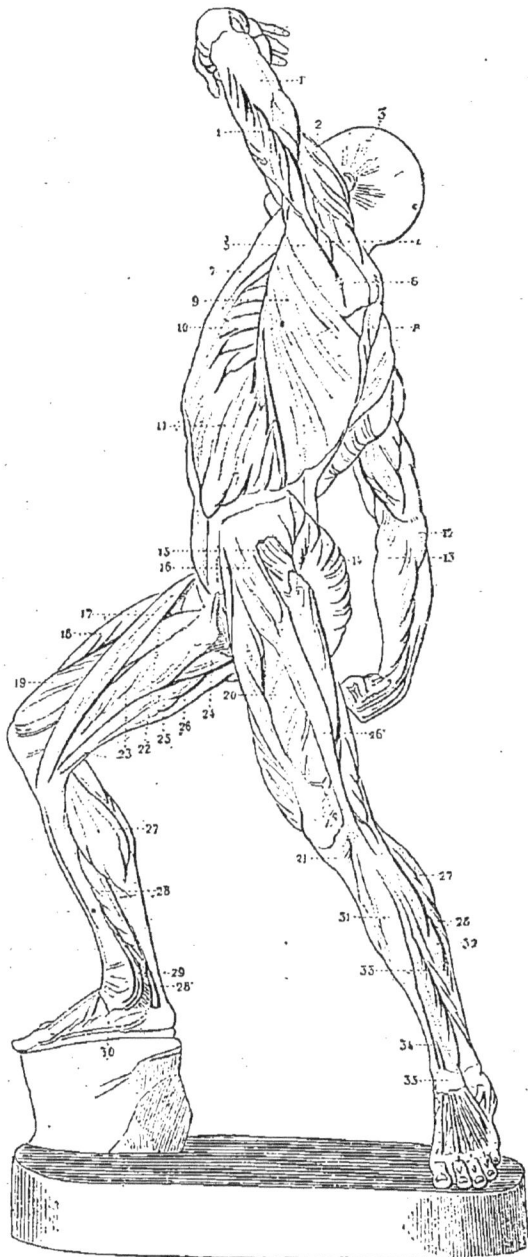

FIG. 268. — Principaux muscles de l'homme.

dont le volumineux tendon inférieur, bien connu sous le nom de *tendon d'Achille*, vient s'insérer sur le *calcanéum*. Ce n'est là qu'une

EXPLICATION.

1. Extenseur commun des doigts.
2. Tendon du long extenseur du pouce
3. 1ᵉʳ Inter-osseux dorsal.
4. Adducteur du pouce.
5. 5 Court abducteur, court fléchisseur et opposant du pouce.*(Eminence Thenar)*
6. Adducteur et court fléchisseur du petit doigt.*(Eminence hypo-Thenar)*
7. 7. Court extenseur et long abducteur du pouce
8. 8 2ᵉᵐᵉ Radial externe.
9. 9 1ᵉʳ id.
10. 10. Long supinateur
11. 11 Long fléchisseur propre du pouce.
12. 12 Grand palmaire
13 Petit palmaire.
14. 14. Rond pronateur.
15. 15 Brachial antérieur
16. 16 Triceps.
17. 17. Biceps.
18. Frontal.
19. Temporal.
20. Triangulaire du menton.
21 Masséter *(Entre ces deux muscles, on aperçoit une partie du buccinateur)*
22 Sterno-cléido-mastoïdien.
23. Trapeze.
24. Deltoïde.
25. Grand pectoral.
26. Grand dentelé
27. Grand dorsal.
28. Grand oblique.
29. 29 Aponévrose fascia lata enlevée en partie.
30 Tenseur de cette aponévrose.
31. Moyen fessier.
32. Grand fessier.
33. Droit antérieur.
34. Vaste externe.
35. Biceps fémoral.
36. Demi tendineux.
37. Demi membraneux
38. 3ᵉ Adducteur.
39. 1ᵉʳ Adducteur.
40. Droit interne.
41. Couturier.
42. Vaste interne.
43. 43 Jumeaux
44. 44 Soléaire.
44. 44 Tendon d'Achille.
45. Long péronier latéral.
46. Court péronier latéral.
47. Extenseur commun des orteils et péronier antérieur.
47. Tendon du péronier antérieur
48 Jambier antérieur.
49 Abducteur du petit orteil.
50. Ligament annulaire du tarse.

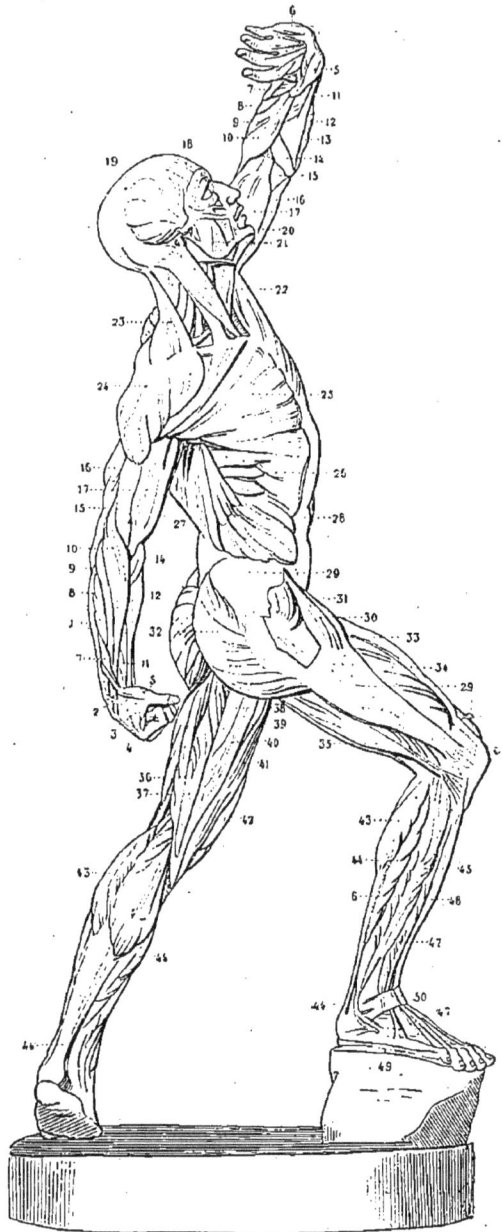

FIG. 269. — Principaux muscles de l'homme.

partie des muscles de la jambe, et même de ceux qui produisent les

mouvements de *flexion* et d'*extension*. D'autres sont chargés d'é-
loigner les jambes du plan de symétrie (abduction), de les y ramener
(adduction), de produire divers mouvements de rotation et de circum-
duction ou de mouvoir le pied ou les orteils, etc. : l'étude attentive
des figures 268 et 269 permettra de reconnaître la disposition d'un
certain nombre d'entre eux.

On retrouve dans la constitution du membre supérieur, avec des
proportions différentes, mais avec des rapports semblables, quelques
muscles analogues aux muscles du membre inférieur. Tel est le

FIG. 270.   FIG. 271.

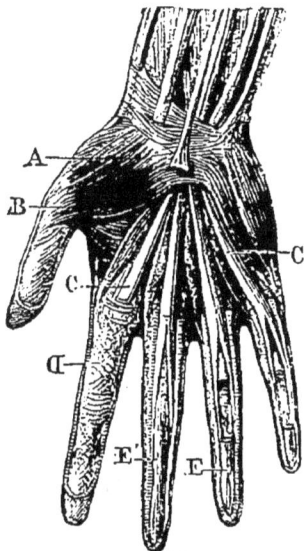 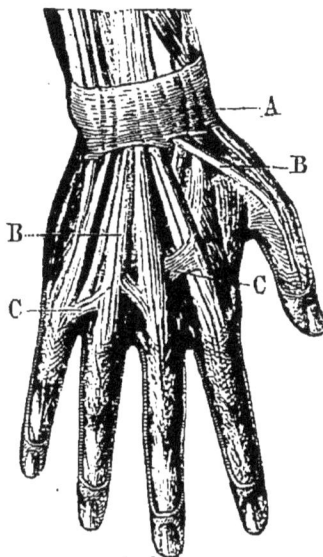

FIG. 270. — Main de l'homme. — 1, face palmaire : A ; muscle court adducteur du
pouce; B, court fléchisseur du pouce; CC, tendons des fléchisseurs superficiels
des doigts ; EE, tendon du fléchisseur profond.

FIG. 271. — 2, face dorsale : A, ligament annulaire du corps ; BB, tendon de l'extenseur commun des doigts; CC, expansion tendineuse reliant les tendons.

triceps brachial qui étend l'avant-bras sur le bras et qui correspond
au triceps fémoral. Mais le plus volumineux muscle du bras est le
biceps, dont nous avons précédemment parlé, qui agit comme antagoniste du triceps. Les muscles qui rapprochent les bras du corps
comptent parmi les plus étendus ; ce sont : le *grand dorsal*, qui s'insère sur une grande partie de la colonne vertébrale et sur l'humérus, et le *grand pectoral*, qui fait sur la poitrine une forte saillie.
Le *deltoïde*, qui forme la partie arrondie de l'épaule, soulève le
bras; il agit sous ce rapport comme antagoniste des deux précé-

dents. Le grand pectoral, qui tend à ramener les épaules en avant, a encore dans le *trapèze*, qui les ramène en arrière, un antagoniste d'un autre genre.

Les muscles de l'avant-bras sont spécialement destinés à mouvoir la main et les doigts. Ils présentent des dispositions fort remarquables, et l'on trouve dans la main tout un appareil de tendons qui en dépendent (fig. 270). Les plus singuliers de ces derniers sont les tendons des fléchisseurs superficiels de la phalangine qui se bifurquent à leur extrémité pour laisser passer les tendons des fléchisseurs de la phalangette (fig. 270, E,E'). Chacun a pu remarquer que les mouvements n'étaient pas également faciles pour tous les doigts. Parmi ces derniers, le pouce, l'index et le petit doigt sont ceux qui présentent le plus de liberté. L'explication de ce fait se trouve dans certaines dispositions anatomiques. Ces trois doigts ont, en effet, des extenseurs propres, tandis que les tendons des extenseurs du médius et de l'annulaire sont unis entre eux et à ceux de l'index et du petit doigt par des ligaments (fig. 271, C) qui sont pour leurs mouvements une cause nouvelle de gêne.

Différents modes de locomotion. — La connaissance anatomique des organes de locomotion, celle même de la disposition des différents muscles qui les font mouvoir, ne suffit pas pour expliquer comment l'Homme ou l'animal arrive à se mouvoir. Ces muscles étant fort nombreux ou fort complexes, la façon dont ils sont mis en jeu séparément ou simultanément modifie singulièrement les mouvements d'ensemble des membres ; suivant l'étendue, la rapidité et le mode de succession des contractions de certains groupes de muscles, la *marche* peut être remplacée par la *course* ou par le *saut*. Ce que nous savons sur le mode d'insertion et les rapports réciproques des muscles ne nous dit pas, *à priori*, en quoi ces genres de locomotion diffèrent l'un de l'autre, et pour le savoir, le physiologiste est obligé d'étudier, indépendamment des dispositions anatomiques, les mouvements des membres et du corps, sauf à rechercher ensuite dans ces dispositions et dans l'emploi que fait l'animal de ses muscles une explication définitive de ses différentes façons de se mouvoir. Ces recherches ont été longtemps difficiles à cause de la rapidité des mouvements qu'il s'agissait d'étudier et qui, une fois accomplis, ne laissaient aucune trace. A l'aide d'appareils enregistreurs spéciaux, divers observateurs, en tête desquels il faut placer M. Marey et son élève, M. Carlet, sont parvenus à faire connaître avec la plus grande précision tous les détails des mouvements qui constituent la marche, le trot, la course, le saut, la natation, le vol, chez les êtres qui présentent un ou plusieurs de ces genres de locomotion.

Le *saut* est un mode de progression dans lequel le centre de gravité du corps peut être projeté à une hauteur plus ou moins considérable, en même temps que les jambes quittent le sol.

Dans la *marche*, le corps avance sans jamais quitter le sol sur lequel appuie successivement chaque pied : pendant un instant très court les deux pieds touchent même simultanément le sol.

Dans la *course*, les pieds quittent au contraire simultanément le sol pendant un certain temps, et précisément au moment où le centre de gravité du corps est le plus bas. On ne peut admettre, d'après cela, que la course soit, comme on le dit souvent, une succession de sauts, puisque le caractère du saut est précisément d'élever le centre de gravité du corps au moment où les jambes quittent le sol. Le *trot* ne diffère de la course que par la durée des pas et par leur étendue.

La natation et le vol s'exécutent suivant des modes trop variés et trop compliqués pour qu'il nous soit possible de donner quelque détail en ce qui les concerne. Les lecteurs désireux de poursuivre cette étude trouveront dans le livre de M. Marey, *la Machine animale*, et dans celui de Pettigrew, *la Locomotion chez les animaux*, un résumé de tout ce que nous savons sur le sujet.

CHAPITRE VII

DE LA VOIX, DU TOUCHER, DU GOUT ET DE L'ODORAT

Le larynx. — Par la locomotion l'Homme peut modifier ses
relations avec le monde extérieur, par la voix et par la parole il
entre en relation avec ses semblables, exprime ses sentiments,
communique ses idées. Si l'appareil à l'aide duquel il produit les
sons dont il forme son langage est intimement lié, au point de vue
anatomique, à l'appareil de la respiration, l'usage qu'il en fait
classe l'appareil vocal à l'un des premiers rangs parmi les appareils
mis au service des fonctions de relation.

Le *larynx*, organe producteur de la voix, occupe la région supérieure de la trachée-artère et l'on peut considérer ses diverses parties
comme de simples modifications des parties constituant le grand canal aérifère. Il est suspendu, comme on sait, à l'os hyoïde sur
lequel viennent également s'attacher divers muscles se rendant à la
langue, à la mâchoire inférieure et à la base du crâne, tandis que
d'autres relient cet os au sternum et même à l'omoplate. L'os hyoïde
peut donc s'élever ou s'abaisser suivant que se contractent les
muscles situés au-dessus ou au-dessous de lui. Il entraîne le larynx
dans ses mouvements.

Ce dernier est constitué à sa base par plusieurs cartilages qui
sont : le *cartilage cricoïde*[1] (fig. 272 et 273, n° 2), en forme
d'anneau plus élevé à sa partie antérieure ; le cartilage *thyroïde*[2], qui
constitue la partie antérieure du larynx, et se compose de deux
parties latérales se rejoignant à angle obtus, comprenant entre elles

1. De κρίκος, anneau.
2. De θυρέος, bouclier.

le cartilage cricoïde et formant en avant une sorte de carène dont la partie supérieure, plus large, évasée, repousse en avant les téguments du cou et forme une saillie vulgairement appelée la *pomme d'Adam;* les *cartilages aryténoïdes* [1], au nombre de deux, situés symétriquement et supportés par les parties supérieure et postérieure du *cartilage cricoïde*. On peut considérer comme faisant partie du larynx l'*épiglotte* (fig. 274, n° 3) qui se dresse verticalement au-dessus de lui, à sa partie antérieure, derrière la base de la langue

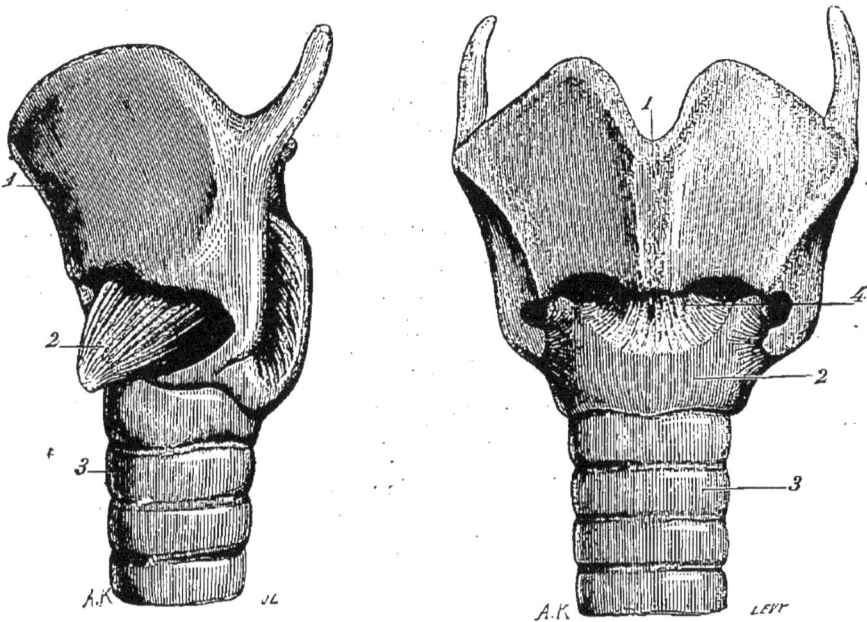

FIG. 272 et 273. — 1, cartilage thyroïde ; 2, cartilage cricoïde ; 3, anneaux de la trachée-artère ; 4, muscle crico-thyroïdien.

et vient s'engager dans une échancrure que présente la partie saillante du cartilage thyroïde.

A l'intérieur (fig. 273, n° 1), deux replis latéraux symétriques, laissant entre eux une ouverture triangulaire, à sommet dirigé en avant, sont désignés, improprement d'ailleurs, sous le nom de *cordes vocales supérieures*. Au-dessous d'eux, ils laissent apercevoir deux replis semblables, mais séparés par un intervalle triangulaire beaucoup plus étroit ; ce sont les *cordes vocales inférieures*, les véritables organes vibrants qui donnent naissance à la voix. L'in-

---

1 De ἀρύταινα, entonnoir.

tervalle qui les sépare porte le nom de *glotte*. Il y a une glotte supérieure et une glotte inférieure. Les cordes vocales inférieures
s'insèrent fortement sur les cartilages aryténoïdes.

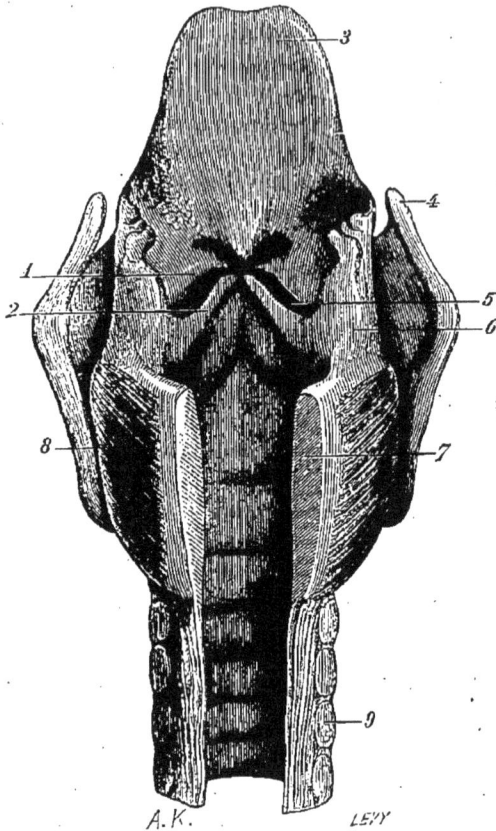

FIG. 274. — Larynx coupé verticalement à sa partie postérieure. — 1, cordes vocales
supérieures; 2, cordes vocales inférieures; 3, épiglotte; 4, cartilage thyroïde;
5, ventricules de la glotte; 6, cartilage aryténoïde; 7, coupe du cartilage cricoïde; 8, muscle; 9, anneaux cartilagineux de la trachée-artère.

Des muscles nombreux relient entre eux les cartilages du larynx
et leur font exécuter divers mouvements grâce auxquels les cordes
vocales peuvent être plus ou moins tendues, la glotte plus ou moins
resserrée. Dans l'intérieur même des cordes vocales inférieures existe
un ruban musculaire spécial (*muscle thyro-aryténoïdien*), qui contribue largement à la production de ces effets; d'autres muscles peuvent élever ou abaisser en totalité le larynx, toutes modifications
d'où résultent les qualités diverses des sons que l'Homme est
capable d'émettre.

Chez certains animaux, chez plusieurs Singes, l'Orang-outang et le Gorille notamment, des poches volumineuses (fig. 275) commu-

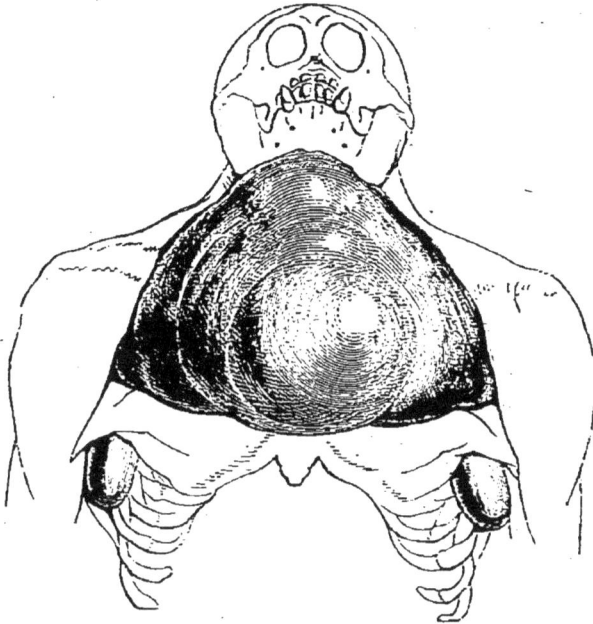

Fig. 275. — Sac laryngien de l'Orang-outang.

niquant avec le larynx donnent à la voix, en renforçant les sons, une puissance énorme.

Le Laryngoscope. — Il a été possible d'étudier avec détail tous ces mouvements dont le larynx est le siège à l'aide d'un instrument très simple, le *laryngoscope* (fig. 276), dont la pièce essentielle est

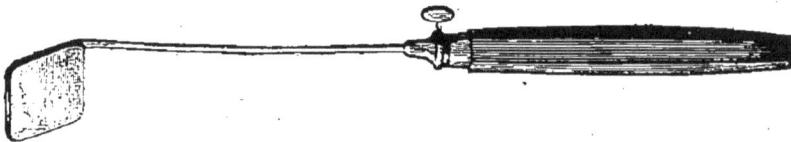

Fig. 276. — L'un des miroirs du laryngoscope.

un petit miroir pouvant être porté jusqu'au fond de la gorge à l'aide d'un manche sur lequel il est fixé à angle à peu près droit (fig. 276). La présence du miroir ne gêne en rien les mouvements du larynx et par conséquent l'émission des sons. Un autre miroir que l'observateur attache à son front, renvoie sur le premier les rayons d'une lampe placée auprès de l'individu que l'on veut étudier (fig. 277). L'intérieur du larynx est ainsi éclairé et l'on peut en voir l'image dans le miroir que l'observateur tient à la main. Le laryngoscope est bien entendu journellement employé pour le diagnostic des maladies du larynx.

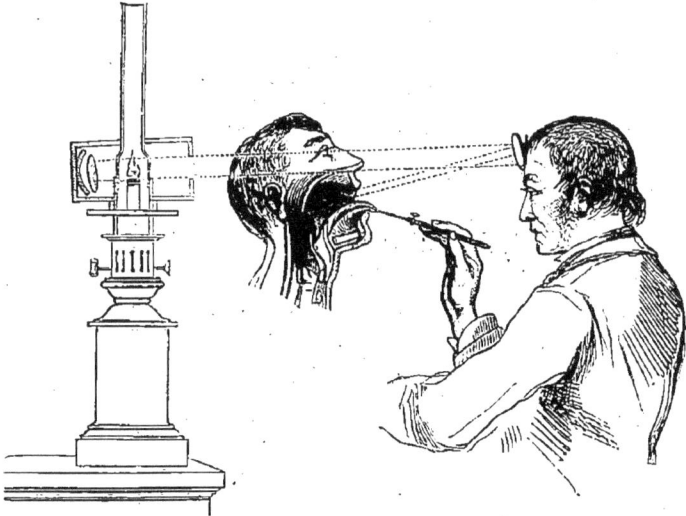

Fig. 277. — Examen du larynx au moyen du laryngoscope.

Les voyelles. — Les mouvements des diverses parties du larynx ne seraient pas suffisants pour donner aux sons toute la variété nécessaire à l'articulation de la parole. Les cavités du pharynx, des fosses nasales, de la bouche, dont la forme peut être considérablement modifiée par l'action de muscles très nombreux, la façon dont l'air est expulsé par les lèvres donnent aux sons de même hauteur, formés dans le larynx par la vibration des cordes vocales, des caractères très différents. On a réussi à déterminer nettement les causes de ces différences, à indiquer d'une façon précise, par exemple, en quoi diffèrent entre elles les diverses voyelles et les consonnes.

Les voyelles sont caractérisées chacune par un *timbre* spécial. Ceci demande explication. Les sons possèdent comme on sait trois qualités distinctes : la *hauteur*, l'*intensité* et le *timbre*. La hauteur d'un son dépend du nombre de vibrations qu'exécute en une seconde le corps qui le produit ; l'intensité dépend de l'étendue de ces vibrations ; le timbre est quelque chose de plus complexe.

Un corps sonore ne produit que rarement en vibrant un son unique : généralement ses vibrations sont très complexes, et le son produit peut être considéré comme résultant de la superposition de plusieurs sons simples de hauteur et d'intensité différentes.

Il existe un rapport déterminé entre les nombres de vibrations correspondant aux sons simples qui peuvent ainsi se superposer, et ce rapport est précisément représenté par la série des nombres entiers : 1, 2, 3, 4, 5, 6, 7, 8, etc., de telle sorte que si l'un de ces sons est produit par un nombre a de vibrations, les autres sont respectivement donnés par un nombre de vibrations double, triple, quadruple, etc. L'oreille perçoit un son résultant qui devient ainsi le *son fondamental*, dont les autres sont les *harmoniques*. Le timbre du son fondamental dépend des harmoniques qui l'accompagnent et de leur intensité.

Ces faits ont été établis d'une façon incontestable par Helmholtz, qui est arrivé à isoler chacun des sons simples contenus dans un son quelconque, à l'aide d'instruments nommés *résonnateurs*. Ces résonnateurs sont de petites sphères creuses, présentant deux ouvertures opposées, dont l'une est située au sommet d'un petit cône pouvant s'engager dans le canal auditif externe ; ils ne donnent en vibrant qu'une note simple et entrent en vibration dès que cette note se trouve mêlée à d'autres contenues dans un son produit dans leur voisinage. On met aussi en évidence la superposition des sons au moyen de plusieurs méthodes d'enregistrement, dont le détail est donné dans les traités de Physique. Les divers harmoniques coexistant dans un son étant déterminés par ces procédés, il est possible, en les produisant simultanément avec l'intensité voulue, de reproduire ce son avec son timbre caractéristique ; la démonstration de la nature du timbre est donc absolument complète.

Cela posé, si l'on fait chanter une note donnée, un *ut* par exemple, successivement sur chacune des voyelles *a, e, i, o, u, ou*, on reconnait que les harmoniques correspondant à chacune d'elles sont très différents. La série harmonique de ut_2 est la suivante :

$$ut_2, \ ut_3, \ sol_3, \ ut_4, \ mi_4, \ sol_4, \ mi_4, \ ut_5.$$

Pour l'*a* les harmoniques du son fondamental sont, le second faible, le troisième fort, le quatrième faible.

Pour l'*e*, le son fondamental est faible, son second harmonique assez faible, le troisième très faible, le quatrième très fort, le cinquième faible.

Pour l'*i*, ce sont les harmoniques supérieurs, le cinquième surtout, qui sont très prononcés.

Pour l'*o*, le son fondamental est accompagné d'un second harmonique très fort, d'un troisième et d'un quatrième harmoniques faibles.

Pour l'*ou*, le son fondamental est très fort et le troisième harmonique assez prononcé. Ces recherches ayant été surtout faites en Allemagne, l'*u* a été un peu négligé.

En combinant des tuyaux d'orgues et les faisant résonner suivant les conditions indiquées par cette analyse, Helmholtz a réussi à faire entendre telle ou telle voyelle et à imiter d'une manière remarquable les sons de la voix humaine. Il est donc absolument démontré que les voyelles ne diffèrent entre elles que par le timbre.

Comme ce sont l'*e* et l'*i* qui présentent les harmoniques les plus élevés, on comprend que ce soient les seules voyelles sur lesquelles les chanteurs puissent émettre les sons les plus aigus de leur voix. Il est à peine besoin d'ajouter que c'est par les modifications de forme du pharynx, des fosses nasales et de la bouche, fonctionnant comme résonnateurs, que l'homme obtient le renforcement des harmoniques caractéristiques des voyelles. La forme de ces cavités varie avec chaque individu, les sons correspondant à la même voyelle sont renforcés assez différemment : de là, la possibilité pour nous de reconnaître une personne à sa voix et aux inflexions qu'elle lui donne habituellement.

Les consonnes. — Les consonnes ne correspondent pas à un son laryngien déterminé ; c'est surtout la façon dont l'air est expulsé au travers des orifices situés au-dessus de la glotte qui les distingue les unes des autres. Au moment où l'on prononce le *b* et le *p*, les lèvres, d'abord closes, s'ouvrent instantanément et se referment aussitôt, comme si l'air forçait le passage à travers leur orifice, ce sont les *consonnes explosives ;* le *b* est distingué du *p* par une vibration du larynx. Pour l'*f* et le *v*, l'air est soufflé au travers des lèvres entr'ouvertes, la langue étant abaissée. Pour le *v*, les lèvres sont un peu plus avancées et leur orifice plus étroit que pour l'*f* ; de plus, le larynx vibre légèrement. Pour l's et le *z*, l'air est également soufflé ; mais les lèvres sont ouvertes et la langue, relevée vers le palais, divise le jet d'air qui s'écoule entre elle et lui. L'*r* peut être prononcé de quatre façons différentes suivant que vibrent les lèvres, la langue, le voile du palais ou l'orifice supérieur du larynx, comme dans la *jota* des Espagnols. Quand on prononce le *d* et le *t*, l'air repousse brusquement la langue dont la pointe est appuyée contre les incisives supérieures, les lèvres étant ouvertes. L'air s'écoule par le nez, en même temps que les lèvres s'écartent pour l'*m*, et que la langue rapprochée du palais s'en écarte pour l'*n*. On pourrait multiplier à l'infini ces exemples si l'on voulait étudier tous les sons que l'homme sait produire, et qui, suivant les peuples, sont usités dans le langage ou demeurent sans signification.

Si habile que l'Homme devienne à manier sa voix par l'éducation la plus vulgaire, chacun sait d'ailleurs combien il arrive rarement à en tirer tout le parti possible; chacun sait quels efforts sont nécessaires pour parvenir à dominer les organes vocaux, au point d'en tirer les merveilleux effets que savent produire les acteurs de nos grands théâtres ou les chanteurs en renom. Il y a là tout un art, qui relève, en partie, de la physiologie, et qui pourrait prêter encore aux plus intéressantes recherches.

Généralités sur les organes des sens. — On donne le nom d'*organes des sens* à des organes aptes à être impressionnés par les corps qui nous environnent, de manière à nous faire distinguer en eux des qualités diverses, grâce auxquelles nous pouvons définir ces corps, les reconnaître et apprécier leurs rapports réciproques. Les notions que nous acquérons ainsi servent ensuite de base à nos idées et à nos jugements. Ces notions peuvent être ramenées à cinq catégories distinctes, à chacune desquelles correspond ce que nous nommons un *sens*.

L'Homme et les animaux supérieurs possèdent cinq sens qui sont: le *toucher*, le *goût*, l'*odorat*, l'*ouïe* et la *vue*. Beaucoup d'animaux sont moins bien partagés; il en est en revanche auxquels on a attribué des sens que l'Homme ne posséderait pas; mais c'est surtout une question de définition sur laquelle nous aurons à revenir.

Personne n'ignore que le sens du toucher s'exerce par la *peau*, et que les autres sens sont localisés dans des organes spéciaux: la *langue* et quelques autres parties de la bouche sont le siège du goût; les *fosses nasales*, celui de l'odorat; les *oreilles* perçoivent les sons; les *yeux*, la lumière.

Tous les organes des sens présentent un caractère commun. Ils se composent de parties accessoires qui se développent, en général, aux dépens de l'épiderme et de la peau de l'embryon et d'une partie essentielle, la seule *impressionnable*, qui est une dépendance du système nerveux. Cette partie impressionnable est formée par la terminaison de fibres nerveuses, dont l'ensemble constitue les nerfs qui relient les organes des sens au cerveau ou à la moelle épinière. Chez l'Homme et les Vertébrés supérieurs les organes des sens spéciaux sont situés sur la tête ; tous sont directement reliés au cerveau par les nerfs dont ils renferment les terminaisons ; chez beaucoup d'Invertébrés, les *ganglions cérébroïdes* situés au-dessus de l'œsophage tiennent, sous ce rapport, la place du cerveau ; mais il n'en est pas toujours ainsi : les membres, les anneaux du corps portent, chez certains Crustacés et certains Annélides, des yeux qui reçoivent leurs nerfs de la chaîne nerveuse ventrale, et l'on connaît des Poissons qui possèdent également des yeux latéraux dont le nombre correspond à celui des vertèbres. La localisation des organes des sens spéciaux sur la tête, bien qu'étant très générale, n'est donc pas un fait absolu.

Toucher ; structure de la peau ; derme ; l'épiderme ; les ongles. — Le *toucher* est le seul sens qui soit généralisé chez animaux : il s'exerce par la surface presque entière de la peau dont nous devons d'abord étudier la constitution.

La peau se décompose en deux parties (fig. 278) : une couche profonde, le *derme*, qui contient à la fois des vaisseaux et des nerfs ; une couche superficielle, l'*épiderme*, qui en est totalement dépourvue.

Le derme comprend lui-même deux couches distinctes : l'inférieure est aréolée et dans ses aréoles se déposent un grand nombre de cellules graisseuses qu'entoure un délicat réseau vasculaire. Cette couche, lorsqu'elle est très déve-

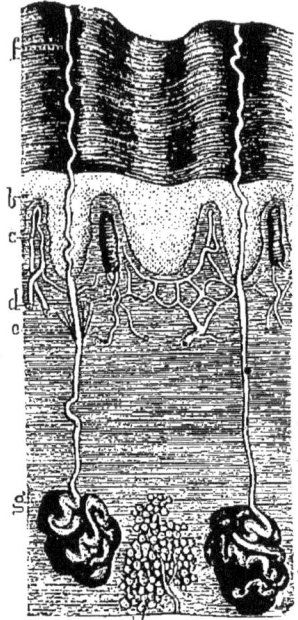

FIG. 278. — Coupe de la peau passant par deux glandes sudoripares et par quatre papilles dont deux sont vasculaires et deux contiennent des corpuscules du tact. — *a*, couche superficielle de l'épiderme ; *b*, sa couche muqueuse ;. *c*, papilles du derme ; *d*, vaisseaux qui s'y rendent ; *e*, *f*, canaux excréteurs des glandes sudoripares ; *g*, glande sudoripare ; *h*, amas de cellules graisseuses ; *i*, corpuscule du tact.

loppée, prend le nom de *pannicule graisseux ;* c'est elle qui constitue le lard chez les Porcs. La couche externe est compacte, elle est formée de tissu conjonctif fibreux, au milieu duquel on aperçoit des fibres élastiques et quelques fibres musculaires lisses. Elle est surmontée par un grand nombre de petits prolongements digitiformes ou de papilles, tantôt isolées, tantôt géminées, tantôt réunies en petits groupes et dans lesquelles on distingue soit des anses vasculaires, soit des terminaisons nerveuses sur lesquelles nous allons avoir à revenir. Ces papilles sont extrêmement nombreuses. On en a compté jusqu'à 400 sur un espace de deux millimètres carrés.

L'épiderme est exclusivement cellulaire. Ses cellules profondes sont molles, gonflées de liquide et forment la *couche muqueuse* ou *couche de Malpighi*. A mesure qu'on se rapproche de la surface, les cellules d'abord allongées deviennent sphériques, puis aplaties ; en même temps elles se dessèchent, prennent une consistance cornée et peuvent s'exfolier avec la plus grande facilité. Ces cellules complètement inertes forment une *couche cornée* qui s'amincit au voisinage des muqueuses et recouvre le corps tout entier. Lorsque l'épiderme a eu à supporter un frottement trop prolongé, les cellules profondes se détruisent ; leurs débris et la sérosité qui suinte du derme s'accumulent dans l'espace qu'elles occupaient et soulèvent la couche cornée de l'épiderme au-dessus du point blessé : il se produit alors ce qu'on appelle une *ampoule*. L'ampoule une fois crevée, de nouvelles couches épidermiques se forment au-dessous de la couche cornée qui les protège, et la guérison se produit spontanément.

Les cellules de la couche muqueuse sont celles qui contiennent le pigment colorant de la peau des nègres. Lorsque, après macération, on enlève l'épiderme sur le cadavre d'un nègre, les cellules, situées à la base des papilles, plus adhérentes que les autres, persistent et forment un réseau coloré en brun. On a cru quelque temps ce réseau caractéristique de la peau des noirs et on l'a désigné sous le nom de *réseau de Malpighi* ; c'est, comme on voit, un simple accident de préparation. L'épaisseur de la couche cornée de l'épiderme est très inégale à la surface du corps, elle peut varier de trois centièmes de millimètre à plus de trois millimètres. Elle est particulièrement épaisse sous la plante des pieds. Les *ongles* ne sont qu'une partie de l'épiderme de la dernière phalange des doigts dont les cellules superficielles, en forme de lamelles, sont plus dures, plus résistantes et se constituent d'une façon particulière.

On observe dans la peau un grand nombre d'organes accessoires dont les plus importants sont les *glandes sudoripares* ou glandes de la sueur, les *poils* et les *terminaisons nerveuses*.

Glandes sudoripares. — Les glandes sudoripares (fig. 278, *g*, 279 et 278, *e*) sont extrêmement nombreuses. Sur toute la surface du corps on a évalué qu'il en existe plus de deux millions et demi. On en a compté deux mille sept cents environ par pouce carré à la paume de la main et à la plante du pied ; il y en a un millier dans le même espace, à la face antérieure du tronc, au cou, au front, au dos de la main. Leur nombre tombe à cinq cents sur les joues, le dos, le mollet.

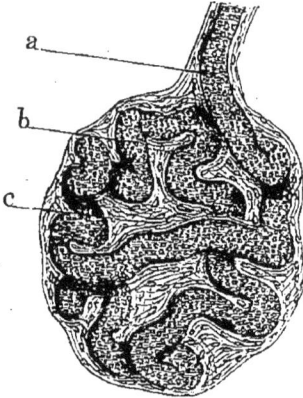

FIG. 279. — Glande sudoripare de la peau de l'Homme. — *a*, canal excréteur; *b*, portion pelotonnée du tube glandulaire; *c*, tissu conjonctif qui l'enveloppe.

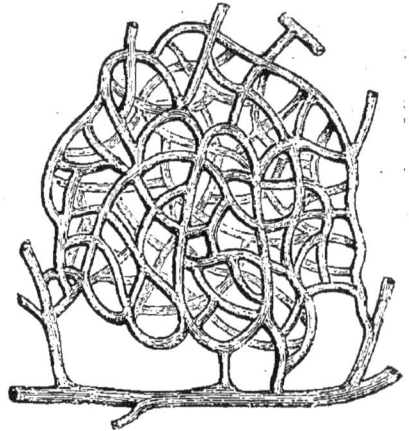

FIG. 280. — Réseau capillaire enveloppant une glande sudoripare.

Chaque glande sudoripare est formée d'un long tube qui traverse l'épiderme, s'enfonce dans le derme et, se pelotonnant sur lui-même, avant de se terminer en cul-de-sac, forme dans la région superficielle des pannicules graisseux, un *glomérule* (fig. 279) entouré d'un réseau vasculaire (fig. 280). Les dimensions de ces glomérules varient depuis deux dixièmes de millimètre, jusqu'à deux ou trois millimètres de diamètre. Leurs canaux excréteurs peuvent avoir de cinq centièmes à un dixième de millimètre. Ils ne traversent jamais les papilles du derme.

Les poils. — Les poils (fig. 281, *f*) existent comme les glandes sudoripares sur toute la surface de la peau, mais leurs dimensions sont très variables. Tout le monde a présentes à l'esprit les différences qui existent entre les cheveux, les poils de la barbe, des sourcils, les cils, les *vibrisses* du nez et les poils follets. Beaucoup de ces derniers n'ont pas plus de deux millimètres de long pour un diamètre de dix à vingt millièmes de millimètre. Le nombre des poils follets est extrêmement considérable.

PERRIER. 31

On doit distinguer dans un poil deux parties : le *poil proprement dit* et son *follicule*. On observe dans le poil trois couches concentriques (fig. 281) : la couche externe, ou épiderme du poil, est formée de petites lamelles plates, transparentes, à noyaux imbriqués comme les tuiles d'un toit, les lamelles inférieures recouvrant les supérieures. Ce sont des cellules modifiées et elles sont en effet remplacées au niveau du bulbe pileux par de véritables cellules nucléées. La couche moyenne des poils, ou *substance corticale*, est formée de fibres-cellules se groupant en fibres plus complexes et tenant en dissolution la matière colorante qui donne aux poils leur teinte particulière. On y trouve aussi un pigment colorant spécial et, surtout dans les poils blancs, de nombreuses cavités contenant de l'air. Enfin la couche interne, ou moelle, est formée de files de cellules polyédriques, contenant de nombreuses bulles d'air.

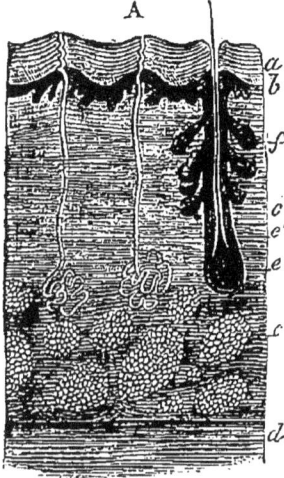

FIG. 281. — A, coupe de la peau de l'Homme passant à travers deux glandes sudoripares et un follicule pileux. — *a*, couche cornée de l'épiderme; *b*, sa couche muqueuse; *c*, couche fibreuse du derme; *c'*, sa couche aréolée; *d*, tissus situés sous le derme; *e*, glande sudoripare; *e'*, canal excréteur de l'une de ces glandes; *f*, glandes sébacées accompagnant un follicule pileux.

Le *follicule* est une sorte de sac dans l'axe duquel se trouve implanté le poil, et qui est essentiellement formé de deux couches, l'une externe, correspondant au derme, l'autre interne à l'épiderme, comme si ces deux membranes avaient été simplement refoulées pour le constituer. Au fond du cul-de-sac qui termine le follicule se dresse une papille (fig. 282, A, *f*) que vient coiffer la portion renflée et encore incolore du poil à laquelle on donne le nom de *bulbe pileux*. Les vaisseaux qui nourrissent le poil entourent le follicule et pénètrent dans la papille. Un faisceau de fibres musculaires lisses relie la base de chaque follicule à la surface du derme. C'est la contraction de ce muscle qui fait saillir sous la peau les follicules pileux, sous l'action du froid et de quelques autres impressions, et produit le phénomène vulgairement connu sous le nom de *chair de poule*.

Ordinairement dans chaque follicule pileux viennent déboucher les conduits excréteurs de petites glandes en grappes, les *glandes sébacées* (fig. 281, *f*), qui sécrètent une substance onctueuse, destinée à lubréfier le poil. Il arrive souvent, surtout pour les poils follets, que le produit de sécrétion de ces glandes distend la lumière du follicule pileux et lui donne un diamètre beaucoup plus considérable que celui du poil qu'il contient. La substance sécrétée affleure à la surface de la peau, y prend une teinte noirâtre et forme alors une petite tache. En pressant de chaque côté de cette tache on fait saillir un corpuscule mou qui n'est autre chose que la substance

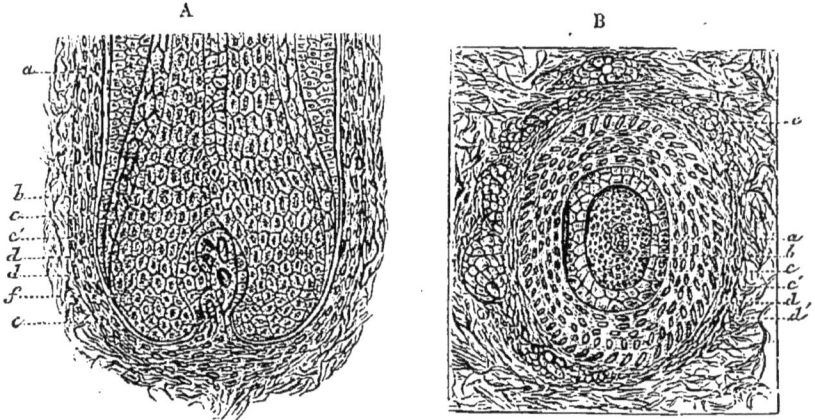

FIG. 282. — A, coupe verticale, et B, coupe transversale d'un follicule pileux. — a, cellules médullaires centrales ; b, cellules du bulbe ; c, c', couche épidermique ; d, d', couche dermique ; f, papille vasculaire du bulbe.

sébacée concrétée et que certaines personnes prennent pour un ver parasite ; cette substance n'est nullement vivante, mais elle sert quelquefois d'habitation et de nourriture à une sorte de mite microscopique, le *Demodex folliculorum*, découvert par M. Ch. Robin. Souvent, sous l'influence de l'accumulation de la sécrétion, ou sous toute autre influence, le canal excréteur des glandes sébacées s'enflamme : c'est l'origine de ces petits boutons qui abondent parfois sur la peau des jeunes gens et qu'on appelle des boutons d'*acné*.

Terminaison des nerfs dans la peau. — Nous arrivons enfin aux terminaisons des nerfs dans la peau. Ces terminaisons ont été étudiées avec beaucoup de soin non seulement chez l'Homme, mais encore chez beaucoup d'animaux. Elles présentent actuellement une grande diversité.

On a décrit chez l'Homme, sous le nom de *corpuscules du tact* (fig. 283), des petits organes sur chacun desquels vient se terminer une fibre nerveuse. Ces organes sont surtout abondants dans la paume de la main ; ils sont situés à l'intérieur de papilles du derme qui se distinguent de leurs voisines en ce qu'elles ne contiennent pas de vaisseaux. Meissner, qui a découvert ces corpuscules, a constaté que dans la troisième phalange de l'index une étendue de 2 millimètres carrés contenait 400 papilles dont 108 étaient pourvues de corpuscules. La même étendue de la plante du pied ne contenait que 8 corpuscules. Ces chiffres sont bien en rapport avec l'hypothèse que ces remarquables petits organes servent à percevoir les impressions tactiles.

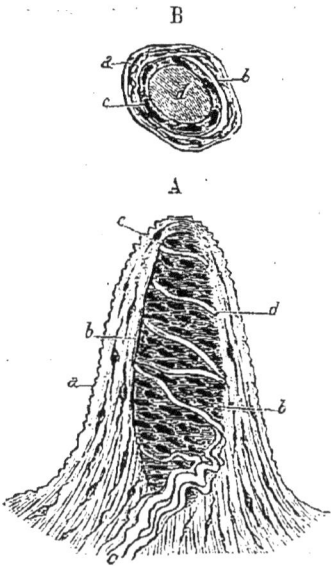

Dans les corpuscules du tact, la fibre nerveuse s'enroule en spirale autour d'un coussinet de tissu conjonctif; on désigne sous le nom de *corpuscules de Pacini* ou de *Vater* (fig. 284) d'autres organes également ovoïdes, de $1^{mm},5$ de longueur environ, formés d'une série d'enveloppes fibreuses et d'un organe central à l'intérieur duquel pénètre une fibre nerveuse, divisée à son sommet

Fig. 283. — Corpuscule du tact. — A, l'un de ces corpuscules entier: *a*, papille du derme; *b*, corpuscule du tact avec noyaux transversaux; *c*, rameau nerveux; *d*, fibre nerveuse enlaçant le corpuscule; *e*, son extrémité apparente. — B, coupe de la papille: *a*, tissu de la papille; *b*, fibre nerveuse; *c*, enveloppe du corpuscule renfermant des noyaux; *d*, contenu finement granuleux du corpuscule. (Grossissement, 300 diamètres.)

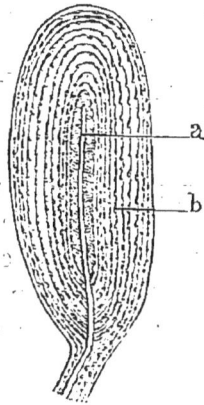

Fig. 284. — Corpuscule de Pacini. — *a*, terminaison d'une fibre nerveuse; *b*, enveloppes de tissu conjonctif. (Grossissement, 200 fois.)

et se terminant par de légers renflements. Il en existe environ 600 dans la main entière; mais leur signification d'organes du tact est rendue douteuse par ce fait qu'on en rencontre dans le pancréas et le péritoine de divers animaux, tels que les chats.

Des corpuscules plus simples et plus petits, les *corpuscules de Krause* (fig. 285), se rencontrent encore dans les conjonctives et les lèvres de l'Homme. Il est d'autant plus probable que ces divers organes sont en rapport avec la fonction du tact que, chez tous les animaux où ils ont été observés, c'est dans les parties de la peau évidemment en rapport avec la sensibilité tactile qu'ils sont le plus abondants.

Chez un grand nombre d'animaux, les poils prennent également part à l'exercice du sens du toucher. Des filets nerveux viennent se ramifier près de leur follicule et forment souvent autour d'eux de véritables colliers, de sorte que le poil ne peut être ébranlé sans que son ébranlement se transmette aussitôt au nerf qui lui correspond. On trouve de semblables

FIG. 285. — Papilles doubles des lèvres de l'Homme contenant des corpuscules de Krause : l'une contient deux corpuscules ; l'autre deux anses vasculaires et un corpuscule.

poils tactiles chez les Chauves-souris, les Taupes, les Rats, etc., tous animaux renommés pour l'exquise délicatesse de leur toucher.

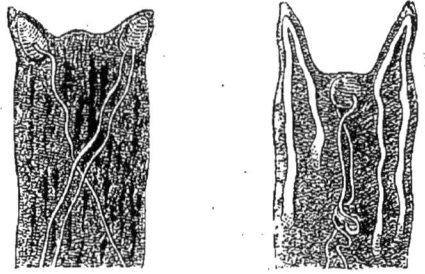

Diverses notions fournies par le sens du toucher. — Les notions que nous pouvons acquérir par le sens du toucher sont de plusieurs sortes. Ce sens nous renseigne non seulement sur la présence des objets qui viennent toucher notre corps, mais encore sur leurs formes, leurs dimensions, leur dureté, leur poli, leur température, leur poids et jusque sur l'état d'activité ou de repos de nos muscles, ce qui a donné lieu à l'hypothèse de l'existence d'un *sens musculaire*. Il semble même que ces diverses sortes d'impressions n'agissent pas indifféremment sur toutes les fibres nerveuses : la sensation du contact par exemple peut se trouver abolie sans que celle de la température soit altérée, ou inversement.

Les indications qui nous sont ainsi fournies, sont naturellement dominées par la connaissance que nous possédons de la position relative des parties de notre corps et par l'habitude que nous avons d'interpréter les impressions qu'elles ressentent. Ainsi, lorsque nous touchons une bille simultanément avec l'index et le majeur normalement rapprochés, chacun de ces doigts nous apporte une sensation particulière ; mais nous savons par une longue expérience antérieure que ces deux sensations simultanées sont dues à un même objet de forme sphérique. Nous n'hésitons pas à affirmer, malgré la sensation double qui se produit nécessairement, que nos doigts ne touchent qu'une seule et même bille. Croisons maintenant ces deux doigts l'un sur l'autre et touchons de nouveau la bille simultanément avec leurs deux extrémités croisés, les impressions éprouvées ne sont plus perçues dans l'ordre habituel et nous avons la sensation de la présence de deux billes. L'appréciation du nombre et de la forme des objets dépend d'ailleurs étroitement du degré de sensibilité des diverses régions du corps. H. Weber a fait à ce sujet des recherches fort curieuses et il a pu mesurer en quelque sorte le degré de sensibilité de chaque région de la peau, par une méthode des plus ingénieuses. Une personne ayant les yeux bandés, on applique successivement sur diverses parties de son corps les pointes ouvertes d'un compas. La personne doit dire si elle perçoit la sensation d'une seule ou de deux pointes. On constate alors qu'il existe une certaine ouverture du compas, au-dessous de laquelle la personne qui se prête à l'expérience croit toujours n'avoir été touchée que par une seule pointe ; mais la distance des pointes qui prête à cette illusion est très variable avec la région du corps que l'on considère. Sur l'avant-bras, par exemple, la sensation double n'apparaît pas encore quand les pointes sont écartées de 3 centimètres ; le dos de la main distingue des pointes écartées de 5 ou 6 millimètres ; à l'extrémité des doigts un écart de 2 millimètres est sensible ; la pointe de la langue présente le maximum de sensibilité : elle distingue déjà des pointes écartées d'un millimètre.

Chaque fibre nerveuse arrivant à la peau se ramifie sur une petite surface à laquelle on peut donner le nom de *champ d'expansion nerveuse*. On admet que la présence simultanée de deux objets à la surface de la peau ne peut être perçue que s'il existe entre ces objets un certain nombre de champs d'expansion nerveuse. C'est là une simple hypothèse ; mais elle rend assez bien compte de tous les faits observés.

Weber a de même cherché à apprécier la finesse de notre sensibilité dans l'appréciation des poids et des températures. On arrive assez facilement à savoir apprécier le poids approximatif d'un corps ; avec de l'habitude on reconnaît, par des essais très rapprochés, une différence de 15 grammes sur 600 grammes ; on peut encore distinguer quel est le plus chaud de deux liquides dont la température ne diffère que de 1/5e de degré ; mais ces données sont loin d'être applicables à tout le monde, et la même personne peut, par l'éducation, modifier profondément ses divers ordres de sensibilité tactile.

La sensibilité n'est pas la seule condition que doive remplir un organe du toucher. Un tel organe doit encore posséder une grande

mobilité qui lui permette de multiplier les contacts simultanés ou
d'empêcher les contacts successifs avec les objets dont il doit reconnaître la forme. Ces conditions se trouvent réalisées dans la main de
l'Homme dont nous avons précédemment fait connaître la structure.
Si ce n'est pas la partie du corps où la sensibilité est maximum,
c'est celle qui, par le nombre et la mobilité de ses articulations,
peut s'adapter le mieux à la surface des objets qu'elle touche, et nous
en faire connaître la forme et la nature. C'est pourquoi on s'accorde
à considérer la main comme l'organe du tact par excellence.

Sens du goût. — Le sens du goût doit, comme le sens du toucher,
s'exercer au contact des corps dont il nous révèle la saveur. Son siège
est très limité ; la langue et quelques autres parties de la bouche
paraissent seules capables d'apprécier si
les corps sont sapides ou non ; encore
n'est-on d'accord, en ce qui concerne la
langue, que sur ce point, à savoir que la
base et la pointe de cet organe sont certainement les parties les plus sensibles aux
impressions gustatives, sinon les seules.

Nous connaissons déjà les muscles qui
donnent à la langue son extrême mobilité.
Sa surface est couverte de papilles nombreuses, que l'on peut rapporter à trois
sortes. Tout à fait à la base de la langue
on en voit de 6 à 12, très grosses, larges,
entourées d'une sorte de collerette, aplaties et même légèrement évidées sur leur
surface libre, ce qui les a fait appeler
papilles caliciformes (fig. 286, *d*) ; ces papilles sont généralement disposées en forme
de V à sommet antérieur. Les autres pa-

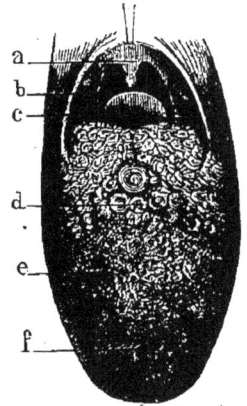

FIG. 286. — Langue de
l'Homme. — *a*, luette ;
b, amygdale ; *c*, épi-
glotte ; *d*, papilles caliciformes ; *e*, papilles fongiformes ; *f*, papilles filiformes.

pilles sont irrégulièrement disséminées. Les *papilles fongiformes* (*e*)
ressemblent à un petit bouton élargi et plus ou moins longuement
pédonculé. Les *papilles filiformes, coniques* ou *corolliformes* (*f*)
sont divisées en houppe à leur sommet. Ce sont les plus longues et
les plus nombreuses. Il existe enfin à la surface de la langue une
multitude de petites éminences hémisphériques qui ne sont, en définitive, que de toutes petites papilles.

Tous ces organes peuvent être facilement distingués à l'œil nu.

La langue reçoit des nerfs de quatre origines différentes, les nerfs qui lui envoient des ramifications sont : le *grand hypoglosse* (fig. 287, 1), le *trijumeau* qui fournit le *nerf lingual* (fig. 287, 2), le *glosso-pharyngien* (fig. 287, 3), le *facial* qui envoie au nerf lingual un petit rameau, connu sous le nom de *corde du tympan*. Le grand hypoglosse s'anastomose plusieurs fois avec le nerf lingual. De ces nerfs, le *glosso-pharyngien* et le *trijumeau* paraissent seuls transmettre

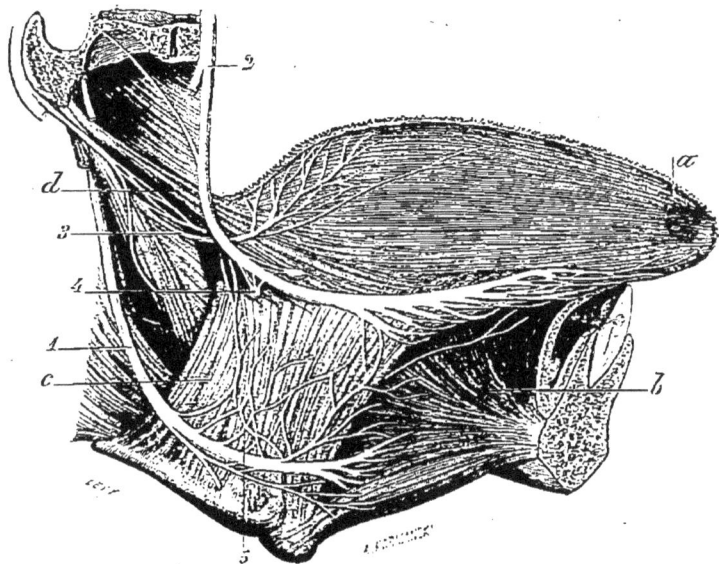

Fig. 287. — Muscles et nerfs de la langue. — *a*, faisceau musculaire provenant du lingual supérieur du palato-glosse et du pharyngoglosse ; *b*, muscle génioglosse ; *c*, muscle hyoglosse ; *d*, muscle styloglosse ; 1, nerf grand hypoglosse ; 2, nerf lingual et, en arrière, corde du tympan ; 3, nerf glosso-pharyngien ; 4, ganglion sous-maxillaire ; 5, anastomoses des branches du grand-hypoglosse.

les impressions gustatives. Ces dernières sont très probablement recueillies par des cellules fusiformes, en communication chacune avec une fibre nerveuse, répandues sur toute la surface de la langue et particulièrement abondantes dans la gouttière comprise entre les papilles caliciformes et le bourrelet qui les entoure.

Sens de l'odorat. — Les organes du sens de l'odorat se trouvent placés dans les fosses nasales, et par conséquent sur le passage de l'air qui se rend aux voies respiratoires. C'est l'air, en effet, qui apporte avec lui les particules des corps odorants qui doivent impressionner les nerfs olfactifs et qui agissent par leur contact, comme les particules sapides.

Les fosses nasales (fig. 288), au nombre de deux, séparées sur la

ligne médiane par une cloison verticale se prolongeant en arrière
jusqu'à l'arrière-bouche où elles se confondent, forment ainsi une
cavité qui communique largement avec le pharynx. En avant et inférieurement, elles se prolongent avec la cavité des *narines* situées à
la partie inférieure du nez. La totalité des fosses nasales est revêtue
par une membrane muqueuse, dite *pituitaire*.

Le nez est soutenu à sa base par les *os nasaux*, prolongés inférieurement par une série de cartilages que recouvrent des muscles

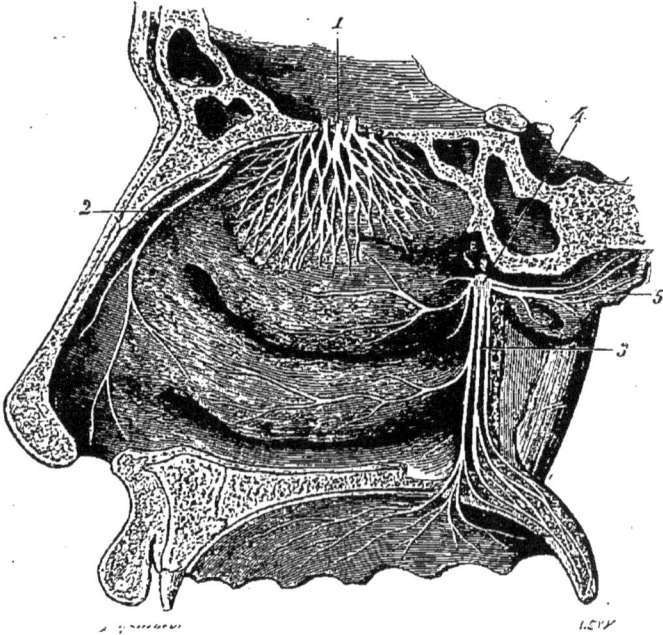

FIG. 288. — Coupe des fosses nasales pour montrer les nerfs qui s'y rendent. —
1, branches du nerf olfactif ; 2, rameau du nerf nasal ; 3, nerfs palatins ; 4, ganglion sphéno-palatin ; 5, nerf vidien.

spéciaux et la peau. Une cloison cartilagineuse sépare les narines
l'une de l'autre et fait suite à la cloison des fosses nasales. Celles-ci
présentent postérieurement des anfractuosités formées par les cornets
de l'ethmoïde et le cornet inférieur ; la muqueuse pituitaire se replie
autour de ces anfractuosités, tapissant ainsi trois méats qui communiquent le supérieur avec les cavités ou cellules postérieures de l'ethmoïde, le moyen avec les cellules antérieures de l'ethmoïde, le sinus
maxillaire et le sinus frontal. Toutes ces cavités peuvent donc être
considérées comme des annexes des fosses nasales qui communiquent
encore avec la cavité de l'orbite et avec l'une des cavités de l'oreille ;

de sorte que toutes les cavités dans lesquelles sont logés les organes des sens supérieurs se trouvent en communication les uns avec les autres. Si complexe que soit chez l'Homme la cavité des foesss nasales, elle le devient encore plus chez les Mammifères doués d'un odorat plus subtil, tels que le Chien. Les cornets du nez prennent alors un développement extraordinaire, évidemment destiné à multiplier les contacts de la muqueuse avec l'air chargé de particules ou de vapeurs odorantes.

Des poils raides, longs et gros, nommés *vibrisses*, protègent l'entrée des narines contre l'introduction de corps étrangers trop volumineux. Un liquide spécial, sécrété par une multitude de glandes muqueuses en grappes, humecte constamment la pituitaire et, en dissolvant les particules odorantes, leur permet d'agir plus directement sur les nerfs olfactifs. La région de la pituitaire douée d'une sensibilité spéciale, est d'ailleurs assez limitée : elle occupe la partie supérieure de la cloison et des parois externes des fosses nasales et se distingue assez nettement par son aspect des régions voisines de la muqueuse.

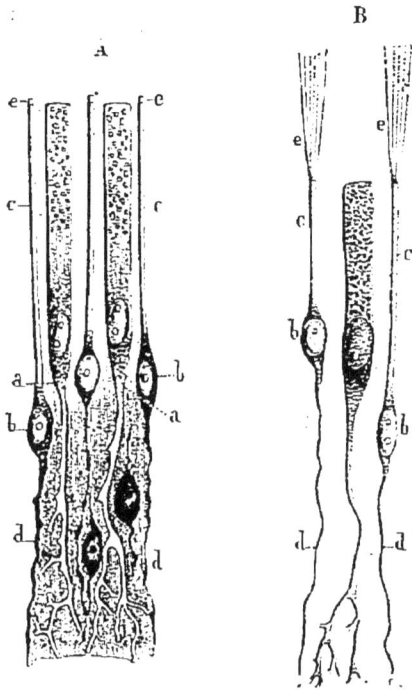

Fig. 289. — A, terminaison des nerfs olfactifs dans la membrane pituitaire du Chien ; *a*, cellule épithéliale avec prolongement ramifié ; *b*, cellule olfactive ; *c*, bâtonnet qui la termine ; *d*, prolongement de la cellule en continuité avec un filament nerveux. — B, terminaison des nerfs olfactifs chez la Grenouille : mêmes lettres ; *e*, cils vibratiles des cellules olfactives (d'après Frey).

Celles-ci sont vibratiles ; la muqueuse olfactive ne l'est pas chez les animaux, mais elle paraît l'être chez l'Homme, elle contient des glandes en tubes, spéciales, les glandes de Bowman. C'est dans son épithélium que viennent se terminer par de nombreuses cellules fusiformes (fig. 289) les ramifications du *nerf olfactif* (fig. 288, 1) qui, après avoir traversé au nombre de 15 à 18 la lame criblée de l'ethmoïde, s'anastomosent entre elles de manière à former un plexus très serré.

Les autres parties des fosses nasales sont innervées par le *nerf nasal* (fig. 287, 2) et un rameau du *grand nerf palatin* (fig. 288, 3) qui sont des branches du *trijumeau.*

La membrane olfactive est d'une sensibilité des plus remarquables. Valentin a calculé que deux millionièmes de milligramme de musc suffiront pour impressionner notre odorat ; c'est déjà une sensibilité très supérieure à celle que l'on admire dans le spectroscope ; que doit être dès lors la sensibilité olfactive des animaux qui perçoivent des odeurs dont nous n'avons aucune idée et les perçoivent avec une netteté suffisante pour suivre leur proie à la piste ou éventer à plusieurs centaines de mètres la présence d'un ennemi?

Cette exquise sensibilité, incomparablement supérieure à celle de la sensibilité gustative, s'émousse comme elle avec une surprenante rapidité. Il suffit de demeurer quelques instants dans une atmosphère chargée d'effluves odorantes pour que les odeurs, d'abord vivement perçues, s'affaiblissent et arrivent à n'être plus senties ; mais un courant d'air pur suffit pour rendre à notre odorat toute sa sensibilité. On peut encore suspendre momentanément la perception des odeurs en s'abstenant de respirer par le nez ; l'air devenu stagnant à la surface de la muqueuse ne l'impressionne plus.

Le goût et l'odorat, malgré les différences qu'ils présentent au point de vue de leur finesse et des conditions dans lesquelles ils s'exercent, peuvent être considérés comme des sens connexes. Ils concourent simultanément à nous faire connaître les qualités de nos aliments, de sorte qu'il devient parfois difficile de distinguer chez eux ce qui est odeur et ce qui est saveur.

Quand certains aliments empêchent d'exercer leur action sur l'odorat, ils deviennent méconnaissables ; c'est ce qui arrive en particulier pour les vins, dont le *bouquet* caractéristique impressionne beaucoup plus notre muqueuse nasale que notre muqueuse buccale. On a cherché à établir un rapport entre le bon ou le mauvais goût, la bonne ou la mauvaise odeur des diverses substances et leurs propriétés alimentaires ou toxiques, mais il n'a été possible d'arriver à rien de précis à cet égard. Nous ignorons pourquoi certaines substances nous impressionnent désagréablement, tandis que l'odeur et la saveur des autres nous causent du plaisir. L'imagination, l'habitude, l'éducation, entrent d'ailleurs pour une part dans ces appréciations, car on se fait aux mauvaises odeurs et aux saveurs, jugées d'abord répugnantes. Inversement, à la suite de quelque circonstance fâcheuse, à laquelle l'esprit les rattache, des odeurs et des saveurs considérées auparavant comme agréables peuvent devenir absolument insupportables.

CHAPITRE VIII

L'OUIE ET LA VUE

Rapports entre les organes des différents sens. —Le toucher,
le goût, l'odorat, présentent ce caractère commun qu'ils nous révèlent la présence de corps dont certaines particules au moins sont en
contact avec notre organisme; les deux sens qui nous restent à étudier, l'ouïe et la vue, nous permettent de reconnaître des qualités
ou des états de corps dont aucune particule peut n'être arrivée jusqu'à nous, mais qui nous impressionnent au moyen de mouvements
vibratoires communiqués par eux, soit à l'air atmosphérique, soit à
un milieu impondérable, l'Éther des physiciens. Le toucher cependant semble, à cet égard, tenir une place intermédiaire, car c'est par
lui que nous pouvons ressentir la chaleur, qui n'est, elle aussi, qu'un
mouvement vibratoire, et la chaleur rayonnante l'impressionne, sans
transporter avec elle aucune des particules des corps qui l'émettent.

Le toucher est donc une sorte de sens mixte, et c'est une vue fort
juste que celle qui conduit à considérer les organes si parfaits de nos
sens supérieurs comme de simples modifications des organes tactiles
répandus sur toute la surface du corps, et chargés de nous faire
apprécier des propriétés diverses dans les objets qui nous entourent.

Une oreille, dans sa forme la plus élémentaire (fig. 52, o, p. 73),
n'est effectivement qu'une poche garnie de cils capables de vibrer,
et contenant des corpuscules solides, parfois de simples grains de
sable, auxquels les cils vibrants transmettent leur mouvement, de

manière à impressionner simultanément tous les cils avec lesquels
le corpuscule solide, ou *otolithe*, est en contact. Le premier rudiment d'un œil consiste (fig. 52, *y*) dans une tache noire, entourant une terminaison nerveuse, le plus souvent en contact avec une
lentille réfringente, un *cristallin* microscopique.

A cet état, les organes de la vue et de l'ouïe sont à peine plus complexes que les organes du toucher. Nous allons retrouver ces parties
essentielles dans l'oreille et dans l'œil de l'Homme; mais dans ces
merveilleux appareils, les terminaisons nerveuses vont se multiplier, et un nombre considérable de parties accessoires vont apparaître, avec la mission de recueillir les vibrations sonores ou lumineuses et de les concentrer sur les terminaisons nerveuses qu'elles
doivent impressionner.

DU SENS DE L'OUIE

Description de l'oreille externe. — Dans l'oreille humaine
nous distinguons trois parties : *l'oreille externe*, *l'oreille moyenne*,
exclusivement formées toutes deux de parties accessoires, et *l'oreille*

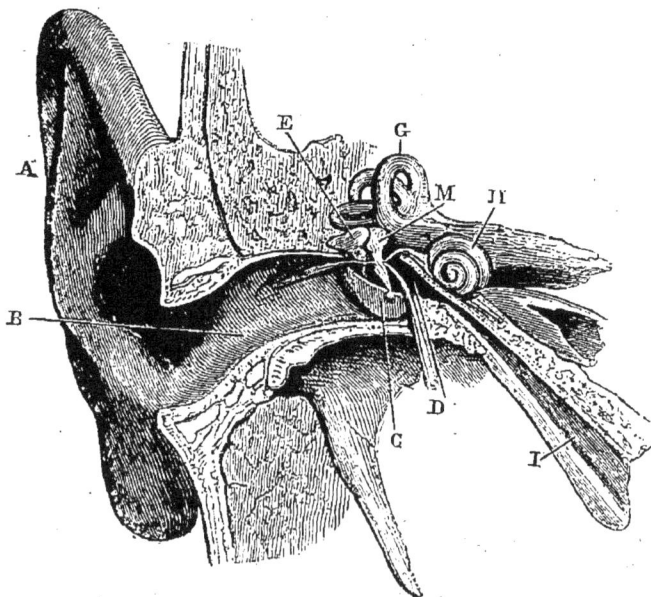

Fig. 290. — Coupe de l'oreille. — A, oreille externe ; B, canal auditif externe ;
C, tympan ; D, caisse du tympan ; E, enclume ; G, canaux semi-circulaires ;
H, limaçon ; I, trompe d'Eustache ; M, marteau.

interne qui contient les éléments impressionnables de l'appareil de
l'ouïe, les terminaisons nerveuses.

L'oreille externe (fig. 290) comprend deux régions : le *pavillon* et le *conduit auditif externe*.

Le pavillon se décompose en plusieurs parties, l'une concave entourant les parties postérieure, supérieure et inférieure de l'orifice auditif, puis s'étalant en une surface à peu près plane qui se replie en avant tout le long de son bord, de manière à former une sorte d'ourlet, l'*hélix*, limitant une gouttière ouverte en avant. Un rebord de la conque, sensiblement parallèle à l'hélix, porte le nom d'*anthélix* : ce rebord présente une saillie, l'*antitragus*, opposée au *tragus* qui forme une éminence en avant de l'orifice auditif.

Le pavillon (fig. 290, A) est soutenu par un cartilage auquel vient s'attacher inférieurement le *lobule* charnu qui complète l'oreille et auquel les dames attachent des bijoux. Une peau fine recouvre toutes ces parties et des muscles les relient soit entre elles, soit au crâne, leur donnant, chez beaucoup d'espèces animales, une mobilité, qui chez l'Homme est toujours très limitée et le plus souvent complètement nulle.

Le conduit auditif externe (fig. 290, B) s'enfonce dans l'os temporal ; il présente plusieurs sinuosités qui contribuent à empêcher l'introduction de corps étrangers dans l'oreille. Des poils couverts d'un enduit spécial, jaune, amer, ayant une consistance cireuse, le *cérumen*, sécrété par des glandes en grappe assez volumineuses, défendent encore l'entrée du canal. Le conduit auditif externe est séparé de l'oreille moyenne par une membrane tendue obliquement de haut en bas et de dehors en dedans. Cette membrane, un peu concave extérieurement est le *tympan* (C); elle est tendue sur un anneau osseux, le *cadre du tympan*, qui est encore distinct chez les très jeunes enfants, mais se soude de bonne heure à l'os temporal.

L'oreille moyenne est essentiellement constituée par la *caisse du tympan* (D), cavité irrégulière remplie d'air, entièrement tapissée d'un épithélium vibratile et communiquant inférieurement avec l'arrière-cavité des fosses nasales, par un conduit spécial toujours ouvert, la *trompe d'Eustache* (I). On remarque dans la caisse du tympan trois orifices fermés par des membranes : le plus grand est en avant, il est oblitéré par le tympan ; les deux autres, beaucoup plus petits, situés à peu près sur la face opposée de la caisse, sont la *fenêtre ovale*, et, au-dessous d'elle, la *fenêtre ronde*.

Entre le tympan et la membrane de la fenêtre ovale, se trouve une chaîne irrégulière de quatre osselets (fig. 291), que l'on appelle le *marteau* (M), l'*enclume* (E), l'*os lenticulaire* (L) et l'*étrier* (K), à cause de leur ressemblance grossière avec les objets dont ils portent lés noms. Le manche du marteau est engagé dans la partie centrale de la membrane du tympan ; l'enclume s'articule d'une part avec la tête du marteau, de l'autre, avec l'os lenticulaire ; le sommet de l'étrier est en contact avec ce petit os, et sa base, celle qui correspond à la partie de l'étrier qui supporte le pied, appuie sur la membrane de la fenêtre ovale sur laquelle elle est exactement moulée.

De petits muscles font mouvoir ces os, tendent plus ou moins la chaîne solide qu'ils forment, et les forcent à tirer sur le tympan ou à presser sur la membrane de la fenêtre ovale. Il en résulte que ces membranes peuvent s'accorder de manière à vibrer à l'unisson de toutes les ondes sonores qui viennent les frapper ; en même temps leurs vibrations sont transmises à travers toute la caisse du tympan par une chaîne de

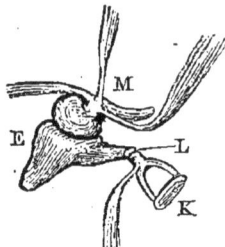

FIG. 291. — Osselets de l'oreille et muscles qui s'y attachent. — E, enclume ; M, marteaux ; L, os lenticulaire ; K, étrier.

corps solides, les osselets eux-mêmes, et l'on sait que les corps solides transmettent beaucoup mieux les vibrations sonores que les liquides et les gaz.

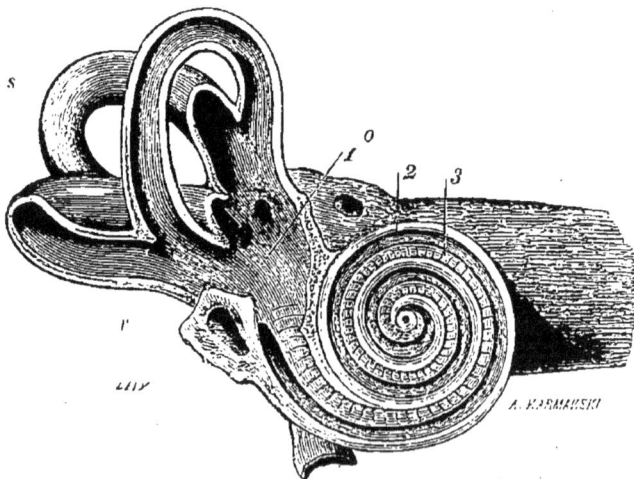

FIG. 292. — Coupe du labyrinthe perpendiculaire à l'axe du limaçon. — 1, vestibule ; 2, rampe externe du limaçon ; 3, sa rampe interne ; l, limaçon ; o, fenêtre ovale ; r, fenêtre ronde ; s, canaux semi-circulaires.

Oreille interne. — L'oreille interne comprend un système de cavités creusées dans le rocher et dans lesquelles se trouvent des poches membraneuses exactement moulées sur leurs parois. Une mince couche d'un liquide spécial, la *périlymphe* ou *humeur de*

Vasalva, sépare des parois osseuses les poches membraneuses de l'oreille interne ; un liquide beaucoup plus important, l'*endolymphe* ou *liquide de Cotunio*, remplit ces poches. La complication des cavités de l'oreille interne a fait désigner par le nom, souvent usité, de *labyrinthe* cette portion de l'appareil auditif. Le labyrinthe (fig. 292) se compose de trois parties : le *limaçon*, le *vestibule* et les *canaux semi circulaires*.

Le limaçon (fig. 293) est, comme son nom l'indique, une cavité tubulaire, enroulée en spirale et formant trois tours de spire ; l'axe creux, ou *columelle*, autour duquel se fait l'enroulement, contient une des branches les plus importantes du nerf acoustique, la *branche cochléenne*. Une lame en spirale,

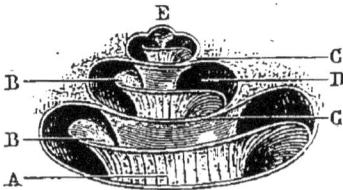

FIG. 293. — Coupe oblique du limaçon. — A, lame spirale extérieure ; B, lame spirale intérieure portant les terminaisons du nerf acoustique ; C, lame séparant les tours du imaçon ; D, rampe vestibulaire ; E, sommet du limaçon.

mi-partie osseuse, mi-partie membraneuse, partant de la columelle et se dirigeant vers la paroi du limaçon, divise sa cavité tubulaire en deux cavités superposées, les deux *rampes* du limaçon. L'une de ces rampes, la *rampe tympanique*, aboutit à la fenêtre ronde ; l'autre, la *rampe vestibulaire* au vestibule. Les deux rampes communiquent sous la coupole du limaçon, par suite de la suppression de la cloison qui les sépare. Avant d'arriver à la paroi externe du limaçon, la partie membraneuse de la lame spirale, qui divise en deux sa cavité, se dédouble, et ses deux moitiés s'écartent sous un angle assez ouvert pour aller rejoindre la paroi (fig. 294) ; il en résulte la formation d'une troisième cavité comprise entre les deux autres : c'est le *canal cochléaire* (fig. 294, C), dans lequel se trouvent le plus grand nombre des terminaisons du nerf acoustique, qui contribuent à former un organe des plus remarquables, l'*organe de Corti*.

Le vestibule fait suite au limaçon ; il est formé de deux sacs membraneux communiquant probablement entre eux, le *saccule* et l'*utricule*. Le saccule est sphérique et son diamètre est d'environ 1 millimètre et demi ; l'utricule est de forme oblongue ; son grand axe a environ 3 millimètres, et son petit axe 2. Il porte les canaux semi-circulaires.

Ces derniers doivent leur dénomination, à ce qu'ils sont formés de trois tubes creux, courbés en arcs de cercle assez réguliers et orientés d'une façon remarquable : deux d'entre eux sont ver-

ticaux et disposés suivant des plans perpendiculaires, le troisième
est horizontal. Cette disposition géométrique, qui rappelle celle des
trois plans de coordonnées auxquels les géomètres rapportent les
dimensions de l'espace, a conduit à penser que les canaux semi-circulaires sont destinés à reconnaître la direction dans laquelle sont
situés les corps sonores. D'autres ont voulu en faire le siège de ce
sens particulier, grâce auquel de nombreux animaux se dirigent
sûrement dans une direction donnée, sens qu'on a appelé le *sens de
l'espace*. Ces hypothèses sont loin d'être établies. Les canaux semi-

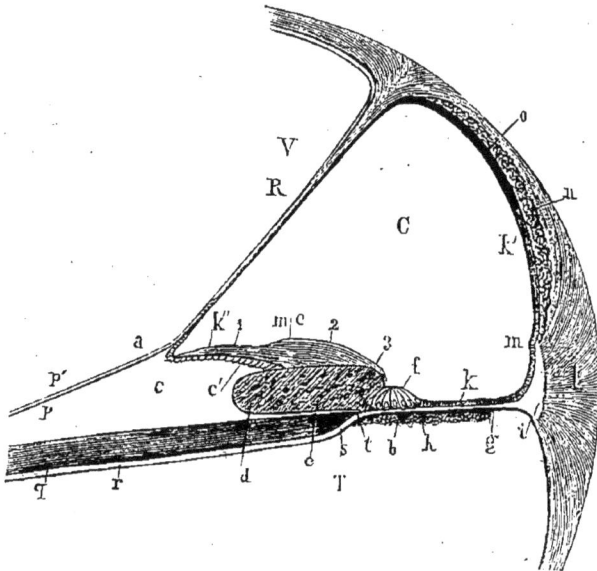

FIG. 294. — Coupe du limaçon montrant le canal cochléaire et les parties voisines.
— C, canal cochléaire ; V, rampe vestibulaire du limaçon ; T, rampe tympanique ;
R, cloison membraneuse limitant vers le haut le canal cochléaire (*membrane de
Reissner*) ; a, origine de cette membrane ; b, tissu conjonctif et vaisseau spiral
au-dessous de la membrane qui supporte les organes de Corti ; c, lame spirale
présentant une gouttière sur son bord externe ; d, sillon spiral, avec un épithélium
épais s'étendant jusqu'à l'organe de Corti ; e, bandelette perforée ; f, organe de
Corti ; g, zone pectinée ; h, h', épithélium du canal cochléaire ; i, l, m, ligament
spiral uni à la zone pectinée ; n, cartilage ; p, p', périoste de la lame spirale;
q, s, nerf cochléaire ; t, son prolongement dans les canaux de la bandelette
perforée ; mc, membrane de Corti ; 1, 2, 3, ses diverses régions.

circulaires commencent dans le vestibule chacun isolément par une
partie renflée en ampoule ; ils se réunissent en un canal commun
au moment de s'ouvrir de nouveau dans l'utricule.

Terminaisons du nerf acoustique ; organe de Corti. —
Le nerf acoustique pénètre dans l'oreille interne par le canal au-

ditif interne, creusé dans le temporal, et dont la cavité de la columelle
du limaçon n'est que le prolongement. Ce nerf s'enroule en une lame
spirale comme le limaçon lui-même, et le bord libre de sa spire émet
une branche qui se rend au vestibule. Cette branche se divise à son
tour en trois rameaux : le premier envoie une de ses divisions à
l'utricule, une à l'ampoule du canal semi-circulaire supérieur, et
une à l'ampoule du canal semi-circulaire externe ; le second se rend au
saccule ; le troisième à l'ampoule du canal semi-circulaire postérieur.

Les innombrables ramuscules du nerf acoustique principal s'en-
gagent dans l'épaisseur de la partie osseuse de la lame spirale et
arrivés au canal cochléaire, se terminent dans l'organe de Corti.

Sur l'utricule et le saccule on remarque, dans la région où s'épa-
nouissent les branches du nerf acoustique qui leur correspondent,
une tache blanchâtre. Ces *taches acoustiques* présentent un épithélium composé de deux sortes d'éléments : des éléments cylindriques
de nature cellulaire ; des cellules plus petites, régulièrement intercalées entre les précédentes et terminées, du côté de leur extrémité
libre, par une sorte de cil, du côté opposé par un filament variqueux,
probablement en continuité avec une fibre nerveuse à laquelle la
cellule sert de terminaison.

Sur les taches se trouve régulièrement distribuée une poussière
calcaire, l'*otoconie*, formée de corpuscules réguliers de 9 à 11 millièmes de millimètre de longueur. Ces corpuscules calcaires comptent
parmi les éléments les plus constants de l'appareil auditif : on les
appelle des *otolithes*. Chez beaucoup de Vers et de Mollusques il n'y
a qu'un seul otolithe de forme régulièrement sphérique. Les otolithes
des Poissons sont également peu nombreux ; ils atteignent des dimensions et une dureté considérables.

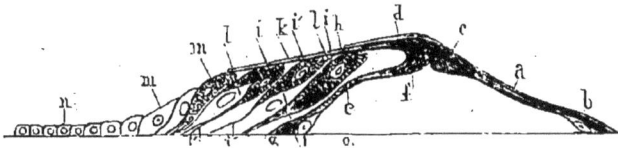

FIG. 295. — Organe de Corti vu de profil. — *a*, fibre de Corti interne ; *b*, noyau
accolé à la face inférieure de cette fibre ; *c*, portion de la fibre interne qui vient
s'affronter avec la partie correspondante, *f*, de la fibre Corti externe , *e* ; *g*, union
de cette dernière fibre avec l'extrémité de la membrane basilaire, *o* ; *l*, noyau ;
d, appendices des fibres de Corti internes, contribuant avec ceux des fibres de
Corti externes, *h, k*, à former la membrane réticulée ; *i, i*, cellules de Corti ; *l, l'*,
cellules de Deiters ; *m, n*, épithélium.

L'organe de Corti (fig. 294 et 295), dans lequel viennent se terminer la plupart des fibres du nerf acoustique, est situé dans le canal

cochléaire sur la membrane qui répond à la rampe tympanique du limaçon, la *membrane basilaire* (fig. 294). Il est composé de deux séries de lamelles élastiques qui se dressent obliquement à la surface de la membrane basilaire, se dirigent l'une vers l'autre et s'affrontent en chevron. Les lamelles situées du côté externe sont appelées *cellules*, ou *fibres de Corti externes ;* les lamelles plus nombreuses du côté interne sont les *cellules* ou *fibres de Corti internes* (*a, b, c, d*). Les fibres de Corti externes, après s'être adossées aux fibres de Corti internes, se réfléchissent extérieurement, et un appendice de celles-ci recouvre la base de leur partie réfléchie. Des appendices prolongent également la partie réfléchie des fibres de Corti externes et l'ensemble de ces appendices, dont les bords sont évidés et laissent entre eux des intervalles libres, forme une *membrane réticulée*, présentant trois rangées de trous, et tendue entre le sommet des chevrons formés par les fibres de Corti et la lame basilaire. Au-dessous de cette membrane réticulée se trouvent des cellules de diverses formes obliquement dressées ; les cellules de chaque sorte sont disposées en trois rangées régulières alternant avec les rangées de cellules des autres sortes. Une des extrémités de ces cellules supportant un faisceau de cils rigides, correspond à la membrane perforée, l'autre, ordinairement terminée en filament, à la

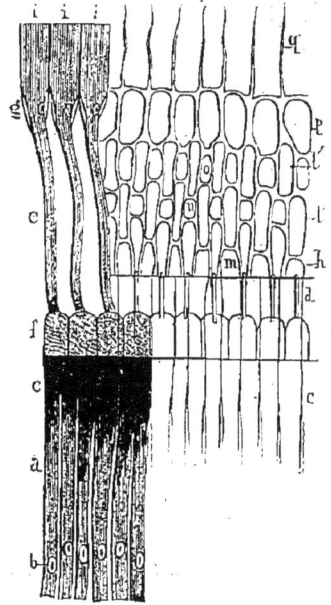

FIG. 296. — Organe de Corti vu de face par en haut. — Lettres *a, h,* même signification que dans la figure 295. — *i,* continuation des fibres de Corti avec les bandelettes de la zone pectinée ; *l, l', p, q,* parties solides de la membrane réticulée ; *m, n, o,* trous de cette membrane.

lame basilaire. C'est probablement à ces cellules que correspondent les terminaisons nerveuses. Les fibres de Corti diminuent régulièrement de longueur de l'extrémité tympanique à la coupole du limaçon. Leur ensemble appelle invinciblement l'idée d'un appareil vibrant d'une grande richesse, comme seraient les cordes d'une harpe ou d'un piano, et des considérations théoriques ingénieuses conduisent à penser que ce sont bien des espèces de cordes vibrantes accordées sur une multitude de tons, prêtes à reproduire les vibrations qui leur sont transmises et à ébranler ainsi les terminaisons nerveuses correspondantes. L'oreille humaine contiendrait donc un appareil musical d'une admirable perfection et qui rendrait parfaitement compte de sa merveilleuse aptitude à percevoir les sons, à les reconnaître ou à les mélanger pour obtenir les effets harmoniques les plus complexes.

Le nombre des doubles fibres de Corti que contient notre oreille est d'environ 3000. L'oreille humaine pouvant percevoir des sons répartis sur une étendue de 7 octaves, à chaque octave correspondent 400 organes de Corti ; chaque demi-ton en a pour sa part 33 1/3. Comme les musiciens exercés parviennent à percevoir des différences de 1/64e de ton, on voit que deux sons séparés par cet intervalle devront faire vibrer deux paires de fibres de Corti consécutives ; il y a donc un rapport remarquable entre la constitution de l'organe de Corti et la limite des différences perceptibles entre deux sons musicaux voisins.

Ces considérations et quelques autres encore rendent infiniment probable que l'organe de Corti, et par conséquent le limaçon, sont chargés de percevoir les sons musicaux. Le reste de l'appareil auditif serait alors destiné à la perception des simples bruits. Mais nous devons entrer davantage dans l'analyse des phénomènes de l'audition et rechercher l'usage des diverses parties de l'appareil de l'ouïe.

Rôle des différentes parties de l'appareil auditif. — On a attribué au pavillon de l'oreille un assez grand nombre de fonctions différentes ; la seule qui soit parfaitement établie, c'est qu'il nous permet de juger dans une certaine mesure de la direction des sons en renforçant ceux qui viennent le frapper normalement, condition que l'on peut toujours lui faire remplir en tournant convenablement la tête. Le canal auditif se trouvant rempli d'air, c'est par l'intermédiaire de ce gaz que les vibrations sont transmises à la membrane du tympan. La forme en entonnoir de cette membrane lui donne, au point de vue de la transmission des sons, des aptitudes particulières. Une membrane plane tendue régulièrement n'entre en vibration que pour un son déterminé, celui qu'elle produit elle-même lorsqu'on vient à l'ébranler. Il n'en est plus de même d'une membrane en entonnoir ; ses différents points présentent alors des tensions très variables du fond de l'entonnoir à sa circonférence, et elle devient ainsi capable de vibrer pour des sons très différents et par conséquent de servir à leur transmission. A ces qualités inhérentes à sa forme, la membrane du tympan en ajoute une autre due aux rapports qu'elle présente avec la chaîne des osselets de l'oreille moyenne, qui peuvent à leur tour la tendre très différemment et augmentent par cela même son aptitude à la transmission des sons.

De la membrane du tympan les sons sont transmis de deux façons différentes à l'oreille interne au travers de l'oreille moyenne.

Tous les mouvements de cette membrane sont communiqués à la chaîne des osselets qui, alternativement entraînée en bloc dans une direction et dans la direction opposée, vient frapper comme une baguette de tambour la membrane de la fenêtre ovale et transmet ainsi directement les vibrations sonores au liquide de l'oreille interne. De plus l'air contenu dans l'oreille moyenne entre à son tour en vibration et vient faire vibrer la membrane de la fenêtre ronde. Pour que la membrane du tympan et celle de la fenêtre ronde ne soient pas gênées dans leurs vibrations, il est essentiel que la tension de l'air contenu dans la caisse du tympan soit maintenue égale à la pression atmosphérique. Ce résultat est réalisé grâce à la présence de la trompe d'Eustache qui permet à l'air trop comprimé de s'écouler dans l'arrière-bouche, et laisse passer de nouvelles quantités d'air lorsque la caisse du tympan n'en contient pas assez. La trompe d'Eustache est habituellement fermée, mais elle s'ouvre lors des mouvements de déglutition que l'on répète machinalement toutes les fois que le besoin s'en fait sentir et à l'aide desquels on rétablit l'équilibre lorsqu'il vient à être rompu. On a pu constater les utiles conséquences de ces mouvements lorsqu'on a éprouvé ce sentiment de tension particulier qui fait dire que l'oreille est bouchée. Ce conduit peut être affecté de catarrhe et le liquide qui s'écoule, aussi bien que l'inflammation dont il est la conséquence, peuvent en amener l'obstruction ; il en résulte toujours une surdité plus ou moins prononcée ; mais l'appareil sensitif demeurant intact, les malades perçoivent nettement les bruits qui leur arrivent par une autre voie. Ils distinguent par exemple les battements d'une montre appliquée contre leurs dents, les os du crâne servent alors d'organes de transmission. M. Colladon a imaginé un appareil fort simple basé sur cette observation, et qui rend des services utiles aux personnes atteintes de surdité. C'est une lame triangulaire de carton, dont on place le sommet entre les dents en donnant à la lame une légère convexité du côté extérieur.

L'oreille moyenne est donc la partie qui accommode, en quelque sorte, l'appareil de l'ouïe, de manière à lui permettre de percevoir le plus grand nombre de sons possible. Le degré différent de tension que peuvent prendre les membranes qu'elle présente contribue en outre directement à atténuer beaucoup les sons dont l'intensité serait un danger pour l'oreille.

Limites des sons perceptibles; subjectivité des sensations auditives.

— Il existe d'ailleurs des limites, — très éloignées à la vérité, — au delà desquelles les sons cessent d'être perceptibles. Savart dit avoir perçu des sons graves de 7 ou 8 vibrations, mais la limite inférieure admise en musique correspond à 30 vibrations par seconde ; des sons de 38 000 vibrations par seconde sont encore perceptibles pour l'oreille, mais ils causent une sensation très nettement douloureuse. Entre ces limites s'échelonnent un nombre immense de sons séparés par un intervalle que nous avons déjà déterminé, et qui résulte probablement du nombre des organes de Corti dont notre oreille est pourvue. Chacun de ces sons, caractérisé par un nombre de vibrations déterminé, ébranle un organe de Corti donné, par conséquent une seule fibre nerveuse ou un petit nombre de fibres nerveuses. C'est l'ébranlement de cette fibre qui est transmis au cerveau et le cerveau qui transforme cette impression en une sensation que nous appelons le son. Si cette fibre nerveuse est ébranlée d'une tout autre façon, les mêmes phénomènes se produiront, et le cerveau croira encore avoir perçu un son. C'est ce qui arrive, en effet, dans diverses circonstances : il n'est personne qui n'ait été incommodé de *bourdonnements* d'oreille. On entend alors distinctement un bruit qui n'a rien de réel, qui est, comme on dit, purement *subjectif* et qui est simplement causé par l'excitation, due à une cause interne, de quelques fibres de Corti.

Si le nombre des fibres de Corti n'est pas le même chez tous les individus, si elles sont différemment accordées, si quelques-unes font défaut, il est évident que les sensations auditives seront plus ou moins altérées et cesseront d'être les mêmes pour les individus ainsi faits et pour les individus normaux. Peut-être faut-il attribuer à quelque chose de ce genre l'incapacité de certaines personnes à comprendre et à sentir la musique. Il est d'ailleurs hors de doute que l'étendue des sons perceptibles est très variable suivant les individus. Elle ne se raccourcit pas seulement par les deux extrémités de l'échelle, mais elle peut présenter de véritables lacunes, de véritables trous. Ce qui est vrai pour l'espèce humaine, l'est encore bien davantage pour les animaux dont les oreilles sont très différemment construites. Rien ne prouve que tous ces êtres perçoivent les sons de la même façon que nous, et c'est ce qui permet de dire que les sensations acoustiques sont éminemment subjectives, malgré la rigueur des lois mathématiques qui régissent la production et la combinaison des sons.

Il serait hors de notre cadre de traiter ici de la nature physique du son et des propriétés des vibrations sonores qui servent de base à la musique. Nous renvoyons pour cela à tous les cours de physique et au chapitre dans lequel nous avons parlé de la production de la voix.

DU SENS DE LA VUE

Organes accessoires de l'appareil de la vision. — Les yeux sont accompagnés de parties accessoires plus nombreuses encore que celles qui prennent part à la constitution de l'appareil de l'ouïe. Organes délicats entre tous, ils sont entourés d'appareils protecteurs que nous devons faire connaître tout d'abord, afin de ne pas séparer l'exposé des phénomènes de la vision de la description de l'organe visuel proprement dit.

Les yeux sont logés dans les *cavités orbitaires*, situées au-dessous du front, de chaque côté de la racine du nez. Chacune de ces cavités a une forme pyramidale, et son orifice est sensiblement quadrangulaire. Un grand nombre d'os prennent part à la constitution des cavités orbitaires. Ce sont le *frontal* en haut, l'*os malaire* en bas et en dehors, les *maxillaires supérieurs* en bas et en dedans, les *os lacrymaux* à l'angle interne et inférieur, le *sphénoïde* et l'*ethmoïde* en dedans, les *palatins* en bas et en arrière. Au fond, une ouverture irrégulière livre passage au nerf optique ; à l'angle externe une gouttière comprise entre l'os lacrymal et le maxillaire supérieur communique avec le canal nasal et contient le *canal lacrymal*.

Au-dessus de l'orbite, l'os frontal présente une légère saillie que recouvre une peau épaisse, couverte de poils droits, raides, dessinant les deux lignes plus ou moins régulièrement arquées des *sourcils* (fig. 298).

Deux voiles verticaux se continuent, l'un avec la peau du front, l'autre avec celle des joues, et peuvent se rabattre sur les yeux en se rapprochant l'un de l'autre ; ils constituent les *paupières*. Un *muscle élévateur* spécial relève la paupière supérieure (fig. 299, *h*). La fermeture des paupières est obtenue par la contraction des fibres d'un muscle circulaire : l'*orbiculaire des paupières* (*g*). Chacune d'elles est soutenue par un arc cartilagineux, le *cartilage tarse*, et

présente deux faces d'aspect bien différent. La face externe a l'apparence ordinaire de la peau ; la face interne est tapissée par une muqueuse de couleur rougeâtre qui, après être remontée assez haut
dans la cavité orbitaire, se rabat au-devant du globe de l'œil, y devient complètement transparente et forme le revêtement externe de
la partie antérieure de l'œil ; c'est la *conjonctive*, membrane délicate, sujette à des inflammations qui peuvent acquérir une gravité
suffisante pour compromettre la vision. Le bord libre des paupières
est bordé de poils ou *cils*, généralement plus forts que ceux qui constituent les sourcils. Des glandes en grappes régulièrement disposées dans l'épaisseur des paupières, les *glandes de Meibomius*
(fig. 297), sécrètent une humeur qui lubréfie les cils ; en outre, cha-

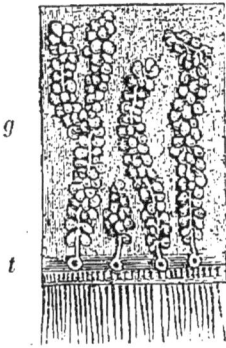

FIG. 297. — Fragment de la
paupière préparé de ma-
nière à montrer le cartilage
tarse (*t*) et quatre glandes
de Meibomius (*g*).

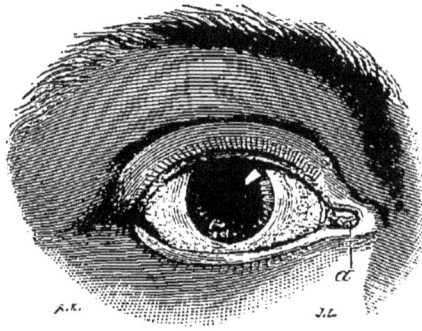

FIG. 298. — L'œil et ses annexes. — *a*, caroncule lacrymale.

cun de ces derniers est muni à sa base de glandes analogues aux
glandes sébacées et dont la sécrétion normale, semblable à celle
des glandes de Meibomius, constitue la chassie lorsqu'à la suite
d'une inflammation, elle est devenue trop abondante.

Les deux paupières se réunissent à leurs extrémités sous un angle
aigu. Dans l'angle externe un repli membraneux, en forme de
croissant, le repli *semi-lunaire*, représente une troisième paupière
rudimentaire, qui se développe chez certains animaux, les Oiseaux,
par exemple, chez qui elle porte le nom de *membrane nyctitante*.
A l'angle opposé, une petite éminence glandulaire, présentant
quelques poils fins, la *caroncule lacrymale* (fig. 298, *a*), est comprise entre les deux branches du *canal lacrymal* par lequel les
larmes s'écoulent dans les fosses nasales et qui s'ouvrent au-dessus

et au-dessous de la caroncule par deux petits orifices, les *points lacrymaux*. Les larmes passent de ce canal horizontal, en forme d'Y, dans le *sac lacrymal* qui est vertical, et de là dans le *canal nasal* qui s'ouvre dans le méat inférieur des fosses nasales.

Il existe dans chaque orbite une *glande lacrymale*; elle est placée au-dessus et en dehors du globe de l'œil, et présente à peu près le volume d'une noisette. C'est une glande compacte, du type des glandes en grappe, qui émet de trois à cinq canaux, garnis de glandules sur leur trajet, et s'ouvrant dans l'angle de réflexion de la conjonctive de la paupière supérieure sur le globe de l'œil. Les larmes, versées sur une largeur assez considérable, sont réparties par le clignement des paupières à la surface libre du globe de l'œil qu'elles ne cessent d'humecter. Quand leur quantité est normale, elles sont

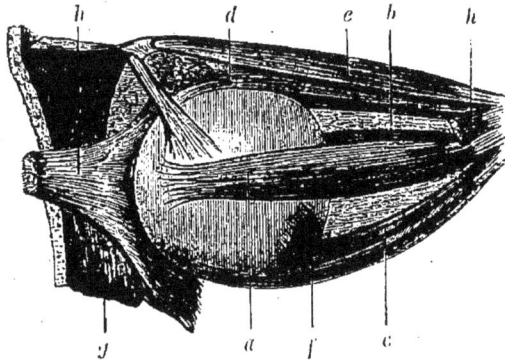

FIG. 299. — Muscles moteurs de l'œil. — *a*, muscle droit supérieur; *b*, muscle droit inférieur; *c*, muscle droit externe; *d*, muscle droit interne; *e*, muscle grand oblique; *f*, muscle petit oblique; *g*, muscle orbiculaire des paupières; *h*, muscle élévateur de la paupière supérieure.

recueillies par les canaux lacrymaux et s'écoulent entièrement dans les fosses nasales, mais chacun sait que des émotions diverses peuvent activer leur sécrétion ; elles ruissellent alors sur les joues.

Il faut enfin ranger parmi les annexes de l'appareil de la vision, les muscles qui font mouvoir le globe de l'œil. Ces muscles sont au nombre de six pour chaque œil et leur disposition est parfaitement régulière (fig. 299). Cinq d'entre eux vont s'insérer tout au fond de la cavité orbitaire, et divergent de là pour aller s'attacher au globe de l'œil; quatre se dirigent vers l'œil en ligne droite, ce sont le *droit supérieur* (*a*), le *droit inférieur* (*b*), antagonistes l'un de l'autre, et dont le premier porte l'œil vers le haut, le second vers le bas; le *droit externe* (*c*) et le *droit interne* (*d*), également antagonistes, s'attachant l'un au côté externe du globe de l'œil qu'il fait tourner en dehors, l'autre au côté interne de ce globe qu'il tire en dedans. Le cinquième muscle partant du fond de l'orbite est le *grand oblique* (e) ; il présente une disposition des plus remarquables. Marchant d'abord en ligne droite jusqu'à la partie antérieure de l'orbite, il traverse un anneau, moitié fibreux, moitié cartilagineux, attaché à l'os frontal et se réfléchit alors vers l'œil qu'il contourne en dedans pour venir s'attacher à sa partie externe et postérieure. Il en résulte qu'il fait tourner le globe de l'œil autour d'un axe horizontal et antéro-postérieur. Son antagoniste, le sixième des muscles moteurs de l'œil, est le *petit oblique* (f), qui s'insère à la partie interne de l'orbite et au-dessous du grand oblique, à la partie externe et postérieure du globe de l'œil. Grâce à cet appareil musculaire si complet, l'œil se dirige avec une égale facilité vers tous les points de l'espace qu'il peut avoir à explorer.

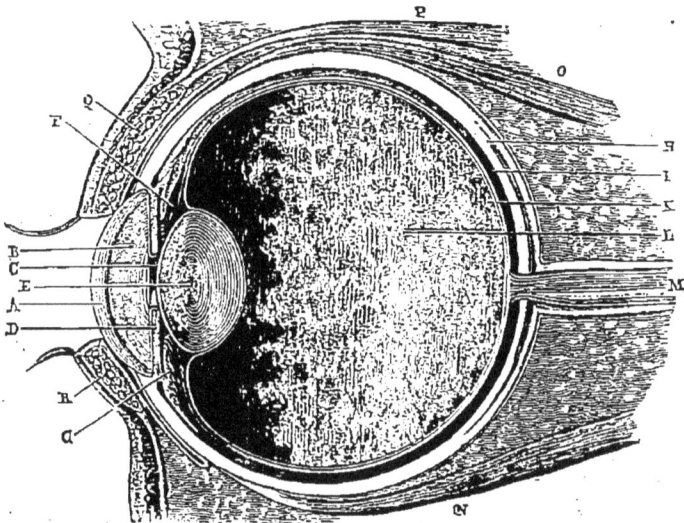

Fig. 300. — Coupe verticale de l'œil. — A, cornée transparente; B, humeur aqueuse ; C, pupille ; D, iris ; E, cristallin; F, procès ciliaires ; G, canal de Petit ; H, sclérotique; I, choroïde ; K, rétine; L, humeur vitrée ; M, nerf optique ; N et O, muscles droits inférieur et supérieur ; P, muscle élévateur de la paupière supérieure; R, paupière inférieure.

Description de l'œil.

Description de l'œil. — L'œil a une forme sphéroïdale (fig. 300). Il est constitué extérieurement par une membrane épaisse, résistante, de couleur blanche, la *sclérotique*, qui présente une perforation postérieure pour laisser passer le nerf optique et une perforation antérieure, beaucoup plus large, fermée par une membrane dont la courbure est plus forte que celle de la sclérotique et dont la trans-

parence est parfaite : c'est la *cornée transparente*. Une autre membrane circulaire, plane, tendue verticalement derrière la cornée
transparente et diversement colorée suivant les individus, constitue
l'*iris*. L'iris est percé à son centre d'une ouverture circulaire nommée *pupille ;* comme elle est formée de fibres musculaires, les unes
rayonnantes, les autres circulaires et concentriques à la pupille,
cette dernière peut être agrandie ou diminuée suivant que les
muscles rayonnants ou que les muscles circulaires se contractent.

L'espace compris entre l'iris et la cornée porte le nom de *chambre
antérieure* de l'œil ; il est rempli par une humeur limpide, assez
fluide, l'*humeur aqueuse.*

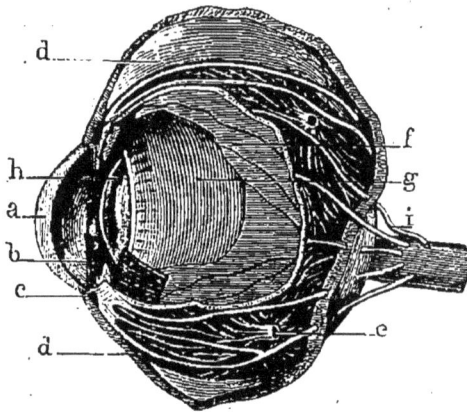

FIG. 301. — Œil dont les membranes ont été
déchirées pour montrer leur disposition. —
a, cornée transparente ; *b,* iris ; *c,* canal de
Fontana ; *d,* choroïde renversée ; *e,* un des
troncs vasculaires de la choroïde ; *f,* rétine ;
g, corps vitré ; *h,* cristallin ; *i,* nerfs ciliaires
entourant le nerf optique et allant surtout à
l'iris.

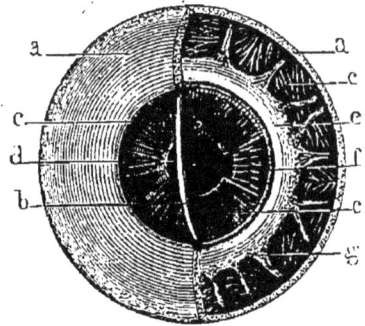

FIG. 302. — Coupe de la partie antérieure de l'œil parallèle à l'iris. —
a, sclérotique ; *b,* cornée transparente ; *c,* iris ; *d,* pupille ; *e,* muscle
tenseur de la choroïde ; *g,* ses expansions ; *f,* procès ciliaires.

Au-dessous de la sclérotique se trouve une membrane qui la
tapisse de toutes parts et qui est particulièrement riche en vaisseaux
(fig. 301), c'est la *choroïde*. Cette membrane, qui est déjà revêtue
extérieurement d'une couche pigmentée (*lamina fusca*), est recouverte intérieurement d'un plan unique de cellules hexaédriques dont
la substance est colorée en noir très foncé ; cette couche de cellules se continue sur la face postérieure de l'iris. Chez quelques
animaux, la choroïde présente une région fibreuse extrêmement
brillante devant laquelle ces cellules noires cessent d'être colorées ;
cette région est le *tapis*, qui donne aux yeux de divers Mammifères
l'aspect chatoyant que tout le monde connaît.

Un peu avant d'arriver au pourtour de l'iris, la choroïde se fronce régulièrement, et les plis qu'elle forme ainsi ont été nommés *procès ciliaires* ; ils entourent un corps lenticulaire, transparent, dont l'axe est placé exactement derrière le centre de la pupille : c'est le *cristallin*, qui est enfermé dans une capsule membraneuse spéciale par laquelle il est formé. De même que la choroïde tapisse exactement la sclérotique, elle est tapissée, à son tour, par une fine membrane de couleur blanchâtre qu'on appelle la *rétine* ; cette membrane est à peu près exclusivement formée par les fibres et les éléments terminaux du nerf optique. Elle limite la cavité interne du globe de l'œil et présente, vue à l'œil nu, deux points remarquables : l'un, nommé *punctum cœcum*, correspond à l'extrémité du nerf optique et se distingue par la disposition des vaisseaux qu'on en voit diverger (fig. 303, *d*) ; l'autre, situé un peu en dehors et sur la même ligne horizontale, est une tache mal limitée, la *tache jaune* (*e*), ainsi nommée à cause de la belle teinte qu'elle présente ; son rôle est, comme nous le verrons, des plus importants.

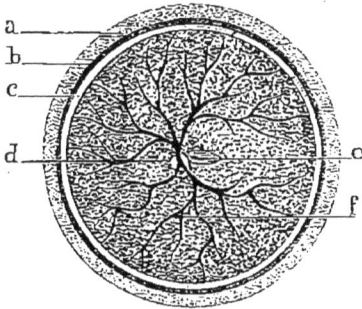

FIG. 303. — Le fond de l'œil. — *a*, sclérotique ; *b*, choroïde ; *c*, rétine ; *d*, *punctum cœcum* ; *e*, tache jaune ; *f*, vaisseaux divergeant du *punctum cœcum*.

La cavité du globe de l'œil est remplie par une humeur très transparente, filante, ayant une consistance analogue à celle du blanc d'œuf et qu'on appelle l'*humeur vitrée*. Cette humeur est contenue dans la *membrane hyaloïde*, mince et transparente, qui l'emprisonne dans ses mailles et vient, en outre, recouvrir la rétine, sur laquelle elle s'applique exactement. En arrivant à une petite distance des bords du cristallin, les éléments de la rétine disparaissent, et les deux membranes sont continuées par une zône transparente, facile à distinguer, la *zone de Zinn*. Dans cette zone, la membrane hyaloïde se divise en deux feuillets : l'un qui s'applique sur les procès ciliaires et vient passer au-devant de la capsule du cristallin, avec la paroi antérieure de laquelle elle se confond ; l'autre, qui passe en arrière du cristallin et vient se confondre avec la paroi postérieure de sa capsule. Entre ces deux feuillets et le bord du cristallin se trouve compris un espace vide, très petit pendant la vie, rendu irrégulier par la saillie des procès ciliaires et qu'on désigne indifféremment sous les noms de *canal godronné* ou de *canal de Petit*. Tout autour de la capsule du cristallin, immédiatement au-dessus des procès ciliaires, se trouve le *ligament ciliaire* qui maintient en place le cristallin, et auquel fait suite, dans la région où la choroïde s'unit à l'iris, un petit muscle circulaire, à fibres rayonnantes, qu'on a appelé le *tenseur de la choroïde* et dont la découverte est due à M. Ch. Rouget. Ce petit muscle agit sur le cristallin, bien plus que sur la choroïde; le tirant sur tout son pourtour, il le force à s'aplatir lorsqu'il se contracte et détermine en lui des changements de courbure dont l'importance nous apparaîtra tout à l'heure.

Terminaisons du nerf optique dans la rétine. — La rétine est, avec l'organe de Corti, le plus admirable ensemble de terminaisons nerveuses que nous présente l'économie humaine. Sur des coupes fines pratiquées dans l'épaisseur de sa substance, après l'avoir convenablement durcie, on peut distinguer jusqu'à huit couches successives. En allant de l'intérieur du globe de l'œil, de la membrane hyaloïde à la choroïde, ces couches sont les suivantes (fig. 304) :

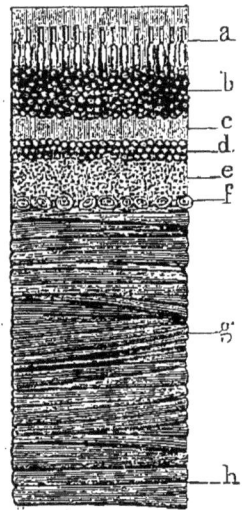

Fig. 304. — Coupe de la rétine. — *a*, couche externe, contiguë à la choroïde, formée par les bâtonnets et les cônes ; *b*, couche granuleuse externe ; *c*, couche de fibres radiées perpendiculaires à la surface de l'œil ; *d*, couche granuleuse interne ; *e*, couche finement granulée ; *f*, couches de cellules nerveuses ; *g*, fibres du nerf optique ; *h*, membrane limitante.

1° Une membrane protectrice ou limitante, que frappe d'abord la lumière, *h* ;

2° Une couche de fibres nerveuses étalées transversalement, *g* ;

3° Une couche de cellules nerveuses, disposées sur plusieurs rangées et présentant un nombre variable de prolongements, *f* ;

4° Une couche grise finement granuleuse, *e* ;

5° Une couche formée de granules spéciaux, de forme ovoïde, ou *couche granuleuse interne, d ;*

6° Une couche de *fibres radiées*, de nature nerveuse, à peu près normales aux deux surfaces de la membrane, *c ;*

7° Une nouvelle couche de granules, dite *couche granuleuse externe, b ;*

8° Enfin une couche des plus remarquables, *a*, contiguë à la choroïde, formée d'éléments spéciaux, les *bâtonnets* et les *cônes.*

On appelle *bâtonnets* de petits corps cylindriques (fig. 305, n° 2, *a*), séparés en deux moitiés par un trait transversal et dont la moitié interne se termine par un filament qui les relie à l'un des grains de la couche granuleuse externe; les *cônes* (fig. 305, n° 1, *a*) diffèrent des bâtonnets par ce que leur segment interne est renflé en forme de poire et adhère immédiatement à un grain de la couche granuleuse voisine. Ces grains sont eux-mêmes de petites cellules nucléées que des filaments nerveux, formant la couche fibreuse intermédiaire, relient de diverses façons aux grains analogues de la couche granuleuse interne. Ceux-ci émettent à leur tour de nouveaux filaments qui aboutissent aux cellules nerveuses dans lesquelles viennent se terminer les fibres du nerf optique. Ces relations sont nettement indiquées dans la figure théorique ci-contre.

L'épaisseur totale de la rétine diminue graduellement du *punctum cæcum* où elle est de quarante centièmes de millimètre à ses bords où elle n'en a plus que neuf. Les dimensions longitudinales des cônes et des bâtonnets n'excèdent pas cinquante millièmes de millimètre. Ces éléments font complètement défaut au *punctum cæcum* et la tache jaune ne contient absolument que des cônes.

Marche des rayons lumineux dans l'œil. — La rétine est la seule partie sensible de l'œil; toutes les autres parties servent à la protéger ou à diriger sur elle les rayons lumineux; pour comprendre leur rôle, il est nécessaire de faire appel à quelques notions d'optique géométrique. La lumière qui tombe sur la cornée n'arrive sur la rétine qu'après avoir traversé l'humeur aqueuse, le cristallin et l'humeur vitrée. Elle subit donc une série complexe de réfractions; mais le calcul démontre que, dans le cas spécial de l'œil, tout se

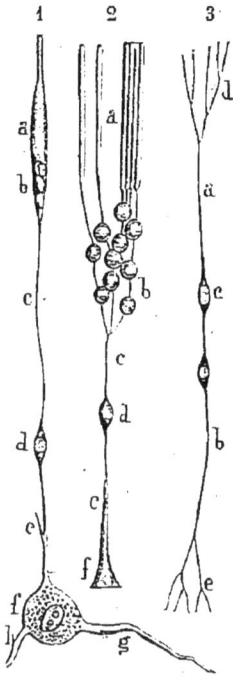

FIG. 305. — Figures demi-théoriques montrant les connexions des éléments de la rétine.—1, *a*, cône; *b*, cellule qui le supporte; *c*, fibre nerveuse radiée; *d*, cellule de la couche granuleuse externe; *e*, prolongement de la fibre; *f*, cellule nerveuse; *h*, *g*, prolongements allant à d'autres cellules ou aux fibres du nerf optique.— 2, *a*, bâtonnets; *b*, éléments de la couche granuleuse externe; *c*, fibre radiée; *d*, élément de la couche granuleuse interne; *e*, *f*, filament renflé se confondant avec la membrane limitante. — 3, fibre radiée avec deux cellules, *b*, *c*, et des prolongements ramifiés.

passe approximativement comme s'il n'existait qu'une seule lentille réfringente, dont le centre optique serait placé un peu en arrière du centre optique du cristallin. L'œil se comporte donc à peu près comme une chambre noire, derrière l'ouverture de laquelle se trouverait une lentille, et les constructions connues qui permettent de déterminer la position des images, dans ce cas simple, sont applicables en ce qui le concerne. Pour trouver l'image d'un point, il suffira de joindre ce point au centre optique (fig. 306, g), puis de chercher le point de rencontre de la ligne ainsi menée avec un rayon réfracté quelconque. L'ensemble des images des différents points d'un objet constitue l'image de cet objet. Or, on sait que les images données par une len-

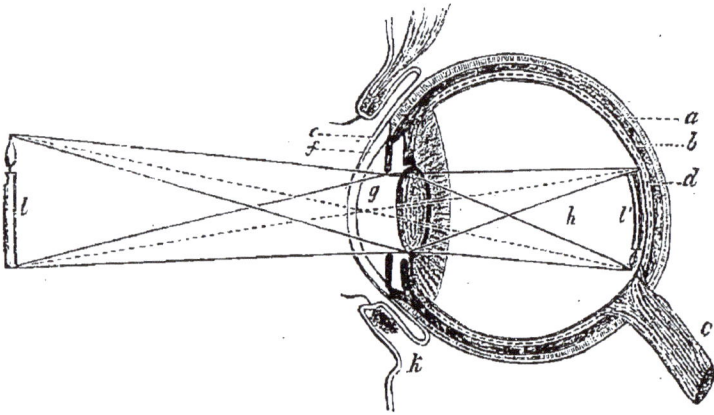

FIG. 306. — Marche des rayons lumineux dans l'œil. — a, sclérotique; b, choroïde; c, nerf optique; d, rétine; e, conjonctive; f, cornée; g, centre optique de l'œil (il a été reporté, par une erreur du graveur, en avant du cristallin); i, cristallin; k, paupière inférieure; h, humeur vitrée; l, l', un objet et son image.

tille biconvexe sont toujours *réelles et renversées* pour un objet placé au delà de son foyer. Il se formera donc toujours, au delà de notre cristallin théorique, des *images renversées et réelles*, c'est-à-dire qu'il sera possible de recueillir et de faire apparaître sur un écran. Il est facile de reconnaître, sur l'œil d'un Bœuf fraîchement sacrifié, dont on a enlevé une partie de la sclérotique, la réalité de la formation de telles images. La distance à laquelle se forment ces images, en arrière du cristallin, dépend de la courbure de cet organe et de la distance des objets qu'ils représentent; mais la courbure du cristallin peut être modifiée par le muscle tenseur de la choroïde; ce muscle peut donc faire varier la position des images, et il les amène, sans que nous ayons besoin de nous en préoccuper, à se former sur la rétine elle-même.

Accommodation de l'œil; myopie; presbytie; astigmatisme. — L'œil *s'accommode* ainsi à la distance des objets, de manière à en obtenir une image aussi nette que possible. Mais cette faculté d'accommodation a des limites; quand on approche graduellement de l'œil une page d'un livre, il devient absolument impossible, à une certaine distance, d'en distinguer les caractères; cette distance est ce qu'on appelle la *distance de la vision distincte*. Pour la plupart des personnes, elle est environ de 12 à 15 centimètres et la vue est alors une *vue normale*. Quand un objet est suffisamment volumineux, il arrive à une certaine distance que nous n'en distinguons plus les détails, quoique, en général, son contour nous apparaisse distinctement jusqu'au moment où l'objet lui-même s'efface tout à fait. Nous voyons nettement, en effet, les contours de la lune, malgré l'énorme distance qui nous en sépare, et les étoiles elles-mêmes nous apparaissent comme des points lumineux. Si l'œil normal ne peut s'accommoder à une très petite distance, il peut donc s'accommoder, au contraire, à une distance infinie.

Mais il n'en est pas toujours ainsi, et il est des yeux, ceux des *myopes*, qui ne voient nettement les contours des objets qu'entre des distances plus ou moins rapprochées; d'autres, ceux des *presbytes*, qui ne distinguent pas les objets rapprochés et ne commencent à pouvoir s'accommoder qu'à une distance assez grande. Les causes de ces défectuosités sont faciles à découvrir. Dans l'œil myope, la longueur du diamètre antéro-postérieur de l'œil est trop grande et les images, au lieu de se former exactement sur la rétine, se forment en avant. C'est le contraire pour un œil presbyte.

De là peuvent se déduire les caractères de ces deux genres de vue. Quand un point lumineux se rapproche d'une lentille, son image s'en éloigne; il en résulte que plus un objet sera rapproché d'un œil myope, plus son image sera voisine de la rétine, et les myopes réussissent, en effet, à accommoder leurs yeux de manière à voir des objets situés à une petite distance. Mais les limites entre lesquelles la vision nette est possible pour eux, peuvent devenir extrêmement restreintes. Quand un objet s'éloigne d'une lentille, son image s'en rapproche. Plus un objet s'éloignera d'un œil presbyte, plus son image se rapprochera, par conséquent, de la rétine, et les presbytes réussissent, en général, à accommoder leurs yeux de manière à voir les objets éloignés, mais ne peuvent voir ceux qui sont rapprochés.

Souvent la myopie diminue avec l'âge; la presbytie est, au contraire, une infirmité habituelle des vieillards et atteint même les personnes dont la vue a été la meilleure. L'une et l'autre peuvent se corriger au moyen de lunettes. On sait, en effet, que les myopes portent des lunettes biconcaves, qui ont pour effet d'éloigner les images du cristallin et de les rejeter sur la rétine. Les presbytes aident leur cristallin, en quelque sorte, en le doublant de lunettes biconvexes qui accroissent la convergence insuffisante des rayons lumineux et ramènent les images sur la membrane sensible.

Un autre défaut de l'œil, étudié seulement à une époque relativement récente, est l'*astigmatisme*, caractérisé par l'inégalité de courbure des différents méridiens de l'œil ; en raison de cette inégalité la vision n'est pas aussi nette dans toutes les directions; elle peut être normale, par exemple, pour les lignes verticales, et affectée de myopie pour les lignes horizontales, ou inversement. Dans ce cas, l'œil a une tendance à allonger les objets dans la direction où il voit le plus nettement et leur attribue, par conséquent, des proportions fausses. Il faut, pour remédier à l'astigmatisme, modifier le pouvoir réfringent de l'œil dans une seule direction et employer, par conséquent, des lunettes à courbure cylindrique.

Conditions de netteté de la vision. — Les lentilles ne font sensiblement converger vers le même point que les rayons lumineux les plus voisins de leur axe. Il en résulte que l'image qu'elles fournissent d'un point n'est pas rigoureusement un point, mais un petit cercle. Lorsque les cercles correspondant à des points voisins se superposent en partie, ces points ne sauraient être nettement distingués les uns des autres et l'image de l'objet dont ils font partie est confuse. Naturellement, plus le cercle formé par chaque point ou foyer de la lentille est grand, plus la confusion augmente.

L'influence que peut avoir la grandeur de l'image d'un point lumineux sur la netteté de la vision, apparaît dans une expérience bien simple. Les menus détails d'objets bien éclairés apparaissent nettement, alors même qu'ils sont invisibles à l'œil nu, lorsqu'on les examine à travers une carte percée d'un trou d'aiguille. Cela tient tout simplement à ce que ce trou ne laisse passer que des rayons voisins de l'axe du cristallin et dont la convergence est presque rigoureuse. Lorsqu'on regarde à travers ce trou une surface éclairée de teinte uniforme, par exemple, le ciel ou du papier blanc, on voit une foule de corpuscules arrondis se mouvoir devant l'œil ; on a des raisons de croire que ce sont les globules du sang circulant dans la cornée qui apparaissent ainsi. Dans les instruments d'optique, on diminue la grandeur des images des points lumineux en plaçant devant les lentilles des écrans qui ne laissent passer que les rayons tombant sur leur région centrale. C'est, en partie, le rôle que remplit l'iris. Mais il est avantageux, lorsqu'un objet est faiblement éclairé, que la plus grande quantité possible des rayons qu'il émet arrive à la rétine ; sans cela, les terminaisons nerveuses pourraient n'être pas suffisamment impressionnées et l'objet ne serait pas vu ; d'autre part, la lumière émise par un objet très brillant, arrivant en trop grande quantité dans l'œil, pourrait l'incommoder. L'iris pare encore à ces deux difficultés : son ouverture centrale s'élargit beaucoup lorsque la lumière est faible, elle se rétrécit, au contraire, beaucoup, lorsque la lumière est vive, et ses mouvements s'accomplissent comme ceux qui déterminent l'accommodation, sans que la volonté ait, en aucune façon, à intervenir, sans que nous en ayons aucunement conscience, sous la seule action des rayons lumineux qui entrent dans l'œil. Ces variations de dimension de la pupille sont surtout remarquables chez les animaux nocturnes, tels que les Chats. Lorsque la lumière est trop vive, les paupières elles-mêmes prennent part à la protection de l'œil : elles se rapprochent et ne laissant entre elles qu'une fente étroite qui diminue encore les dimensions de la pupille.

La vision serait également gênée si les rayons qui arrivent au fond de l'œil pouvaient y être réfléchis. Il se produirait alors un éclairement de l'œil par lequel seraient noyées les images peu lumineuses, comme la clarté des étoiles est noyée dans celle du soleil. Le pigment noir de la choroïde empêche cet inconvénient de se produire, en absorbant d'une façon complète les rayons lumineux qui traversent la rétine. La lumière n'est réfléchie en partie que chez les animaux qui possèdent un tapis.

L'œil ne nous montre pas seulement l'image des objets extérieurs ; la rétine perçoit encore des images qui tiennent à la présence, dans les milieux oculaires, de corps d'une imparfaite transparence, dont les plus importants sont les vaisseaux. L'ombre de ces corps est projetée sur la rétine ; le plus souvent elle passe inaperçue ; mais dans certaines circonstances, lorsqu'on regarde au microscope par exemple, ou à travers un trou extrêmement fin percé dans une carte avec une aiguille, elles apparaissent avec une grande netteté. Souvent ces images prennent une intensité plus grande, sont perçues dès que l'attention se porte sur elles et peuvent devenir très gênantes :

pendant que j'écris, j'en vois courir sur mon papier un certain nombre, dont la forme est constante depuis plusieurs années. Ces images sont mobiles comme l'œil lui-même, elles traversent rapidement le champ visuel et on les attribue parfois, quand on n'est pas prévenu, au passage devant l'œil d'un objet extérieur : de là le nom de *mouches volantes* qui leur a été donné.

Sensibilité de la rétine. — Toutes les parties de la rétine ne sont pas également aptes à percevoir les impressions lumineuses. Il est facile de s'assurer par une expérience bien simple que l'un de ses points est complètement insensible. Ce point est le *punctum cæcum*, le point aveugle, qui correspond exactement au point d'arrivée du nerf optique dans l'œil (fig. 303). Si, fermant l'œil gauche, on fixe avec l'œil droit la croix blanche représentée à gauche dans la figure 307, en mettant d'abord la tête aussi près du livre que

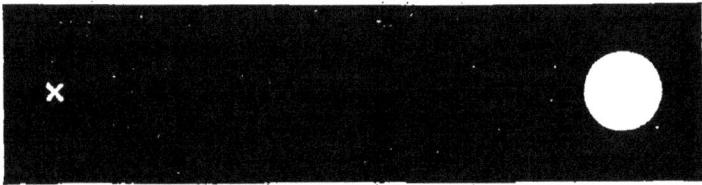

Fig. 307. — Figure pour la démonstration de l'existence du *punctum cæcum*.

possible, les rayons issus du cercle blanc, représenté à droite, arriveront obliquement dans l'œil et viendront peindre son image sur la partie interne de la rétine. On verra à la fois la croix et le cercle. Si l'on écarte lentement la tête, sans cesser de fixer la croix, l'image de celle-ci se formera toujours au même point de l'œil, mais les rayons venant du cercle arriveront de moins en moins obliquement dans l'œil, les deux images se rapprocheront, et il arrivera un moment où celle du cercle viendra à disparaître. Si l'on cherche à déterminer à quel moment cette disparition a eu lieu, on reconnaît que c'est précisément quand l'image du cercle se forme au centre d'épanouissement du nerf optique. En continuant à éloigner la tête, l'image dépassera le *punctum cæcum*, et les deux cercles redeviendront visibles. On peut ainsi arriver à cesser de voir des objets extrêmement lumineux, le soleil par exemple.

Le *punctum cæcum* est un des points de l'œil les plus riches en fibres nerveuses, mais il manque totalement, nous l'avons vu, de cônes et de bâtonnets. Son absence de sensibilité montre que les fibres nerveuses sont incapables de percevoir les sensations lumineuses et rend déjà probable que les cônes et les bâtonnets sont nécessaires à cette perception. Cette hypothèse se trouve corroborée par un autre fait. L'expérience démontre que, lorsqu'on veut voir nettement un objet, on dirige l'œil sur lui, de manière que son image vienne toujours se former sur la tache jaune. Cette tache représente donc la partie la plus sensible de la rétine ; or, dans la région qu'elle occupe, les fibres nerveuses, que les rayons lumineux sont partout ailleurs obligés de traverser pour arriver aux cônes et aux bâtonnets, s'écartent et leur laissent libre passage, jusqu'à ces éléments ; les fibres nerveuses sont donc bien inutiles à la perception des images, et le rôle des cônes devient ainsi évident. On a pu, du reste, le démontrer plus rigoureusement encore par un artifice ingénieux. Lorsqu'on place près de l'œil, dans une chambre obscure, une bougie allumée et qu'on regarde fixement la muraille blanche, on aperçoit, après un peu d'exercice, une arborescence sombre qui n'est pas autre chose que l'ombre des vaisseaux de la rétine, éclairés par l'image même de la bougie sur le fond de l'œil. Cette ombre se déplace et change de figure, quand on fait mouvoir la bougie, parce que l'image de la flamme se meut à son tour et n'éclaire pas toujours les mêmes vaisseaux. Or le calcul permet d'établir que cette ombre n'est réellement perçue que dans la couche des bâtonnets et des cônes, qu'il faut bien dès lors considérer comme les véritables organes chargés de recueillir les impressions lumineuses.

La détermination des conditions nécessaires pour que l'œil puisse distinguer l'une de l'autre les images de deux points lumineux très rapprochés conduit à des résultats parfaitement concordants avec ceux que nous venons d'exposer. Il est évident que si les cônes et les bâtonnets ont bien le rôle que nous leur attribuons, deux points lumineux cesseront nécessairement d'être distincts dès que leur image viendra se former sur le même élément. Or, connaissant la distance de l'œil à laquelle deux points, séparés par une longueur connue, cessent de paraître distincts, et celle du centre optique de l'œil à la rétine, on peut calculer la grandeur de la ligne qui unit leurs images sur le fond de l'œil ; on trouve ainsi que les points se confondent, à très peu près, lorsque cette ligne a une grandeur comparable aux dimensions transversales des cônes ou des bâtonnets. Il est probable d'ailleurs, comme nous l'avons vu pour le toucher, que plusieurs cônes ou plusieurs bâtonnets doivent se trouver entre les deux images pour que nous ne les confondions pas. Cette vérification *à posteriori* ne saurait être très rigoureuse, mais elle nous permet cependant de concevoir pourquoi le *pouvoir de séparation* de l'œil est limité, pourquoi deux points lumineux, en s'éloignant suffisamment de l'œil, finissent toujours par n'être plus distingués l'un de l'autre, bien que l'angle sous lequel on les voit ne soit jamais rigoureusement nul. Il arrive toujours en effet, un moment où cet angle est assez petit pour que les images des deux points viennent se former sinon sur le même élément rétinien, au moins sur deux éléments trop voisins pour qu'ils puissent être distingués. Les lunettes, les télescopes et les microscopes, en augmentant l'angle des rayons lumineux qui arrivent à l'œil, ne font que faire tomber les deux images sur des bâtonnets éloignés, ils permettent ainsi de distinguer des points que confondent nos yeux privés de leur secours. Si les objets vus à travers ces instruments nous paraissent grossis, cela tient simplement à ce que nous reportons instinctivement leur image à la distance où nous voyons habituellement leur contour d'une façon distincte et nous leur attribuons la grandeur qu'aurait, à cette distance, un objet capable de fournir directement cette image.

L'œil humain ne sépare pas des rayons lumineux qui ne font entre eux qu'un angle de deux ou trois secondes; cela permet encore de distinguer, dans de bonnes conditions de distance et d'éclairage, des traits creusés sur du verre et distants les uns des autres de sept millièmes de millimètre. L'intervalle de ces traits correspond à une image sur la rétine ayant un peu moins de deux dix-millièmes de millimètre.

Irradiation. — L'action exercée sur l'œil par les rayons lumineux semble se propager au delà des points frappés par la lumière; cette propagation apparente de l'ébranlement de la rétine, au delà des points directement frappés par la lumière, constitue les phénomènes de l'*irradiation*. Que l'on place côte à côte deux cercles ou deux carrés, exactement de même grandeur, l'un blanc sur fond noir, l'autre noir sur fond blanc, le blanc paraîtra toujours empiéter sur le noir, de sorte que le carré blanc sur fond noir paraîtra sensiblement plus grand que le carré noir sur fond blanc. Pour cette même cause, les angles d'un triangle noir sur fond blanc paraîtront toujours émoussés, tandis que, s'il est blanc sur fond noir, ses côtés sembleront légèrement convexes. De même, des cercles blancs réciproquement tangents ou presque tangents, disposés sur un fond noir, prendront pour l'œil l'apparence d'hexagones, l'irradiation ayant pour effet de réduire au minimum et de faire apparaître comme des lignes les petites plages noires qui les séparent.

Durée des impressions lumineuses; fatigue rétinienne. —
L'impression produite par la lumière sur les éléments sensibles de
la rétine ne disparaît pas instantanément. Cela résulte d'un grand
nombre d'expériences vulgaires dont quelques-unes ont reçu des
applications scientifiques. Lorsqu'on fait tourner rapidement devant
l'œil un charbon lumineux, l'œil n'a pas la sensation d'un point
brillant unique qui occupe successivement des places différentes,
mais celle d'un cercle lumineux continu ; cela suppose évidemment
que les images successivement formées sur les différents points de

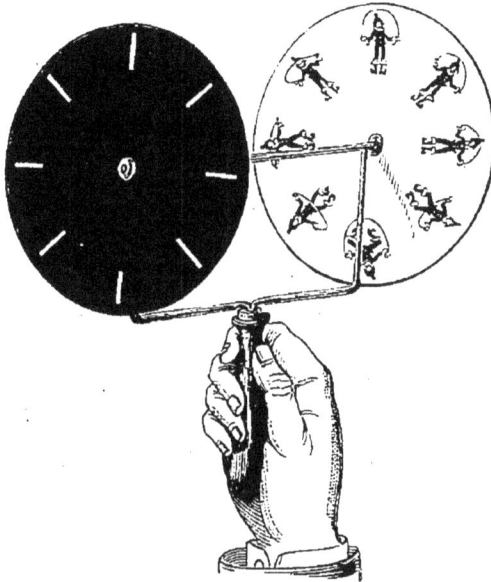

FIG. 308. — Stroboscope.

la rétine par le charbon brillant ne se sont pas encore effacées
lorsque le charbon revient à son point de départ.

C'est l'inverse qui se produit lorsqu'un objet obscur se meut
rapidement, devant l'œil, sur un fond lumineux. Cet objet n'est pas
aperçu : on ne voit pas les rayons d'une roue qui tourne très vite ;
on ne voit ordinairement pas un obus qui traverse l'air, même à
faible distance. C'est que l'illumination de l'œil par le fond brillant
n'a pas eu le temps de s'éteindre pendant le court instant où elle a
été interrompue par le passage de l'objet obscur; la lumière est
revenue dans l'œil avant qu'ait cessé l'ébranlement causé par le
dernier rayon lumineux qui a frappé la rétine, avant le passage du
rayon de la roue ou celui de l'obus.

Plusieurs jouets d'enfants, bien connus, sont basés sur cette persistance des impressions lumineuses sur la rétine. Le *stroboscope* (fig. 308) est formé de deux disques fixés par leur centre sur un même axe auquel on peut imprimer un rapide mouvement de rotation. L'un de ces disques est plein, et sur sa surface, tournée vers l'œil, sont dessinées des images représentant un certain nombre des positions successives que doit prendre une personne, ou un objet mobile, pour effectuer un mouvement donné : l'autre disque est percé de fentes correspondantes à chacune de ces images. A travers ces fentes, on regarde, pendant qu'il tourne, le disque qui porte les dessins ; ceux-ci, venant successivement se peindre au même point de l'œil, font apparaître l'objet comme s'il effectuait réellement le mouvement dont on a représenté les phases successives. Ainsi, les dessins de la figure 308 donneraient l'illusion d'un pantin unique qui saute à la corde ; on croirait voir tourner sa corde et remuer ses membres.

Le *zootrope* est un cylindre vertical, percé de fentes disposées suivant ses génératrices et occupant la moitié supérieure de sa longueur. Des bandes de papier, représentant les positions successives d'un objet mobile ou d'une personne en mouvement, sont disposées à l'intérieur du cylindre, au-dessous des fentes. Le cylindre peut tourner rapidement sur son axe et, si l'on regarde par les fentes pendant sa rotation, on aperçoit simultanément un certain nombre de figures qui, toutes, semblent exécuter le même mouvement. Dans certains appareils, le cylindre ne présente pas de fentes, mais un prisme de huit à dix miroirs verticaux, disposés autour de son axe, renvoie à l'œil des images produisant la même illusion.

On a utilisé cette persistance des impressions lumineuses pour rendre sensibles à l'œil les vibrations d'un diapason ou d'un corps sonore quelconque. On trouvera dans tous les traités de Physique les courbes remarquables au moyen desquelles M. Lissajoux a pu caractériser les diverses combinaisons de sons.

Non seulement les impressions lumineuses durent sur la rétine, mais quand un point de cette membrane a été vivement impressionné, il perd, pour un temps, la faculté d'être impressionné de nouveau et devient partiellement aveugle. Tout le monde sait qu'après avoir un instant fixé le soleil ou une brillante lumière électrique, on devient incapable de voir pendant quelques instants ; on dit alors qu'on est *ébloui*. Quand l'éblouissement a cessé, si après avoir regardé le soleil, pendant qu'on marche sur une route poussiéreuse, on jette les yeux sur la route, on voit l'image sombre de l'astre se projeter sur elle pendant assez longtemps.

Cette espèce de fatigue de la rétine se produit, à un degré moindre, toutes les fois qu'on a regardé un objet quelque peu éclairé. On peut s'en assurer en plaçant sur une feuille de papier blanc un morceau de carton noir qui la recouvre entièrement et qui présente à son centre une ouverture circulaire, carrée ou triangulaire ; peu importe la forme, pourvu qu'elle soit facilement reconnaissable. On regarde fixement, pendant un instant, la figure blanche qui apparaît à travers l'ouverture du carton, puis on enlève le carton, autant que possible sans déplacer l'œil. On voit alors la figure se dessiner en gris sur le fond blanc du papier ; la lumière blanche est donc incomplètement perçue par la portion de la rétine qui a été déjà impressionnée.

Quand la sensibilité de la rétine a été ainsi émoussée, nous sommes incapables de distinguer les objets faiblement éclairés ; c'est ce qui nous arrive lorsque, venant de la pleine lumière, nous entrons dans un endroit obscur, une cave, par exemple. Il nous faut un certain temps avant de discerner ce qui nous environne. Inversement, quand l'œil s'est habitué à un faible éclairement, il a peine à supporter un éclairement plus intense et il est ébloui par une lumière dont il ne tarde pas à supporter facilement l'éclat.

Chose difficile à expliquer, cette fatigue de la rétine ne disparaît qu'après avoir présenté des oscillations d'une singulière régularité. Si, après avoir regardé le soleil, par exemple, on jette les yeux sur une muraille grise, on aperçoit d'abord sur elle une image sombre de l'astre, puis une image claire, suivie d'une autre image sombre, et ces alternatives se répètent plusieurs fois, les images diminuant peu à peu d'intensité jusqu'à ce qu'elles disparaissent. Ce phénomène des *images consécutives* semble impliquer une sorte d'état vibratoire des éléments de la rétine, dont il est cependant impossible de donner une définition.

Sensations lumineuses subjectives ; phosphènes. — Il suit de ce que nous venons de dire que la rétine nous donne dans certaines circonstances la sensation d'images qui ne correspondent à aucun objet pouvant actuellement l'impressionner ; ces images trahissent seulement un état particulier de notre œil, si bien qu'on les aperçoit les yeux fermés, et c'est même là une des meilleures conditions pour les apercevoir nettement. Il n'est personne à qui il ne soit arrivé, après avoir regardé une fenêtre vivement éclairée, d'en apercevoir encore l'image quelque temps après avoir fermé les yeux,

à la condition toutefois de les fermer immédiatement et sans avoir
regardé un autre objet capable d'effacer l'impression gardée par
l'œil.

On aperçoit encore les yeux fermés, ou dans une grande obscurité,
d'autres images qui n'ont plus aucun rapport avec l'action antérieure
de la lumière sur la rétine et qui nous font croire à l'existence de
cet agent, alors même qu'il est totalement absent. Un coup frappé sur
l'œil, nous fait apercevoir des milliers d'étincelles ; il suffit souvent
d'éternuer pour éprouver cette sensation qui a donné lieu à la locu-
tion, *voir trente-six mille chandelles ;* quelques personnes croient
voir dans une obscurité profonde des vapeurs lumineuses flotter
dans l'air. Toutes ces apparitions lumineuses, auxquelles on
donne le nom de *phosphènes*, sont dues à des actions mécaniques
portant sur la rétine, et qui proviennent, soit de l'extérieur, soit
même de l'intérieur ; le passage du sang dans les vaisseaux des
membranes intérieures de l'œil paraît suffire pour occasionner les
lueurs flottantes et indécises dont nous parlions en dernier lieu.

On peut produire ces sensations lumineuses subjectives d'une
façon méthodique et qui va nous révéler une propriété nouvelle de
la rétine. Si, dans l'obscurité, on presse légèrement sur le globe de
l'œil avec une tête d'épingle, on voit apparaître un cercle lumineux
parfois plus ou moins coloré : c'est l'expérience des trente-six mille
chandelles ramenée au cas le plus simple, celui où l'on n'en aperçoit
qu'une seule, parce qu'une seule partie de la rétine est excitée.
L'influence de la pression sur l'apparition des phosphènes est ici
nettement mise en relief ; de plus, il est facile d'analyser l'impression éprouvée et de reconnaître : 1° que la lumière perçue semble
provenir d'un point situé en dehors de l'œil ; 2° que le point lumineux apparaît à gauche, si l'œil a été pressé à droite, qu'il apparaît en haut, si la pression a été exercée sur la partie inférieure du
globe de l'œil et inversement. Examinant les choses de plus près, il
devient évident que non seulement nous reportons à l'extérieur les
impressions directement exercées sur la rétine, mais encore que
nous les attribuons à des objets placés sur le prolongement de la
ligne qui joint le point de la membrane excitée avec le centre optique
des milieux de l'œil, c'est-à-dire sur le prolongement des rayons
lumineux qui, venant de l'extérieur, seraient projetés par le cristallin sur le point excité.

En raison des maladies nombreuses dont l'œil peut être atteint,
des blessures auxquelles il est exposé, il a été possible de recueillir
un certain nombre de données relativement aux effets produits sur

la rétine par les excitations les plus diverses. Le résultat constant
des observations qu'on a pu faire, a été que toutes les formes possibles d'excitation de cette membrane étaient perçues sous forme de sensations lumineuses; une piqûre de la rétine ne produit pas de la
douleur, elle produit un vif éclair : l'œil semble créer de la lumière
aux dépens de toutes les actions qui s'exercent sur lui. Nous aurons
bientôt à analyser plus complètement ce remarquable phénomène.

Images photographiques sur la rétine; pourpre rétinien. —
En quoi consiste l'action de la lumière sur la rétine? Cette action,
que nous voyons pouvoir être remplacée par d'autres d'une nature
toute différente, qui produit dans la rétine une modification durable,
qui émousse pour un temps la sensibilité de cette membrane, cette
action laisse-t-elle une trace de son passage reconnaissable pour nos
sens? Nous savons que les images des objets extérieurs viennent se
peindre en petit sur le fond de l'œil, qu'elles y persistent pendant
quelque temps; ces images sont-elles aussi fugitives que celles qui
apparaissent sur la glace d'une chambre noire? On l'a cru pendant
longtemps; une découverte récente est venue modifier cette croyance.
La rétine est imprégnée d'une substance de couleur rouge, le *pourpre rétinien*, que la lumière détruit. Partout où frappe un rayon
lumineux, la rétine, pourpre dans l'obscurité, devient blanche : il
suit de là qu'une véritable image photographique se forme dans le
fond de l'œil. Cette image, on peut la fixer. Si, après avoir arraché
un œil à un lapin vivant, placé dans l'obscurité, on dispose cet œil
dans une chambre noire de façon qu'on puisse obtenir sur la rétine
l'image d'un objet unique, d'une fenêtre, par exemple, en plongeant
aussitôt cet œil dans une dissolution d'alun, on empêchera toute
nouvelle décomposition du pourpre rétinien de se produire, et l'on
apercevra l'image de la fenêtre fixée sur le fond de l'œil. Il est donc
incontestable que la rétine contient une substance impressionnable
par la lumière; que les objets se peignent en blanc sur le fond rouge
de cette membrane, et qu'on peut y fixer assez longtemps leur image.
Le pourpre rétinien une fois détruit par la lumière, met un certain
temps à se régénérer; s'il est indispensable à la vision, on comprend
que l'œil soit moins sensible ou tout à fait insensible à l'excitation
lumineuse quand il ne contient qu'une quantité insuffisante de cette
remarquable substance, ou quand il n'en contient pas du tout.
On s'explique, dès lors, tous les phénomènes que nous avons attribués à la persistance des impressions lumineuses sur la rétine et à
la fatigue de cet organe. Mais l'importance du rôle du pourpre réti-

nien n'a pas encore été établie d'une façon suffisamment complète, pour que l'on puisse considérer ces explications comme définitives.

Vision des couleurs. — Nous avons considéré jusqu'ici les phénomènes de la vision, abstraction faite des couleurs que les objets peuvent présenter; la vision des couleurs donne lieu, à son tour, à beaucoup de considérations intéressantes. Lorsqu'on vient à faire tomber un rayon de lumière blanche sur un prisme triangulaire de cristal, ce rayon est dévié; il s'étale parallèlement aux arêtes du prisme et fournit ainsi une bande lumineuse, perpendiculaire à ces arêtes, dans laquelle on distingue habituellement les sept couleurs suivantes :

rouge, orangé, jaune, vert, bleu, indigo, violet.

On peut réduire ces couleurs à six si l'on répartit l'*indigo* entre le *bleu* et le *violet*, dont il n'est qu'une nuance intermédiaire. Le rayon de lumière blanche contient autre chose que ces couleurs; en deçà de la couleur la moins déviée, en deçà du rouge, qui se termine brusquement, un thermomètre sensible accuse une élévation de température, attestant qu'une partie du rayon lumineux, par laquelle notre œil n'est pas affecté, occupe cette région; au delà de la couleur la plus déviée, au delà du violet, certains corps phosphorescents, comme le sulfate de quinine, font apercevoir une lueur qui échappe dans d'autres circonstances à notre œil; dans cette même région, où le thermomètre n'amène aucune élévation de température, le chlorure d'argent est réduit comme dans le violet ou le bleu. Là encore existe donc une partie du rayon lumineux que notre œil ne voit pas, et qui trahit son existence par son action sur les corps phosphorescents et sur certains composés chimiques.

Si l'on admet, comme toutes les données de la physique semblent le prouver, que la lumière ne soit qu'un mouvement vibratoire des particules de l'Éther, on est conduit à cette conclusion que les rayons lumineux de couleur différente ne diffèrent entre eux que par la durée de leur vibration; comme tous ces rayons se propagent avec la même vitesse dans l'Éther libre et dans l'air, on peut aussi les distinguer par la longueur des chemins qu'ils parcourent pendant la durée d'une vibration, et cette longueur s'appelle leur *longueur d'onde*. Plus la vibration est lente, plus le nombre qui exprime la longueur d'onde est grand. Dans une seconde, les molécules d'Éther d'un rayon de lumière qui a une grande longueur d'onde exécutent donc moins de vibrations, que celles d'un rayon dont la longueur d'onde est petite. Les longueurs d'onde peuvent être rigoureusement mesurées par des procédés d'une grande précision; la vitesse de la lumière dans l'Éther est connue : elle est de 75 000 lieues par seconde; désignons-la par v et soit λ la longueur d'onde, exprimée à l'aide de la même unité : si pendant que le rayon parcourt un espace λ, ses molécules n'exécutent qu'une vibration, pendant qu'il parcourra un espace égal à l'unité de longueur, ses molécules exécuteront une fraction de vibration égale à $\frac{1}{\lambda}$, et pendant qu'il parcourra l'espace v, c'est-à-dire pendant une seconde, le nombre n des vibrations exécutées sera : $n = \frac{v}{\lambda}$.

Connaissant la longueur d'onde des derniers rayons lumineux et la vitesse de la lumière, on peut donc calculer le nombre des vibrations de l'Éther qui leur correspondent.

Ceci posé, on démontre, en physique, que les rayons les moins déviés par un prisme sont ceux dont la longueur d'onde est la plus grande, ceux dont les vibrations sont, par conséquent, les plus lentes. La longueur d'onde diminue graduellement, et par conséquent la rapidité des vibrations augmente d'une façon continue ; depuis les rayons chauds et obscurs, situés en deçà du rouge, jusqu'aux rayons chimiques ou ultra-violets. Dans cette série de rayons, nous ne percevons que ceux dont les longueurs d'ondes sont comprises entre $0^{mm},000620$ et $0^{mm},000423$, le premier de ces nombres correspondant au rouge, le second au violet. L'Éther, dans un rayon rouge, exécute 480 trillions de vibrations par seconde ; il en exécute 704 trillions dans un rayon violet. En deçà et au delà, ses vibrations n'impressionnent pas plus notre œil, que les vibrations sonores de l'air trop lentes ou trop rapides n'impressionnent notre oreille.

Les rayons des diverses couleurs ne différant entre eux que par leur longueur d'onde, cette longueur d'onde variant d'une manière continue dans le spectre, il résulte nécessairement de ce que notre œil aperçoit seulement la région moyenne du spectre, que cette région contient toutes les couleurs que nous sommes susceptibles de voir et qu'il ne saurait en exister d'autre. Cela ne signifie pas qu'on puisse retrouver actuellement, dans un spectre étalé, les innombrables teintes que nous connaissons : de même que des diapasons exprimant successivement toutes les notes de l'échelle musicale, perceptibles par notre oreille, ne sauraient nous donner une idée de la richesse des effets que peut produire un puissant orchestre, de même le spectre

ne nous fournit que la série de couleurs correspondant à des vibrations simples ; mais on peut combiner ensemble ces couleurs d'innombrables façons, de manière à réaliser des teintes complexes,
dont la nuance est à la couleur principale à laquelle on les
rattache, exactement ce que le timbre d'un son musical est à sa note
fondamentale. Nous appelons *blanc*, la couleur qui résulte de la
réunion de tous les rayons lumineux compris entre le rouge et le
violet inclusivement ; le *noir absolu* correspond à l'absence de toute
lumière. Il ne faut pas confondre le *noir absolu*, qui ne saurait
impressionner notre œil, avec le *noir matériel*, auquel se mêle
toujours une certaine quantité de lumière blanche, qui nous permet
d'apercevoir nettement les divers détails relatifs à la forme des
objets réputés noirs. La distinction entre les deux noirs est essentielle, comme l'a montré M. Chevreul, lorsqu'on veut expliquer certains phénomènes d'optique.

Dans le spectre, les couleurs se fondent graduellement les unes
dans les autres ; on passe insensiblement du rouge à l'orangé, de
celui-ci au jaune, du jaune au vert, du vert au bleu, du bleu à
l'indigo et au violet. Parmi toutes ces couleurs simples, il en est
qui sont couramment obtenues par le mélange des deux couleurs
voisines ; ainsi, on obtient du vert quand on mélange une poudre
jaune avec une poudre bleue ; mais il faut encore distinguer ici le
mélange de deux poudres matérielles du mélange direct des rayons
jaunes et bleus du spectre. Ces rayons mélangés donnent une teinte
mixte qui oscille suivant leur intensité relative entre le jaune, le bleu
et le blanc. Dans le mélange des poudres, il se produit un phénomène complexe : les corps ne paraissent colorés que parce qu'ils
éteignent une partie des rayons contenus dans la lumière blanche
et renvoient à l'œil la partie restante ; or cette partie n'est presque
jamais une couleur simple : ainsi, le jaune et le bleu sont généralement mélangés l'un et l'autre d'un peu de vert ; une poudre bleue
éteint tous les rayons lumineux sauf le bleu et le vert ; une poudre
jaune absorbe également tous les rayons colorés, sauf le jaune et le
vert. Dans le mélange des deux poudres, presque tout le jaune doit
donc être éteint par la poudre bleue, presque tout le bleu par la
poudre jaune ; il ne revient à l'œil que du vert, faiblement mélangé
d'un peu de jaune et de bleu qui se fondent dans la teinte principale,
comme les harmoniques d'un son dans le son fondamental.

Le mélange des couleurs du spectre donne d'ailleurs un résultat
imprévu et qu'on n'obtient pas en mélangeant ensemble des substances colorées. Certaines de ces couleurs, prises deux à deux, pro-

duisent, par leur mélange, non pas la sensation d'une teinte-mixte, mais celle du blanc. On nomme ces couleurs, toujours séparées par une certaine distance dans le spectre, des *couleurs complémentaires*. Les principaux couples de couleurs complémentaires sont les suivants : *rouge* et *vert bleuâtre*, *orangé* et *indigo*, *jaune verdâtre* et *violet*.

Les teintes intermédiaires se combinent entre elles de la même façon ; ainsi, un certain rouge tirant sur l'orangé se trouve complémentaire du bleu pur. Mais on remarquera que deux couleurs complémentaires l'une de l'autre sont situées dans deux parties du spectre séparées par une zone moyenne, comprenant toujours celle du vert pur. Le vert proprement dit ne possède donc pas de couleur complémentaire dans la région du spectre appréciable pour notre œil. On peut toutefois le ramener, lui aussi, au blanc en le mélangeant avec deux autres couleurs : le rouge et le violet.

Ainsi la somme de ces trois couleurs : *rouge*, *vert* et *violet*, équivaut à la somme de deux couleurs complémentaires quelconques ; ces deux couleurs peuvent être considérées l'une comme une moyenne entre le rouge et le vert, l'autre comme une moyenne entre le vert et le violet ; comme il est possible d'obtenir toutes les teintes par le mélange, en proportions diverses, de couleurs complémentaires, on voit qu'une teinte quelconque pourra toujours être considérée comme un mélange de rouge, de vert et de violet, aussi ces trois couleurs ont-elles été désignées sous le nom de *couleurs fondamentales*.

Ces couleurs fondamentales sont bien différentes des *couleurs simples* des peintres et des teinturiers : le *rouge*, le *jaune* et le *bleu*. Les couleurs que l'on nomme habituellement ainsi sont, en effet, des *couleurs matérielles*, par conséquent des couleurs complexes, lesquelles, agissant comme nous l'avons exposé plus haut, permettent de reproduire toutes les autres par leur mélange.

Si toute couleur peut être considérée comme résultant du mélange, en proportions diverses, des trois couleurs fondamentales, il suffit, pour expliquer la vision des couleurs, d'admettre qu'il existe dans la rétine trois sortes d'éléments, sensibles chacun à l'une de ces trois couleurs et à une seule seulement. Ces éléments, étant unis à une même fibre nerveuse, donneront une sensation colorée variable suivant qu'ils seront ébranlés isolément ou simultanément, énergiquement ou faiblement. Il existe, en effet, parmi les éléments de la rétine une catégorie de terminaisons nerveuses qui présentent avec les fibres les connexions multiples que nous venons de supposer, ce sont les *cônes*. Quelques physiologistes pensent donc que les *bâton-*

nets sont sensibles à l'action de la lumière, abstraction faite des couleurs; et que les *cônes* sont spécialement les organes de perception des sensations colorées.

Il est démontré d'ailleurs que la sensation des couleurs est une sensation complexe, car il existe des parties de la rétine qui sont insensibles à certaines couleurs et à celles-là seulement. Ainsi la zone de la rétine qui avoisine le cristallin est totalement insensible au rouge, ce qui s'explique naturellement par l'absence de cônes capables d'être impressionnés par cette couleur.

Daltonisme. — Chez un assez grand nombre de personnes, environ 1 à 3 pour 100, cette insensibilité pour le rouge s'étend à toute la surface de la rétine : cette infirmité constitue le *daltonisme*, du nom du physicien Dalton qui en était affecté et qui l'a décrite le premier. Les daltoniens voient évidemment les objets tout autrement que nous : ils ne distinguent pas, par exemple, un fruit rouge au milieu du feuillage. « Pour eux, dit pittoresquement Arago, les cerises ne sont jamais mûres. » Souvent, cette incapacité à discerner les couleurs est difficile à déterminer, parce que ceux qui en sont atteints, savent par la conversation de tous les jours quelle doit être la couleur des objets et en parlent assez justement. Les daltoniens n'en sont pas moins totalement impropres à certains services : dans la marine, dans les compagnies de chemins de fer, où l'on fait un grand usage de signaux colorés pour indiquer aux trains si la voie leur est ouverte ou guider les navires, des mécaniciens incapables de distinguer les couleurs pourraient causer involontairement les plus grandes catastrophes. Il est donc indispensable, avant de confier à un homme de pareils services, de s'assurer de son aptitude à distinguer les couleurs.

Le rouge est la couleur sur laquelle porte le plus fréquemment le daltonisme; mais il y a aussi des daltoniens pour le vert. L'œil normal est même dans ces conditions pour une zone de la rétine encore plus voisine du cristallin que celle qui ne distingue pas le rouge. Tous ces faits tendent naturellement à prouver que la perception des trois couleurs fondamentales est bien due, comme l'ont supposé Young et Helmholtz, à des éléments distincts de la rétine.

Contrastes successif, mixte et simultané des couleurs. — La rétine conserve l'impression des couleurs, comme elle conserve celle des images lumineuses simples; mais la persistance de l'impression produite par les couleurs se traduit par des phénomènes remarquables qui peuvent modifier profondément notre façon d'apprécier celles-ci, et dont M. Chevreul a signalé, le premier, et presque épuisé en même temps les importantes conséquences. Ces phénomènes sont ceux qu'il a désignés, en 1828, sous les noms de *contraste successif* et de *contraste mixte* des couleurs.

Placez sur une feuille de papier gris, un cercle de papier vivement coloré en rouge, par exemple, et regardez fixement le cercle pendant quelques instants, puis enlevez-le, sans cesser de regarder le papier gris, vous verrez à sa place un cercle d'un beau vert. Remplacez le cercle rouge par un cercle orangé, la couleur qui apparaîtra sera le bleu ; au jaune succéderait du violet et inversement.

Une loi simple résume ces faits : *quand la rétine a été quelque temps impressionnée par une certaine couleur, les surfaces blanches ou grises lui apparaissent avec une teinte complémentaire de cette couleur.* Comme le blanc et le gris sont formés du mélange de deux couleurs complémentaires, cela revient à dire que l'œil impressionné quelque temps par une couleur, devient incapable de la discerner et ne voit plus, dans le blanc ou le gris, que les rayons pour lesquels sa sensibilité est demeurée intacte. C'est en cela que consiste le *contraste successif.*

Si l'œil, après avoir regardé une surface d'une certaine couleur, se porte sur une surface d'une couleur différente, il ne voit plus cette couleur avec sa teinte habituelle ; la modification que subit cette dernière est un phénomène de *contraste mixte :* il est facile de définir en quoi elle consiste. Toute surface colorée envoie à l'œil, en même temps que de la lumière colorée, de la lumière blanche. Or, d'après ce que nous savons du contraste successif, cette lumière blanche ne sera pas vue avec sa teinte naturelle par l'œil ayant déjà regardé une surface d'une certaine couleur ; elle sera vue avec la teinte complémentaire de la couleur qui a déjà impressionné la rétine. L'œil ajoutera donc, à la couleur de la surface regardée en second lieu, la couleur complémentaire de celle qui a été regardée d'abord. C'est pourquoi le rouge paraît plus vif quand on vient de regarder du vert ; il paraîtrait orangé si l'on venait de regarder du bleu.

Les teintes si variées que l'on peut obtenir en plaçant des cartons découpés, de diverses couleurs, sur une toupie tournant rapidement, sont des phénomènes de *contraste mixte.* On peut étudier par ce procédé, de la manière la plus complète, tout ce qui concerne les effets du mélange des couleurs, aussi bien que si ce mélange avait lieu réellement.

Il est enfin un phénomène plus remarquable peut-être ; c'est celui du *contraste simultané*. Au milieu d'une feuille de papier vert, placez un petit cercle de papier blanc, recouvrez le tout d'une feuille de papier blanc demi-transparent. Toute personne non prévenue à qui vous montrerez le petit cercle blanc, à travers la feuille de papier, lui attribuera une teinte rose. Si vous substituez au papier vert, du papier d'une autre couleur, c'est toujours la couleur complémentaire qui apparaîtra sur le cercle blanc. Ainsi lorsqu'une surface blanche est juxtaposée à une surface colorée, l'œil voit cette surface blanche avec une teinte complémentaire de celle de la surface colorée. Si à la surface blanche on substitue une surface colorée, la teinte complémentaire de celle de la surface voisine vient se mêler à la sienne propre, pour la modifier.

Ceci a une importance pratique considérable pour tous les arts décoratifs. Il est évident, en effet, que toutes les fois que l'on placera l'une près de l'autre, dans des tentures, dans des costumes ou dans des tableaux, des couleurs complémentaires, ces couleurs se rehausseront réciproquement, se feront valoir. Toutes les fois, au contraire, qu'on juxtaposera des couleurs peu différentes, ces couleurs se modifiant réciproquement par les complémentaires, perdront de leur éclat. Enfin deux couleurs voisines ne seront jamais vues avec la teinte qu'elles présentent lorsqu'elles sont isolées. C'est un fait que l'on ne devra jamais perdre de vue, quand on tiendra à produire un effet de couleur déterminé.

Parmi les phénomènes de contraste, il en est quelques-uns qui méritent d'être signalés d'une façon particulière : tel est, en premier lieu, le phénomène des *ombres colorées*. Ce phénomène s'observe quand un objet est éclairé simultanément par deux lumières, l'une blanche, l'autre présentant une teinte quelconque : des deux ombres qui se produisent alors, il y en a toujours une qui présente une teinte plus ou moins accusée. Considérons, par exemple, le cas où un objet est éclairé à la fois par la lune et par la flamme du gaz. Cette flamme est jaune et sa couleur complémentaire est violette ; c'est précisément la couleur que présentera l'ombre qu'elle produira. L'explication de ce fait est bien simple : toute la surface éclairée par le gaz présente une teinte jaune dont nous n'avons pas conscience. Cette teinte ne manque que sur les ombres produites par la flamme ; mais ces ombres, éclairées faiblement par la lune, envoient à l'œil de la lumière blanche, cette lumière, d'après l'expérience du contraste simultané, sera vue avec la teinte complémentaire du fond jaune, c'est-à-dire en violet.

M. Chevreul a expliqué récemment par le contraste simultané un

fait qui parut miraculeux à l'époque où il se produisit. Quelques
jours avant la Saint-Barthélemy, le prince de Navarre qui devait
être Henri IV, Henri le Balafré, duc de Guise, et le duc d'Alençon
jouaient aux dés, à peu près à l'heure du coucher du soleil. Tout à
coup, ils crurent voir les points noirs des dés couleur de sang et,
effrayés de cette sorte de prodige, cessèrent immédiatement leur
jeu. Le fait est historique et ne saurait être mis en doute : les parties noires des dés parurent bien réellement rouges aux trois princes ;
plusieurs personnes peu disposées à croire aux miracles, cherchè-
rent sans la trouver l'explication de ce fait, en apparence extraordinaire. Cette explication réside dans un phénomène de contraste :
l'œil un moment frappé directement par les rayons solaires, *l'œil
insolé, voit vert*. Il n'attribue cependant pas cette teinte aux objets
qu'il sait être blancs, mais il voit avec la teinte complémentaire
du vert, c'est-à-dire en rouge, la lumière blanche qui lui est en-
voyée en petite quantité par les figures noires disposées sur la
surface jugée blanche. Dans le cas dont il s'agit, le soleil en se
couchant était venu illuminer les yeux des trois joueurs, et les
avait mis dans les conditions voulues pour voir le noir de couleur
pourpre.

Vision binoculaire. — Nous avons jusqu'ici exposé les phénomènes de la vision, sans nous préoccuper de ce qu'il existe deux
yeux. Il est évident cependant qu'il se forme une image dans chacun de nos yeux, et l'on peut se demander comment les objets ne
sont pas vus doubles.

Nous ferons d'abord remarquer, à cet égard, que les images qui
se produisent dans nos yeux sont renversées : non seulement le
haut des objets vient se peindre en bas sur notre rétine, mais
encore leur partie droite vient se peindre à gauche, tout comme
dans les chambres noires ordinaires. Il y a donc lieu de se demander aussi pourquoi nous voyons les objets dans leur position naturelle au lieu de les voir renversés. Ces deux phénomènes ont une
explication commune. Les images qui impressionnent nos yeux ne
prennent une signification que lorsque nous nous sommes rensei-
gnés, à l'aide de nos autres sens, sur la forme, le nombre et la position des objets qu'elles nous représentent. Chacun sait que cette
éducation ne se fait pas d'un coup et que le jeune enfant est bien
longtemps incertain, avant de savoir tirer parti des notions qui lui
sont fournies par le sens de la vue : il cherche à saisir les objets
éloignés, aussi bien que ceux qui sont proches, et sa main ne se

porte directement vers ces derniers qu'après une longue période de tâtonnements infructueux.

C'est donc par un véritable travail intellectuel, par une sorte de raisonnement inconscient, que nous apprenons à nous servir des sensations visuelles pour reconnaître, sans hésiter, le nombre, la position et la forme des objets; nous posséderions trois yeux ou un nombre plus considérable de ces organes que les choses ne se passeraient pas autrement. Il ne se forme dans nos yeux que des images, et c'est le jugement qui intervient pour nous dire quelle est la signification de ces images.

Cela est si vrai que les plus légers changements dans la façon dont nos yeux se comportent d'habitude, suffisent pour modifier notre appréciation et nous faire voir doubles des objets qui sont, en réalité, simples. Quand nous dirigeons simultanément nos deux yeux sur un point lumineux situé à la distance de la vision distincte, les images de ce point viennent se former sur des parties de la rétine parfaitement déterminées l'une par rapport à l'autre; nous savons, par expérience, que lorsque ces parties sont simultanément affectées, l'impression double qui en résulte est causée par un objet unique, nous voyons le point simple; les parties des deux rétines ainsi liées l'une à l'autre sont dites *points correspondants*. Mais pressons légèrement sur un des deux yeux, de manière à déplacer tant soit peu son axe optique; les deux images ne se formeront plus sur deux parties correspondantes; les deux rétines seront affectées autrement qu'elles ne le sont, dans les conditions ordinaires, par un point lumineux unique, ce point nous paraîtra double.

Un objet, avons-nous dit, ne nous paraît simple que lorsque ses deux images se forment sur deux points correspondants de la rétine; mais cette condition n'est réalisée que pour les objets sur lesquels les deux yeux se dirigent simultanément; il s'ensuit que, lorsque nous fixons cet objet, tous les objets situés au delà ou en deçà de lui devraient nous paraître doubles. Nous les considérons cependant comme simples. Il est facile de prouver que c'est là une affaire d'habitude. Avec un peu d'attention, on reconnaît de suite que ces objets nous paraissent réellement doubles, et c'est seulement par une sorte de jugement involontaire que nous rectifions notre impression. Si l'on tient un crayon verticalement à quelque distance des yeux, en face d'une fenêtre, et qu'on fixe un barreau de cette fenêtre, le crayon paraîtra double dès qu'on portera l'attention sur ses images sans cesser de regarder le barreau de fenêtre; inversement, si l'on fixe le crayon, c'est le barreau de la fenêtre, situé au delà du point fixé, qui paraîtra double à son tour. Ces images doubles que nous négligeons habituellement ont cependant pour nous une importance : quand nous promenons nos regards sur un paysage, les images de tous les objets nous paraissent successivement simples ou doubles à mesure que nos regards s'éloignent ; nous n'en avons pas conscience, mais nous n'en savons pas moins par là quels sont les objets placés dans le plan sur lequel nos yeux s'arrêtent, et quels sont ceux qui n'y sont pas ; les notions que nous avons sur la forme et la grandeur de ces objets nous aident ensuite à distinguer

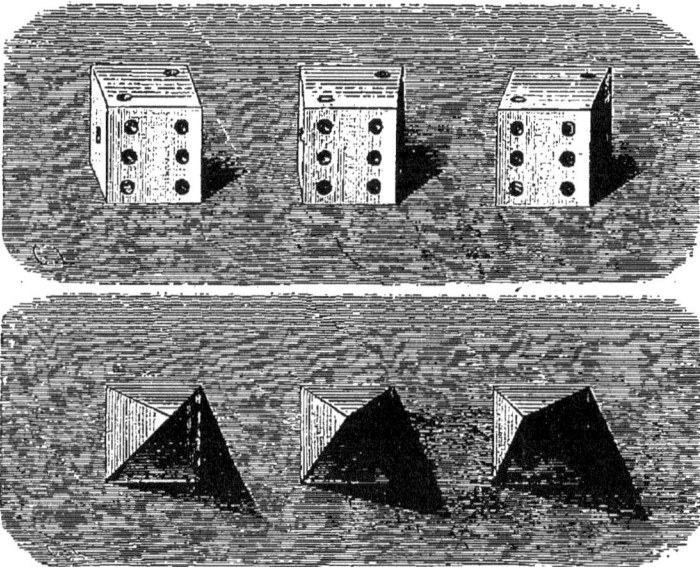

Fig. 309. — Un dé et un octaèdre vus, celui de gauche, l'œil droit étant fermé celui de droite, l'œil gauche étant fermé ; celui du milieu, les deux yeux étant ouverts.

ceux qui sont en deçà et ceux qui sont au delà ; cette distinction devient impossible dès que ces renseignements complémentaires nous manquent.

Des considérations analogues expliquent comment nous pouvons arriver à nous rendre compte du relief des corps. Nos deux yeux ont de chacun des objets qu'ils regardent une image différente, comme le montre la figure 309 : certaines parties visibles pour l'un ne le sont pas pour l'autre, et c'est en combinant les sensations résultant de ces images différentes avec les notions que nous possédons d'ailleurs sur la forme et les dimensions des objets, que nous arrivons à nous rendre compte de leur relief.

Le *stéréoscope* fournit de cette explication une démonstration expérimentale. Chacun sait quels reliefs étonnants on obtient à l'aide de cet instrument, quand on s'en sert pour regarder, chacune avec un œil, deux photographies différant entre elles exactement comme diffèrent les images formées dans chacun de nos yeux par les paysages que l'on considère.

Illusions d'optique. — Dans tous ces phénomènes c'est, comme on voit, le raisonnement qui intervient et non pas quelque disposition anatomique ou quelque propriété physiologique de l'œil. Aussi quand les éléments d'appréciation nous font défaut, ou qu'une circonstance exceptionnelle égare notre jugement, sommes-nous exposés à voir les choses tout autrement qu'elles ne sont. Ces erreurs, que nous sommes tentés d'attribuer à notre œil, sont nommées *illusions d'optique*. On peut en citer quelques-unes.

Lorsque nous sommes debout, nous voyons les longueurs verticales, situées au-dessous de nos yeux, sous un angle plus aigu que celles qui sont à la hauteur de notre visage; et nous avons une tendance à les considérer comme plus courtes qu'elles ne sont en réalité. C'est pourquoi si l'on demande à une personne d'indiquer sur un mur, à partir du sol, la hauteur d'un chapeau, elle marquera presque toujours une hauteur près de deux fois plus grande.

Si l'on prend deux carrés de papier identiques et que l'on trace sur l'un, des lignes parallèles horizontales, sur l'autre des lignes parallèles verticales, ces deux carrés paraîtront deux rectangles allongés perpendiculairement au sens des parallèles. Cela tient à ce que notre œil, pour évaluer la dimension des rectangles, compte en quelque sorte, sans le vouloir, les bandes successives formées par les parallèles, l'attention se porte sur le nombre de ces bandes et néglige leur largeur.

Tracez deux lignes parallèles et coupez chacune d'elles de lignes obliques parallèles entre elles qui convergent avec les lignes obliques coupant l'autre parallèle; les deux parallèles primitives paraîtront converger en sens inverse des lignes qui les coupent.

Bien d'autres exemples analogues montreraient que les phénomènes physiologiques qui s'accomplissent dans les organes des sens, quels qu'ils soient, ne sont pas les seuls motifs de nos appréciations. Un élément nouveau intervient dans le jugement que nous portons du monde extérieur et cet élément réside dans une partie du système nerveux que nous allons bientôt apprendre à connaître : *le cerveau.*

CHAPITRE IX

CONSTITUTION DU SYSTÈME NERVEUX

DISPOSITION GÉNÉRALE DU SYSTÈME NERVEUX. — MOELLE ÉPINIÈRE. — NERFS RACHIDIENS, PLEXUS. — GRAND SYMPATHIQUE. — STRUCTURE DE LA MOELLE ÉPINIÈRE. — DESCRIPTION DE L'ENCÉPHALE, CERVEAU. — MÉNINGES CÉRÉBRALES. — STRUCTURE INTIME DE L'ENCÉPHALE. — SUBSTANCE GRISE ET SUBSTANCE BLANCHE. — NERFS CÉRÉBRAUX.

Disposition générale du système nerveux.—A l'exception des organes du toucher, les organes des sens, dont nous venons d'étudier la structure et les fonctions, sont tous reliés, par des conducteurs spéciaux, par des *nerfs*, à un organe central abrité par le crâne et qui est le *cerveau*. Les organes du toucher sont aussi en rapport avec des nerfs et, quand on suit le trajet de ces nerfs, on trouve qu'ils vont également aboutir à un autre organe, de nature nerveuse, lui-même en rapport avec le cerveau, la *moelle épinière*. L'ensemble des organes des sens, soit directement, soit par l'intermédiaire de la moelle épinière, est donc placé sous la dépendance du cerveau, auquel ces organes sont unis par des nerfs.

Les autres parties de l'organisme présentent, à leur tour, des rapports analogues, soit avec le cerveau, soit avec la moelle épinière. Toutes les glandes reçoivent des nerfs qui se ramifient dans leur substance, et les dernières fibres de ces nerfs viendraient, suivant les recherches d'habiles histologistes, se terminer, soit dans le protoplasme, soit même dans le noyau des cellules sécrétantes. Dans la paroi des vaisseaux, dans celle des viscères, dans l'épaisseur des os, se trouvent des fibres nerveuses en grand nombre, et ces fibres se terminent librement parmi les divers tissus qui les entourent. Les muscles sont tout aussi bien partagés ; dans certains d'entre eux, on voit les fibres nerveuses se terminer à la surface des fibres musculaires par des filaments pâles qui s'amincissent peu à peu et finissent en pointe ; mais, le plus souvent, c'est par un organe spécial, par une sorte d'épatement (fig. 310), observé, pour la première fois, par M. Ch. Rouget, et nommé par lui *plaque motrice*, que les nerfs viennent se terminer à la surface des faisceaux des muscles striés.

Les nerfs des glandes, des vaisseaux, des viscères, des os, des muscles, finissent tous par aboutir, comme ceux des appareils sensitifs, soit au cerveau, soit à la moelle épinière : de telle façon qu'aucune partie de l'organisme n'est indépendante de ces organes privilégiés.

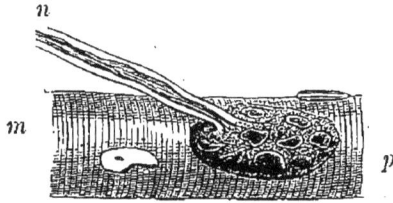

FIG. 310. — Terminaison musculaire d'une fibre nerveuse motrice. — *n*, fibre nerveuse ; *m*, fibre musculaire présentant deux noyaux ; *p*, plaque motrice.

Dans le voisinage de leur terminaison, les nerfs sont très généralement réduits à des fibrilles extrêmement délicates, mais, à mesure qu'elles se rapprochent de la moelle épinière ou du cerveau, ces fibrilles s'accolent les unes aux autres, forment des cordons de plus en plus volumineux qui, réduits à un nombre relativement restreint, viennent s'implanter sur les organes centraux. Il est indispensable de décrire ces organes avant de chercher à faire comprendre le mode d'origine et de distribution des nerfs qui en naissent.

Moelle épinière. — La moelle épinière, dont la forme est sensiblement celle d'un cône (fig. 313), est contenue dans le *canal rachidien* (fig. 312), formé par la réunion des trous vertébraux, compris entre les disques et les arcs neuraux des vertèbres. Elle s'étend depuis le trou occipital jusqu'à la deuxième vertèbre lombaire chez l'adulte. Là, elle se termine par un ensemble de nerfs destinés au bassin et aux jambes et constituant ce qu'on appelle la *queue de cheval*. Un ligament, caché parmi les nerfs qui composent la queue de cheval, le *ligament coccygien*, l'unit au coccyx. Au-dessus du trou occipital, elle se continue dans le crâne avec la *moelle allongée*, qui s'implante elle-même sur le cerveau (fig. 311).

Les disques des vertèbres, leurs apophyses transverses et épineuses (fig. 312, E à I), constituent déjà, pour la moelle épinière, un appareil protecteur ; trois membranes, les *méninges spinales*, que nous retrouverons autour du cerveau, viennent encore l'envelopper en même temps qu'elles la fixent dans le canal rachidien : ce sont, de dehors en dedans : la *dure-mère*, l'*arachnoïde* et la *pie-mère*.

La *dure-mère*, de consistance assez ferme, d'un blanc jaunâtre, constituée par du tissu conjonctif et du tissu élastique, forme une sorte de canal concentrique au canal rachidien et contenant la moelle épinière dans sa cavité ; elle envoie latéralement des prolongements qui se dirigent vers les trous intervertébraux, sur les bords desquels ils se fixent.

L'*arachnoïde* est une membrane mince et délicate, laissant entre elle et la dure-mère, qu'elle suit dans tout son trajet, un petit espace vide et envoyant, par sa face interne, de nombreux filaments à la pie-mère. Sa surface externe et la surface interne de la dure-mère sont revêtues d'un épithélium identique ; tandis que sa surface interne est dépourvue, comme la surface externe de la dure-mère, de tout revêtement cellulaire. On considère quelquefois l'arachnoïde et l'épithélium de la dure-mère spinale comme constituant les deux feuillets d'une poche séreuse enveloppant la moelle épinière ; ces deux membranes sont effectivement humectées par une mince couche d'une sérosité qu'il ne faut pas confondre avec le liquide plus abondant qui sépare l'arachnoïde de la pie-mère, le *liquide céphalo-rachidien*.

La *pie-mère* spinale, membrane d'une extrême délicatesse, s'applique exactement sur la face externe de la moelle ; elle s'étend également sur le ligament coccygien, et se relie par des prolongements variés aux enveloppes externes de la moelle.

Ce n'est, bien entendu, que d'une manière approximative qu'on peut attribuer une forme conique à la moelle épinière ; elle est un peu aplatie d'avant en arrière et se renfle en deux régions, l'une comprise entre la troisième vertèbre cervicale et la deuxième vertèbre dorsale, l'autre entre les neuvième et onzième vertèbres dorsales. Ces deux renflements correspondent à l'origine des nerfs qui se rendent aux membres, et sont désignés sous les noms de *renflement brachial* et de *renflement crural*.

Tout le long de la ligne médiane de la moelle, aussi bien en avant qu'en arrière, on observe un sillon assez profond (fig. 314). Le sillon de devant est désigné sous le nom de *sillon médian antérieur* ; l'autre sous le nom de *sillon médian postérieur*. Ces deux sillons partagent la moelle en deux moitiés symétriques. A 2 millimètres environ en dehors du sillon postérieur, on observe un autre enfoncement de la moelle, le *sillon intermédiaire postérieur*, qui s'efface au

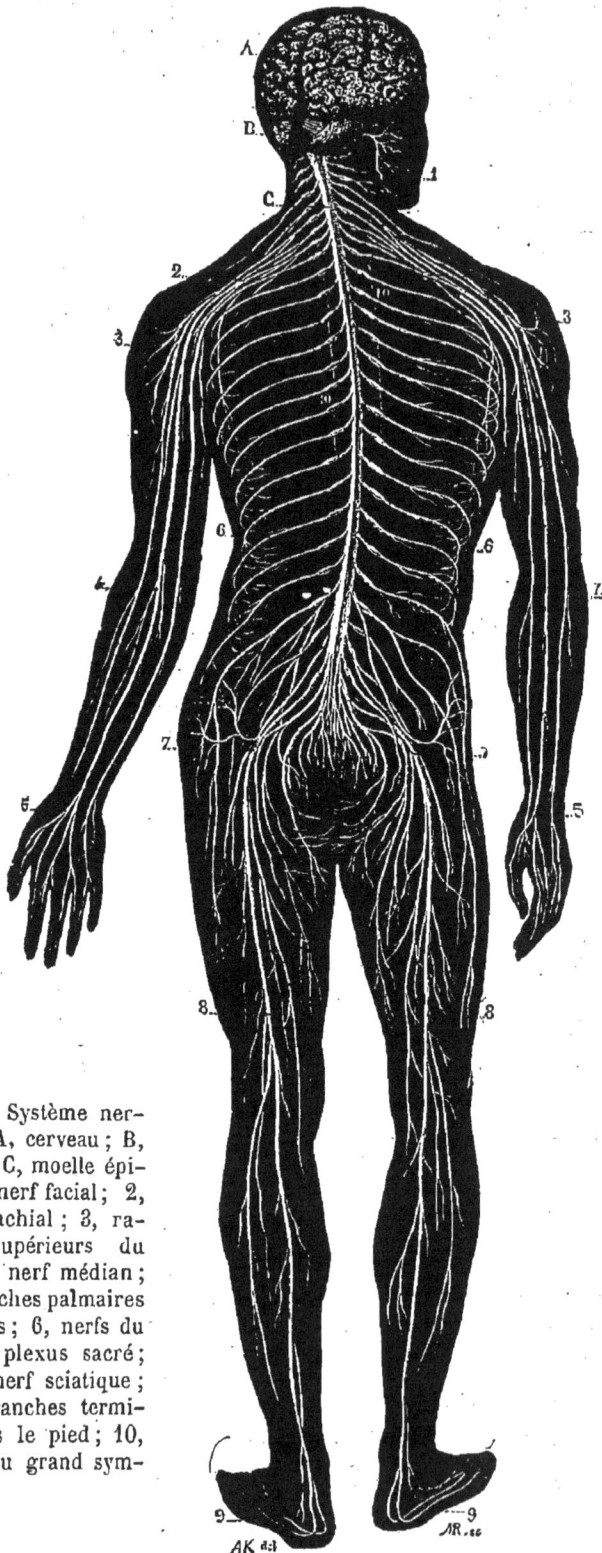

Fig. 311. — Système nerveux. — A, cerveau ; B, cervelet ; C, moelle épinière ; 1, nerf facial ; 2, plexus brachial ; 3, rameaux supérieurs du plexus ; 4, nerf médian ; 5, ses branches palmaires et digitales ; 6, nerfs du tronc ; 7, plexus sacré ; 8, grand nerf sciatique ; 9, ses branches terminales dans le pied ; 10, origines du grand sympathique.

niveau des premières vertèbres; plus en dehors, se trouve un autre sillon longitudinal plus profond, le sillon *collatéral postérieur*. Ces sillons limitent des *cordons* de la moelle qui portent, suivant leur position, les noms de *cordon postérieur* et *cordon antéro-latéral*.

Cette division mérite l'attention. En effet, en face de chaque paire de trous vertébraux, la moelle donne naissance à une paire de nerfs, qui émergent entre deux vertèbres consécutives, pour venir se ramifier dans les parois du corps ou dans les membres. Ces nerfs naissent tous par deux racines situées à peu près au même niveau : l'une de ces racines est fournie par le cordon postérieur, l'autre par le cordon antéro-latéral. La *racine postérieure* de chaque paire nerveuse s'unit à la *racine antérieure*, avant de sortir du canal rachidien. Cette racine se renfle toujours, avant de s'unir à l'autre, en un petit ganglion qui permet de la reconnaître immédiatement sur une moelle coupée.

Nerfs rachidiens; plexus. — Le nombre des paires de *nerfs rachidiens* qui naissent ainsi est précisément égal à celui des intervalles vertébraux, et ce rapport est conservé même pour les nerfs de la queue de cheval qui correspondent aux paires de trous des lombes et du sacrum. Il suit de là que l'on peut considérer la moelle comme formée d'autant de segments qu'il existe de vertèbres bien développées. On appelle *nerfs cervicaux* les nerfs qui émergent entre les vertèbres du cou, *nerfs dorsaux, nerfs lombaires, nerfs sacrés,* ceux qui naissent dans les régions dorsale, lombaire et sacrée de la colonne vertébrale.

Les nerfs qui se rendent aux bras et aux jambes présentent une disposition particulière (fig. 311). Ils sont au nombre de cinq pour chaque membre, nombre qui est précisément égal à celui des doigts, comme si les membres résultaient de la soudure de cinq appendices ayant chacun leur nerf spécial, et qui seraient demeurés libres seulement à leur extrémité périphérique. Avant de pénétrer dans les membres, les cinq nerfs d'un même côté offrent de nombreuses anastomoses qui constituent ce qu'on nomme le *plexus brachial* et le *plexus lombaire*. D'une manière générale, on nomme *plexus* un ensemble de nerfs qui sont unis réciproquement par des filaments nerveux, comme si leurs fibres s'enchevêtraient à la façon des fils d'un écheveau embrouillé. Le *plexus brachial* est formé des quatre dernières paires de nerfs cervicaux et de la première paire dorsale; le *plexus lombaire* résulte de l'entre-croisement des cinq paires lombaires; enfin les trois premières paires de

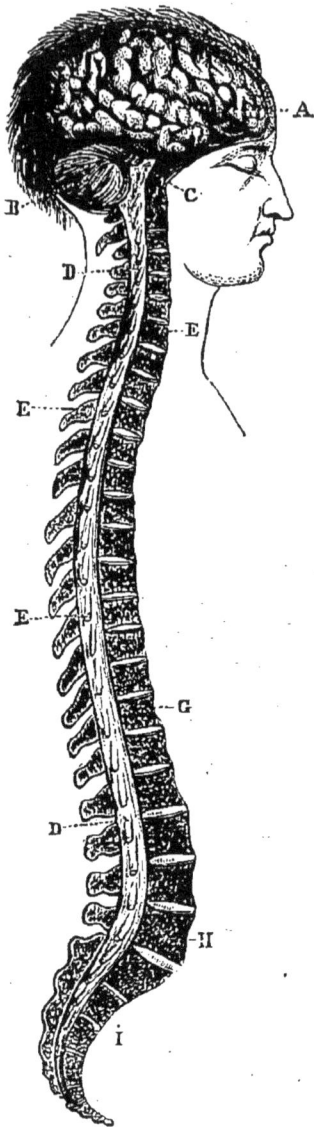

FIG. 312. — Coupe verticale du crâne et de la colonne vertébrale montrant le système nerveux central. — A, cerveau; B, cervelet; C, moelle allongée; D, moelle épinière et racines des nerfs spinaux; E, apophyses épineuses, et F, G, H, I, coupes des corps des vertèbres.

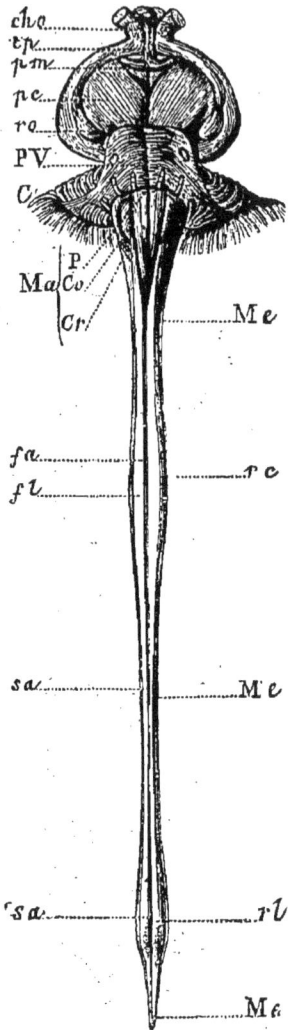

FIG. 313. — Base du cerveau et moelle épinière vue en avant. — *cho*, chiasma des nerfs optiques; *tp*, pédoncule du corps pituitaire; *pm*, tubercules mamillaires; *pc*, pédoncules cérébraux; *ro*, racines des nerfs optiques; PV, pont de Varole; C, portion du cervelet; M*a*, moelle allongée; P, pyramides antérieures; Co, olives; Cr, corps restiformes; Me, parties rétrécies de la moelle épinière; *rc*, renflement brachial; *rl*, renflement crural; *fa*, faisceau antérieur de la moelle; *fl*, faisceau latéral; *sa*, sillon antérieur.

nerfs sacrés et une partie de la quatrième forment un nouveau plexus, le *plexus sacré*, d'où naît le *grand nerf sciatique* (fig. 311, n° 8). En dehors de ces plexus principaux, il existe, dans le système nerveux, un très grand nombre de plexus secondaires.

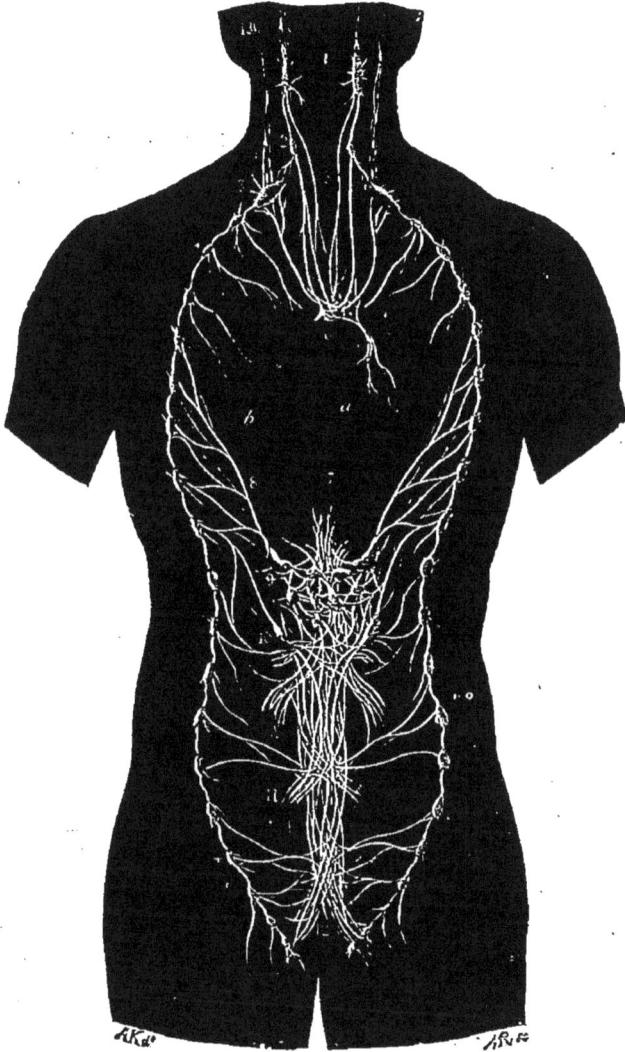

FIG. 314. — Vue de face du grand sympathique (figure demi-théorique). — 1, ganglion cervical supérieur ; 2, ganglion cervical moyen ; 3, ganglion cervical inférieur ; 4, ganglions thoraciques et abdominaux ; 5, branches viscérales du ganglion cervical supérieur ; 6, plexus cardiaque ; 7, plexus diaphragmatique inférieur ; 8, grand nerf splanchnique ; 9, ganglion semi-lunaire ; 10, plexus solaire ; 11, plexus lombo-aortique ; 12, plexus hypogastrique ; 13, nerf vertébral.

Grand sympathique. — Outre les nerfs rachidiens, la moelle épinière donne encore naissance à un appareil nerveux d'une grande importance, dont les rameaux sont principalement destinés aux viscères et aux vaisseaux : c'est le *système du grand sympathique* (fig. 314 et 326), qu'on a longtemps considéré comme le système nerveux de la vie organique, l'ensemble des autres nerfs constituant le système nerveux de la vie de relation. Théoriquement, on peut considérer le grand sympathique comme formé par une double chaîne de ganglions symétriques deux à deux, reliés à la moelle épinière par des rameaux nerveux qui s'accolent aux nerfs rachidiens, unis entre eux par des rameaux longitudinaux, et envoyant de toutes parts, dans les viscères, des rameaux qui s'anastomosent de la façon la plus complexe. On compte, en général, deux ou trois paires de ganglions cervicaux, onze ou douze de ganglions thoraciques, quatre ou cinq de ganglions abdominaux et quatre de ganglions sacrés. Les principaux plexus fournis par ces ganglions sont (voy. fig. 314) : le *plexus cardiaque*, le *plexus solaire*, situé au-dessous du diaphragme et relié aux ganglions thoraciques par le *grand nerf viscéral;* le *plexus mésentérique supérieur*, qui en est comme une bifurcation, le *plexus lombo-aortique*, situé au-dessous, et enfin le *plexus hypogastrique*, qui innerve la plupart des viscères situés dans le bassin (fig. 326).

Presque tous les nerfs rachidiens, qui naissent déjà de la moelle épinière par deux racines, sont accompagnés par un rameau du grand sympathique et possèdent aussi une triple origine. Ce sont des *nerfs mixtes.*

Structure de la moelle épinière.

— Quand on fait une coupe transversale de la moelle épinière, on reconnaît aussitôt qu'elle se compose de deux substances, l'une extérieure, fibreuse, de couleur blanche; l'autre, intérieure, formée par un mélange de fibres et de cellules. Au centre de la moelle, se trouve un canal tapissé par un épithélium vibratile. La substance blanche est profondément divisée antérieurement en deux moitiés, réunies seulement, en avant du canal médullaire, par un pont de substance blanche constituant la *commissure blanche.* De même, il existe, en arrière de ce canal,

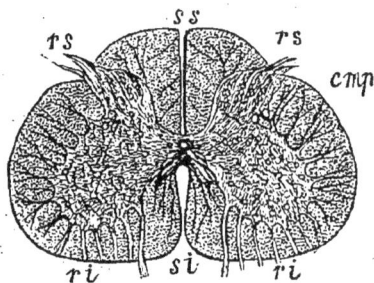

FIG. 315. — Coupe de la moelle épinière. — *ss*, sillon médian postérieur; *rs*, racines postérieures des nerfs; *ri*, leurs racines antérieures; *si*, sillon médian antérieur; *cmp*, cordons latéraux de la moelle.

une *commissure grise*, unissant les deux moitiés de la substance grise.

Sur une coupe transversale de la moelle (fig. 315), l'ensemble de la substance grise affecte la forme générale d'une H dont les deux traits verticaux se renfleraient de chaque côté de la barre transversale qui les unit. On appelle *cornes antérieures* les deux moitiés de la substance grise, situées en avant de la commissure blanche, *cornes postérieures*, les deux moitiés situées en arrière de la commissure grise. Les cornes antérieures sont plus renflées que les cornes postérieures; il est facile de reconnaître qu'elles donnent naissance aux racines antérieures des nerfs rachidiens, tandis que les racines postérieures de ces nerfs naissent des cornes postérieures.

Les fibres nerveuses qui composent exclusivement la substance blanche présentent des directions très variables : un grand nombre d'entre elles sont longitudinales ; mais leur proportion diminue de

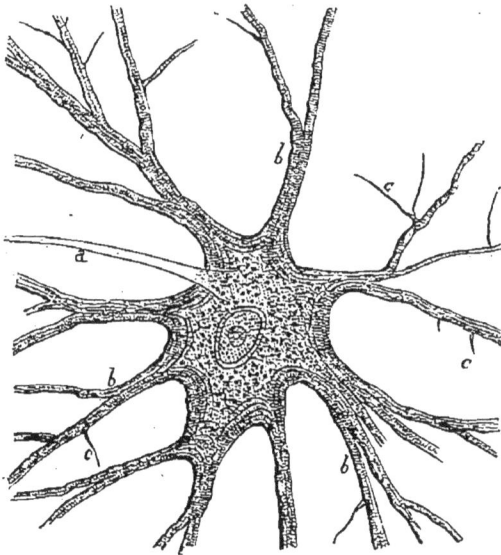

Fig. 316. — Cellule multipolaire de l'une des cornes antérieures de la moelle chez le veau. — *a*, prolongement allant à une fibre nerveuse ; *b*, *c*, prolongements ramifiés. (Gross., 200 fois.)

la partie supérieure de la moelle à sa partie inférieure ; au niveau des racines antérieures et postérieures, on trouve beaucoup de fibres horizontales traversant la substance blanche pour se rendre à la substance grise ; elles sont particulièrement abondantes dans les parties des faisceaux latéraux et postérieurs qui touchent aux cornes de la substance grise. La commissure blanche est formée de fibres horizontales ou obliques qui s'entre-croisent.

On trouve aussi des fibres nombreuses dans la substance grise ; elles forment environ la moitié de cette substance dont le reste est formé par de grosses cellules nerveuses (fig. 316), présentant des prolongements multiples et ramifiés, et par un réticulum de substance conjonctive, composée surtout de cellules étoilées. Parmi les prolongements de la plupart des cellules nerveuses, multipolaires, de la moelle, il en est un particulièrement remarquable, en ce sens qu'il ne se ramifie pas (fig. 316, *a*) ; on le considère comme devant aboutir à une fibre nerveuse, tandis que les prolongements ramifiés paraissent destinés à établir des connexions entre les diverses cellules de la moelle.

Ces dernières n'ont pas la même forme dans toutes les régions de la substance grise. Celles qui occupent l'angle interne des cornes antérieures sont très grosses et multipolaires ; celles qui avoisinent la commissure grise sont beaucoup plus petites ; enfin, en face des racines postérieures, se trouvent de grandes cellules fusiformes, n'ayant guère que deux ou trois prolongements. Nous verrons bientôt qu'on a pu, avec quelque raison, attribuer des rôles différents à ces cellules de forme spéciale.

Description de l'encéphale; cerveau. — En pénétrant dans le crâne pour constituer la *moelle allongée*, la moelle épinière change peu de caractère ; elle se renfle légèrement à mesure qu'elle remonte, de manière à présenter la forme d'une massue. Les quatre cordons principaux demeurent nettement distincts ; suivons d'abord les cordons postérieurs dans leur trajet.

Ces cordons commencent par s'écarter légèrement l'un de l'autre ; leur intervalle rappelant un peu l'apparence d'un bec de plume, on lui a donné le nom de *calamus scriptorius*. En même temps qu'ils s'écartent, ils se redressent et pénètrent dans une masse nerveuse assez volumineuse, remarquable par les nombreuses stries transversales qu'elle présente et qui n'est autre que le *cervelet* (fig. 317, F). Dans cette partie de leur longueur, les cordons postérieurs de la moelle allongée sont appelés, par les anatomistes, *pédoncules postérieurs* du cervelet. Entre les deux pédoncules, le cervelet ne contracte aucune adhérence avec les parties de la moelle situées au-dessous de lui, de manière qu'un stylet que l'on dirige en avant, en le faisant glisser sur la partie enfoncée du *calamus scri-*

ptorius, passe sous le cervelet et ressort en avant de cet organe, sans avoir rien déchiré.

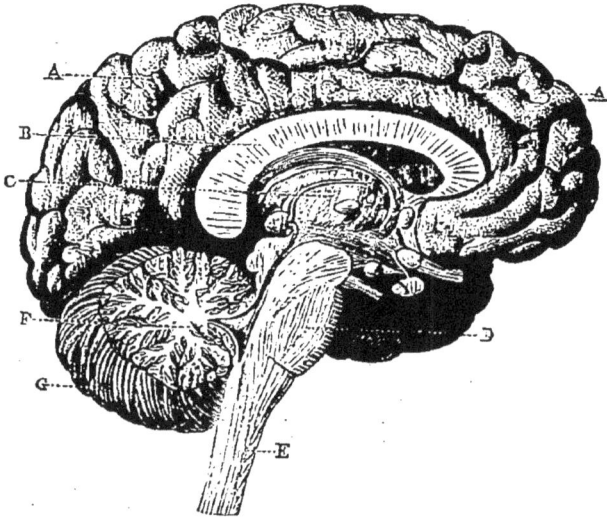

Fig. 317. — Coupe verticale du cerveau passant entre les deux hémisphères. — A, hémisphère gauche ; B, corps calleux ; C, couche optique ; D, protubérance annulaire ; E, moelle allongée ; F, coupe du cervelet montrant l'arbre de vie ; G, hémisphère gauche du cervelet.

Le cervelet (fig. 318) se compose de trois parties : deux latérales et symétriques, une impaire, située entre les deux autres, et constituant le *vermis médian* du cervelet. Les deux lobes latéraux du

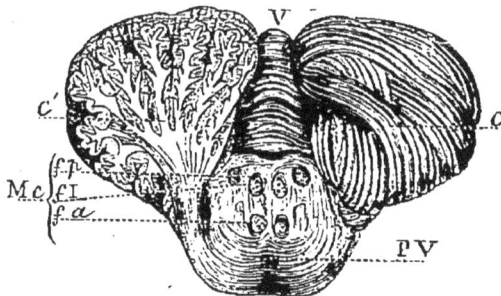

Fig. 318. — Cervelet et protubérance annulaire. — C, hémisphère droit du cervelet ; *c'*, son hémisphère gauche coupé et montrant l'arbre de vie ; V, vermis médian ; PV, pont de Varole ; Mc, coupe des faisceaux de la moelle allongée ; *fa,* ses faisceaux antérieurs ; *fl*, ses faisceaux latéraux ; *fp*, ses faisceaux postérieurs.

cervelet sont unis par un gros cordon fibreux qui passe en sautoir au-dessous de la moelle allongée, sur laquelle il s'applique, et qu'on appelle le *pont de Varole* ou la *protubérance annulaire* (fig. 318, PV). Au niveau de la naissance du pont de Varole, sortent du cervelet deux nouveaux cordons qui croisent les pédoncules postérieurs, marchent l'un vers l'autre et forment les *pédoncules antérieurs* du cervelet; une lamelle nerveuse les unit dans le voisinage de leur point de rencontre, c'est la *valvule de Vieussens*. Les pédoncules antérieurs du cervelet, une fois en contact l'un avec l'autre,

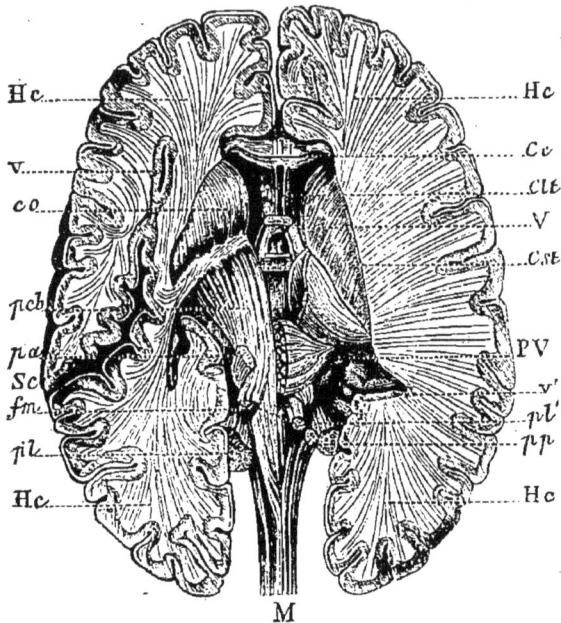

FIG. 319. — Coupe horizontale du cerveau. — Hc, hémisphères cérébraux coupés de manière à montrer la substance blanche intérieure et la substance grise extérieure; Cc, coupe de la partie antérieure du corps calleux; co, couche optique gauche; Cst, corps strié droit; Clt, cloison transparente; v, extrémité du ventricule latéral droit; V, coupe de la voûte à trois piliers; pbc, un des pédoncules cérébraux; pa, pédoncule antérieur du cervelet; pl, pédoncule latéral, contribuant à former le pont de Varole; pp, pédoncule postérieur du cervelet; fm, faisceau médullaire moyen; Sc, scissure de Sylvius; v', partie postérieure du ventricule droit se prolongeant pour former l'ergot de Morand.

passent au-dessous de quatre gros tubercules, symétriques deux à deux : les *tubercules quadrijumeaux*. Immédiatement en avant des tubercules quadrijumeaux antérieurs, se trouve un corps ovoïde, la *glande pinéale*, qui a joui d'une certaine célébrité, parce que quelques philosophes du dix-septième siècle, considérant qu'elle occupait la partie centrale du cerveau, en avaient fait le siège de l'âme. Après avoir franchi les tubercules quadrijumeaux, les cordons nerveux, que nous suivons dans leurs transformations diverses, se croisent et on perd leur trace dans le voisinage de deux paires de renflements dont ils paraissent indépendants, savoir : les *couches optiques* et les *corps striés*, qui embrassent extérieurement ces dernières et les dépassent (fig. 319, *co*, *cst*).

Les tubercules quadrijumeaux ne sont pas plus que le cervelet unis, dans leur région médiane, aux parties sous-jacentes de l'encéphale constituées par l'épanouissement des cordons antérieurs. Il en résulte qu'en passant sous la valvule de Vieussens, un stylet

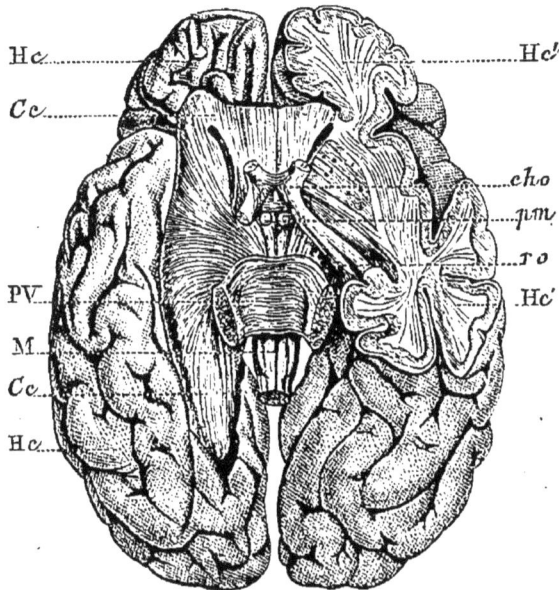

Fɪɢ. 320. — Cerveau humain vu en dessous. — Hc, hémisphère droit ; Hc′, hémisphère gauche coupé pour montrer les rapports de la substance blanche et de la substance grise ; *Cc*, corps calleux ; PV, pont de Varole ; *cho*, chiasma des nerfs ᴇ optiques ; *pm*, tubercules mamillaires ; *ro*, racines des nerfs optiques ou corps genouillés ; M, moelle allongée montrant le sillon médian et les olives.

arrive également au-dessous d'eux sans rien déchirer, s'engage sous la glande pinéale et pénètre dans l'intervalle des couches optiques. Immédiatement en avant des corps striés, on voit remonter de la partie inférieure du cerveau, sur la surface libre de laquelle il forme une double saillie constituant les *tubercules mamillaires* (fig. 320, *pm*), un double cordon nerveux qui se recourbe au-dessus des parties que nous venons de décrire et s'étale en une sorte de voûte triangulaire, la *voûte à trois piliers* ; en arrière, les deux sommets du triangle s'allongent et décrivent une sorte de volute, le *pied d'hippocampe* ; puis la voûte tout entière se réfléchit en avant et forme une seconde voûte, plus large que la première, bordée à droite et à gauche par une sorte de bourrelet, et dépassant notablement en avant la voûte à trois piliers : c'est là le *corps calleux*. Une mince cloison verticale, le *septum lucidum* ou *cloison transparente* (fig. 317 et 319, *Clt*), formée de deux membranes laissant entre elles un très petit intervalle, unit les parties médianes du corps calleux et de la voûte à trois piliers.

Le corps calleux est couvert, de toutes parts, par les deux *hémisphères cérébraux*, qu'il unit entre eux, ceux-ci le débordent, entourent complètement les corps striés et les couches optiques s'étendent en arrière au-dessus du cervelet et le masquent entièrement, quand on regarde l'encéphale par en haut ; les tubercules quadrijumeaux, compris entre le cervelet et les hémisphères cérébraux sont également cachés par eux.

Les cordons antérieurs de la moëlle allongée se continuent avec les cordons semblables de la moelle épinière ; ils prennent le nom de *pyramides* et leurs fibres s'entre-croisent de manière que celles de droite continuent leur trajet vers la moitié gauche du cerveau et inversement ; à la partie externe des pyramides se trouvent deux renflements longitudinaux, les *olives* de la moelle allongée. La moelle allongée, du côté antérieur, est nettement limitée par le pont de Varole, au-devant duquel on aperçoit les deux *pédoncules cérébraux*, prolongements des faisceaux antérieurs de la moelle, dont les fibres viennent en divergeant aboutir aux couches optiques et aux corps striés. Entre les pédoncules cérébraux, se montre une masse légèrement saillante, le *tuber cinereum* ; derrière cette masse apparaissent les tubercules mamillaires, correspondant à la terminaison de la voûte à trois piliers et, un peu en avant d'eux, un corps pédonculé, logé dans l'excavation de l'os sphénoïde, qu'on appelle, à cause de sa forme, la selle turcique ; ce corps, remarquable par sa constance chez tous les Vertébrés, à l'exception de l'Amphioxus, est l'*hypophyse* ou *corps pituitaire*. C'est simplement un organe rudimentaire résultant de l'union avec la base du cerveau, d'un diverticulum du tube digestif, qui ne perd qu'à une période assez avancée du développement embryonnaire toute communication avec la bouche.

De même que la voûte à trois piliers ne se soude pas exactement aux parties qu'elle recouvre et qui ne sont pas à leur tour accolées entre elles, de même les deux hémisphères cérébraux, en entourant le corps calleux et les diverses parties du noyau de l'encéphale, les laissent libres ; encore il existe, de chaque côté du *septum lucidum*, au-dessous de la voûte à trois piliers, entre les

couches optiques et le *tuber cinereum*, ainsi qu'au-dessous des
tubercules quadrijumeaux, un système de cavités communiquant
entre elles et avec la gouttière du *calamus scriptorius; ce* système
de cavités constitue les quatre *ventricules cérébraux;* un cinquième
ventricule est compris entre les deux lames du *septum lucidum.*

Les hémisphères cérébraux (fig. 321) sont remarquables par le
nombre et la disposition des replis, ou *circonvolutions,* qui marquent
leur surface, et qui ne sont pas sans quelque ressemblance, tout
extérieure, bien entendu, avec les circonvolutions intestinales. Malgré
leur irrégularité apparente, ces circonvolutions présentent une dis-

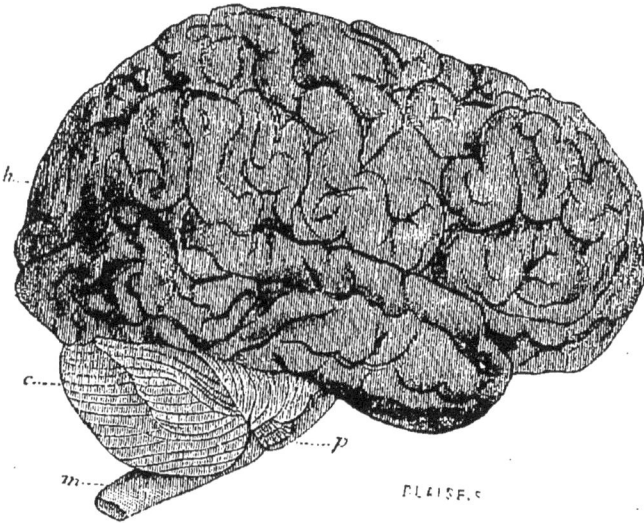

FIG. 321. — Cerveau humain vu de profil. — *h*, hémisphère droit ; *c*, cervelet ;
p, pont de Varole; *m*, moelle allongée.

position assez constante dans chaque espèce, et on peut les désigner
sous le nom de *frontales, pariétales* ou *occipitales* suivant qu'elles
sont plus directement en rapport avec les os de ce nom ; un sillon
profond, la *scissure de Sylvius* (fig. 319, *Sc*), sépare les circonvolutions frontales des circonvolutions pariétales.

Si les circonvolutions des hémisphères cérébraux sont assez constantes dans une même espèce et présentent même une certaine
ressemblance, dans leur disposition, chez les animaux d'un même
groupe zoologique, elles varient considérablement dans l'étendue
d'une classe de Vertébrés, et l'on remarque qu'elles sont, en général, d'autant plus complexes et plus profondes que l'on considère
des animaux plus élevés. Très nombreuses et très marquées chez
l'Homme, elles se simplifient déjà chez les Singes et les Carnassiers,

plus encore chez les Ruminants et disparaissent presque entièrement chez les Rongeurs; chez les Marsupiaux (fig. 322), non seulement les circonvolutions manquent, mais les hémisphères laissent
le cervelet à découvert, et l'on n'observe plus entre eux de véritables
corps calleux.

Chez les Reptiles (fig. 323) et les Poissons, le cervelet, les tubercules quadrijumeaux qui, de même que chez les Oiseaux, ne sont

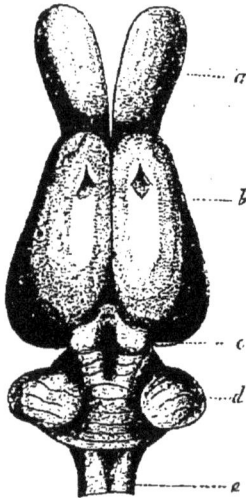

FIG. 322. — Cerveau d'un Mammifère
de l'ordre des Marsupiaux (*Sarcophile
ourson*). — *a*, lobes olfactifs; *b*,
hémisphères; *c*, tubercules quadrijumeaux; *d*, cervelet; *e*, moelle allongée.

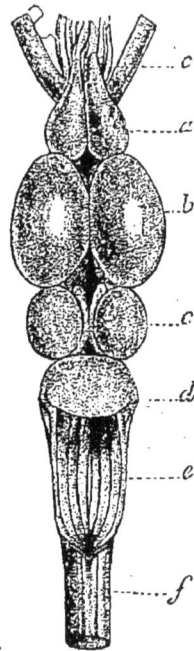

FIG. 323. — Cerveau d'un Reptile
(Tortue). — *a*, lobes olfactifs; *b*,
hémisphères cérébraux; *c*, tubercules jumeaux et nerfs optiques; *d*,
cervelet; *e*, *calamus scriptorius*,
f, moelle épinière.

plus qu'au nombre de deux, et les hémisphères sont trois parties
du cerveau à peu près équivalentes en volume.

Méninges cérébrales. — Nous savons déjà que les enveloppes
de la moelle se prolongent autour de l'encéphale en conservant
leurs caractères : les *méninges* cérébrales sont effectivement au
nombre de trois : la *pie-mère* membrane essentiellement vasculaire,
qui pénètre jusque dans les ventricules et suit dans leurs moindres
replis les circonvolutions cérébrales, l'*arachnoïde*, membrane séreuse, et la *dure-mère* qui fournit aux parties principales de l'encé-

phale un appareil de soutien particulier ; entre le cerveau et le
cervelet, elle envoie un repli horizontal, résistant : la *tente du cervelet ;* un autre repli vertical, perpendiculaire à la tente du cervelet, la *faux du cerveau,* pénètre entre les deux hémisphères. Entre
l'arachnoïde et la pie-mère se retrouve le *liquide céphalo-rachidien*
qui complète le système protecteur de l'encéphale.

Ce liquide existe non seulement autour de l'encéphale, mais encore dans les ventricules cérébraux où pénètrent les deux membranes qui le comprennent. Quelquefois il s'y accumule en quantité
considérable, distend les hémisphères cérébraux qui forcent, à leur
tour, les os du crâne à se dilater : la tête peut prendre alors un
volume énorme caractéristique de cette affection, qui porte le nom
d'*hydrocéphalie.* Malgré le volume considérable de leur cerveau, les
hydrocéphales sont peu intelligents et souvent même complètement
idiots.

L'inflammation des enveloppes du cerveau, ou *méningite,* provoque un épaississement de ces membranes ; un liquide purulent
peut même infiltrer la pie-mère. Souvent l'inflammation gagne les
parties sous-conjonctives du cerveau, et entraîne d'ordinaire une
mort rapide.

**Structure intime de l'encéphale ; substance grise et sub-
stance blanche.** — La substance de l'encéphale se décompose,
comme celle de la moelle, en *substance blanche* et *substance grise.*
La substance blanche est composée de fibres nerveuses. La substance grise comprend, à la fois, des fibres et des cellules, analogues
à celles de la substance grise de la moelle, mais de formes plus
variées encore. Dans la moelle, la substance grise est intérieure,
la substance blanche extérieure ; la couche externe des hémisphères
cérébraux et cérébelleux est, au contraire, exclusivement composée
de substance grise, au-dessous de laquelle se trouve de la substance
blanche. Cette substance est disposée, dans le cervelet, en arborescences élégantes, qui avaient vivement frappé les anciens anatomistes
et avaient reçu d'eux le nom d'*arbre de vie* (fig. 317 et 318).

Ces dispositions inverses de la substance blanche et de la substance grise, dans les diverses parties de l'encéphale et de la moelle
épinière, s'expliquent par les rapports que présentent entre elles les
fibres et les cellules nerveuses. Nous avons vu qu'à la périphérie du
corps, toute fibre nerveuse se termine souvent par une cellule et
plus rarement par une pointe libre ; à leur extrémité opposée, les
fibres nerveuses aboutissent toujours à une cellule. Ces cellules

terminales peuvent être situées soit dans les ganglions épars sur le trajet des nerfs, soit dans la moelle épinière, soit dans le cerveau. Dans les ganglions nerveux et dans la moelle épinière, elles ne sont souvent qu'un lieu de passage et elles émettent, à leur tour, des fibres qui se rendent finalement aux cellules cérébrales; elles sont recouvertes non seulement par les fibres nerveuses qu'elles reçoivent, mais encore par celles qui viennent s'accoler à la moelle pour remonter jusqu'au cerveau; dans le cerveau, les fibres nerveuses se terminent réellement, il n'y en a pas qui aient à se prolonger au delà : on trouve donc de la substance blanche à la base et dans l'intérieur du cerveau, mais à sa surface extérieure, à laquelle aboutissent toutes les fibres qui ne se sont pas terminées auparavant, la substance blanche est remplacée par la substance grise, formée par l'accumulation des cellules nerveuses. Cette substance semble former au cerveau une sorte d'écorce; aussi l'appelle-t-on quelquefois *substance corticale.*

On a fait de nombreuses recherches pour déterminer rigoureusement les rapports que présentent entre elles les cellules nerveuses du cerveau, ceux qu'elles présentent avec les cellules de la moelle, enfin ceux qu'elles présentent avec les fibres nerveuses. On peut dire, d'une manière générale, que les prolongements des cellules cérébrales aboutissent tous, soit à des fibres nerveuses, soit à d'autres cellules nerveuses; chacune de ces cellules est unie par eux à un nombre plus ou moins considérable d'autres cellules, tantôt voisines d'elles, tantôt situées dans d'autres parties de l'encéphale, tantôt dans la moelle épinière elle-même. Les cellules de la moelle sont, à leur tour, unies entre elles par des prolongements multiples, de sorte qu'en admettant qu'une impression, reçue à la périphérie, chemine vers le cerveau, au travers des fibres nerveuses, elle n'y arrive qu'après avoir traversé plusieurs cellules, et peut suivre, pour parvenir jusqu'à lui, des routes très diverses, suivant qu'arrivée à une cellule, elle s'engage sur l'un ou l'autre de ses prolongements.

Le trajet des fibres nerveuses n'est, du reste, pas rectiligne, et l'on peut constater en divers points, notamment dans la commissure blanche de la moelle épinière et dans les cordons ou *pyramides antérieures* de la moelle allongée, qu'elles s'entre-croisent de façon que celles qui proviennent de la moitié droite du corps se terminent, en définitive, dans la moitié gauche du cerveau et inversement.

Nerfs cérébraux. — Comme la moelle épinière, le cerveau

émet des nerfs, mais ces nerfs, dont l'origine est toujours à la partie inférieure de l'encéphale, ne présentent pas, à leur naissance, des dispositions analogues à celles qu'on observe à la naissance des nerfs rachidiens; leur racine n'est pas nécessairement bifurquée comme celle de ces derniers, et ils n'offrent pas entre eux la grande similitude que montrent les cordons nerveux rachidiens.

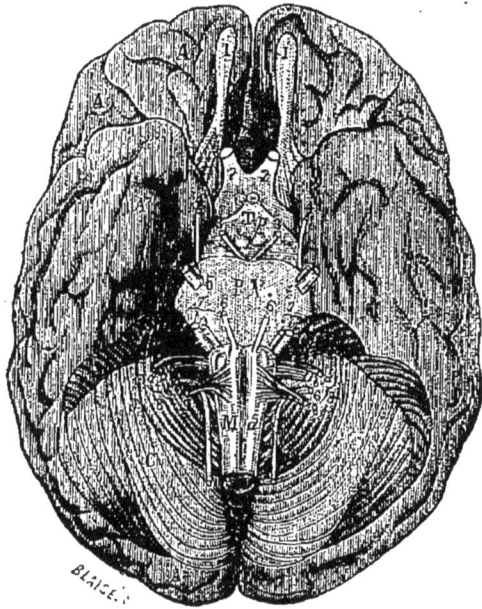

Fig. 324. — Cerveau humain vu en dessous et montrant les origines des nerfs cérébraux. — A, hémisphères cérébraux; C, cervelet; PV, pont de Varole; Ma, moelle allongée; Tp, corps pituitaire; 1, nerfs olfactifs; 2, nerfs optiques; 3, nerfs moteurs oculaires communs; 4, nerfs pathétiques; 5, nerfs trijumeaux; 6, nerfs moteurs oculaires externes; 7, nerfs faciaux et nerfs acoustiques; 8, nerfs grands hypoglosses; 9, nerfs glosso-pharyngiens, pneumo-gastriques et spinaux.

Il existe douze paires de *nerfs cérébraux* ou *nerfs crâniens*, ce sont d'avant en arrière (fig. 324):

1° Les *nerfs olfactifs*, qui se rendent à l'organe de l'odorat;

2° Les *nerfs optiques*, qui aboutissent aux globes des yeux;

3° Les *nerfs moteurs oculaires communs*, qui desservent le releveur de la paupière supérieure et les muscles moteurs des yeux, sauf le grand oblique et le droit externe;

4° Les *nerfs pathétiques*, qui animent les muscles grands obliques des deux yeux;

5° Les *nerfs trijumeaux*, qui possèdent deux racines, l'une motrice, l'autre sensitive, et se divisent en trois branches : le *nerf ophtalmique*, le *nerf maxillaire supérieur* et le *nerf maxillaire inférieur*, d'où naît le *nerf lingual ;*

6° Les *nerfs moteurs oculaires externes*, des muscles droits externes de l'œil ;

7° Les *nerfs faciaux*, dont les rameaux se distribuent à presque tous les muscles de la face ;

8° Les *nerfs acoustiques*, uniquement chargés de desservir l'appareil de l'ouïe ;

9° Les *nerfs glosso-pharyngiens*, qui fournissent des branches à la langue et au pharynx ;

10° Les *nerfs pneumo-gastriques* ou *nerfs vagues*, qui se ramifient sur les viscères cervicaux, thoraciques et abdominaux, où leurs fibres terminales s'accolent à celles du grand sympathique ;

11° Les *nerfs spinaux*, qui, après s'être unis aux pneumo-gastriques, innervent presque exclusivement le larynx et le pharynx ;

12° Les *nerfs grands hypoglosses*, qui se rendent principalement à la langue.

Les nerfs des cinq premières paires sont essentiellement des nerfs cérébraux ; ceux des sept paires suivantes naissent de la moelle allongée.

Les nerfs olfactifs ont pour origine deux lobes longitudinaux, allongés en forme de baguette au-dessous du cerveau. Ces lobes, peu développés chez les animaux supérieurs, prennent, au contraire, un volume énorme, presque aussi grand que celui des hémisphères, chez certains Vertébrés inférieurs : ils constituent le *rhinencéphale*.

Les nerfs optiques se montrent immédiatement après, en avant du *tuber cinereum* et de l'hypophyse. Au lieu de se rendre directement chacun à l'œil situé du même côté, ils s'entre-croisent partiellement et forment une espèce d'X, qu'on appelle le *chiasma* des nerfs optiques. La moitié interne de la rétine de chacun des yeux est formée par les fibres et les terminaisons de la moitié du nerf optique, né de l'autre côté du cerveau ; la moitié externe provient du nerf né du même côté. Cela explique pourquoi, lorsqu'une seule des racines des nerfs optiques se trouve malade, comme dans certaines migraines, les moitiés correspondantes des deux yeux deviennent insensibles simultanément ; on ne voit plus alors que la moitié des objets, il y a *hémiopie*.

Les origines des autres nerfs ne présentent que des particularités dont il est facile de se rendre compte en étudiant avec soin la figure 324.

Nous connaissons maintenant les parties constitutives du système nerveux. Il nous reste à rechercher le rôle qui revient à chacune d'elles. Nous procéderons, à cet effet, par élimination, et puisque les nerfs sont reliés soit à des ganglions, soit à la moelle épinière, que celle-ci est reliée au cerveau, nous isolerons d'abord les nerfs, puis, respectant les nerfs, nous isolerons les ganglions de la moelle, nous séparerons enfin la moelle du cerveau : nous chercherons quelles sont les propriétés du système nerveux qui subsistent dans chacun de ces cas, et nous nous efforcerons d'en déduire les fonctions des divers organes qui constituent cet appareil compliqué.

CHAPITRE X

PHYSIOLOGIE DU SYSTÈME NERVEUX

DIVERSES SORTES DE NERFS; NERFS CENTRIPÈTES ET NERFS CENTRIFUGES. — MOYENS D'EXCITER ARTIFICIELLEMENT LES NERFS. — Identité des propriétés des diverses sortes de nerfs. — Vitesse de l'agent nerveux. — Propriétés des ganglions nerveux; leur pouvoir réflexe. — FONCTIONS DU GRAND SYMPATHIQUE ET DU PNEUMO-GASTRIQUE; NŒUD VITAL. — NERFS D'ARRÊT; NERFS VASO-MOTEURS. — POUVOIR CONDUCTEUR DE LA MOELLE ÉPINIÈRE. — POUVOIR RÉFLEXE DE LA MOELLE. — DIVERSES SORTES D'ACTIONS RÉFLEXES. — Transformation des actes volontaires en actes réflexes. — Abolition momentanée de la conscience; somnambulisme. — Hypnotisme. — SENSATIONS ET ACTES SYMPATHIQUES. — HALLUCINATIONS. — RÊVES. — Relations des mouvements et des idées. — Durée des actes cérébraux. — FONCTIONS DES DIVERSES PARTIES DU CERVEAU. — Mouvements de rotation produits par certaines lésions de l'encéphale. — Fonctions du pont de Varole. — Les tubercules quadrijumeaux et la vision. — Le noyau de l'encéphale. — Fonctions du cervelet. — RÔLE DES HÉMISPHÈRES CÉRÉBRAUX. — Les hémisphères cérébraux et la locomotion. — Les hémisphères cérébraux et les sensations. — Les hémisphères cérébraux et l'intelligence. — TENTATIVES DE LOCALISATION CÉRÉBRALE; phrénologie. — Aphasie; siège de la faculté du langage articulé; agraphie.

Diverses sortes de nerfs ; nerfs centripètes et nerfs centrifuges. — L'anatomie nous a appris que les nerfs se rendent à des organes très différents : ce sont tantôt des organes de sensibilité spéciale, comme l'œil ou l'oreille, tantôt des organes de sensibilité générale, comme la peau, tantôt des organes de mouvement, comme les muscles, tantôt des glandes, tantôt des viscères. Il semble évident, *à priori*, que ces cordons dont les destinations sont si diverses ne sauraient tous avoir le même rôle.

Si l'on vient à couper le nerf optique, toute sensation visuelle disparaît, et cela quel que soit le point où la section ait eu lieu. Il n'y a donc aucune partie de la longueur de ce nerf qui puisse apprécier les impressions lumineuses. Le nerf optique ne peut être, en conséquence, qu'un intermédiaire chargé de transmettre à un autre organe les impressions produites sur l'œil par les rayons lumineux; cet organe, seul capable de transformer ces *impressions* en *sensations* et d'en déterminer la nature, ne saurait être que le cerveau, auquel le nerf optique aboutit. L'impression lumineuse chemine donc de la rétine au cerveau, à travers le nerf optique; nous désignerons la direction qu'elle suit, dans ce conducteur, sous le nom de *direction centripète.*

Considérons, au contraire, un autre nerf, le nerf facial, par exemple, qui se distribue aux muscles de la face, et coupons une de ses branches importantes. Aussitôt tous les muscles auxquels se rend cette branche sont soustraits à l'action de la volonté; ils cessent de se mouvoir, ils sont complètement *paralysés*. Les parties de la face ainsi affectées conservent leur sensibilité; mais aucun attouchement extérieur, aucune douleur même ne peut provoquer en elles un mouvement. La paralysie se manifeste, d'ailleurs, dans les muscles, quel que soit le point où le nerf ait été coupé : il n'y a donc aucune région du nerf que l'on puisse considérer comme étant la cause des mouvements musculaires et, puisque le nerf facial est, de même que le nerf optique, directement relié au cerveau, nous devons en conclure que c'est du cerveau qu'émane l'excitation qui fait contracter les fibres musculaires de la face; l'excitation chemine, cette fois, exactement en sens contraire de la précédente, elle va du cerveau aux muscles ; elle suit une *direction centrifuge.*

Il nous faut donc déjà distinguer deux sortes de nerfs, que nous pourrions appeler, dans les cas que nous venons d'examiner, *nerfs sensitifs* et *nerfs moteurs*, mais auxquels il vaut mieux donner l'appellation plus générale de *nerfs centripètes* et de *nerfs centrifuges*: nous verrons, en effet, que tous les nerfs centripètes ne sont pas nécessairement sensitifs, et que tous les nerfs centrifuges ne sont pas nécessairement moteurs.

Ch. Bell, le premier, a nettement démontré, en opérant sur le facial, qu'il existe des nerfs exclusivement moteurs. Mais la plupart des nerfs ne semblent pas ainsi spécialisés. Si l'on vient à couper un nerf rachidien à quelque distance de la moelle épinière, on abolit du même coup la sensibilité et le mouvement dans la région où ce nerf se distribue. Les nerfs rachidiens sont donc des *nerfs mixtes*, à la fois moteurs et sensitifs, centrifuges et centripètes. Ce n'est là qu'une apparence. En 1822, Magendie, sectionnant successivement les deux racines par lesquelles chaque nerf naît de la moelle, démontra que la section de la racine antérieure déterminait seulement l'abolition du mouvement, tandis que la section de la racine postérieure, celle qui porte un petit ganglion, ne détruisait que la sensibilité, le mouvement étant respecté. Il fallait, pour paralyser à la fois le mouvement et la sensibilité, sectionner simultanément les deux racines. Les nerfs qui naissent de la moelle épinière sont donc, en réalité, composés de deux nerfs superposés, l'un centripète, l'autre centrifuge, et l'on a pu s'assurer, par diverses observations, que les fibres nerveuses, propres à ces deux nerfs, demeurent indépendantes de leurs voisines sur tout le trajet du nerf.

Il est à noter cependant que lorsque la racine antérieure d'un nerf mixte est sectionnée, son bout périphérique conserve une certaine sensibilité, mais ce phénomène de *sensibilité récurrente*, qui avait un moment fait planer quelque doute sur les résultats de l'expérience de Magendie, tient simplement à ce que des fibres sensitives issues de la racine postérieure, se réfléchissent sur la racine antérieure. Cette racine devient totalement insensible quand la racine postérieure est coupée.

Une expérience simple démontre que les nerfs centrifuges ne sont pas tous des nerfs moteurs. Sur la langue d'un Chien on place une substance sapide quelconque, quelques grains de sel par exemple, aussitôt on voit la salive couler en abondance du conduit excréteur de la glande sous-maxillaire. A cette glande, se rend en partie une branche du nerf trijumeau, le nerf lingual, à laquelle s'accole un rameau du nerf facial, qui traverse la caisse du tympan et porte, pour cette raison, le nom de *corde du tympan*. Coupons la corde du tympan et plaçons de nouveau du sel sur la langue du Chien ; la salive ne va plus se montrer qu'en petites gouttelettes visqueuses. La corde du tympan était donc nécessaire à la sécrétion salivaire que nous avons constatée tout à l'heure ; comme la sensation de saveur qui a provoqué la sécrétion a dû préalablement arriver au cerveau, c'est du cerveau que l'ordre de sécréter la salive est parti ; il a été transporté par la corde du tympan, qui est ainsi un *nerf centrifuge* provoquant une sécrétion et non un mouvement. L'existence des nerfs centripètes, non sensitifs, est plus générale encore, car tous les phénomènes de la nutrition s'accomplissent en nous sans que nous en ayons conscience, et la présence des aliments dans le tube digestif détermine cependant des sécrétions diverses, qui ne se produisent qu'au moment où ces aliments arrivent ; ces phénomènes ne peuvent avoir été provoqués que par l'excitation de nerfs centripètes qui ont, à leur tour, ébranlé les centres nerveux, d'où l'ordre de sécréter a été apporté aux glandes par des nerfs centrifuges, physiologiquement analogues à la corde du tympan.

Moyens d'exciter artificiellement les nerfs. — Si l'on ne pouvait reconnaître les propriétés des nerfs que par l'emploi des excitations physiologiques ordinaires, dont on ne dispose pas toujours à volonté, l'expérimentation serait condamnée à se mouvoir dans un champ assez restreint. Heureusement, il est possible d'obtenir des résultats comparables à ceux qui se produisent dans les conditions normales, en faisant subir aux nerfs des excitations artificielles. Les plus fréquemment employées de ces excitations sont le pincement du nerf, les courants et les décharges électriques. Soumis à ces excitations, un nerf moteur fait contracter les muscles auxquels il se rend, comme il le ferait s'il avait eu à leur transmettre un ordre venu du cerveau ; de même la galvanisation de la corde du tympan excite la sécrétion de la salive, tout comme le fait, par l'intermédiaire de ce nerf, la présence de quelques grains de sel sur la langue. Nous sommes donc en possession de moyens simples de provoquer, à volonté, l'action des nerfs et de déterminer leur mode d'action. Tout d'abord l'emploi des excitations artificielles nous révèle, relativement aux nerfs sensitifs, un certain nombre de faits importants.

Identité des propriétés des diverses sortes de nerfs. — Revenons au nerf optique. Nous avons déjà vu qu'un coup porté sur l'œil, une pression exercée sur la rétine, une congestion momentanée de cette membrane, produisaient toujours une sensation lumineuse. Des blessures accidentelles, des opérations chirurgicales ont trop souvent fourni l'occasion d'exciter ainsi directement, non seulement la rétine, mais encore le nerf optique : l'observation prouve que le pincement ou la section de ce nerf ne produisent aucune douleur, mais provoquent l'apparition d'éclairs lumineux, d'une grande intensité. Ceci nous démontre deux choses : en premier lieu, que le nerf optique transforme en sensations lumineuses toutes les excitations qui portent sur lui ; en second lieu, puisqu'une excitation quelconque de ce nerf devient lumière, que la sensation lumineuse est une sensation purement subjective, créée, en quelque sorte, par notre organisme.

Chacun sait qu'une excitation du nerf acoustique produit également toujours une sensation de son. Il y a donc tout lieu de penser que ce que nous avons établi pour le nerf optique est général : non seulement il y a des nerfs centripètes et des nerfs centrifuges, mais il semble que l'on doive encore distinguer entre les nerfs centripètes ; chacun des nerfs aboutissant aux organes des sens spéciaux, ne paraît apte, en effet, à transmettre au cerveau qu'un ordre de sensations déterminé, et ramène à cet ordre de sensation toutes les excitations artificielles qu'il peut subir. Existe-t-il donc autant d'espèces de nerfs qu'il existe d'espèces de sensations ?

Le microscope ne révèle entre les nerfs dont les propriétés semblent les plus éloignées, aucune différence correspondante de structure. A quoi peut donc tenir cette spécialisation apparente des cordons conducteurs? Il est certain déjà que leur mode de terminaison à la périphérie n'est pour rien dans leurs propriétés différentes, puisqu'une excitation portée sur la rétine ou sur le nerf lui-même produit le même effet. Une expérience ingénieuse due à M. Vulpian démontre qu'on ne saurait davantage trouver dans les nerfs eux-mêmes, la cause des propriétés qui les distinguent.

Le nerf lingual, branche du trijumeau, est un nerf sensitif; le nerf hypoglosse est un nerf moteur de la langue ; l'excitation du premier de ces nerfs ne produit aucun mouvement à l'état normal. Coupez à la fois le nerf lingual et le nerf hypoglosse ; unissez par un point de suture le bout central du nerf lingual avec le bout périphérique de l'hypoglosse ; après quelques mois d'attente, les deux nerfs seront parfaitement soudés. Coupez alors, au-dessus de la suture, le nerf lingual qui a conservé ses relations avec le cerveau, et excitez le bout périphérique de ce nerf; aussitôt des mouvements se produisent comme si on avait excité l'hypoglosse lui-même. Les fibres des nerfs sensitifs transmettent donc les excitations aussi bien dans la direction centrifuge que dans la direction centripète ; il n'y a aucune différence essentielle entre leurs propriétés. Les fibres nerveuses ne diffèrent, en définitive, que par les organes périphériques, avec qui elles sont en relation, et par les parties des centres nerveux auxquelles elles aboutissent. Elles ne modifient en rien les excitations qu'elles conduisent vers la périphérie ou vers les centres nerveux, et c'est seulement dans ces derniers que ces excitations se transforment en sensations distinctes, que les ébranlements reçus par le nerf acoustique deviennent du son, que les ébranlements reçus par le nerf optique deviennent de la lumière, et ainsi des autres. *Conduire* ces excitations est le seul rôle des nerfs, et tous les conduisent aussi bien dans la direction centripète que dans la direction centrifuge.

Vitesse de l'agent nerveux. — Les nerfs étant de simples conducteurs, on peut se demander avec quelle rapidité se propagent en eux les excitations qu'ils transportent. L'appareil que nous avons déjà décrit, sous le nom de myographe, peut être utilisé pour cela. On découvre sur une Grenouille le nerf moteur d'une patte, et on dispose l'appareil de manière que trois séries d'inscriptions puissent se faire simultanément sur le cylindre enregistreur :

1° Celles d'un diapason, qui servent à mesurer le temps ;

2° Celles des instants précis où le nerf est artificiellement excité ;

3° Celles des mouvements de la patte.

Supposons que l'excitation ait eu lieu en un point a, le mouvement qu'elle produit commence un instant après, et on trouve toujours un nombre n de vibrations du diapason inscrites, entre le moment où l'excitation a eu lieu et le moment où la patte s'est remuée. Cela indique que l'excitation a mis un certain temps à se transmettre jusqu'au bout du nerf, mais il est difficile de mesurer la longueur qu'elle a eu à parcourir ; de plus, il se passe au contact du nerf et du muscle, et dans le muscle lui-même, des phénomènes peu connus, qui demandent un certain temps pour s'accomplir ; comme il est impossible d'évaluer ce temps, cette première expérience ne donne que des résultats insuffisants. On excite donc de nouveau le nerf, en un point b, situé à une distance d du point a. Cette fois l'excitation a eu à produire les mêmes phénomènes que la première et, en outre, elle a dû parcourir une longueur d de nerf ; aussi trouve-t-on constamment, entre l'instant de l'excitation et l'instant du mouvement, un nombre de vibrations N, supérieur à n. On est en droit de dire que le nombre de vibrations N—n mesure le temps que l'excitation a mis à se propager de b en a, c'est-à-dire à parcourir la longueur d de nerf. Soit t, la durée d'une vibration du diapason, la vitesse de l'agent nerveux sera évidemment :

$$v = \frac{d}{(N - n)t}.$$

On trouve ainsi qu'une excitation parcourt environ 30 à 40 mètres de nerfs par seconde. Cette vitesse varie d'ailleurs un peu suivant les nerfs que l'on considère ; elle est même probablement variable suivant les individus ; nous aurons bientôt l'occasion d'indiquer les raisons que l'on peut avoir de le supposer.

Propriétés des ganglions nerveux ; leur pouvoir réflexe. — Les nerfs séparés des centres nerveux céphalo-rachidiens ne possèdent plus aucune activité propre ; ils sont incapables de percevoir une sensation ou de provoquer un mouvement. Quand les nerfs moteurs d'un membre sont coupés, les excitations portées sur ce membre, si douloureuses qu'elles soient, sont incapables de le faire réagir. Il n'en est plus de même lorsque, sur le trajet de ces nerfs, se trouve un ganglion dans lequel peuvent venir se croiser les fibres d'un nerf centrifuge et celles d'un nerf centripète. Alors même qu'on isole complètement ce ganglion du système nerveux cérébro-spinal, les excitations qui se propagent le long du nerf centrifuge peuvent être réfléchis vers la périphérie par le nerf centripète et provoquer des phénomènes divers. Les ganglions sur lesquels il est possible de faire porter l'expérimentation sont peu nombreux ; mais il en est un qui se prête facilement aux études de ce genre, c'est le *ganglion sous-maxillaire*. Ce ganglion est relié à un nerf centripète, le nerf lingual, par un filet nerveux ; de plus il émet un rameau qui s'unit à la corde du tympan, nerf centrifuge, comme nous l'avons déjà

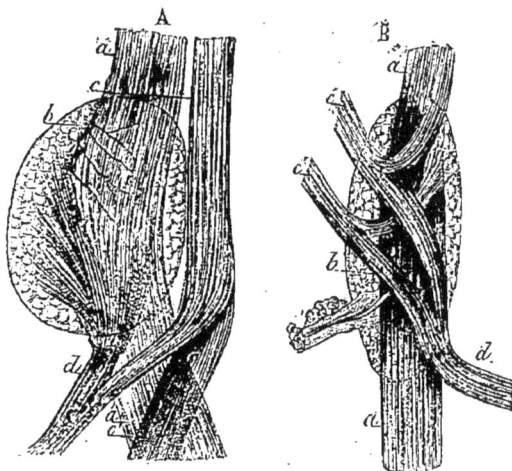

Fig. 325. — A, un ganglion des racines postérieures des nerfs rachidiens : *a*, partie de la racine voisine de la moelle épinière ; *b*, amas de cellules ganglion naires ; *c*, racine antérieure du nerf ; *d*, anastomose entre les deux racines. — B, un ganglion sympathique : *a*, branche du grand sympathique ; *b*, amas de cellules ganglionnaires ; *c*, *c'*, rameaux des nerfs rachidiens s'anastomosant avec le nerf sympathique.

montré, et aboutit à la glande sous-maxillaire. Si l'on coupe la corde du tympan, le ganglion sous-maxillaire ne se trouve plus relié au système cérébro-spinal que par un nerf centripète ; toute excitation produite sur ce nerf devrait remonter jusqu'au cerveau sans se dévier en route, et le cerveau ne pourrait la réfléchir que par la corde du tympan qui est coupée. La présence du ganglion change tout : malgré la section de la corde du tympan, l'excitation du nerf lingual provoque encore la sécrétion de la salive ; en traversant le ganglion, l'excitation qu'il a reçue a été réfléchie vers la périphérie.

On doit donc considérer les ganglions nerveux comme des organes indépendants; des centres nerveux, dans lesquels les excitations, apportées de la périphérie par les nerfs centripètes, sont élaborées, dans une large mesure, et transmises à des nerfs centrifuges qui vont à leur tour exciter des organes périphériques ou internes, activer la sécrétion des glandes, faire contracter les muscles, etc. Or un ganglion nerveux (fig. 325) est surtout caractérisé par ce fait qu'un grand nombre des fibres nerveuses, qui sont en rapport avec lui, sont mises en communication les unes avec les autres par l'intermédiaire de cellules nerveuses. C'est donc à ces cellules qu'il faut attribuer la propriété de changer la direction dans laquelle se propagent les ébranlements nerveux, propriété qu'on désigne sous le nom de *pouvoir réflexe*.

On a un exemple frappant de l'activité propre des ganglions dans ce qui se passe lorsqu'on arrache le cœur d'un Vertébré à sang froid de sa poitrine : le cœur continue à battre pendant un temps plus ou moins long. Comme les muscles ne possèdent pas le pouvoir de se contracter et de se relâcher ainsi alternativement, il faut bien attribuer cette persistance du mouvement des muscles du cœur à la présence d'un appareil nerveux spécial : les nerfs n'étant eux-mêmes que de simples conducteurs, ce ne peut être qu'à des ganglions qu'il faut rapporter l'activité que conserve l'organe, séparé des centres cérébro-spinaux. Ces ganglions existent, en effet; ils sont situés dans les sillons qui séparent les diverses cavités du cœur, et leur extirpation amène aussitôt l'arrêt des mouvements de cet organe.

Un fait important à retenir, c'est que nous n'avons aucunement conscience de ce qui se passe dans les ganglions nerveux lorsqu'ils commandent ou arrêtent certaines actions. Nous n'avons nullement le désir de produire de la salive lorsque nous plaçons sur notre langue une substance sapide ; la sécrétion se produit totalement en dehors de notre volonté et nous serions impuissants à l'arrêter. Nous sommes également sans action sur les battements de notre cœur dont nous n'avons même conscience que dans des circonstances exceptionnelles. Le domaine des ganglions est donc à peu près entièrement en dehors de notre conscience.

Le plus grand nombre des actes physiologiques qui dépendent des fonctions de nutrition s'accomplissent comme les battements du cœur, comme les sécrétions des glandes salivaires, sans aucune participation de notre volonté, sans que nous sachions même qu'ils sont exécutés en nous. Ils sont, en effet, sous la dépendance étroite de la série nombreuse de ganglions qui composent le système du grand sympathique et c'est ici le lieu de préciser les fonctions de cet appareil compliqué dont le rôle est si important.

Fonctions du grand sympathique et du pneumogastrique; nœud vital.

— Le grand sympathique partage avec le pneumogastrique la domination des principaux viscères. Le pneumogastrique (fig. 326) envoie des rameaux au larynx, à l'œsophage, aux poumons, au cœur, à l'estomac, au foie. C'est à la fois un nerf centripète et un nerf centrifuge; mais dans la plupart des cas nous n'avons aucunement conscience des excitations qu'il conduit vers les centres nerveux, ni des actes qu'il commande. C'est lui, par exemple, qui régit les mouvements péristaltiques de l'œsophage et de l'estomac, qui détermine le rythme des mouvements respiratoires, fait contracter les bronches capillaires et produit encore bien d'autres phénomènes dans lesquels l'action de notre volonté n'intervient pas. A ce point de vue, le pneumogastrique se conduit exactement comme le grand sympathique; il a comme lui les fonctions de nutrition sous sa dépendance. On ne saurait donc séparer son étude physiologique de celle de ce dernier.

L'action des nerfs pneumogastriques sur le cœur et sur les organes de la respiration est particulièrement remarquable. Ces nerfs descendent le long du cou vers le thorax, il est facile de les découvrir dans le voisinage de la veine jugulaire interne et de l'artère carotide. Si on les coupe tous les deux, aussitôt les mouvements des viscères de l'appareil digestif s'arrêtent; les bronches et le larynx deviennent également immobiles; les mouvements du cœur sont profondément modifiés, et un trouble considérable se manifeste dans les mouvements respiratoires, dont le rythme et l'amplitude n'ont plus rien de réglé; à la suite de tous ces désordres, la mort survient au bout d'un temps variable de quelques jours à un mois.

On peut produire presque instantanément ce dénouement en portant une excitation même assez faible sur le lieu d'origine des nerfs pneumogastriques. Ces nerfs se détachent de la moelle allongée près de la pointe du *calamus scriptorius*. Si l'on enfonce une épingle en cet endroit, aussitôt l'animal tombe comme foudroyé. Aucune autre blessure des centres nerveux ne détermine une mort aussi prompte. Aussi Flourens avait-il désigné sous le nom de *nœud vital* ce point très limité de la moelle allongée. La mort arrive, bien entendu, parce qu'une telle blessure altère aussitôt l'organe directeur des mouvements du cœur et de l'appareil respiratoire. Deux grandes fonctions sont ainsi arrêtées d'un seul coup.

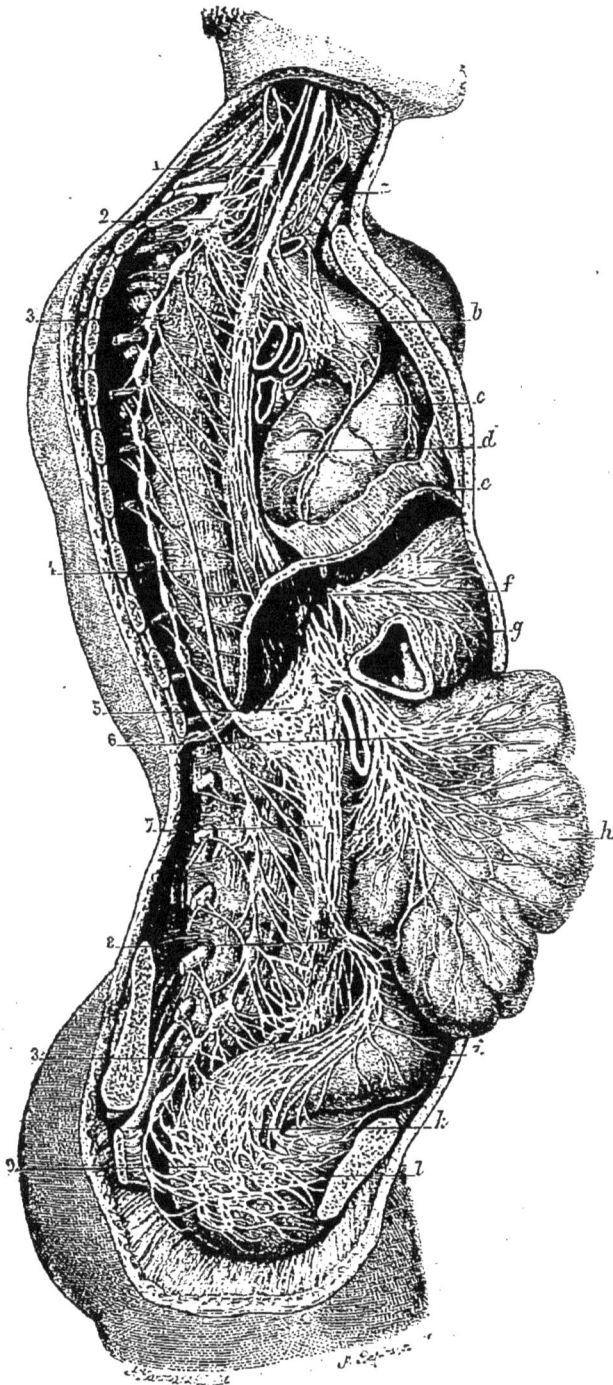

FIG. 326. — Grand sympathique et pneumogastrique de l'Homme. — *a*, trachée-
artère derrière laquelle se voit le nerf pneumogastrique ; *b*, aorte ; *c*, *d*, cœur ;
e, diaphragme ; *f*, partie abdominale du pneumogastrique droit ; *g*, *h*, *i*, *k*,
intestin ; *l*, vessie ; 1, ganglion cervical supérieur ; 2, ganglion cervical inférieur ; 3, ganglions thoraciques et abdominaux du grand sympathique ; 4, grand
nerf splanchnique ; 5, plexus solaire ; 6, plexus mésentérique supérieur ; 7, plexus
lombo-aortique ; 8, plexus mésentérique inférieur ; 9, plexus hypogastrique.

C'est en déchirant la substance du nœud vital qu'un coup donné sur l'occiput d'un Lapin le tue; on s'expose à produire cette déchirure et à déterminer une mort foudroyante quand on soulève un enfant par la tête; dans les pays où la pendaison est encore usitée, l'exécuteur, en pesant sur les épaules du patient, provoque une mort plus prompte par un mécanisme analogue.

Nerfs d'arrêt; nerfs vaso-moteurs. — Une excitation violente du *nerf nasal* ou du *nerf laryngé supérieur* cause quelquefois aussi un arrêt subit de la respiration. L'introduction d'un corps solide, d'un noyau de cerise, par exemple, dans le larynx, un violent coup de poing donné sur le nez ont pu avoir de même des conséquences mortelles. C'est en provoquant une action réflexe sur le pneumogastrique que les nerfs centripètes, ainsi excités, produisent ces graves accidents.

Mais ici le mode d'action du pneumogastrique mérite d'être particulièrement signalé. Les nerfs centrifuges, quand on les excite, provoquent un mouvement, accélèrent une sécrétion, en général mettent en activité une partie de l'organisme. Dans le cas actuel, le pneumogastrique agit tout autrement : il *arrête* des mouvements qui préexistaient. On peut mettre en évidence d'une façon plus nette cette curieuse propriété.

Un Chien vit parfaitement après la section de l'un de ses pneumogastriques : effectuons cette opération, aussitôt les battements du cœur s'accélèrent considérablement; il semble qu'on ait supprimé un frein qui maintenait leur nombre dans de justes limites. Faisons maintenant passer un courant électrique dans le bout périphérique du nerf, celui qui se rend aux viscères : aussitôt les battements du cœur sont suspendus et ses parois sont à l'état de relâchement qui caractérise la diastole. Cet accident se produit spontanément dans ce malaise subit qu'on appelle une *syncope*. Cependant l'arrêt du cœur n'est que momentané; au bout d'une demi-minute environ, alors même que l'excitation du nerf continue, les battements du cœur reprennent avec un rythme modéré. Le pneumogastrique est donc vraiment un *nerf modérateur* des battements du cœur ou, si l'on veut, un *nerf d'arrêt*. Il semble être, à certains égards, l'antagoniste des nerfs issus des ganglions cardiaques, lesquels font partie du grand sympathique et provoquent les battements. Contrairement à ce qui arrive d'ordinaire, le nerf pneumogastrique fait relâcher les fibres musculaires du cœur que les nerfs ganglionnaires font contracter.

Au lieu de porter l'excitation sur le bout périphérique du pneumo-gastrique sectionné, portons-la sur le bout central, celui qui se rend au cerveau. Cette fois, le cœur continue à battre, mais les mouvements respiratoires s'arrêtent. Les fibres centripètes du pneumogastrique lui-même ont produit le même effet que celles des nerfs nasal et laryngé supérieur. Ce sont les fibres centrifuges du nerf demeuré intact qui ont déterminé l'arrêt de la respiration : là encore le pneumogastrique se comporte donc comme un *nerf d'arrêt*.

Des nerfs d'arrêt fonctionnant exactement de la même façon se trouvent dans la dépendance du grand sympathique. Lorsqu'on ouvre l'abdomen d'un Mammifère encore vivant, on voit toujours ses intestins animés de mouvements péristaltiques violents, provoqués par l'action de l'air. Qu'au moment où ces mouvements sont le plus actifs, on galvanise le *grand nerf splanchnique* (fig. 326, n° 4), que nous connaissons déjà, ils s'arrêtent instantanément pour reprendre au bout d'un certain temps.

Ce mode d'action du grand sympathique se manifeste d'ailleurs d'une façon plus générale et plus importante peut-être. Revenons à la corde du tympan, et excitons ce rameau nerveux ; aussitôt, nous l'avons déjà vu, la glande à laquelle il se rend entre en activité : elle sécrète une salive abondante et liquide. Mais en même temps ses artérioles sont tellement dilatées que, malgré la surexcitation de l'activité vitale des éléments glandulaires, trahie par l'abondance de la sécrétion et l'élévation de la température de l'organe, le sang n'a pas le temps de se changer en sang veineux dans l'intérieur de la glande ; il en sort à l'état de sang rouge. Or c'est par l'intermé-diaire de fibres du système sympathique que la corde du tympan a agi sur les artérioles : elle a simplement fait relâcher les fibres musculaires lisses de ces vaisseaux. On a pu obtenir des résultats analogues sur d'autres glandes telles que la rate, d'où l'on doit con-clure que, dans le système du grand sympathique, il existe des nerfs d'arrêt pour la contraction des muscles des vaisseaux, ou, comme on dit plus brièvement, des *nerfs vaso-dilatateurs*.

Mais à ces nerfs correspondent dans le grand sympathique lui-même des nerfs exactement antagonistes, des *nerfs vaso-constric-teurs*. Si l'on vient, en effet, à galvaniser les nerfs issus du gan-glion cervical supérieur qui fournissent des rameaux à la glande sous-maxillaire, la sécrétion de celle-ci s'arrête ; les vaisseaux se resserrent et le sang, traversant plus lentement la glande, en sort à l'état de sang noir. La section de ces nerfs produirait un effet inverse, identique à celui qui résulte de la galvanisation de la corde du tympan, soit qu'elle paralyse les muscles des vaisseaux, soit qu'elle les abandonne à l'action des nerfs vaso-dilatateurs.

C'est par une expérience de ce genre que Claude Bernard découvrit l'existence des nerfs qui actionnent les vaisseaux et qu'il désignait sous la dénomination générale de *nerfs vaso-moteurs*. Ayant coupé sur un côté du cou d'un Lapin le nerf sympathique qui, dans cette région, accompagne le pneumogastrique, il vit l'oreille du même côté rougir fortement par suite de la dilatation de ces vaisseaux, en même temps que sa température devenait supérieure de près de 12 degrés à celle de l'autre oreille; comme dans le cas de la glande salivaire, le sang traversant les capillaires dilatés, arrivait dans les veines à l'état de sang rouge, et l'impulsion cardiaque se faisait sentir dans ces dernières, de manière à produire un pouls veineux. Le nerf sympathique, dont l'action avait été supprimée par la section, fonctionnait donc ici comme vaso-constricteur.

Dans cette expérience, ce ne sont pas seulement les vaisseaux de l'oreille qui sont affectés : la pupille du même côté se resserre énormément, comme Pourfour du Petit et Herbert Mayo l'avaient autrefois constaté, et sa contraction indique que les fibres rayonnantes de l'iris sont paralysées; la galvanisation du grand sympathique du cou fait, au contraire, contracter ces fibres et produit une dilatation considérable de la pupille. Comme les mouvements du tube digestif, comme ceux de l'appareil respiratoire, comme ceux du cœur et des vaisseaux, les mouvements de l'iris qui sont sous la dépendance du grand sympathique sont totalement indépendants de notre volonté.

De tous ces mouvements si variés, dans la production desquels intervient le grand sympathique, il en est de particulièrement importants, ce sont ceux des vaisseaux, récemment étudiés par MM. Dastre et Morat. Par l'intermédiaire des vaisseaux, le grand sympathique domine, en quelque sorte, tous les phénomènes intimes de la nutrition. Laisse-t-il les vaisseaux se dilater dans une glande, aussitôt les éléments, stimulés par l'afflux rapide d'un sang chargé d'oxygène et de matières nutritives, entrent en activité et produisent une abondante sécrétion. Permet-il à cette dilatation de se produire dans un muscle, le muscle mieux nourri se trouve en état d'exécuter le travail que lui commande la volonté. Quelque blessure nécessite-t-elle en un point de l'organisme un surcroît d'activité vitale, les vaisseaux se relâchent et les tissus, à la faveur du supplément de substances alimentaires qui leur est ainsi fourni, se réparent rapidement. Nulle part, la circulation et, par consé-

quent, la vie ne se trouvent ainsi activées, sans qu'une élévation
notable de la température se manifeste; la chaleur produite est
ensuite emportée par le torrent circulatoire et répartie dans l'organisme; mais elle a été indirectement créée par l'action du grand
sympathique qui devient ainsi l'un des régulateurs de la chaleur
animale.

Une autre conséquence non moins curieuse, c'est qu'en dehors
de son action directe sur le cœur et sur les organes respiratoires,
le grand sympathique domine encore ces organes par l'intermédiaire des nerfs vaso-moteurs et des artérioles, dont il peut modifier le calibre. Que les artérioles se contractent, la pression artérielle
augmente, les battements du cœur se ralentissent; que les artérioles
se dilatent, les battements du cœur s'accélèrent; mais alors il passe
plus de sang dans les poumons, la respiration elle-même se précipite et peut aller jusqu'à l'essoufflement.

Nous pourrions étendre encore beaucoup ces considérations:
ce que nous venons de dire suffit pour montrer de quelle importance est le rôle du système du grand sympathique, qui semble
surajouté au système nerveux encéphalo-rachidien, et peut fonctionner sans l'intervention de celui-ci avec lequel il contracte cependant
de si nombreux rapports.

Pouvoir conducteur de la moelle épinière. — Le grand
sympathique, aussi bien que les nerfs rachidiens, se relie à la moelle
épinière dont nous avons maintenant à déterminer les fonctions.
Nous savons déjà que les nerfs rachidiens sortent de la moelle par
deux racines, l'une dite *sensitive* qui contient toutes les fibres centripètes, l'autre dite *motrice* qui contient toutes les fibres centrifuges.

Par la première racine, les excitations périphériques sont portées
jusqu'à la moelle; mais qu'y deviennent-elles? Par la seconde, les
ordres de mouvement sont portés aux muscles; mais d'où ces ordres
partent-ils et comment arrivent-ils jusqu'à la racine motrice? Telles
sont les questions que nous avons à résoudre.

La substance blanche de la moelle est exclusivement formée de
fibres analogues aux fibres nerveuses; nos recherches sur les nerfs
nous ont déjà appris que leurs fibres ne sont que des organes conducteurs. La substance grise contient, au contraire, beaucoup de cellules
nerveuses, et l'étude des ganglions nous a montré que, par ces cellules, les excitations venues de la périphérie peuvent être transformées et réfléchies, au moyen de fibres centrifuges, vers d'autres
organes qu'elles font entrer en activité; la substance grise doit donc

posséder, elle aussi, un pouvoir réflexe, et l'on peut se figurer la moelle tout entière comme un gros nerf creux, dans l'axe duquel serait placé un énorme ganglion cylindrique. Mais nous devons analyser d'une manière plus précise les phénomènes qui se passent dans cet important centre nerveux.

Les racines motrices des nerfs étant en rapport avec les cordons antérieurs de la moelle, les racines sensitives avec les cordons postérieurs, il est naturel de penser que les excitations motrices doivent se propager le long des cordons antérieurs et que les cordons postérieurs jouent un rôle dans la transmission des impressions. Il est facile de s'assurer que cette conjecture est réalisée pour les cordons antérieurs. La section de ces cordons paralyse les muscles des parties du corps situées au-dessous de la section ; on peut, au contraire, en excitant ces mêmes cordons, provoquer des mouvements. Si l'on ne coupe qu'un seul des cordons, la paralysie se produit du même côté que la section ; mais l'excitation provoque quelquefois des mouvements des deux côtés, de sorte qu'elle est transmise, non seulement directement, mais aussi d'une façon croisée, ce que l'entre-croisement des fibres nerveuses médullaires dans la commissure blanche permettait de prévoir.

Les fibres nerveuses des cordons antérieurs et des cordons latéraux ne sont pas du reste les seuls conducteurs des excitations motrices, car l'altération morbide des cellules des cornes antérieures de la moelle amène une paralysie, puis une atrophie des muscles qui peut s'étendre à tout l'organisme, lorsque la substance grise de la moelle est atteinte dans toute sa longueur. La substance grise joue donc, elle aussi, un rôle dans la transmission des ordres de mouvement.

Tout autres sont les résultats en ce qui concerne les cordons postérieurs. Le section de ces faisceaux laisse aux membres toute leur sensibilité qui est même exagérée dans certains cas ; il en est de même de la section des faisceaux antéro-latéraux. Au contraire, la section de toute la moelle, sauf les faisceaux postérieurs, abolit entièrement la sensibilité. On doit en conclure que l'intégrité de la substance grise est seule nécessaire à l'existence des sensations. Comme la sensibilité est abolie, quel que soit le point où a eu lieu la section de la moelle, il est évident que ce n'est pas dans la moelle, mais dans le cerveau qu'a lieu la perception des sensations ; la substance grise agit donc ici comme un simple conducteur. Mais la transmission des excitations centripètes à travers la moelle se fait d'une façon irrégulière et sans suivre une route arrêtée d'avance : Brown-Séquard a vu la sensibilité persister après deux sections faites chacune à des hauteurs différentes dans les moitiés opposées de la moelle. La position de ces sections pouvait d'ailleurs être quelconque, ce qui démontre à la fois que la transmission ne se fait pas en ligne droite, et ensuite qu'elle peut changer de route. Cela s'explique par les liens multiples que les prolongements des cellules nerveuses établissent entre elles.

La moelle épinière fonctionne donc à la fois comme conducteur des excitations centripètes et centrifuges. Nous savons d'ailleurs que les premières ne sont perçues, ne se transforment en sensations et ne pénètrent dans la conscience que lorsqu'elles arrivent dans le cerveau.

Pouvoir réflexe de la moelle. — En dehors de son rôle de conducteur, la moelle possède une importante propriété, déjà indiquée, en 1812, par Legallois et qu'une expérience bien simple va mettre en relief. Coupez transversalement d'une manière complète la moelle épinière d'une Grenouille, en arrière des membres antérieurs : ceux-ci conserveront toute leur activité; l'animal les retirera si vous les touchez légèrement ; il s'en servira pour ramper et essayera de fuir si vous l'effrayez, les membres postérieurs demeureront au contraire, complètement immobiles, la Grenouille n'en fera aucun usage. Mais pincez violemment ces membres; ils se contracteront vivement, sans que du reste la Grenouille fasse aucun mouvement volontaire ; elle ne s'est pas aperçue du pincement, puisque son train antérieur bien vivant n'a pas bougé ; elle ne s'est pas davantage aperçue du mouvement de sa patte. Tout cela semble s'être passé en dehors d'elle. Mais une remarquable faculté de la moelle vient de se révéler : la moelle possède elle aussi, comme les ganglions, la propriété de réfléchir vers la périphérie les excitations centripètes qui lui parviennent. Le pincement de la patte n'a pas été senti en tant que douleur, pas même en tant qu'attouchement; mais l'excitation centripète qu'il a produite a ébranlé les cellules de la moelle, celles-ci ont à leur tour communiqué leur ébranlement aux fibres motrices des nerfs de la patte, et la patte s'est retirée. Un *mouvement réflexe* s'est ainsi produit.

Ces mouvements réflexes peuvent être assez complexes : au lieu de pincer la patte de la Grenouille, déposons sur elle une goutte d'acide sulfurique ou de tout autre acide énergique. La Grenouille commencera à agiter la patte comme si elle voulait se débarrasser de l'acide ; n'y parvenant pas, elle approchera, malgré sa moelle coupée, l'autre jambe de la goutte d'acide et s'efforcera de la chasser par ce nouveau moyen qui ne laissera pas de réussir. Il semble que l'animal ait *senti* la présence de l'acide et qu'elle ait *voulu* faire cesser la douleur résultant du contact de la liqueur. Il n'en est rien : tandis qu'une Grenouille intacte se fût agitée de toutes ses forces, eût donné les signes de la plus vive frayeur, eût cherché à fuir, tandis que la Grenouille opérée elle-même eût essayé d'en faire autant si l'on avait placé l'acide sur ses membres antérieurs ; dans l'expérience que nous avons faite, rien n'a bougé que les membres postérieurs : *la douleur n'a pas été sentie, le mouvement n'a pas été voulu.* Tout s'est passé dans la moelle, en vertu d'un mécanisme dont l'animal n'a pas conscience, qui agit sans l'intervention de sa volonté, uniquement sous l'influence des excitations venues de l'extérieur : les mouvements que nous avons observés, malgré leur parfaite coordination, malgré leur apparente finalité, étaient des mouvements entièrement automatiques.

L'importance de ces mouvements automatiques devient plus frappante encore si, au lieu de sectionner la moelle loin du cerveau, on se borne à enlever ce dernier organe. La Grenouille nous semble, au premier abord, n'éprouver aucune conséquence fâcheuse de la suppression de cet organe important. Elle se tient sur ses quatre pattes dans l'attitude ordinaire ; pincez une de ses pattes, elle la retire ; excitez-la plus vivement, elle saute à merveille et renouvelle ses sauts pendant assez longtemps ; jetez-la à l'eau, elle se met à nager ; et tous ces mouvements s'accomplissent sans hésitation, sans gêne, absolument comme à l'état normal. Mais observez bien la patiente ; une fois qu'elle commence à sauter, elle ressaute dès qu'elle touche le sol et ne cesse de bondir que si elle vient à butter contre quelque obstacle ; une fois qu'elle a commencé à nager, elle nage tout droit devant elle et ne s'arrête que lorsqu'elle rencontre le fond ou les parois verticales du bassin, contre lesquelles elle vient donner de la tête sans chercher à les éviter. Il est évident que tous ces mouvements si compliqués se font, comme ceux de tout à l'heure, d'une façon tout à fait automatique, sans que l'animal en ait conscience, uniquement par suite des excitations extérieures. Seules ces excitations les provoquent et les arrêtent, la volonté de l'animal n'y est pour rien. Flourens a conservé plusieurs mois une Poule privée de son cerveau : rien ne paraissait changé dans ses allures ; mais elle était devenue incapable d'aucune initiative. Quelle que pût être sa faim, elle ne mangeait que si on lui mettait les grains au fond de la gorge, auquel cas les mouvements de déglutition se faisaient comme d'habitude. La Poule était bien ce qu'elle était auparavant, mais la sensibilité et la volonté étaient absentes.

Il faut bien reconnaître dès lors que, par l'intermédiaire de la moelle, de tels rapports sont établis entre nos organes qu'en l'absence de toute volonté, de toute sensibilité, sous la seule influence des excitations venues du dehors, ces organes, réagissant les uns sur les autres, fonctionnent comme dans l'état normal : un Oiseau dont les centres nerveux sont réduits à la moelle épinière, exécute encore des actes fort compliqués ; il marche, il saute, il mange, il s'accroupit ou se perche, sans avoir plus conscience de ces actes qu'il n'a conscience des mouvements péristaltiques de ses intestins ou des battements de son cœur. Ce fait important est désormais mis en relief : les mouvements, en apparence les plus directement en rapport avec la volonté, sont le résultat d'un mécanisme combiné d'avance. La volonté ne fait que presser, en quelque sorte, le ressort qui fait jouer ce mécanisme ; elle disparue, le mécanisme subsiste ; certaines excitations extérieures peuvent encore le mettre en mouvement et donner l'illusion d'une façon d'agir préméditée et voulue.

Diverses sortes d'actes réflexes. — Le nombre est grand des excitations centripètes qui peuvent provoquer des actes réflexes. On en a dressé des listes très étendues ; nous nous bornons ici à quelques exemples.

Il existe deux sortes de nerfs centripètes, les uns dépendant du système cérébro-spinal, les autres du système du grand sympathique ; à ces deux sortes de nerfs centripètes correspondent deux sortes de nerfs centrifuges relevant aussi respectivement de ces deux systèmes. Chaque système de nerfs centripètes peut exciter les deux systèmes de nerfs centrifuges, de sorte que tous les phénomènes réflexes peuvent se classer sous les quatre catégories suivantes :

1° *Actes réflexes des organes innervés par le système cérébro-spinal, se produisant après l'excitation des nerfs sensitifs du même système ;*

2° *Actes réflexes des organes innervés par le système cérébro-spinal, suivant l'excitation des nerfs centripètes du système sympathique ;*

3° *Actes réflexes des organes innervés par le grand sympathique succédant à l'irritation des nerfs sensitifs ;*

4° *Actes réflexes des organes innervés par le grand sympathique, causés par l'excitation des nerfs centripètes du même système.*

Première catégorie. — A la première catégorie appartiennent tous les mouvements que nous avons vu produire les Grenouilles, les Oiseaux privés de cerveau ; les convulsions produites, sur des animaux décapités, par du chlorhydrate de strychnine, etc.

Ces mouvements sont totalement *inconscients ;* mais il est aussi des mouvements réflexes *conscients,* c'est-à-dire que l'animal produit sans les avoir commandés, qu'il ne peut même empêcher, mais de l'exécution desquels il est parfaitement averti.

Tels sont le clignement des paupières qui se produit lorsque l'œil reçoit une trop vive lumière ou qu'un objet s'approche subitement de lui ; l'éternuement qui survient très souvent quand on passe tout à coup d'un endroit abrité à un endroit éclairé par le soleil ; les mouvements instinctifs de défense que l'on exécute brusquement lorsqu'on se croit menacé par quelque danger ; le tremblement produit par le froid, par le début d'un accès de fièvre ; les convulsions produites par une brûlure intense ou par une blessure ; les mouvements de déglutition que l'on ne peut éviter lorsqu'un corps solide arrive dans une certaine région de l'arrière-bouche, et qu'il est très difficile de répéter plusieurs fois de suite, en l'absence de ce stimulant.

Deuxième catégorie. — Dans cette catégorie viennent se ranger les convulsions produites par la présence d'helminthes dans le tube digestif ; les vomissements qui mettent fin aux digestions difficiles ; la toux qui accompagne la pleurésie, etc.

Troisième catégorie. — Cette catégorie est l'une des plus nombreuses et des plus remarquables. On peut citer parmi les phénomènes qui s'y rattachent : les modifications dans le rythme des battements du cœur résultant d'une variation brusque de température agissant sur les nerfs de la peau ; les diarrhées, les pleurésies, les rhumes causés par le froid aux pieds ; le larmoiement que provoque une vive lumière ; la sécrétion de salive qui a lieu lorsqu'une substance sapide est posée sur la langue ; la pâleur qu'amène une vive douleur, etc. C'est encore à cette catégorie qu'il faut rapporter une partie des modifications qu'éprouve un organe donné, lorsque l'organe symétrique est lui-même modifié, et qui révèlent ainsi un lien curieux entre les organes de même nature ; William Edwards et, après lui, Brown-Séquard et Tholozan, ont observé, par exemple, que la main droite pâlissait lorsque la main gauche venait à être refroidie, et inversement ; on voit encore la section du nerf sciatique d'un côté amener la contraction des vaisseaux du côté opposé.

Quatrième catégorie. — C'est, au point de vue des phénomènes de nutrition, la plus importante. La plupart des phénomènes de mouvement du tube digestif, tous les phénomènes de sécrétion qui accompagnent la digestion, sont dus à des excitations de nerfs centripètes du système sympathique, réfléchies par les ganglions sur les nerfs centrifuges du même système. Mais les excitations venues du tube digestif peuvent aussi, nous l'avons déjà vu, retentir plus loin. Une indigestion amène la pâleur et le refroidissement de la peau, l'apparition d'une sueur froide et d'autres phénomènes encore, avant de provoquer le vomissement. Une boisson fraîche, de la glace introduites dans l'estomac, déterminent la suppression brusque de la sueur et peuvent provoquer des pleurésies.

Ainsi toutes les parties de notre corps sont liées entre elles, grâce au système nerveux, de la façon la plus intime. Un nombre infini de relations, dont nous n'avons aucunement conscience, sur lesquelles notre volonté ne saurait exercer aucun contrôle, établissent une étroite solidarité entre tous nos organes ; ceux-ci réagissent les uns sur les autres, se mettent spontanément dans les conditions physiologiques les plus favorables à leur fonctionnement réciproque, et l'harmonie se maintient en nous, automatiquement, sous la seule action du réseau sans cesse vibrant des nerfs, dont nous ne percevons que certaines formes d'activité.

Tous les phénomènes automatiques que nous appelons *phénomènes réflexes* ne sont cependant pas, comme on pourrait le croire, en rapport immédiat avec la conservation de l'individu, et quelques-uns sont même manifestement nuisibles. Les convulsions des enfants sont des phénomènes réflexes, trop souvent mortels, habituellement provoqués par l'évolution des dents. Certaines crises épileptiformes, qu'on peut provoquer ou arrêter en opérant une pression sur un point déterminé du corps, sont aussi des phénomènes réflexes. Un spécialiste bien connu, le docteur Ménière, a décrit une véritable maladie, avec vertiges, nausées, troubles digestifs parfois fort graves, uniquement causée soit par la présence de corps étrangers dans l'oreille, soit par l'accumulation de cérumen durci dans le canal auditif. Une blessure très légère peut déterminer l'explosion des accidents convulsifs constituant le *tétanos*. On cite souvent l'histoire d'un jeune homme qui était pris, dès qu'il posait le pied par terre, de violentes crises nerveuses. Aucune douleur locale ne précédait l'apparition de ces crises. L'ablation d'une petite tumeur, située sous l'un des orteils, fit disparaître totalement cette bizarre infirmité.

Il y a des personnes chez qui les actes réflexes ordinaires se manifestent avec une intensité qui devient absolument maladive. On tressaillé habituellement lorsqu'un bruit subit, une vive lueur viennent tout à coup surprendre ; chez les personnes dites *nerveuses*, les causes les plus légères peuvent produire des tressaillements dont l'intensité augmente jusqu'à prendre le caractère de violentes convulsions, amener même la syncope. Dans une certaine région du Maine, aux États-Unis, les habitants de quelques villages ont une excitabilité telle qu'ils bondissent au moindre contact inattendu et exécutent tous leurs mouvements avec une rapidité et une violence inouïes. Ils sont connus sous le nom de *sauteurs du Maine*, et on attribue leur état exceptionnel à l'abus singulier qu'ils font de cette propriété de la peau de provoquer le rire, par voie réflexe, lorsqu'elle est chatouillée. On observe fréquemment, chez certaines personnes nerveuses, des contractions spontanées des muscles, des contractures dont l'origine est probablement réflexe, mais il est difficile de faire la part qui revient au cerveau dans ce dernier phénomène.

Transformation des actes volontaires en actes réflexes. — Des phénomènes plus remarquables encore se manifestent si l'on tient compte de l'action du cerveau avec lequel la moelle épinière est en continuité. On constate alors ce fait curieux que le nombre des actes réflexes que peut accomplir un individu n'est pas constant dans tout le cours de son existence : des mécanismes déjà organisés peuvent disparaître en lui et il peut aussi s'en créer de nouveaux. La locomotion, l'exercice de la parole supposent la coordination d'un nombre considérable de mouvements. Si nous pouvons à volonté marcher ou nous arrêter, parler ou nous taire, tous les muscles qui sont mis en action pour faire un pas ou prononcer une parole se contractent, sans que nous ayons besoin de commander à aucun d'eux d'une façon spéciale. Tout est coordonné d'avance pour répondre aux ordres généraux donnés par la volonté, et nul ne s'inquiète de savoir, dans le détail, par quel procédé ces ordres sont exécutés. Mais nous savons, à n'en pas douter, que cette coordination n'est pas primitive, qu'elle n'existait pas dans notre organisme, au début de son existence. L'enfant sait teter en naissant, ce qui est déjà fort compliqué, mais il ne sait ni marcher, ni parler. Par le fait d'une éducation passablement pénible, exigeant de sa part de nombreuses expériences et une attention plus ou moins prolongée, il acquiert ces deux facultés. Pendant toute cette période d'éducation, les mouvements accomplis sont dans le domaine de la volonté ; c'est seulement peu à peu qu'ils en sortent, pour passer dans celui du mécanisme organique. Il est facile de démontrer d'ailleurs que ce passage est bien réel, et que les mouvements combinés de la marche, par exemple, deviennent bien des mouvements réflexes : l'apprentissage, en effet, peut être de très. courte durée chez certains animaux où la coordination semble avoir été préparée d'avance; il est nul chez la plupart des Mammifères herbivores, qui naissent capables de marcher, comme ils naissent capables de teter, et ne peuvent avoir, au moment de leur naissance, aucune conscience des actes qu'ils accomplissent. Le pianiste qui joue un morceau, l'homme qui écrit, n'arrivent à la rapidité d'exécution que l'on constate chez eux qu'en raison des mouvements réflexes qui se coordonnent dans leur organisme. L'existence de cette coordination est si réelle que, dans le cas de l'écriture, elle ne se produit en général que pour la main droite; tous les efforts de la volonté sont souvent impuissants à tirer de la main gauche les services que rend l'autre main, lorsque celle-ci vient à être subitement empêchée.

Abolition momentanée de la conscience. — Somnambulisme. — Quelques circonstances exceptionnelles peuvent faire apparaître, dans toute leur complication, les innombrables mécanismes qui se constituent dans notre système nerveux par suite de la répétition fréquente des mêmes actes, par suite de l'habitude. Dans certaines maladies nerveuses, nous avons déjà signalé ce fait, la conscience est subitement abolie pendant un temps plus ou moins long. Le malade va, vient, agit avec la même précision qu'à l'état normal; mais il n'a aucune conscience de ce qu'il fait et n'en garde aucun souvenir : tout ce qui s'est passé pendant sa crise n'a jamais eu lieu pour lui : son existence intellectuelle a été un instant suspendue; il y a une lacune dans sa vie. Il est bien évident qu'ici la volonté n'est pas intervenue : tout ce qui a été fait, si compliqué que cela paraisse, a été fait automatiquement.

Les somnambules ordinaires sont, pendant leurs accès, dans un état analogue. Tout le monde a entendu conter la précision avec laquelle ils peuvent exécuter, pendant leur sommeil, les actes qui leur sont habituels pendant la veille. Ces actes sont purement automatiques, et s'ils sont accomplis avec tant de précision, c'est que le somnambule est justement soustrait, quand il dort, à l'influence des mille circonstances extérieures qui, pendant la veille, détournent son attention et sollicitent sa volonté dans des directions différentes. Souvent des somnambules marchent avec une sûreté parfaite sur le bord d'un toit, et font ainsi sans accident de longues promenades, sans souci du péril. Réveillés. brusquement, ces malheureux ont aussitôt conscience du danger auquel ils sont exposés; la peur les prend; la volonté essaye de ressaisir son empire; mais elle hésite, là où l'automate fonctionnait avec une régularité parfaite; une chute devient imminente.

Hypnotisme. — On peut produire artificiellement, et avec la plus grande facilité, chez certaines personnes, un état voisin du somnambulisme, auquel on a donné le nom d'*hypnotisme*. Cet état a été exploité par les *magnétiseurs* du siècle dernier, qui prétendaient dominer, par leur volonté, la volonté des personnes qu'elles avaient soumises à l'action de leur « fluide », et leur donner, en les endormant, le pouvoir de deviner l'avenir. Récemment l'hypnotisme a été étudié, d'une façon tout à fait scientifique et pleine d'enseignements, pour la psychologie, dans le service de M. le professeur Charcot, à l'hôpital de la Salpêtrière. Les accès de frénésie, l'insensibilité absolue, l'extase que savent provoquer certains fanatiques et qui ont pris, dans un assez grand nombre de pays, notamment en Orient, un caractère religieux, ne sont autre chose que des phénomènes d'hypnotisme, ayant tous, pour caractère commun, une abolition plus ou moins complète et momentanée de la conscience. On détermine facilement cet état chez certaines personnes en maintenant leur attention dans une direction constante, soit au moyen d'un objet brillant qu'on leur fait fixer, soit au moyen d'un son continu et monotone, tel que celui d'un gros diapason qu'on fait vibrer à côté d'elles. Quelquefois l'apparition d'une vive lumière, une brusque surprise, l'impression produite sur le patient par les yeux de l'opérateur fixés sur lui, l'apposition des doigts sur les yeux, l'ordre donné de dormir, ou seulement la conviction que cet ordre a été donné, ont suffi pour provoquer le sommeil hypnotique. On observe alors sur l'individu endormi, et suivant le degré de sommeil obtenu, les phénomènes les plus curieux. Quelquefois l'insensibilité est telle qu'on peut enfoncer dans la peau de longues aiguilles et faire de graves opérations chirurgicales, sans provoquer le moindre sentiment de douleur.

Lorsqu'une personne est en proie au sommeil hypnotique, il suffit de lui ouvrir les yeux pour la faire passer dans un autre état, caractérisé par des phénomènes nouveaux, l'*état cataleptique*. On peut alors placer le sujet dans les positions les plus variées, lui étendre les bras, le dresser sur la pointe d'un seul pied, lui courber le corps à demi, le placer obliquement contre un mur sur lequel il appuie

PERRIER. 37

seulement par son bras tendu; ses muscles se contractent spontanément pour le maintenir dans la position où on l'a mis. Quelque
fatigante que soit la position qu'on lui donne, il y demeure tant que
dure son accès, si on ne vient pas le délivrer. Dans des cas où le
sommeil est moins profond, on peut, en plaçant l'hypnotisé dans
certaines conditions, le conduire à exécuter les actes les plus variés;
il mange si on l'assied devant une table servie, une fourchette à la
main; il écrit si on remplace son assiette par du papier et sa fourchette par une plume. Un simple commandement, une parole relative à ces actes si variés, suffisent même souvent pour les lui faire
exécuter. La volonté n'existe plus, et il devient possible, avec de
l'habileté, de faire jouer artificiellement tous les ressorts préalablement combinés dans l'organisme. Il y a des malades qui tombent
spontanément dans cet état d'hypnotisme et qui semblent alors dominés par une volonté invisible, étrangère à la leur. Des affections
plus singulières peuvent encore se produire. On a vu une jeune
femme avoir ainsi en quelque sorte deux existences superposées :
elle passait alternativement de l'une à l'autre, n'avait aucunement
conscience, dans la seconde, de ce qui s'était produit dans la première, mais reliait parfaitement, dans chacune d'elles, les idées et
les événements qui y étaient relatifs. La plupart des *possédés* du
moyen âge étaient sans doute dans ce cas. Mais nous touchons ici
à des phénomènes d'un autre ordre et qui nous conduisent à constater, dans le cerveau lui-même, l'existence de mécanismes tout
montés, analogues à ceux qui produisent les actes réflexes du grand
sympathique et de la moelle épinière.

Sensations et actes sympathiques. — Dans ce qui précède,
nous ne nous sommes occupés que des actes provoqués par des nerfs
centrifuges, à la suite d'excitations produites sur les nerfs centripètes, sans intervention de la conscience. Ce sont là les actes réflexes simples, dont un grand nombre ne nécessite, en aucune façon,
un travail actuel du cerveau. Mais l'excitation d'un nerf périphérique
peut produire d'autres phénomènes qui ne s'expliquent qu'en admettant que l'excitation s'est propagée jusqu'à la substance cérébrale.

Lorsqu'on vient à toucher ou à piquer un point de leur corps,
beaucoup de personnes éprouvent une sensation non seulement au
point qui a été excité, mais encore en un point tout différent. La
sensation secondaire qui se produit alors n'est pas nécessairement
analogue à la sensation qui l'a provoquée, et le point où elle se
produit n'est lié par aucune règle connue, au point de départ de

l'excitation. Les points symétriques du corps semblent cependant unis entre eux d'une façon particulière ; dans certaines affections de la moelle épinière, les malades rapportent à la fois à leurs deux jambes les excitations produites sur l'une d'entre elles, d'autres rapportent les excitations à la jambe symétrique, d'autres enfin ne savent à laquelle des deux l'attribuer. On donne aux sensations qui se commandent ainsi le nom de *sensations sympathiques*.

Quelquefois ce n'est pas une sensation qui se produit, c'est au contraire une paralysie de la sensibilité, et cette paralysie peut être aussi bien déterminée par de véritables sensations que par des excitations centripètes venues des viscères. Les exemples sont fréquents d'*amaurose*, cécité résultant de la paralysie du nerf optique, causée, soit par des dents en évolution, soit par la présence d'helminthes dans le tube digestif, soit même par des maladies du foie. On a réussi à faire disparaître des névralgies intercostales, en enfonçant une aiguille dans la région symétrique du point où la névralgie se faisait sentir, et c'est un fait bien connu qu'une vive douleur éprouvée en un point du corps fait souvent disparaître une autre douleur existant en un autre point. Les paysans de certains pays prétendent guérir leurs maux de dents, en s'appliquant sur la joue un fer assez chaud pour produire un commencement de brûlure. Dans certaines maladies nerveuses on constate soit une disparition (*anesthésie*), soit une augmentation (*hyperesthésie*) de la sensibilité de certaines régions du corps, dont la cause est très probablement dans un état anormal de certains viscères.

Ces phénomènes ne peuvent évidemment s'expliquer qu'en admettant qu'un ébranlement a été communiqué, à travers la substance cérébrale, de la région où la sensation réelle a été perçue à la région où serait perçue une excitation amenée au cerveau, par le nerf centripète, aboutissant au point où a été ressentie la sensation sympathique.

Il est peu de personnes dont divers points du corps ne soient pas liés par des sympathies de ce genre. Quelques-uns de ces liens présentent une remarquable constance : on éprouve un picotement dans le nez quand on regarde le soleil ; on a les dents agacées quand un flambeau grince, en glissant sur du marbre, quand on entend limer une scie, ou qu'un bruit strident analogue vient frapper l'oreille ; il en est de même pour certains enfants quand ils touchent une pelure de pêche, une étoffe usée de coton, des gants de filoselle, etc. ; la présence d'helminthes dans l'intestin provoque souvent une sensation de prurit au bout du nez. Mais ces sensations

sympathiques se développent surtout dans l'état de maladie : beaucoup de douleurs dites *névralgiques* ont ainsi une origine exclusivement sympathique. La pleurésie provoque souvent une douleur
dans le bras, les maladies de foie une douleur dans l'épaule
droite ; les dents malades provoquent des névralgies diverses dont
la liste serait longue. Quelquefois ce sont les centres de perception
des sensations spéciales qui sont excités, et le malade perçoit alors
des couleurs, des bruits, des odeurs qui n'ont aucune réalité.

Hallucinations. — Souvent le malade reconnaît lui-même que
ce sont là de simples illusions, et il n'en résulte pour lui aucun pré-
judice grave ; mais d'autres fois, au contraire, ces excitations prennent un tel caractère de netteté que le patient devient impuissant à
les distinguer des sensations ordinaires. Il en attribue la cause
à des objets imaginaires qui peuvent obséder son esprit et lui
apparaître comme réels. Il est alors le jouet d'*hallucinations*,
points de départ de toutes sortes de jugements faux, innombrables
écueils au milieu desquels sa raison est exposée à sombrer rapidement.

Nous surprenons ici un mécanisme nouveau et d'une haute importance : une sensation réelle ou sympathique a été perçue par le
cerveau ; aussitôt se sont éveillées une série d'idées plus ou moins
en rapport avec cette sensation et qui sont devenues les bases d'un
grand nombre de jugements exacts ou erronés. Cette *association
des idées aux sensations*, ce réveil des idées les unes par les autres
auquel on donne aussi le nom d'*association des idées*, est un phénomène dont chacun a pu se rendre compte et qui joue un rôle des
plus importants dans la production de ce que nous appelons l'*imagination*.

L'audition d'un morceau de musique suffit souvent à nous rappeler toutes les circonstances dans lesquelles il a été entendu pour la
première fois ; un portrait éveille en nous les moindres détails d'un
lointain passé : on pourrait à l'infini multiplier ces exemples.

Rêves. — Les rêves trouvent eux-mêmes, en partie, leur explication dans des phénomènes semblables. Une excitation survenue
pendant le sommeil et dont nos sens engourdis ne nous permettent
pas de reconnaître la nature, fait surgir toute une série d'idées qui
s'enchaînent souvent, malgré leur invraisemblance, et que nous
prenons, tant que nous sommes endormis, pour la réalité. Une
angoisse résultant d'une fausse position nous fait rêver aux événe-

ments douloureux qui nous ont frappés ou à ceux que nous avons redoutés; une douleur accidentelle,. les élancements que nous cause une blessure font apparaître, dans nos songes, l'image d'un animal qui nous mord ; un bruit subit ne nous éveille pas toujours, mais nous l'attribuons, suivant l'idée qui naît à sa suite, à des causes totalement différentes de celles qui l'ont produit. Il ne faudrait pas croire cependant que les excitations extérieures soient la seule cause des rêves; pendant le sommeil il se fait aussi probablement dans notre cerveau, d'une façon spontanée, un travail comparable à celui qui, pendant la veille, correspond à la conception des idées et à l'évocation des souvenirs. Une bonne part de nos rêves sont, sans doute, le résultat de ce travail tout à fait intime de la substance cérébrale.

Relations des mouvements et des idées. — Il existe d'ailleurs entre les phénomènes extérieurs et nos idées d'autres liens sur lesquels nous devons insister.

Bien des idées provoquent, comme les sensations, un ensemble de mouvements que nous ne commandons pas, qui s'agencent d'eux-mêmes, souvent d'une façon compliquée, et qui ressemblent beaucoup par là aux mouvements réflexes proprement dits. Tels sont la plupart des mouvements qui constituent ce que nous appelons la *physionomie*, ceux qui servent à exprimer nos émotions et bien d'autres encore. Or, ces mouvements sont capables à leur tour, lorsqu'ils sont automatiquement produits, d'éveiller l'idée à laquelle ils correspondent. Ce sont encore les hypnotisés, arrivés à l'état cataleptique, qui permettent de le démontrer de la façon la plus nette. On parvient à exercer sur les personnes en cet état, en tenant son regard attaché sur le leur, une sorte de *fascination*. Elles vous suivent partout où vous allez, à la condition de ne pas les perdre de vue, et si vous allez droit sur elles, elles tombent à la renverse. Lorsqu'on a acquis un tel empire sur un hypnotisé, ce qui ne demande pas plus de quelques minutes, on peut lui suggérer, en lui faisant exécuter certains mouvements, telles idées que l'on veut. Fait-on mine, par exemple, de poursuivre un oiseau dans une chambre et d'essayer de le saisir, l'hypnotisé commence par vous imiter; puis il fait de lui-même un grand nombre de mouvements combinés en vue de capturer l'être qui voltige, et qui impliquent que l'image de l'animal lui est réellement apparu. Exprime-t-on par ses gestes la crainte d'un serpent, aussitôt une expression de terreur se peint sur la figure du sujet de l'expérience, et les gestes qu'il fait à son tour démontrent que l'idée du serpent a surgi dans son esprit : il croit voir le reptile, lui prête des mouvements imaginaires et s'efforce de l'éviter. On a suscité chez lui une idée, et le contrôle des sens n'existant plus, l'idée et la réalité n'ont pu être distinguées : on se trouve avoir provoqué une véritable hallucination. On peut obtenir ainsi les effets les plus étonnants, les plus propres à frapper l'imagination.

Retenons simplement de tout ceci, ce qui importe au point de vue physiologique : c'est que s'il existe un lien, en quelque sorte mécanique, entre les excitations subies par nos viscères et les actes qu'ils accomplissent, entre nos sensations et les phénomènes de nutrition, entre nos sensations et nos mouvements, entre nos sensations réelles et les sensations dites sympathiques, les excitations centripètes non perçues, venues des viscères, les sensations venues de la peau ou des organes des sens, certaines catégories de mouvements eux-mêmes peuvent mettre en jeu l'activité cérébrale et sont intimement liées, quoique dans une mesure qui n'a pas encore été déterminée, au mécanisme de la production des idées. Il y a ainsi tout un côté de la psychologie qui confine à la physiologie.

Durée des actes cérébraux. — Des physiologistes hardis ont tenté, d'autre part, de pénétrer un côté différent des actes intellectuels; ils ont cherché si ces actes étaient instantanés, ou si leur exécution demandait un certain temps. Ayant trouvé que cette dernière alternative était la vraie, ils ont essayé de mesurer le temps que demandait l'accomplissement des actes les plus simples. Donders s'est servi pour cela d'appareils auxquels il a donné les noms de *noématachographes* et de *noématachomètres*. Le principe de ces appareils est fort simple.

Supposons que l'on veuille mesurer le temps que met le cerveau à percevoir une excitation simple, telle que celle résultant d'une piqûre, d'un son, d'une étincelle lumineuse; on convient avec le sujet de l'expérience qu'au moment où il aura perçu l'excitation, il pressera sur un bouton; ce bouton fait mouvoir un levier qui marque, sur un cylindre enregistreur, un trait correspondant à l'instant où la pression a été produite; l'instant où l'excitation a eu lieu est inscrit de même automatiquement sur le cylindre; le temps est évalué à l'aide des vibrations d'un diapason qui s'inscrivent aussi sur le cylindre tournant.

On constate toujours un intervalle de plusieurs vibrations entre l'instant de l'excitation et l'instant de la perception. Cet intervalle ne saurait être attribué en entier à l'acte de la perception par le cerveau ; il comprend, en effet, le temps de la transmission de l'excitation au cerveau, celui de la transmission de l'ordre de mouvement aux muscles du bras et de la main, et nous savons que ces phénomènes demandent eux-mêmes un temps parfaitement appréciable ; ce temps a été mesuré aussi bien pour la moelle que pour les nerfs : on peut donc calculer, avec une approximation connue, le temps qu'exige cette transmission, et quand on retranche ce temps des nombres fournis par l'expérience, on trouve un reste variant de huit à quatre-vingt-quatorze centièmes de seconde et qui ne peut être attribué qu'à la durée de l'acte cérébral lui-même.

Cette durée est très variable d'un individu à un autre ; elle augmente généralement avec l'âge et certaines maladies peuvent l'accroître jusqu'à plusieurs secondes. Cet accroissement est imputable, tantôt à une altération de la moelle, qui fonctionne ici comme conducteur, tantôt à une altération de la substance même du cerveau. Mais, même dans l'état de parfaite santé, il est rare que deux individus accusent en même temps la perception d'un même phénomène. Les astronomes, qui ont journellement à pointer, sur des chronomètres, l'instant du passage d'un astre derrière les fils du réticule de leur lunette, connaissent depuis longtemps les écarts constants entre les mesures notées par des observateurs différents. Ils ont été conduits à déterminer, par des procédés analogues à ceux de Donders, le temps qui s'écoule entre l'instant réel d'un phénomène et celui où il est constaté par un observateur donné, et à corriger d'autant les nombres pointés par lui. Chaque astronome a ainsi une sorte de coefficient connu, qu'on appelle son *équation personnelle*.

Il résulte des recherches récentes de Exner que l'équation personnelle ne doit pas être constante. En effet, l'ingestion de substances agissant sur le système nerveux, telles que le vin, les liqueurs alcooliques, le café et quelques autres excitants, l'augmentent notablement, et l'on peut en conclure que l'état moral n'est pas non plus sans influence. L'habitude la réduit notablement, mais seulement jusqu'à une limite qui n'est pas dépassée. Enfin, cette équation, pour nous servir du terme des astronomes, varie encore avec la nature de l'excitation et avec l'organe excité : une étincelle électrique, une impression auditive, sont, par exemple, plus vite perçues qu'une excitation à la peau des jambes.

La part qui revient au cerveau, dans le retard qui sépare l'excitation de la réaction, est nettement mise en lumière par une autre expérience intéressante. Reprenant le noématachographe, on fait apparaître une lumière pouvant présenter l'une où l'autre de deux couleurs convenues à l'avance, le rouge ou le vert, par exemple, et on demande au sujet mis en observation d'indiquer la perception avec la main droite ou avec la main gauche, suivant la couleur qu'on aura montrée. Il y a là une alternative, un jugement à porter, un choix à faire. On peut mesurer, à l'aide d'une première expérience, le temps nécessaire à une perception simple, et le temps que demande l'opération du jugement peut ainsi être rigoureusement mis en évidence. On a trouvé tout d'abord qu'aucun jugement n'était instantané; on a même montré que la durée nécessaire pour effectuer un même jugement simple variait avec les individus. Chacun est doué, en quelque sorte, d'une *vitesse de pensée* particulière. On peut modifier ces expériences de mille façons et obtenir ainsi des résultats intéressants; à l'aide du noématachomètre on a mesuré, par exemple, l'intervalle de temps qui devait séparer la production de deux phénomènes, pour que l'on pût apprécier l'antériorité de l'un sur l'autre. De telles recherches introduisent, dans les études psychologiques, une précision à laquelle cette science semblait devoir rester rebelle; elles mettent en relief certains côtés des opérations de notre esprit qui avaient été négligés; mais il ne faudrait pas en conclure que nous soyons sur le point de posséder des données qui pourraient permettre d'établir quoi que ce soit ressemblant à une théorie mathématique de l'intelligence. Rien de tout cela n'est encore, en effet, l'intelligence; rien de tout cela n'est la volonté. Nous avons pu saisir, jusqu'ici, des mécanismes organisés plus ou moins lentement par l'une ou l'autre de ces facultés maîtresses de notre esprit; nous avons étudié en nous l'automate; nous savons que les ressorts peuvent en être modifiés, multipliés, perfectionnés, mais nous ignorons totalement en quoi consiste l'ouvrier qui dispose *librement* tous ces ressorts pour son usage.

Fonctions des diverses parties du cerveau. — Au moins est-il possible de savoir dans quelles régions du cerveau les excitations venues de la périphérie sont transformées en sensations, dans quelle région prennent naissance les incitations motrices de la volonté, dans quelles parties sont élaborées et combinées les perceptions qui servent de base à nos idées ?

Le cerveau n'est pas, nous l'avons vu, un organisme simple; il se décompose en un grand nombre de parties, qui semblent être autant d'organes distincts. On a gratuitement supposé que chacun de

ces organes devait avoir une fonction propre, et l'on a fait de très
nombreuses recherches pour savoir quelle pouvait être cette fonction.
Diverses méthodes ont été employées pour cela. Magendie, Flourens,
Longet et les physiologistes auxquels ils ont ouvert la voie, avaient
recours aux vivisections. Ils enlevaient une partie de l'encéphale et
cherchaient à déterminer quels troubles cette opération apportait
dans l'exercice des fonctions normales; il arrive fréquemment que
certaines parties de l'encéphale sont détruites ou que leur fonctionnement est empêché, soit par des blessures, soit par des tumeurs,
soit par des épanchements sanguins, soit par une altération de la
substance cérébrale elle-même. L'observation des troubles intellectuels ou physiques présentés par les malades, le rapprochement de
ces troubles et des causes qui les ont déterminés peuvent fournir,
sur le rôle de diverses parties du cerveau, des renseignements qui
devraient concorder avec ceux fournis par les expériences directes.

Malheureusement, il n'en est pas toujours ainsi; des lésions artificielles ou naturelles, en apparence identiques, correspondent souvent à des résultats qui semblent contradictoires. Cela tient à plusieurs causes, et la rigueur du déterminisme physiologique n'est
nullement atteinte par les divergences que nous signalons. En effet,
les éléments qui composent les centres nerveux sont tellement délicats qu'on n'est jamais sûr, dans deux vivisections successives, de
n'avoir enlevé que des éléments similaires. En second lieu, tout ce
que nous avons dit des rapports temporaires ou permanents qui
s'établissent au cours de la vie entre les éléments nerveux, montre
combien doivent être variables, suivant ces rapports, les effets produits par une même lésion de l'encéphale, et combien peut différer,
d'un individu à un autre, le retentissement, sur les diverses parties
de cet appareil, de l'ablation de l'une d'elles ; cette ablation, lorsqu'elle est brusque, est une opération complexe intéressant à la
fois des fibres qui sont de simples conducteurs, et des cellules qui
sont des centres d'opérations nerveuses. Comment démêler ce qui
revient aux unes et aux autres? La destruction lente des parties de
l'encéphale expose à une autre cause d'erreur : les parties détruites
sont peu à peu suppléées par d'autres qui s'approprient leur rôle,
de sorte que la fonction se rétablit d'un côté, pendant que l'organe
où elle siégeait se détruit de l'autre.

Notons enfin que l'enlèvement de parties dont les rapports sont
aussi complexes que celles du cerveau, ne peut nous donner que des
renseignements fort incertains sur le rôle qu'elles jouent normalement. On a pensé arriver à de meilleurs résultats en excitant direc-

tement, soit à l'aide de réactifs, soit à l'aide de courants électriques, la substance cérébrale elle-même. Longtemps cette substance que l'on peut toucher, blesser et même enlever sans causer aucune douleur, a paru totalement rebelle à toute excitation; dans ces dernières années, quelques physiologistes, surtout le médecin anglais Ferrier, ont réussi à la mettre en action d'une manière très nette, mais sans obtenir toujours cependant des résultats absolument concordants. En présence de cette impuissance, momentanée sans doute, des méthodes d'investigation physiologique, nous devons nous borner à donner ici les résultats les plus généraux et ceux qui sont les plus certains.

Action croisée des hémisphères. — Il y a d'abord un point sur lequel toutes les observations sont d'accord. C'est que les lésions du pont de Varole et des hémisphères ont une action croisée et affectent le côté du corps opposé à celui où elles siègent; cela s'explique par l'entre-croisement des fibres nerveuses que nous avons signalé dans les pyramides antérieures de la moelle allongée. L'action est, au contraire, directe sur la face qui reçoit ses nerfs du cerveau. Ainsi, lorsqu'une hémorrhagie se déclare dans l'hémisphère droit, ce sont les muscles du côté droit de la face et ceux du côté gauche du corps qui sont paralysés : il y a, comme on dit, *hémiplégie* du côté gauche. Les muscles du côté droit de la face ne réagissant plus, la tonicité musculaire entraîne alors la bouche du côté gauche.

Dans l'hémiplégie, la sensibilité et le mouvement peuvent être détruits simultanément, ou à l'exclusion l'un de l'autre. Cela prouve que les hémisphères cérébraux tiennent sous leur dépendance aussi bien les mouvements que les sensations. Bien entendu les mouvements volontaires sont seuls abolis: les réflexes subsistent tant que les muscles qui doivent les produire ne sont pas atrophiés. Des muscles inactifs tendent toujours à disparaître; dans les cas d'hémiplégie, il est important de prévenir cette disparition; car il arrive assez souvent que la fonction nerveuse se rétablit spontanément et la guérison ne peut être complète que si les nerfs retrouvent en état de santé les organes sur lesquels ils doivent agir. On obtient ce résultat en faisant contracter périodiquement les muscles paralysés, soit au moyen d'excitations qui les mettent en mouvement par voie réflexe, soit en les soumettant à l'action de décharges ou de courants électriques.

Mouvements de rotation produits par certaines lésions de l'encéphale. — La lésion asymétrique de certaines parties de l'encéphale produit de singuliers phénomènes de mouvement, qui ont été observés par de nombreux observateurs. Après la section des fibres superficielles du pont de Varole, ou la section totale de l'un des pédoncules moyens du cervelet, l'animal opéré tourne irrésistiblement sur lui-même, en roulant autour de l'axe longitudinal de son corps. Il fait quelquefois jusqu'à soixante tours par minute. Si c'est le côté droit qui a été lésé, la rotation a lieu de droite à gauche, l'œil droit est fixé en bas et en avant, l'œil gauche en haut et en arrière. On attribue ce résultat à la paralysie d'une moitié des muscles de la nuque et de la région dorsale, amenant une torsion du corps.

La section de l'un des pédoncules cérébraux détermine aussi un mouvement de rotation, mais d'une autre nature. L'animal, debout sur ses quatre pattes, tourne autour d'un axe vertical, comme s'il était enfermé dans un manège. Le cercle décrit est d'autant plus petit, que la section est plus près du pont de Varole. La rotation a lieu de droite à gauche si c'est le pédoncule droit qui est coupé ; en sens inverse si c'est le pédoncule gauche. La section d'un pédoncule, immédiatement en avant du pont de Varole, n'amène pas de mouvement en manège, mais l'animal tombe aussitôt sur le côté opposé de son corps. Ces phénomènes paraissent dus à la paralysie des muscles adducteurs du membre thoracique droit et des muscles abducteurs du membre thoracique gauche, paralysie qui ne permet que certaines combinaisons de mouvements.

On a observé aussi des mouvements de rotation à la suite de l'ablation de l'un des tubercules quadrijumeaux ; la rotation a lieu du côté où le tubercule a été enlevé vers l'autre. Il en est de même lorsque l'une des couches optiques est lésée.

Tous ces mouvements si étranges s'expliquent simplement par la paralysie de certains groupes de muscles, et il faudrait bien se garder d'y voir la preuve de l'existence dans le cerveau de forces occultes poussant l'animal soit vers la droite, soit vers la gauche. C'est du reste simplement en qualité de conducteurs, que les organes dont nous venons de parler interviennent dans la production des mouvements.

Fonctions du pont de Varole. — Ces organes fonctionnent aussi comme centres de certaines perceptions. Lorsque, chez un animal, on supprime toute la partie de l'encéphale située au-dessus du pont de Varole, l'animal pousse des *cris plaintifs* si l'on vient à le pincer ou à le piquer fortement. Ces cris sont tout différents du cri bref qui se produit en pareil cas, lorsque le pont de Varole a été enlevé. Ce dernier est un simple *cri réflexe*, et il suffit d'avoir entendu l'un et l'autre pour se rendre compte que, dans le premier cas, la douleur a été réellement ressentie, tandis que dans le second il y a eu une réaction toute mécanique des muscles du larynx. Le pont de Varole est donc un centre de perception de la douleur.

Les tubercules quadrijumeaux et la vision. — La suppression de toutes les parties de l'encéphale qui sont situées au-dessus des tubercules quadrijumeaux, laisse aux animaux une entière sensibilité. Longet a conservé dix-huit jours un Pigeon ayant subi cette opération : l'animal se comportait absolument comme s'il avait été aveugle, se heurtait à tous les obstacles et ne fuyait pas quand on le menaçait; cependant ses organes de la vision étaient intacts : son iris se dilatait ou se contractait suivant qu'il était à l'ombre ou à la lumière; sa tête suivait la lumière qu'on lui présentait; le contraste entre ces faits et l'allure de l'animal montre qu'il ne s'agit là que de phénomènes réflexes produits par l'excitation du nerf optique et nullement d'une véritable perception, soit de la lumière, soit des images.

L'ablation des tubercules quadrijumeaux rend les animaux aveugles : l'action de ces tubercules sur les yeux est croisée chez les Mammifères et les Oiseaux, directe chez les Batraciens; ces tubercules fonctionnent donc, selon toute apparence, comme conducteurs des impressions lumineuses; c'est, suivant le docteur Luys, un peu plus loin, dans les couches optiques elles-mêmes, que ces sensations seraient perçues.

Le noyau de l'encéphale. — On observe dans les couches optiques quatre centres gris, qui seraient, suivant cet anatomiste, en rapport avec tous les nerfs de sensibilité spéciale : le centre antérieur percevrait les *sensations olfactives*, le second les *sensations optiques*, le troisième serait en rapport avec la *sensibilité générale*, le dernier avec la *sensibilité acoustique*.

Les corps striés, extérieurs aux couches optiques, seraient, suivant le même observateur, le couronnement des cordons antérieurs de la moelle et serviraient exclusivement à la transmission des incitations locomotrices venant des hémisphères.

On ne sait rien des fonctions de la voûte à trois piliers, ni de celles du corps calleux, si ce n'est que ce dernier établit une communication entre les circonvolutions symétriques du cerveau.

Des recherches embryogéniques très concordantes ont montré que la glande pinéale et le corps pituitaire sont des organes rudimentaires, dépendant du tube digestif, et dont la signification n'a d'importance qu'au point de vue de l'anatomie comparée.

Fonctions du cervelet. — Le cervelet est une des parties de l'encéphale les plus volumineuses; c'est aussi l'une de celles dont l'existence est le plus générale. On a fait sur lui de nombreuses expériences et encore plus de conjectures. Tout ce qu'il est possible de conclure des résultats obtenus, c'est que le cervelet est nécessaire à la production harmonique des mouvements volontaires ; mais il partage cette fonction avec d'autres parties de l'encéphale et son rôle particulier demeure encore très obscur. Ajoutons cependant que la piqûre d'une région voisine, celle du plancher du quatrième ventricule, a révélé à Claude Bernard une action inattendue de l'encéphale sur la nutrition. Des Lapins qui ont subi cette opération rendent des quantités notables de sucre dans leur urine; ils deviennent *diabétiques*.

Rôle des hémisphères cérébraux. — Les hémisphères cérébraux ont un rôle multiple et très complexe. Nous avons vu que les sensations demeurent incomplètes tant qu'elles n'ont pas été élaborées par eux; nous savons que ces organes sont le point de départ des incitations motrices qui font contracter les muscles; enfin nous sommes obligés, ne fût-ce que par voie d'exclusion, de les considérer comme le siège des phénomènes intellectuels. Nous devons les étudier à ce triple point de vue. La question serait évidemment simplifiée, s'il était possible de découvrir en eux une portion sensitive, une portion motrice et une portion intellectuelle; mais tous les efforts qu'on a pu faire pour délimiter dans les hémisphères des régions de ce genre ont été à peu près infructueux. Dans la paralysie générale, où la substance grise des hémisphères est seule atteinte, l'aptitude à percevoir des sensations et l'intelligence sont altérées comme la locomotion. Nous n'en rechercherons pas moins successivement quelle peut être l'influence des hémisphères sur les trois catégories de fonctions de relation.

Les hémisphères cérébraux et la locomotion. — Les lésions des hémisphères passent avec juste raison comme de la plus haute

gravité chez l'Homme ; il arrive parfois qu'une blessure légère de
cette région du cerveau entraîne la mort, et l'on a vu des individus
entièrement paralysés de tout un côté pour une affection toute
superficielle et très limitée de ces organes; mais il n'en est pas
toujours ainsi. Ferrier cite le cas d'un mineur dont les hémisphères
avaient été traversés dans la région frontale par un pic d'acier, et
qui survécut plusieurs années à cette épouvantable blessure sans
autre trouble apparent qu'un changement profond de caractère. On
a vu également des soldats guérir après la perte d'une petite quantité de substance cérébrale, sans une altération bien grande d'aucune de leurs facultés ; mais, en général, quand la mort n'est pas
instantanément produite par une commotion cérébrale, il survient, en pareil cas, des complications qui l'amènent en peu de
temps.

Lors même qu'on prend toutes les précautions pour causer à
l'animal le moins de trouble possible, l'ablation d'une partie des
hémisphères cérébraux est de même rapidement mortelle chez les
Mammifères, comme si ces organes, où siège l'intelligence, pre-
naient chez eux une plus grande part à la direction des phénomènes
vitaux. Chez les Oiseaux, les Reptiles, les Batraciens et les Poissons
l'ablation des hémisphères est infiniment moins dangereuse. Il
semble même au premier abord que l'animal n'ait pas changé d'allure; on dirait que, dans ces groupes inférieurs, le cerveau n'a pas
opéré une centralisation aussi complète des activités physiologiques.
Nous avons vu qu'une Grenouille décapitée nage comme auparavant
et se soustrait, comme si elle avait encore une volonté, aux contacts
qui sont gênants pour elle. Flourens a conservé pendant dix mois
une Poule qu'il avait privée de ses hémisphères et qui se tenait
parfaitement perchée, changeait de patte, comme si elle avait été
fatiguée, lissait spontanément ses plumes, battait des ailes quand on
la lançait en l'air et se mettait à courir quand on la poussait brusquement. L'intégrité de la faculté de locomotion était donc absolue; mais tous ces mouvements peuvent s'expliquer par des actions
réflexes: la Poule de Flourens ne changeait pas de place sans y être
forcée, elle ne recherchait pas sa nourriture, ne faisait aucun effort
pour s'en emparer quand on la lui présentait; en un mot, elle avait
perdu la possibilité de faire le moindre mouvement volontaire. Elle
remuait sous l'influence d'incitations directes, mais rien ne lui faisait
venir l'idée de se mouvoir. La volonté intervient d'autant plus souvent et d'une façon d'autant plus directe dans la production des
mouvements que les animaux sont plus intelligents; on comprend

donc que les lésions des hémisphères soient plus graves chez les plus élevés que chez les autres.

On a réussi d'ailleurs, dans ces dernières années, à provoquer des mouvements par l'excitation directe des circonvolutions cérébrales et, contre toute attente, ce sont les circonvolutions voisines de la scissure de Sylvius et les circonvolutions antérieures qui se sont montrées les plus dociles à cette excitation. Les circonvolutions occipitales, excitées de diverses façons, n'ont jamais provoqué le moindre mouvement; d'où cette conclusion, un peu prématurée peut-être, de Ferrier, que les circonvolutions sont le siège des phénomènes intellectuels, comme l'avaient déjà soutenu Neumann et Cruveilher. Chacun des membres semble du reste avoir son centre locomoteur spécial, cela résulte déjà de ce fait que chacun d'eux peut être isolément paralysé.

Les hémisphères cérébraux et les sensations. — De même qu'elle n'abolit pas la possibilité de se mouvoir, l'ablation des hémisphères n'abolit pas davantage la perception des sensations spéciales. La Poule de Flourens, le Pigeon de Longet avaient conservé les sensations visuelles, puisque leur iris se contractait à la lumière et que leur tête suivait le mouvement de celle-ci; M. Vulpian a constaté également qu'un Rat mutilé de la même façon tressaillait au moindre bruit: ce Rat avait donc conservé les sensations auditives. Cependant ces animaux se comportaient, à cela près, comme s'ils étaient aveugles, comme s'ils étaient frappés de surdité: la Poule et le Pigeon se buttaient aux obstacles, le Rat ne s'effrayait pas du bruit et demeurait en place après avoir tressailli. Évidemment les liens physiques de l'œil et de l'oreille avec le reste de l'organisme étaient conservés. Les sensations *lumière* et *bruit* étaient-elles reconnues par l'animal? Nul ne pourrait le dire; ce qui est certain, c'est qu'elles n'éveillaient plus en lui aucun souvenir, aucune idée, aucune volonté. Les sensations, si tant est qu'elles existaient, étaient incapables de se transformer en actes intellectuels. De même que les mouvements, c'est donc par les côtés où elles touchent aux phénomènes de l'intelligence que les sensations sont modifiées par la disparition des hémisphères: c'est surtout par ce lien nouveau qu'ils établissent entre les excitations centripètes et les excitations centrifuges que les hémisphères cérébraux se distinguent des autres centres nerveux; par leur intermédiaire, les sensations donnent naissance aux *idées*, les idées aux *jugements*, les jugements à la *volonté*. Ces opérations laissent elles-mêmes en nous une trace durable qui constitue ce que nous nommons la *mémoire* et la *conscience*.

Les hémisphères cérébraux et l'intelligence. — On reconnaît, en effet, que, d'une manière générale, plus les hémisphères cérébraux sont développés par rapport aux autres parties du cerveau, plus l'intelligence est étendue. En définitive, c'est seulement dans les cellules cérébrales que s'accomplissent les transformations dont nous venons de parler et ces cellules ne forment qu'une couche plus ou moins épaisse à la surface des hémisphères; il est évident que, toutes choses égales d'ailleurs, plus cette surface sera considérable, plus les cellules seront nombreuses. Les circonvolutions, les anfractuosités augmentent d'autant la surface cérébrale; on comprend maintenant que les circonvolutions des hémisphères paraissent généralement d'autant plus nombreuses et plus profondes que l'intelligence est plus élevée. On voit effectivement, dans le type des Vertébrés, les hémisphères cérébraux augmenter d'abord graduellement de volume à mesure que le type se perfectionne; leur surface augmente par cela même, mais plus lentement que le volume; puis le volume augmente moins, mais la surface, d'abord lisse, se creuse peu à peu de sillons dont le nombre, la profondeur et les sinuosités augmentent rapidement. Chez les Poissons, le cervelet, les tubercules quadrijumeaux et les hémisphères sont presque de même taille; les hémisphères sont plus volumineux, mais encore petits, chez les Batraciens; ils augmentent chez les Reptiles et plus encore chez les Oiseaux; chez les Mammifères marsupiaux, ils ne recouvrent pas encore les tubercules quadrijumeaux; chez les Édentés, chez les Rongeurs, ils sont lisses; chez les autres Mammifères les circonvolutions apparaissent, elles sont particulièrement nombreuses chez les Chiens, chez les Dauphins et chez les Singes supérieurs, mais n'atteignent tout leur développement que chez l'Homme.

Toutefois le poids du cerveau d'un animal ne pourrait pas servir de mesure à son intelligence; il semble, au premier abord, que le rapport du poids de cet organe au poids du corps devrait donner, à cet égard, de bons résultats; mais comme les dimensions des éléments anatomiques ne s'amoindrissent pas proportionnellement à la taille des animaux auxquels ils appartiennent, et que leur nombre ne saurait diminuer indéfiniment, en raison de la complication des organes et des fonctions indispensables à la vie qu'ils ont à régir, on arrive simplement à ce résultat que le rapport du poids du cerveau à la taille est d'autant plus grand que la taille est plus petite. Cela ressortira nettement du tableau suivant :

RAPPORT DU POIDS DU CERVEAU AU POIDS DU CORPS

MAMMIFÈRES		OISEAUX	
Homme adulte	1/30	Mésange	1/12
Saïmiri	1/22	Serin	1/14
Saï	1/25	Moineau	1/25
Ouistiti	1/28	Rouge-gorge	1/32
Dauphin (jaune)	1/36		

La moelle épinière étant le siège des actions réflexes, les hémisphères celui de l'intelligence, on conçoit, à priori, que le rapport du poids de l'encéphale à celui de la moelle sera une meilleure mesure du degré de développement des facultés intellectuelles; c'est en effet ce qui arrive. Chez l'Homme, le cerveau pèse 50 fois plus que la moelle, chez le Chien il ne pèse que 5 fois plus et 2 fois seulement chez le Cheval.

Si on limite ces comparaisons à l'espèce humaine, des faits plus saillants se dégagent. Là il semble bien réel que le développement du cerveau augmente avec celui des facultés intellectuelles, sans qu'il soit cependant possible d'établir entre eux quelque chose qui ressemble à une proportionnalité. On connaît le poids du cerveau d'un certain nombre d'hommes de génie; pour plusieurs d'entre eux ce poids s'est trouvé notablement au-dessus de la moyenne. Le poids moyen du cerveau de l'Homme est 1250 grammes; or, le cerveau de Dupuytren pesait 1436 grammes; celui de Schiller 1750 grammes; celui de Cuvier 1829 grammes; celui de Cromwell 2231 grammes; celui de lord Byron 2238 grammes.

Il est probable que ces deux derniers nombres sont trop forts et comprennent, avec le poids du cerveau, celui de diverses parties secondaires; en les réduisant comme il convient, on trouve encore, pour les cerveaux de Cromwell et de lord Byron, un poids voisin de 1800 grammes; celui d'une femme australienne, possédant l'intelligence de sa race, n'a été trouvé que de 907 grammes, celui d'une Boschismane, de 872 grammes. Il peut donc y avoir entre les cerveaux humains un écart supérieur à celui du simple au double.

Sauf dans les cas d'hydrocéphalie, le volume de la tête peut permettre d'apprécier celui du cerveau; toutes les mesures qui ont été prises de cette façon accusent une supériorité marquée du volume cérébral dans les catégories de personnes qui se livrent habituellement à l'étude. Ainsi le volume de la tête des étudiants et des doc-

teurs du Val-de-Grâce est notablement supérieur à celui des soldats
qui n'ont reçu aucune éducation et même à celui de la tête des
infirmiers. Bien que des statistiques relevées chez les chapeliers des
écoles et des corporations aient conduit à des résultats assez curieux,
on se tromperait étrangement cependant si l'on croyait pouvoir
apprécier l'intelligence d'un homme par le diamètre de son chapeau : une petite tête peut appartenir à un homme très intelligent.
L'histologie nous apprend qu'il existe dans le cerveau une proportion
assez forte d'éléments inactifs, de nature conjonctive ; nous savons,
d'autre part, que les cellules nerveuses ne sont pas les seuls facteurs des opérations intellectuelles, les connexions réciproques de
ces cellules, leur arrangement, leur nature, la facilité avec laquelle

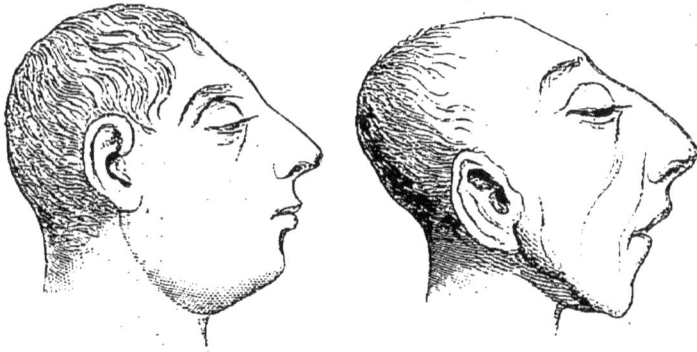

Fig. 327. — Têtes d'idiots microcéphales.

un ébranlement donné peut se partager entre les cellules unies
entre elles, la façon dont les cellules sont nourries et bien d'autres
facteurs, doivent entrer en ligne de compte dans l'appréciation de
ce qu'on pourrait appeler la *qualité d'un cerveau*, lorsqu'il s'agit
d'individus appartenant à une même race, vivant dans des conditions analogues. Cependant, quand le volume de la tête descend au-
dessous de certaines limites, l'idiotie en est généralement la conséquence, et on donne le nom de *microcéphales* aux idiots qui présentent ce caractère d'une manière plus frappante (fig. 327).
    On peut remarquer sur le profil de ces malheureux une autre
particularité à laquelle s'attache une certaine importance : leur
front étant peu développé, fuyant en arrière, les mâchoires semblent projetées en avant, et l'ensemble de leur face rappelle ainsi
l'ensemble de la face des animaux. On peut apprécier d'une manière
assez exacte le degré de développement relatif du front et de la face

au moyen de ce que Camper a nommé l'*angle facial*. Cet angle est celui que font entre elles deux lignes droites passant, l'une par le point le plus saillant du front et le bord des incisives supérieures, l'autre par l'extrémité inférieure du nez et le trou auditif. Plus le cerveau est volumineux, plus le crâne est développé, plus le front est saillant relativement à la face, de sorte que l'angle facial est, dans une certaine mesure, un élément d'appréciation de l'intelligence. On trouve effectivement qu'il est plus aigu dans les races humaines inférieures que dans les races élevées (fig. 328). Il ne varie, dans la plupart des races, qu'entre des limites assez restreintes. Il est de 70 à 72 degrés, chez le plus grand nombre des Nègres, de 75 degrés chez les Chinois, de 80 à 85 degrés chez les

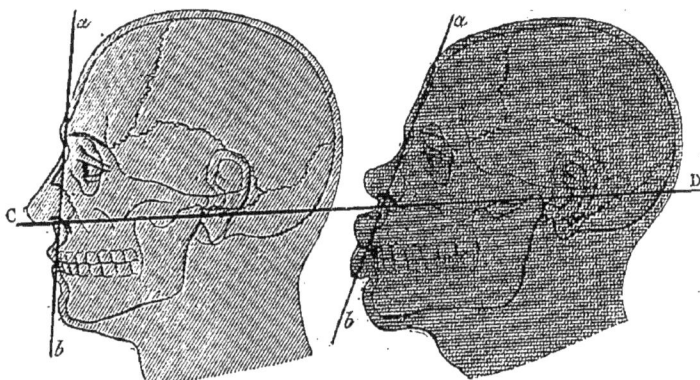

Fig. 328. — Comparaison de l'angle facial chez un Européen et chez un Nègre.

Européens. Dans la race blanche, il se rapproche donc de 90 degrés, sans cependant atteindre cette valeur; les Grecs avaient instinctivement donné un caractère de haute intelligence à la physionomie de leurs dieux en exagérant la valeur de l'angle facial. Cet angle dépasse 90 degrés dans l'Apollon du Belvédère et dans le Jupiter olympien.

On a cru longtemps que l'intégrité des facultés intellectuelles exigeait une égalité parfaite des deux hémisphères cérébraux. Les physiologistes citent souvent, comme une sorte de piquante ironie, ce fait que Bichat, l'un des défenseurs les plus convaincus de cette opinion, a été trouvé, à l'autopsie, possesseur d'un cerveau dont un hémisphère était singulièrement plus petit que l'autre. On a vu bien d'autres hommes, d'une intelligence supérieure à la moyenne, présenter ainsi une asymétrie marquée du crâne; dans certains cas même, on a vu des tumeurs à évolution lente rendre presque impossible le fonctionnement d'un hémisphère sans qu'aucun trouble notable se soit produit. Il suit de là que l'égalité des deux hémisphères cérébraux n'est nullement nécessaire au développement de l'intelligence, que si l'un de ces organes est mis peu à peu dans l'impossibilité de fonctionner, l'autre arrive graduellement à le suppléer d'une manière presque complète.

Il n'en est pas moins vrai que les têtes des fous et celles des criminels qui, à certains égards, sont eux aussi des fous, présentent plus fréquemment que les têtes des hommes bien doués des déformations et des déviations assez apparentes.

Tentatives de localisation cérébrale ; phrénologie. — Telles sont les considérations générales auxquelles peut donner lieu la comparaison du développement du cerveau et du développement de l'intelligence ; mais on a voulu aller plus loin. L'intelligence présente de nombreuses modifications. Certains hommes comprennent vite et s'assimilent facilement ce que d'autres ont beaucoup de peine à saisir ; il en est qui font avec une extrême rapidité ce qui demande beaucoup d'efforts et de peine à de moins bien doués ; chacun de nous a des penchants qui l'entraînent à faire de préférence certains actes ; l'un aime ce que l'autre déteste. On a pensé trouver dans ces aptitudes diverses, dans ces particularités dont l'existence est incontestable, la preuve que l'intelligence était la somme d'un certain nombre de *facultés* distinctes, qu'on a définies et auxquelles on a donné des noms : l'*amativité* est devenue le penchant à l'affection ; la *constructivité*, l'aptitude à élever des constructions, etc., etc. Gall comptait 27 facultés intellectuelles ; la plupart de ses disciples en reconnaissent 37. Ces facultés une fois définies, on a cherché pour chacune d'elles un organe spécial dans les hémisphères cérébraux. Gall enseignait que chaque partie d'une circonvolution était le siège d'une faculté particulière, et il avait ainsi dressé une sorte de *topographie psychologique* du cerveau. Le crâne se moule sensiblement sur le cerveau qu'il protège ; il en résulte que les circonvolutions très développées sont marquées extérieurement sur lui, par une saillie, par une *bosse* d'autant plus prononcée que la circonvolution est plus volumineuse ; si les prémisses de Gall étaient exactes, on pourrait donc reconnaître les facultés prédominantes d'un individu, rien que par l'examen des saillies et des dépressions de sa boîte crânienne.

Gall affirmait qu'il en était ainsi, et se donnait comme ayant jeté les bases d'une science nouvelle, la *craniologie* ou *cranioscopie*, qu'on a depuis nommée la *phrénologie*. La comparaison des crânes des individus qui avaient présenté dans leur vie quelque faculté prédominante remarquable, avec ceux des individus qui n'avaient offert rien de semblable ; la comparaison même des crânes humains avec ceux des animaux doués de certains instincts bien accusés, l'avaient conduit, prétendait-il, à reconnaître la position qu'il fallait assigner à chaque faculté ; des crânes en plâtre sur lesquels étaient dessinés une série de petits polygones irréguliers, correspondant chacun à une aptitude spéciale, servaient aux démonstrations du maître et aux études des adeptes.

Cette thèse était ingénieuse et n'avait rien d'absurde en soi ; elle a eu d'illustres partisans, mais aussi d'éclatants mécomptes. Gall lui-même commit plus d'une fois des erreurs grotesques qui ont singulièrement compromis la doctrine des localisations cérébrales.

Cette doctrine a été effectivement vivement combattue. Flourens a même conclu de ses opérations que l'ablation d'une partie déterminée du cerveau diminue en bloc toutes les facultés intellectuelles : « Dès qu'une perception est perdue, dit-il, toutes le sont ; dès qu'une faculté disparaît, toutes disparaissent. Il n'y a donc point de sièges ni pour les diverses facultés, ni pour les diverses perceptions. » Les physiologistes ne peuvent aujourd'hui souscrire à une affirmation aussi absolue.

Aphasie ; siège de la faculté du langage articulé. — Agraphie. —Nous avons vu qu'il existe réellement dans le cerveau des centres incitateurs propres et nettement définis des mouvements des membres. Une singulière maladie, capable de revêtir des formes très diverses, est venue démontrer qu'il existait une *faculté du langage articulé*, et l'on a pu déterminer le siège de cette faculté : elle réside dans la troisième circonvolution frontale *gauche*. Cette maladie qu'on appelle l'*aphasie*, consiste en ce que les individus qui en sont atteints, tout en conservant d'une façon complète la netteté de leurs idées, deviennent incapables de les exprimer. Un exemple fera comprendre en quoi consiste cette affection. Un mécanicien de chemin de fer fut tout à coup frappé d'une congestion cérébrale ; il en revint. Mais il avait totalement perdu la faculté de s'exprimer. D'abord il ne parlait pas du tout ; cependant il comprenait très bien ce qu'on lui disait et répondait par gestes aux questions qu'on lui adressait. Un peu plus tard, la parole était rétablie ; mais le malade

ne pouvait jamais trouver l'expression convenable pour exprimer
ce qu'il voulait dire : il appelait, par exemple, une fourchette une
fenêtre, bien que l'idée de la fourchette fût parfaitement présente à
son esprit. Il lisait assez couramment, mais si on lui disait de
répéter le dernier mot qu'il venait de lire, il en était absolument
incapable. Plus tard encore il avait recouvré la faculté de compter :
il disait très bien 1, 2, 3, 4, etc.; mais il ne pouvait recommencer
à rebours. Il disait le nom d'un objet qu'on lui montrait, mais ne
pouvait plus le retrouver dès que cet objet était caché.

Si l'on analyse les détails de cette observation, on voit que ce
qui manquait d'abord au malade c'était la faculté de prononcer les
mots, et cette faculté était complètement abolie : puis les mots reparaissent, le malade cherche à parler ; les mouvements nécessaires à l'articulation se coordonnent, de manière à produire des
mots, mais cette coordination se fait comme au hasard ; le mot n'est
pas assez présent à l'esprit pour que celui-ci puisse l'imposer aux
organes vocaux ; enfin quand le rétablissement s'accentue, il y a
seulement, perte de la mémoire des mots, *amnésie*, la présence de
l'objet auquel le mot se rattache en réveille nettement le souvenir,
le mot est prononcé ; mais dès que l'objet disparaît, le souvenir
s'efface et tous les efforts pour en dire le nom deviennent infructueux.

Les cas d'aphasie que l'on a pu observer sont aujourd'hui nombreux. On a fait l'autopsie de beaucoup de malades morts dans cet
état et l'on a trouvé dans la plupart des cas, comme le professeur
Bouillaud l'avait signalé le premier, une altération des lobules
antérieurs du cerveau.

Broca a précisé davantage en plaçant cette altération dans la
troisième circonvolution frontale gauche. Les exceptions qui ont été
signalées s'expliquent soit parce que la perte de la parole observée
n'était pas toujours une aphasie véritable, soit parce qu'il y aurait
lieu de distinguer la perte de la faculté de s'exprimer, l'*aphasie* de
la perte de la mémoire des mots, l'*amnésie*, soit parce que les liens
que les diverses parties du cerveau peuvent avoir les unes avec
les autres, amènent, par une sorte de réaction sympathique, l'arrêt
des fonctions de certaines parties éloignées de celles qui semblent
seules endommagées.

L'organe législateur de la parole, l'organe de la *faculté du langage articulé*, est donc nettement localisé. Mais sa localisation
présente cette particularité étonnante qu'elle est asymétrique : de
même que nous ne nous servons que de notre main droite pour

écrire, nous ne nous servons que de notre hémisphère cérébral gauche pour parler ; comme notre main droite est, elle aussi, sous la domination de cet hémisphère, et que nous nous servons d'elle plus volontiers, non seulement pour écrire, mais encore pour faire toutes les choses qui demandent plus d'adresse et de précision, il en résulte que c'est à l'aide de la moitié gauche de notre cerveau que nous commandons la plupart des actes de la vie de relation qui affirment le plus hautement notre intelligence.

L'hémisphère gauche du cerveau semble donc avoir une prééminence réelle sur l'hémisphère droit. Broca explique cette apparente anomalie en admettant que l'hémisphère gauche se développait plus vite que l'hémisphère droit. C'est avec lui que nous apprenons à parler et il conserve durant le reste de la vie, le privilège de sa formation plus précoce.

Une maladie qui se rattache étroitement à l'aphasie, c'est l'*agraphie*, caractérisée par la disparition de la faculté d'écrire. Cette faculté peut disparaître en même temps que celle de parler, mais elle peut aussi disparaître seule, ce qui lui constitue une véritable autonomie. Ceci est intéressant : tous les hommes parlent, et on pourrait considérer l'organe de la faculté de parler comme un organe constitué d'avance, chez l'Homme, et faisant essentiellement partie de son cerveau, au même titre que le cervelet ou les tubercules quadrijumeaux. Il n'en est plus de même en ce qui concerne l'écriture : les hommes qui écrivent ne sont probablement pas en majorité sur la terre ; la faculté d'écrire ne s'acquiert que par une éducation assez pénible pour que nous en ayons tous conservé le souvenir. C'est donc une faculté artificielle, que nous créons de toutes pièces, par un effort de volonté, et qui arrive si bien à se constituer un organe particulier qu'elle peut être abolie isolément. Nouvelle et frappante preuve de l'existence de ces mécanismes que l'intelligence et la volonté savent disposer en nous, pour s'en faire ensuite des serviteurs fidèles. Que ces mécanismes soient transmissibles par hérédité, l'intelligence, débarrassée du soin de les créer, pourra s'appliquer à d'autres objets, devenir à chaque génération plus compréhensive et s'élever ainsi par un progrès continu jusqu'à des hauteurs qu'il nous est impossible de prévoir.

Là se borne ce que nous savons de positif sur les rapports du cerveau et de l'intelligence. Analyser plus complètement l'intelligence, chercher quelles sont les facultés secondaires et irréductibles l'une à l'autre qui la constituent est l'œuvre des psychologues ;

mais cette œuvre est loin d'être terminée, et l'étude des facultés mentales des animaux, trop longtemps négligée, commence à peine à jeter des clartés nouvelles sur la nature et les liens réciproques de quelques-unes des facultés humaines.

La psychologie fût-elle d'ailleurs une science achevée, rien ne prouverait encore que les facultés qu'elle aurait définies soient le résultat du fonctionnement d'organes anatomiquement isolables, et le physiologiste aurait à continuer l'œuvre du psychologue.

Nous avons étudié les éléments anatomiques isolément ; nous avons montré comment la vie résultait de l'exercice de leurs propriétés particulières. Nous avons analysé les diverses fonctions de l'économie humaine ; nous avons déterminé quels étaient leurs rapports et nous venons d'achever l'étude de l'appareil qui établit l'harmonie dans toute l'étendue de l'organisme, et qui fait une unité des diverses parties qui le constituent. Notre tâche est donc terminée. Sans doute, il resterait encore à savoir quel est l'agent qui, circulant dans les nerfs, s'accumulant dans les cellules nerveuses, présent dans tous les organes, prêt à vibrer à leurs moindres tressaillements, informe le cerveau de ce qui se passe en dehors ou en dedans de nous, transmet ses ordres en tous les points de notre corps, ou bien, courant au plus pressé, pare aux besoins urgents sans l'encombrer de renseignements inutiles. On a signalé ses ressemblances avec l'électricité, et les rapports du système nerveux avec un service télégraphique merveilleusement organisé sont dans tous les esprits. Mais l'identité entre l'agent nerveux et l'électricité est loin d'être établie : la physiologie a fait aujourd'hui d'assez belles conquêtes pour n'avoir pas de fausse honte à avouer qu'elle ne sait pas encore tout.

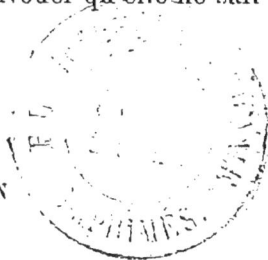

FIN

TABLE DES MATIÈRES

PREMIÈRE PARTIE

ANATOMIE ET PHYSIOLOGIE GÉNÉRALES

CHAPITRE PREMIER

PRINCIPES GÉNÉRAUX DES CLASSIFICATIONS

CHAPITRE II

LES TYPES D'ORGANISATION DANS LE RÈGNE ANIMAL

CHAPITRE III

RAPPORTS DE L'ORGANISME ET DE SON MILIEU, ADAPTATION, VARIABILITÉ DES FORMES ANIMALES.

CHAPITRE IV

MULTIPLICATION ET REPRODUCTION DES ÊTRES VIVANTS

CHAPITRE V

L'INSTINCT ET L'INTELLIGENCE CHEZ LES ANIMAUX

CHAPITRE VI

STRUCTURE INTIME DU CORPS DES ANIMAUX

CHAPITRE VII

PHÉNOMÈNES CHIMIQUES ET PHÉNOMÈNES PHYSIQUES QUI S'ACCOMPLISSENT DANS LES ORGANISMES

CHAPITRE VIII

ÉVOLUTION DE L'ÊTRE VIVANT SIMPLE OU COMPOSÉ. — MORT, DÉCOMPOSITION CADAVÉRIQUE. — RÉVIVISCENCE

DEUXIÈME PARTIE

ÉTUDE SPÉCIALE DE L'HOMME

CHAPITRE PREMIER

DESCRIPTION ANATOMIQUE SOMMAIRE

CHAPITRE II

LA DIGESTION

CHAPITRE III

LA RESPIRATION

CHAPITRE IV

LA CIRCULATION

CHAPITRE V

LA FONCTION DE SÉCRÉTION, LA NUTRITION ET LA CHALEUR ANIMALE

CHAPITRE VI

LA LOCOMOTION

CHAPITRE VII

LA VOIX. LE TOUCHER. LE GOUT. L'ODORAT

CHAPITRE VIII

L'OUIE ET LA VUE

FIN DE LA TABLE DES MATIÈRES.

PARIS. — IMPRIMERIE ÉMILE MARTINET, RUE MIGNON, 2.